DA TOXICOGENÉTICA À TOXICOGENÔMICA

ASSOCIAÇÃO BRASILEIRA DE MUTAGÊNESE E GENÔMICA AMBIENTAL

Editores

Daisy Maria Fávero Salvadori
Faculdade de Medicina de Botucatu Universidade Estadual Paulista – UNESP, Botucatu, SP, Brasil.

Catarina Satie Takahashi
Faculdade de Filosofia, Ciências e Letras de Ribeirão Preto, Universidade de São Paulo – USP, Ribeirão Preto, SP, Brasil.

Cesar Koppe Grisolia
Instituto de Ciências Biológicas, Universidade de Brasília – UnB, Brasília, DF, Brasil.

Raquel Alves dos Santos
Universidade de Franca – UNIFRAN, Franca, SP, Brasil.

Rio de Janeiro • São Paulo
2021

EDITORA ATHENEU

São Paulo	— Rua Maria Paula, 123, 18º andar Tel.: (11) 2858-8750 E-mail: atheneu@atheneu.com.br
Rio de Janeiro	— Rua Bambina, 74 Tel.: (21) 3094-1295 E-mail: atheneu@atheneu.com.br

CAPA: Equipe Atheneu e Fábio Henrique Fernandes (*Scientific Illustrator at SciVisual*)
PRODUÇÃO EDITORIAL: ASA Produções Gráficas e Editorial

CIP-BRASIL. CATALOGAÇÃO NA PUBLICAÇÃO
SINDICATO NACIONAL DOS EDITORES DE LIVROS, RJ

D11
Da toxicogenética à toxicogenômica/editores Daisy Maria Fávero Salvadori ... [*et al.*]. -
1. ed. - Rio de Janeiro : Atheneu, 2021.
    388 p. : il. ; 24 cm.

    Inclui bibliografia e índice
    ISBN 978-65-5586-335-2

1. Toxicogenética. 2. Mutagênese. 3. Biologia molecular. I. Salvadori, Daisy Maria Fávero.

21-72664   CDD: 572.8
                                         CDU: 577.2

Camila Donis Hartmann - Bibliotecária - CRB-7/6472

17/08/2021   19/08/2021

SALVADORI, D.M.F.; TAKAHASHI, C.S.; GRISOLIA, C.K.; SANTOS, R.A.
Da toxicogenética à toxicogenômica

© Direitos reservados à EDITORA ATHENEU – Rio de Janeiro, São Paulo, 2021.

Colaboradores

Ana Leticia Garcia
Universidade Luterana do Brasil – ULBRA, Canoas, RS, Brasil.

Ana Rafaela de Souza Timoteo
Centro de Biociências, Universidade Federal do Rio Grande do Norte – UFRN, Natal, RN, Brasil.

Andréia da Silva Fernandes
Instituto de Biologia Roberto Alcantara Gomes, Universidade do Estado do Rio de Janeiro – UERJ, Rio de Janeiro, RJ, Brasil.

Caio M. F. Batalha
Instituto de Química, Universidade de São Paulo – USP, São Paulo, SP, Brasil.

Camila Corradi
Instituto de Ciências Biomédicas, Universidade de São Paulo – USP, São Paulo, SP, Brasil.

Carlos Fernando Araújo Lima
Instituto de Biologia Roberto Alcantara Gomes, Universidade do Estado do Rio de Janeiro – UERJ, Rio de Janeiro, RJ, Brasil.

Carlos Frederico Martins Menck
Instituto de Ciências Biomédicas, Universidade de São Paulo – USP, São Paulo, SP, Brasil.

Catarina Satie Takahashi
Faculdade de Filosofia, Ciências e Letras de Ribeirão Preto, Universidade de São Paulo – USP, Ribeirão Preto, SP, Brasil.

Colaboradores

Cesar Koppe Grisolia
Instituto de Ciências Biológicas, Universidade de Brasília – UnB, Brasília, DF, Brasil.

Clarice Torres de Lemos
Centro de Ecologia, Universidade Federal do Rio Grande do Sul – UFRGS, Porto Alegre, RS, Brasil. Fundação Estadual de Proteção Ambiental Henrique Luís Roessler, Porto Alegre, RS, Brasil.

Cristina Araujo Matzenbacher
Universidade Luterana do Brasil – ULBRA, Canoas, RS, Brasil. Instituto de Biociências, Universidade Federal do Rio Grande do Sul – UFRGS, Porto Alegre, RS, Brasil.

Daiana Dalberto
Universidade Luterana do Brasil – ULBRA, Canoas, RS, Brasil.

Daisy Maria Fávero Salvadori
Faculdade de Medicina de Botucatu, Universidade Estadual Paulista – UNESP, Botucatu, SP, Brasil.

Deborah Arnsdorff Roubicek
Companhia Ambiental do Estado de São Paulo – CETESB, São Paulo, SP, Brasil.

Elza T. Sakamoto-Hojo
Faculdade de Medicina de Ribeirão Preto, Universidade de São Paulo – USP, Ribeirão Preto, SP, Brasil. Faculdade de Filosofia, Ciências e Letras de Ribeirão Preto, Universidade de São Paulo – USP, Ribeirão Preto, SP, Brasil.

Fábio Henrique Fernandes
Faculdade de Medicina de Botucatu, Universidade Estadual de Paulista – UNESP, Botucatu, SP, Brasil.

Fábio Kummrow
Instituto de Ciências Ambientais, Químicas e Farmacêuticas, Universidade Federal de São Paulo – UNIFESP, Diadema, SP, Brasil.

Felippe T. Machado
Instituto de Química, Universidade de São Paulo – USP, São Paulo, SP, Brasil.

Fernanda Rabaioli da Silva
Universidade La Salle – UniLaSalle, Canoas, RS, Brasil.

Flavia Mazzini Bertoni
Companhia Ambiental do Estado de São Paulo – CETESB, São Paulo, SP, Brasil.

Gabriela A. S. Claudio
Instituto de Química, Universidade de São Paulo – USP, São Paulo, SP, Brasil.

Gisela de Aragão Umbuzeiro
Faculdade de Tecnologia, Universidade Estadual de Campinas – UNICAMP, Limeira, SP, Brasil.

Igor Vivian de Almeida
Centro de Ciências Biológicas, Universidade Estadual de Maringá – UEM, Maringá, PR, Brasil. Universidade Federal Rural da Amazônia – UFRA, Capitão Poço, PA, Brasil.

Ingrid Felicidade
Centro de Ciências Biológicas, Universidade Estadual de Londrina – UEL, Londrina, PR, Brasil.

Israel Felzenszwalb
Instituto de Biologia Roberto Alcantara Gomes, Universidade do Estado do Rio de Janeiro – UERJ, Rio de Janeiro, RJ, Brasil.

Jaqueline Nascimento Picada
Universidade Luterana do Brasil – ULBRA, Canoas, RS, Brasil.

Jessica E. B. F. Lima
Faculdade de Medicina de Ribeirão Preto, Universidade de São Paulo – USP, Ribeirão Preto, SP, Brasil.

José Nivaldo F. A. Miranda
Instituto de Química, Universidade de São Paulo – USP, São Paulo, SP, Brasil.

Juliana da Silva
Universidade Luterana do Brasil – ULBRA, Canoas, RS, Brasil. Universidade La Salle – UniLaSalle, Canoas, RS, Brasil.

Julliane Tamara Araújo de Melo Campos
Centro de Biociências, Universidade Federal do Rio Grande do Norte – UFRN, Natal, RN, Brasil.

Laís Y. M. Muta
Instituto de Química, Universidade de São Paulo – USP, São Paulo, SP, Brasil.

Laysa Ohana Alves de Oliveira
Centro de Biociências, Universidade Federal do Rio Grande do Norte – UFRN, Natal, RN, Brasil.

Loren Monielly Pires
Universidade de Franca – UNIFRAN, Franca, SP, Brasil.

Luan Vitor Alves de Lima
Centro de Ciências Biológicas, Universidade Estadual de Londrina – UEL, Londrina, PR, Brasil.

Lucia Regina Ribeiro
Universidade Federal da Bahia, Salvador, BA, Brasil

Lucymara Fassarella Agnez Lima
Centro de Biociências, Universidade Federal do Rio Grande do Norte – UFRN, Natal, RN, Brasil.

Mariana Vieira Coronas
Universidade Federal de Santa Maria – UFSM, Cachoeira do Sul, RS, Brasil.

Mário Antônio Spanó
Instituto de Genética e Bioquímica, Universidade Federal de Uberlândia – UFU, Uberlândia, MG, Brasil.

Mário Sérgio Mantovani
Centro de Ciências Biológicas, Universidade Estadual de Londrina – UEL, Londrina, PR, Brasil.

Melissa Rosa de Souza
Universidade Luterana do Brasil – ULBRA, Canoas, RS, Brasil.

Mirian Oliveira Goulart
Universidade de Franca – UNIFRAN, Franca, SP, Brasil.

Nadja C. de Souza-Pinto
Instituto de Química, Universidade de São Paulo – USP, São Paulo, SP, Brasil.

Natalia C. S. Moreira
Faculdade de Medicina de Ribeirão Preto, Universidade de São Paulo – USP, Ribeirão Preto, SP, Brasil.

Natália Cestari Moreno
Instituto de Química, Universidade de São Paulo – USP, São Paulo, SP, Brasil.

Nathalia Quintero-Ruiz
Instituto de Ciências Biomédicas, Universidade de São Paulo – USP, São Paulo, SP, Brasil.

Nilza Maria Diniz
Centro de Ciências Biológicas, Universidade Estadual de Londrina – UEL, Londrina, PR, Brasil.

Paula Hauber Gameiro
Centro de Ecologia, Universidade Federal do Rio Grande do Sul – UFRGS, Porto Alegre, RS, Brasil.

Paula Rohr
Universidade Luterana do Brasil – ULBRA, Canoas, RS, Brasil. Centro de Oncologia Molecular – CPOM, Hospital de Amor, Barretos, SP, Brasil.

Raquel Alves dos Santos
Universidade de Franca – UNIFRAN, Franca, SP, Brasil.

Rebeca B. Alves
Instituto de Química, Universidade de São Paulo – USP, São Paulo, SP, Brasil.

Rebeca R. Alencar
Instituto de Química, Universidade de São Paulo – USP, São Paulo, SP, Brasil.

Roberta de Souza Pohren
Instituto de Oceanografia, Universidade Federal do Rio Grande – FURG, Rio Grande, RS, Brasil.

Silvia Regina Batistuzzo de Medeiros
Centro de Biociências, Universidade Federal do Rio Grande do Norte – UFRN, Natal, RN, Brasil.

Thais Teixeira Oliveira
Centro de Biociências, Universidade Federal do Rio Grande do Norte – UFRN, Natal, RN, Brasil.

Thiago S. Freire
Instituto de Química, Universidade de São Paulo – USP, São Paulo, SP, Brasil.

Tiago Antonio de Souza
Instituto de Ciências Biomédicas, Universidade de São Paulo – USP, São Paulo, SP, Brasil.

Vanessa Moraes de Andrade
Universidade do Extremo Sul Catarinense – UNESC, Criciúma, SC, Brasil.

Vera Maria Ferrão Vargas
Centro de Ecologia, Universidade Federal do Rio Grande do Sul – UFRGS, Porto Alegre, RS, Brasil.

Veronica Elisa Pimenta Vicentini
Centro de Ciências Biológicas, Universidade Estadual de Maringá – UEM, Maringá, PR, Brasil.

Viviane Souza do Amaral
Centro de Biociências, Universidade Federal do Rio Grande do Norte – UFRN, Natal, RN, Brasil.

Dedicatória

Este livro é dedicado a todos os membros das Diretorias da Sociedade Brasileira de Mutagênese, Carcinogênese e Teratogênese Ambiental (SBMCTA) e MutaGen-Brasil, que não mediram esforços para a manutenção do elevado nível das pesquisas em mutagênese.

Apresentação

A concepção deste livro foi uma iniciativa da Associação Brasileira de Mutagênese e Genômica Ambiental, a MutaGen–Brasil, com o objetivo de proporcionar aos pesquisadores, alunos de graduação e pós-graduação e técnicos de agências regulatórias e laboratórios de prestação de serviço, uma visão atualizada da abrangência desse campo da ciência. A preocupação da MutaGen–Brasil sempre foi fornecer às comunidades técnica e acadêmica subsídios para a realização de estudos sob rígidos critérios éticos e qualidade dos resultados.

Com o avanço da biologia molecular e o desenvolvimento de novas tecnologias, a Mutagênese, ou Toxicogenética, ampliou sua dimensão, passando a abordar alterações tanto no DNA nuclear e mitocondrial, como nos diversos tipos de RNAs que estão envolvidos na síntese de proteínas. Surge, daí, a Toxicogenômica. Essa evolução permitiu uma maior sensibilidade dos testes para a identificação de agentes geneticamente nocivos e, também, um entendimento mais aprofundado dos mecanismos de mutação e reparo dos danos no DNA.

Os capítulos deste livro abordam a história do desenvolvimento da área, os critérios atuais para a identificação de novos mutágenos e para a realização de estudos de monitoramento genético humano e ambiental, as metodologias mais utilizadas e recomendadas para pesquisa e prestação de serviços, bem como os aspectos éticos e os cuidados que devem ser considerados para a condução dos estudos e qualidade dos resultados.

Vários foram os pesquisadores que dedicaram esforços para que este livro se tornasse realidade. A todos, a MutaGen–Brasil exprime os agradecimentos, na certeza que uma importante contribuição foi dada para o desenvolvimento da ciência e para a preservação da saúde e do meio ambiente.

Daisy Maria Fávero Salvadori
Catarina Satie Takahashi
Cesar Koppe Grisolia
Raquel Alves dos Santos

Prefácio

Brazilian scientists have played an important role in mutagenesis research since its beginnings in Latin America in the 1960s, when the work focused primarily on radiation mutagenesis (radiogenetics). With the founding of the Brazilian Environmental Mutagen Society (formerly SBMCTA and now MutaGen-Brasil), the maturation of this field, and the critical mass of Brazilian scientists in this area of science, it is appropriate that a book be published in Portuguese by Brazilian scientists that describes the methods and application of the main assays in toxicogenetics and toxicogenomics.

This volume reviews all the essential assays and methods in current use around the world for evaluating the potential genotoxicity of either single compounds or complex mixtures. Although some of the assays are nearly half a century old, such as the *Salmonella* mutagenicity assay (Ames test), some are still early in development, such as the zebrafish assays. Nonetheless, all are critical for evaluating the environment for potential genotoxicity and for providing data essential for making appropriate regulatory decisions regarding pharmaceutical and environmental agents.

The authors of this excellent book are recognized experts in their respective fields, and they have made a strong effort to explain, clarify, describe, and present each assay so that beginning scientists can understand and use these assays correctly. The authors have also provided the reader a clear understanding of what constitutes a positive or negative result and what the implications of such results are for an overall assessment of the potential genotoxicity of an agent.

This textbook contains chapters on the three primary assays used today to evaluate the genotoxicity of substances: the Ames assay, the comet assay, and the micronucleus assay. In addition, each chapter provides helpful discussions on how to address potential problems with the assay and how to interpret the data. Chapters on DNA repair assays, flow cytometry, and toxicogenomics show the direction in which the field has moved in recent years and illustrate how highly practical applied science has been created from basic research.

The chapter on the SMART assay in *Drosophila* demonstrates how this classical organism of genetic research can still be used as a preliminary screen for genotoxic compounds, whereas the chapter on zebrafish displays the application of new molecular techniques to confer onto a simple organism a powerful new set of assays that may be as good as traditional and more expensive rodent assays. The chapters on environmental and occupational genetic biomonitoring illustrate how various assays can be used to evaluate human exposure to genotoxic agents and to predict potential health effects, such as cancer. Finally, chapters on germ cell mutagenicity and bioethics and biosafety give the reader a deeper understanding of the moral and social aspects surrounding this important area of science.

The authors are to be congratulated on writing such a useful and comprehensive book, which will be of great value to many, from beginning students to senior scientists and regulators. Compiling this important area of science into one volume in Portuguese adds to the practical value of the book and assures that its contents will reach many who are not yet familiar with the exciting and critically important field of genetic toxicology.

David M. DeMarini, PhD

Genetic Toxicologist (Retired)
U.S. Environmental Protection Agency
Research Triangle Park, North Carolina, USA

Sumário

Capítulo 1   Da Toxicogenética à Toxicogenômica, 1
Catarina Satie Takahashi • Daisy Maria Fávero Salvadori
Lucia Regina Ribeiro

Capítulo 2   Estratégia para Avaliação do Efeito Mutagênico, 9
Fábio Kummrow • Gisela de Aragão Umbuzeiro

Capítulo 3   Biomonitoramento Genético Ambiental, 29
Vera Maria Ferrão Vargas • Mariana Vieira Coronas
Paula Hauber Gameiro • Clarice Torres de Lemos
Roberta de Souza Pohren

Capítulo 4   Estratégias para Biomonitoramento Genético Ocupacional, 55
Viviane Souza do Amaral • Silvia Regina Batistuzzo de Medeiros

Capítulo 5   Teste de Ames, 83
Deborah Arnsdorff Roubicek • Flavia Mazzini Bertoni
Carlos Fernando Araújo Lima • Andréia da Silva Fernandes
Israel Felzenszwalb

Capítulo 6   Ensaio Cometa, 117
Raquel Alves dos Santos • Mirian Oliveira Goulart
Loren Monielly Pires • Vanessa Moraes de Andrade

Capítulo 7   Teste de Micronúcleos: *In Vitro* e *In Vivo*, 139
Mário Sérgio Mantovani • Ingrid Felicidade • Luan Vitor Alves de Lima
Ana Leticia Garcia • Cristina Araujo Matzenbacher • Daiana Dalberto
Fernanda Rabaioli da Silva • Jaqueline Nascimento Picada
Melissa Rosa de Souza • Paula Rohr • Juliana da Silva

Capítulo 8   Testes de Reparo do DNA, 169
Ana Rafaela de Souza Timoteo • Laysa Ohana Alves de Oliveira
Thais Teixeira Oliveira • Julliane Tamara Araújo de Melo Campos
Lucymara Fassarella Agnez Lima

Capítulo 9 Formação e Quantificação de Espécies Reativas de Oxigênio e Lesões em DNA Mitocondrial, 205

Rebeca R. Alencar • Rebeca B. Alves • Caio M. F. Batalha • Gabriela A. S. Claudio
Thiago S. Freire • Felippe T. Machado • José Nivaldo F. A. Miranda
Laís Y. M. Muta • Nadja C. de Souza-Pinto

Capítulo 10 Toxicogenômica: Uso da Genômica em Estudos de Mutagênese e Carcinogênese, 227

Tiago Antonio de Souza • Natália Cestari Moreno • Nathalia Quintero-Ruiz
Camila Corradi • Carlos Frederico Martins Menck

Capítulo 11 Citometria de Fluxo – Fundamentos, Aplicações e Análise do Ciclo Celular e Apoptose, 251

Natalia C. S. Moreira • Jessica E. B. F. Lima • Elza T. Sakamoto-Hojo

Capítulo 12 Teste para Detecção de Mutação e Recombinação Somática (*Somatic Mutation and Recombination Test* – SMART) em Células de Asas de *Drosophila melanogaster*, 273

Mário Antônio Spanó

Capítulo 13 A Versatilidade do *Danio Rerio (Zebrafish)* para Estudos de Mutagênese, Genômica, Carcinogênese e Teratogênese, 293

Cesar Koppe Grisolia

Capítulo 14 Mutagênese em Células Germinativas, 313

Daisy Maria Fávero Salvadori • Fábio Henrique Fernandes

Capítulo 15 Bioética e Biossegurança em Pesquisa, 335

Veronica Elisa Pimenta Vicentini • Igor Vivian de Almeida • Nilza Maria Diniz

Índice Remissivo, 361

Da Toxicogenética à Toxicogenômica

Catarina Satie Takahashi • Daisy Maria Fávero Salvadori • Lucia Regina Ribeiro

Resumo

A Toxicogenética é parte essencial da avaliação da segurança de seres humanos e ecossistemas expostos a uma diversidade de agentes que podem causar alterações genéticas. Os bioensaios utilizados têm grande relevância, pois os resultados permitem a identificação de mutágenos e servem de base para a regulamentação de novos produtos constantemente colocados no mercado. Os avanços nas técnicas de análises moleculares ("ciências ômicas") permitiram integrar à toxicogenética percepções mecanicistas sobre a ação de compostos nocivos. Nesse contexto, surge a Toxicogenômica. Neste capítulo será apresentado o estado da arte – da Toxicogenética à Toxicogenômica – com destaque para os sucessos, as limitações e novas perspectivas.

INTRODUÇÃO

Antes de apresentar a evolução da Toxicogenética à Toxicogenômica do ponto de vista prático, é importante contextualizar historicamente como esse desenvolvimento aconteceu. De fato, os primeiros passos da mutagênese (posteriormente também denominada genética toxicológica ou toxicogenética) foram dados em resposta ao desenvolvimento industrial no século XVIII, quando uma série de novos produtos químicos foi introduzida no ambiente e, também no século XX, em consequência da geração de eletricidade por fissão nuclear e dos testes com bombas atômicas que provocaram a liberação de radioatividade no ambiente e a produção de grandes quantidades de lixo radioativo.

Em 1926, H.J. Müller observou que raios X causavam mutação gênica herdável em *Drosophila melanogaster*. Devido a essa descoberta foi agraciado com o Prêmio Nobel de Medicina, em 1946. Nesse mesmo ano, C. Auerbach e A.J.C. Robson também reportavam que o gás mostarda era capaz de produzir efeitos em níveis similares aos da radiação. Nesse contexto, cresceu o interesse pela identificação de agentes químicos, físicos e biológicos que, presentes no ambiente, poderiam causar alterações no material genético com possíveis consequências para o futuro das espécies.

2 Da Toxicogenética à Toxicogenômica

Em um ambiente científico fervilhante, em 1969, nos Estados Unidos, Alexander Hollaender *et al.* criaram a *Environmental Mutagenesis Society* para reunir os pesquisadores que trabalhavam na área. Nessa época, os estudos em mutagênese eram quase exclusivamente realizados em células germinativas para detectar mutações herdáveis. Em 1973, Bruce Ames publicou artigo em que apresentou um teste capaz de identificar compostos que induziam mutações em *Salmonella typhimurium* (Ames *et al.*, 1973). O teste de Ames, como foi denominado, torna-se assim uma das metodologias mais importantes para a identificação do potencial mutagênico de compostos químicos (ver Capítulo 5) e, a Toxicogenética, passa a ser parte essencial da avaliação da segurança de seres humanos e de ecossistemas expostos a uma diversidade de agentes com potencial para causar alterações genéticas.

Os testes utilizados nas avaliações toxicogenéticas, normalmente de curta duração, em geral se concentram em um único parâmetro e foram desenvolvidos para identificar alterações cromossômicas e mutações gênicas. Atualmente, além de utilizados em pesquisas, são aplicados rotineiramente como ferramentas auxiliares pelas Agências Regulatórias nas decisões sobre a liberação de novos produtos para o mercado. Utilizando-se testes de toxicogenética, muitos efeitos adversos foram identificados e importantes progressos foram feitos na prevenção à exposição a agentes nocivos, como radiação, luz ultravioleta, chumbo, pesticidas e dioxinas (Martins *et al.*, 2019).

O número crescente de pesquisas na área resultou no desenvolvimento de métodos mais eficientes e em estratégias abrangentes para prever e prevenir respostas tóxicas dos organismos vivos. O progresso em direção a estes objetivos foi proporcional ao nível de conhecimento científico e às tecnologias existentes e não poderia ter superado tantos desafios sem as tecnologias que se tornaram disponíveis nas últimas décadas. A última parte do século XX foi marcada por avanços rápidos na tecnologia genômica com o advento da Toxicogenômica – coleta, interpretação e armazenamento de informações sobre a atividade gênica e proteica para identificar as substâncias tóxicas no meio ambiente e as populações com maior risco de doenças ambientais (Martins *et al.*, 2019; David, 2020).

Em 2002, a Toxicogenômica foi descrita como *uma nova era* para a toxicologia (Aardema e MacGregor, 2002). A aplicação da genômica à toxicologia foi anunciada como uma forma de melhorar a eficiência dos testes toxicogenéticos, permitindo a rápida classificação de compostos com base em perfis de regulação gênica. Nesse sentido, os microarranjos de DNA (*DNA microarrays*) possibilitaram, em um único estudo, a análise de expressão gênica em todo o genoma e, embora tenham sido identificados perfis transcriptômicos que discriminaram carcinógenos genotóxicos e não genotóxicos, os desafios da abordagem evidenciaram limitações na sua aplicação. Como tal, a Toxicogenômica, nessa época, não transformou o campo da toxicologia genética da maneira prevista (David, 2020).

Mais recentemente, tecnologias de sequenciamento de última geração – *Next Generation Sequencing* (NGS) – revolucionaram a genômica, permitindo que centenas de bilhões de pares de bases pudessem ser sequenciadas simultaneamente, com menor custo e menor consumo de tempo que os métodos até então tradicionais. Com isso, os genomas de diversos tipos de câncer, por exemplo, foram sequenciados e foram estabelecidas "assinaturas mutacionais" que permitiram a identificação de cancerígenos ambientais (David, 2020).

Os avanços tecnológicos necessários para estudar a estrutura do genoma humano estabeleceram nova infraestrutura de tecnologias analíticas e métodos de alto rendimento, que permitiram enorme crescimento dos bancos de dados moleculares. Em setembro de 2000, o Instituto Nacional de Ciências da Saúde Ambiental dos Estados Unidos criou o *National Center for Toxicogenomics* (NCT), cuja missão é coordenar pesquisas que possam gerar conhecimento no campo da toxicogenômica. O NCT atende a cinco objetivos: facilitar a aplicação de tecnologias de análise de expressão gênica e proteica; compreender a relação entre exposições ambientais e humanas e a suscetibilidade a doenças; identificar biomarcadores de doenças e exposição a substâncias tóxicas; aprimorar métodos computacionais para a compreensão das consequências biológicas e respostas às exposições ambientais; e criar um banco de dados público dos efeitos ambientais de substâncias tóxicas sobre sistemas biológicos (Tennant, 2002).

Na era pós-genômica, os pesquisadores podem utilizar ferramentas para focar em questões básicas como por que células e tecidos normais ficam doentes. A alta sensibilidade e o rápido rendimento das tecnologias que surgiram como parte do Projeto Genoma Humano têm ampliado o escopo e o alcance das ciências toxicológicas, proporcionando oportunidades e novos desafios no campo da saúde ambiental. Um desses desafios é usar a sequência do genoma humano como um primeiro passo para entender a base genética e biológica de doenças como o câncer, diabetes, doença de Alzheimer e doença de Parkinson. Outro desafio é utilizar o crescente volume de dados para construir vias genéticas e bioquímicas para explicar o mecanismo das respostas tóxicas (David, 2020). Estudos combinados entre a química e a biologia molecular aceleraram a disponibilidade de novas drogas e novos medicamentos tornaram possíveis a compreensão dos mecanismos de desenvolvimento de doenças induzidas por agentes químicos, possibilitaram novas formas de avaliação e prevenção de toxicidade e permitiram a identificação de novos biomarcadores de exposição que distinguem indivíduos com maior risco de efeitos adversos (Martins *et al.*, 2019; David, 2020).

Paralelamente a tudo que acontecia no mundo na área da Mutagênese, no Brasil, na década de 1970, a descoberta da presença de grande quantidade de material radioativo nas areias monazíticas de praias do Estado do Espírito Santo e no Morro do Ferro (urânio e tório) em Poços de Caldas – MG despertava o interesse de pesquisadores sobre os possíveis efeitos toxicogenéticos das radiações ionizantes em diferentes organismos. Quando ocorreu o acidente radiológico em Goiânia, em 1987, o país já contava com boa infraestrutura e pessoal qualificado para estudar os efeitos danosos que as radiações causavam ao meio ambiente e aos seres humanos que foram contaminados. O acidente proporcionou a interação de vários pesquisadores, fato que culminou na fundação da Sociedade Brasileira de Mutagênese, Carcinogênese e Teratogênese Ambiental (SBMCTA), em 1989. A SBMCTA sempre esteve atuante, não apenas dentro da academia e dos institutos de pesquisa, mas, também, auxiliando agências governamentais no estabelecimento de políticas públicas relacionadas com a identificação e a presença de agentes genotóxicos e mutagênicos no meio ambiente e suas consequências para a saúde humana. Com o advento das ciências ômicas (inclusive a Toxicogenômica) e em consonância com o que acontecia em outros países, em 2013, a SBMCTA mudou sua denominação para Associação Brasileira de Mutagênese e Genômica Ambiental (MutaGen-Brasil). Hoje, a MutaGen-Brasil agrega inúmeros cientistas e jovens pesquisadores que trabalham na fronteira do conhecimento, com o objetivo de elucidar mecanismos de genotoxicidade e de reduzir os riscos potenciais de exposição a agentes xenobióticos.

Neste capítulo, é apresentado o estado da arte – da Toxicogenética à Toxicogenômica – destacando sucessos, limitações e perspectivas para pesquisadores da próxima geração.

TOXICOGENÉTICA

O Conselho Internacional para Harmonização de Requisitos Técnicos para Produtos Farmacêuticos para Uso Humano (*The International Council for Harmonisation of Technical Requirements for Pharmaceuticals for Human Use* – ICH) estabeleceu, para a identificação de agentes que causam mutações gênicas e cromossômicas, uma bateria de testes que inclui microrganismos, células de mamíferos *in vitro* e roedores *in vivo* (Cimino, 2006). Assim, resultados positivos nesses testes não apenas indicam interação direta do agente com o DNA, mas, também, podem refletir mecanismos indiretos de indução de danos, como estresse oxidativo, inibição da topoisomerase, desequilíbrio do *pool* de nucleotídeos ou interrupção da segregação cromossômica (Thybaud *et al.*, 2007, David 2020).

Dentre os testes toxicogenéticos mais utilizados atualmente estão o teste de Ames em *Salmonella typhimurium*, que permite a identificação e a classificação de substâncias mutagênicas com grande simplicidade e sensibilidade (ver Capítulo 5), e o teste do micronúcleo, tanto em cultura de células como em animais *in vivo*. O desenvolvimento do teste do micronúcleo teve início no final do século XIX, quando Howell e Jolly identificaram pequenas inclusões em células do sangue de gatos e ratos, as quais ficaram conhecidas como corpúsculos de Howell-Jolly. Em 1959, Evans *et al.* relataram que os raios gama induziam a formação desses pequenos corpos (micronúcleos) em células meristemáticas das raízes de feijão e inferiram ser resultado de alteração cromossômica (Hayashi, 2016). Mais tarde, em 1970, Boller e Schmid expondo hamsters ao agente alquilante trenimon observaram maior frequência de eritrócitos micronucleados em medula óssea e sangue periférico e publicaram a metodologia como "teste do micronúcleo". Em 1976, Countryman e Heddle padronizaram o teste para linfócitos humanos em cultura e, em 1985, Fenech e Moley introduziram a citocalasina B, composto que inibia a divisão citocinese e permitia avaliação mais acurada da frequência de micronúcleos (ver Capítulo 7).

No final do século passado, na tentativa de aumentar a sensibilidade dos testes para a detecção de danos no DNA, foi proposta a eletroforese em gel de célula única, *Single Cell Gel Electrophoresis* (SCG). O novo procedimento permitia a detecção de danos primários no DNA (quebras de fita simples e sítios álcali-lábeis) após a aplicação de uma corrente elétrica. Como a imagem obtida da migração do DNA no gel de eletroforese assemelha-se a um cometa, com cabeça e cauda, a metodologia foi informalmente denominada ensaio cometa (Klaude *et al.*, 1996; Singh e Stephens, 1996). Uma das vantagens mais significativas do ensaio é a sua aplicabilidade em qualquer organismo eucarioto e tipo celular (Da Silva *et al.*, 2000). Além disso, a metodologia permite resultados rápidos e variações que fornecem informações importantes sobre mecanismos de genotoxicidade (ver Capítulo 6).

Outros testes também são importantes para a avaliação do potencial toxicogenético de agentes químicos, físicos e biológicos e serão descritos mais detalhadamente em capítulos seguintes (teste SMART em células de asas de *Drosophila melanogaster*; teste em *Danio rerio* – Zebrafish).

TOXICOGENÔMICA

A última parte do século XX foi marcada por uma série de rápidos avanços tecnológicos com base na genômica, junto com a Toxicogenômica. Este campo de estudo surgiu com o objetivo de ampliar a base de conhecimento com vistas à preservação da saúde humana e do meio ambiente e para auxiliar na tomada de decisões regulatórias. A toxicogenômica foi também anunciada como uma forma de aumentar a eficiência dos testes toxicogenéticos, introduzindo avaliações sobre a expressão e a regulação gênica em todo o genoma. Em resumo, a toxicogenômica combinou a genômica à toxicologia e associou mudanças fenotípicas à expressão de genes, proteínas e metabólitos, gerando dados mais representativos dos efeitos de agentes xenobióticos (Figura 1.1) (NRC, 2007; David, 2020).

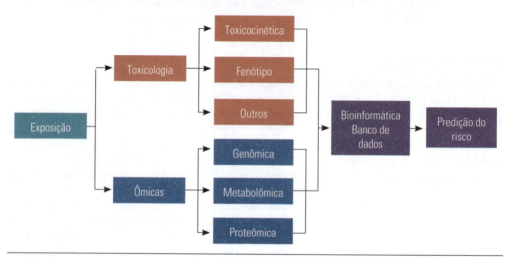

Figura 1.1. Visão geral da toxicogenômica.
Fonte: adaptada de David, 2020.

O que são "ômicas"?

Ô*mica* é uma palavra que se aplica a vários métodos concebidos para detecção, caracterização e quantificação de grandes lotes de biomoléculas em execuções únicas. Os métodos variam de acordo com o alvo, por exemplo, microarranjos (*microarrays*) e sequenciamento de última geração (NGS) para DNA e RNAs; espectrometria de massa (MS) para proteínas e ressonância nuclear magnética (RMN) para metabólitos. Embora a tecnologia de análise tenha avançado rapidamente, há ainda vários desafios a serem superados, sobretudo em termos de computação e interpretação de dados, que exigem ferramentas específicas e impõem sérias restrições aos delineamentos experimentais (Martins *et al.*, 2019).

Ômicas aplicadas à toxicogenética

Genômica

Mudanças no genoma podem ter impacto profundo em todos os níveis da organização biológica, da célula à população como um todo. Tais mudanças já eram reconhecidas em eventos genotóxicos/mutagênicos por terem ligação significativa com a gênese e o desenvolvimento de várias doenças, em especial com a carcinogênese (Basu, 2018). Com o advento da toxicogenômica ficaram mais claros os estudos sobre a relação entre exposição a xenobióticos e alterações genéticas, as interações ambientais e seu impacto para a saúde humana. A base de conhecimento tornou-se mais abrangente, melhorando a compreensão dos efeitos ambientais sobre sistemas biológicos complexos.

Transcriptômica

A transcriptômica avalia mudanças na expressão gênica mediante a análise de mRNAs e, junto com a proteômica, é uma das "ômicas" mais amplamente utilizadas por toxicogeneticistas. Os danos no DNA induzidos por agentes xenobióticos podem resultar em mudanças na expressão de genes de diversas vias biológicas (Fornace *et al.*, 1992). Os diferentes perfis de expressão gênica transcricional, modulados por compostos específicos, podem atuar como "impressões digitais" ou assinaturas que podem ser usadas para auxiliar na classificação de compostos e prever seus mecanismos de ação, melhorando, assim, o processo de identificação do perigo da exposição (Hamadeh *et al.*, 2002). A discriminação entre carcinógenos genotóxicos e não genotóxicos usando assinaturas de expressão gênica, por exemplo, tem sido foco particular nos estudos de transcriptômica (David, 2020).

Anteriormente à era transcriptoma, a avaliação da expressão gênica era realizada pela técnica de RT-PCR (do inglês, *real time polimerase chain reaction*) em tempo real. Tal metodologia possibilita, no entanto, quantificar os níveis de expressão de apenas pequeno número de genes, sendo ainda utilizada atualmente com essa finalidade. Mais tarde, a introdução da tecnologia de microarranjos de DNA permitiu a quantificação simultânea da transcrição de milhares de genes, por meio de sondas de DNA complementar (cDNA) em uma matriz predefinida. O desenvolvimento dessa tecnologia, revolucionária à época, com custo relativamente alto e possibilidade de analisar muitos transcritos, exigiu a disponibilidade de grandes quantidades de informações sobre a sequência do DNA em bases de dados acessíveis ao público. No campo da toxicogenômica, o método de microarranjos combinado a outros ensaios de análises genética e bioquímica, mostrou grande utilidade para comparar as semelhanças nas respostas biológicas a grupos de compostos químicos (Nakagawa *et al.*, 2021), bem como para estudar os mecanismos de respostas e sinalização molecular a uma grande variedade de diferentes tipos de agentes mutagênicos químicos e físicos.

Em seguida ao método de microarranjos, surgiram novas tecnologias de sequenciamento do DNA (*Next Generation Sequencing* – NGS), em plataformas capazes de gerar informação sobre milhões de pares de bases em uma única corrida (Van Dijk *et al.*, 2014; David 2020). Atualmente, o sequenciamento de RNA (RNAseq) passou a ser uma das técnicas mais utilizadas, pois, além de alto rendimento, apresenta várias vantagens sobre outras tecnologias. Por exemplo, permite a identificação e a quantificação de transcritos sem o conhecimento prévio da sequência do gene e também a identificação de variações nas regiões transcritas, como os polimorfismos de nucleotídeos únicos, ou SNPs (do inglês *single nucleotide polymorphism*), (Wang *et al.*, 2009). Aplicações do RNAseq para detecção de danos no DNA permitem uma investigação mais detalhada sobre o gene e sobre as mudanças nas vias afetadas após o dano e durante o reparo do DNA (ver Capítulo 10).

Proteômica

Proteômica é o estudo do conjunto de proteínas e peptídeos responsáveis pela estrutura, pela sinalização metabólica, por processos de transporte e defesa em sistemas vivos. O proteoma é o produto da expressão de genes e, embora sujeito a interferência em todas as etapas que ligam genes a proteínas funcionais, a sua análise pode fornecer uma visão geral mais factual da verdadeira condição metabólica das células e tecidos (Aslam *et al.*, 2017).

Em estudos toxicogenômicos, a proteômica é usada para determinar como a expressão de proteínas pode ser modulada pela exposição a agentes xenobióticos. É, provavelmente, a mais antiga das "ômicas" utilizadas na toxicologia. Os avanços de bioinformática, bem como de métodos de espectrometria de massa permitiram que a quantificação de peptídeos se tornasse mais precisa. Comparativamente à transcriptômica, porém, o número de acertos é menor, o que a torna um método pouco econômico (Titz *et al.*, 2014). O avanço da proteômica esteve sempre na dependência do desenvolvimento de métodos sensíveis e poderosos de espectrometria de massa e da disponibilidade de sequências de proteínas publicamente acessíveis em bancos de dados. O uso de espectrometria de massa permite a geração de dados altamente precisos das massas moleculares e "impressões digitais" de peptídeos, bem como informação da sequência de aminoácidos e fragmentos de peptídeos (Martins *et al.*, 2019). A análise proteômica vem sendo amplamente empregada em estratégias de biomonitoramento e avaliação de risco ambiental.

Metabolômica

A metabolômica envolve a identificação e a quantificação de metabólitos, os quais são produtos intermediários ou finais do metabolismo em uma amostra biológica (Fiehn, 2002). Pesquisas envolvendo análise quantitativa da resposta metabólica de um sistema biológico a estímulos fisiopatológicos ou modificações genéticas vêm sendo desenvolvidas há décadas. A introdução das novas tecnologias tornou possível análises quantitativas mais abrangentes, mais rápidas e com maior acurácia de todo o metaboloma.

A metabolômica vem sendo aplicada em diferentes áreas do conhecimento, como em análises clínicas, no estudo dos alimentos e de nutrição, nos esportes, em questão ambiental, na toxicologia forense, na análise de organismos patogênicos (parasitas, bactérias, fungos), entre outras (Canuto *et al.*, 2018). Particularmente, na área ambiental sua aplicação é ampla, podendo englobar organismos aquáticos e plantas e como tais elementos respondem ao estresse oxidativo e a fatores bióticos e abióticos. O emprego da metabolômica à ciência regulatória é, contudo, ainda limitado, embora comece a ser considerado elemento complementar importante para a identificação de novos biomarcadores e de mecanismos de toxicidade (Canuto *et al.*, 2018; Viant *et al.*, 2019). Após o aprimoramento da bioinformática e da expansão de bancos de dados, ficou ainda mais evidente o propósito e o valor da metabolômica (Martins, *et al.*, 2019). Os métodos mais comumente utilizados nas avalições sobre o metaboloma são a espectrofotometria de massa e a ressonância magnética nuclear, os quais fornecem informações estruturais de diversas classes químicas.

CONSIDERAÇÕES FINAIS

Não há dúvida de que estudos sobre o potencial toxicogenético são parte essencial nas avaliações de segurança contra agentes xenobióticos. A introdução das novas tecnologias ômicas trouxe maior sensibilidade para a detecção dos efeitos nocivos, ampliando o espectro de alterações detectáveis e de biomarcadores de risco. Todavia, o alcance da toxicogenômica não é maior do que os desafios que ainda precisam ser vencidos, como os referentes ao número crescente de novos produtos constantemente colocados para avaliação e as diversas formas de poluição ambiental, além dos relativos às espécies vivas atingidas (com características biológicas únicas). Além disso, o desafio de gerenciar, analisar, integrar e armazenar grandes quantidades de dados exige recursos computacionais sem precedentes, e novas ferramentas ainda devem ser criadas para que todas as informações possam ser interpretadas e se revertam em melhorias para a saúde humana e para o meio ambiente. De qualquer forma, passos gigantescos já foram dados da Toxicogenética à Toxicogenômica.

Referências bibliográficas

Aardema MJ, MacGregor JT. Toxicology and genetic toxicology in the new era of 'toxicogenomics': impact of '-omics' technologies. Mutat Res. 2002; 499:13-25. http://dx.doi.org/10.1016/S0027-5107(01)00292-5.

Ames BN, Durston WE, Yamasaki E, Lee FD. Carcinogens are mutagens: a simple test system combining liver homogenates for activation and bacteria for detection. Proc. Nat. Acad. Sci. USA. 1973; 70:2281-5. https://doi.org/10.1073/pnas.70.8.2281.

Aslam B, Basit M, Nisar MA, Khurshid M, Rasool MH. Proteomics technologies and their applications. J. Chromatogr. Sci. 2017; 55:182-96. https://doi.org/10.1093/chromsci/bmw167.

Basu AK. DNA damage, mutagenesis and cancer. Int J Mol Sci. 2018; 19:970. https://doi.org/10.3390/ijms19040970.

Behjati S, Tarpey PS. What is next generation sequencing? Arch Dis Child Educ Pract Ed. 2013; 98:236-8. https://doi.org/10.3390/ijms19040970.

Canuto GAB, Costa JL, Cruz PLR, Souza ARL, Faccio AT, Klassen A *et al*. Metabolômica: definições, estado da arte e aplicações representativas. Quim. Nova. 2018; 41:75-91. http://dx.doi.org/10.21577/0100-4042.20170134.

Cimino MC. Comparative overview of current international strategies and guidelines for genetic toxicology testing for regulatory purposes. Environ. Mol. Mutagen. 2006; 47:362-90. https://doi.org/10.1002/em.20216.

Coutryman PI, Heddle JA. The production of micronuclei from chromosome aberrations in irradiated cultures of human lymphocytes. Mutat. Res. 1976; 41:321-32. https://doi.org/10.1016/0027-5107(76)90105-6.

Da Silva J, Freitas TRO, Marinho JR, Speit G, Erdtmann B. An alkaline single-cell gel electrophoresis (comet) assay for environmental biomonitoring with native rodents. Genet Mol Biol. 2000; 23:241-5. https://doi.org/10.1590/S1415-47572000000100042.

David R. The promise of toxicogenomics for genetic toxicology: past, present and future. Mutagenesis. 2020; 35:153-9. https://doi.org/10.1093/mutage/geaa007.

Fenech M, Morley AA. Measurement of micronuclei in lymphocytes. Mutat Res. 1985; 147:29-36. https://doi.org/10.1016/0165-1161(85)90015-9.

Fiehn O. Metabolomics – the link between genotypes and phenotypes. Plant Mol Biol. 2002; 48:155-71. https://doi.org/10.1023/A:1013713905833.

Fornace Jr AJ, Jackman J, Hollander MC, Hoffman-Liebermann B, Liebermann DA. Genotoxic-stress--response genes and growth-arrest genes. gadd, MyD, and other genes induced by treatments eliciting growth arrest. Ann. N. Y. Acad. Sci. 1992; 663:139-53. https://doi.org/10.1111/j.1749-6632.1992.tb38657.x.

Hamadeh HK, Bushel PR, Jayadev S, Martin K, DiSorbo O, Sieber S *et al*. Gene expression analysis reveals chemical-specific profiles. Toxicol. Sci. 2002; 67:219-31. https://doi.org/10.1093/toxsci/67.2.219.

Hayashi M. The micronucleus test—most widely used in vivo genotoxicity test. BMC Genes Environ. 2016; 38:18. https://doi.org/10.1186/s41021-016-0044-x.

Klaude M, Eriksson S, Nygren J, Ahnström G. The comet assay: mechanisms and technical considerations. Mutat Res. 1996; 363:89-96. https://doi.org/10.1016/0921-8777(95)00063-1.

Martins C, Dreij K, Costa PM. The state-of-the art of environmental toxicogenomics: challenges and perspectives of "omics" approaches directed to toxicant mixtures. Int J Environ Res Public Health. 2019; 16:4718-34. https://doi.org/10.3390/ijerph16234718.

Nakagawa S, Okamoto M, Yoshihara K, Nukada Y, Morita O. Grouping of chemicals based on the potential mechanisms of hepatotoxicity of naphthalene and structurally similar chemicals using in vitro testing for read-across and its validation. Regul Toxicol Pharmacol. 2021; 121:104874. doi: 10.1016/j.yrtph.2021.104874. Epub 2021 Jan 23. PMID: 33493583.

National Research Council (NCR). Applications of toxicogenomic technologies to predictive toxicology and risk assessment. National Academies Press, Washington, DC. 2007 http://www.nap.edu/catalog/12037.html.

Schmid W. The micronucleus test. Mutat Res. 1975; 31:9-15. https://doi.org/10.1016/0165-1161(75)90058-8.

Singh NP, Stephens RE. Microgel electrophoresis: sensitivity, mechanisms, and DNA electrostretching. Mutat Res. 1996; 383:167-75. https://doi.org/10.1016/S0921-8777(96)00056-0.

Tennant RW. The National Center for Toxicogenomics: using new technologies to inform mechanistic toxicology. Environ Health Perspect. 2002; 110:A8-A10. https://doi.org/10.1289/ehp.110-a8.

Thybaud V, Le Fevre AC, Boitier E. Application of toxicogenomics to genetic toxicology risk assessment. Environ Mol Mutagen. 2007; 48:369-79. https://doi.org/10.1002/em.20304.

Titz B, Elamin A, Martin F, Schneider T, Dijon S, Ivanov NV *et al*. Proteomics for systems toxicology. Comput Struct Biotechnol J. 2014; 11:73-90. https://doi.org/10.1093/toxsci/kfv244.

van Dijk EL, Auger H, Jaszczyszyn Y, Thermes C. Ten years of next-generation sequencing technology. Trends Genet. 2014; 30:418-26. https://doi.org/10.1016/j.tig.2014.07.001.

Viant MR, Ebbels TMD, Beger RD, Ekman DR, Epps DJT, Kamp H *et al*. Use cases, best practice and reporting standards for metabolomics in regulatory toxicology. Nature Commun. 2019; 10:3041. https://doi.org/10.1038/s41467-019-10900-y.

Wang Z, Gerstein M, Snyder M. RNA-Seq: a revolutionary tool for transcriptomics. Nat Rev Genet. 2009; 10:57-63. https://doi.org/10.1038/nrg2484.

2

Estratégia para Avaliação do Efeito Mutagênico

Fábio Kummrow • Gisela de Aragão Umbuzeiro

Resumo

Testes de genotoxicidade fazem parte da avaliação da segurança de substâncias* químicas. Atualmente, existem vários testes de genotoxicidade/mutagenicidade padronizados internacionalmente que permitem avaliar os danos diretos e indiretos ao genoma. Como não existe um único teste capaz de identificar todos os tipos de danos são empregadas baterias. Neste capítulo, estão descritos esses testes e como vêm sendo utilizados na classificação do perigo e de acordo com a área regulatória, tanto no mundo como, especificamente, no Brasil. Também foram apresentadas as tendências futuras que envolvem mudanças importantes de paradigmas no que se refere ao uso de tais testes em processos de avaliação quantitativa de riscos.

GENOTOXICIDADE E MUTAGENICIDADE: COMO E POR QUE AVALIAR ESSES EFEITOS?

Genotoxicidade é um termo amplo que engloba tanto a mutagenicidade quanto outros tipos de danos ao material genético, por exemplo, adutos de DNA, que podem ou não se tornar alterações permanentes ou transmissíveis, dependendo de serem totalmente reparados ou não. A mutagenicidade pode ser definida como a indução de alterações permanentes e/ou transmissíveis. Elas podem ocorrer em um único gene ou em uma sequência de genes e são denominadas mutações gênicas. Quando ocorrem no nível cromossômico, são denominadas aberrações cromossômicas, as quais são divididas em aberrações estruturais, clastogênese, que incluem quebras e rearranjos dos segmentos cromossômicos, e em aberrações numéricas, aneugênese, configuradas por ganho ou perda de cromossomos inteiros (Ji *et al.*, 2017; Sundar *et al.*, 2018).

---

*Substância: elemento químico e seus compostos no estado natural ou obtidos por qualquer processo de fabricação, incluindo qualquer aditivo necessário para preservar sua estabilidade e qualquer impureza identificada derivada do processo utilizado, mas excluindo qualquer solvente que possa ser separado sem afetar a estabilidade da substância ou mudando sua composição (ECHA, 2019).

10 Estratégia para Avaliação do Efeito Mutagênico

Nesse contexto, a toxicologia genética, ou também denominada genética toxicológica, oferece ferramentas para determinar a capacidade de agentes químicos, físicos e biológicos causarem danos ao material genético. Do ponto de vista de proteção da saúde, a identificação de agentes mutagênicos, tanto para células somáticas quanto para células germinativas, é de grande importância. Danos no DNA em células somáticas estão envolvidos no processo de carcinogênese. Além de câncer, os danos no DNA nuclear e mitocondrial de células somáticas estão associados a distúrbios neurodegenerativos (incluindo as doenças de Alzheimer, Huntington e Parkinson), infertilidade, doenças cardiovasculares, envelhecimento precoce, disfunção em células tronco, condições inflamatórias crônicas e síndromes metabólicas. Por outro lado, quando os danos no DNA ocorrem em células germinativas, podem levar a mutações gênicas e/ou aberrações cromossômicas e serem transmitidas para a progênie. Neste caso podem causar diversas síndromes e doenças hereditárias como hemofilia (Ball e Hollnagel, 2017; Ji *et al.*, 2017; Nicolette, 2017; Turkez *et al.*, 2017; Sundar *et al.*, 2018).

Assim, o desenvolvimento de ferramentas para a identificação dos agentes mutagênicos é necessário e sempre foi muito importante na história da toxicologia genética. Historicamente, o primeiro teste proposto foi o teste letal recessivo ligado ao sexo com *Drosophila melanogaster*, que permitiu que o grupo do Dr. Muller observasse que os raios X eram capazes de induzir mutações em células germinativas. Essa descoberta motivou a criação, em 1969, nos Estados Unidos, da Sociedade de Mutagênese Ambiental (*Environmental Mutagen Society* – EMS) com a missão original de identificar e eliminar do ambiente agentes capazes de causar mutações nas células germinativas, visando proteger a saúde das populações humanas. Contudo, o desenvolvimento do teste de mutação gênica com *Salmonella typhimurium*, pelo Dr. Ames, mudou profundamente a direção e os objetivos dos testes de mutagenicidade para a predição de efeitos carcinogênicos. E, com a demonstração da elevada correlação entre os resultados do teste *Salmonella*/microssoma e os testes de carcinogênese com roedores, a grande maioria do desenvolvimento e das aplicações de testes de toxicologia genética se concentrou na relação entre mutação e câncer em células somáticas (DeMarini, 2020; Marchetti *et al.*, 2020). Consequentemente, a maioria dos dados de genotoxicidade de substâncias químicas vêm sendo obtidos com células somáticas (Steiblen *et al.*, 2020).

Vários testes *in vitro* e *in vivo* foram desenvolvidos ao longo das últimas décadas, os quais são aplicados em baterias que permitem avaliar o perigo relativo à genotoxicidade das substâncias (Nicolette, 2017). Assim, no âmbito das regulamentações internacionais, que visam a proteção da saúde humana e da biota em geral, a realização de testes de genotoxicidade, validados e sensíveis, é requisito básico do processo de avaliação da segurança dos produtos químicos novos ou já existentes. Como exemplos, podemos citar aqueles destinados à produção de medicamentos para uso humano e veterinário, incluindo os fármacos e todos os outros componentes dos produtos farmacêuticos; ingredientes de cosméticos; produtos de uso industrial; agrotóxicos, tanto ingredientes ativos como produtos técnicos e formulados; aditivos e materiais que entram em contato com alimentos (Corvi e Madia, 2017; Sundar *et al.*, 2018; Steiblen *et al.*, 2020).

Os dados gerados pelos testes de genotoxicidade podem ser empregados no processo de avaliação de riscos e, assim, subsidiar a tomada de decisões regulatórias sobre o eventual registro, classificação e rotulagem, e ainda para o estabelecimento de limites aceitáveis de exposição aos produtos (Sundar *et al.*, 2018; Steiblen *et al.*, 2020). Ressaltamos que diferentes países podem estabelecer requisitos específicos para a condução desses processos (Corvi e Madia, 2017; Sundar *et al.*, 2018) e, apesar de haver um grande esforço, tanto do setor regulador como do setor regulado, na tentativa de harmonização dos protocolos de ensaio bem como de classificação e registro das substâncias químicas, especificidades relacionadas com os usos pretendidos para a substância e dos próprios países podem levar ao estabelecimento de baterias de testes diferenciadas.

A etapa de avaliação da genotoxicidade ocorre nas duas primeiras etapas do processo de avaliação de riscos toxicológicos. Na etapa de identificação do perigo é verificada a capacidade intrínseca das substâncias causarem danos ao material genético dos organismos expostos, por exemplo, mutações. Na etapa seguinte, de caracterização do perigo, a natureza do perigo identificado é descrita qualitativa e quantitativamente, incluindo aspectos referentes à toxicocinética, aos mecanismos de ação e às relações dose-resposta (Cartus e Schrenk, 2017).

Na atualidade, os diferentes testes de genotoxicidade/mutagenicidade padronizados internacionalmente permitem avaliar tanto os danos diretos, estáveis e irreversíveis no DNA, que são transmissíveis para a próxima geração de células de um tecido específico (mutagenicidade), quanto os efeitos precoces e potencialmente reversíveis ao DNA ou em mecanismos envolvidos na preservação da integridade do genoma (genotoxicidade). Mas, como não existe um único teste capaz de identificar todos os tipos de danos ao genoma (Corvi e Madia, 2017; Sundar *et al.*, 2018; Steiblen *et al.*, 2020), é necessário utilizar baterias de testes que devem seguir alguns princípios gerais (Steiblen *et al.*, 2020):

- Uma bateria mínima de testes deve ser capaz de fornecer o máximo de informação sobre a genotoxicidade de uma substância;
- Os testes incluídos na bateria devem ser adequados e apresentar elevada eficiência para detectar alterações no genoma;
- A extensão da bateria de testes deve ser compatível com a extensão da exposição humana (real ou potencial), ou seja, quanto maior e mais heterogênea a população exposta, maior e mais abrangente deve ser a bateria de testes empregada;
- Tanto uso de animais quanto a quantidade de animais empregados nos testes devem ser reduzidos.

Em geral, para atender a todos esses princípios, é empregada uma abordagem em etapas (*tier approach* – TA), que se inicia com testes *in vitro* seguidos, dependendo dos resultados obtidos, por uma bateria de testes *in vivo*. Embora testes *in vitro* sejam utilizados com sucesso para prever e identificar a genotoxicidade de substâncias, atualmente não são suficientes para substituir completamente os testes com animais (Corvi e Madia, 2017). Contudo, é consensual que a realização de qualquer teste *in vivo* deve ser muito bem justificada, e deve buscar a utilização do menor número possível de animais. Assim, vem sendo recomendada a utilização de ratos em vez de camundongos, uma vez que ratos têm maior quantidade de sangue, permitindo a medida de maior número de diferentes parâmetros de avaliação. Além disso, existe maior quantidade de estudos de toxicocinética (absorção, distribuição, metabolismo e excreção – ADME) conduzidos com ratos, o que pode auxiliar sobremaneira a avaliação de risco para os seres humanos (Steiblen *et al.*, 2020).

TESTES PADRONIZADOS DISPONÍVEIS PARA AVALIAÇÃO DE GENOTOXICIDADE

O processo de avaliação toxicológica, que inclui os testes de genotoxicidade, é complexo, trabalhoso e de alto custo (Thybaud *et al.*, 2017). Embora as estratégias para avaliar o potencial genotóxico das substâncias destinadas a diferentes usos possam diferir em pontos específicos, de acordo com Dearfield *et al.* (2017) e Hardy *et al.* (2017), a maioria recomenda o uso de uma bateria básica que inclui:

- Um teste de mutagenicidade com bactérias (geralmente o teste *Salmonella*/microssoma);
- Um ou dois testes *in vitro* com células de mamíferos para avaliar mutações gênicas (p. ex., teste com células de linfoma de camundongo) e para avaliar danos cromossômicos (p. ex., teste de micronúcleo ou aberração cromossômica);
- Um ou mais testes *in vivo* para avaliar mutações gênicas ou cromossômicas, em células somáticas e/ou germinativas.

Quando a substância apresentar genotoxicidade *in vitro* testes adicionais para avaliar o seu potencial genotóxico *in vivo* geralmente serão necessários (Hardy *et al.*, 2017). No entanto, é importante ressaltar que a otimização das baterias de teste visando minimizar os resultados

12 Estratégia para Avaliação do Efeito Mutagênico

falsos-positivos pode reduzir a probabilidade de detectar a atividade genotóxica inerente de certas substâncias. Assim, ao se recomendar baterias de testes destinadas à avaliação de risco, é necessário encontrar um equilíbrio que garanta, com razoável segurança, que substâncias genotóxicas, com probabilidade de serem ativas *in vivo*, sejam detectadas (Hardy *et al.*, 2017).

Atualmente, as estratégias de avaliação e os protocolos de testes propostos por diferentes instituições como a Organização para a Cooperação e Desenvolvimento Econômico (OECD), o Conselho Internacional para Harmonização de Requisitos Técnicos para Medicamentos de Uso Humano (ICH), a Organização Internacional de Normalização (ISO), entre outras instituições de abrangência internacional, regional ou local, geralmente são suficientes para uma avaliação abrangente do potencial genotóxico de substâncias químicas e para o atendimento de diferentes requisitos legais (Ji *et al.*, 2017; Sundar *et al.*, 2018). Por exemplo, as diretrizes do ICH (S2(R1) (2011) e M7(R1) (2017)) são empregadas na avaliação de medicamentos e impurezas relacionadas nos principais países produtores e consumidores (Sundar *et al.*, 2018), incluindo o Brasil (Anvisa, 2013). No *website* do ICH (https://www.ich.org/) as diretrizes podem ser obtidas gratuitamente.

No contexto regulatório, os testes devem ser realizados, sempre que possível, de acordo com protocolos aceitos internacionalmente e utilizando boas práticas de laboratório (BPL). Os protocolos propostos pela OECD desempenham papel fundamental na harmonização dos requisitos para avaliação da genotoxicidade de substâncias e têm sido os mais empregados em todo o mundo devido, entre outros fatores, ao acordo de Aceitação Mútua de Dados (*mutual acceptance of data* – MAD). Este acordo estabelece que dados gerados em testes realizados de acordo com os protocolos da OECD e seguindo as BPL, em qualquer um dos países-membros deve ser aceitos pelos demais países-membros, tanto para o uso pretendido da substância, bem como para qualquer outra finalidade relacionada com a proteção da saúde humana e do meio ambiente (Ji *et al.*, 2017; Thybaud *et al.*, 2017; Sundar *et al.*, 2018).

Muitos países têm adotado o Sistema Globalmente Harmonizado de Classificação e Rotulagem de Produtos Químicos (*Globally Harmonized System of classification and labelling of chemicals* – GHS) para classificação do perigo de substâncias químicas. No Brasil, a norma brasileira, NBR 14725 da Associação Brasileira de Normas Técnicas (ABNT, 2019), determina que a classificação de produtos químicos seja conduzida de acordo com os critérios do GHS. O objetivo geral do GHS é estabelecer um conjunto padronizado de critérios que permitam uma avaliação consistente de dados físico-químicos, toxicológicos e ecotoxicológicos disponíveis sobre uma substância pura ou das suas misturas, para que os seus perigos possam ser identificados e classificados (Ball e Hollnagel, 2017; UN, 2019). Particularmente, a classificação de mutagenicidade de acordo com o GHS está focada especificamente em agentes mutagênicos para células germinativas e, portanto, apenas as substâncias ou misturas que contenham agentes que sejam reconhecidamente ou suspeitos de serem capazes de causar mutações em células germinativas humanas podem ser classificadas (Ball e Hollnagel, 2017). A mutagenicidade em células somáticas é avaliada no contexto da carcinogenicidade (UN, 2019). Desta forma, foram estabelecidas três categorias para classificação de substâncias mutagênicas para células germinativas (Tabela 2.1).

As categorias são 1A, 1B e 2, nas quais a relevância, isto é, a capacidade de produzir efeitos mutagênicos em células germinativas humanas, e o peso das evidências determinam a gravidade, mas não a potência ou modo de ação da substância. A principal diferença entre as categorias 1 (A e B) e a 2 é que a classificação na categoria 1 exige a demonstração de que as mutações são ou podem ser causadas e transmitidas para a prole, enquanto a categoria 2 inclui substâncias que produzem mutações em células somáticas em testes *in vivo*, porém existem apenas evidências insuficientes ou não há evidências para discriminar se essas mutações podem ocorrer também em células germinativas (Ball e Hollnagel, 2017; UN, 2019). O GHS também recomenda que, para avaliação de mutagenicidade, sejam empregados preferencialmente os protocolos OECD (UN, 2019).

Tabela 2.1. Critérios de classificação para mutagenicidade em células germinativas do Sistema Globalmente Harmonizado de Classificação e Rotulagem de Produtos Químicos (GHS)

Categoria 1	Substâncias reconhecidamente capazes de induzir mutações hereditárias ou por serem potencialmente capazes de induzir mutações hereditárias nas células germinativas de seres humanos.
1 A	Substâncias reconhecidamente capazes de induzir mutações hereditárias em células germinativas de seres humanos: Evidência positiva obtida em estudos epidemiológicos em humanos.
1 B	Substâncias que devem ser consideradas indutoras de mutações hereditárias nas células germinativas em seres humanos: a) Resultados positivos nos testes de mutagenicidade *in vivo* em células germinativas de mamíferos; ou b) Resultados positivos nos testes de mutagenicidade *in vivo* em células somáticas de mamíferos, combinados com evidências de que a substância tem potencial para causar mutações nas células germinativas. Esta evidência de suporte pode, por exemplo, ser derivada de testes de mutagenicidade/genotoxicidade em células germinativas *in vivo*, ou pela demonstração da capacidade da substância ou de seus metabólitos interagirem com o material genético das células germinativas; ou c) Resultados positivos em testes que demonstram efeitos mutagênicos nas células germinativas de seres humanos, sem demonstração de transmissão à progênie, por exemplo, um aumento na frequência de aneuploidia nos espermatozoides dos indivíduos expostos.
Categoria 2	Substâncias que causam preocupação devido à possibilidade de induzir mutações hereditárias nas células germinativas de seres humanos: Evidências positivas obtidas em testes *in vivo* com mamíferos e/ou em alguns casos em testes *in vitro*, obtidos com: a) Testes de mutagenicidade em células somáticas *in vivo* com mamíferos; ou b) Outros testes de genotoxicidade em células somáticas *in vivo* respaldados por resultados positivos de testes de mutagenicidade *in vitro*.

Nota: As substâncias que são positivas em testes de mutagenicidade *in vitro* com células de mamíferos e que apresentam similaridade (relação estrutura-atividade) com agentes mutagênicos conhecidos para células germinativas devem ser consideradas Categoria 2 para essa classificação.

Fonte: adaptada de Ball e Hollnagel, 2017; UN, 2019.

Em resumo, no GHS a mutagenicidade é considerada como parâmetro apical para classificar uma substância como um agente mutagênico para células germinativas. Como a mutagenicidade é o evento central no processo do desenvolvimento do câncer, evidências de atividade mutagênica obtidas nos testes *in vivo* sugerem que a substância tem potencial carcinogênico. O potencial carcinogênico é avaliado em uma abordagem específica descrita no Capítulo 3.6 do GHS (UN, 2019).

Os protocolos da OECD referentes aos testes de genotoxicidade estão disponíveis desde 1982. Alguns desses protocolos são antigos e, por isso, a lista de testes em vigência é revisada e atualizada de forma contínua (OECD, 2016a; Steiblen *et al.*, 2020). Os protocolos vigentes, recomendados pela OECD, abrangem os principais tipos de alterações genéticas (mutações gênicas, aberrações cromossômicas estruturais e aneuploidia) tanto *in vitro* quanto *in vivo*. No *website* da OECD (www.oecd.org) estão disponíveis gratuitamente os textos completos desses protocolos e os respectivos documentos de apoio.

Atualmente, 12 protocolos de testes vêm sendo preferencialmente empregados no âmbito regulatório (OECD, 2016a; Ji *et al.*, 2017; Thybaud *et al.*, 2017) e estão listados a seguir:

1. Testes *in vitro* de mutação gênica:
- Protocolo OECD 471 – Teste de mutação reversa em bactéria (2020a).
- Protocolo OECD 476 – Testes *in vitro* de mutação em células de mamíferos usando os genes Hprt e xprt (2016b).
- OECD 490 – Teste *in vitro* de mutação gênica em células de mamíferos usando o gene da timidina quinase (2016c).

2. **Testes *in vitro* de aberrações cromossômicas:**
   - Protocolo OECD 473 – Teste *in vitro* de aberrações cromossômicas em mamífero (2016d).
   - Protocolo OECD 487 – Teste *in vitro* de micronúcleos em células de mamíferos (2016e).
3. **Testes *in vivo* de mutação gênica/aberrações cromossômicas com células somáticas:**
   - Protocolo OECD 488 – Ensaios de mutação gênica em células germinativas e somáticas de roedores (2020b).
4. **Testes *in vivo* de aberrações cromossômicas com células somáticas:**
   - Protocolo OECD 475 – Teste de aberrações cromossômicas em medula óssea de mamíferos (2016f).
   - Protocolo OECD 474 – Teste de micronúcleo em eritrócitos de mamíferos (2016h).
5. **Testes *in vivo* de danos/reparo do DNA com células somáticas:**
   - Protocolo OECD 486 – Teste *in vivo* de síntese não programada de DNA (UDS) com células hepáticas de mamíferos (1997).
   - OECD 489 – Ensaio *in vivo* de cometa alcalino em mamíferos (2016g).
6. **Testes *in vivo* de mutação gênica/aberrações cromossômicas com células germinativas:**
   - Protocolo OECD 488 – Ensaios de mutação gênica em células somáticas e germinativas em roedores (2020b).
7. **Testes *in vivo* de aberrações cromossômicas com células germinativas:**
   - Protocolo OECD 483 – Teste de aberrações cromossômicas em espermatogonia em mamíferos (2016i).
   - Protocolo OECD 478 – Teste dominante letal em roedores (2016j).

Na abordagem em etapas, os testes *in vitro* são empregados, inicialmente, tanto com bactérias (OECD 471) quanto com diferentes linhagens de células de mamíferos (OECD 473, 476, 487 e 490). Resultados positivos na etapa de testes *in vitro* geralmente são seguidos por testes *in vivo* para confirmação. Os testes *in vivo*, que devem ser incluídos na bateria, dependem do parâmetro de avaliação que apresentou resultado positivo nos testes *in vitro*, por exemplo, um resultado positivo em um teste *in vitro* de micronúcleo (p. ex., OECD 487) deve ser seguido por um teste *in vivo* de micronúcleo (p. ex., OECD 489). Dependendo de características específicas da substância em estudo e do uso pretendido, pode ser necessária a substituição de um ou mais testes por diferentes opções de testes *in vitro* ou *in vivo* (Sundar *et al.*, 2018; Steiblen *et al.*, 2020).

Devido às restrições cada vez maiores para a realização de testes *in vivo*, há uma crescente valorização dos resultados dos testes *in vitro*. Porém, tal fato dificulta a classificação da substância na categoria 1B do GHS (Tabela 2.1). O fato se torna muito relevante pois substâncias ou misturas categorizadas como 1A ou 1B, geralmente, têm a comercialização proibida (Steiblen *et al.*, 2020).

REQUISITOS INTERNACIONAIS PARA AVALIAÇÃO DA GENOTOXICIDADE

Independentemente do uso pretendido, os processos de registro de produtos químicos sempre exigem a avaliação de seu potencial genotóxico, com o objetivo de proteger tanto os seres humanos quanto o meio ambiente (Steiblen *et al.*, 2020). Nesse contexto, é a finalidade da substância a ser avaliada e o país onde se busca o seu registro que determinam quais os testes que deverão compor a bateria de avaliação de genotoxicidade e, por isso, as baterias podem variar consideravelmente (Sundar *et al.*, 2018). Visando facilitar o comércio exterior e reduzir custos envolvidos no processo de registro, diferentes países têm buscado harmonizar os critérios de classificação de produtos químicos e, consequentemente, os testes de avaliação de genotoxicidade exigidos e/ou aceitos.

Na União Europeia (UE), a bateria exigida pelas diferentes agências regulatórias é bastante semelhante e está em acordo com as diretrizes do regulamento "Registro, Avaliação, Autorização e Restrição de Produtos Químicos" (*Registration, Evaluation, Authorization and Restriction of Chemicals* – REACH). As diretrizes contidas no REACH Europeu também vêm direcionando o estabelecimento das baterias de testes em outros países, por exemplo, na China (REACH Chinês) e Coreia (REACH Coreano) (Ji *et al.*, 2017; Sundar *et al.*, 2018; Steiblen *et al.*, 2020).

Particularmente no contexto Europeu, resultados negativos em testes *in vitro*, permitem concluir que a substância não tem potencial genotóxico. No caso de resultados positivos nos testes *in vitro*, testes *in vivo* são conduzidos para confirmar ou descartar o potencial genotóxico observado. Resultados negativos nos testes *in vivo* anulam os resultados positivos obtidos *in vitro* por serem considerados testes com maior peso de evidência, e, nesse caso, a substância passa a ser considerada não genotóxica. Resultados positivos nos testes *in vivo* classificam definitivamente a substância como genotóxica. Para as substâncias genotóxicas para células somáticas nos testes *in vivo*, a mutagenicidade potencial para células germinativas deve ser considerada e preferencialmente investigada com testes específicos. Além disso, quando uma substância é confirmada como mutagênica, inúmeras legislações solicitam a condução de testes específicos de carcinogenicidade (Ji *et al.*, 2017; Steiblen *et al.*, 2020).

Outro aspecto importante na condução das baterias de testes de genotoxicidade é o quantitativo, ou seja, as faixas de tonelagem (volume de produção e importação) das substâncias. Tanto na UE quanto na China, na Austrália e na Tailândia, diferentes faixas de tonelagens implicam baterias de testes maiores ou menores (Ji *et al.*, 2017; Sundar *et al.*, 2018; Steiblen *et al.*, 2020). Por exemplo, o REACH Europeu recomenda uma estratégia de teste integrada, flexível e gradual para a realização dos testes de mutagenicidade. Para substâncias na faixa de tonelagem de 1 a 10 t/ano é obrigatória a realização do teste *Salmonella*/microssoma (OECD 471). Se o resultado for negativo, normalmente nenhum teste adicional é necessário. Contudo, se o teste *Salmonella*/microssoma for positivo, outros testes *in vitro* e, eventualmente *in vivo*, podem ser necessários (Ji *et al.*, 2017; Steiblen *et al.*, 2020).

Para substâncias na faixa de tonelagem de 10 a 100 t/ano, além do teste *Salmonella*/microssoma, é exigida avaliação abrangente incluindo testes *in vitro* com células de mamíferos para avaliação de mutação gênica (p. ex., OECD 490), e de aberrações cromossômicas (p. ex., OECD 487). Se todos os três testes forem negativos, a substância será considerada não genotóxica e não serão necessários testes adicionais. Porém, quando ambos os testes *in vitro* com células de mamíferos são negativos, mas o teste *Salmonella*/microssoma é positivo, a necessidade de testes adicionais *in vivo* é determinada caso a caso. Quando algum dos testes *in vitro* com células de mamíferos apresentar resultado positivo, devem ser realizados testes *in vivo* para confirmar ou descartar o potencial mutagênico. Se os testes *in vivo* para detectar mutações em células somáticas (p. ex., OECD 488) forem negativos, a substância será considerada não mutagênica (Ji *et al.*, 2017; Steiblen *et al.*, 2020).

Por fim, para substâncias na faixa > 100 t/ano, que apresentarem resultados negativos para todos os testes *in vitro* exigidos para as outras faixas de tonelagem, não são necessários testes adicionais. Contudo, se qualquer um dos testes *in vitro* apresentar resultado positivo, será necessária avaliação adicional abrangente da mutagenicidade *in vivo*, incluindo células somáticas e, eventualmente, células germinativas (p. ex., OECD 478). Se os testes *in vivo* em células somáticas forem negativos, normalmente a substância será considerada não mutagênica. Se um teste *in vivo* em células somáticas for positivo, será necessária avaliação em células germinativas (Ji *et al.*, 2017; Steiblen *et al.*, 2020).

Mesmo na União Europeia (UE), algumas diferenças nos requisitos regulatórios, especialmente os relativos à utilização dos testes *in vivo*, existem em virtude da finalidade proposta para o produto químico. Para produtos farmacêuticos destinados ao uso humano e veterinários, a bateria de testes *in vitro*, independentemente dos resultados, é sempre seguida por testes *in vivo*

(Corvi e Madia, 2017). No caso dos agrotóxicos, não há acordos globais sobre quais os testes de genotoxicidade são necessários para o registro (Booth *et al.*, 2017). Contudo, tanto na UE quanto em diversos outros países como Canadá e Estados Unidos, os testes *in vivo* são obrigatórios mesmo quando todos os testes *in vitro* apresentam resultados negativos (Booth *et al.*, 2017; Corvi e Madia, 2017).

Com relação a produtos cosméticos, embora a avaliação da genotoxicidade e carcinogenicidade seja um componente fundamental na avaliação de segurança, existe uma tendência internacional de proibir os testes *in vivo*, como já acontece desde 2009 na UE (Sundar *et al.*, 2018; Tcheremenskaia *et al.*, 2019). Assim, três testes de mutagenicidade *in vitro* são recomendados para a avaliação das substâncias empregadas na indústria de cosméticos:

- Teste *Salmonella*/microssoma;
- Um teste *in vitro* de mutação gênica em células de mamíferos;
- Um teste *in vitro* de mutação cromossômica em células de mamífero (micronúcleo ou aberração cromossômica).

Se todos os três testes apresentarem resultados negativos, a substância é considerada não mutagênica. Porém, se para qualquer um dos testes ocorrer um resultado positivo, a substância será considerada mutagênica (Sundar *et al.*, 2018). Além disso, nos últimos anos, as pesquisas no campo dos métodos alternativos, tanto *in vitro* quanto *in silico*, têm trazido importantes avanços para a avaliação da segurança dos produtos cosméticos. Particularmente, os dados sobre alertas estruturais estão claramente listados em documentos que estabelecem diretrizes para a avaliação da segurança desse tipo de produtos, o que indica que abordagens *in silico* (especialmente aquelas com base em relações estrutura-atividade quantitativas– *Quantitative Structure-Activity Relationship* – QSAR) podem ser usadas para essa finalidade (Tcheremenskaia *et al.*, 2019).

Para novos fármacos, uma rigorosa bateria de testes para avaliação de segurança é necessária antes que possam ser realizados ensaios clínicos com seres humanos (Nicolette, 2017). No âmbito regulatório destinado à avaliação da genotoxicidade de produtos farmacêuticos, é notório o papel das diretrizes do ICH. Podemos citar, como exemplo, a diretriz sobre segurança – ICH S2(R1) (2011) e a diretriz multidisciplinar – ICH M7(R1) (2017) para a harmonização e padronização global dos testes necessários para a aprovação de novos medicamentos destinados ao uso humano. Essas diretrizes consideram as práticas atuais dos países participantes e fornecem uma visão unificada, destinada a facilitar a aceitação mútua de dados, além de esclarecer outras questões relevantes (Ruthsatz *et al.*, 2020). Particularmente, além de recomendar os protocolos dos testes, preferencialmente aqueles propostos pela OECD e realizados de acordo com as BPL, a ICH S2(R1) visa otimizar a bateria padrão para avaliação do potencial genotóxico dos produtos farmacêuticos e fornece recomendações sobre a interpretação dos resultados, incluindo a aplicação do peso da evidência a todos os resultados obtidos (Galloway, 2017; Nicolette, 2017; Sundar *et al.*, 2018). Assim, a principal finalidade das baterias de testes propostas pelo ICH é melhorar a caracterização de risco para eventuais efeitos carcinogênicos, considerando que os cânceres têm origem nas mutações (Ruthsatz *et al.*, 2020).

Contudo, é importante ressaltar que, de acordo com o ICH, os estudos de genotoxicidade não são aplicáveis aos produtos biológicos e, portanto, atualmente não são necessários, por exemplo, para vacinas (Ruthsatz *et al.*, 2020). Outra exceção importante são os produtos farmacêuticos destinados ao tratamento de cânceres ou de outras doenças em que a expectativa de vida é de até 5 anos. Nessas situações, a caracterização da genotoxicidade dos fármacos ou produtos farmacêuticos é necessária apenas para fins de rotulagem e comercialização (Nicolette, 2017). Assim, as duas opções de baterias de testes propostas pelo ICH, e apresentadas a seguir, são consideradas igualmente adequadas para avaliação da mutagenicidade dos produtos farmacêuticos (Nicolette, 2017; Sundar *et al.*, 2018).

A primeira opção de bateria inclui um teste de mutação gênica com bactérias (preferencialmente o teste *Salmonella*/microssoma – OECD 471). Em geral, um segundo teste citogenético *in vitro* é necessário visando detectar danos cromossômicos em células de mamíferos, podendo ser tanto o teste de aberrações cromossômicas em células em metáfase (OECD 473), quanto o teste de micronúcleos (OECD 487), ou, ainda, o teste de mutações gênicas em células de mamíferos, usando o gene da timidina quinase (OECD 490). Essa bateria também inclui um teste *in vivo* com células hematopoiéticas de roedores para detectar aberrações cromossômicas em células em metáfase (OECD 475) ou micronúcleos (OECD 474) (Nicolette, 2017; Sundar *et al.*, 2018).

A segunda opção de bateria também é composta de uma avaliação *in vitro* (teste de mutação gênica com bactérias, OECD 471) e uma avaliação *in vivo* em dois tecidos diferentes, geralmente o teste de micronúcleo em células hematopoiéticas de roedores (OECD 487) e, preferencialmente, um segundo teste para avaliar quebras de fitas de DNA em hepatócitos (OECD 489). Os testes devem ser sempre conduzidos em doses/concentrações subletais (Nicolette, 2017; Sundar *et al.*, 2018). É importante ressaltar que os requisitos do ICH não incluem testes com células germinativas e pressupõem que testes com células somáticas *in vivo* e dados da avaliação de carcinogenicidade são suficientes para prever/proteger as células germinativas de efeitos genotóxicos (Yauk *et al.*, 2015a).

Visando aumentar a segurança das novas formulações farmacêuticas, a diretriz ICH M7(R1) foi introduzida com o objetivo de avaliar e controlar as impurezas reativas ao DNA e, assim, para avaliação do seu potencial risco carcinogênico. Portanto, considera-se que as impurezas mutagênicas têm potencial para causar danos ao DNA, mesmo quando presentes em baixos níveis e, portanto, são consideradas potencialmente carcinogênicas (Kelce *et al.*, 2017; Ruthsatz *et al.*, 2020).

Para detectar as impurezas potencialmente carcinogênicas, que agem via genotoxicidade, o teste recomendado é o *Salmonella*/microssoma. Para as impurezas potencialmente carcinogênicas não genotóxicas é possível estabelecer doses limiares de exposição, abaixo das quais não se espera o aumento do risco de casos de câncer. Como as impurezas presentes nas formulações normalmente são encontradas em níveis abaixo dessas doses, considera-se que nesse contexto não apresentam risco carcinogênico. Assim, a ICH M7(R1) enquadra as impurezas em 5 classes de acordo com seus potenciais mutagênicos e/ou carcinogênicos, sendo a classe 1 destinada àquelas impurezas comprovadamente carcinogênicas e a classe 5, àquelas sem alertas estruturais ou com dados suficientes para demonstrar ausência de potencial mutagênico ou carcinogênico (Kelce *et al.*, 2017).

A ICH M7(R1) também recomenda uma ampla busca em bases de dados e na literatura científica sobre informações referentes à carcinogenicidade e à mutagenicidade das impurezas, além do uso de métodos *in silico* de avaliação da genotoxicidade. Assim, para as avaliações *in silico*, devem ser conduzidas duas metodologias complementares baseadas nas relações estrutura-atividade (SAR – *Structure-Activity Relationship*): a primeira com base em alertas estruturais (SAR); a segunda em correlações estatísticas (QSAR) (Kelce *et al.*, 2017). As substâncias que apresentam alertas estruturais devem, então, ser avaliadas pelo teste *Salmonella*/microssoma, pois a maioria dos alertas estruturais são definidos em relação a esse teste (Sundar *et al.*, 2018).

Contudo, com frequência as impurezas selecionadas para avaliação com testes *Salmonella*/microssoma precisam ser sintetizadas e, consequentemente, a quantidade disponível para testes é limitada. Para viabilizar a avaliação, vêm sendo desenvolvidos e empregados protocolos miniaturizados (Schilter *et al.*, 2019). Um protocolo miniaturizado denominado MPA (*Microplate Agar*) foi desenvolvido em 2018, e permite a realização do teste *Salmonella*/microssoma com 5 linhagens recomendadas pela OECD com apenas 20 mg de amostra (Zwarg *et al.*, 2018). Este protocolo foi reconhecido como muito promissor, porém mais dados comparativos devem ser gerados para que sua utilização possa ser validada e recomendada em substituição aos outros protocolos do teste *Salmonella*/microssoma (Schilter *et al.*, 2019). Reconhecendo a necessidade de aplicação de testes miniaturizados, foi criado um grupo de trabalho na OECD (https://www.oecd.org/env/ehs/testing/ENV_JM_WRPR_2019__TGP-work-plan.pdf) que está levantando dados para orientar o uso de protocolos miniaturizados em complementação aos convencionais (OECD 471). Os testes *Salmonella*/microssoma miniaturizados já vêm sendo aceitos por diferentes agências regulatórias, inclusive no Brasil, quando é comprovada a limitação da quantidade disponível da substância a ser avaliada.

EXIGÊNCIA LEGAL DE TESTES DE GENOTOXICIDADE NO BRASIL

O Brasil ainda não estabeleceu um regulamento federal harmonizado para a avaliação da genotoxicidade de produtos químicos em geral. Existem, no entanto, normas e recomendações para a avaliação de substâncias destinadas a aplicações e usos específicos, como saneantes, fármacos e impurezas de produtos farmacêuticos para uso humano, agrotóxicos, alimentos e seus ingredientes e cosméticos (Ji *et al.*, 2017). Esses requisitos legais têm como principal objetivo preservar a saúde humana, sendo, portanto, estabelecidos pela Agência Nacional de Vigilância Sanitária (Anvisa).

Na busca pela redução do uso de animais em testes toxicológicos, o Brasil criou, em 2008, o Conselho Nacional de Controle de Experimentação Animal (Concea), que tem como atribuições a formulação de normas relativas à utilização humanitária de animais em atividades de ensino e de pesquisa, bem como o estabelecimento de procedimentos para instalação e funcionamento de centros de criação, biotérios e laboratórios de experimentação animal (Ávila e Valadares, 2019; Eberlin *et al.*, 2019). Em 2014, foi criado o Centro Brasileiro de Validação de Métodos Alternativos (BraCVAM), que recomendou o uso de 24 métodos alternativos validados e publicados pela OECD. No mesmo ano, o Concea reconheceu a validade dos métodos recomendados pelo BraCVAM e publicou a Resolução n. 17/2014 (Brasil, 2014a), considerada o marco inicial para o uso de metodologias alternativas em atividades de pesquisa e ensino. Essa resolução contém 16 métodos, incluindo o protocolo OECD 487 – Teste *in vitro* de micronúcleos em células de mamíferos (OECD, 2016e). Na Resolução n. 17/2014 (Brasil, 2014a) ficou estabelecido também um período de 5 anos, que se encerrou em 2019, para a substituição obrigatória de testes *in vivo* usados para avaliação de parâmetros toxicológicos, por exemplo, genotoxicidade, para os quais existem métodos alternativos *in vitro*. O Concea também aprovou a Resolução n. 18/2014 (Brasil, 2014b) que garantiu o reconhecimento dos métodos alternativos baseados no princípio dos 3R (substituição, redução e refinamento – do inglês, *replacement, reduction and refinement*) (Ávila e Valadares, 2019; Eberlin *et al.*, 2019).

No ambiente regulatório, a Anvisa reconheceu, em 2015, a validade jurídica da Resolução n. 17/2014 (Brasil, 2014a) e publicou a RDC (Resolução da Diretoria Colegiada) n. 35/2015 (Brasil, 2015). Portanto, a Anvisa passa a aceitar métodos alternativos para substituir os testes com animais exigidos pelas legislações vigentes para fins regulatórios (Ávila e Valadares, 2019; Eberlin *et al.*, 2019). Com isso as baterias de testes para a avaliação da genotoxicidade de substâncias químicas destinadas a diferentes finalidades não poderão mais empregar testes de micronúcleos *in vivo*, por exemplo, o protocolo OECD 474 (OECD, 2016h).

Saneantes

A RDC n. 59/2010 (Brasil, 2010) estabelece que é proibida a fabricação, importação e a comercialização de produto cuja formulação contenha componentes comprovadamente mutagênicos, teratogênicos ou carcinogênicos para mamíferos. Ela se embasa no disposto pela RDC n. 40/2008 (Brasil, 2008), que aprova regulamento técnico para produtos de limpeza e afins, harmonizado no âmbito do Mercosul (Mercosul, 2007). No seu anexo estabelece que *"Não são permitidas nas formulações substâncias que sejam comprovadamente carcinogênicas, mutagênicas e teratogênicas para o homem segundo a Agência Internacional de Investigação sobre o Câncer (IARC/OMS) ou as substâncias proibidas pela Diretiva da CEE n. 67/548 e suas atualizações, sendo toleradas somente como impurezas aquelas substâncias aceitas como tal por aquela Diretiva e suas atualizações"*. Portanto, uma vez que qualquer substância seja classificada como carcinogênica, mutagênica ou teratogênica por essa diretiva, fica proibida sua utilização em formulação de saneantes.

Fármacos

Tanto para os fármacos quanto para as impurezas de produtos farmacêuticos, no Brasil, exige-se que a genotoxicidade seja avaliada de acordo com as diretrizes do ICH (Anvisa, 2013), já apresentadas anteriormente neste capítulo.

Agrotóxicos

Para agrotóxicos, seus componentes e afins, além dos preservativos de madeira, a Lei n. 7.802/1989 (Brasil, 1989) regulamentada pelo Decreto n. 4.074/2002 (Brasil, 2002), proíbe o registro caso eles sejam considerados mutagênicos, carcinogênicos e teratogênicos, ou que provoquem distúrbios hormonais conforme definição adotada pelo Ministério da Saúde na Portaria n. 03/1992 (Brasil, 1992), que foi recentemente atualizada pela Anvisa em norma específica (RDC n. 294/2019) (Brasil, 2019). A RDC n. 294/2019 (Brasil, 2019) que substitui os itens "l", "m" do item 1.1, 1.3 e 1.4 da Portaria n. 3/1992 (Brasil, 1992), define os critérios para avaliação e classificação toxicológica, priorização da análise de produtos e de comparação da ação toxicológica de agrotóxicos e seus componentes. Essa nova normativa está alinhada com as práticas regulatórias de outras agências reguladoras como a *United States Environmental Protection Agency* (USEPA, 1986) e a *European Food Safety Authority* (EFSA, 2011). A legislação brasileira também proíbe o registro dos agrotóxicos que se revelem mais perigosos para o homem do que para animais empregados nos testes de laboratório, ou cujas características causem danos ao meio ambiente. Particularmente na questão do meio ambiente, o órgão responsável pela avaliação dos pedidos de registros é o Instituto Brasileiro do Meio Ambiente e dos Recursos Naturais Renováveis (IBAMA), o qual leva em conta a avaliação e classificação feita pela Anvisa para dar subsídios aos seus processos de avaliação de risco (Brasil, 2012). Neste capítulo, abordamos apenas a avaliação e a classificação de agrotóxicos quanto à mutagenicidade.

A RDC n. 294/2019 (Brasil, 2019) determina que um produto é considerado mutagênico quando, com base em estudos epidemiológicos, causar mutações em células germinativas de seres humanos, ou quando houver evidências suficientes sobre o potencial mutagênico do produto, a partir das quais se presume que tal produto causa mutações em células germinativas de seres humanos. Um produto mutagênico em células somáticas é considerado mutagênico em células germinativas, a não ser que existam evidências suficientes demonstrando que não induz mutação em células germinativas de mamíferos. A resolução estabelece que a avaliação toxicológica deve ser feita com base na avaliação da força e peso da evidência para fins de classificação e categorização do perigo, alinhada aos critérios do GHS (Tabela 2.1).

Para avaliação da mutagenicidade em células germinativas, são requeridas baterias de testes, tanto para os produtos técnicos como os formulados, realizados de acordo com normas internacionais. A RDC n. 294/2019 (Brasil, 2019) recomenda o uso dos protocolos OECD vigentes, mas permite, também, o uso de protocolos propostos por outras autoridades que tenham similaridade de requisitos e validação. Contudo, é importante ressaltar que, de acordo com RDC n. 294/2019 (Brasil, 2019) bem como com regulamentações de outros países, um produto não necessita ter sido avaliado em testes de mutação em células germinativas para ser classificado como mutagênico (Yauk *et al.*, 2015a). Assim, a bateria proposta pela RDC n. 294/2019 (Brasil, 2019) engloba quatro tipos de estudos:

- Mutação gênica em células bacterianas (OECD 471).
- Dano cromossômico *in vitro* em células de mamíferos (OECD 473 ou OECD 487).
- Mutação gênica *in vitro* em células de mamíferos (OECD 476 ou OECD 490).
- Dano cromossômico *in vivo* em células somáticas (OECD 474), ou poderão ser aproveitados dados de testes de micronúcleo em medula óssea ou de outros da bateria de avaliação toxicológica como testes de toxicidade crônica realizados com administração de doses repetidas.

Em situações específicas, poderão ser necessários testes de mutação gênica *in vivo* (OECD 488) ou teste de mutação em células germinativas *in vivo* (OECD 478 ou 483 ou 488). Portanto, o produto deve ser avaliado inicialmente nos testes de mutação gênica em bactéria e de dano cromossômico, e mutação gênica *in vitro* em células de mamíferos. Se os testes de mutação gênica em bactéria e de dano cromossômico *in vitro* em células de mamíferos forem positivos, fica dispensada a apresentação dos resultados do teste de mutação gênica *in vitro* em células de mamíferos, e o produto será considerado mutagênico de acordo com RDC n. 294/2019 (Brasil, 2019). Para provar o contrário, poderão ser realizados testes *in vivo* de dano cromossômico em células somáticas ou de micronúcleos em medula óssea obtidos em testes de toxicidade com dose repetida, e/ou de mutação em células germinativas. Se os testes *in vivo* com células somáticas forem positivos, o produto será considerado mutagênico, e, nesse caso, restam duas alternativas: 1) apresentar resultados negativos para testes de mutação em células germinativas *in vivo*; 2) ou fornecer evidências de que o produto não atinge as gônadas. Só nesses casos o produto será considerado não mutagênico. Caso sejam obtidos resultados positivos *in vivo* para testes de mutação em células germinativas, o produto será considerado mutagênico (Brasil, 2019).

Para produtos formulados, a RDC n. 294/2019 (Brasil, 2019) determina o uso de uma bateria simplificada, na qual deverão ser conduzidos testes de mutação gênica em bactéria e de danos cromossômicos *in vitro* em células de mamíferos. Quando ambos os testes apresentarem resultados negativos, não será necessária a realização de testes *in vivo*. Porém, se o teste de mutação gênica em bactéria apresentar resultado positivo ou inconclusivo, será necessária a realização adicional de testes de mutação gênica *in vivo*. Da mesma forma, se o teste de danos cromossômicos *in vitro*, em células de mamíferos apresentar resultado positivo ou equívoco, deverão ser conduzidos testes adicionais para investigar danos cromossômicos *in vivo*. Quando qualquer um dos testes *in vivo* com células somáticas apresentar resultados positivos, não será necessária a realização de outros testes e o produto será considerado mutagênico. Contudo, testes de mutagenicidade em células germinativas poderão ser realizados para descartar a mutagenicidade do produto. Mesmo que um produto tenha se mostrado negativo na bateria de testes com células somáticas, caso existam evidências de que possa atingir as gônadas ou causar mutações, especificamente em células germinativas, será exigida a realização de testes em células germinativas, conforme item 8.3 do Anexo I da RDC n. 294/2019 (Brasil, 2019). A exigência se justifica, uma vez que as substâncias 1,1-dimetil-hidrazina, β-propiolactona, dietil-nitrosoamina e dimetil-nitrosoamina não induzem micronúcleos em células somáticas, mas induzem micronúcleos em células germinativas (espermátides) de camundongos. Além disso, o metilmetanosulfonato (MMS), acrilamida e radiações ionizantes foram quantitativamente mais clastogênicos para espermatozoides do que para células da medula óssea de camundongos. A fumaça de cigarro e a acrilamida induziram mutações em células germinativas de camundongos, em doses que não aumentaram a frequência de micronúcleos em células somáticas (células da medula óssea e de sangue periférico de camundongos) (Yauk *et al.*, 2015a). Porém, as bases de dados existentes sobre mutágenos em células germinativas ainda têm limitações, sendo necessários mais estudos para subsidiar as exigências legais vigentes.

No processo de reavaliação dos ingredientes ativos já comercializados e em uso no Brasil, a Anvisa utiliza dados provenientes de todos os estudos disponíveis, tanto aqueles apresentados pelo setor regulado, como os provenientes da literatura científica, usando a abordagem do peso da evidência. Além disso, a modernização da legislação brasileira com a adoção dos critérios do GHS para a classificação de perigo dos agrotóxicos está alinhada com os demais países do Mercosul trazendo avanços tanto em termos de harmonização internacional como para evitar testes desnecessários com animais. Permitiu, também, a adoção de métodos alternativos à experimentação animal, com maior capacidade de proteger a saúde humana e o meio ambiente (Silva *et al.*, 2020).

Alimentos

Para alimentos e seus ingredientes, a Anvisa exige a comprovação da sua segurança antes da comercialização, com o objetivo de reduzir os riscos associados ao consumo (Brasil, 1999a,b). A exigência é válida para alimento e ingredientes novos e, também, para modificações daqueles já comercializados. A avaliação inclui diferentes testes de genotoxicidade *in vitro* e *in vivo* para investigar o potencial carcinogênico genotóxico dos produtos. A bateria de testes requerida inclui dois testes *in vitro*: o de mutação reversa em bactéria e micronúcleo em células de mamíferos que permitem a identificação de mutações gênicas e aberrações cromossômicas estruturais e numéricas, com o mínimo de testes.

Em geral, resultados negativos nos testes *in vitro* são considerados suficientes para concluir que o alimento/ingrediente não apresenta potencial genotóxico e, portanto, não precisa ser submetido à etapa seguinte da bateria de testes, exceto nos casos em que aspectos estruturais da substância e elevada exposição humana justifiquem testes adicionais (Anvisa, 2019). No caso de resultados inconclusivos, contraditórios ou ambíguos obtidos com a bateria de testes *in vitro*, é recomendado realizar novos ensaios *in vitro* ou repetir os mesmos testes em diferentes condições. No caso de resultados positivos nos testes *in vitro*, será necessária a confirmação do potencial genotóxico em testes *in vivo*. A seleção dos testes *in vivo* deverá ser feita, caso a caso, considerando uma abordagem sequencial com base nos resultados dos testes *in vitro* e de informações sobre a toxicocinética e toxicodinâmica da substância. Resultados positivos *in vivo*, permitem presumir que o produto é um carcinógeno genotóxico e, portanto, não poderá ser utilizado como alimento a não ser que exista evidência contrária obtida em estudos específicos de carcinogenicidade (Anvisa, 2019).

Cosméticos

A Anvisa recomenda no seu "Guia para avaliação de segurança de produtos cosméticos" (Anvisa, 2012) que, na bateria de testes de avaliação de genotoxicidade sejam realizados os testes *in vitro* de mutação reversa em bactérias (p. ex., OECD 471), de aberração cromossômica em células humanas (p. ex., OECD 473) e de mutação gênica de células de mamíferos (p. ex., OECD 476). (Anvisa, 2012). De acordo com a RDC n. 83/2016 (Brasil, 2016), como regra geral, fica proibida a utilização, nos produtos de higiene pessoal, cosméticos e perfumes, de substâncias com propriedades mutagênicas definidas conforme a regulamentação da Comissão Europeia (EC, 2008). Entretanto, exceções a essa regra poderão ser consideradas pela Anvisa, com base em estudos de avaliação do risco apresentado pelo interessado. A documentação deverá considerar o risco para a saúde do consumidor, as condições normais e previsíveis de uso, a concentração máxima permitida do ingrediente, quando for o caso, o campo de aplicação, a frequência de uso e o tempo de exposição aos produtos de higiene pessoal, cosméticos e perfumes. Há uma regulamentação específica para produtos cosméticos para alisar ou ondular cabelos, a RDC n. 409/2020 (Brasil, 2020). Segundo essa normativa, é requerido que o interessado, no processo de regularização dos produtos, apresente dados de estudos de genotoxicidade e, se positivos, de mutagenicidade. Os testes devem considerar também a possível fotoativação induzida por radiação UV.

NOVAS TENDÊNCIAS PARA AVALIAÇÃO DE GENOTOXICIDADE

Tradicionalmente, os dados gerados na avaliação de genotoxicidade, tanto para fins regulatórios quanto para tomada de decisões, têm sido usados de maneira binária classificando-os como genotóxicos ou não genotóxicos (White e Johnson, 2016; Dearfield *et al.*, 2017; Gibbons e LeBaron, 2017; Steiblen *et al.*, 2020). Essa abordagem é a base do paradigma e está fundamentada em modelos lineares que não considera um limiar de segurança. Considera-se que qualquer dose pode induzir mutações e, consequentemente, oferecer algum nível de risco para o desenvolvimento de cânceres, com base no princípio da precaução. Essa abordagem desconsidera a disponibilidade, barreiras sistêmicas e toxicocinética, incluindo processos de detoxificação, bem como vias celulares protetoras. Uma exemplificação para tal caso são os sistemas de reparo do DNA (Klapacz e Gollapudi, 2020). Recentemente, foi demonstrado que esses mecanismos de proteção, em grande parte desconhecidos no momento do estabelecimento do paradigma vigente, contribuem para a observação de doses experimentais que não produzem efeito, mesmo para carcinógenos genotóxicos (Nicolette, 2017; Klapacz e Gollapudi, 2020).

22 Estratégia para Avaliação do Efeito Mutagênico

Como se vê, há uma tendência de mudança de paradigma que inclui a avaliação de risco quantitativa também para substâncias genotóxicas. Essa avaliação se baseia em análises quantitativas de dose-resposta que empregam o ponto de partida estimado (PoD – *point of departure*) e outras descrições derivadas estatisticamente das curvas dose/concentração-resposta, por exemplo a dose de referência (BMD – *benchmark dose*), o nível limiar de efeito (Td – *threshold effect level*) e o nível de efeito genotóxico não observado (NOGEL – *no observed genotoxic effect level*) (White e Johnson, 2016; Bemis *et al.*, 2016; Dearfield *et al.*, 2017; Gibbons e LeBaron, 2017; Sundar *et al.*, 2018).

De acordo com Klapacz e Gollapudi (2020), para viabilizar tanto as avaliações quantitativas dos riscos quanto a determinação das margens de exposição segura a substâncias genotóxicas, é necessária a obtenção de um conjunto de elementos que incluem:
- Avaliação do perigo (realização dos testes de genotoxicidade).
- Avaliação de exposição (medição ou estimativa da exposição a substância genotóxica).
- Determinação do PoD (*point of departure*) para atividade genotóxica, o qual é derivado das curvas dose/concentração-resposta.
- Definição das estratégias de caracterização de riscos.
- Monitoramento dos níveis ambientais das substâncias genotóxicas.

A determinação do PoD permite demonstrar claramente a existência de doses, geralmente baixas, que não podem ser discriminadas dos níveis basais de efeito ou dos controles negativos empregados nos testes, indicando que a genotoxicidade/mutagenicidade pode ser tratada da mesma maneira que outros parâmetros toxicológicos para os quais é possível se estabelecer um nível de exposição abaixo da qual não se espera efeitos nocivos, por exemplo, nível de efeito adverso não observado, NOAEL – *No Observed Adverse Effect Level* (Sundar *et al.*, 2018; Klapacz e Gollapudi, 2020). Entretanto, os testes de genotoxicidade padronizados e empregados atualmente geralmente não permitem a determinação de um NOGEL. E assim, modificações no delineamento dos estudos, incluindo maior número de dose testadas com menor intervalo entre elas, e análise de maior quantidade de amostras entre os diferentes níveis de dose e períodos de exposição aplicando tecnologias de alto rendimento, podem fornecer o poder estatístico necessário para viabilizar a estimativa desses valores e/ou limiares (Sundar *et al.*, 2018; Steiblen *et al.*, 2020).

Além dessas medidas, é fundamental compreender o mecanismo de ação genotóxica (MoA – *mode of action*) das substâncias. Atualmente, para agentes aneugênicos, agentes que causam estresse oxidativo ou capazes de inibir topoisomerases, limiares de segurança são relativamente bem aceitos (Sundar *et al.*, 2018; Schilter *et al.*, 2019). Assim, para a aceitação desse novo paradigma, é necessário o entendimento tanto do MoA, que leva ao efeito adverso, quanto as vias biológicas e as respostas celulares aos danos no DNA que podem neutralizar a fixação dos danos ao material genético (Klapacz e Gollapudi, 2020).

As descobertas e os avanços científicos nas áreas básicas da biologia molecular e da genética vêm crescendo exponencialmente, sobretudo em certos campos como epigenética, estrutura genética, RNA não codificante e processos responsáveis pela proteção da integridade do DNA, como os mecanismos de reparo. Os desenvolvimentos tecnológicos dentro e fora da área da toxicologia genética, por exemplo, sistemas de culturas celulares em 3D, análises automatizadas por citometria de fluxo e métodos de análise de expressão gênica de alto rendimento, têm permitido medir eficientemente vários tipos de efeitos no genoma que podem levar a mutações ou eventualmente ao câncer (Turkez *et al.*, 2017).

A transição de paradigma está gerando uma demanda por novas estratégias para avaliação da genotoxicidade dos produtos químicos. Assim, as novas abordagens devem incluir tanto os testes capazes de detectar os parâmetros tradicionalmente avaliados como mutações gênicas e aberrações cromossômicas estruturais e numéricas quanto incluir opções de testes que permitam a investigação do MoA, avaliações toxicocinéticas e da exposição. O estabelecimento das vias de efeito adverso (AOP – *adverse outcome pathway*) é uma ferramenta atual importante também para implementar as novas abordagens de avaliação de risco (Dearfield *et al.*, 2017; Rocha e Umbuzeiro, no prelo).

Uma AOP é iniciada com a interação de um agente tóxico com uma biomolécula em uma célula ou tecido alvo, evento molecular inicial (MIE – *molecular initiating event*) e progride por meio de uma série de eventos intermediários dependentes, eventos-chave (KE – *key events*) para culminar em um efeito adverso (Yauk *et al.*, 2015b; Rocha e Umbuzeiro, no prelo). Um dos exemplos de aplicação do conceito da AOP para danos ao material genético é a evidência empírica de que os agentes alquilantes causam mutações nas células germinativas e, consequentemente, na prole de machos expostos. Os adutos formados no DNA por agentes alquilantes estão sujeitos a reparo, embora, em altas doses, o sistema de reparo seja saturado. Assim, a ausência de reparo leva à replicação do DNA alquilado e as mutações resultantes nas células germinativas masculinas, podem, portanto, ser transmitidas à prole (Yauk *et al.*, 2015b).

A construção de uma base de dados com o máximo de informações científicas sobre as substâncias, torna-se cada vez mais relevantes para avaliar as propriedades físico-químicas, alvos biológicos (p. ex., tecidos, tipos celulares, alvos moleculares, entre outros), dados gerados em avaliações *in silico* (p. ex., por QSAR) e de pesquisas de substâncias análogas ou leitura cruzada (RA – *read-across*). Quando combinadas com informações sobre a toxicocinética e o MoA, dados gerados em qualquer teste de avaliação toxicológica (p. ex., toxicidade crônica), dados sobre a sua toxicidade para seres humanos (p. ex., dados provenientes de estudos epidemiológicos), podem ser fundamentais para o processo de avaliação de risco quantitativo (Dearfield *et al.*, 2017).

CONSIDERAÇÕES FINAIS

As exigências de avaliação devem ter o objetivo de garantir a proteção integral da saúde humana e do meio ambiente, sempre de forma pragmática e pautada em protocolos validados e reconhecidos internacionalmente. A área de avaliação de genotoxicidade/mutagenicidade está em constante evolução, por isso as novas descobertas nas áreas de pesquisa básica e aplicada devem ser incluídas nas normas vigentes, e sempre de forma integrada com as áreas da toxicologia.

Acreditamos que a exigência de uma bateria de testes para avaliação da genotoxicidade de substâncias químicas continuará existindo, com a substituição por testes *in vitro* sempre que disponíveis. No entanto, há uma tendência de que a escolha de testes deverá ser feita de maneira individualizada, de acordo com as características de cada substância a ser testada.

A avaliação de risco quantitativa para substâncias genotóxicas, levando ao estabelecimento de doses consideradas seguras, é uma tendência internacional. O sucesso do novo paradigma dependerá de esforços conjuntos da academia, governo e setor regulado e deverá ser construído de forma harmônica e sempre fundamentada na ciência.

Referências bibliográficas

ABNT. 2019. Produtos químicos – Informações sobre segurança, saúde e meio ambiente, Parte 2: Sistema de classificação de perigo. Associação Brasileira de Normas Técnicas. https://www.abnt-catalogo.com.br/pdfview/viewer.aspx?Q=112BFBBEFA48709000EE1371B0469C52C31E81EBFB09BC64. Acesso em: 9 junho 2020.

Agência Nacional de Vigilância Sanitária (Anvisa). 2012. Guia para avaliação de segurança de produtos cosméticos. Agência Nacional de Vigilância Sanitária. http://portal.anvisa.gov.br/documents/106351/107910/Guia+para+Avalia%C3%A7%C3%A3o+de+Seguran%C3%A7a+de+Produtos+Cosm%C3%A9ticos/ab0c660d-3a8c-4698-853a-096501c1dc7c. Acesso em: 14 julho 2020.

Agência Nacional de Vigilância Sanitária (Anvisa). 2013. Guia para a condução de estudos não clínicos de toxicologia e segurança farmacológica necessários ao desenvolvimento de medicamentos. Agência Nacional de Vigilância Sanitária. http://antigo.anvisa.gov.br/resultado-de-busca?p_p_id=101&p_p_lifecycle=0&p_p_state=maximized&p_p_mode=view&p_p_col_id=column-1&p_p_col_

count=1&_101_struts_action=%2Fasset_publisher%2Fview_content&_101_assetEntryId=3274317&_101_type=document. Acesso em: 14 julho 2020.

Agência Nacional de Vigilância Sanitária (Anvisa). 2019. Guia para comprovação da segurança de alimentos e ingredientes. Agência Nacional de Vigilância Sanitária. http://portal.anvisa.gov.br/documents/10181/5355698/Guia+Seguran%C3%A7a+de+Alimentos.pdf/dae93caa-7418-4b9a-97f2-2ec9ebc139e2. Acesso em: 14 julho 2020.

Ávila RI, Valadares MC. 2019. Brazil moves toward the replacement of animal experimentation. Altern Lab Anim. 2019; 47: 71-81. http://dx.doi.org/10.1177/0261192919856806

Ball NS, Hollnagel HM. 2017. Use of genetic toxicity data in GHS mutagenicity classification and labeling of substances. Environ Mol Mutagen. 2017; 58: 354-360. http://dx.doi.org/10.1002/em.22081

Bemis JC, Wills JW, Bryce SM, Torous DK, Dertinger SD, Slob W. 2016. Comparison of in vitro and in vivo clastogenic potency based on benchmark dose analysis of flow cytometric micronucleus data. Mutagenesis. 2016; 31: 277-285. http://dx.doi.org/10.1093/mutage/gev041

Booth ED, Rawlinson PJ, Fagundes PM, Leiner KA. 2017. Regulatory requirements for genotoxicity assessment of plant protection product active ingredients, impurities, and metabolites. Environ Mol Mutagen. 2017; 58: 325-344. http://dx.doi.org/10.1002/em.22084

Brasil. 1989. Lei No 7.802, de 11 de julho de 1989. Dispõe sobre a pesquisa, a experimentação, a produção, a embalagem e rotulagem, o transporte, o armazenamento, a comercialização, a propaganda comercial, a utilização, a importação, a exportação, o destino final dos resíduos e embalagens, o registro, a classificação, o controle, a inspeção e a fiscalização de agrotóxicos, seus componentes e afins, e dá outras providências. http://www.planalto.gov.br/ccivil_03/LEIS/L7802.htm. Acesso em: 10 julho 2020.

Brasil. 1992. Portaria No 03, de 16 de janeiro de 1992. Ratificar os termos das "Diretrizes e orientações referentes à autorização de registros, renovação de registro e extensão de uso de produtos agrotóxicos e afins -- no n. 1, de 9 de dezembro de 1991", publicadas no D.O.U. em 13-12-91. http://bvsms.saude.gov.br/bvs/saudelegis/svs1/1992/prt0003_16_01_1992.html. Acesso em: 10 julho 2020.

Brasil. 1999a. Resolução n.o 16, de 30 de abril de 1999. Aprova o regulamento técnico de procedimentos para registro de alimentos e ou novos ingredientes, constante do anexo desta portaria. http://portal.anvisa.gov.br/documents/33916/394219/RESOLUCAO_16_1999.pdf/66b77435-cde3-43ce-839f-f468f480e5e5. Acesso em: 14 julho 2020.

Brasil. 1999b. Resolução n.o 17, de 30 de abril de 1999. Aprova o regulamento técnico que estabelece as diretrizes básicas para a avaliação de risco e segurança dos alimentos. http://portal.anvisa.gov.br/documents/33916/393821/RESOLU%25C3%2587%25C3%2583O%2BN%25C2%25BA%2B17%2BDE%2B30%2BDE%2BABRIL%2BDE%2B1999.pdf/29b5edfe-12ae-42df-9bf1-527e99cb3f33. Acesso em: 14 julho 2020.

Brasil. 2002. Decreto N.o 4.074, de 4 de janeiro de 2002. Regulamenta a Lei no n. 7.802, de 11 de julho de 1989, que dispõe sobre a pesquisa, a experimentação, a produção, a embalagem e rotulagem, o transporte, o armazenamento, a comercialização, a propaganda comercial, a utilização, a importação, a exportação, o destino final dos resíduos e embalagens, o registro, a classificação, o controle, a inspeção e a fiscalização de agrotóxicos, seus componentes e afins, e dá outras providências. http://www.planalto.gov.br/ccivil_03/decreto/2002/D4074.htm. Acesso em: 10 julho 2020.

Brasil. 2008. Resolução da Diretoria Colegiada - RDC N.o 40, de 5 de junho de 2008. Aprova o regulamento técnico para produtos de limpeza e afins harmonizado no âmbito do Mercosul através da Resolução GMC n.o 47/07. http://bvsms.saude.gov.br/bvs/saudelegis/anvisa/2008/res0040_05_06_2008.html. Acesso em: 29 julho 2020.

Brasil. 2010. Resolução da Diretoria Colegiada - RDC N.o 59, de 17 de dezembro de 2010. Dispõe sobre os procedimentos e requisitos técnicos para a notificação e o registro de produtos saneantes e dá outras providências. http://portal.anvisa.gov.br/documents/33880/2568070/res0059_17_12_2010.pdf/194ebbe3-15ea-4817-b472-f73cc76441c2. Acesso em: 14 julho 2020.

Brasil. 2012. Portaria N.o 6, de 17 de maio de 2012. Considerando a necessidade de racionalizar o trabalho de avaliação de agrotóxicos no Ibama e, consequentemente, revisar os estudos exigidos na Portaria Ibama n.o 84, de 15 de outubro de 1996, resolve: D.O.U. N.o 99, Sessão 1, p. 75-76.

Brasil. 2014a. Conselho Nacional de Controle de Experimentação Animal - Resolução Normativa N.o 17, de 3 de julho de 2014. Dispõe sobre o reconhecimento de métodos alternativos ao uso de animais em atividades de pesquisa no Brasil e dá outras providências. https://antigo.mctic.gov.br/mctic/export/sites/institucional/institucional/concea/arquivos/legislacao/resolucoes_normativas/Resolucao-Normativa-CONCEA-n-17-de-03.07.2014-D.O.U.-de-04.07.2014-Secao-I-Pag.-51.pdf. Acesso em: 15 fevereiro 2021.

Brasil. 2014b. Conselho Nacional de Controle de Experimentação Animal - Resolução Normativa N.o 18, de 24 de setembro de 2014. Reconhece métodos alternativos ao uso de animais em atividades de pesquisa no Brasil, nos termos da Resolução Normativa n.o 17, de 03 de julho de 2014, e dá outras providências. https://antigo.mctic.gov.br/mctic/export/sites/institucional/institucional/concea/arquivos/legislacao/resolucoes_normativas/Resolucao-Normativa-CONCEA-n-18-de-24.09.2014-D.O.U.-de--25.09.2014-Secao-I-Pag.-9.pdf. Acesso em: 15 fevereiro 2021.

Brasil. 2015. Resolução da Diretoria Colegiada - RDC N.o 35, de 7 de agosto de 2015. Dispõe sobre a aceitação dos métodos alternativos de experimentação animal reconhecidos pelo Conselho Nacional de Controle de Experimentação Animal - Concea. https://www.in.gov.br/materia/-/asset_publisher/Kujrw0TZC2Mb/content/id/32389206/do1-2015-08-10-resolucao-rdc-n-35-de-7-de-agosto-de-2015-32389026. Acesso em: 15 fevereiro 2021.

Brasil. 2016. Resolução da Diretoria Colegiada - RDC N.o 83, de 17 de julho de 2016. Dispõe sobre o "Regulamento técnico MERCOSUL sobre lista de substâncias que não podem ser utilizadas em produtos de higiene pessoal, cosméticos e perfumes". http://portal.anvisa.gov.br/documents/10181/2859796/RDC_83_2016_.pdf/940b7b9d-9806-429e-ae11-f8ea0a375bd3. Acesso em: 29 julho 2021.

Brasil. 2019. Resolução da Diretoria Colegiada - RDC N.o 294, de 29 de julho de 2019. Dispõe sobre os critérios para avaliação e classificação toxicológica, priorização da análise e comparação da ação toxicológica de agrotóxicos, componentes, afins e preservativos de madeira, e dá outras providências. http://portal.anvisa.gov.br/documents/10181/2858730/RDC_294_2019_.pdf/c5e8ab56-c13d-4330--a7a4-153bed4c5cda. Acesso em: 10 fevereiro 2020.

Brasil. 2020. Resolução da Diretoria Colegiada – RDC N.o 409, de 27 de julho de 2020. Dispõe sobre os procedimentos e requisitos para a regularização de produtos cosméticos para alisar ou ondular os cabelos. https://www.in.gov.br/web/dou/-/resolucao-de-diretoria-colegiada-rdc-n-409-de-27-de--julho-de-2020-269155501. Acesso em: 29 julho 2021.

Cartus A, Schrenk D. 2017. Current methods in risk assessment of genotoxic chemicals. Food Chem Toxicol. 2017; 106: 574-582. http://dx.doi.org/10.1016/j.fct.2016.09.012

CE. 2008. Regulamento (CE) N.o 1272/2008 do Parlamento Europeu e do Conselho de 16 de Dezembro de 2008 - relativo à classificação, rotulagem e embalagem de substâncias e misturas, que altera e revoga as Directivas 67/548/CEE e 1999/45/CE, e altera o Regulamento (CE) n. o 1907/2006. Conselho Europeu. https://eur-lex.europa.eu/legal-content/PT/TXT/HTML/?uri=CELEX:32008R1272&from=PT. Acesso em: 29 julho 2020.

Corvi R, Madia F. 2017. In vitro genotoxicity testing-Can the performance be enhanced? Food Chem Toxicol. 2017; 106: 600-608. http://dx.doi.org/10.1016/j.fct.2016.08.024

Dearfield KL, Gollapudi BB, Bemis JC, Benz RD, Douglas GR, Elespuru RK, Johnson GE, Kirkland DJ, LeBaron MJ, Li AP, Marchetti F, Pottenger LH, Rorije E, Tanir JY, Thybaud V, van Benthem J, Yauk CL, Zeiger E, Luijten M *et al*. 2017. Next generation testing strategy for assessment of genomic damage: a conceptual framework and considerations. Environ Mol Mutagen. 2017; 58: 264-283. http://dx.doi.org/10.1002/em.22045

DeMarini DM. 2020. The mutagenesis moonshot: the propitious beginnings of the Environmental Mutagenesis and Genomics Society. Environ Mol Mutagen. 2020; 61: 8-24. http://dx.doi.org/10.1002/em.22313

Eberlin S, da Silva MS, Facchini G, da Silva GH, Pinheiro ALTA, Pinheiro AS. 2019. Métodos alternativos para avaliação de segurança de produtos no Brasil. Cosmetics & Toiletries Brasil. 2019; 31: 18-28.

ECHA. 2019. Introductory Guidance on the CLP Regulation. European Chemicals Agency. https://echa.europa.eu/documents/10162/23036412/clp_introductory_en.pdf/b65a97b4-8ef7-4599-b122-7575f6956027. Acesso em: 20 agosto 2020..

EFSA. 2011. Scientific opinion on genotoxicity testing strategies applicable to food and feed safety assessment. European Food Safety Authority. https://efsa.onlinelibrary.wiley.com/doi/epdf/10.2903/j.efsa.2011.2379. Acesso em: 20 julho 2020.

Galloway SM. 2017. International regulatory requirements for genotoxicity testing for pharmaceuticals used in human medicine, and their impurities and metabolites. Environ Mol Mutagen. 2017; 58: 296-324. http://dx.doi.org/10.1002/em.22077

Gibbons CF, LeBaron MJ. 2017. Applied genetic toxicology: from principles to practice. Environ Mol Mutagen. 2017; 58: 232-234. http://dx.doi.org/10.1002/em.22106

Hardy A, Benford D, Halldorsson T, Jeger M, Knutsen HK, More S, Naegeli H, Noteborn H, Ockleford C, Ricci A, Rychen G, Silano V, Solecki R, Turck D, Younes M, Aquilina G, Crebelli R, G€urtler R, Hirsch-Ernst KI, Mosesso P, Nielsen E, van Benthem J, Carfí M, Georgiadis N, Maurici D, Morte JP, Schlatter J et al. 2017. Scientific opinion on the clarification of some aspects related to genotoxicity assessment. EFSA Journal. 2017; 15: 5113. https://doi.org/10.2903/j.efsa.2017.5113

ICH. 2017. M7(R1) – Assessment and control of DNA reactive (mutagenic) impurities in pharmaceuticals to limit potential carcinogenic risk. International Council for Harmonisation of Technical Requirements for Pharmaceuticals for Human Use. https://database.ich.org/sites/default/files/M7_R1_Guideline.pdf. Acesso em: 21 maio 2020.

ICH. 2011. S2(R1) – Guidance on genotoxicity testing and data interpretation for pharmaceuticals intended for human use. International Council for Harmonisation of Technical Requirements for Pharmaceuticals for Human Use. https://database.ich.org/sites/default/files/S2%28R1%29%20Guideline.pdf. Acesso em: 21 maio 2020.

Ji Z, Ball NS, LeBaron MJ. 2017. Global regulatory requirements for mutagenicity assessment in the registration of industrial chemicals. Environ Mol Mutagen. 2017; 58: 354-360. http://dx.doi.org/10.1002/em.22096

Kelce WR, Castle KE, Ndikum-Moffor FM, Patton LM. 2017. Drug substance and drug product impurities, now what? MOJ Toxicol. 2017; 3: 9-13. http://dx.doi.org/10.15406/mojt.2017.03.00043

Klapacz J, Gollapudi BB. 2020. Considerations for the use of mutation as a regulatory endpoint in risk assessment. Environ Mol Mutagen. 2020; 61: 84-93. http://dx.doi.org/10.1002/em.22318

Marchetti F, Douglas GR, Yauk CL. 2020. A return to the origin of the EMGS: rejuvenating the quest for human germ cell mutagens and determining the risk to future generations. Environ Mol Mutagen. 2020; 61: 42-44. http://dx.doi.org/10.1002/em.22327

Mercosul. 2007. Mercosul/GMC/RES N.° 47/07 - Regulamento técnico Mercosul para produtos de limpeza e afins. http://www.sice.oas.org/trade/mrcsrs/resolutions/Res4707p.pdf. Acesso em: 21 maio 2020.

Nicolette J. 2017. Genetic toxicology testing. In: A comprehensive guide to toxicology in nonclinical drug development, 2nd Edition Ed. (Faqi AS Ed.), Academic Press, London. 2017; pp. 2017, 129-154.

OECD. 1997. OECD Guideline for testing of chemicals, 486 – Unscheduled DNA synthesis (UDS) test with mammalian liver cells in vivo. Organization for Economic Cooperation and Development. https://www.

oecd-ilibrary.org/docserver/9789264071520-en.pdf?expires=1591881976&id=id&accname=guest&checksum=929B795C60DD994D2C380CE06ED49C1D. Acesso em: 21 maio 2020.

OECD. 2016a. Testing of Chemicals Section 4 - Health effects: replaced and cancelled Test Guidelines. Organization for Economic Cooperation and Development. http://www.oecd.org/env/ehs/testing/section4-health-effects-replaced-and-cancelled-test-guidelines.htm. Acesso em: 21 maio 2020.

OECD. 2016b. OECD Guideline for testing of chemicals, 476 – In vitro mammalian cell gene mutation tests using the Hprt and xprt genes. Organization for Economic Cooperation and Development. https://www.oecd-ilibrary.org/docserver/9789264264809-en.pdf?expires=1591879898&id=id&accname=guest&checksum=51D53109635F464EE88731619DF91990. Acesso em: 21 maio 2020.

OECD. 2016c. OECD Guideline for testing of chemicals, 490 – In vitro mammalian cell gene mutation tests using the thymidine kinase gene. Organization for Economic Cooperation and Development. https://www.oecd-ilibrary.org/docserver/9789264264908-en.pdf?expires=1591880819&id=id&accname=guest&checksum=6324FEAEE7263B9E965A9A0FC271DE37. Acesso em: 21 maio 2020.

OECD. 2016d. OECD Guideline for testing of chemicals, 473 - In vitro mammalian chromosomal aberration test. Organization for Economic Cooperation and Development. https://www.oecd-ilibrary.org/docserver/9789264264649-en.pdf?expires=1591881029&id=id&accname=guest&checksum=084B053DE1E163A1CECE0C79B60FA9C9. Acesso em: 21 maio 2020.

OECD. 2016e. OECD Guideline for testing of chemicals, 487 - In vitro mammalian cell micronucleus test. Organization for Economic Cooperation and Development. https://www.oecd-ilibrary.org/docserver/9789264264861-en.pdf?expires=1591881166&id=id&accname=guest&checksum=2A42A5199DBF63C0B8E1446555420306. Acesso em: 21 maio 2020.

OECD. 2016f. OECD Guideline for testing of chemicals, 475 - Mammalian bone marrow chromosomal aberration test. Organization for Economic Cooperation and Development. https://www.oecd-ilibrary.org/docserver/9789264264786-en.pdf?expires=1591881411&id=id&accname=guest&checksum=3FF9C38C33ACE558A1FEFC6E0826AF27. Acesso em: 21 maio 2020.

OECD. 2016g. OECD Guideline for testing of chemicals, 489 – In Vivo mammalian alkaline comet assay. Organization for Economic Cooperation and Development. https://www.oecd-ilibrary.org/docserver/9789264264885-en.pdf?expires=1591881798&id=id&accname=guest&checksum=CEBF03BC2ACB72404B2F1980B56A2DF9. Acesso em: 21 maio 2020.

OECD. 2016h. OECD Guideline for testing of chemicals, 474 – Mammalian erythrocyte micronucleus test. Organization for Economic Cooperation and Development. https://www.oecd-ilibrary.org/docserver/9789264264762-en.pdf?expires=1591882339&id=id&accname=guest&checksum=8196708F04316CB8BE2A00FD1D333064. Acesso em: 21 maio 2020.

OECD. 2016i. OECD Guideline for testing of chemicals, 483 – Mammalian spermatogonial chromosomal aberration test. Organization for Economic Cooperation and Development. https://www.oecd-ilibrary.org/docserver/9789264264847-en.pdf?expires=1591882637&id=id&accname=guest&checksum=BE3D33874E195F614DC73348F1D89013. Acesso em: 21 maio 2020.

OECD. 2016j. OECD Guideline for testing of chemicals, 478 – Rodent dominant lethal test. Organization for Economic Cooperation and Development. https://www.oecd-ilibrary.org/docserver/9789264264823-en.pdf?expires=1591882813&id=id&accname=guest&checksum=90E12C3148F0354DF0154864345 7840F. Acesso em: 21 maio 2020.

OECD. 2020a. OECD Guideline for testing of chemicals, 471 - Bacterial reverse mutation test. Organization for Economic Cooperation and Development. https://www.oecd-ilibrary.org/docserver/9789264071247-en.pdf?expires=1629220400&id=id&accname=guest&checksum=D820FCAE8806DF969EBDB7 8A91403035. Acesso em: 17 agosto 2021.

OECD. 2020b. OECD Guideline for testing of chemicals, 488 - Transgenic rodent somatic and germ cell gene mutation assays. Organization for Economic Cooperation and Development. https://www.oecd-

-ilibrary.org/docserver/9789264203907-en.pdf?expires=1629221128&id=id&accname=guest&check sum=10FC3BD5BE64FEE4FC81C2A856712E06. Acesso em: 17 agosto 2021.

Rocha PS, Umbuzeiro GA. no prelo. AOPs são o futuro da ecotoxicologia? Quim. Nova.

Ruthsatz M, Chiavaroli C, Cassar MA, Voisin EM. 2020. Biomolecules versus smaller chemicals in toxicology: ICH, EU, and US recommendations. In: Regulatory Toxicology (Reichl FX, Schwenk M. Eds), Springer, Berlin, 2020; pp. 1-16.

Schilter B, Burnett K, Eskes C, Geurts L, Jacquet M, Kirchnawy C, Oldring P, Pieper G, Pinter E, Tacker M, Traussnig H, Van Herwijnen P, Boobis A *et al.* 2019. Value and limitation of in vitro bioassays to support the application of the threshold of toxicological concern to prioritise unidentified chemicals in food contact materials, Food Addit Contam Part A. 2019; 36: 1903-1936. https://doi.org/10.1080 /19440049.2019.1664772

Silva ACG, Sousa IP, Santos TRM, Valadares MC. 2020. Assessing agricultural toxicity in Brazil: advances and opportunities in the 21st Century. Toxicol Sci. 2020; 177: 316-324. https://doi.org/10.1093/ toxsci/kfaa120

Steiblen G, van Benthem J, Johnson G. 2020. Strategies in genotoxicology: acceptance of innovative scientific methods in a regulatory context and from an industrial perspective. Mutat Res. 2020; 853: 503171. https://doi.org/10.1016/j.mrgentox.2020.503171

Sundar R, Jain MR, Valani D. 2018. Mutagenicity testing: regulatory guidelines and current needs. In: Kumar A, Dobrovolsky V, Dhawan A, Shanker R (eds.). Mutagenicity: assays and applications. (Kumar A, Dobrovolsky V, Dhawan A, Shanker R Eds.), Academic Press, London, 2018; pp. 191-228.

Tcheremenskaia O, Battistelli CL, Giuliani A, Benigni R, Bossa C. 2019. In silico approaches for prediction of genotoxic and carcinogenic potential of cosmetic ingredients. Comput Toxicol. 2019; 11; 91-100. https://doi.org/10.1016/j.comtox.2019.03.005

Thybaud V, Lorge E, Levy DD, van Benthem J, Douglas GR, Marchetti F, Moore MM, Schoeny R *et al.* 2017. Main issues addressed in the 2014-2015 revisions to the OECD Genetic Toxicology Test Guidelines. Environ Mol Mutagen. 2017; 58: 284-295. https://doi.org/10.1002/em.22079

Turkez H, Arslan ME, Ozdemir O. 2017. Genotoxicity testing: progress and prospects for the next decade. Expert Opin Drug Metab Toxicol. 2017; 13: 1089-1098. https://doi.org/10.1080/17425255.2017.1375097

UN. 2019. Globally Harmonized System of Classification and Labelling of Chemicals (GHS), Eighth revised edition. United Nations. https://www.unece.org/fileadmin/DAM/trans/danger/publi/ghs/ ghs_rev09/ST-SG-AC10-30-Rev8e.pdf. Acesso em: 9 julho 2020.

USEPA. 1986. Guidelines for Mutagenicity Risk Assessment. EPA/630/R-98/003. United States Environmental Protection Agency. https://www.epa.gov/sites/production/files/2013-09/documents/ mutagen2.pdf. Acesso em: 20 julho 2020.

White PA, Johnson GE. 2016. Genetic toxicology at the crossroads-from qualitative hazard evaluation to quantitative risk assessment. Mutagenesis. 2016; 31: 233-237. https://doi.org/10.1093/mutage/gew011

Yauk CL, Aardema MJ, van Benthem J, Bishop JB, Dearfield KL, DeMarini DM, Dubrova YE, Honma M, Lupski JR, Marchetti F, Meistrich ML, Pacchierotti F, Stewart J, Waters MD, Douglas GR *et al.* 2015a. Approaches for identifying germ cell mutagens: report of the 2013 IWGT workshop on germ cell assays. Mutat Res. 2015a; 783: 36-54. http://dx.doi.org/10.1016/j.mrgentox.2015.01.008

Yauk CL, Lambert IB, Meek ME, Douglas GR, Marchetti F. 2015b. Development of the adverse outcome pathway ""alkylation of DNA in male premeiotic germ cells leading to heritable mutations" mutations" using the OECD's users' Handbook Supplement. Environ Mol Mutagen. 2015b; 56: 724-750. http://dx.doi.org/10.1002/em.21954

Zwarg J, Morales DA, Maselli BS, Brack W, Umbuzeiro GA. 2018. Miniaturization of the microsuspension Salmonella/microsome assay in agar microplates. Environ Mol Mutagen. 2018; 59: 488-501. https://doi.org/10.1002/em.22195

3

Biomonitoramento Genético Ambiental

Vera Maria Ferrão Vargas • Mariana Vieira Coronas • Paula Hauber Gameiro
Clarice Torres de Lemos • Roberta de Souza Pohren

Resumo

O meio ambiente é vital para a saúde e o desenvolvimento do ser humano e sua qualidade deve ser investigada integradamente, envolvendo aspectos físicos, químicos e biológicos, bem como as interações entre suas diferentes fases – água, sedimento, ar, solo. Esses processos influenciam e afetam a estrutura, distribuição, destino e reatividade dos contaminantes, formando misturas complexas que podem promover alterações a partir das biomoléculas até níveis ecossistêmicos. Biomarcadores de genotoxicidade detectam efeitos no DNA e pela universalidade do código genético, são considerados excelentes indicadores da presença de estressores ambientais genotóxicos. Apresentamos estratégias de pesquisa para os diferentes compartimentos ambientais utilizando esses biomarcadores.

INTRODUÇÃO

O desenvolvimento sustentável prioriza o equilíbrio entre crescimento socioeconômico e preservação ambiental, considerando diversidades regionais, limitações e resiliência dos recursos naturais. A qualidade do ambiente deve ser investigada de forma integrada, envolvendo os aspectos físicos, químicos e biológicos, que contribuem para a funcionalidade das interações entre as diferentes fases – água, sedimento, ar, solo – favorecendo a manutenção, o desenvolvimento e a preservação das espécies que compõem o sistema socioecológico.

O equilíbrio do ecossistema é produto de complexas interações entre os componentes bióticos e abióticos. A presença de estressores ambientais naturais e antropogênicos pode gerar mudanças químicas, físicas e bióticas resultando em efeitos nocivos que levam à redução da reprodução e sobrevivência de uma ou de várias espécies. O grau de impacto causado à biocenose depende de propriedades dos compostos, da concentração, das reações com outras substâncias presentes na mistura mediante a vulnerabilidade, a capacidade de adaptação e a resiliência da biota. Avaliar os efeitos desses estressores, sua origem e rotas de dispersão nos compartimentos ambientais, constituem avanço na definição de estratégias de prevenção e controle da qualidade dos ecossistemas.

O meio ambiente é vital para a saúde e para o desenvolvimento humano. Mudanças ambientais globais, como alterações climáticas, podem promover a rápida perda da biodiversidade e o desequilíbrio dos ecossistemas, prejudicando a segurança alimentar, hídrica e, consequentemente, a saúde e o bem-estar da população. A Organização Mundial de Saúde – OMS (*World Health Organization* – WHO) alerta que riscos ambientais já conhecidos e evitáveis causam cerca de um quarto de todas as mortes e doenças da população mundial, totalizando pelo menos 13 milhões de óbitos a cada ano (WHO, 2020a). Entre esses riscos destaca-se a poluição do ar, com mais de 90% de pessoas expostas ao ar poluído, como também, o uso de combustíveis poluentes sólidos ou querosene para iluminação, preparo de alimentos e aquecimento de ambientes. Soma, ainda, a permanência em local de trabalho inseguro e a exposição a produtos químicos (WHO, 2020a). Compostos com características tóxicas no solo podem afetar a saúde humana por meio da exposição por inalação de poeiras, ingestão de plantas e animais que absorveram esses compostos, ou ainda, por meio da lixiviação para águas subterrâneas e superficiais utilizadas para abastecimento e outros usos (Watanabe *et al.*, 2001).

A exposição aos contaminantes ocupacionais e ambientais é relevante para elevação das taxas de câncer na população humana. Mesmo considerando a origem multifatorial da doença, a mais recente estimativa da OMS, referente ao ano de 2018, registra a ocorrência de 18 milhões de casos novos de câncer e 9,6 milhões de óbitos. Para 2020 estima que, globalmente, uma em cada cinco pessoas enfrentará um diagnóstico de câncer durante a vida. Para o Brasil, a estimativa por ano para o triênio 2020-2022 aponta a ocorrência de 685 mil casos novos (WHO, 2020b; INCA, 2019).

Foram realizados avanços para proteger a saúde ambiental por meio da definição de normas e diretrizes, assim como ações regulatórias e esforços de monitoramento. No entanto, grande parte da população, ainda não tem acesso a serviços ambientais básicos como saneamento e água potável adequados, ar puro, qualidade do solo e fontes de alimentos confiáveis. Além disso, novos problemas ambientais, climáticos e de saúde estão surgindo e exigem identificação e respostas rápidas. Exemplos recentes incluem a gestão de lixo eletrônico, nanopartículas, microplásticos e produtos químicos que agem como desreguladores endócrinos (WHO, 2020a).

Uma abordagem de pesquisa em ecossistemas é complexa e deve considerar que existe um inter-relacionamento entre os compartimentos ambientais, e as substâncias concentradas no ar podem ter diferentes fatores de acumulação no solo e na água, nos sedimentos suspensos ou de fundo e na biota. A distribuição de um poluente entre essas várias fases é o fator principal para prever seu destino no ambiente e sua disponibilidade para processos biológicos. Essa dispersão tem como base as propriedades físicas e químicas do contaminante e as características físicas, químicas e biológicas do ambiente em que é liberado.

Os contaminantes presentes na água podem ser persistentes mantendo-se inalterados enquanto transportados no ambiente aquático. Compostos solúveis na água são mais disponíveis para transformações químicas e biológicas, o que influencia seu destino e transporte para todas as fases ambientais. Outros grupos de compostos, como os metais pesados, podem ser depositados e acumulados nas partículas sedimentares. No entanto, a interface com a água promove um contínuo processo de imobilização e remobilização desses elementos, renovando a biodisponibilidade na água. A partir da água, diferentes classes de compostos podem volatilizar para a atmosfera, migrar para o solo por meio das águas subterrâneas e completar o ciclo retornando por deposição pluviométrica nos solos e corpos hídricos. Por outro lado, os contaminantes presentes no ar apresentam uma ampla dispersão influenciada pelas correntes atmosféricas e o solo age como um concentrador de poluentes. Durante esses processos naturais ocorrem alterações químicas e microbiológicas, biotransformação, bioacumulação e biomagnificação nos diferentes níveis tróficos. Além disso, o acúmulo de um determinado produto no organismo é um processo influenciado pelas propriedades químicas do composto e dependente dos processos de assimilação, metabolização e excreção das espécies expostas (de Serres, 1995; Vargas *et al.*, 2008). Esses processos físicos, químicos e biológicos afetam a estrutura, distribuição, destino e reatividade dos contaminantes, formando misturas variáveis de compostos com propriedades e características diversas das originais e, muitas vezes, desconhecidas.

Os poluentes promovem alterações sequenciais, iniciando com respostas moleculares e celulares, podendo alterar organismos, populações, comunidades, ecossistemas e suas funcionalidades. Biomarcadores de genotoxicidade detectam danos precoces à exposição, efeito e suscetibilidade, sendo discutidos amplamente em diferentes seções deste livro. A possibilidade de definir esses efeitos em diversos níveis de organização biológica é essencial para a compreensão das condições do ambiente e promover medidas que melhorem a qualidade ambiental (Moore *et al.*, 2004; Vargas *et al.*, 2008).

A seguir serão apresentadas estratégias de pesquisa para os diferentes compartimentos ambientais, sugerindo metodologias de trabalho, análises químicas e biomarcadores de genotoxicidade.

COMPARTIMENTO AQUÁTICO

Os impactos ecológicos de estressores nos ambientes aquáticos colocam em alerta a capacidade de manter o equilíbrio desses ecossistemas com preservação de suas funções, manutenção da vida aquática e da qualidade dos seus diferentes usos. Na água, muitos agentes podem ser adsorvidos no material particulado em suspensão e depositados ao longo do tempo no sedimento. O sedimento é um compartimento importante por fornecer *habitat*, alimentação e áreas de desenvolvimento para muitos organismos aquáticos. Além disso, tem fundamental importância no estudo da evolução dos ecossistemas aquáticos e dos ecossistemas terrestres adjacentes.

Os principais usos dos ambientes aquáticos são relacionados ao desenvolvimento econômico e ao processo de urbanização do país, por meio da irrigação (52%), abastecimento humano (23,8%) e da indústria (9,1%) (Brasil, 2018). A exposição à água contaminada, principalmente pela ingestão, provoca enfermidades causadas por vírus, bactérias, protozoários e helmintos (Brasil, 2006). Assim, destaca-se a necessidade de práticas de saneamento como, coleta e tratamento de esgotos domésticos e tratamento de água para abastecimento.

Contaminantes no meio aquático

Entre os contaminantes, comumente encontrados no sedimento, água intersticial e superficial, estão os compostos orgânicos (como os hidrocarbonetos policíclicos aromáticos [HPAs], nitroarenos, aminas aromáticas, entre outros grupos) e os inorgânicos, e entre os inorgânicos, os metais pesados. Aproximadamente 58% do material descartado nos recursos hídricos apresenta uma variedade de compostos orgânicos e 42% associados a metais (Chen e White, 2004). Atualmente, por meio de análises químicas avançadas, novas substâncias têm sido detectadas na água em baixas concentrações (Rivera-Utrilla *et al.*, 2013). Estes compostos, denominados micropoluentes (MEs) ou contaminantes emergentes, estão presentes em produtos farmacêuticos ou nos de cuidados pessoais, nos hormônios esteroides, nos disruptores endócrinos, nas substâncias químicas industriais e pesticidas (Luo *et al.*, 2014).

Entre os MEs detectados na água, destacam-se: fármacos, pesticidas e outros como fenóis. No tratamento convencional de água realizado nas Estações de Tratamento de Águas (ETAs) são utilizados processos físico-químicos, entre estes, desinfetantes que podem gerar *Disinfection by--products* – subprodutos da desinfecção da água (DBPs). Assim como nas Estações de Tratamento de Esgoto (ETEs), os processos de tratamento nas ETAs não têm sido eficientes para a eliminação de todos os contaminantes presentes na água bruta (Wang *et al.*, 2011). Nos últimos 40 anos, as pesquisas indicaram mais de 600 DBPs, mas apenas alguns analisados quanto ao potencial cancerígeno, genotóxico e impactos na saúde (Plewa e Wagner, 2011). O cloro é o desinfetante mais usado e é associado à geração de tri-halometanos (THMs) e espécies associadas, como cloraminas, clorofenóis, os mutagênicos X (MX), entre outros (Córtes e Marcos, 2018).

Legislação

Os critérios para a qualidade da água superficial foram estabelecidos para a proteção da vida aquática em vários países. No Brasil, a Resolução do Conselho Nacional de Meio Ambiente (CONAMA) n. 357/2005 e a Portaria n. 2.914/2011 do Ministério da Saúde buscam classificar e proteger as águas dos mananciais, bem como estabelecer padrões de qualidade para consumo humano (Brasil, 2005; 2011).

Em vários países as ETEs ainda não são projetadas para eliminar MEs, permitindo que muitos desses passem pelos processos de tratamento devido à sua persistência ou introdução contínua. Além disso, as precauções e as ações de monitoramento para MEs, diretrizes e padrões de descarga não estão bem estabelecidos na maioria das ETEs (Bolong *et al.*, 2009).

Com base em resultados epidemiológicos de água para consumo humano, países e organizações criaram diretrizes com níveis máximos de diferentes DBPs (Cortés e Marcos, 2018). Nos EUA, a U.S. Environmental Protection Agency (USEPA) determina níveis de 11 DBPs na água potável, enquanto diretrizes da OMS incluem 14 DBPs (Richardson *et al.*, 2007). No Brasil, alguns subprodutos, de grupos químicos específicos, são regulamentados na Resolução n. 357/2005 para água doce e potável (Brasil, 2005).

No guia *Interim Sediment Quality Guidelines* (ISQG) estão as orientações do valor de referência a respeito da qualidade de sedimentos. No *Threshold Effect Level* (TEL) está considerada a concentração abaixo da qual são esperados raros efeitos adversos aos organismos. No *Probable Effect Level* (PEL) está referenciada a concentração acima da qual é frequentemente esperado efeito deletério aos organismos. Na faixa entre TEL e PEL, estão valores cujos efeitos são ocasionalmente esperados (CCME, 2001). No Brasil, a resolução do CONAMA n. 344/2004 (Brasil, 2004) estabelece as concentrações de contaminantes em sedimentos, com vistas à proteção da vida aquática em relação ao arsênio, metais pesados e compostos orgânicos, embasados nas recomendações do Conselho Canadense de Ministros do Meio Ambiente (CCME).

Planejamento do estudo

O planejamento para avaliação de uma área de estudo está diretamente relacionado com o objetivo pretendido e deve levar em consideração as informações da bacia hidrográfica escolhida (geologia, clima, aspectos geográficos, hidrológicos, recursos naturais, áreas de preservação e de ocupação antrópica). Essas informações contribuem para o conhecimento de possíveis fontes e tipos de estressores ambientais (Brandão *et al.*, 2011; FEPAM, 2010).

A cobertura e o uso do solo permitem definir a predominância de atividades de pequeno, médio ou grande porte de origem industrial, agrícola e urbana. A localização de áreas preservadas ou com atividades antrópicas preponderantes auxiliam a definir fontes potencialmente poluidoras e tipos de estressores para escolha dos locais de amostragem. A amostragem em rios, riachos e pequenos cursos d'água é feita a montante e a jusante dessas fontes, podendo ser adicionados pontos intermediários para avaliar gradientes de poluição. As variáveis auxiliam na escolha das metodologias de coleta, preservação de amostras e métodos analíticos. Deve-se considerar a variabilidade espacial e temporal e estudos anteriores com informações sobre as características da área em estudo.

Após escolha da região a ser investigada, recomenda-se a sua localização em mapa e definição dos possíveis pontos de coleta, que devem ser confirmados quanto à viabilidade em campo. Na visita à área, recomenda-se levantamento fotográfico e marcação das coordenadas geográficas desses pontos por meio de equipamento de GPS (*global position system*). Com esses dados geográficos é possível caracterizar ainda mais a área de estudo por meio de ferramentas de georreferenciamento em *softwares* específicos de sistemas de informações geográficas (SIG).

Em áreas de bacias hidrográficas é interessante o uso de dados de delimitações de curva de nível que possibilita o conhecimento da direção de drenagem dos corpos hídricos em relação ao local de interesse. Ainda é possível comparar o mapa de uso e cobertura do(s) solo(s) da região, fornecidos por Instituições de Estudos Geográficos. A combinação desses recursos permite distinguir a superfície ocupada pela agricultura; pelos campos; pela mancha urbana; pela mata nativa; pela silvicultura; pelas indústrias; por banhado e água, conforme o objetivo do estudo (Gameiro *et al.*, 2020). Essas informações auxiliam na definição de rotas dos prováveis contaminantes e na caracterização dos usos dos recursos naturais, como presença de arroios e outros aspectos geográficos da paisagem.

Outra importante questão é conhecer as vazões do lançamento e as do corpo d'água, bem como do regime de escoamento para determinar o local onde a mistura se completa. Desse modo obtêm-se uma amostra de água representativa daquela área do rio. Levando-se em consideração a variável temporal, a amostragem poderá ser suspensa durante ou após fortes chuvas, evitando ocorrer aumento significativo da vazão do curso d'água. No caso dos estudos que necessitem de informações sazonais, a amostragem deve ter continuidade e mesmo os dados obtidos no período de chuvas poderão ser englobados aos demais. Em sedimentos há lavagem de material e, no período de seca, ocorre deposição das partículas mais finas.

Finalmente, é necessário definir os parâmetros a serem avaliados e as coletas específicas para cada tipo de análise física, química e dos biomarcadores de genotoxicidade a serem incluídos. Análises químicas especializadas podem ser selecionadas visando a definição dos contaminantes de interesse, utilizando técnicas com adequados Limites de Detecção (LD) e Limites de Quantificação (LQ).

Amostragem

A coleta das amostras de água superficial pode variar de acordo com os parâmetros analisados e as metodologias de extração utilizadas. Antes da amostragem, devem ser definidas a quantidade de amostra e as condições de armazenagem para diferentes ensaios, incluindo padrões físico-químicos para caracterização da amostra e as análises especializadas. O volume de água a ser coletado depende do objetivo do estudo, mas geralmente é de 2 a 100 L. De maneira geral, é realizada com balde de aço inox ou garrafa de Van Dorn de fluxo horizontal para auxiliar a distribuição do volume nos frascos. Estes devem ser transportados sob refrigeração, protegidos da luz e armazenados a 4°C por, no máximo, 14 dias (APHA, 2017; Brandão *et al.*, 2011). As amostras de água podem ser analisadas *in natura*, sendo esterilizadas por membrana (0,45 ou 0,22 µm), e estocadas ao abrigo da luz (–20°C) até o momento do ensaio (ver detalhes em Costa *et al.*, 2012).

Para a coleta de sedimento, a escolha do amostrador depende do objetivo, do tipo de ambiente a ser analisado e do substrato no local de coleta. As amostras podem ser armazenadas em potes ou sacos plásticos de polietileno, frascos de vidro de cor âmbar ou embalados em papel alumínio, dependendo dos objetivos da amostragem. A quantidade de amostra deve ocupar 2/3 da capacidade total do recipiente, transportadas refrigeradas e protegidas da luz. Adequar a amostragem incluindo as análises especializadas e parâmetros basais como, pH, potencial redox, sulfetos, granulometria, umidade e teor de matéria orgânica, entre outros.

Para ensaios de genotoxicidade recomenda-se a coleta de amostras compostas, a aproximadamente 20 cm de profundidade. No laboratório, as amostras devem ser homogeneizadas e armazenadas em frascos adequados e estocadas em freezer (–20°C) até a realização das análises (APHA, 2017; Gameiro *et al.*, 2018).

Extração das amostras

Quando o objetivo é conhecer a potencialidade genotóxica de compostos presentes em amostras de maior complexidade, como as de corpos hídricos, têm sido utilizados processos de fracionamento químico da amostra visando separar e concentrar agentes mutagênicos de interesse. Existem diversas metodologias recomendadas a serem selecionadas de acordo com os objetivos (Ohe *et al.*, 2004). Para separação de compostos orgânicos de amostras de água são mais utilizadas a extração líquido-líquido (Dutka *et al.*,1981; Vargas *et al.*, 1995), resinas poliméricas Amberlite XAD-4/XAD-2/XAD-8 (Gameiro *et al.*, 2020; Roubicek *et al.*, 2020), fibras de *Blue Rayon* ou, ainda, extração fase sólida (*Solid phase extraction* – SPE) (Umbuzeiro *et al.*, 2004).

Entre as opções para compostos orgânicos em água, a adsorção em resinas XAD-2, XAD-4 ou XAD-8, 1 mL/L de amostra é eficiente para extrair elementos químicos de natureza polar e apolar. As amostras são extraídas sequencialmente na resina em colunas cromatográficas em pH neutro e em pH ácido. A eluição dos extratos neutros é realizada em pH natural (metanol, éter etílico, diclorometano (DCM) e água destilada – proporção 1:1:3:2) para retirada de compostos moderadamente polares e apolares. A eluição em pH ácido (metanol, éter etílico, acetato de etila, água destilada – 1:1:3:2) para retirada de compostos polares. Os extratos devem ser acondicionados em frascos graduados a –20°C e, no momento do teste, os solventes evaporados e ressuspensos com dimetilsulfóxido grau pesticida (DMSO). Estes procedimentos estão descritos em detalhes em Gameiro *et al.*, (2020) e Pereira *et al.* (2007) para estudos de grandes volumes de água em bacias hidrográficas de múltiplos usos.

Recentemente, tem sido elevado o uso da SPE (extração em fase sólida), devido à variedade de solventes sólidos como resinas poliméricas que permitem vários mecanismos de retenção, incluindo interações hidrofóbicas e ligações hidrogênio, proporcionando seletividade para compostos ácidos, neutros e básicos. Assim, não sendo necessária mais de uma etapa de extração (Umbuzeiro *et al.*, 2004). Resumidamente, a amostra é acidificada (pH $\leq$ 2,0) e a eluição realizada com acetona e acetato de etila e, em seguida, com acetona, 1% de NH_4OH em metanol, acetona e acetato de etila. Os extratos são unidos e concentrados usando evaporador. A escolha da metodologia depende do objetivo do trabalho e/ou a especificidade dos compostos quanto à sua natureza química.

Para extração de compostos orgânicos em amostras de sedimento, as metodologias mais empregadas são extração acelerada por solvente (ASE); extração assistida por micro-ondas (MAE); extração de fluido supercrítico (SFE); extração *Soxhlet* e extração ultrassônica (UE) (Martens *et al.*, 2002). Outros procedimentos, incluindo métodos de maior fracionamento da amostra, são recomendados conforme objetivos do estudo (Vargas *et al.*, 2001). Concomitantemente aos processos de extração, deve ser definido o peso seco da amostra para expressar as concentrações como "equivalente de sedimento em base seca". Assim, pesa-se duas porções da amostra, uma a ser extraída e, a outra, para determinação da base seca. A massa da amostra a ser seca (entre 5 e 30 g) é colocada em cápsula de porcelana previamente tarada. Após 24 h, em estufa (105°C) e em dessecador (1 h), calcula-se a porcentagem de peso seco (razão entre as duas massas).

A extração em banho de ultrassom utilizando solvente DCM para obter frações de compostos moderadamente polares vem sendo muito empregada e está detalhada em Gameiro *et al.* (2018; 2020), Tagliari *et al.* (2004). Outros solventes poderão ser utilizados para atender as metas da pesquisa. O material orgânico extraído (MOE), tanto de água como sedimento, é medido em balança analítica e indica o rendimento da extração. A partir do material orgânico extraído são realizados os cálculos das dosagens dos ensaios.

Dependendo dos objetivos do estudo, podem ser preparadas alíquotas de água intersticial por centrifugação de amostra *in natura* e retirada da fase aquosa (água intersticial), esterilizadas por membrana (0,45 ou 0,22 µm) e acondicionadas ao abrigo da luz a –20°C até o ensaio. Para análise de amostras de água *in natura* realiza-se filtração de forma semelhante (Vargas *et al.*, 1995; Costa *et al.*, 2012).

Ensaios de genotoxicidade

Diversas metodologias podem ser aplicadas às pesquisas atendendo aos objetivos do estudo. Entre estes, o ensaio *Salmonella*/microssoma, realizado em ausência e presença de sistema de metabolização *in vitro*, é o mais utilizado para identificar atividade mutagênica em amostras ambientais, permitindo a comparação de sítios, identificação de fontes e possíveis carcinógenos presentes nessas misturas complexas (Claxton *et al.*, 2010). Apresenta protocolos clássicos estabelecidos, sendo o de microssuspensão o mais empregado para amostras ambientais, além de diversas linhagens que podem ser selecionadas de acordo com os objetivos do estudo (Kado *et al.*, 1983; Maron e Ames, 1983; Watanabe *et al.*, 1989). A atividade mutagênica das amostras é expressa pelo número de revertentes pela unidade da amostra. Para águas mL ou L e para sedimento a massa equivalente de sedimento seco. Para informações detalhadas da metodologia ver Capítulo 5. A análise do ensaio utiliza o *software* SALANAL (*Salmonella Assay Analysis*, versão 1.0 – RTP, North Carolina, USA).

Trabalhos analisando mutágenos em água superficial possuem ampla revisão mundial (Ohe *et al.*, 2004), além de relatos no Brasil, estado de São Paulo destaca a importância do método no programa de monitoramento realizado durante 20 anos (Roubicek *et al.*, 2020; Umbuzeiro *et al.*, 2001). No Rio Grande do Sul tem sido amplamente empregado para avaliar bacias hidrográficas influenciadas por áreas petroquímicas (Vargas *et al.*, 2008), urbanas (Cardozo *et al.*, 2006), múltiplas fontes industriais, urbanas e agrícolas (Lemos *et al.*, 2009) e efeito de compostos perigosos em áreas de múltiplos usos incluindo águas destinadas ao abastecimento público (Gameiro *et al.*, 2020; Pereira *et al.*, 2007).

Com relação à água tratada, o ensaio *Salmonella*/microssoma identifica a mutagênese de subprodutos de desinfecção formados durante este processo. Richardson *et al.* (2007) revisaram a ocorrência, genotoxicidade e carcinogenicidade de substâncias e subprodutos da desinfecção na água potável em diversos locais do mundo. Pereira *et al.* (2007) verificaram a mutagênese de águas antes e depois do tratamento para abastecimento em três locais do Rio Grande do Sul e Gameiro *et al.* (2020) realizaram um estudo mostrando decréscimo da qualidade ambiental em regiões com captação de água próximas a áreas contaminadas em processo de remediação. Montagner *et al.*, (2014) verificaram a presença de alguns MEs genotóxicos e seus efeitos à saúde em águas superficiais e potáveis de São Paulo.

No diagnóstico da qualidade de sedimentos, o ensaio *Salmonella* tem sido utilizado em âmbito mundial como revisado por Chen e White (2004). No Rio Grande do Sul esses estudos têm contribuído, desde 2001, na investigação de bacias hidrográficas com diversos tipos de influência: industrial petroquímica, agrícola e urbana; em área de curtumes, associado a altos níveis de estresse oxidativo em peixes; em área com passivos de produtos perigosos e escoamento superficial de sítio de solo contaminado e durante seu processo de remediação (Costa *et al.*, 2012; Gameiro *et al.*, 2018; Tagliari *et al.*, 2004; Vargas *et al.*, 2001, entre outros).

A avaliação da genotoxicidade aquática também vem sendo realizada por meio de metodologias citogenéticas *in vitro* com a análise de micronúcleos (MN) e danos pelo Ensaio Cometa. Estes biomarcadores vêm sendo avaliados em linhagens celulares como a de hamster chinês, V79 (fibroblastos de pulmão) ou CHO (ovário), bem como em linfócitos humanos. Para o teste do MN em sangue humano e V79, as amostras aquosas e de água intersticial de sedimentos *in natura* são esterilizadas como já descrito anteriormente. Outra possibilidade é a análise de extratos orgânicos de águas e sedimentos, sendo necessário avaliar a quantidade de MOE e obter uma curva de concentrações não tóxicas para utilização nos testes.

Em geral, em ambos os sistemas biológicos, é utilizado o mesmo volume de meio de cultura (5 mL) por frasco, e a quantidade de amostra deve ser avaliada previamente quanto à toxicidade, evitando prejudicar a indução de MN por afetar a divisão celular. Em geral, para águas brutas, podem ser empregados 200 μL de amostra (Lemos e Erdtmann, 2000; Lemos *et al.*, 2011), podendo variar dependendo da toxicidade dos poluentes da área. Em V79, testes em microplacas com poços de 1 mL necessitam adequação do volume de amostra (Garcia *et al.*, 2017). Para o teste do MN em linfócitos humanos com bloqueio da citocinese (CBMN), as culturas são realizadas com sangue periférico heparinizado de três doadores, não fumantes, sem histórico de doenças, segundo metodologia descrita por Lemos *et al.* (2000). Analisam-se 2.000 células binucleadas por doador/amostra por estação climática. Nessas células são observados os danos segundo protocolo do

Biomonitoramento Genético Ambiental

ensaio CBMN citoma – "CBMN-Cyt" (Fenech, 2006; 2007). Para o teste do MN com a linhagem V79, cujas células são mantidas por congelamento e repiques em subculturas, o cultivo e procedimento do teste é realizado como descrito por Nunes *et al.* (2011).

O Ensaio Cometa em linfócitos humanos e células V79, para amostras hídricas é realizado, mais frequentemente, na versão alcalina (Collins, 2004), bem detalhado em outro capítulo deste livro (Capítulo 6). Vários estudos aplicaram estas metodologias para determinar a qualidade de recursos hídricos impactados por diferentes fontes poluidoras em diversos tipos celulares, incluindo V79, CHO, e linfócitos humanos, para avaliar águas e sedimentos, entre estes FEPAM (2010), Garcia *et al.* (2017), Hara e Marim-Morales (2017), Lemos *et al.* (2000; 2011), Nunes *et al.* (2011).

As avaliações de genotoxicidade em águas também podem ser realizadas por testes com animais *in vivo*, tanto em bioensaios de laboratório como com populações locais expostas. Esses estudos *in situ* devem observar as populações disponíveis na área de estudo, sua abundância e composição para que não haja danos à estrutura das comunidades aquáticas. Além disso, devem respeitar as recomendações para uso de animais em pesquisa (Bonella, 2009; Brasil, 2013) (ver informações específicas no Capítulo 15 deste livro).

Para o estudo de corpos hídricos os peixes recebem especial atenção como biomonitores de poluição genotóxica. Estes organismos representam o elo final na cadeia alimentar aquática, reagindo sensivelmente a quaisquer alterações em seu ambiente por sua intimidade e dependência do mesmo, depositário importante de descargas de poluentes ambientais (Lemos *et al.*, 2008). Respondem aos agentes tóxicos de maneira similar a vertebrados superiores, permitindo avaliar substâncias com potencial teratogênico, mutagênico e carcinogênico para mamíferos em geral, incluindo humanos. Os estudos em organismos aquáticos levam em conta todo o conjunto de processos envolvidos na genotoxicidade que incluem a difusão das substâncias xenobióticas, bioacumulação, ativação metabólica, detoxificação e a sensibilidade diferencial de tecidos e órgãos. Tal emprego permite avaliar o real efeito dos poluentes no meio hídrico, bem como alterações de seu potencial tóxico ou genotóxico após interação com o ambiente (Fernandez *et al.*, 1993).

Avaliações empregando exposição de peixes em laboratório permitiram identificar os efeitos danosos de amostras de corpos hídricos contaminados com diferentes poluentes ambientais oriundos de petroquímica, mineração, efluentes industriais e domésticos (Lemos *et al.*, 2007, Gomes *et al.*, 2019; Hemachandra e Pathiratne, 2017). Outra possibilidade é a captura nas áreas de estudo com a avaliação de populações diretamente expostas e suas interações *in situ*. A avaliação de efeitos dos contaminantes em nível populacional e os estudos genéticos permitem inferir sobre as alterações e antecipar ações e diretrizes ambientais. Estes estudos têm mostrado o efeito danoso das alterações do meio sobre as comunidades aquáticas, sobre a estrutura genética das populações, levando à diminuição da variabilidade e reduzindo a capacidade de enfrentar novos estressores. Essas avaliações têm sido utilizadas com sucesso em locais de influência de áreas contaminadas utilizando peixes locais (FEPAM, 2010; Hariri *et al.*, 2018; Lemos *et al.*, 2008).

O biomonitoramento de recursos hídricos pode ser complementado com ensaios em vegetais, visando avaliar os efeitos da poluição sobre a rede trófica aquática e trazendo informações sobre impactos genotóxicos neste nível trófico (Ohe *et al.*, 2004; Chen e White, 2004). Os tipos vegetais mais utilizados são *Tradescantia* sp., *Allium cepa* e *Vicia faba*, em ensaios de exposição direta às amostras, aos extratos ou aos elutriatos (Chen e White, 2004). Ensaios com *A. cepa* têm permitido qualificar águas e sedimentos de locais com características genotóxicas danosas para plantas (Gameiro *et al.*, 2020; Hara e Marin-Morales, 2017, entre outros).

COMPARTIMENTO SOLO

O solo apresenta características diferenciadas devido a sua natureza. É considerado uma matriz complexa e dinâmica apresentando particularidades como interface entre atmosfera, hidrosfera e suporte à vida. Sua formação variável caracteriza-se por ser um agregado de material mineral não consolidado e conteúdo orgânico oriundos de inúmeras reações e processos biológicos e físico-químicos.

As propriedades do solo variam e estão associadas ao clima, à topografia, à constituição da rocha-mãe do qual é originado e à presença de atividade biológica. Dessa forma, esse compartimento pode variar espacial e temporalmente, ter distintas composições, texturas e conteúdos microbianos mesmo em regiões de coleta muito próximas. Esses aspectos interferem na rota e disponibilidade dos contaminantes, devendo ser considerados para a realização de ensaios de genotoxicidade.

O solo foi indevidamente considerado muito tempo como depósito para inúmeros resíduos e substâncias, resultando em grande número de áreas contaminadas no mundo todo e com passivos ambientais de alto risco (White e Claxton, 2004). Entre os compartimentos ambientais foi o último a ter a publicação de normativas de proteção de qualidade, o que ocorreu apenas a partir da Resolução CONAMA n. 420 (Brasil, 2009). A norma dispõe sobre critérios e valores orientadores de qualidade do solo quanto à presença de substâncias químicas e estabelece diretrizes para o gerenciamento ambiental de áreas contaminadas por essas substâncias em decorrência de atividades antrópicas, mas não traz regulação para genotoxicidade. A resolução adotou critérios considerando valores de referência de qualidade, valores de alerta e valores de intervenção. Estabeleceu também que cada Estado deveria definir seus valores orientadores específicos considerando a diversidade pedogenética das regiões do território.

Entre os regramentos internacionais aplicados aos solos estão os critérios da "Lista Holandesa de Valores de Qualidade do Solo e da Água Subterrânea"; *Soils Screen Levels* (SSL's) derivados de modelos baseados na exposição humana da USEPA (CETESB, 2001), entre outras. Cada uma destas normativas considera especificidades em termos de gestão e qualidade de solos, adotando definições distintas, desde *"trigger values"*, *"guiding values"*, *"reference values"*, conceito de multifuncionalidade do solo, entre outros.

Destaca-se que a adoção direta de valores internacionais pode implicar interpretações equivocadas, uma vez que os valores podem ser estimados considerando concentrações *background* dependentes de questões climáticas, pedológicas da área de solos. Assim, aplicá-los em contextos geológicos diversos requer atenção e reforça a necessidade de elaboração de listas de valores orientadores específicos por região.

Estudos em solos

As avaliações relacionadas com solos devem considerar que esse compartimento possui papel distinto em relação à retenção de poluentes, haja vista não ter um fluxo contínuo de deslocamento dos contaminantes potenciais – ocorrendo a velocidades lentas de acordo com as características do tipo de solo podendo representar um concentrador de poluentes com risco associado. Portanto, ao se trabalhar com amostras de solos devem ser consideradas possíveis influências decorrentes do seu histórico de usos e movimentações. Assim, se a origem do mesmo for industrial, ou agrícola, devem ser considerados fatores diferenciados em relação a estudos com solos urbanos ou mesmo naturais.

Estudos com bioensaios avaliando riscos e propriedades mutagênicas em solos ainda são poucos, comparados a outros compartimentos (White e Claxton, 2004). Para alguns ensaios de genotoxicidade, uma das características a ser observada é a necessidade de amostras estéreis, como no caso do ensaio *Salmonella*/microssoma. Contudo, esse fator não é um impeditivo, como mostram muitos estudos realizados (Da Silva Jr. e Vargas, 2009; Meyer *et al.*, 2015; Pohren *et al.*, 2019; 2012), pois a etapa de preparo de amostras requer uso de solventes que agirão como potencial esterilizador. E, se ocorrer contaminação em testes prévios, os extratos podem ser passados por membranas de filtração apropriadas. Assim, é importante destacar que para amostras de solo esta etapa pode implicar a perda de compostos com potencial efeito genotóxico associado. Em Costa *et al.* (2012) estão descritos alguns procedimentos que podem ser realizados para casos desta natureza.

Amostragem

Para a coleta de amostras, algumas recomendações básicas devem ser seguidas desde a identificação e o georreferenciamento dos pontos de coletas até a observação de um período mínimo de condições climáticas adequadas, por exemplo, sete dias sem chuva no local da amostragem. Para detalhamentos referentes à amostragem do solo e metodologias existem materiais específicos (CETESB, 2001; EMBRAPA, 1997). As definições desta etapa incluem a profundidade de amostragem do solo, podendo variar de acordo com o seu uso e os objetivos do estudo. Na maioria dos casos, a coleta ocorre entre 0 e 20 cm, de onde se remove o excesso de vegetação, descartando-se raízes, gramíneas, bem como pedras maiores. Antes da amostragem, deve-se definir a quantidade de amostra e as condições de armazenagem para diferentes ensaios e considerar, também, a coleta-testemunha de solo.

Dependendo dos objetivos e parâmetros a serem analisados, a amostragem pode ser dificultada devido ao grau de compactação do solo, ao esforço diante do número de amostras, ao transporte de grandes volumes etc. Os equipamentos utilizados na amostragem dependerão do tipo do solo, estado e profundidade, sendo alguns mais adequados para volumes menores. Como exemplo pá de corte, trados manuais, trado de rosca, trado holandês, sondas, amostrador tubular (CETESB, 2001). Se estiver prevista a realização de mais de uma campanha de coletas, deve-se observar que o mesmo padrão de coleta deve ser seguido em fases distintas do estudo.

Ao trabalhar com o compartimento solo deve ser considerado que, muitas vezes, a contaminação de determinado local de interesse pode ser muito pontual. Diante de possíveis heterogeneidades, a malha de amostragem deverá ser proposta de forma a considerar a circunstância. Assim, a realização de coleta de amostras compostas é uma alternativa. Definidos os pontos de amostragem, podem ser coletadas subamostras, reunidas e homogeneizadas ainda em campo, compondo um *pool* representativo do solo do local. Nesse sentido, as estratégias para seleção dos locais amostrados são diversas e devem considerar desde potenciais contaminantes locais, usos antigos e atuais dos solos. É possível a definição dos locais de amostragem pela aleatorização de parcelas; de quadrículas de diferentes tamanhos com base em mapa georreferenciado e de acordo com a área total do estudo; esquema de distribuição de pontos de amostragem de forma aleatória estratificada; amostragens direcionadas ou com uma distribuição sistemática dependendo dos objetivos (CETESB, 2001; White e Claxton, 2004).

Entre as possibilidades de planejamento das coletas pode-se considerar distâncias entre as amostras de solos a serem coletadas buscando gradientes em termos de concentrações esperadas. Ou seja, estabelecer distanciamento diferenciado a partir de uma fonte de contaminação ativa como ponto inicial de coleta até distâncias maiores visando considerar variabilidade ao longo do gradiente (Pohren *et al.*, 2012). Nesses casos, há de se considerar com atenção as mudanças no uso de solo existentes ao se afastar da fonte de contaminação de acordo com o gradiente de estudo determinado. Tanto em áreas industriais, agrícolas ou residenciais, pode-se ter influências de muitas décadas que precisam ser consideradas. Ou seja, em avaliações de locais com passivos antigos, por exemplo, deve-se avaliar todo histórico de atividades no sítio em questão.

Um dos pontos críticos ao se trabalhar com solos é a dificuldade de "solos disponíveis a serem utilizados como referência" para o estudo onde não ocorra influência antrópica ou interferentes que possam ter alterado suas características naturais. Torna-se cada vez mais difícil encontrar uma matriz de solo pertinente para o estudo específico – próxima da região, com semelhante perfil de formação, granulometria e composição química – para comparação dos valores de *background*. Devem ser considerados solos de área natural, em locais como Unidades de Conservação, parques ou afins (Meyer *et al.*, 2015)

Para definir a quantidade a ser amostrada, devem ser planejados quais parâmetros serão avaliados e, se além de testes de genotoxicidade, serão realizados ensaios químicos e quais métodos serão empregados. Um dos principais cuidados deve ser com o acondicionamento em frascos/embalagens adequadas conforme as análises, considerando efeito de contaminantes metálicos ou orgânicos. As coletas devem ser realizadas com espátulas/coletores descontaminados de forma adequada. Esse cuidado deve existir também na coleta e preparo das amostras em campo e no uso de solventes/soluções para lavagens de materiais em campo, não os descartando nos locais de coleta.

As amostras devem ser secas à temperatura ambiente por até 48 horas, selecionadas em peneira (2 mm) e acondicionadas a 4°C em frascos/embalagens apropriadas protegidas da luz, até a utilização nas análises. Em estudos com objetivos de observar efeitos genotóxicos associados a compostos orgânicos voláteis, semivoláteis, por exemplo, as etapas de secagem e peneiramento podem comprometer, devendo ser dispensadas.

Extração dos compostos

As matrizes sólidas, como solo, podem ser preparadas por meio de extração com solventes orgânicos ou inorgânicos, ou mesmo água. Sendo possível a realização dos testes com amostras preparadas a partir do extrato total, lixiviado, solubilizado, extratos orgânicos ou extratos fracionados. A escolha nesta etapa depende dos objetivos do estudo e de consultas a revisões, como a de White e Claxton (2004) que fornece importantes detalhamentos sobre as avaliações de mutagenicidade em solos.

Para preparo de lixiviados, visando avaliar o efeito de substâncias inorgânicas como metais, pode-se utilizar a ABNT (Associação Brasileira de Normas Técnicas) NBR 10005 (ABNT, 2004a), com uso de solução de ácido acético e hidróxido de sódio como solvente, ajuste de pH, e solo/solvente 1:2 g/mL. Na sequência, submete-se a amostra à ação de mesa agitadora e centrifugação por tempo, velocidade e temperatura determinados. A última etapa é a filtração em membrana (0,45 μm). Salienta-se que a amostra poderá ser armazenada por até 24 h para a realização do ensaio de genotoxicidade.

No preparo de extratos solubilizados, pode-se utilizar a ABNT NBR 10006 (ABNT, 2004b), a partir de pequena quantidade de solo em banho com agitação baixa por 30 minutos. Após repouso para decantar a centrifugação, filtram-se os extratos solubilizados de solo em membrana de 0,45 μm.

Quando o objetivo é avaliar efeitos de compostos orgânicos, os extratos podem ser preparados de acordo com a norma EPA *Method 3550C Ultrasonic Extraction* (USEPA, 2007) que preconiza a utilização de ultrassom e solventes orgânicos de polaridade afim com o composto químico de interesse, seguido de filtração em coluna cromatográfica e concentração em rotaevaporador.

Para o ensaio *Salmonella*/microssoma, é utilizado comumente o solvente DCM, associado a compostos considerados moderadamente polares. No entanto, quando se pretende avaliar efeitos genotóxicos associados a diferentes grupos químicos, o ideal é realizar os ensaios em diferentes frações potencialmente correspondentes àqueles compostos químicos visados. Assim, além de se avaliar os efeitos a partir do teste de um extrato bruto, é possível realizar, no extrato inicial, uma etapa de *clean-up*, ou um fracionamento em coluna cromatográfica da solução contendo a amostra, por meio de solventes em diferentes proporções. Deste modo, obtêm-se frações de polaridades distintas, correspondentes, por exemplo, a compostos como HPAs, nitroderivados, compostos oxigenados, aminas aromáticas, entre outros (Lundstedt *et al.* 2007; Pohren *et al.*, 2019). Todas as frações são concentradas e separadas em alíquotas para possível análise química e realização dos ensaios de genotoxicidade. Outras metodologias de extração são relatadas na literatura e recomenda-se uma busca detalhada quando do planejamento do estudo. Os solventes comumente utilizados são diclorometano, hexano, etanol, metanol, acetona, acetato de etila de acordo com os grupos de compostos de interesse. Deve-se considerar o uso de solventes menos tóxicos, substituindo-os quando possível.

Os extratos preparados são utilizados para quantificação de compostos químicos e para análise de atividade genotóxica, desde que mantidos sob refrigeração até realização do ensaio de genotoxicidade.

Ensaios de genotoxicidade

Entre os ensaios de avaliação de genotoxicidade mais utilizados para solos está o teste *in vitro* *Salmonella*/microssoma (White e Claxton, 2004). Nesse ensaio, ao se avaliar o potencial genotóxico de extratos ácidos, as linhagens comumente empregadas são TA98, TA100, TA97a com e sem o uso de sistema de metabolização exógeno. No entanto, em avaliações de extratos orgânicos recomenda--se também realizar testes mediante as linhagens derivativas, como YGs 1041/1042/1024 sensíveis a diferentes classes de compostos orgânicos (Watanabe *et al.*, 2005; Pohren *et al.*, 2019). Ao realizar os testes com extratos orgânicos fracionados é importante o uso das linhagens YGs, visando associar efeitos a compostos encontrados em faixas de polaridade distintas, conforme extratos obtidos pelos fracionamentos. Destaca-se a necessidade de troca prévia de solventes à realização dos ensaios de genotoxicidade, haja vista a maioria dos solventes orgânicos apresentarem toxicidade mediante sistemas biológicos. Para o ensaio *Salmonella*/microssoma é realizada concentração das amostras e posterior ressuspensão em solvente DMSO em pequenos volumes.

Os ensaios de genotoxicidade com solos e sua expressão de resultados requerem determinação da porcentagem de peso seco da amostra, devendo ser realizada paralelamente à extração da amostra como descrito para amostras de sedimento, utilizando massa entre 5 e 30 g de amostra. Assim, as concentrações de solo são expressas como "equivalente de solo em base seca". Nestes casos, a massa a ser pesada para preparo dos extratos deve ser corrigida em função do peso seco determinado no solo. Destaca-se, por exemplo, no caso do ensaio *Salmonella*/microssoma que a dose em massa equivalente/placa resultará no número revertentes/massa equivalente de solo seco.

O cálculo das concentrações e dos volumes a serem utilizados nos bioensaios serão de acordo com a proporção solo:solvente utilizada no preparo do extrato. Para o caso de extratos inorgânicos, o volume a ser testado será obtido direto pela relação solo:solvente utilizada. Para extratos orgânicos, calculam-se os volumes do extrato a ser utilizado de acordo com as concentrações-teste a serem avaliadas, a partir do volume final do extrato obtido e da massa de solo usada na extração.

As avaliações de genotoxicidade também podem ser realizadas por meio de ensaios como *SOS Chromotest* (Okunola *et al.*, 2014), ou Ensaio *Mutatox* conforme Mouchet *et al.* (2006). Ainda são possíveis ensaios em células em cultura, com avaliação de genotoxicidade por meio do ensaio de MN e Cometa a partir de extratos do solo. Nesse caso, o procedimento para expor os cultivos às amostras é similar ao referido para extratos orgânicos de sedimentos, já mencionados neste capítulo. Outro método possível é utilizar o arraste de solo em eventos de chuvas fortes utilizando amostradores de superfície e analisar o solubilizado em ensaios de mutagenicidade (Costa *et al.*, 2012) e culturas de células e linfócitos humanos, avaliando indução de MN e danos pelo ensaio Cometa. Resultados utilizando esses ensaios em área contaminada por preservantes de madeira permitiram identificar rotas de arraste de poluentes para rio adjacente (FEPAM, 2010).

Com relação à possibilidade de testes *in vivo* para solos, soma-se o uso dos sistemas-teste vegetais como representantes de organismos que se desenvolvem diretamente no solo. Entre as espécies vegetais mais utilizadas para avaliação de genotoxicidade em solos está *Allium cepa*, considerado organismo-teste importante no monitoramento de solos poluídos (Datta *et al.*, 2018; White e Claxton, 2004; Pohren *et al.*, 2013). Outro exemplo de bioensaio com plantas é pela análise de MN de *Tradescantia*, realizando os testes com a exposição da planta direto no solo ou preparando extrato a partir da planta (Rodriguez *et al.*, 2019; Monarca *et al.*, 2002); ou utilizando *Vicia faba* (Math *et al.*, 1995), entre outros. Avaliações em animais vêm sendo realizadas em mamíferos, com roedores coletados em áreas contaminadas ou expostos; anfíbios, invertebrados diversos, como anelídeos e moluscos; em insetos, como drosófilas (Da Silva Jr *et al.*, 2019, Souza *et al.*, 2015, White e Claxton, 2004).

Análises químicas complementares ao diagnóstico

Dada às características do solo e suas variedades pedológicas é fundamental considerar suas propriedades e realizar análises como granulometria, teor de argila pH, matéria orgânica, umidade, nitrogênio total, capacidade de troca de cátions (CTC), carbono orgânico total (COT), entre outros.

Análises químicas mais específicas podem buscar relações entre efeitos genotóxicos e estressores químicos, a serem definidas de acordo com a área e os objetivos do estudo e o compartimento avaliado. No entanto, se os efeitos estiverem associados a compostos orgânicos para qualquer das fases do ambiente são possíveis determinações como análises dos HPAs, considerados prioritários pela USEPA, nitro e oxi-HPAs, compostos aromáticos, entre outros. Quando os efeitos forem associados a compostos inorgânicos, as avaliações deverão ser realizadas com técnicas específicas para determinados metais e metaloides em geral.

As técnicas analíticas disponíveis são diversas e deverão ser escolhidas de acordo com critérios de sensibilidade e seletividade, tempo de análise, custo, entre outros fatores. Utilizar técnicas com adequados LD e LQ para o estudo, haja vista que uma das vantagens do uso de ensaios de genotoxicidade é a capacidade de detecção e avaliação de efeitos a partir de concentrações inferiores àquelas consideradas como limites nas normativas de qualidade existentes.

COMPARTIMENTO ATMOSFÉRICO

O ar ambiente externo é resultado de fenômenos naturais e antrópicos, sensível às emissões das diversas fontes, fixas e móveis, condições atmosféricas e geográficas e contribuição de gases e partículas que se movimentam entre os compartimentos (água, ar e solo). Apesar da constituição predominante da atmosfera – nitrogênio e oxigênio, a pequena fração de outros gases e partículas em suspensão estão relacionadas com os efeitos nocivos aos seres vivos e materiais ao ar ambiente. Desde 2013 a poluição do ar e o material particulado atmosférico são classificados pela Agência Internacional de Pesquisas sobre o Câncer (IARC) como Grupo 1, cancerígeno para humanos (IARC, 2020). A estimativa da OMS é de que 4,2 milhões de pessoas morrem prematuramente no mundo por ano devido à poluição atmosférica. O aumento da mortalidade se dá principalmente por doença pulmonar obstrutiva crônica, câncer de pulmão, doença cardíaca, acidente vascular cerebral e infecções respiratórias (WHO, 2018). No Brasil, as mortes em decorrência da poluição aumentaram 14% entre 2006 e 2016 (Brasil, 2019).

A OMS, desde 2006, recomenda valores norteadores para a qualidade do ar a fim de apoiar ações com objetivo de alcançar a saúde pública em diferentes contextos (WHO, 2006). No Brasil, ao final do ano de 2018, a Resolução CONAMA n. 003 de 1990 foi substituída pela Resolução CONAMA n. 491 de 2018. A nova resolução estabelece padrões intermediários para serem adotados em etapas sequenciais até os padrões finais que são os valores recomendados pela OMS. Além de atualizar os valores já defasados para assegurar a preservação do meio ambiente e da saúde da população, incluiu dois novos parâmetros a serem monitorados: chumbo e material particulado com diâmetro aerodinâmico equivalente de corte de 2,5 μm–$MP_{2,5}$. Ainda são estipulados níveis de atenção, de alerta e de emergência para SO_2, MP_{10}, $MP_{2,5}$, CO, O_3 e NO_2 para que também sejam elaborados planos para Episódios Críticos de Poluição do Ar.

A poluição atmosférica é complexa tanto pela sua composição química quanto pelas reações e transformações dinâmicas da atmosfera. As características das fontes emissoras combinadas às condições meteorológicas promovem a dispersão ou concentração dos poluentes em determinada área. Assim, uma abordagem avaliando o efeito da mistura, como biomarcadores de genotoxicidade, permite que seja expresso o efeito nos sistemas biológicos. Um estudo avaliando três cidades (Limeira, Brasil; Estocolmo, Suíça e Kioto, Japão) que diferem quanto às fontes emissoras, condições meteorológicas e concentração de matéria orgânica no PTS (Partículas Totais em Suspensão) apontou que o perfil de HPAs e potencial genotóxico apresentaram similaridades (Maselli *et al.*, 2020). É importante ressaltar que efeitos genotóxicos ocorrem mesmo em locais onde os padrões estão abaixo dos valores recomendados pela OMS (Coronas *et al.*, 2009; Lemos *et al.*, 2012; Lemos *et al.*, 2020; Pereira *et al.*, 2013; Silva *et al.*, 2015).

Para avaliação da genotoxicidade da fase gasosa de poluentes atmosféricos ou de todos os constituintes, a abordagem mais comum é a utilização de cabines de exposição. Nestas, os indivíduos, geralmente plantas ou modelos animais, são expostos. Alternativamente, se a exposição for nos locais de avaliação o mais predominante é a utilização de espécies vegetais, sendo um dos ensaios mais utilizados o de Micronúcleo com *Tradescantia* (Trad-MN) (Brito *et al.*, 2013). Neste capítulo, abordamos as metodologias para amostragem e extração de compostos para avaliação de genotoxicidade do material particulado atmosférico.

Material particulado atmosférico

O material particulado atmosférico é uma mistura complexa formada por partículas orgânicas e inorgânicas, sólidas e líquidas em suspensão. Normalmente são classificadas conforme o tamanho em partículas totais em suspensão (PTS, partículas de até 100 μm); partículas inaláveis (MP_{10}, menores que 10 μm); partículas finas inaláveis ($MP_{2,5}$, menores que 2,5 μm); e ultrafinas (UF, menores que 0,1 μm). As frações de material particulado atmosférico, para fins de definição de padrões de qualidade do ar são, normalmente, divididas em três categorias: PTS, MP_{10} e $MP_{2,5}$.

A avaliação da concentração de material particulado presente na atmosfera é um indicador da qualidade ambiental e o parâmetro que afeta mais as pessoas do que qualquer outro poluente. Existe uma relação forte e quantitativa entre a exposição a altas concentrações de partículas menores e aumento da mortalidade e morbidade (WHO, 2018). Estas frações estão mais relacionadas com maiores prejuízos aos organismos por concentrarem os compostos presentes no ar (Claxton *et al.*, 2004; De Martinis *et al.*, 1999). As partículas chegam aos alvéolos pulmonares e às UF, que chegam ao sangue, podem se espalhar sistemicamente. Não há limite identificado abaixo do qual nenhum dano à saúde é observado (Coronas *et al.*, 2009; Lemos *et al.*, 2012; 2016; Pereira *et al.*, 2010; WHO, 2018).

Amostragem

O amostrador de grande volume (AGV) de ar é o equipamento mais comum para coleta de material particulado atmosférico para avaliação do efeito genotóxico. A concentração do material particulado em uma ou mais das frações estudadas é definida considerando a massa coletada pelo volume de ar que passou no amostrador. O adequado é usar metodologias de amostragem definidas por normativas de órgãos especializados. A ABNT especifica um método para determinação da concentração de partículas (ABNT, 1997).

Após a definição do equipamento amostrador, dois outros aspectos relevantes são o local de instalação e o filtro a ser utilizado. O local de instalação – além das observações técnicas mínimas para adequada coleta, como o afastamento de árvores e grandes obstáculos – deve estar a pelo menos 2 m do solo, não estar perto de chaminés ou exaustores, deve ser adequado para mostrar a influência da principal ou principais fontes emissoras. Os critérios e recomendações de operação, calibragem e manejo são especificados e devidamente referenciados nos manuais técnicos dos fabricantes dos equipamentos. A localização representativa da(s) fontes(s) emissora(s) ou escala (micro, média, suburbana, urbana e regional), a partir do objetivo do estudo a ser executado, devem ser definidas com base em modelos de dispersão de poluentes (Lemos *et al.*, 2016) ou, por alternativas que possibilitem a definição da rota de dispersão atmosférica ou ainda, representem a escala de abrangência. Em estudo onde a fonte de contaminação era o solo, a investigação prévia de contaminantes na poeira depositada nas residências do entorno do local contaminado (Coronas *et al.*, 2013) auxiliou a definição dos locais de instalação dos amostradores de $MP_{2,5}$ (Coronas *et al.*, 2016).

Os filtros para coleta podem ser fibrosos (quartzo ou vidro) ou de membrana (éster de celulose, náilon, cloreto de polivinil ou teflon). As características do filtro e do amostrador vão determinar qual o mais adequado, no caso de extração de compostos para realização dos bioensaios, além de acumularem a maior quantidade de partículas. Normalmente se utiliza filtro de fibra de vidro e de membrana de teflon.

A periodicidade e o tempo de amostragem vão depender também dos objetivos do estudo. No entanto, para representatividade, algumas coletas devem ser conduzidas com periodicidade já que a concentração e a composição das partículas em uma área são resultado de vários fatores,

Associação Brasileira de Mutagênese e Genômica Ambiental **43**

além das fontes, como as condições climáticas (temperatura, precipitação, velocidade e direção dos ventos). Em um período de amostragem, a recomendação é uma periodicidade a cada seis dias a fim de que haja alternância do dia da semana a cada amostragem. Ainda, é importante que os períodos de amostragem, mesmo que interrompidos, ocorram em épocas diferentes, quando há estações climáticas definidas (Coronas *et al.*, 2008). Ainda, para representatividade das amostras e otimização dos recursos, os filtros amostrados podem ser agrupados por períodos relacionados com o estudo, para a posterior etapa de extração.

O ideal normalmente não é o possível e sim o que melhor se pode executar, entre limitações orçamentárias, de recursos humanos, equipamentos, de segurança e de prazos. Por exemplo, a localização ótima do amostrador pode não apresentar as condições adequadas de segurança ou não ter rede elétrica para o equipamento, ou o custo de uma amostragem periódica longa não pode ser possível dentro dos recursos do projeto. Assim, como em todas as áreas da ciência, as condições técnicas mínimas devem ser atendidas e um bom planejamento experimental, alinhado aos objetivos do estudo, é fundamental para que as conclusões do estudo estejam bem fundamentadas.

Extração dos compostos

Assim como as demais definições metodológicas, o solvente e o método de extração estão relacionados com o objetivo do estudo. No entanto, algumas considerações são importantes. Uma análise química complementar sempre é aconselhável. O extrato (método e solvente[s]) deverá ser adequado para a análise do poluente ou grupo de poluentes que serão quantificados. A extração pode ser única, geralmente usando um solvente abrangente para uma variedade de compostos, ou múltiplos solventes em combinação permitindo uma ampliação do espectro de extração. Quanto ao método de extração, Soxhlet, ultrassom ou agitação são os mais comumente utilizados. O número de ciclos, volume de solventes e tempo influenciam os resultados da extração. Uma revisão abrangente dos métodos de extração para avaliação da mutagenicidade de material particulado atmosférico é apresentada por Marvin e Hewitt (2007).

Para avaliação de genotoxicidade, extratos orgânicos são os mais comumente investigados pela complexidade de substâncias e as fontes emissoras estarem relacionadas à queima de combustíveis fósseis e biomassa. Vale dizer que a avaliação de extratos aquosos nas mesmas amostras também tem sido investigada. Nas frações orgânicas, predomina a investigação de HPAs, embora outros compostos aromáticos mais polares contribuam para os efeitos mutagênicos (Claxton *et al.*, 2004, Maselli *et al.*, 2020). Nas frações aquosas, investigam-se as concentrações de metais, sendo relatada a predominância de zinco, ferro e cobre (Lemos *et al.*, 2012; Palacio *et al.*, 2016).

Ensaios de genotoxicidade

Depois da obtenção do extrato há uma ampla variedade de opções de exposição de sistemas biológicos e marcadores de genotoxicidade que podem ser aplicados. O importante é que o solvente ou os componentes extraídos não sejam tóxicos para o sistema biológico do ensaio a ser executado e que uma curva de calibração de dose-resposta esteja bem estabelecida para esse tipo de amostra no sistema teste. O ensaio *Salmonella* apresenta grande sensibilidade para avaliação de extratos de material particulado atmosférico, com adaptações para uso de pequenos volumes, ampla variedade de linhagens com sensibilidades a diferentes grupos químicos e avaliação de metabolização *in vitro* por meio de adição de fração hepática S9, geralmente de ratos e ativada com Aroclor (Claxton *et al.*, 2004; Marvin e Hewitt, 2007). As várias técnicas e testes descritos neste livro, além do ensaio *Salmonella*/microssoma, podem ser adaptadas para exposição do extrato de material particulado atmosférico e avaliadas nos diferentes biomarcadores. Por exemplo, micronúcleo em linhagens celulares (Brito *et al.*, 2013; Lemos *et al.*, 2012; Palacio *et al.*, 2016), cometa em linhagens celulares (Lemos *et al.*, 2012) e sangue humano (Brito *et al.*, 2013), teste de mutação e recombinação somáticas (SMART) em *Drosophila melanogaster* (Dihl *et al.*, 2008) e mesmo uso de *Zebrafish* como modelo para avaliação de espécies reativas de oxigênio (ROS) e padrões de expressão de microRNA (Cen *et al.*, 2020; Duan *et al.*, 2017).

BIOMARCADORES POPULACIONAIS HUMANOS

A aplicação de biomarcadores de genotoxicidade na avaliação e no monitoramento de populações humanas expostas a agentes químicos e misturas ambientais é de grande relevância para os riscos à saúde, ao mesmo tempo que não deixam de indicar os efeitos na integridade ambiental. Em um contexto de exposição ambiental complexa, os biomarcadores de genotoxicidade são capazes de identificar efeitos precoces, alguns ainda passíveis de reparo e, por isso, estão no limiar de indicação entre exposição e efeito. Na avaliação de exposição ambiental, a escolha do parâmetro medido deve considerar as fontes potenciais de contaminação, a dinâmica e as propriedades das substâncias no ambiente. É importante, para relação de causalidade, entre outros fatores, que o biomarcador de genotoxicidade seja sensível ao tipo de exposição, acessível e estável até procedimento de análise. Ainda é fundamental a amostragem simultânea de uma população de referência (não exposta) ou, de forma alternativa, utilizar níveis basais estabelecidos no grupo de estudo.

Definição da população-alvo e fatores de confusão

Ao se planejar um estudo com biomarcadores de genotoxicidade em população humana, um dos primeiros aspectos é o grupo populacional a ser investigado, pois, apesar de a exposição ser similar para população, os riscos associados serão distintos nos diferentes estágios de desenvolvimento. As crianças estão entre os grupos mais sensíveis por apresentarem maior influxo proporcional diário de água, alimento e ar em relação ao peso corpóreo; por estarem em fase de rápido crescimento; pelo fato de os processos fisiológicos serem mais facilmente perturbados; por serem mais suscetíveis a danos neurológicos e a danos à molécula de DNA, por apresentarem epitélio do sistema respiratório mais permeável; e por comportamentos infantis como levarem mãos e objetos à boca (Pohl e Abadin, 2008). O nosso grupo de pesquisa teve projetos com experiências bem-sucedidas na avaliação de biomarcadores de genotoxicidade em população de crianças em contexto de exposição ambiental (Coronas *et al.*, 2016; Lemos *et al.*, 2020; Silva *et al.*, 2015), além da experiência anterior com adultos jovens (18 a 40 anos) de sexo masculino em estudos realizados em área mista com influência urbana e industrial petroquímica (Coronas *et al.*, 2009; Pereira *et al.*, 2013).

Assim, considerando as suscetibilidades dos grupos em diferentes etapas de vida (recém-nascidos, crianças, adultos e idosos) e as exposições complexas, é importante definir qual será a população de estudo, registrar e tentar controlar alguns dos possíveis fatores que influenciam os níveis basais dos biomarcadores. Os fatores citados neste tópico podem variar ou não ser aplicados a todos os grupos, por exemplo, o consumo de álcool não se aplica em grupos de recém-nascidos e crianças. Já o registro de fumo passivo (conviver e residir com fumantes) é sempre aconselhável para qualquer grupo. Ainda, em especial para recém-nascidos, informações sobre hábitos maternos, ocorrências e estado de saúde durante a gestação também são interessantes ao se fazer o levantamento.

Alguns dos primeiros fatores a serem considerados são gênero e idade. Esses fatores já podem ser importantes ao se definir a população de estudo, mas, mesmo assim, seu registro é fundamental. A associação do efeito de idade está bem estabelecida para frequência de micronúcleo (MN) em sangue, aberrações cromossômicas em sangue (Battershill *et al.*, 2008), MN em mucosa oral (Rohr *et al.*, 2020) e danos primários no DNA medidos pelo Ensaio Cometa (Piperakis *et al.*, 2009) com maior efeito nos níveis basais com aumento da idade. Com relação a gênero, mulheres apresentam maior efeito detectado no teste de MN (Battershill *et al.*, 2008) e no Ensaio Cometa os resultados são controversos (Dusinska e Collins, 2008). Alguns estudos relatam que não há diferença entre homens e mulheres (Diem *et al.*, 2002; Braz e Salvadori, 2007) enquanto outros descrevem mais danos primários no DNA em homens (Bajpayee *et al.*, 2002). Vários outros fatores que podem alterar os níveis basais dos biomarcadores são controlados ou especificamente estudados. Muitos ainda são controversos para alguns marcadores enquanto bem estabelecidos para outros. Idade, gênero e hábito de fumar apresentam efeitos bem definidos no ensaio de MN em linfócitos com bloqueio da citocinese (Fenech *et al.*, 2011) e são controversos para o ensaio cometa (Dusinska e Collins, 2008).

Independentemente do biomarcador de genotoxicidade, alguns fatores devem ser considerados ou registrados na amostragem para controle e verificação de efeito são eles: idade, gênero, *status* nutricional (especialmente quanto à vitamina B12 e folato), fumo ativo e passivo, consumo de álcool, infecções, condições gerais de saúde, índice de massa corporal, e, se possível, marcadores de suscetibilidade, como polimorfismos genéticos para alguns genes de metabolização e reparo mais bem definidos. Não tão bem definidos, mas com relevância no contexto brasileiro são as condições de moradia e as socioeconômicas, sobretudo se a população amostrada está em condições de vulnerabilidade ou há uma variação muito grande entre os indivíduos da população. Outro aspecto que o pesquisador deve considerar são hábitos e particularidades regionais que podem ter algum efeito no nível basal do biomarcador de genotoxicidade. Por exemplo, no Rio Grande do Sul o hábito do consumo do chimarrão, especialmente se a amostragem for de células da mucosa oral, deve ser registrada a frequência e a estimativa da quantidade de consumo.

Marcadores ambientais e grupo de referência

Em avaliações de exposição ambiental humana primeiramente é importante lembrar que a exposição sempre será complexa. Agentes químicos presentes na água, no ar, solo, alimento, estilo de vida e ambiente ocupacional fazem parte do contexto diário dos indivíduos. Essas exposições combinadas, simultânea ou sequencialmente, impactam e modificam os níveis basais dos biomarcadores. Nesse sentido, é importante destacar que a principal ou principais fontes de contaminação, alvo(s) do estudo, devem estar bem definidas e simultaneamente avaliadas ou monitoradas.

Além dos marcadores ambientais, outro aspecto no planejamento de estudos com biomarcadores de genotoxicidade em humanos no contexto de exposição ambiental é a definição da população de referência (não exposta). Apesar de esforços de projetos em definir a padronização de protocolos de um grande quantitativo de indivíduos, não há valores basais dos biomarcadores de genotoxicidade em humanos que possam ser utilizados em alternativa a um grupo de referência. Para fins de confiabilidade e associação, é necessária a amostragem simultânea de um grupo de referência com as mesmas características da população-alvo do estudo (exposta), em razão da alta sensibilidade que pode ser influenciada pelos fatores já mencionados, incluindo ainda fatores genéticos, geográficos e socioeconômicos. Mediante essas dificuldades na escolha de uma população similar com exposição ambiental limitada (pois totalmente não exposta não existe), é importante controlar, na medida do possível, os fatores de confusão.

Conhecimento ou avaliação prévia da região e dos marcadores ambientais das áreas alvo e referência são fundamentais. Os valores prévios para embasar a escolha desses locais podem ser obtidos por meio de dados da literatura, de órgãos ambientais ou por meio de um estudo piloto de avaliação dos marcadores ambientais. Um aspecto que deve sempre ser considerado é a dispersão atmosférica em relação às fontes de interesse, tanto na definição da área de risco como na de referência. Ter o conhecimento ou gerar um modelo de dispersão atmosférica da região é fundamental para embasar as conclusões levando em consideração as possíveis variações de exposição sazonais.

Planejamento da amostragem e análise dos dados

Depois da delimitação da população humana em proximidade com a principal ou principais fontes de contaminação, e uma população de referência, seguida da estratificação da população a ser amostrada, inicia-se o planejamento da pesquisa. Importante ressaltar que pesquisas com seres humanos no Brasil devem seguir diretrizes e normas regulamentadas na Resolução n. 466 de 2012 do Conselho Nacional de Saúde (Brasil, 2012). Mais informações sobre ética em pesquisa com seres humanos ver Capítulo 15.

A partir da definição do projeto e aprovação pelo Comitê de Ética em Pesquisa (CEP), pode-se planejar a amostragem. Para que o projeto alcance a maior eficiência possível, é aconselhável contar com o auxílio de instituições públicas e de voluntários da comunidade envolvida. Tal auxílio pode ser conseguido junto à equipe de saúde da família, Estratégia Saúde da Família (ESF), da política da Atenção Básica à Saúde do Ministério da Saúde.

O acesso e contato com a equipe da ESF é feito pelas secretarias municipais e estaduais de saúde, ligadas ao Sistema Único de Saúde (SUS). O apoio da equipe é fundamental para o conhecimento, a adesão, a aproximação e, principalmente, a participação no estudo. Em estudos com crianças em idade escolar, o apoio das secretarias de educação (municipais e estaduais) tem sido também uma boa estratégia de abordagem em relação à comunidade e tem sido um facilitador na definição dos voluntários e, até mesmo, na coleta das amostras (Lemos *et al.*, 2020; Silva *et al.*, 2015).

Embora o Termo de Consentimento Livre e Esclarecido (TCLE) informe os contatos do pesquisador, é responsabilidade do coordenador do projeto: a comunicação à população e à equipe de saúde responsável; dar o retorno a respeito do estudo dos dados e dos resultados da pesquisa que atendem essa população, garantindo o esclarecimento antes, durante e/ou depois da sua realização. Essa comunicação deve ser clara e simples, sem exposição dos dados individuais, pois a relevância está no conjunto dos dados e nos principais resultados obtidos. A aproximação e o apoio da equipe do ESF facilitam a comunicação e o retorno das informações à população.

A análise dos dados dos biomarcadores pode seguir a análise estatística usual ou adequada à característica do tipo de dado gerado pelo biomarcador, comparando população-alvo e de referência. Para os dados do Ensaio Cometa, a Análise de Variância com Modelos Hierárquicos tem se mostrado adequada pois os fatores são organizados em níveis dentro de uma ordem específica (células são consideradas dentro do sujeito e este dentro do grupo) permitindo a avaliação de toda variação dos danos que ocorre dentro do mesmo indivíduo (Coronas *et al.*, 2016; Lemos *et al.*, 2020; Lovell e Omori, 2008; Pereira *et al.*, 2013). Ainda, pelo levantamento de conjunto de dados e fatores relacionados, a análise para verificar as associações entre os biomarcadores e demais fatores devem ser executadas.

Recomendações

Apesar dos avanços no conhecimento e nas técnicas dos marcadores de genotoxicidade, ainda há muitos aspectos e limitações que precisam ser considerados, controlados e superados. Embora as pesquisas nem sempre encontrem associação entre alguns fatores e a mudança dos níveis basais dos biomarcadores, alguns já estão mais estabelecidos e devem ser evitados, ou ao menos levantados e controlados na análise.

Mesmo com essas limitações e complexidades adicionais em exposição humana ambiental, vários estudos verificam associação entre a exposição ambiental e os níveis de biomarcadores de genotoxicidade (Coronas *et al.*, 2009; Coronas *et al.*, 2016; Lemos *et al.*, 2020). E alguns destes já são validados como preditivos de risco de câncer em populações saudáveis, como o micronúcleo em linfócitos (Bonassi *et al.*, 2006; Fenech e Bonassi, 2011).

Se o estudo utilizar metodologias novas, adaptadas ou biomarcadores dos quais não se conheça a sensibilidade ao tipo de exposição, é aconselhada a análise conjunta de biomarcadores de genotoxicidade já bem estabelecidos. Ainda, a avaliação conjunta de biomarcadores, com diferentes espectros de alterações genéticas amplia a sensibilidade de avaliação do estudo. Somando-se à avaliação populacional, é fundamental uma análise que identifique e quantifique os contaminantes principais no ambiente para um diagnóstico e um monitoramento ambiental, que permita uma identificação mais clara das causas do efeito observado. Mais detalhes sobre os tipos e o espectro de biomarcadores estão descritos no Capítulo 4 deste livro.

CONSIDERAÇÕES FINAIS

Avaliar a qualidade de uma determinada região requer o planejamento de estratégias que considerem as características ecológicas dos diferentes compartimentos ambientais e suas possíveis influências naturais e antrópicas, considerando sempre a importância de sua interdependência. Portanto, etapas prévias de busca de informações físicas, usos do solo e definição de prováveis estressores definirão os objetivos, as hipóteses e as metodologias de investigação mais adequadas, bem como a indicação de quais compartimentos ambientais devem ser prioritariamente investigados.

A versatilidade do ensaio *Salmonella*/microssoma para diagnóstico da presença de agentes genotóxicos nos compartimentos ambientais está bem estabelecida. O uso de linhagens com sensibilidade diferenciada para determinadas classes de compostos, aliadas ao fracionamento da amostra, busca simplificar as misturas permitindo correlacionar potencialidade mutagênica e composição química. Desta forma, é possível conhecer as classes dos estressores, estabelecer a sensibilidade dos biomarcadores, quantificar a ação em curvas dose-resposta, definir rotas de dispersão no ambiente e contribuir para legislações ambientais mais restritivas.

Ensaios citogenéticos em culturas de células, analisando indução de MN e Ensaio Cometa (testes *in vitro*) vêm se mostrando eficientes em estudos de genotoxicidade provocadas por poluentes ambientais. A possibilidade de utilizar diferentes tipos celulares de mamíferos permite avaliação de efeitos danosos em organismos superiores. Possui ainda a vantagem de avaliar efeitos genotóxicos em culturas de células humanas normais, crescendo *in vitro*. Tal utilização permite relações com saúde humana além das possíveis consequências ambientais.

É importante destacar, ainda, o uso desses biomarcadores em testes *in vivo* para avaliar as consequências na biota, em bioensaios de laboratório ou biomonitoramento em campo. A abordagem permite avaliar populações expostas a poluentes ambientais considerando todas as interações ocorridas *in situ*. Outro aspecto inovador e importante é aliar monitoramento ambiental com biomonitoramento humano para populações ambientalmente expostas, em especial priorizando crianças como sentinelas. Ressalta-se que esses estudos devem atender às normas de ética recomendadas.

Referências bibliográficas

Associação Brasileira de Normas Técnicas (ABNT). NBR 9547. Material particulado em suspensão no ar ambiente – Determinação de concentração total pelo método do amostrador de grande volume. Rio de Janeiro, 1997.

Associação Brasileira de Normas Técnicas (ABNT). NBR 10005. Procedimento para obtenção de extrato lixiviado de resíduos sólidos. Rio de Janeiro, 2004a.

Associação Brasileira de Normas Técnicas (ABNT). NBR 10006. Procedimento para obtenção de extrato solubilizado de resíduos sólidos. Rio de Janeiro, 2004b.

American Public Health Association (APHA). Standard methods for the examination of water and wastewater. 23rd edition. Washington, D.C.: American Public Health Association, 2017.

Bajpayee M, Dhawan A, Parmar D *et al.* Gender-related differences in basal DNA damage in lymphocytes of a healthy Indian population using the alkaline Comet assay. Mutat Res. 2002; 520:83-91. https://doi.org/10.1016/S1383-5718(02.00175-4).

Battershill JM, Burnett K, Bull S. Factors affecting the incidence of genotoxicity biomarkers in peripheral blood lymphocytes: impact on design of biomonitoring studies. Mutagenesis. 2008; 23:423-37. https://doi.org/10.1093/mutage/gen040.

Bolong N, Ismail AF, Salim MR, Matsura T. A review of the effects of emerging contaminants in wastewater and options for their removal. Desalination. 2009; 239:229-46. https://doi.org/10.1016/j.desal.2008.03.020.

Bonassi S, Znaor A, Ceppi M, Lando C, Chang WP, Holland N, *et al*. An increased micronucleus frequency in peripheral blood lymphocytes predicts the risk of cancer in humans. Carcinogenesis. 2006; 28:625-31. https://doi.org/ 10.1093/carcin/bgl177.

Bonella AE. Animais em laboratórios e a lei Arouca. Sci. Stud. 2009; 7:507-14. https://doi.org/10.1590/ S1678-31662009000300008.

Brandão CJ, Coelho Botelho MJ, Sato MIZ, Lamparelli MC (eds.). Guia nacional de coleta e preservação de amostras: água, sedimento, comunidades aquáticas e efluentes líquidos. 2nd ed. São Paulo; Brasília: CETESB; ANA, 2011.

Brasil. Conselho Nacional do Meio Ambiente, Resolução CONAMA n. 344 de 25 de março de 2004. Dispõe sobre diretrizes gerais e os procedimentos mínimos para a avaliação do material a ser dragado em águas jurisdicionais brasileiras, e dá outras providências. 2004. Disponível em: http://www.mma.gov.br/conama.

Brasil. Conselho Nacional do Meio Ambiente (Conama). Resolução n. 357 de 17 de março de 2005. Dispõe sobre a classificação dos corpos de água e diretrizes ambientais para o seu enquadramento, bem como estabelece as condições e padrões de lançamento de efluentes, e dá outras providências. 2005. Disponível em: http://www.mma.gov.br/conama.

Brasil. Ministério da Saúde. Secretaria de Vigilância em Saúde. Vigilância e controle da qualidade da água para consumo humano. Brasília. 2006; 212 p.

Brasil. Conselho Nacional do Meio Ambiente (Conama). Resolução n. 420, de 28 de dezembro de 2009. Diário oficial da União, Brasília, n. 249, de 30/12/2009, p. 81-84. http://www2.mma.gov.br/port/conama. Acesso em: 28 agosto 2020.

Brasil. Ministério da Saúde. 2011. Portaria n. 2.914, de 12 de dezembro de 2011. Dispõe sobre os procedimentos de controle e de vigilância da qualidade da água para consumo humano e seu padrão de potabilidade. Diário Oficial da União, Brasília, 14 de dezembro de 2011. p. 80. https://www.tratamentodeagua.com.br/wp-content/uploads/2017/07/Portaria-2914.pdf.

Brasil. Conselho Nacional de Saúde. Resolução n. 466, de 12 de dezembro de 2012. Brasília, 2012 http://conselho.saude.gov.br/resolucoes/2012/Reso466.pdf. Acesso em: 27 julho 2020.

Brasil. Concea. 2013. Resolução Normativa n. 13. Diretrizes da Prática de Eutanásia do Conselho Nacional de Controle de Experimentação Animal. DOU de 26/09/2013, Seção I, Pág. 5.

Brasil. 2018. Agência Nacional de Águas (ANA). Conjuntura dos recursos hídricos no Brasil 2018: informe anual: versão atualizada, Brasília. 87 p.

Brasil. Ministério da Saúde. 2019. Mortes devido à poluição aumentam 14% em dez anos no Brasil. https://www.saude.gov.br/noticias/agencia-saude/45500-mortes-devido-a-poluicao-aumentam-14--em-dez-anos. Acesso em: 3 agosto 2020.

Braz MG, Fávero Salvadori DM. Influence of endogenous and synthetic female sex hormones on human blood cells in vitro studied with comet assay. Toxicol in Vitro. 2007; 21:972-6. https://doi.org/10.1016/j.tiv.2007.02.006.

Brito KCT, Lemos CT, Rocha JAV, Mielli AC, Matzenbacher C, Vargas VMF. Comparative genotoxicity of airborne particulate matter PM2.5 using Salmonella, plants and mammalian cells. Ecotox Environ Safe. 2013; 94:14-20. https://doi.org/10.1016/j.ecoenv.2013.04.014.

Cardozo TR, Rosa DP, Feiden IR, Rocha JAV, Oliveira NCA, Pereira TSP *et al*. Genotoxicity and toxicity assessment in urban hydrographic basins. Mutat Res. 2006; 603:83-96. https://doi.org/10.1016/j.mrgentox.2005.11.011.

Canadian Council of Ministers of the Environment (CCME). 2001. Canadian sediment quality guidelines for the protection of aquatic life: Introduction. Updated. In: Canadian environmental quality guidelines, 1999, Canadian Council of Ministers of the Environment, Winnipeg.

Cen J, Zhi-li J, Cheng-yue Z, Xue-fang W, Feng Z, Wei-yun C *et al*. Particulate matter (PM10 induces cardiovascular developmental toxicity in zebrafish embryos and larvae via the ERS, Nrf2 and Wnt pathways. Chemosphere. 2020; 250:126288. https://doi.org/10.1016/ j.chemosphere.2020.126288.

Companhia Ambiental do Estado de São Paulo (CETESB). Manual de gerenciamento de áreas contaminadas. 2. ed. São Paulo: CETESB, 2001.

Chen G, White PA. The mutagenic hazards of aquatic sediments: a review. Mutat Res. 2004; 567, 151-225. https://doi.org/10.1016/j.mrrev.2004.08.005.

Claxton LD, Matthews PP, Warren SH. The genotoxicity of ambient outdoor air, a review: Salmonella mutagenicity. Mutat Res. 2004; 567:347-99. https://doi.org/doi/10.1016/j.mrrev.2004.08.002

Claxton LD, Woodall Jr. GM. A review of the mutagenicity and rodent carcinogenicity of ambient air. Mutat Res. 2007; 636:36-94. https://doi.org/doi/10.1016/j.mrrev.2007.01.001.

Claxton LD, Umbuzeiro GA, DeMarini D. The Salmonella mutagenicity assay: the stethoscope of genetic toxicology for the 21st century. Environ. Health Perspect. 2010; 118(11):1515-22. https://doi.org/10.1289/ehp.1002336.

Collins AR. The comet assay for DNA damage and repair: principles, applications, and limitations. Mol Biotechnol. 2004; 26(3):249-261. https://doi.org/10.1385/MB:26:3:249.

Coronas MV, Horn RC, Ducatti A, Rocha JV, Vargas VMF. Mutagenic activity of airborne particulate matter in a petrochemical industrial area. Mutat Res. 2008; 650:196-201. https://doi.org/10.1016/j.mrgentox.2007.12.002.

Coronas MV, Pereira TS, Rocha JAV, Lemos AT, Fachel JMG, Salvadori DMF *et al.* Genetic biomonitoring of an urban population exposed to mutagenic airborne pollutants. Environ. Int. 2009; 35:1023-9. https://doi.org/doi: DOI: https://doi.org/10.1016/j.envint.2009.05.001.

Coronas MV, Bavaresco J, Rocha JAV, Geller AM, Caramão EB, Rodrigues MLK *et al.* Attic dust assessment near a wood treatment plant: Past air pollution and potential exposure. Ecotox Environ Safe. 2013; 95:153-60. https://doi.org/10.1016/j.ecoenv.2013.05.033.

Coronas MV, Vaz Rocha JA, Favero Salvadori DM, Ferrão Vargas VM. Evaluation of area contaminated by wood treatment activities: Genetic markers in the environment and in the child population. Chemosphere. 2016; 144:1207-15. https://doi.org/10.1016/j.chemosphere.2015.09.084.

Cortés C, Marcos R. Genotoxicity of disinfection byproducts and disinfected waters: a review of recent literature. Mutat Res. 2018; 831:1-12. https://doi.org/10.1016/j.mrgentox.2018.04.005.

Costa TC, Brito KCT, Rocha JAV, Leal KA, Rodrigues MLK, Minella JPG *et al.* Run off of genotoxic compounds in river basin sediment under the influence of contaminated soils. Ecotox. Environ. 2012; 75:63-72. https://doi.org/10.1016/j.ecoenv.2011.08.007.

Da Silva Jr F, Vargas VMF. Using the Salmonella assay to delineate the dispersion routes of mutagenic compounds from coal wastes in contaminated soil. Mutat. Res. 2009; 673:116-23. https://doi: 10.1016/j. mrgentox. 2008.12.005.

Da Silva Jr FMR, Fernandes CLF, Tavella RA, Hoscha LC, Baisch PRM. 2019. Genotoxic damage in coelomocytes of Eisenia andrei exposed to urban soils. Mutat Res. 2019; 842:111-6. doi.org/10.1016/j.mrgentox.2019.02.007

Datta S, Singh J, Singh J, Singh S, Singh S. 2018. Assessment of genotoxic effects of pesticide and vermicompost treated soil with Allium cepa test, Sustainable Environment Research, Volume 28, Issue 4. Pages 171-178. https://doi.org/10.1016/j.serj.2018.01.005.

De Martinis BS, Y. Kado N, de Carvalho LRF, Okamoto RA, Gundel LA. Genotoxicity of fractionated organic material in airborne particles from São Paulo, Brazil. Mutat Res. 1999; 446:83-94. https://doi.org/10.1016/S1383-5718.99.00151-5.

De Serres FJ. Ecotoxicity and human health: a biological approach to environmental remediation. Frederick J. De Serres and Arthur D. Bloom editors. 1995, 325p. CRC Press. Inc, 1996.

Diem E, Ivancsits S, Rüdiger HW. Basal levels of DNA strand breaks in human leukocytes determined by comet assay. J Toxicol Env Heal. A. 2002; 65:641-8. https://doi.org/10.1080/15287390252900331.

De Martinis BS, Y. Kado N, de Carvalho LRF, Okamoto RA, Gundel LA. Mutagenic and recombinagenic activity of airborne particulates, PM10 and TSP, organic extracts in the Drosophila wing-spot test. Environ Pollut. 2008; 151:47-52. https://doi.org/10.1016/ j.envpol.2007.03.008.

Duan J, Yu Y, Li Y, Jing L, Yang M, Wang J *et al.* Comprehensive understanding of PM2.5 on gene and microRNA expression patterns in zebrafish (Danio rerio) model. Sci Total Environ. 2017; 586:666-74. https://doi.org/10.1016/j.scitotenv.2017.02.042.

Dusinska M, Collins AR. The comet assay in human biomonitoring: gene-environment interactions. Mutagenesis. 2008; 23:191-205. https://doi.org/10.1093/mutage/gen007.

Dutka BJ, Jova A, Brechin J. Evaluation of four concentration/-extraction procedures on waters and effluents collected for use with the Salmonella typhimurium screening procedure for mutagens. Bull Environ Contam Toxicol. 1981; 27:758-64. https://doi.org/10.1007/BF01611092.

Empresa Brasileira de Pesquisa Agropecuária (EMBRAPA). Manual de métodos de análise do solo. 2. ed. Rio de Janeiro: EMBRAPA CNPS, 1997. 212p.

Fenech M. Cytokinesis-block micronucleus assay evolves into a "cytome" assay of chromosomal instability, mitotic dysfunction and cell death. Mutat. Res. 2006; 600:58-66. https://doi/10.1016/j.mrfmmm.2006.05.028.

Fenech, M. Cytokinesis-block micronucleus cytome assay. Natureprotocols. 2007; 2(5):1084-104. https://doi:10.1038/nprot.2007.77

Fenech M, Bonassi S. The effect of age, gender, diet and lifestyle on DNA damage measured using micronucleus frequency in human peripheral blood lymphocytes. Mutagenesis. 2011; 26:43-9. https://doi.org/10.1093/mutage/geq050

Fenech M, Holland N, Zeiger E, Chang WP, Burgaz S, Thomas P *et al.* The HUMN and HUMNxL international collaboration projects on human micronucleus assays in lymphocytes and buccal cells--past, present and future. Mutagenesis. 2011; 26:239-45. https://doi.org/10.1093/mutage/geq051

Fundação Estadual de Proteção Ambiental Henrique Luis Roessler (FEPAM). Estratégias ecotoxicológicas para caracterizar áreas contaminadas como medida de risco à saúde populacional. Porto Alegre: Eco-Risco Saúde Project Report, 2010.

Fernandez M, L'Haridon J, Gauthier L, Zoll-Moreux C. Amphibian micronucleus test(s): a simple and reliable method for evaluating in vivo genotoxic effects of freshwater pollutants and radiations. Initial Assess Mutat Res. 1993; 292(1):83-99. http://doi/10.1016/0165-1161(93)90010-w

Gameiro PH, Pereira NC, Rocha JAV, Leal KA, Varga VMF. Assessment of sediment mutagenicity in areas under the influence of a contaminated site undergoing a remediation process. Environ Mol Mutagen 2018; 59:625-38. https://doi.org/10.1002/em.22186

Gameiro PH, Assis KH, Hasenack H, Arenzon A, Silva KUD, Lemos CT *et al.* 2020. Evaluation of effect of hazardous contaminants in areas for the abstraction of drinking water. Environ Res. 2020; 188:109862. https://doi.org/10.1016/j.envres.2020.109862

Garcia ALH, Matzenbacher CA, Santos MS, Prado L, Picada JN, Premoli SM *et al.* Genotoxicity induced by water and sediment samples from a river under the influence of brewery efluent. Chemosphere. 2017; 169:239-48. https://doi:10.1016/j.chemosphere.2016.11.081.

Gomes LC, Chippari-Gomes AR, Miranda TO, Pereira TM, Merçon J, Davel VC *et al.* Genotoxicity effects on Geophagus brasiliensis fish exposed to Doce River water after the environmental disaster in the city of Mariana, MG, Brazil. Braz J Biol. 2019; 79(4):659-64. https://doi:10.1590/1519-6984.188086

Gontijo AMMC, Tice R. Teste do cometa para a detecção de dano no DNA e reparo em células individualizadas. In: Ribeiro LR, Salvadori DMF, Marques EK (eds.). Mutagênese ambiental. Canoas: Ulbra, 2003, pp 247-79.

Hara RV, Marin-Morales MA. In vitro and in vivo investigation of the genotoxic potential of waters from rivers under the influence of a petroleum refinery (São Paulo State – Brazil). Chemosphere. 2017; 174:321-30. doi:10.1016/j.chemosphere.2017.01.142

Hariri M, Mirvaghefi A, Farahmand H, Taghavi L, Shahabinia AR. In situ assessment of Karaj River genotoxic impact with the alkaline comet assay and micronucleus test, on feral brown trout (Salmo truttafario). Environ Toxicol Pharmacol. 2018; 58:59-69. https://doi:10.1016/j.etap.2017.12.024.

Hemachandra CK, Pathiratne A. Cytogenotoxicity screening of source water, wastewater and treated water of drinking water treatment plants using two in vivo test systems: Allium cepa root based and Nile tilapia erythrocyte based tests. Water Res. 2017; 108:320-9. https://doi:10.1016/j.watres.2016.11.009.

International Agency for Research on Cancer (IARC). Monographs on the Evaluation of Carcinogenic Risks to Humans Volumes 1-127. 2020. Disponível em: https://monographs.iarc.fr/list-of-classifications. Acesso em: 31 julho 2020.

Instituto Nacional de Câncer José Alencar Gomes da Silva (INCA). Estimativa 2020: incidência de câncer no Brasil / Instituto Nacional de Câncer José Alencar Gomes da Silva. – Rio de Janeiro: INCA, 2019. https://www.inca.gov.br/publicacoes/livros. Acesso em: 21 julho 2020.

Kado NY, Langley D, Eisenstadt E. 1983. A simple modification of the Salmonella liquid-incubation assay. Increased sensitivity for detecting mutagens in human urine. Mutat Res. 1983; 121:25-32. https://doi.org/10.1016/0165-7992(83)90082-9.

Lemos CT, Erdtmann B. Cytogenetic evaluation of aquatic genotoxicity in human cultured lymphocytes. Mutat Res. 2000; 467(1):1-9. doi:10.1016/s1383-5718(00)00009-7.

Lemos CT, Milan Rödel P, Terra NR, Oliveira NCA, Erdtmann B. River water genotoxicity evaluation using micronucleus assay in fish erythrocytes. Ecotoxicol Environ Saf. 2007; 66(3):391-401. doi:10.1016/j.ecoenv.2006.01.004.

Lemos CT, Iranço FA, Oliveira NCD, Souza GD, Fachel JMG. 2008. Biomonitoring of genotoxicity using micronuclei assay in native population of Astyanax jacuhiensis (Characiformes: Characidae) at sites under petrochemical influence. Sci Total Environ. 2008; 406:337-43. https://doi/10.1016/j.scitotenv.2008.07.006.

Lemos AT, Rosa DP, Rocha JAV, Vargas VMF. Mutagenicity assessment in a river basin influenced by agricultural, urban and industrial sources. Ecotoxicol Environ Saf. 2009; 72: 2058-65. https://doi.org/10.1016/j.ecoenv.2009.08.006.

Lemos AO, Oliveira NC, Lemos CT. In vitro micronuclei tests to evaluate the genotoxicity of surface water under the influence of tanneries. Toxicol In Vitro. 2011; 25(4):761-6. https://doi:10.1016/j.tiv.2011.01.007.

Lemos AT, Coronas MV, Rocha JAV, Vargas VMF. Mutagenicity of particulate matter fractions in areas under the impact of urban and industrial activities. Chemosphere. 2012; 89:1126-34. https://doi.org/10.1016/j.chemosphere.2012.05.100.

Lemos AT, Lemos CT de, Flores AN, Pantoja EO, Rocha JAV, Vargas VMF. Genotoxicity biomarkers for airborne particulate matter (PM2.5) in an area under petrochemical influence. Chemosphere. 2016; 159:610-8. https://doi.org/10.1016/ j.chemosphere.2016.05.087.

Lemos AT, Rocha JAV, Vargas VMF. Soil mutagenicity – Effects of acidification and organic pollutants in urban/industrial areas. Chemosphere. 2018; 209:666-74. https://doi.org/10.1016/j.chemosphere.2018.06.057.

Lemos AT, Lemos CT de, Coronas MV, Rocha JR da, Vargas VMF. Integrated study of genotoxicity biomarkers in schoolchildren and inhalable particles in areas under petrochemical influence. Environ Res. 2020; 188:109443. https://doi.org/10.1016/ j.envres.2020.109443.

Lovell DP, Omori T. Statistical issues in the use of the comet assay. Mutagenesis. 2008; 23:171-82. https://doi.org/10.1093/mutage/gen015.

Lundstedt S, White PA, Lemieux CL, Lynes KD, Lambert LB, Oberg L et al. Sources, fate, and toxic hazards of oxygenated polycyclic aromatic hydrocarbons (PAHs) at PAH-contaminated sites. Ambio. 2007; 36(6):475-85. https://doi: 10.1579/0044-7447(2007)36[475:SFATHO]2.0.CO;2.

Luo Y, Guo W, Ngo HH, Nghiem LD, Hai FI, Zhang J *et al.* A review on the occurrence of micropollutants in the aquatic environment and their fate and removal during wastewater treatment. Sci Total Environ. 2014; 474):619-41. https://doi.org/10.1016/j.scitotenv.2013.12.065.

Maselli BS, Cunha V, Lim H, Bergvall C, Westerholm R, Dreij K *et al.* Similar polycyclic aromatic hydrocarbon and genotoxicity profiles of atmospheric particulate matter from cities on three different continents. Environ Mol Mutagen. 2020; 61:560-73. https://doi.org/10.1002/em.22377.

Math XZ, Xu C, McConnell H, Rabago EV, Arreola GA. The improved Allium/Vicia root tip micronucleus assay for clastogenicity of environmental pollutants. Mutat Res. 1995; 334:185-95. https://doi.org/10.1007/s11356-014-3835-2.

Maron DM, Ames BN. Revised methods for the Salmonella mutagenicity test. Mutat Res. 1983; 113:173-215. https://doi.org/10.1016/0165-1161(83)90010-9.

Martens D, Gfrerer M, Wenzl T, Zhang A, Gawlik BM, Schramm *et al.* Comparison of different extraction techniques for the determination of polychlorinated organic compounds in sediment. Anal Bioanal Chem. 2002; 372:562-8. https://doi.org/10.1007/s00216-001-1120-y.

Marvin CH, Hewitt LM. Analytical methods in bioassay-directed investigations of mutagenicity of air particulate material. Reviews Mutat Res. 2007; 636:4-35. https://doi.org/10.1016/j.mrrev.2006.05.001.

Meyer DD, Silva FMJr, Souza JW, Pohren RS, Rocha JA, Vargas VMF. Pointing to potential reference areas to assess soil mutagenicity. Environ Sci Pollut. R. 2015; 22:5212-7.https://doi:10.1007/s11356-014-3835-2.

Monarca S, Feretti D, Zerbini I, Alberti A, Zani C, Resola S. Soil contamination detected using bacterial and plant mutagenicity tests and chemical analyses. Environ Res. 2002; 88:64-9. https://doi:10.1006/enrs.2001.4317.

Montagner CC, Vidal C, Acayaba RD, Jardim WJ, Jardim ICSF, Umbuzeiro GA. Trace analysis of pesticides and an assessment of their occurrence in surface and drinking waters from the State of São Paulo (Brazil). Anal Methods. 2014; 6(17):6668-77. https://doi.org/10.1039/C4AY00782D.

Moore MN, Depledge MH, Readman JW, Leonard PDR. An integrated biomarker-based strategy for ecotoxicological evaluation of risk in environmental management. Mutat Res. 2004; 552:247-68. https://doi.org/10.1016/j.mrfmmm. 2004.06.028.

Mouchet F, Gauthier L, Mailhes C, Jourdain MJ, Ferrier V, Triffault G *et al.* Biomonitoring of the genotoxic potential of aqueous extracts of soils and bottom ash resulting from municipal solid waste incineration, using the comet and micronucleus tests on amphibian (Xenopus laevis) larvae and bacterial assays (Mutatox® and Ames tests). Sci Total Environ. 2016; 355(3):232-46. https://doi.org/10.1016/j.scitotenv.2005.02.031.

Nadin SB, Vargas-Roig LM, Ciocca DR. A silver staining method for single-cell gel assay. J Histochem Cytochem. 2001; 49(9):1183-6. http://doi:10.1177/ 002215540104900912.

Nunes EA, Lemos CT, Gavronski L, Moreira TN, Oliveira NC, Silva J. Genotoxic assessment on river water using different biological systems. Chemosphere. 2011; 84(1):47-53. https://doi:10.1016/j.chemosphere.2011.02.085.

Ohe T, Watanabe T, Wakabayashi K. 2004. Mutagens in surface waters: a review. Mutat Res. 2004; 567:109-49. https://doi.org/10.1016/j.mrrev.2004.08.003.

Okunola A, Babatunde E, Chinwe D. Mutagenicity of automobile workshop soil leachate and tobacco industry wastewater using the Ames Salmonella fluctuation and the SOS chromotests September 3. Toxicol Ind Health. 2014; v. 32: 61086-1096. https://doi/10.1177/0748233714547535.

Palacio IC, Barros SBM, Roubicek DA. Water-soluble and organic extracts of airborne particulate matter induce micronuclei in human lung epithelial A549 cells. Mutat Res. 2016; 812:1-11. https://doi.org/10.1016/ j.mrgentox.2016.11.003.

Pereira TS, Rocha JAV, Duccatti A, Silveria GA, Pastoriza TF, Bringuenti L *et al*. Evaluation of mutagenic activity in supply water at three sites in the state of Rio Grande do Sul, Brazil. Mutat Res. 2007; 629:71-80. https://doi.org/10.1016/j.mrgentox.2006.12.008.

Pereira TS, Gotor GN, Beltrami LS, Nolla CG, Rocha JAV, Broto FP *et al*. Salmonella mutagenicity assessment of airborne particulate matter collected from urban areas of Rio Grande do Sul State, Brazil, differing in anthropogenic influences and polycyclic aromatic hydrocarbon levels. Mutat Res. 2010; 702:78-85. https://doi.org/doi: 10.1016/j.mrgentox.2010.07.003.

Pereira TS, Beltrami LS, Rocha JAV, Broto FP, Comellas LR, Salvadori DM *et al*. Toxicogenetic monitoring in urban cities exposed to different airborne contaminants. Ecotox Environ Safe. 2013; 90:174-82. https://doi.org/10.1016/j.ecoenv. 2012.12.029.

Piperakis SM, Kontogianni K, Karanastasi G, Iakovidou-Kritsi Z, Piperakis MM. The use of comet assay in measuring DNA damage and repair efficiency in child, adult, and old age populations. Cell Biol Toxicol. 2009; 25:65-71. https://doi.org/ 10.1007/s10565-007-9046-6.

Plewa MJ, Wagner ED. Drinking water disinfection by-products: comparative mammalian cell cytotoxicity and genotoxicity. In: Nriagu JO (ed.). Encyclopedia of Environmental Health, Elsevier, Burlington. 2011, 806-12.

Pohl H, Abadin H. Chemical mixtures: evaluation of risk for child-specific exposures in a multi-stressor environment. Toxicol Appl Pharmacol. 2008; 233:116-25. https://doi.org/10.1016/j.taap.2008.01.015.

Pohren RS, Rocha JA, Leal K, Vargas VMF. Soil mutagenicity as a strategy to evaluate environmental and health risks in a contaminated area. Environ Int. 2012; 44:40-52. https://doi.10.1016/j.envint.2012.01.008

Pohren RS, da Costa TC, Vargas VMF. Investigation of sensitivity of the Allium cepa test as an alert system to evaluate the genotoxic potential of soil contaminated by heavy metals. Water Air Soil Pollut. 2013; 224:1460. https://doi.10.1007/s11270-013-1460-1.

Pohren RS, Rocha JAV, Horn KA, Vargas VMF. Bioremediation of soils contaminated by PAHs: Mutagenicity as a tool to validate environmental quality. Chemosphere. 2019; 214:659-68. https://doi.org/10.1016/j. chemosphere.2018.08.020.

Richardson SD, Plewa MJ, Wagner ED, Schoeny R, DeMarini DM. Occurrence, genotoxicity, and carcinogenicity of regulated and emerging disinfection by products in drinking water: a review and roadmap for research. Mutat Res. 2007; 636:178-242. https://doi.org/10.1016/j.mrrev.2007.09.001.

Rivera-Utrilla J, Sanchez-Polo M, Ferro-Garcia MA, Prados-Joya G, Ocampo-Perez R. Pharmaceuticals as emerging contaminants and their removal from water. A review. Chemosphere. 2013; 93:1268-87. https://doi.org/q\10.1016/ j.chemosphere.2013.07.059.

Rodriguez MAR, García FP, Sánchez EMO, Méndez JP, Sqndoval OAA. Genotoxity analysis by presence of arsenic in soil: test tradescantia micronucleus extracts by clone 4430 (trad-MCN). Rev Bio Agro Popayán. 2019; v. 17, n. 1, p. 56-63. http://dx.doi.org/10.18684/bsaa.v17n1.1204.

Rohr P, Flesch G, Vicentini VEP, de Almeida IV, dos Santos RA, Takahashi CS *et al*. Buccal micronucleus cytome assay: Inter-laboratory scoring exercise and micronucleus and nuclear abnormalities frequencies in different populations from Brazil. Toxicol Lett. 2020. https://doi.org/10.1016/j.toxlet.2020.08.011.

Roubicek DA, Rech CM, Umbuzeiro GA. Mutagenicity as a parameter in surface water monitoring programs opportunity for water quality improvement. Environ Mol Mutagen. 2020; 61:200-11. https://doi.org/10.1002/em.22316.

Silva da Silva C, Rossato JM, Vaz Rocha JA, Vargas VMF. Characterization of an area of reference for inhalable particulate matter (PM2.5. associated with genetic biomonitoring in children. Mutat Res. 2015; 778:44-55. https://doi.org/10.1016/j.mrgentox.2014.11.006.

Souza MR, Silva FR, Souza CT, Niekraszewicz L, Dias JF, Premoli S *et al*. Evaluation of the genotoxic potential of soil contaminated with mineral coal tailings on snail Helix aspersa. Chemosphere. 2015; 139:512-7. doi:10.1016/j.chemosphere. 2015.07.071.

Tagliari KC, Cecchini R, Rocha JAV, Vargas VMF. Mutagenicity of sediment and biomarkers of oxidative stress in fish from aquatic environments under the influence of tanneries. Mutat Res. 2004; 561:101-17. https://doi.org/10.1016/ j.mrgentox.2004.04.001.

Umbuzeiro GA, Roubicek DA, Sanchez PS, Sato MI. The Salmonella mutagenicity assay in a surface water quality monitoring program based on a 20-year survey. Mutat Res. 2001; 491:119-26. https:// doi.org/10.1016/S1383-5718(01)00139-5.

Umbuzeiro GA, Roubicek DA, Rech CM, Sato MZ, Claxton LD. Investigating the sources of the mutagenic activity found in a river using the Salmonella assay and different water extraction procedures. Chemosphere. 2004; 54:1589-97. https://doi.org/10.1016/j.chemosphere.2003.09.009.

U.S. Environmental Protection Agency (USEPA). Method 3550C, Ultrasonic extraction. Washington, D.C. 2007. http://www.epa.gov/sw846/pdfs/3500.pdf.

Vargas VMF, Guidobono RR, Jordão C, Henriques JAP. Use of two short term test to evaluate genotoxicity of river water treated with different concentration extraction procedure. Mutat Res. 1995; 343:31-52. https://doi.org/10.1016/0165-1218(95)90060-8.

Vargas VMF, Migliavacca SB, Melo AC, Horn RC, Guidobono RR, Ferreira ICFS *et al*. Genotoxicity assessment in aquatic environments under the influence of heavy metals and organic contaminants. Mutat Res. 2001; 490:141-58. https://doi.org/10.1016/S1383-5718(00)00159-5.

Vargas VMF, Terra NR, Sarmento EC (org.). Atlas ambiental: estratégias ecotoxicológicas para avaliação de risco aplicado à bacia hidrográfica do rio Caí. Fundação Estadual de Proteção Ambiental Henrique Luís Roessler. Porto Alegre: FEPAM, 2008, p. 164.

Wang C, Shi H, Adams CD, Gamagedara S, Stayton I, Timmons T. Investigation of pharmaceuticals in Missouri natural and drinking water using high performance liquid chromatography-tandem mass spectrometry. Water Res. 2011; 45:1818-28. https://doi.org/10.1016/j.watres.2010.11.043.

Watanabe M, Ishidate Jr M, Nohmi T. A sensitive method for the detection of mutagenic nitroarenes: construction of nitroreductase-overproducing derivatives of S. typhimurium strains TA98 and TA100. Mutat Res. 1989; 216:211-20. https://doi.org/10.1016/0165-1161(89)90007-1.

Watanabe T, Hirayama T. Genotoxicity of Soil. J Health Sci. 2001; 47:433-8. https://doi.org/10.1248/ jhs.47.433.

Watanabe T, Hasei T, Takahashi T, Asanoma M, Murahashi T, Hirayama T *et al*. Detection of a novel mutagen, 3,6-dinitrobenzo[e]pyrene, as a major contaminant in surface soil in Osaka and Aichi prefectures, Japan. 2005. Chemical Research Toxicology, vol. 18. p. 283-289. https://doi: 10.1021/tx049732l.

White PA, Claxton LD. Mutagens in contaminated soil: a review. Mutat Res. 2004; 567:227-345. https://doi10.1016/j.mrrev.2004.09.003.

World Health Organization (WHO). WHO Air quality guidelines for particulate matter, ozone, nitrogen dioxide and sulfur dioxide: global update 2005: summary of risk assessment. 2006. https://apps.who.int/ iris/bitstream/handle/10665/69477/WHO_SDE_PHE_OEH_06.02_eng.pd. Acesso em: 3 agosto 2020.

World Health Organization (WHO). Ambient outdoor. air pollution https://www.who.int/news-room/fact-sheets/detail/ambient-(outdoor)-air-quality-and-health. Acesso em: 3 agosto 2020.

World Health Organization (WHO). WHO global strategy on health, environment and climate change: the transformation needed to improve lives and well-being sustainably through healthy environments. Geneva: World Health Organization. Licence: CC BY-NC-SA 3.0 IGO. https://www.who.int/ phe/publications/ global-strategy/en/. Acesso em: 3 agosto 2020.

World Health Organization (WHO). WHO report on cancer: setting priorities, investing wisely and providing care for all. Geneva: World Health Organization. Licence: CC BY-NC-SA 3.0 IGO. https:// www.who.int/health-topics/ cancer#tab=tab_1/. Acesso em: 21 julho 2020.

4

Estratégias para Biomonitoramento Genético Ocupacional

Viviane Souza do Amaral • Silvia Regina Batistuzzo de Medeiros

Resumo

O capítulo traz informações gerais sobre a toxicologia ocupacional detendo-se nos aspectos do biomonitoramento genético. Após um breve relato histórico da toxicologia e da genética toxicológica ocupacional, alguns conceitos básicos serão introduzidos mostrando a importância e as vantagens do estudo toxicológico a respeito do DNA. Em seguida, serão apresentados as etapas e os cuidados necessários para a estruturação de um projeto de pesquisa na área, enfatizando os diferentes biomarcadores, inclusive os epigenéticos e moleculares, e seus usos e interpretações a fim de evitar falsas conclusões. Os aspectos de segurança laboratorial e éticos também serão abordados, por se tratar de trabalhos experimentais a serem realizados em laboratório com amostras coletadas de seres humanos.

INTRODUÇÃO

A informação mais antiga sobre a relação entre atividade laboral e o adoecimento está descrita no papiro egípcio *Anastacius V*, no qual se relatam a preservação da saúde e as condições de trabalho de pedreiros. No entanto, os primeiros estudos nessa área tiveram início no século IV a.C., por Aristóteles (384–322 a.C.) na Grécia antiga (Timbó e Eufrásio, 2009). A coletânea *Corpus Hippocraticum* de diversos tratados da época de Hipócrates (nascido em 460 a.C.) faz uma alusão ao saturnismo em mineiros. Apesar desses relatos, o tratado médico ocupacional mais antigo é atribuído ao médico austríaco Ulrich Ellembog (1435–1499), porém, foi o médico suíço Paracelsus (Theophrastus von Hohenheim) (1493–1541) famoso por sua máxima "a diferença entre remédio e veneno está na dose" que realizou o trabalho mais completo em Toxicologia Ocupacional.

O trabalho de Paracelsus, *On the miner's sickness and other diseases of miners*, publicado após sua morte, em 1567, parece que, incorporando dados de Ellembog, aborda não apenas a sintomatologia e o tratamento, mas também a prevenção de doenças laborais. No entanto, a sistematização dos conhecimentos acumulados sobre a relação trabalho e doença ocorreu em 1700, quando Bernardino Ramazzini (1633–1714), médico italiano, publicou o livro *De Morbis Artificum Diatriba*

(Discurso sobre as Doenças dos Artífices), um tratado sobre doenças de trabalhadores. Nesse livro, Ramazzini relatou riscos à saúde ocasionados por diferentes agentes como produtos químicos, metais e poeira, entre outros, em 52 diferentes ocupações. Por essa razão, é tido como o pai da Toxicologia Ocupacional (Oga e Siqueira, 2014).

Desde tal publicação, e sobretudo com o advento da revolução industrial, tecnológica e científica que, apesar de todos os inegáveis benefícios trazidos à humanidade, o número de substâncias capazes de interferir negativamente na saúde (poluentes) vem aumentando tanto em volume quanto em diversidade. Somado a isso, o envelhecimento da população trabalhadora também contribui para o estabelecimento de doenças ocupacionais (OPAS/OMS Brasil, 2020).

Apesar da toxicologia médica já estar bem estabelecida nos primórdios do século XX, a toxicologia genética ou genética toxicológica, área que estuda a interação de qualquer agente físico, químico ou biológico com o material genético, despontou em 1927, com o trabalho de Muller sobre os rearranjos gênicos no genoma de *Drosophila melanogaster*, causados pela radiação X. No entanto, esta área só veio a ganhar ênfase com a descrição da mutagenicidade do gás mostarda por Auerbach e Robson, realizada em 1941, e publicada apenas após a Segunda Guerra Mundial, em 1946. Com o estabelecimento da citogenética humana em 1960, a partir de linfócitos, Moorhead *et al.* contribuíram para o avanço dos estudos na área da genética toxicológica ocupacional. Assim, o monitoramento genético ocupacional consiste em analisar os efeitos nocivos causados à molécula de DNA e suas consequências para o organismo, de compostos/produtos utilizados ou produzidos na atividade laboral.

De forma geral, compostos capazes de causar efeitos nocivos ao DNA são chamados de genotóxicos e podem atingir o DNA de forma direta, com ou sem metabolização; ou de forma indireta, via interação com proteínas relacionadas com o ciclo celular e/ou fuso mitótico, resultando em mutações e/ou instabilidade genética, causando inúmeras doenças, entre elas o câncer (Mateuca *et al.*, 2006). Além dos compostos genotóxicos, os agentes epigenéticos também são afetados pelos poluentes contribuindo para o surgimento de doenças (Chappell *et al.*, 2016). Agentes epigenéticos são aqueles capazes de alterar a expressão gênica sem alterar a sequência nucleotídica, isto é, sem causar mutação. Eles podem: modificar o padrão de metilação do DNA; afetar as modificações pós-traducionais das histonas; afetar as modificações em RNA e afetar a ação de RNAs não codantes.

Uma vez que o DNA corresponde ao menor nível de complexidade do organismo e que, ao longo do tempo, danos nesta molécula podem levar a manifestações clínicas, passando pelos efeitos não observáveis, metabólicos, intoxicação subclínica e clínica, monitorar esta molécula é fundamental para se prevenir os efeitos adversos à saúde. O monitoramento auxilia na tomada de decisões precoces visando a garantia da saúde do trabalhador (Figura 4.1). Existe, inclusive, um documento da *Organization for Economic Co-operation and Development* (OCED) que norteia e integra esta análise para auxiliar a tomada de decisão. O documento da OCED pode ser encontrado no link: http://www.oecd.org/officialdocuments/publicdisplaydocumentpdf/?cote=ENV/JM/MONO(2016)67/&doclanguage=en.

Assim, é imprescindível primeiro identificar o perigo, isto é, determinar o tipo e a quantidade de contaminante/poluente no local do trabalho para: 1. realizar a avaliação do risco, que é a probabilidade de um dano à saúde vir a ocorrer no trabalhador; 2. gerenciar a exposição do trabalhador, visando assim, eliminar ou diminuir os efeitos adversos à saúde. Mais detalhes sobre o monitoramento ambiental, para a identificação do perigo, estão apresentados no Capítulo 3 deste livro.

Nas últimas décadas, a sobreposição entre os dois domínios "prevenção" (de perigos) e "promoção" (de saúde) tornou-se maior. Atualmente, a "saúde ocupacional" deve incluir não apenas a proteção à saúde, mas também a promoção da saúde no local de trabalho (Iavicoli *et al.*, 2018). Em vigor desde 2004 no Brasil, a Política Nacional de Saúde do Trabalhador do Ministério da Saúde visa à redução dos acidentes e doenças relacionadas com o trabalho, mediante a execução de ações de promoção, reabilitação e vigilância na área de saúde. As diretrizes, descritas na

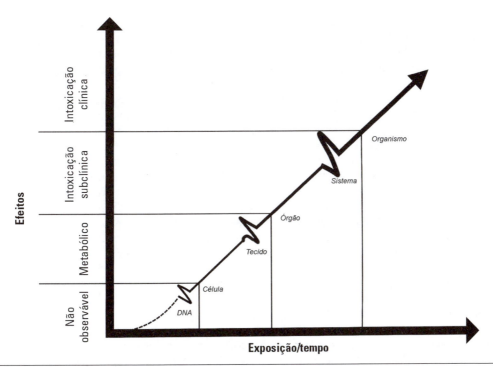

Figura 4.1. Relação entre a ação dos poluentes (quantidade e tempo de exposição) na saúde humana. A linha pontilhada indica quais danos podem ocorrer no DNA, mas seus efeitos orgânicos ainda não são identificados. A linha fina indica que os efeitos, em nível celular e tecidual são encontrados, representando disfunção metabólica. A linha em negrito mostra que quando as consequências dos danos se manifestam em níveis mais complexos, como órgão e sistema, ocorre uma intoxicação subclínica. A linha mais grossa representa o indivíduo manifestando o efeito adverso à saúde.
Fonte: adaptada de Della Rosa et al. (2014).

Portaria n. 1.125 de 6 de julho de 2005, compreendem a atenção integral à saúde, a articulação intra e intersetorial, a estruturação da rede de informações em Saúde do Trabalhador, o apoio a estudos e pesquisas, a capacitação de recursos humanos e a participação da comunidade na gestão dessas ações (OPAS/OMS Brasil, 2020).

No site da Organização Mundial da Saúde (OMS), https://www.who.int/health-topics/occupational-health, da Organização Internacional do Trabalho (https://nacoesunidas.org/agencia/oit/), bem como no da Agência Nacional de Vigilância Sanitária (ANVISA), (http://portal.anvisa.gov.br/), podem ser encontradas as diversas orientações, normativas e resoluções sobre o tema.

Diante do exposto, neste capítulo são apresentadas as diferentes estratégias para o estudo de biomonitoramento genético ocupacional.

DELINEAMENTO EXPERIMENTAL

Como todo e qualquer trabalho científico, um projeto envolvendo epidemiologia ocupacional molecular deve passar pelas mesmas etapas que são: i) identificação da problemática; ii) elaboração de hipóteses; iii) experimentação; iv) obtenção dos dados; v) análise e interpretação dos dados; e vi) divulgação dos resultados. As duas primeiras etapas baseiam-se fortemente na revisão da literatura para a busca de questões inovadoras. A depender do tipo de exposição ocupacional, é interessante consultar o site da agência internacional de pesquisa sobre o câncer, IARC (do inglês, International Agency for Research on Cancer) (www. https://www.iarc.fr/), órgão da OMS.

Uma de suas atribuições é identificar e classificar os carcinógenos humanos entre compostos químicos, misturas complexas, agentes físicos e biológicos como também exposição ocupacional e estilo de vida. Mais de 1.000 agentes foram avaliados e são classificados em 4 grupos, a saber: 1A para os carcinógenos; 2A para os prováveis carcinógenos; 2B para os possíveis carcinógenos e 3 para os não classificáveis quanto à carcinogenicidade.

Outro fator muito importante é determinar o tipo de estudo a ser realizado, isto é, se transversal, caso-controle, coorte (longitudinal), prospectivo ou retrospectivo (Bonita *et al.*, 2010). Com as hipóteses levantadas e o tipo de estudo a ser realizado, a metodologia adequada deve ser identificada e planejada normalmente em conjunto com os recursos financeiros disponíveis. É muito importante na etapa do planejamento, levar em conta o número amostral para que os dados obtidos possam ser devidamente analisados e interpretados, corretamente, à luz da estatística. Por fim, no delineamento geral do experimento, é fundamental pensar no cronograma, isto é, o tempo necessário para a execução de cada etapa até a divulgação dos resultados.

Independentemente da problemática que se queira abordar, já que a área ocupacional é vastíssima, indo da mineração, agropecuária, indústrias farmacêuticas, nanobiotecnologia, entre muitas outras, o primeiro passo é o bom delineamento da proposta de estudo.

É fundamental ter os objetivos bem claros, visto que eles orientarão a seleção da amostra, tanto do ponto de vista quantitativo como qualitativo, bem como da estatística a ser escolhida. Afinal, para uma boa análise estatística, é fundamental que o número amostral seja representativo da população em estudo. Uma amostra muito pequena, não terá poder estatístico e uma amostra muito grande, poderá elevar a tal ponto o custo do estudo, inviabilizando-o. Assim, o tamanho da amostra ideal é aquele que permite um resultado estatístico correto e com força suficiente para detectar um efeito específico (Malone *et al.*, 2016). Para se fazer o cálculo amostral, é importante levar em conta não apenas o tipo de estudo, mas também vários outros fatores como: o número de parâmetros a ser estudado (p. ex., será uma média ou uma proporção), a variação da variável de interesse, o valor aceitável de erros de tipo I (aquele quando rejeitamos erroneamente a hipótese nula); tipo II, quando, na verdade, os dois tratamentos são diferentes, mas a diferença não é encontrada na nossa amostra de estudo); agrupamento das amostras; correlação entre as variáveis (Miot, 2011; Kamangar e Islami, 2013). Uma vez que o nível de poder estatístico e a chance do erro tipo 1 são bastante padronizados, ou seja, 80% e $\alpha < 0,05$, a definição do tamanho da amostra é essencialmente baseada na magnitude e na variabilidade do efeito esperado (Azqueta *et al.*, 2020).

A seleção do grupo controle deve seguir o mesmo rigor da seleção amostral e é recomendado que sejam pareados com base no sexo, idade, etnia e hábitos/exposições anteriormente detectados, que podem ser confundentes com a atividade laboral como o ato de fumar ou de se expor ao sol, entre outros. Para minimizar tais questões, normalmente são aplicados questionários que levam em conta, não apenas a idade e o sexo, mas também diversos outros parâmetros, em função do seu estudo, como: tempo de exposição ao toxicante, hábitos alimentares, se é fumante, se consome medicamentos, entre outros. Diversos questionários já foram elaborados e testados e o recomendado é aplicar questionários já validados internacionalmente, por exemplo, o de Carrano e Natarajan (1988), para análises genotóxicas e o de Jarvis (2002), para sintomas respiratórios.

Feita a seleção de grupo, é importante buscar o biomarcador que se deseja analisar.

BIOMARCADORES

Biomarcador ou indicador biológico é um termo geral usado para a mensuração, em algum tecido ou fluido corporal, que evidencia a presença de um composto (seja ele físico, químico ou biológico) no organismo, ou ainda, alguma alteração biológica decorrente dessa interação. O objetivo final do uso de biomarcadores em estudos epidemiológicos e monitoramento ocupacional é elucidar a relação causa-efeito e dose-efeito, na avaliação de risco à saúde (Poblete-Naredo e Albores, 2016). De forma geral, os biomarcadores podem ser classificados em marcadores de exposição, efeito e suscetibilidade, entretanto a distinção entre as classes nem sempre é definitiva, havendo bastante controvérsia na literatura, sobretudo entre os biomarcadores de exposição e efeito de genotoxicidade. Um bom biomarcador, para ser confiável deve: i) responder a um contaminante biologicamente ativo; ii) ter uma resposta dose-efeito; iii) ter uma resposta persistente; iv) ser de um tecido apropriado e, preferencialmente, de coleta não invasiva e de fácil mensuração; e v) ser específico para que um efeito possa ser atribuído ao toxicante (Budnik *et al.*, 2018). Na Tabela 4.1, apresentamos uma comparação entre os marcadores toxicológicos gerais e os de genotoxicidade, dentro dessas 3 classes, adotando, neste capítulo, a classificação proposta por Bonassi e Au (2002) e Poblete-Naredo e Albores (2016). Novos biomarcadores, decorrentes das alterações epigenéticas e ômicas, vêm sendo descritos e serão abordados em tópico separado.

Tabela 4.1. Biomarcadores clássicos de toxicidade e genotoxicidade

Tipos de biomarcadores	Tóxicos	Genotóxicos
Exposição	Xenobióticos	Lesões no DNA
Exemplos	Metais, nicotina no sangue Metabólitos de benzeno na urina	Adutos, quebras, 8oxo-dG, SCE
Efeito	Alterações proteicas (e/ou enzimáticas)	Mutações gênicas e cromossômicas
Exemplos	Carboxi-hemoglobina, colinesterases albumina, proteinúrias	Alterações cromossômicas MN, HPRT, PIG-A, Ames
Suscetibilidade	Atividades enzimáticas de isoformas ou seus metabólitos	Polimorfismo gênico
Exemplos	Glutationa S transferase G6PD a1-antitripsina	Metabolização, detoxificação, reparo de DNA

Biomarcador de exposição é tido como o toxicante e/ou seu metabólito ou ainda o produto da interação entre ele e a molécula alvo (também conhecido como marcador de dose interna). Assim, biomarcadores genotóxicos de exposição são as lesões de DNA, passíveis de serem corrigidas. Em análise ocupacional é interessante que sejam feitas as duas medições de biomarcadores de exposição e a correlação entre os dois resultados.

Biomarcadores de efeito são aqueles que demonstram uma alteração biológica precoce, normalmente de ordem bioquímica, podendo ser também fisiológica ou comportamental. Os biomarcadores de efeito, no contexto dos genotóxicos, são também demonstradores de mutação gênica ou cromossômica.

Biomarcador de suscetibilidade é um indicador de uma habilidade inerente ao indivíduo em responder uma determinada exposição. Do ponto de vista genotóxico, seriam as análises dos polimorfismos em diferentes genes.

Cada um desses biomarcadores está detalhado nos tópicos seguintes.

BIOMARCADORES DE EXPOSIÇÃO

Estimar corretamente a via de exposição é fundamental para a avaliação de risco (Mandić-Rajčević e Colosio, 2019). A exposição ocupacional pode ocorrer por três vias: i) dérmica (absorção pela pele ou mucosas); ii) respiratória (absorção pela inalação); e iii) digestiva (absorção pela ingestão), conforme ilustrado na Figura 4.2.

O conhecimento da via de entrada facilita a escolha do fluido para a análise. O ideal é aquela via menos invasiva, como urina, ar expirado ou saliva, no entanto, existem situações em que outros fluidos como o líquido amniótico, lavado broncoalveolar e lavagem ductal, também podem ser utilizados, porém, na maioria das vezes, o sangue é a melhor fonte de biomarcadores de exposição para quantificar o toxicante no organismo (Budnick *et al.*, 2018). Biomarcadores com

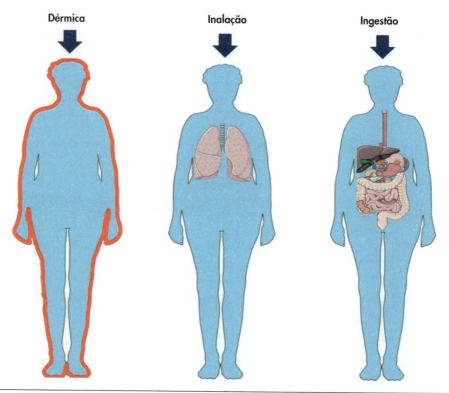

Figura 4.2. Principais vias de exposição ocupacional. Fonte: Imagens construídas usando o site: https://smart.servier.com/

meia-vida longa exibem concentrações mais elevadas no sangue do que na urina, como é o exemplo do chumbo (Pb) e do mercúrio (Hg) que refletem exposição de meses e do cádmio (Cd), que reflete a exposição dos últimos anos (Baloch *et al.*, 2020). Amostras de cabelo também podem ser utilizadas para avaliar a presença de metais. Um exemplo dessa aplicação ocorreu em um estudo que avaliou mineiros de extração artesanal de ouro na África, atividade esta que requer o uso de mercúrio. A análise de cabelo de 120 indivíduos mostrou altas concentrações de Hg no grupo exposto, sendo maior em mulheres, sugerindo ser o gênero, um importante fator interferente nas concentrações de Hg nos cabelos (Astolf *et al.*, 2020). Por outro lado, a urina é muito útil para a análise de metabólitos de hidrocarbonetos policíclicos aromáticos (HPAs) como 1-hidroxipireno (1-OHP) (Koh *et al.*, 2020) ou ácido trans-transmucônico (tt-MA) (Chaiklieng *et al.*, 2019). Realizar uma medição da exposição geral e associar com um dos biomarcadores de genotoxicidade, enriquece o trabalho.

Os biomarcadores genotóxicos de exposição são representados pelos danos no DNA. O mais indicado é a análise de grandes adutos pelo fato de sua relação com a carcinogênese ser bem estabelecida (Bonassi e Au, 2002). Existem vários métodos para detectar e quantificar adutos de DNA, sendo o mais utilizado o ensaio ^{32}P-*postlabelling* cujo procedimento detalhado pode ser encontrado em Phillips e Arlt (2020).

As quebras de DNA, assim como danos oxidativos, por exemplo a 8-oxoG, também são bastante analisadas, sobretudo por meio do ensaio Cometa, método mais popular para a medição de danos no DNA (Ostling e Johanson, 1984; Langie *et al.*, 2015). Também conhecido por eletroforese de célula única, de forma geral, este ensaio mede as quebras de DNA por meio da corrente elétrica em meio alcalino. Quanto maior o número de quebras, maior será o rastro, assemelhando-se à imagem de um cometa. Danos oxidativos também podem ser acessados, fazendo-se uso da enzima FPG (formamido pirimidina DNA glicosilase) (para revisão: Azqueta *et al.*, 2020) (ver Capítulo 6). Entretanto, apesar de sensível, a consequência para a saúde é incerta, sobretudo pelo fato de as lesões poderem ser reparadas. Quebras de DNA também podem ser mensuradas pelo número de foci de γ-H2AX na cromatina, por meio de anticorpos (Rothkamm *et al.*, 2015) como exemplificado no trabalho de exposição ocupacional ao chumbo (Borghini *et al.*, 2016).

Trocas de cromátides irmãs (SCE, do inglês, *Sister Chromatid Exchanges*) são formadas pela recombinação homóloga e pelo fato de terem sua frequência aumentada após a exposição aos genotóxicos, que também são considerados biomarcadores de exposição. De modo geral, o sistema de reparo por recombinação homóloga (discutido no Capítulo 8) é importante para a manutenção da integridade genômica, apesar disso, devido à falta de correlação direta com uma determinada patogenia, o uso desse ensaio vem decrescendo nos últimos anos (Bonassi e Au, 2002). As etapas metodológicas para a execução do ensaio podem ser encontradas em Stults *et al.* (2020). Um exemplo de uso de vários desses biomarcadores, foi o estudo de acompanhamento de uma coorte de trabalhadores de uma indústria de aço para avaliar a exposição a hidrocarbonetos aromáticos policíclicos. Foram observados aumentos significativos tanto na presença de 1-hidroxipireno (1-OHP) na urina, como na frequência de adutos de DNA e de SCE, assim como vários biomarcadores de efeito e suscetibilidade (Vimercati *et al.*, 2020).

BIOMARCADORES DE EFEITO

Os biomarcadores de efeito são os mais estudados pois podem ser preditores de doenças. Alguns autores os dividem em efeitos precoces e tardios, sendo os precoces, muitas vezes, confundidos com os de exposição. Os biomarcadores de efeito de genotoxicidade mais utilizados são as alterações cromossômicas, o ensaio de micronúcleo, HPRT e também o teste de Ames que, apesar de ser um ensaio procariótico mais usado em análise ambiental, também pode ser usado para testar a mutagenicidade de metabólitos presentes na urina de indivíduos expostos ocupacionalmente (André *et al.*, 2003; Vimercati *et al.*, 2020). O teste de Ames é descrito no Capítulo 5.

O uso da citogenética clássica para observar as alterações cromossômicas numéricas e estruturais do tipo cromatídica ou cromossômica, a depender da fase do ciclo celular onde o genotóxico está atuando, foi um dos ensaios mais usados, sendo um biomarcador validado sobretudo para as alterações estruturais, as quais têm sido consistentemente associadas ao risco geral de câncer (Boffetta *et al.*, 2006; Bhatti *et al.*, 2010; Vodenkova *et al.*, 2015). A associação da citogenética clássica com a molecular por meio do *Fluorescence in situ hybridization* (FISH) aumentou a eficiência e a especificidade das análises (Tawn *et al.*, 2016). Porém, para a preparação das sondas, deve-se conhecer a região que se deseja estudar.

Devido à necessidade de um olhar bem acurado, ao elevado tempo necessário para a análise de poucas metáfases e assim, pelo baixo poder estatístico, o uso da citogenética clássica vem sendo substituído pelo teste de micronúcleo (MN). O teste está, metodologicamente, detalhado no Capítulo 7.

Atualmente, o ensaio de micronúcleo é um dos mais bem-sucedidos e empregados na toxicologia genética devido à simplicidade de execução e análise e do aumento no número de células analisadas, permitindo o uso da estatística. Para o estudo em população humana, o teste de micronúcleo por bloqueio de citocinese (CBMN) em linfócitos de sangue periférico é o mais utilizado e validado dos métodos (Fenech *et al.*, 1999; Bonassi *et al.*, 2001; Fenech, 2007). Devido ao uso da citocalasina B, a análise ocorre em células binucleadas onde três diferentes biomarcadores podem ser visualizados: i) micronúcleo, que pode ser originado por quebra de DNA ou por cromossomo inteiro que se desprendeu do fuso mitótico representando eventos clastogênicos e aneugênicos, respectivamente; e que não foram incorporados ao núcleo principal; ii) ponte nucleoplasmática indicadora de cromossomos dicêntricos (fusão cromossômica) e iii) brotos, indicador de amplificação gênica. Além dessas alterações nucleares, apoptose e necrose também podem ser visualizadas (Fenech, 2007). A literatura vem mostrando uma clara associação entre o aumento na frequência de MN com o risco de câncer e uma forte evidência de como preditores de risco de várias doenças, por exemplo, cardiovasculares, renais ou neurodegenerativas, como também com o prognóstico, quando a doença já está instalada (Bonassi *et al.*, 2011a; Fenech *et al.*, 2020).

Existem diferentes ensaios de micronúcleos (para revisão ver Sommer *et al.*, 2020). Para as análises ocupacionais, além do CBMN realizado em linfócitos, aquele realizado em células esfoliadas bucais (BMCyt – do inglês, *buccal micronucleus cytome assay*) é bastante útil, pelo fato de a coleta não ser invasiva e não haver necessidade da etapa de replicação celular *ex vivo* (Bonassi *et al.*, 2011b; Da Silva *et al.*, 2014; De Oliveira Galvão *et al.*, 2017; Krishna *et al.*, 2020; Rohr *et al.*, 2020).

Além das mutações ditas cromossômicas, ensaios de mutação gênica em células somáticas também são realizados para avaliar biomarcadores de efeito, em análises ocupacionais. O mais utilizado é o ensaio de mutação no gene HPRT que codifica a enzima hipoxantina – guanina fosforibosil transferase. Esta enzima, além de seus substratos normais na célula, catalisa a conversão de análogos de purina, como a 6-tioguanina (6-TG) a qual é tóxica para as células. Assim, após a mutação do gene, células deficientes em HPRT sobrevivem ao tratamento com 6-TG visto que não podem fosforibosilar o análogo. O ensaio pode ser realizado *in vitro*, usando linhagens celulares, mas também *ex vivo* em linfócitos isolados do sangue periférico de trabalhadores expostos (Albertini *et al.*, 2001). Detalhes metodológicos para o ensaio, inclusive com uma versão de análise molecular, por meio de PCR e sequenciamento, são encontrados em Keohavong *et al.* (2020). Exemplos do uso desse biomarcador em exposição ocupacional podem ser encontrados nos trabalhos de McDiarmid *et al.* (2011); Nicklas *et al.* (2015); Vimercati *et al.* (2020). Os dois primeiros referem-se a estudos com veteranos da guerra do Golfo de 1991, expostos a urânio empobrecido e, o terceiro, de cozinheiros expostos a hidrocarbonetos policíclicos aromáticos. Em todos esses ensaios, o resultado para o ensaio de HPRT foi positivo.

Outro ensaio mutagênico que vem ganhando força na análise ocupacional é o PIG-A. Foi originalmente descrito por dois grupos em 2008 como ensaio *in vivo* em roedores e, devido ao potencial do ensaio, um grupo internacional de estudo em testes de genotoxicidade foi formado em 2012. No Congresso Internacional de Mutagênese, que ocorreu no Brasil em 2013, o grupo reuniu-se e publicou um trabalho, dando início, inclusive a trabalhos que validam o ensaio para que ele seja incluído na OECD (Gallapudi *et al.*, 2015).

O gene PIG-A (fosfatidilinositol glicano da classe A) codifica a subunidade catalítica de uma N-acetil glucosamina transferase, envolvida em uma etapa inicial da biossíntese de glicosilfosfatidilinositol (GPI), um glicolipídeo encontrado na membrana de células sanguíneas para ancorar proteínas na superfície celular. Este gene é localizado no cromossomo X de forma que, devido à inativação de um cromossomo X nas mulheres, uma única mutação neste gene, que leve à perda de função, é suficiente para tornar uma célula deficiente em GPI e, consequentemente, em marcadores de superfície, que podem ser visualizados por anticorpos marcados em citometria de fluxo. Assim, células não mutadas fluorescem, enquanto as mutantes, não (para revisão: OECD, 2019, 2020). A aplicação desse ensaio pode ser verificada no artigo de Cao *et al.* (2020) que analisaram 267 trabalhadores expostos ao chumbo, tanto por inalação quanto por via dérmica, em uma fábrica de baterias na China. A frequência de mutação no gene PIG-A foi significativamente maior no grupo exposto que no controle. A partir da regulamentação deste ensaio pela OECD, o número de publicações irá aumentar exponencialmente.

Com o advento do sequenciamento de nova geração, um grande número de sequência nucleotídica vem sendo obtido junto com alguns erros (mutações) introduzidos pelo sequenciamento, o que pode interferir sobremaneira na compreensão do significado do seu estudo, sobretudo quando se trata de sequências de amostras heterogêneas. Visando minimizar esses erros, foi criado um novo método denominado sequenciamento duplex, uma vez que marca e sequencia, independentemente, cada uma das fitas do DNA e, como as fitas são complementares, as mutações verdadeiras e não as induzidas pelo sequenciamento, são encontradas na mesma posição em ambas as fitas (Schmitt *et al.*, 2012). Esta técnica vem se tornando importante para a aquisição de assinaturas moleculares para diferentes tipos de exposição e efeitos adversos, sobretudo sobre câncer (Salt e Kenedy, 2020).

As mutações seriam, então, os marcadores de efeito precoce, visto que precede à alteração celular, isto é, a expressão da mutação para o efetivo surgimento do efeito adverso à saúde. O efeito pode ser visualizado de forma mais específica, como os biomarcadores de efeito tardio, ou seja, de nefrotoxicidade, hepatotoxicidade, neurotoxicidade ou, ainda, carcinogenicidade, entre outros. O banco de dados COSMIC (do inglês, *Catalogue of Somatic Mutations in Cancer*) oferece informações detalhadas e abrangentes de mutações somáticas relacionadas com os vários tipos diferentes de câncer (Tate *et al.*, 2018) sendo uma importante fonte de pesquisa.

Muitos desses biomarcadores, no entanto, ainda não são validados e os indivíduos podem responder de forma diferente a um mesmo agente tóxico. Ao longo de toda a rota de resposta do organismo, entre a exposição e a doença, podem agir os biomarcadores de suscetibilidade (Figura 4.3).

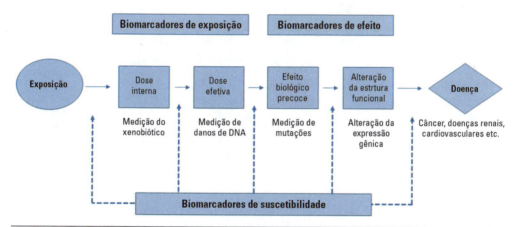

Figura 4.3. Rota de resposta do organismo ante uma exposição genotóxica, indicando os três tipos de biomarcadores. Os fatores de suscetibilidade podem influenciar as várias etapas da progressão.
Fonte: adaptada de Yang *et al.* (2017).

BIOMARCADORES DE SUSCETIBILIDADE

O equilíbrio entre o tempo de exposição e a dose com fatores de suscetibilidade determinam a resposta biológica individual e o risco de desenvolvimento de doenças, isto é, eles podem alterar o risco indicado por um biomarcador de efeito. A suscetibilidade é dada por diversos fatores como gênero, idade, etnia, estilo de vida (alimentação, fumo, bebidos alcóolicas, sono, entre outros), mas sobretudo pelo polimorfismo genético que gera diferenças no metabolismo, alterando assim tanto a distribuição quanto a persistência dos metabólitos no organismo e fazendo com que indivíduos tenham respostas diferentes a um mesmo toxicante.

O polimorfismo pode estar localizado tanto na região codante (éxon) quanto na não codante de um gene para RNA mensageiro (promotor, íntron, regiões 5'-UTR ou 3'-UTR. UTR (*untranslated region*), isto é, região não traduzida, localizada nas extremidades dos RNAs mensageiros, podendo ser funcionais ou silenciosos em função do impacto que haverá na proteína, seja na atividade, estabilidade e/ou níveis de expressão. O polimorfismo pode ainda estar presente em regiões de genes não codantes, sendo as consequências, menos conhecidas. O polimorfismo de nucleotídeo único (SNP) consiste na substituição de um único par de nucleotídeo, resultando em variantes do mesmo gene ou alelos alternativos. É o tipo mais frequente de polimorfismo em

64 Estratégias para Biomonitoramento Genético Ocupacional

humanos e o mais estudado na avaliação humana ocupacional que são aqueles relacionados com genes de metabolização, detoxificação (enzimas de fases I e II) e os de reparo de DNA (Poblete-Naredo e Albores, 2016). A Tabela 4.2, além de indicar diferentes polimorfismos, correlaciona-os com o risco a ele associado.

Tabela 4.2. Polimorfismos e riscos à saúde

Polimorfismo	Risco Associado
Enzimas Fase I	
CYP1A1*2A (T3801C, MspI)	Aumento de metabólitos de HPA, adutos de HPA-DNA Peso baixo ao nascer Doença pulmonar obstrutiva crônica Risco de câncer oral
CYP1A1*2B (A2455G, I462V)	Aumento de metabólitos de HPA, adutos de HPA-DNA e danos ao DNA Peso baixo ao nascer Risco de câncer cervical e de pulmão
CYP2E1 (RsaI)	Aumento dos metabólitos de HPA e níveis de adulto de DNA
EPHX1 (T8668C, Y113H)	Aumento dos metabólitos de HPA (homozigotos HH)
EPHX1 (A15543G, H139R)	Níveis aumentados de aduto de DNA (HH homozigotos, WT)
AKR1C3*2 (Gln5His)	Risco de câncer de pulmão
Enzimas Fase II	
NAT2 acetiladores rápidos	Aumento do dano oxidativo ao DNA Risco de câncer de pulmão e mama
NAT2 acetiladores lentos	Aumento dos metabólitos de HPA e níveis de aduto de DNA Risco de câncer de bexiga, urotelial e mama
GSTM1 nulo	Aumento de metabólitos de HPA, aduto de DNA e maior dano oxidativo ao DNA Parto prematuro Risco de câncer de pulmão
GSTT1 nulo	Leucemia aguda Doença arterial coronária Risco de câncer de pulmão
GSTP1 (C3517T, A114V)	Aumento de metabólitos de HPA
Genes de Reparo de DNA	
XRCC1 R339Q ERCC1 N118N XRCC3 T241M	Mesotelioma maligno (exposição ao amianto)
OGG1 S326C	Maior dano oxidativo ao DNA Risco de câncer de pulmão
XPD23 K751Q	Níveis mais altos de quebras de DNA
XPC (PAT +)	Níveis mais altos de aduto de DNA

AKR: aldo-ceto redutase; EPHX: epóxido hidrolase; ERCC: *excision repair cross-complementing*; GST: glutationa S-transferase; NAT: N-acetiltransferase; OGG1: 8-oxo-guanina-DNA glicosilase/APliase; HPA: hidrocarboneto policíclico aromático; XPC (PAT+): *Xeroderma pigmentosum*-C polyAT inserção de 83 bp no íntron 9; XPD23: variante do éxon 23 do *Xeroderma pigmentosum*-D; XRCC: *X-Ray cross-complementing*.

Fonte: adaptada de Poblete-Naredo e Albores, 2016.

Dentre os polimorfismos mais estudados de genes relacionados com a fase I estão aqueles da superfamília gênica das enzimas do citocromo P450 (CYP) por serem a primeira barreira de resposta à exposição de xenobióticos no organismo. O polimorfismo no gene *CYP1A1* é o mais estudado e a variante *CYP1A1*2A* (T3801C) foi associada com uma maior concentração de 1-OHP na urina, maior predisposição a aduto bem como um maior risco de câncer oral. Para o polimorfismo gênico relacionado com a fase II, estão aqueles que ocorrem nos genes da família da glutationa S-transferase (GST), o grupo mais importante de enzimas desintoxicantes. O alelo *GSTT* nulo não está associado a níveis aumentados de 1-OHP, lesões oxidativas ou adutos no DNA, entretanto foi associado a uma maior predisposição para leucemia aguda e doença arterial coronariana (revisão: Poblete-Naredo e Albores, 2016).

Outros polimorfismos podem ter efeito protetor no indivíduo. Um estudo com 72 trabalhadores de uma petroquímica mostrou, após genotipagem em três genes da família GST, que apenas o polimorfismo rs1695 no gene *GSTP1*, tinha uma associação significativa entre os grupos estudados. A distribuição do genótipo Val/Val tinha uma alta incidência em trabalhadores saudáveis, comparado com os pacientes com danos no fígado, sugerindo assim um efeito protetor para o desenvolvimento de doenças no fígado (Valeeva *et al.*, 2020).

Como genes de reparo de DNA são aqueles capazes de corrigir as lesões nesta molécula, qualquer variante que diminua ou impeça tal ação, resultará em um aumento na frequência de mutação e, assim, maior risco de efeito adverso. Indivíduos que possuem as variantes 399Q de *XRCC1*, N118N de *ERCC1* e 241T de *XRCC3* apresentam um risco aumentado de desenvolvimento de mesotelioma maligno em relação à exposição de amianto de uma fábrica de cimento (Betti *et al.*, 2011).

Outro estudo, por exemplo, integrou diferentes biomarcadores na avaliação de 85 trabalhadores expostos diretamente à queima de carvão betuminoso, usados na indústria do aço e de 85 trabalhadores de escritório da mesma indústria (grupo controle). Os autores analisaram a relação entre biomarcadores de dose interna (1-hidroxipireno), de efeito (adutos e oxidação de DNA) com dois de suscetibilidade mensurando a expressão do gene do citocromo P2E1 (*CYP2E1*) e analisando o polimorfismo do gene *XRCC1* (do inglês, *X-Ray Repair Cross Complementing 1*) de reparo de DNA. Os biomarcadores de exposição e de efeito mostraram níveis significativamente acima no grupo exposto em relação ao não exposto. Os indivíduos portadores do alelo variante (Gln) no gene *XRCC1*, que diminui a eficiência de seu reparo, tiveram níveis mais altos de 1-OHP, adutos de DNA e 8-OHdG e um nível mais baixo na expressão do gene *CYP2E1*, em comparação com os indivíduos homozigotos para o alelo selvagem (Arg/Arg). A observação acima condiz com a correlação negativa entre os biomarcadores de exposição e efeito com a expressão de CYP2E1, significando que a maior frequência dos genótipos variantes seja heterozigoto (Arg/Gln) ou homozigoto (Gln/Gln) do gene *XRCC1* nos trabalhadores expostos, diminuiu a capacidade de reparo de DNA, tornando-os mais vulneráveis a doenças malignas (Samir *et al.*, 2019).

Outros genes também podem ser analisados quanto ao polimorfismo em função da consequência laboral. Um exemplo é a perda auditiva induzida por ruído (PAIR), em que SNPs em genes *CDH23* (Kowalski *et al.*, 2014), *EYA4*, *GRHL2*, *DFNA5* (Zhang *et al.*, 2015) e Forkhead Box O3 (*FOXO3*) (Guo *et al.*, 2017) demonstraram associação com risco aumentado de perda auditiva. Assim, os polimorfismos relacionados com estes genes têm potencial para serem biomarcadores de suscetibilidade para trabalhadores expostos ao ruído.

O método mais comum para a análise de SNP utiliza endonucleases de restrição nos casos em que o polimorfismo cria ou destrói um sítio de restrição de uma determinada enzima, método conhecido como polimorfismo de comprimento de fragmento de restrição (RFLP). Também pode ser utilizado o qPCR-TaqMan, nos quais os *primers* serão específicos para cada polimorfismo. Entretanto, o padrão-ouro de análise é o sequenciamento de DNA (Tabela 4.3) (Poblete-Naredo e Albores, 2016).

Além dos biomarcadores citados, vários outros genes de ação epigenética também podem atuar como biomarcadores de suscetibilidade.

Tabela 4.3. Principais técnicas empregadas na avaliação de biomarcadores de suscetibilidade

	Xenobióticos	Métodos para identificação	Tipos de Amostras
Polimorfismos	HPA	Sequenciamento de DNA	Sangue venoso
	Fumaça de cigarro	RFLP	Linfócitos
	Alta exposição à MP	PCR *Real time*	Leucócitos
		Microarranjos	Placenta
			Células bucais

HPA: hidrocarboneto policíclico aromático; MP: material particulado; PCR: reação da cadeia da polimerase; RFLP: polimorfismo de comprimento de fragmento de restrição.
Fonte: adaptada de Poblete-Naredo e Albores, 2016.

BIOMARCADORES EPIGENÉTICOS E MOLECULARES

São crescentes as evidências entre alteração do tamanho do telômero e a exposição ocupacional (Zhang *et al.*, 2013). Telômeros são complexos nucleoproteicos, de sequências repetitivas presentes na extremidade cromossômica, importantes para sua proteção contra a degradação nucleotídica, fusão cromossômica e recombinação irregular. Os telômeros humanos são formados por sequências ricas em T-G, mais especificamente a 5'-TTAGGG-3', que se repetem de centenas a milhares de vezes, formando, na extremidade, uma estrutura denominada alça-t, protegida por proteínas do complexo shelterina ou telossomo. O complexo shelterina é formado pelas proteínas TRF1, TRF2 e POT1, que reconhecem diretamente o motivo de repetição e TIN2, TPP1 e Rap1, que se associam às três primeiras proteínas. O tamanho do telômero diminui progressivamente, na maioria das células somáticas, a cada divisão celular devido à replicação incompleta da fita atrasada. Por essa razão, telômeros curtos são associados como marcador de envelhecimento ou senescência (para revisão: Kahl e da Silva, 2016; Shay e Wright, 2019).

Apesar deste encurtamento ser um processo protetivo contra a formação de tumor, já que conduz a célula ou à senescência ou à morte celular, ocorre que este encurtamento também pode aumentar a instabilidade cromossômica e reativar a telomerase nas células somáticas. A telomerase é uma ribonucleoproteína que contém um molde de RNA (TERC) e uma transcriptase reversa (TERT) responsável por manter o tamanho dos telômeros em células germinativas e pluripotentes e algumas poucas células somáticas. Assim, o encurtamento dos telômeros é tido como preditor de risco de câncer (Wu *et al.*, 2003; Blasco, 2005; Ma *et al.*, 2011) e também relacionado com risco aumentado para doenças crônicas, como as cardiovasculares (Haycock *et al.*, 2017) ou diabetes (Tamura *et al.*, 2016), por exemplo.

Entretanto, com o aumento no número de estudos epidemiológicos, a literatura vem mostrando uma falta de coerência entre as diferentes exposições, tamanho telomérico e atividade da telomerase, sendo inclusive relatada associação entre telômeros longos e alguns tipos de cânceres (Walsh *et al.*, 2016; para revisão: Nelson e Codd, 2020). Nessa revisão, os autores sugerem que as diferenças nos níveis de exposição, taxa de dose, tempo de exposição e tipo celular analisado, possam contribuir com as divergências encontradas. Porém, os polimorfismos em genes de manutenção telomérica, isto é, das proteínas do complexo shelterina, da telomerase, de reparo de DNA, também contribuem para as diferenças relatadas. Vale salientar que devido ao grande número de guaninas, o telômero é altamente suscetível às lesões oxidativas, por exemplo, a 8-oxo-guanina (Lawrence e Murphy, 2018).

O maior estudo de associação genômica global, realizado até o momento, analisou uma amostra de 23.096 indivíduos e demonstrou a existência de 16 variantes associadas com o tamanho do telômero sendo algumas específicas a grupos étnicos ou, ainda, a diferentes variantes com diferentes tipos de cânceres (Dorajoo *et al.*, 2019).

Embora a relação entre telômeros e envelhecimento e/ou câncer seja evidente, os processos biológicos que levam a tais circunstâncias, permanecem desconhecidos. Um trabalho recente parece ter trazido alguma informação esclarecedora, mostrando que uma das proteínas do complexo shelterina, a TRF2, é capaz de se ligar em promotores de genes distantes dos telômeros, regulando assim, a expressão gênica. O trabalho mostrou, igualmente, que o nível da ligação muda à medida que os telômeros alongam ou encurtam, como também que as modificações das histonas que controlam a compactação da cromatina e o acesso aos fatores de transcrição, também dependem do comprimento dos telômeros. A nova relação entre tamanho dos telômeros, regulação gênica e epigenética (que veremos a seguir) certamente contribui para a compreensão dos processos moleculares relacionados tanto com o envelhecimento quanto com o câncer (Mukherjee *et al.*, 2018).

A regulação epigenética, no entanto, não é apenas um importante regulador dos telômeros, mas também é regulador de todo o genoma (Blasco, 2007), e com o adventos das ômicas (genômica, transcriptômica, proteômica, metabolômica, adutômica [Guo e Turesky, 2019], epigenômica e epitranscriptômica, modificações nos ribonucleotídeos [Cayir *et al.*, 2019]), entre outras, o estudo biológico alcança um novo patamar.

A toxicogenômica, que é tema do Capítulo 10, possibilita buscar e analisar inúmeros biomarcadores ao mesmo tempo, em vez de um ou poucos, permitindo uma ligação mais estreita entre a exposição e sua consequência, isto é, do efeito adverso causado pelo toxicante (Bonassi *et al.*, 2013). Assim, ao longo do tempo, diferentes biomarcadores provenientes das diferentes ômicas, ou de uma mesma, poderão ser obtidos após exposição (aguda ou crônica), nas alterações intermediárias do organismo, no início e ao longo da evolução da doença auxiliando na compreensão, passo a passo, do estabelecimento de uma doença, seja ela um câncer ou doenças do trato respiratório, dos sistemas cardiovasculares, endócrinos, entre outros (Figura 4.4).

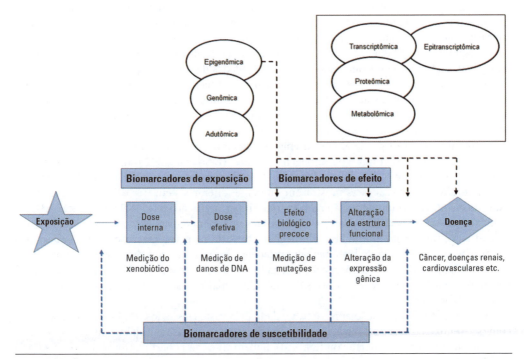

Figura 4.4. Ômicas ao longo do fluxo de exposição a um agente toxicante, compondo a complexa rede regulatória que medeia o *status* de saúde e doença.
Fonte: adaptada de Yang *et al.*, 2017.

A epigenética refere-se às alterações hereditárias e reversíveis na expressão de genes, por mudanças na cromatina, via metilação no DNA, alteração em histonas ou ação de RNAs não codantes, sem que ocorram alterações na sequência nucleotídica do DNA, isto é, mutações. Como estas alterações são influenciadas pelo ambiente, biomarcadores epigenéticos vêm sendo cada vez mais utilizados para a avaliação de risco. Em uma revisão recente, a qual recomendamos a leitura, Kahl *et al.* (2019) apresentam e comentam sobre algumas alterações epigenéticas relacionadas com diferentes estudos ocupacionais por exposição a metais, compostos orgânicos e misturas complexas e os possíveis envolvimentos com a saúde.

Das três vias epigenéticas, a metilação do DNA é a mais estudada. Esta metilação consiste na adição de um grupo metila (CH_3) a um nucleotídeo de citosina, formando a 5-metilcitosina, adjacente a um nucleotídeo de guanina (CpG). Ilhas CpG são bastante frequentes nas regiões promotoras de genes codantes e, nos anos 1980, foi estabelecida a relação inversa entre metilação e transcrição, isto é, quanto mais metilado encontra-se um promotor, menor é sua atividade transcricional (Allis e Jenuwein, 2016).

Exemplos de uso desses biomarcadores, em avaliação de risco ocupacional, foram realizados por Liou *et al.* (2017) com trabalhadores expostos à nanomateriais de óxidos de metal (estanho e índio). Nesse trabalho de avaliação, os autores, além da presença de 8-oxoG (biomarcador de exposição) em células presentes na urina, observaram uma hipometilação global apenas no grupo dos trabalhadores expostos ao nanocomposto. Já Ghosh *et al.* (2017), avaliando trabalhadores expostos a nanotubos de carbono, apesar de não detectarem diferenças no padrão da metilação global, encontraram mudanças significativas na metilação em promotores de genes específicos relacionados com a regulação epigenética (DNA metiltransferase-1 [DNMT1] e histona desacetilase 4 [HDAC4]), reparo de DNA (NPAT/ATM) e oncogene (SKI) em trabalhadores expostos aos nanotubos de carbono. Entretanto, em um mesmo promotor, diferentes CpGs foram diferentemente modificados (HDAC4 possui quatro sítios CpG dos quais três foram hipermetilados e um foi hipometilado ou ATM, quando só o CpG da posição 6 foi hipermetilado). Como a expressão gênica e a síntese proteica não foram analisadas, a interpretação dessa ocorrência ficou prejudicada.

A segunda via epigenética são as modificações pós-traducionais das histonas. Durante os anos 1960, sabia-se que histonas poderiam ser acetiladas de forma reversível, distinguindo eucromatina (forma mais relaxada e ativa) da heterocromatina (estado mais condensado e inativo). Hoje, sabe-se que, além da acetilação, inúmeras outras modificações fazem parte da sinalização epigenética como a metilação (também nas histonas, além do DNA), a fosforilação, a sumoilação, a ubiquitinação, a ribosilação, entre outras (Chan e Maze, 2020). A relação entre a exposição ocupacional com esse tipo de alteração epigenética ainda é rara, sendo a maioria dos estudos realizados em modelos animais ou linhagens celulares (Leso *et al.*, 2020). Entretanto, exemplificamos este tópico com o trabalho de Pan *et al.* (2020), realizado com 235 trabalhadores de uma fábrica de alumínio. Os autores mostraram diferentes alterações em três diferentes resíduos de lisina da histona H3 (hipometilação na H3k4m3 e hipermetilação nas H3K9m2 e H3k27m3), em linfócitos de sangue periférico e sugeriram que elas poderiam ter um efeito sobre a memória e o aprendizado. Entretanto, muito cuidado deve ser tomado na extrapolação dos resultados, visto que: i) não há um código de histonas bem estabelecido (se é que um dia haverá); ii) linfócitos não são células alvo para memória e aprendizado; iii) o número amostral não era elevado; e iv) o estudo não ter contemplado amostras de indivíduos não expostos (separam os indivíduos por níveis de exposição).

A terceira via de regulação epigenética é dada pela vasta classe dos RNAs não codantes que, com o advento da transcriptômica, técnicas que permitem a análise simultânea de todos os transcritos de uma célula (microarray ou RNAseq), puderam ser descobertos. Dentre os ncRNA mais envolvidos com respostas a toxicantes estão os RNAs longos não codantes (lncRNAs), os RNA circulares (circRNA) e os micro RNAs (miRNAs), os quais podem ter efeitos positivos e negativos na evolução de um efeito adverso à saúde (Huang e Zhou, 2019).

Desta classe, os lncRNAs são os mais diversificados em função. Podem agir tanto no núcleo, ativando ou reprimindo a transcrição e/ou remodelando a cromatina, quanto no citoplasma, participando de etapas de estabilidade do RNAm, tradução, sequestros de miRNAs e/ou ribonucleoproteínas. Com isso, demonstra capacidade de ligação, tanto com o DNA, RNA ou proteínas (Mongelli *et al.*, 2019). No entanto, são os miRNAs, moléculas com tamanho de 18-22 nt, cuja função é regular negativamente a tradução de seus alvos, os mais estudados no momento. São considerados bons biomarcadores para avaliação de risco ocupacional já que: i) são onipresentes, isto é, são encontrados em diferentes tecidos e fluidos corporais, como sangue, urina e saliva; ii) os liberados na corrente sanguínea refletem o estado fisiológico de seus tecidos alvos; e iii) são altamente estáveis e resistentes à atividade da RNase, assim como aos efeitos de pH e temperatura (para revisão ver Holland, 2016).

Um exemplo do uso da transcriptômica na área ocupacional vem do estudo com trabalhadores expostos a nanotubos de carbono industriais, que estão associados a inflamação pulmonar (Shvedova *et al.*, 2016). Nesse trabalho, foi realizado microarray para RNAs mensageiros e longos não codantes e RNAseq para microRNAs, sendo essas classes de RNA fortes atuantes na epigenética. O trabalho demonstrou a expressão diferencial de 977 RNA longos não codantes (lncRNA), 785 RNA mensageiros (RNAm) e 17micros RNA (miRNA), para o grupo exposto ao nanotubo de carbono, muitos pertencentes a vias relacionadas com inflamação e fibrose pulmonar e também câncer, corroborando estudos realizados *in vivo* com roedores. O trabalho também conseguiu agrupar respostas transcricionais características para grupo de indivíduos expostos a diferentes níveis de toxicante, na fábrica.

Visando identificar uma assinatura de miRNAs, relacionado com a exposição a compostos orgânicos voláteis (COV), reconhecidamente neurotóxicos e cancerígenos, foi realizada uma análise de expressão global desses RNAs por microarray em 50 pintores da indústria naval. Foi possível identificar 467 miRNAs em resposta ao tolueno, 211 miRNAs para o xileno e 695 miRNAs para o etilbenzeno, específicos para o grupo exposto com maior precisão, sensibilidade e especificidade do que os biomarcadores urinários (Song *et al.*, 2015). Com uma amostra menor de 17 pintores navais que tiveram seus miRNA de origem sanguínea sequenciados, além da identificação de 56 miRNAs diferencialmente expressos, foi possível estratificar os miRNAs característicos para indivíduos expostos a baixas, médias e altas doses de COV (Sisto *et al.*, 2020).

Outra classe de ncRNA são os RNAs circulares (circRNA), os quais podem ter origem exônica, intrônica ou de ambas, sendo os RNAs mais estáveis, por serem resistentes às exonucleases. São várias as funções relatadas como modulação da transcrição, do *splicing* ou da tradução, além de serem capazes de interagir com ribonucleproteínas e miRNAs, servindo de esponja, isto é, retirando-as do meio, impedindo assim de exercerem suas funções. CircRNAs estão sendo cada vez mais relacionados com o desenvolvimento de uma variedade de condições patogênicas, como doenças cardiovasculares, diabetes, doenças neurológicas e câncer. A presença de circRNAs abundantes na saliva, nos exossomos e em amostras de sangue os torna potenciais biomarcadores diagnósticos ou preditores de doenças, particularmente para o desenvolvimento, progressão e prognóstico de câncer. Com base no conhecimento atual de RNAs circulares, estas moléculas têm o potencial para ser a "próxima grande novidade" na pesquisa de ômicas (para revisão ver Xu *et al.*, 2018).

A silicose pulmonar é uma doença ocupacional grave, a mais antiga registrada, decorrente da inalação de partículas de sílica (dióxido de silício), causando fibrose pulmonar que impede as trocas gasosas, levando à morte em poucos meses. Macrófagos alveolares primários derivados de células obtidas de fluido de lavagem broncoalveolar de indivíduos sadios e com silicose foram cultivados *in vitro* e o papel específico de um circRNA foi analisado. O resultado mostrou uma ligação entre a ativação de macrófagos induzida por SiO_2 com o circHECTD1 sendo um novo alvo potencial para o desenvolvimento de novas estratégias terapêuticas para o tratamento da silicose (Zhou *et al.*, 2018).

Estratégias para Biomonitoramento Genético Ocupacional

A compreensão dos efeitos de ativação e inibição da transcrição destes ncRNAs é crucial para o entendimento da patogênese de doenças humanas induzidas por exposição ocupacional bem como para a identificação de novos alvos na prevenção e mesmo terapia e, para tanto, há ainda um grande caminho a ser percorrido (Huang e Zhou, 2019).

Dentro da perspectiva das ômicas, a busca por alterações proteicas globais, permitida pela proteômica, também se mostra útil na identificação de proteínas candidatas a biomarcadores para a avaliação de risco ocupacional (Schulte *et al.*, 2018). Como exemplo, citamos o trabalho de Li *et al.*, (2019), o qual identificou 10 proteínas diferencialmente expressas em trabalhadores expostos ao benzeno, sendo duas delas confirmadas, a apolipoproteína A-I e a transtirretina (relacionadas com estresse oxidativo e inflamação) e tidas como novos biomarcadores de efeito para a exposição ocupacional ao benzeno.

Muitas outras ômicas vêm somar informações acerca da resposta do organismo mediante um toxicante. A metabolômica surgiu como um meio de medir os intermediários químicos, ou metabólitos, em uma variedade de amostras biológicas, incluindo plasma, urina, saliva e tecidos. O número de metabólitos que já foi considerado relativamente pequeno em comparação com outras variáveis moleculares vem aumentando exponencialmente com o avanço das tecnologias empregadas. O mesmo pode ser dito para a adutômica que consiste na identificação e quantificação da totalidade de adutos dentro de um determinado alvo, seja ele de DNA ou proteína (Wallace *et al.*, 2016; Vineis *et al.*, 2020). Apesar dos avanços nestas áreas, ainda são raros os estudos de todas as ômicas para um mesmo toxicante. Um exemplo é a desafiadora tarefa de determinar o risco ocupacional a nanomateriais devido à sua enorme variabilidade físico-química. O trabalho de revisão de Schulte *et al.* (2018) traz uma visão integrada de várias ômicas na exposição a nanomateriais e mesmo havendo identificação de alguns biomarcadores, muitos se mostraram inespecíficos.

Além de todas as ômicas, um estudo que tenha integração com a exposição ambiental será bastante fortalecido.

EXPOSOMA

De fato, uma análise ocupacional completa permeia também a análise ambiental, não apenas do ambiente de trabalho, mas de todo o conjunto de exposições que o indivíduo sofre ao longo da vida. O nome exposoma foi dado por Wild em 2005, para ressaltar a importância do meio ambiente para a saúde humana e alinhar os esforços de pesquisa com os do genoma humano.

Atualmente, esse conceito foi revisto para incluir as respostas biológicas sendo muito mais abrangente, visto que integra, não apenas a exposição a toxicantes, mas também considera o próprio estilo de vida. Na realidade, a análise do exposoma envolve a integração de três diferentes níveis: i) interno ou genético, ou seja, fatores específicos do indivíduo como fisiologia, sexo, idade; ii) externo específico, que incluem exposição ocupacional e ambiental, dieta, atividade física, fumo, radiação, agentes infecciosos, estresse psicossocial e que alteram o epigenoma do indivíduo; iii) externo geral, ou seja, exposições que impactam populações como o clima, qualidade do ar, ambiente urbano ou, ainda, nível educacional e condição socioeconômica (Niedzwiecki *et al.*, 2019).

Somado a estes fatores, o próprio microbioma individual terá importância nas respostas ambientais e na consolidação do fenótipo característico de cada indivíduo. Estima-se que o corpo humano contenha de 500 a 1.000 espécies bacterianas, específicas para cada indivíduo, oferecendo uma enorme diversidade genética que se soma à predisposição genética dada pelo genoma humano (Gilbert *et al.*, 2018). De fato, a relação do microbioma e seu metaboloma com o genoma e o metaboloma humano está correlacionado com várias doenças como câncer (Helmink *et al.*, 2019), doença de Crohn, uma inflamação grave do trato gastrintestinal (Ni *et al.*, 2017) e mesmo de distúrbios neurocognitivos e saúde mental (Halverson e Alagiakrishnan, 2020). Em uma

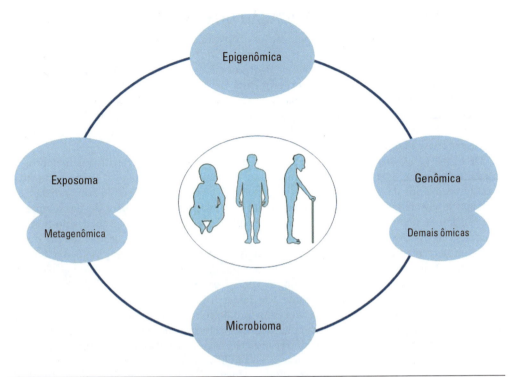

Figura 4.5. Exposoma como uma estrutura analítica que visa medir, integrar e interpretar as diversas exposições ambientais e ocupacionais enfrentadas pelo indivíduo ao longo da vida, refletindo nas alterações epigenéticas e nas respostas das diversas ômicas com a suscetibilidade inata (genoma) ou adquirida (microbioma) às respostas biológicas, fornecendo, assim, uma ampla conexão com o estado de saúde e/ou doenças. Fonte: Imagem construída usando o site: https://smart.servier.com/

revisão recente, Thakur e Roy (2020) propõem ainda que as amostras de DNA e RNA ambientais, conhecidos como eDNA/eRNA (e do inglês, *environmental*), também sejam incluídas na análise do exposoma, revolucionando assim, a análise do biomonitoramento ambiental. A Figura 4.5 resume a definição do exposoma e seu papel no estado de saúde.

Diferentes ferramentas são necessárias para o estudo do exposoma. Além da medição dos toxicantes ambientais e dos biomarcadores de exposição, efeito e suscetibilidade, é fundamental o uso de sensores para medição de atividade física, estresse, amplos questionários para avaliação nutricional, demais exposições como também nível sócio educacional ou, ainda, uso de banco de dados e de sistemas de informação geográfica (DeBord *et al.*, 2016). Uma comparação entre o biomonitoramento tradicional e o exposoma – contemplando vantagens e limitações de cada abordagem, bem como as diferentes ferramentas de bioinformática, estudos em andamento e recomendações para a implementação deste estudo – podem ser encontrados no trabalho de Dennis *et al.* (2017).

Tomados em conjunto, é inegável a contribuição de todas as ômicas e exposoma para a identificação, compreensão e avaliação de risco, contribuindo para a tomada de melhores estratégias de prevenção. Essas técnicas, se usadas adequadamente, fornecem informações que podem melhorar nosso entendimento sobre as relações dose-resposta e, consequentemente, dos limiares biológicos, além de identificar novos carcinógenos genotóxicos e não genotóxicos (Hartwig *et al.*, 2020). A obtenção de uma quantidade considerável de dados por essas abordagens, pode ser tanto uma vantagem quanto desvantagem, a depender da realização e interpretação dos resultados, conforme veremos no próximo tópico.

EXPERIMENTAÇÃO E INTERPRETAÇÃO DOS DADOS

O biomonitoramento genético de populações ocupacionalmente expostas requer procedimentos definidos tanto para o planejamento como para o uso de protocolos apropriados, amostragem e coleta de dados corretas, bem como critérios rigorosos para a interpretação dos resultados.

Dessa forma, após o planejamento experimental, devem ser feitas as escolhas dos biomarcadores que se deseja estudar, as fontes biológicas adequadas e os métodos que podem ser utilizados, dentro do orçamento disponível. Toda a execução deve ser realizada seguindo as normas de segurança laboratorial, sobretudo porque, independentemente da origem, as amostras humanas devem ser consideradas como material infeccioso.

De forma geral, os laboratórios de pesquisa devem ser de acesso restrito aos membros do grupo, que devem estar vestidos de acordo, isto é, com sapatos fechados, calças compridas, bata, luva e óculos de proteção, quando necessário. É estritamente proibido comer, beber, fumar, aplicar cosméticos e lentes de contato dentro do laboratório e as mãos devem sempre ser lavadas, antes e depois da execução dos experimentos. Pipetagem deve ser apenas do tipo mecânica. As superfícies devem ser descontaminadas antes e depois da execução e, sempre depois de algum derramamento de material e, após autoclavagem, todo o resíduo biológico deve ser descartado. Mais detalhes podem ser consultados nas diretrizes éticas internacionais para pesquisa biomédica envolvendo seres humanos no endereço: https://cioms.ch/publications/product/international-ethical-guidelines-for-biomedical-research-involving-human-subjects-2/.

Especial atenção deve ser dada ao procedimento de coleta e de armazenamento das diversas amostras, já que cada uma possui particularidades específicas. Como visto anteriormente, diversas são as fontes biológicas que poderão ser usadas para a realização dos ensaios genotóxicos e toxicogenômicos, como saliva, urina, escarro, lavado broncoalveolar, entre outros. A escolha e a coleta das amostras biológicas devem estar de acordo com o objetivo do estudo e do protocolo de análise selecionado. Por exemplo, se a escolha for analisar danos de DNA, cujo tempo de meia-vida é curto, pois sofrem reparo de DNA, a coleta deve ocorrer logo após a exposição e o ensaio deve ser realizado diretamente. Porém, se o ensaio escolhido for de mutação, a coleta poderá ocorrer tempos após a exposição, como também a amostra poderá ser congelada para posterior análise. Por outro lado, se for a realização da aductômica é importante saber quais adutos no DNA são reversíveis, mas não em proteínas. Entre as diferentes amostras, o sangue é de longe o mais utilizado, visto que permeia todas as células do corpo, transporta pequenas moléculas como os toxicantes, seus metabólitos, proteínas, hormônios e mesmo diferentes tipos de RNAs em microvesículas chamadas de exossomos. Detalhamento sobre os procedimentos de coleta, transporte (sempre bem protegidos de luz e sob refrigeração) e armazenamento de amostras podem ser obtidos nos trabalhos de Wallace *et al.* (2016) e Azqueta *et al.* (2020).

As amostras de ambos os grupos, experimental e controle (ou referentes) devem ser coletadas, processadas e analisadas, concomitantemente, de forma aleatória, codificada e não sucessivamente. Se o trabalho for de longo termo, é recomendável que as coletas ocorram sempre no mesmo período a fim de evitar variações sazonais. Para auxiliar a interpretação dos dados, uma estratificação dos resultados, para a análise estatística, pode ser feita, sobretudo para minimizar as influências dos fatores de confusão (sexo, idade, medicamentos, consumo de álcool, exposição ao sol, exercícios físicos, entre outros) (Azqueta *et al.*, 2020). Além desses fatores externos, a resposta individual, representada pelo estudo dos polimorfismos gênicos, certamente influencia as respostas e, sempre que possível, deveria estar associado ao estudo.

A distinção entre as classes dos biomarcadores apresentados, nem sempre é definitiva, sobretudo entre os de exposição e de efeito. A alocação de um biomarcador para um tipo ou outro, às vezes, depende de seu significado toxicológico e do contexto específico em que o teste está sendo usado (Budnik *et al.*, 2018). A medição do DNA ou adutos, por exemplo, pode ser interpretada de forma diferente, ou seja, como um indicador de exposição interna ou efeito precoce, ou mesmo, suscetibilidade, dependendo do tempo de amostragem, do órgão alvo, do tipo de efeito no

DNA ou proteína, do papel do(s) gene(s) ou enzima(s) envolvido(s). Um exemplo dessa situação são os adutos de benzeno-DNA em linfócitos humanos: eles não são apenas biomarcadores de exposição, mas possivelmente também biomarcadores de efeito (sendo o benzeno um cancerígeno genotóxico) e biomarcadores de suscetibilidade (indicando indivíduos com maior ou menor capacidade de metabolização) (Manno 2010). Além dos genes de metabolização, grande atenção vem sendo dada aos genes de reparo de DNA e aos genes que pertencem à cascata de resposta ao dano de DNA (DDR), como também a todos os genes que atuam na resposta epigenética (Bonassi *et al.*, 2013; Kaina *et al.*, 2018; Au, 2019).

Nem todos os biomarcadores estão de fato, comprovadamente associados a um determinado risco específico. Por exemplo, o biomarcador de efeito HPRT, se aumentado, não deve ser considerado um marcador de câncer, mas deve ser considerado se a mutação for observada diretamente em um oncogene. Ele indica apenas uma probabilidade aumentada já que mutação é a base molecular para o câncer. Já uma redução de valores dos biomarcadores de efeito, que são comprovadamente preditores de doenças, indica redução do risco. Entretanto, a redução de valor de um biomarcador de exposição não necessariamente indica redução do risco, visto que há a suscetibilidades genética e epigenética, sendo esta última modulada por vários fatores externos, não apenas do toxicante em análise. A fim de minimizar estas questões, os biomarcadores de suscetibilidade devem ser incluídos, sempre que possível, assim como um bom questionário para a obtenção dos fatores externos confundentes, ou se o trabalho for com um número amostral bastante elevado, o que às vezes é dificultado pelo custo e pela logística da metodologia escolhida, em particular, para as ômicas. Como os estudos nesta área são recentes, nem sempre os biomarcadores encontrados são validados e específicos, sobretudo os intermediários entre a exposição e o início do efeito adverso. Na maioria das vezes, os resultados são descritivos sem uma conclusão clara, sobretudo devido às inúmeras variáveis, genéticas ou não.

Precaução também deve ser tomada nas análises dos resultados das ômicas, que devem ser realizadas à luz da bioinformática com testes estatísticos específicos e da interpretação biológica e validação deles, levando-se em conta os fatores de confusão. Uma limitação no estudo das ômicas é o custo elevado para a análise de um número amostral digno de um estudo epidemiológico, como também a dificuldade em avaliar a relação entre a causa e o efeito de um dado biomarcador. A randomização mendeliana vem para minimizar esta problemática (Lee e Lim, 2019). É um método que estima os efeitos causais usando as variantes genéticas e/ou epigenéticas associadas a uma determinada exposição ou a uma doença, para identificar as características moleculares que causam o desenvolvimento do efeito adverso. Mais detalhes podem ser encontrados na revisão de Porcu *et al.* (2020).

Se a integração dos dados das ômicas, por si só já é um grande desafio, a avaliação completa do exposoma é ainda maior, não apenas pela inclusão de um maior número de informações ambientais, como também pelo fato da melhor abordagem ser um estudo de coorte longitudinal (prospectivo), diferentemente de um pequeno estudo de monitoramento genético ocupacional, quando o estudo é do tipo caso-controle (Debord *et al.*, 2016). Estudos longitudinais demandam mais recursos financeiros e de pessoal, nem sempre se adequando às possibilidades de um laboratório de pesquisa. Entretanto, estudos colaborativos sobre uma mesma população, ocupacionalmente exposta, podem ser uma saída, sobretudo para a realidade brasileira.

ÉTICA NA PESQUISA

Por se tratar de uma pesquisa envolvendo o ser humano, é imprescindível apresentar o projeto para a análise de um Comitê de Ética, tópico que será detalhado no Capítulo 15. Atualmente, o responsável pelo projeto deve fazer o cadastro e enviar a proposta de modo *on-line*, na Plataforma Brasil (http://plataformabrasil.saude.gov.br/login.jsf). A plataforma é uma grande base nacional que unifica todos os registros de pesquisas envolvendo seres humanos de todo o sistema CEP/

CONEP, isto é, dos Comitês de Ética em Pesquisa e Conselho Nacional de Ética em Pesquisa. A análise e a avaliação do projeto não são sobre o seu mérito, mas sim devem ser baseadas em uma série de resoluções e normativas deliberadas pelo Conselho Nacional de Saúde (CNS), órgão vinculado ao Ministério da Saúde, encontrados no site da Plataforma Brasil. Basicamente, eles analisam se a proposta fere a Resolução de Helsinque, primeiro tratado internacional sobre os princípios éticos que regem a pesquisa com seres humanos e que constituiu a base da maioria dos documentos subsequentes.

Na proposta é preciso haver informações abrangentes sobre a natureza e as implicações do estudo, bem como sobre os possíveis riscos e/ou desconfortos potenciais ao participante, por exemplo, possíveis pequenos hematomas em consequência de uma coleta sanguínea. Em havendo possibilidade de incentivos ou compensações, eles devem ser descritos em detalhes.

É fundamental estar claro que a participação é voluntária e que os participantes têm o direito de se retirar, a qualquer momento, sem consequência para eles. Especial atenção deve ser dada quando se trata de sujeitos vulneráveis, como é o caso de adultos com deficiência intelectual ou crianças. Estudos que armazenarão amostras para ensaios futuros, deverão estar contemplados no projeto, com as informações da finalidade do armazenamento, procedimentos metodológicos de como as amostras serão armazenadas (congelador a –80°C, criopreservadas) e de como serão processadas. Todas essas providências minimizam os custos da pesquisa. Todos os questionários, que porventura houver, precisam ser anexados à proposta. Junto ao projeto, é obrigatório anexar o modelo do termo de consentimento livre e esclarecido (TCLE). O documento deve conter as informações sobre a intenção do estudo e deve ser escrito de forma simples (menos científica possível) mas compreensível para o indivíduo. Somente depois da aprovação pelo Comitê de Ética, é que os indivíduos serão convidados a participar da pesquisa. As amostras poderão ser coletadas apenas depois da concordância, via assinatura do indivíduo arrolado, no TCLE. A participação ou não participação nunca deve resultar em qualquer forma de ato discriminatório contra as pessoas arroladas (Manno, 2010; Azqueta et al., 2020).

CONSIDERAÇÕES FINAIS

Como vimos, a genética toxicológica é uma forte aliada nos estudos epidemiológicos para avaliação de risco à saúde das atividades ocupacionais, sobretudo quando mais de um biomarcador é analisado conjuntamente. No entanto, algumas questões ainda precisam ser discutidas em profundidade, como os tecidos alvos de análise, a validação dos novos biomarcadores advindos das ômicas e sobretudo a integração de todos estes dados, incluindo os do exposoma, pela bioinformática, a fim de realmente elucidar os passos moleculares entre a exposição e o desenvolvimento de um efeito adverso à saúde, para o desenvolvimento de estratégias de intervenção mais eficazes que reduzam os riscos de doenças em longo prazo ou, uma vez estabelecida a doença, que propicie um tratamento personalizado, garantindo uma vida mais saudável ao ser humano.

Referências bibliográficas

Allis CD, Jenuwein T. The molecular hallmarks of epigenetic control. Nature Reviews Genetics. 2016; 17:487-500. http://doi:10.1038/nrg.2016.59

André V, Lebailly P, Pottier D, Deslandes E, De Méo M, Henry-Amar M et al. Urine mutagenicity of farmers occupationally exposed during a 1-day use of chlorothalonil and insecticides. Int Arch Occup Environ Health. 2003; 76:55-62. https://doi.org/10.1007/s00420-002-0382-9

Albertini RJ. HPRT mutations in humans: biomarkers for mechanistic studies. Mutat Res. 2001; 489:1-16. http://doi.org/10.1016/S1383-5742(01)00064-3

Astolfi ML, Protano C, Marconi E, Massimi L, Piamonti D, Brunori M *et al.* 2020. Biomonitoring of mercury in hair among a group of eritreans (Africa). J. Environ. Res. Public Health. 2020; 17:1911. http://doi:10.3390/ijerph17061911

Au WW. Opportunities for practices in precision population health and personalized medicine. The Journal of Critical Care Medicine. 2019; 5: 47-8. https://doi.org/10.2478/jccm-2019-0006

Auerbach C, Robson J. Chemical production of mutations. Nature. 1946; 157:302. https://doi.org/10.1038/157302a0

Azquetaa A, Ladeira C, Giovannellie L, Boutet-Robinet E, Bonsassi S, Neri M *et al.* Application of the comet assay in human biomonitoring: an hCOMET perspective. Mutation Research. 2020; 783:1-20. https://doi.org/10.1016/j.mrrev.2019.108288

Baloch S, Kazi TG, Baig JA, Afridi HI, Arain MB. Occupational exposure of lead and cadmium on adolescent and adult workers of battery recycling and welding workshops: Adverse impact on health. Science of The Total Environment. 2020; 720:137549. https://doi:10.1016/j.scitotenv.2020.137549

Betti M, Ferrante D, Padoan M, Guarrera S *et al.* XRCC1 and ERCC1 variants modify malignant mesothelioma risk: a case-control study. Mutat Res. 2011; 708:11-20. http://dx.doi.org/10.1016/j.mrfmmm.2011.01.001

Bhatti P, Yong LC, Doody MM, Preston DL, Kampa DM, Ramsey MJ *et al.* Diagnostic X-ray examinations and increased chromosome translocations: evidence from three studies. Radiat Environ Biophys. 2010; 49:685-92. https://doi:10.1007/s00411-010-0307-z

Blasco MA. Telomeres and human disease: ageing, cancer and beyond. Nature Reviews Genetics. 2005; 6:611-22. https://doi:10.1038/nrg1656

Blasco MA. The epigenetic regulation of mammalian telomeres. Nature Reviews. Genetics. 2007; 8:299-309. http://doi:10.1038/nrg2047

Boffetta P, van der Hel O, Norppa H, Fabianova E, Fucic A, Gundy S *et al.* Chromosomal aberrations and cancer risk: results of a cohort study from central Europe. American Journal of Epidemiology. 2006; 165:36-43. http://doi:10.1093/aje/kwj367

Bonassi S, Au WW. Biomarkers in molecular epidemiology studies for health risk prediction. Mutat Res. 2002; 511:73-86. http://doi:10.1016/s1383-5742(02)00003-0

Bonassi S, Fenech M, Lando C, Lin Y, Ceppi M, Chang WP *et al.* HUman MicroNucleus project: international database comparison for results with the cytokinesis-block micronucleus assay in human lymphocytes: I. Effect of laboratory protocol, scoring criteria, and host factors on the frequency of micronuclei. Environ Mol Mutagen. 2001; 37:31-45. https://doi.org/10.1002/1098-2280(2001)37:1<31::AID-EM1004>3.0.CO;2-P

Bonassi S, El-Zein R, Bolognesi C, Fenech M. Micronuclei frequency in peripheral blood lymphocytes and cancer risk: evidence from human studies. Mutagenesis. 2011a. 26:93-100. http://doi:10.1093/mutage/geq075

Bonassi S, Coskun E, Ceppi M, Lando C, Bolognesi C, Burgaz S *et al.* The HUman MicroNucleus project on eXfoLiated buccal cells (HUMN(XL)): the role of life-style, host factors, occupational exposures, health status, and assay protocol. Mutat Res. 2011b. 728:88-97. http://doi:10.1016/j.mrrev.2011.06.005

Bonassi S, Taioli E, Vermeulen R. Omics in population studies: a molecular epidemiology perspective. Environmental and Molecular Mutagenesis. 2013; 54:455-60. http://doi:10.1002/em.21805

Bonita R, Beaglehole R, Kjellström T. Epidemiologia básica. 2. ed. São Paulo: Santos Editora, 2010.

Borghini A, Gianicolo EA, Andreassi MG. Usefulness of biomarkers as intermediate endpoints in health risks posed by occupational lead exposure. International Journal of Occupational Medicine and Environmental Health. 2016; 29:167-78. http://doi:10.13075/ijomeh.1896.00417

Budnik LT, Adam B, Albin M, Banelli B, Baur X, Belpoggi F *et al.* Diagnosis, monitoring and prevention of exposure-related non-communicable diseases in the living and working environment: DiMoPEx-

-project is designed to determine the impacts of environmental exposure on human health. Journal of Occupational Medicine and Toxicology. 2018; 13(6):1-22. http://doi:10.1186/s12995-018-0186-9

Cao Y, Wang T, Xi J, Zhang G et al. PIG-A gene mutation as a genotoxicity biomarker in human population studies: an investigation in lead-exposed workers. Environmental and Molecular Mutagenesis. 2020. http://doi:10.1002/em.22373

Carrano AV, Natarajan AT. Considerations for population monitoring using cytogenetic techniques. Mutation Research/Genetic Toxicology. 1988; 204:379-406. https://doi.org/10.1016/0165-1218(88)90036-5

Cayir A, Barrow TM, Guo L, Byun HM. Exposure to environmental toxicants reduces global N6--methyladenosine RNA methylation and alters expression of RNA methylation modulator genes. Environmental Research. 2019; 175:228-34. https://doi:10.1016/j.envres.2019.05.011

Chaiklieng S, Suggaravetsiri P, Kaminski N, Autrup H. Factors affecting urinary tt-muconic acid detection among benzene exposed workers at gasoline stations. J. Environ. Res. Public Health. 2019; 16:1-11. https://doi:10.3390/ijerph16214209

Chan JC, Maze I. Nothing is yet set in (hi)stone: novel post-translational modifications regulating chromatin function. Trends in Biochemical Sciences. 2020. http://doi:10.1016/j.tibs.2020.05.009

Chapell G, Pogribny IP, Guyton KZ, Rusyn I. Epigenetic alterations induced by genotoxic occupational and environmental human chemical carcinogens: a systematic literature review. Mutation Res. 2016; 768:27-45. https://doi:10.1016/j.mrrev.2016.03.004

Da Silva FR, Kvitko K, Rohr P, Abreu MB, Thiesen F, Da Silva J. Genotoxic assessment in tobacco farmers at different crop times. Science of The Total Environment. 2014; 490:334-41. https://doi:10.1016/j.scitotenv.2014.05.018

DeBord DG, Carreón T, Lentz TJ, Middendorf PJ, Hoover MD, Schulte PA. Use of the "exposome" in the practice of epidemiology: a primer on omic technologies. Am J Epidemiol. 2016; 184:302-14. https://doi.org/10.1093/aje/kwv325

Dennis KK, Marder E, Balshaw DM, Cui Y et al. Biomonitoring in the era of the exposome. Environmental Health Perspectives. 2017; 125:502-10. http://doi:10.1289/ehp474

De Oliveira Galvão MF, de Queiroz JDF, Duarte ESF, Hoelzemann JJ, de André PA, Saldiva PHN et al. Characterization of the particulate matter and relationship between buccal micronucleus and urinary 1-hydroxypyrene levels among cashew nut roasting workers. Environmental Pollution. 2017; 220:659-71. https://doi:10.1016/j.envpol.2016.10.024

Della Rosa HV, Martins I, Siqueira MEPB, Colacioppo S. Monitoramento ambiental e biológico. In: Oga S, Camargo MMA, Batistuzzo, JAO (eds.). Fundamentos de toxicologia. 4. ed. São Paulo: Atheneu Editora, 2014. pp. 251-64.

Dorajoo R, Chang X, Gurung R, Li Z, Wang L, Wang R et al. Loci for human leukocyte telomere length in the Singaporean Chinese population and trans-ethnic genetic studies. Nature Communications. 2019; 10:1-12. http://doi:10.1038/s41467-019-10443-2

Fenech M, Holland N, Kirsch-Volders M, Knudsen LE, Wagner KH, Stopper H et al. Micronuclei and disease – report of HUMN Project workshop at Rennes 2019 EEMGS conference. Mutation Research/Genetic Toxicology and Environmental Mutagenesis. 2020; 503133. http://doi:10.1016/j.mrgentox.2020.503133

Fenech M, Holland N, Chang WP, Zeiger E, Bonassi S. The HUman MicroNucleus Project–an international collaborative study on the use of the micronucleus technique for measuring DNA damage in humans. Mutat. Res. 1999; 428:271-83. https://doi.org/10.1016/S1383-5742(99)00053-8

Fenech M. Cytokinesis-block micronucleus cytome assay. Nat Protoc. 2007; 2:1084-104. https://doi:10.1038/nprot.2007.77

Ghosh M, Öner D, Poels K, Tabish AM, Vlaanderen J, Pronk A et al. Changes in DNA methylation induced by multi-walled carbon nanotube exposure in the workplace. Nanotoxicology. 2017; 11:1195-210. https://doi:10.1080/17435390.2017.1406169

Gilbert JA, Blaser MJ, Caporaso JG, Jansson JK, Lynch SV, Knight R. Current understanding of the human microbiome. Nature Medicine. 2018; 24: 392-400. http://doi:10.1038/nm.4517

Gollapudi BB, Lynch AM, Heflich RH, Dertinger SD *et al*. The in vivo pig-a assay: a report of the International Workshop on Genotoxicity Testing (IWGT) Workgroup. Mutation Research/Genetic Toxicology and Environmental Mutagenesis. 2015; 783:23-35. http://doi:10.1016/j.mrgentox.2014.09.007

Guo J, Turesky RJ. Emerging technologies in mass spectrometry-based DNA adductomics. High--Throughput. 2019; 8:1-25. https://doi:10.3390/ht8020013

Guo H, Ding E, Bai Y, Zhang H, Shen H, Wang J *et al*. Association of genetic variations in FOXO3 gene with susceptibility to noise induced hearing loss in a Chinese population. PLOS ONE. 2017; 12, e0189186. https://doi:10.1371/journal.pone.0189186

Halverson T, Alagiakrishnan K. Gut microbes in neurocognitive and mental health disorders. Annals of Medicine. 2020; 1:43. http://doi:10.1080/07853890.2020.1808239

Hartwig A, Arand M, Epe B, Gut S *et al*. 2020. Mode of action-based risk assessment of genotoxic carcinogens. Archives of Toxicology. 2020; 94:1787-877. https://doi:10.1007/s00204-020-02733-2

Haycock PC, Burgess S, Nounu A, Zheng J *et al*. Association between telomere length and risk of cancer and non-neoplastic diseases: a Mendelian Randomization Study. JAMA Oncol. 2017; 3:636-51. http://doi:10.1001/jamaoncol.2016.5945

OECD. OECD Series on Testing and Assessment, 316 - The in vivo erythrocyte Pig-a gene mutation assay Part 1: Detailed review paper and performance assessment. Organization for Economic Co-operation and Development. 2020. https://www.oecd.org/general/searchresults/?q=pig%20a&cx=0 12432601748511391518:xzeadub0b0a&cof=FORID:11&ie=UTF-8. Acesso em: 22 Setembro 2020.

OECD. OECD Series on Testing and Assessment, 316 - The in vivo erythrocyte Pig-a gene mutation assay – Part 2 – Validation report. Organization for Economic Cooperation and Development. 2020. https://www.oecd.org/general/searchresults/?q=pig%20a&cx=012432601748511391518:xzeadub0b 0a&cof=FORID:11&ie=UTF-8. Acesso em: 22 Setembro 2020.

Helmink BA, Khan MAW, Hermann A, Gopalakrishnan V, Wargo JA. The microbiome, cancer, and cancer therapy. Nat Med. 2019; 25:377-88. https://doi.org/10.1038/s41591-019-0377-7

Holland N. Future of environmental research in the age of epigenomics and exposomics. Rev Environ Health. 2016; 32:45-54. https://doi:10.1515/reveh-2016-0032

Huang R, Zhou P. Double-edged effects of noncoding RNAs in responses to environmental genotoxic insults: Perspectives with regards to molecule-ecology network. Environ Pollut. 2019; 247:64-71. http://doi:10.1016/j.envpol.2019.01.014

Iavicoli S, Valenti A, Gagliardi D, Rantanen J. Ethics and occupational health in the contemporary world of work. Int. J. Environ. Res. Public Health. 2018; 15:1-17. https://doi:10.3390/ijerph15081713

Jarvis D. The European community respiratory health survey II. Eur. Respir. J. 2002; 20:1071-9. https://doi: 10.1183/09031936.02.00046802

Kahl VFS, da Silva J. Telomere length and its relation to human health. In: Larramendy ML (ed.). Telomere - a complex end of a chromosome. IntechOpen. 2016; 163-85. http://doi:10.5772/64713

Kahl VS, Cappetta M, da Silva, J. Epigenetic alterations: the relation between occupational exposure and biological effects in humans. In: Jurga S, Barciszewski J (eds.). The DNA, RNA, and histone methylomes. Springer, Switzerland. 2019; 265-93. https://doi.org/10.1007/978-3-030-14792-1_11

Kaina B, Izzotti A, Xu J, Christmann M, Pulliero A, Zhao X, Dobreanu M, Au WW. Inherent and toxicant-provoked reduction in DNA repair capacity: a key mechanism for personalized risk assessment, cancer prevention and intervention, and response to therapy. International Journal of Hygiene and Environmental Health. 2018; 221:993-1006. https://doi.org/10.1016/j.ijheh.2018.07.003

Kamangar F, Islami F. Sample size calculation for epidemiologic studies: principles and methods. Arch Iran Med. 2013; 16:295-300. PMID: 23641744

Keohavong P, Xi L, Grant SG. Molecular analysis of mutations in the human HPRT gene. In: Keohavong P, Singh KP, Gao W (eds.). Molecular toxicology protocols. Methods in molecular biology. Humana Press. 3. ed. New York, 2020; 349-360. https://doi:10.1007/978-1-0716-0223-2

Koh DH, Park JH, Lee SG, Kim HC, Choi S, Jung H, Park, D. Comparison of polycyclic aromatic hydrocarbons exposure across occupations using urinary metabolite 1-hydroxypyrene. Annals of Work Exposures and Health. 2020; X:1-10 https://doi:doi:10.1093/annweh/wxaa014

Kowalski TJ, Pawelczyk M, Rajkowska E, Dudarewicz A, Sliwinska-Kowalska M. Genetic variants of CDH23 associated with noise-induced hearing loss. Otology & Neurotology. 2014; 35:358-65. https://doi:10.1097/MAO.0b013e3182a00332

Krishna L, Sampson U, Annamala PT, Unni KM, Binukumar B, George A et al. Genomic instability in exfoliated buccal cells among cement warehouse workers. Int J Occup Environ Med. 2020; 11:33-40. https://doi:10.15171/ijoem.2020.1744

Langie SAS, Azqueta A, Collins, AR. The comet assay: past, present, and future. Frontiers in Genetics. 2015; 6:1-3. https://doi:10.3389/fgene.2015.00266

Lawrence T, Murphy TM. Genetic and epigenetic regulation of telomere length: current findings, methodological limitations and possibilities for future studies. OBM Genetics. 2018; 2:1-18. http://doi:10.21926/obm.genet.1804055

Lee K, Lim CY. Mendelian randomization analysis in observational epidemiology. J Lipid Atheroscler. 2019; 8:67-77. https://doi.org/10.12997/jla.2019.8.2.67

Leso V, Macrini MC, Russo F, Iavicoli I. Formaldehyde exposure and epigenetic effects: a systematic review. Applied Sciences. 2020; 10:1-18. https://doi:10.3390/app10072319

Li P, Wu Y, Zhang Z, Li D, Wang D, Huang X et al. Proteomics analysis identified serum biomarkers for occupational benzene exposure and chronic benzene poisoning. Medicine. 2019; 98:e16117. http://doi:10.1097/md.0000000000016117

Liou SH, Wu WT, Liao HY, Chen CY, Tsai CY, Jung WT et al. Global DNA methylation and oxidative stress biomarkers in workers exposed to metal oxide nanoparticles. J Hazard Mater. 2017; 331:329-35. https://doi:10.1016/j.jhazmat.2017.02.042

Ma H, Zhou Z, Wei S, Liu Z, Pooley KA, Dunning AM et al. Shortened telomere length is associated with increased risk of cancer: a meta-analysis. PLoS One. 2011; 6:e20466. https://doi:10.1371/journal.pone.0020466

McDiarmid MA, Albertini RJ, Tucker JD, Vacek PM, Carter EW, Bakhmutsky MV et al. Measures of genotoxicity in Gulf war I veterans exposed to depleted uranium. Environ Mol Mutagen. 2011; 52:569-81. https://doi:10.1002/em.20658

Malone HE, Nicholl H, Coyne I. Fundamentals of estimating sample size. Nurse Researcher. 2016; 23:21-5. https://doi:10.7748/nr.23.5.21.s5

Mandić-Rajčević S, Colosio C. Methods for the identification of outliers and their influence on exposure assessment in agricultural pesticide applicators: a proposed approach and validation using biological monitoring. Toxics. 2019; 7:1-13. https://doi:10.3390/toxics7030037

Manno M, Viaub C. Biomonitoring for occupational health risk assessment (BOHRA). Toxicology Letters. 2010; 192:3-16. https://doi:10.1016/j.toxlet.2009.05.001

Poblete-Naredo I, Albores A. Molecular biomarkers to assess health risks due to environmental contaminants exposure. Biomédica. 2016; 36:309-35. http://dx.doi.org/10.7705/biomedica.v36i3.2998

Mateuca R, Lombaert N, Aka PV, Decordier I, Kirsch-Volders M. Chromosomal changes: induction, detection methods and applicability in human biomonitoring. Biochimie. 2006; 88:1515-31. http://doi:10.1016/j.biochi.2006.07.004

Miot HA. Tamanho da amostra em estudos clínicos e experimentais. Jornal Vascular Brasileiro. 2011; 10:275-8. https://doi.org/10.1590/S1677-54492011000400001

Moorhead PS, Nowell PC, Mellman WJ, Battips DM and Hungerford DA. Chromosome preparations of leukocytes cultured from human peripheral blood. Exp Cell Res. 1960; 20:613-6. http://doi:10.1016/0014-4827(60)90138-5

Mongelli A, Martelli F, Farsetti A, Gaetano C. The dark that matters: long non-coding RNAs as master regulators of cellular metabolism in non-communicable diseases. Frontiers in Physiology. 2019; 10:1-13. http://doi:10.3389/fphys.2019.00369

Mukherjee AK, Sharma S, Sengupta S, Saha D, Kumar P, Hussain T *et al.* Telomere length-dependent transcription and epigenetic modifications in promoters remote from telomere ends. PLoS Genet. 2018; 14:e1007782. https://doi.org/10.1371/journal.pgen.1007782

Nelson CP, Codd V. Genetic determinants of telomere length and cancer risk. Current Opinion in Genetics & Development. 2020; 60:63-8. https://doi:10.1016/j.gde.2020.02.007

Ni J, Shen TD, Chen EZ, Bittinger K. *et al.* A role for bacterial urease in gut dysbiosis and Crohn's disease. Sci Transl Med. 2017; 9(416):eaah6888. http://doi:10.1126/scitranslmed.aah6888

Nicklas JA, Albertini RJ, Vacek PM, Ardell SK, Carter EW, McDiarmid MA *et al.* Mutagenicity monitoring following battlefield exposures: Molecular analysis of HPRT mutations in Gulf War I veterans exposed to depleted uranium. Environ Mol Mutagen. 2015; 56:594-608. http://doi:10.1002/em.21956

Niedzwiecki MM, Walker DI, Vermeulen R, Chadeau-Hyam M, Jones DP, Miller GW. The exposome: molecules to populations. Annual Review of Pharmacology and Toxicology. 2019; 59:107-27. http://doi:10.1146/annurev-pharmtox-010818-021315

Oga S, de Siqueira MEPB. Introdução à toxicologia. In: Oga S, Camargo MMA, Batistuzzo JAO (eds.). Fundamentos de toxicologia. 4. ed. São Paulo: Atheneu Editora, 2014; 1-6.

Organização Pan-Americana de Saúde (OPAS/BRASIL). Saúde do Trabalhador. https://www.paho.org/bra/index.php?option=com_content&view=article&id=378:saude-do-trabalhador&Itemid=685. Acesso em: julho de 2020.

Ostling O, Johanson KJ. Microelectrophoretic study of radiation-induced DNA damages in individual mammalian cells. Biochem. Biophys. Res. Commun. 1984; 123:291-8. http://doi:10.1016/0006-291X(84)90411-X

Pan B, Zhou Y, Li H, Li Y, Xue X, Liang L *et al.* Relationship between occupational aluminium exposure and histone lysine modification through methylation. Journal of Trace Elements in Medicine and Biology. 2020; 61:126551. http://doi:10.1016/j.jtemb.2020.126551

Phillips DH, Arlt VM. ^{32}P-Postlabeling analysis of DNA adducts. In: Keohavong P, Singh KP (eds.). Molecular biology. Human Press. 2020; 291-302. http://doi10.1007/978-1-0716-0223-2_16

Poblete-Naredo I, Albores A. Molecular biomarkers to assess health risks due to environmental contaminants exposure. Biomédica. 2016; 36:309-35. http://dx.doi.org/10.7705/biomedica.v36i3.2998

Porcu E, Sjaarda J, Lepik K, Carmeli C, Darrous L, Sulc J *et al.* Causal inference methods to integrate omics and complex traits. Cold Spring Harbor Perspectives in Medicine. 2020; a040493. http://doi:10.1101/cshperspect.a040493

Rothkamm K, Barnard S, Moquet J, Ellender M, Rana Z, Burdak-Rothkamm S. DNA damage foci: meaning and significance. Environ Mol Mutagen. 2015; 56:491-504. http://doi:10.1002/em.21944

Rohr P, Flesch G, Vicentini VEP, de Almeida V *et al.* Buccal micronucleus cytome assay: inter-laboratory scoring exercise and micronucleus and nuclear abnormalities frequencies in different populations from Brazil. Toxicol Lett. 2020; S0378-4274(20)30401-X. http://doi:10.1016/j.toxlet.2020.08.011

Samir AM, Shaker DAH, Fathy MM *et al.* Urinary and genetic biomonitoring of polycyclic aromatic hydrocarbons in Egyptian coke oven workers: associations between exposure, effect, and carcinogenic risk assessment. Int J Occup Environ Med. 2019; 10:124-36. http://doi:10.15171/ijoem.2019.1541

Schmitt MW, Kennedy SR, Salk JJ, Fox E, Hiatt JB, Loeb LA. Detection of ultra-rare mutations by next-generation sequencing. Proceedings of the National Academy of Sciences. 2012; 109:14508-13. http://doi:10.1073/pnas.1208715109

Schulte P, Lesob V, Niang M, Iavicoli I. Biological monitoring of workers exposed to engineered nanomaterials. Toxicol Lett. 2018; 298:112-24. http://doi:10.1016/j.toxlet.2018.06.003

Shay JW, Wright WE. Telomeres and telomerase: three decades of progress. Nature Reviews Genetics. 2019. http://doi:10.1038/s41576-019-0099-1

Shvedova AA, Yanamala N, Kisin ER, Khailullin TO, Birch ME, Fatkhutdinova LM. Integrated analysis of dysregulated ncRNA and mRNA expression profiles in humans exposed to carbon nanotubes. PLoS One. 2016; 11:e0150628. http://doi:10.1371/journal.pone.0150628

Sisto R, Capone P, Cerini L, Paci E, Pigini D, Gherardi M et al. Occupational exposure to volatile organic compounds affects microRNA profiling: towards the identification of novel biomarkers. Toxicology Reports. 2020; 7:700-10. http://doi:10.1016/j.toxrep.2020.05.006

Sommer S, Buraczewska I, Kruszewski M. Micronucleus assay: the state of art, and future directions. Int J Mol Sci. 2020; 21:1-19. http://doi:10.3390/ijms21041534

Song MK, Ryu JC. Blood miRNAs as sensitive and specific biological indicators of environmental and occupational exposure to volatile organic compound (VOC). Int J Hyg Environ Health. 2015; 218:590-602. http://doi:10.1016/j.ijheh.2015.06.002

Stults DM, Killen MW, Marco-Casanova P, Pierce AJ. The sister chromatid exchange (SCE) Assay. In: Methods in molecular biology. Clifton, NJ. 2020; 2102:441-57. http://doi:10.1007/978-1-0716-0223-2_25

Tamura Y, Takubo K, Aida J, Araki A, Ito H. Telomere attrition and diabetes mellitus. Geriatrics & Gerontology International. 2016; 16:66-74. http://doi10.1111/ggi.12738

Tawn EJ, Curwen GB, Jonas P, Riddell A E, Hodgson L. Chromosome aberrations determined by sFISH and G-banding in lymphocytes from workers with internal deposits of plutonium. International Journal of Radiation Biology. 2016; 92:312-20. http://doi:10.3109/09553002.2016.1152414

Thakur IS, Roy D. Environmental DNA and RNA as records of human exposome, including biotic/abiotic exposures and its implications in the assessment of the role of environment in chronic diseases. International Journal of Molecular Sciences. 2020; 21:4879. http://doi:10.3390/ijms21144879

Tate JG, Bamford S, Jubb HC, Sondka Z et al. COSMIC: the catalogue of somatic mutations in cancer. Nucleic Acids Research. 2019; 47:D941–D947. http://doi:10.1093/nar/gky1015

Timbó MSM, Eufrásio CAF. O meio ambiente do trabalho saudável e suas repercussões no Brasil e no mundo, a partir de sua evolução histórica. Pensar Fortaleza. 2009; 14:344-66. http://doi.org/10.5020/2317-2150

Valeeva ET, Mukhammadiyeva GF, Bakirov AB. Polymorphism of glutathione S-transferase genes and the risk of toxic liver damage in petrochemical workers. Int J Occup Environ Med. 2020; 11:53-8. http://doi:10.15171/ijoem.2020.1771

Vimercati L, Bisceglia L, Cavone D, Caputi A, De Maria L, Delfino MC et al. Environmental monitoring of PAHs exposure, biomarkers and vital status in coke oven workers. Int. J. Environ. Res. Public Health. 2020; 17:2199. http://doi:10.3390/ijerph17072199

Vineis P, Robinson O, Chadeau-Hyam M, Dehghan A, Mudway I, Dagnino S. What is new in the exposome? Environment International. 2020; 143:105887. http://doi:10.1016/j.envint.2020.105887

Vodenkova S, Polivkova Z, Musak L, Smerhovsky Z, Zoubkova H, Sytarova S et al. Structural chromosomal aberrations as potential risk markers in incident cancer patients. Mutagenesis. 2015; 30:557-63. https://doi.org/10.1093/mutage/gev018

Wallace MAG, Kormos TM, Pleil JD. Blood-borne biomarkers and bioindicators for linking exposure to health effects in environmental health science. J Toxicol Environ Health B Crit Rev. 2016; 19:380-409. http://doi:10.1080/10937404.2016.1215772

Walsh KM, Whitehead TP, de Smith AJ, Smirnov IV, Park M, Endicott AA *et al.* ENGAGE consortium telomere group. Common genetic variants associated with telomere length confer risk for neuroblastoma and other childhood cancers. Carcinogenesis. 2016; 37:576-82. http:// doi:10.1093/carcin/bgw037

Wild CP. Complementing the genome with an "exposome": the outstanding challenge of environmental exposure measurement in molecular epidemiology. Cancer Epidemiol Biomarkers Prev. 2005; 14:1847-50. http://doi:10.1158/1055-9965

Wu X, Amos CI, Zhu Y, Zhao H, Grossman BH, Shay JW *et al.* Telomere dysfunction: a potential cancer predisposition factor. JNCI Journal of the National Cancer Institute. 2003; 95:1211-8. http:// doi:10.1093/jnci/djg011

Xu S, Zhou LY, Ponnusamy M, Zhang L, Dong Y, Zhang Y *et al.* A comprehensive review of circRNA: from purification and identification to disease marker potential. PeerJ. 2018; 6:e5503. http:// doi:10.7717/peerj.5503

Yang L, Hou XY, Wei Y, Thai P, Chai F. Biomarkers of the health outcomes associated with ambient particulate matter exposure. Science of The Total Environment. 2017; 579:1446-59. http://doi:10.1016/j.scitotenv.2016.11.146

Zhang X, Lin S, Funk WE, Hou L. Environmental and occupational exposure to chemicals and telomere length in human studies. Occupational and Environmental Medicine. 2013; 70:743-9. http:// doi:10.1136/oemed-2012-101350

Zhang X, Liu Y, Zhang L, Yang Z, Yang L, Wang X *et al.* Associations of genetic variations in EYA4, GRHL2 and DFNA5 with noise-induced hearing loss in Chinese population: a case- control study. Environmental health: a global access science source. 2015; 14:77. http://doi:10.1186/s12940-015-0063-2

Zhou Z, Jiang R, Yang X, Guo H, Fang S, Zhang Y *et al.* circRNA Mediates silica-induced macrophage activation via HECTD1/ZC3H12A-dependent ubiquitination. Theranostics. 2018; 8:575-92. http:// doi:10.7150/thno.21648

5

Teste de Ames

Deborah Arnsdorff Roubicek • Flavia Mazzini Bertoni • Carlos Fernando Araújo Lima
Andréia da Silva Fernandes • Israel Felzenszwalb

Resumo

O teste de Ames tem um papel fundamental na toxicologia genética e é, geralmente, o primeiro teste das baterias de ensaios toxicológicos requeridos para registro de medicamentos, formulações químicas, incluindo substâncias ou misturas, agrotóxicos, aditivos alimentares, cosméticos e moléculas em fase de desenvolvimento. Neste capítulo, traçamos o histórico do desenvolvimento do ensaio, o procedimento com diferentes métodos, as possibilidades de uso para diferentes amostras e como avaliar os resultados. Apresentamos os suprimentos necessários para a realização do teste e fichas para facilitar a preparação dos meios e soluções. Uma orientação para a gestão da qualidade do laboratório é também oferecida.

INTRODUÇÃO

O teste de mutação reversa conhecido como *Salmonella*/microssoma, ou teste de Ames, é utilizado para avaliar agentes causadores de mutações gênicas pontuais. Tem um papel fundamental na toxicologia genética e, em geral, é o primeiro teste das baterias de ensaios toxicológicos requeridas para registro de medicamentos, formulações químicas, incluindo substâncias ou misturas, agrotóxicos, aditivos alimentares, cosméticos e moléculas em fase de desenvolvimento (consultar www.portal.anvisa.gov.br para a legislação brasileira relativa ao assunto).

O princípio do ensaio consiste em expor uma quantidade definida de uma amostra líquida a uma cultura de cepas selecionadas de *Salmonella enterica* sorovar Typhimurium*, que possuem mutações que interferem nos processos bioquímicos da síntese de histidina. O teste é realizado na presença e na ausência de um homogenato de fígado de rato e cofatores que fornecem metabolismo exógeno parcial, conhecido como mistura S9 ou S9 mix. A mistura (amostra + cepa ± S9

---

*A nomenclatura e a taxonomia do gênero Salmonella foram revisadas. *Salmonella typhimurium* foi reclassificada para *Salmonella enterica* sorovar Typhimurium (Tindall *et al.*, 2005). A notação científica é *Salmonella* Typhimurium, ou *S.* Typhimurium.

mix) é vertida em uma placa de Petri contendo meio seletivo. Após 48 a 72 horas, o número de colônias (denominadas revertentes, do inglês, *revertants*) é registrado e os resultados são comparados ao número de colônias obtidas nas placas do controle negativo (solvente).

O número de colônias mutantes crescendo na placa será proporcional à quantidade e à potência do(s) mutágeno(s) presente(s) no volume de amostra testado. O aumento no número de colônias em relação ao controle negativo indica que há um ou mais compostos na amostra capazes de induzir mutações de ponto (substituição de pares de bases ou deslocamento do quadro de leitura) no DNA da *Salmonella* e restaurar sua capacidade de sintetizar histidina. Pode-se inferir ainda sobre os mecanismos moleculares envolvidos nas respostas mutagênicas, dependendo dos agentes-teste em questão e das linhagens utilizadas, uma vez que cada cepa apresenta diferentes sensibilidades nas respostas aos mutágenos.

O uso de linhagens diversas em avaliações de mutagenicidade de amostras ambientais pode ser uma estratégia para auxiliar análises químicas (como em Fernandes *et al.*, 2017 e Rainho *et al.*, 2013; 2014). Os resultados do teste de Ames individualmente, no entanto, não são suficientes para estimar o risco para a saúde dos organismos. Os riscos associados à presença de mutágenos nas diferentes matrizes ambientais dependem da sua identificação e quantificação, da sua potência e da sua biodisponibilidade, dos meios de exposição dos organismos, da suscetibilidade individual e de inúmeros outros fatores que compõem o cálculo de uma análise de risco.

HISTÓRICO

No início dos anos 1970, o Dr. Bruce Ames e colaboradores da Universidade da Califórnia, Berkeley, EUA (Ames *et al.*, 1973; 1975) desenvolveram um teste *in vitro*, de curta duração, que combinado a um sistema de metabolização *in vitro* (fração S9) desenvolvido por Malling em 1971, mostrou uma alta correlação entre vários mutágenos e carcinógenos conhecidos (McCann *et al.*, 1975; McCann e Ames, 1976; Sugimura *et al.*, 1976; Simmon, 1979). Este ensaio é considerado um marco na história da Genética Toxicológica.

As linhagens de *Salmonella* Typhimurium, derivadas da linhagem LT2, construídas por Ames e seus colaboradores, eram usadas originalmente para estudar alguns aspectos genéticos da síntese de histidina. Os mutantes eram selecionados por sua sensibilidade na detecção de mutágenos químicos e pela baixa frequência de mutações espontâneas. Um dos aspectos mais interessantes desses mutantes, no entanto, estava no fato de as mutações no operon da histidina estarem situadas em *hot spots*, particularmente sensíveis à ação de uma gama de mutágenos, permitindo a detecção de uma grande variedade de mutações de substituição de pares de bases e deslocamento do quadro de leitura (Hamel *et al.*, 2016).

A inclusão de um sistema de metabolização exógena de mamífero foi peça-chave para o sucesso do teste, já que as bactérias são incapazes de metabolizar compostos via citocromos P450. Além disso, o desenvolvimento do método de incorporação em placas, em substituição aos ensaios tipo *spot-test* que eram realizados em *Escherichia coli* ou mesmo, inicialmente, com as próprias linhagens de *Salmonella* Typhimurium, trouxe ao teste maior sensibilidade em termos de resultados quantitativos (Mortelmans e Zeiger, 2000).

AS LINHAGENS DE *SALMONELLA* TYPHIMURIUM

As linhagens de *Salmonella* Typhimurium utilizadas no teste de Ames possuem mutações do tipo substituição de pares de base ou deslocamento do quadro de leitura (*frameshift*) nos genes do operon da histidina e, com isso, perderam a habilidade de sintetizar o aminoácido. Em meio mínimo, sem a adição de histidina, as células são incapazes de crescer, mas na presença do mutágeno, a mutação original é revertida e ocorre a formação de colônias.

Para aumentar a sensibilidade a esses mutágenos, outras modificações foram introduzidas nas linhagens:

- Mutação *rfa*: promove a perda parcial da cadeia de lipopolissacarídeos (LPS) que reveste a superfície bacteriana, tornando-a mais permeável a grandes moléculas (Ames *et al.*, 1973).
- Mutação *uvr*B: remoção de parte do sistema de reparo do DNA por excisão de nucleotídeos. Por questões técnicas, a deleção do gene *uvr*B (ΔuvrB) estendeu-se até o gene codificador da vitamina biotina (*bio*), o que tornou as linhagens dependentes de biotina para o crescimento (Ames, 1971). A linhagem TA102 não contém a mutação *uvr*B, pois foi inicialmente construída para detectar mutágenos que requerem um sistema de reparo por excisão intacto, por exemplo, a mitomicina C, um mutágeno indutor de *crosslinks* (Levin *et al.*, 1982).
- Plasmídeo pKM101, introduzido nas linhagens TA98, TA100, TA97, TA97a e TA102, promove o aumento da mutagenicidade espontânea e induzida pelo aumento do sistema de reparo propenso a erro (*error prone*), normalmente presente nesses organismos. Esse plasmídeo confere resistência ao antibiótico ampicilina, marcador de sua presença (McCann *et al.*, 1975).
- Plasmídeo pAQ1, introduzido na linhagem TA102, carrega a mutação *his*G428 que permite o monitoramento de mutações no par de base AT, diferindo da bateria usual de linhagens, com mutações exclusivamente nos pares GC (Gatehouse, 2012). Além disso, a presença de, aproximadamente, 30 cópias do plasmídeo em cada célula aumenta a sensibilidade da linhagem, pois a reversão de qualquer uma dessas cópias reverterá a independência à histidina (Wilcox *et al.*, 1990). Esse plasmídeo confere resistência ao antibiótico tetraciclina, marcador de sua presença (Levin *et al.*, 1982).

Neste capítulo, estão listadas as linhagens recomendadas pelos guias internacionais (OECD, 2020; USEPA, 1998; ISO, 2005; ISO, 2012; ICH, 2012; APHA, 2018; FDA, 2018) e que também são as mais comumente utilizadas em ensaios de rotina (Tabela 5.1).

A taxa de reversão espontânea destacada na Tabela 5.1 é apenas para referência. Os valores podem ser diferentes entre um laboratório e outro, mas devem ser consistentes dentro do mesmo laboratório (Maron e Ames, 1983, Levy *et al.*, 2019a). Sugere-se que o laboratório construa uma carta-controle contendo o histórico dos resultados da reversão espontânea observados durante os ensaios de rotina e a utilize para estabelecer os critérios de aceitação do teste. A versão vigente da OECD TG471 (2020) recomenda a seguinte combinação de linhagens: *S*. Typhimurium TA1535, TA1537 *ou* TA97 *ou* TA97a, TA98, TA100 e TA102 *ou E. coli* WP2 *uvr*A *ou uvr*A (pKM101).

Outras linhagens de *Salmonella* Typhimurium, sensíveis para a detecção de mutações específicas, para compostos específicos ou metabolicamente competentes, por exemplo, foram desenvolvidas, mas geralmente não são utilizadas em estudos de rotina ou com enfoque regulatório. A escolha das linhagens dependerá do objetivo do estudo de cada projeto.

Tabela 5.1. Características das linhagens de *Salmonella* Typhimurium usadas em ensaios de rotina

Linhagem	Mutação	Especificidade	ΔuvrB	rfa	Plasmídeo	Reversão espontânea*
TA1535	*his*G46	BPS	+	+	−	5 a 20
TA1537	*his*C3076	FS	+	+	−	5 a 20
TA98	*his*D3052	FS	+	+	pKM101	20 a 50
TA100	*his*G46	BPS; FS	+	+	pKM101	75 a 200
TA97/TA97a	*his*D6610	FS; BPS	+	+	pKM101	75 a 200
TA102	*his*ΔG428	BPS; FS	−	+	pKM101; pAQ1 (*his*G428)	100 a 300

ΔuvrB: deleção do gene *uvr*B; rfa: remoção parcial da cadeia lipopolissacarídica; FS (*frameshift*): mutação do tipo deslocamento do quadro de leitura; BPS (*base-pair substitution*): mutação do tipo substituição de pares de bases.
*Taxa de reversão espontânea segundo Mortelmans e Zeiger (2000).

Aquisição de linhagens

As linhagens podem ser obtidas por meio dos representantes comerciais dos seguintes provedores: Moltox (Molecular Toxicology Inc., EUA); ATCC (*American Type Culture Collection*, EUA) e Xenometrix (Xenometrix Inc., Suíça). As cepas são fornecidas liofilizadas ou adsorvidas em discos e vêm acompanhadas de um certificado de qualidade que traz os resultados das provas genéticas, confirmando o fenótipo e a avaliação de sua viabilidade. Esse certificado deve ser mantido com os registros das linhagens no laboratório. O material recebido deve ser armazenado sob refrigeração (2 a 4°C). A validade do material, se mantido na embalagem original lacrada, conserva-se sob essa temperatura por até dois anos (Hamel *et al.*, 2016).

Manutenção das linhagens

O manuseio das linhagens deve ser realizado em condições de esterilidade, dentro de cabine de segurança biológica previamente limpa com álcool 70%, ou em bancada próximo à chama de um bico de Bunsen. Antes de iniciar os trabalhos, deve-se verificar se as lâmpadas amarelas estão acesas em todo o laboratório.

Imediatamente após a aquisição das linhagens, verificam-se suas características e preparam-se as culturas-estoque permanentes e de uso rotineiro (Figura 5.1).

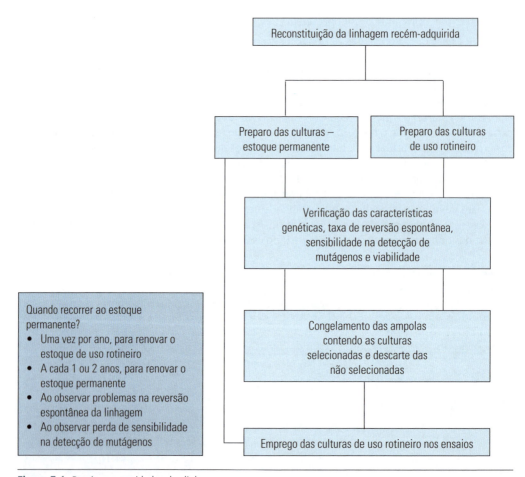

Figura 5.1. Roteiro para cuidados das linhagens.

Cultivo inicial das culturas

Linhagens recém-adquiridas: as culturas devem ser reidratadas ou diluídas de acordo com as especificações descritas no certificado encaminhado pelo fornecedor. Se adsorvidas em discos, sugere-se transferir, com o auxílio de uma pinça estéril, um disco para um frasco de caldo nutriente (24 mL).

Cultura estoque permanente: transferir todo o volume de um tubo contendo a cultura recém--descongelada para um frasco com caldo nutriente (24 mL). Aos caldos correspondentes às linhagens que possuem plasmídeo devem ser acrescidos os antibióticos adequados (25 µg/mL de ampicilina – TA98, TA100, TA97, TA97a e TA102; e 2 µg/mL de tetraciclina – TA102). Incubar pernoite (15 a 18 h) a 37±1°C, sob agitação a 150 a 170 rpm.

Isolamento das culturas

- Semear a cultura em placa de ágar nutriente com o auxílio de uma alça de inoculação, de forma a obter colônias isoladas. Identificar o fundo da placa com o nome da linhagem. Incubar as placas invertidas a 37 ± 1°C pernoite (15 a 18 h).
- Selecionar 5 a 10 colônias isoladas e transferir uma a uma para tubos de ensaio contendo 6 mL de caldo nutriente, previamente identificados com o número da colônia. Incubar pernoite (15 a 18 h) a 37 ± 1°C, sob agitação a 150 a 170 rpm. Depois da incubação e enquanto não estiverem sendo utilizadas, manter as colônias em refrigerador ou banho de gelo.
- Preparar, a partir de cada colônia isolada, as culturas estoque permanentes e de uso rotineiro e verificar as suas características genéticas.

Para evitar a contaminação durante o manuseio das culturas, sugere-se o preparo dos estoques permanente e de uso rotineiro antes da realização das provas genéticas.

Culturas estoque permanentes

A renovação das culturas estoque permanentes para cada linhagem de *Salmonella* Typhimurium deve ser feita, no mínimo, anualmente, a fim de assegurar que o laboratório sempre tenha linhagens viáveis.

- Identificar os tubos criogênicos, com nome da linhagem, lote e número da colônia e data do preparo.
- Adicionar no tubo correspondente, 100 µL de dimetilsulfóxido (DMSO, grau espectrofotométrico) e 900 µL do caldo contendo a cultura isolada. Os tubos devem ser preenchidos quase por completo, com uma pequena folga para a expansão do volume devido ao congelamento e para minimizar possíveis danos oxidativos. Alternativamente, pode-se usar glicerol em vez de DMSO, na proporção 1:1 com suspensão bacteriana.
- Homogeneizar os tubos e armazená-los em *freezer* (–25 ± 5°C) até a finalização da verificação das características genéticas.
- Transferir os tubos das culturas aprovadas para *freezer* –80°C ou nitrogênio líquido.

É fundamental manter um controle das linhagens congeladas, tanto do estoque permanente quanto do uso rotineiro, registrando a data do congelamento e do descongelamento ou do descarte e o local da armazenagem.

Culturas de uso rotineiro

As linhagens de uso rotineiro podem ser preparadas em placa (placa máster) ou congeladas em microtubos de 0,5 mL.

- Linhagem em placa máster:
  - Identificar as placas máster com data do preparo, nome da linhagem, lote e número da colônia.
  - Com auxílio de uma alça de inoculação, estriar cada colônia em uma placa de ágar mínimo enriquecida. Incubar as placas invertidas a 37 ± 1°C por 24 h.
  - Após a incubação, vedar as placas com ParafilmM° e armazená-las em refrigerador (2 a 8°C).
  - A partir dos resultados da verificação das características genéticas, selecionar a colônia que melhor responder aos testes e identificá-la como "máster" na tampa da placa. A placa máster deverá ser utilizada nos ensaios pelo prazo de 2 meses a partir do seu preparo, com exceção da placa da linhagem TA102, que deve ser refeita a cada 2 semanas.
- Linhagem em microtubo 0,5 mL:
  - Identificar os microtubos com data do preparo, nome da linhagem, lote e número da colônia.
  - Adicionar aos tubos, 20 μL de DMSO e 180 μL da cultura isolada.
  - Armazená-los no *freezer* (–25 ± 5°C) até a finalização da verificação das características genéticas e reversão espontânea.
  - Transferir as linhagens aprovadas para *freezer* –80°C. O prazo de validade, nesta condição, é de 1 ano a partir da data do preparo.

No caso de uma colônia – em microtubo ou placa máster – apresentar problemas na reversão espontânea ou viabilidade, ela poderá ter seu uso descontinuado.

Características genéticas das linhagens

As características genéticas que devem ser verificadas para as linhagens mais utilizadas estão na Tabela 5.1 e a Figura 5.2 traz o fluxograma com as etapas a serem seguidas:

- O top ágar, utilizado na verificação da reversão espontânea, deve ser previamente fundido em micro-ondas, sem deixar ferver, ou banho-maria sobre chapa aquecedora e mantido em banho-maria em temperatura suficiente para manter o ágar liquefeito. Antes da sua utilização, transferir o frasco para o banho seco a uma temperatura que mantenha o top ágar a 45 ± 3°C.
- Identificar o fundo de todas as placas com o nome da linhagem.
- Realizar todas as etapas próximo à chama de um bico de Bunsen ou em cabine de segurança biológica, com exceção da reversão espontânea, que deve ser feita em cabine de segurança biológica.
- Antes de semear uma placa com o *swab*, o excesso de cultura deve ser espremido contra a parede do tubo, evitando a transferência de nutrientes do caldo para o ágar.
- Manter registros da verificação das características genéticas e descartar os tubos das colônias reprovadas em qualquer etapa.

Associação Brasileira de Mutagênese e Genômica Ambiental

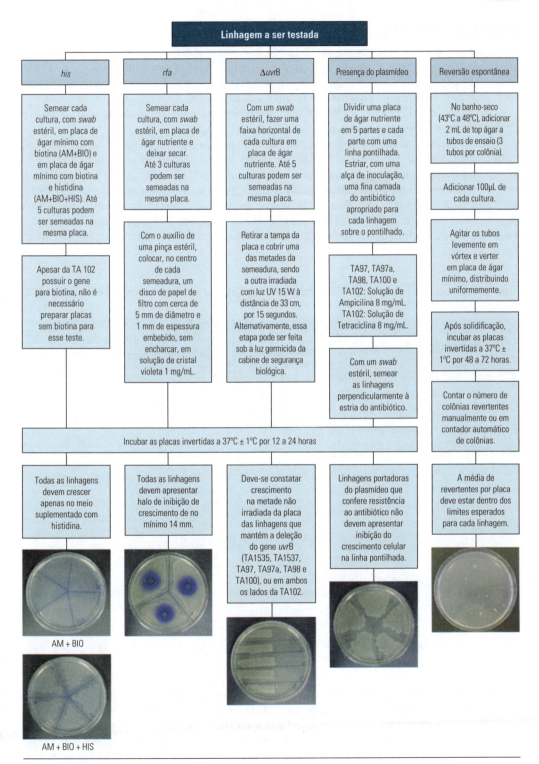

Figura 5.2. Fluxograma das provas genéticas.
Fonte: imagens registradas por Cynthia Muniz Soares.

PROCEDIMENTO DO TESTE

Antes do ensaio, é necessário garantir que todo o material esteja separado, checado para esterilidade (se for o caso), placas de ágar mínimo identificadas (amostra, linhagem, com ou sem S9, dose), bem como as amostras. Tudo deve estar preparado para que o teste seja realizado adequadamente (ver adiante o preparo das amostras, os suprimentos e equipamentos necessários e o modo de preparo dos meios, soluções e reagentes). Planejamento correto é essencial. O teste de Ames é executado dentro de uma cabine de segurança biológica.

Alguns compostos são fotossensíveis ou fotomutagênicos, dessa forma, é aconselhável que o laboratório possua lâmpadas amarelas nos locais onde as amostras serão preparadas e as placas empilhadas, antes da sua incubação, assim como na cabine de segurança biológica, onde o teste será conduzido. É necessário garantir que culturas e amostras não estejam expostas diretamente à luz fluorescente. Em todos os ensaios deve-se acrescentar, além de placas para as doses escolhidas da amostra, placas para controles negativos (solvente da amostra) e controles positivos apropriados (Tabela 5.2) para cada linhagem, com e sem ativação metabólica (mistura S9).

Tabela 5.2. Controles positivos utilizados nos testes de Ames, incorporação em placas e pré-incubação

Linhagem	Sem ativação metabólica		Com ativação metabólica	
	Composto[1]	Concentração (µg/placa)[2]	Composto[1]	Concentração (µg/placa)[2]
TA1535	NaN_3	0,5 a 5,0	2AA	2 a 10
TA1537	9AA	50	2AA	2 a 10
			BaP	5
TA98	2-NF	1,0	2AA	1 a 5
	4NQO	0,5	BaP	5
TA100	NaN_3	0,5 a 5,0	2AA	1 a 5
			BaP	5
TA97/TA97a	9AA	50	2AA	1 a 5
TA102	MMC	0,5	2AA	5 a 10

NaN_3 (Azida sódica) CAS: 26628-22-8; 9AA (9-Aminoacridina) CAS: 90-45-9; 2-NF (2-Nitrofluoreno) CAS: 607-57-8; MMC (Mitomicina C) CAS: 50-07-7; 2AA (2-Aminoantraceno) CAS: 613-13-8; BaP (Benzo(a)pireno) CAS: 50-32-8; 4NQO (4-Nitroquinolina-N-óxido) CAS: 56-57-5.
[1] De acordo com OECD (2020), Maron e Ames (1983), Mortelmans e Zeiger (2000) e Vargas *et al.* (1993).
[2] Adaptada de Mortelmans e Zeiger (2000) e Hamel *et al.* (2016).

Os controles positivos são usados para confirmar a sensibilidade das linhagens e, no caso da ativação metabólica, verificar a atividade da mistura S9. Assim, o composto 2-aminoantraceno (2AA) não deve ser usado como o único indicador da eficácia da mistura S9, pois é ativado por um sistema de enzimas do citosol hepático (Ayrton *et al.*, 1992). Se nos ensaios de rotina, o mutágeno escolhido for o 2AA, sugere-se a validação prévia do lote da fração S9 com um mutágeno que requeira ativação metabólica pelo sistema microsomal de enzimas, como o benzo(a)pireno (OECD, 2020).

Cuidados devem ser tomados para a escolha das concentrações dos controles positivos que demonstrem a efetiva performance do ensaio. As concentrações reunidas na Tabela 5.2 são as geralmente adotadas nos métodos de incorporação em placas e de pré-incubação. Outros compostos podem ser selecionados como controles positivos (Levy *et al.*, 2019a).

Para os ensaios de rotina, sugere-se o uso de alíquotas distribuídas em microtubos de 0,5 mL, preparadas previamente, a partir de soluções estoque (1 mg/mL) dos mutágenos em DMSO. Alternativamente, a azida sódica e a mitomicina C podem ser solubilizadas em água destilada. Os microtubos devem ser armazenados no *freezer* (−25 ± 5°C). De acordo com Pagano e Zeiger (1985), soluções de BaP, 2AA, 4NQO e NaN$_3$ podem ser mantidas congeladas sem deterioração significativa de sua resposta mutagênica e sem perda de reprodutibilidade por 18 meses e Zeiger *et al.* (1981), em testes com papéis-filtro impregnados com mutágenos, incluindo o 9AA, observaram que, se mantidos ao abrigo da luz, em temperatura ambiente, mantêm sua atividade por 13 meses.

Os protocolos descritos a seguir são baseados na literatura (Maron e Ames, 1983; Mortelmans e Zeiger, 2000; Kado *et al.*, 1983; Yahagi *et al.*, 1975) e na nossa experiência de mais de 30 anos, em caso de pequenas variações que foram validadas em nossos laboratórios. A Figura 5.3 traz a representação esquemática das etapas do teste.

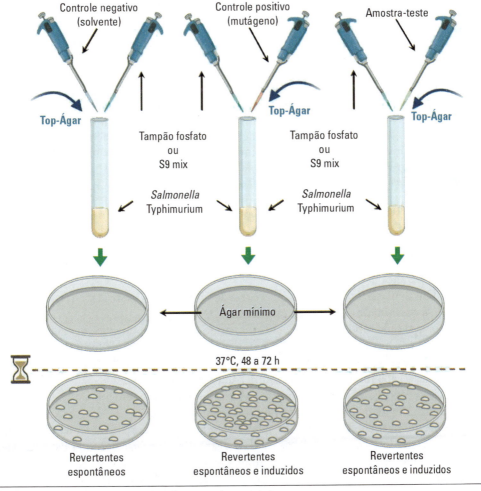

Figura 5.3. Representação esquemática das etapas do teste de Ames.

Dia anterior ao teste

Ao final da tarde, transferir 100 µL da cultura do microtubo de uso rotineiro, imediatamente após o descongelamento, para o caldo nutriente. Descartar o microtubo com o volume restante. Se o laboratório optou pelo uso de placas máster, transferir uma pequena quantidade do crescimento da cultura da placa, com auxílio de alça de inoculação, para o caldo nutriente. Incubar pernoite (15 a 18 h) a 37 ± 1°C, sob agitação a 150 a 170 rpm.

Identificar os tubos de ensaio que serão utilizados no teste, da mesma maneira que as placas. Sugere-se que o controle negativo e cada uma das doses sejam testados em pelo menos três réplicas e o controle positivo, em duplicata (OECD, 2020).

Dia do teste

Remover a cultura do *shaker* e manter sob refrigeração ou banho de gelo durante o período em que não estiver sendo utilizada. Atenção, no método em microssuspensão, após a remoção das culturas do *shaker*, deve-se proceder a centrifugação (ver adiante).

Preparar todas as diluições da amostra. Cada dose deve estar contida em 100 µL de solvente, geralmente DMSO (grau espectrofotométrico).

Preparar o volume necessário de mistura S9.

Fundir o top ágar em micro-ondas, sem deixar ferver, ou banho-maria em chapa aquecedora e deixar estabilizar em banho-maria em temperatura suficiente para manter o ágar liquefeito. Antes de sua utilização, transferir o frasco para o banho seco a uma temperatura que mantenha o top ágar a 45 ± 3°C durante o teste.

Verificar a viabilidade das células. A cultura crescida deve conter, aproximadamente, 1 a 2 × 10^9 células/mL, garantindo que os experimentos sejam realizados em culturas que se apresentem na fase exponencial da curva de crescimento bacteriano (com intensa atividade metabólica e replicativa, fundamentais para o sucesso do ensaio). A densidade das culturas pode ser estimada pela leitura em espectrofotômetro (densidade óptica: 650 nm, absorbância de 0,4), com base em uma curva de densidade óptica *versus* número de células previamente preparadas para cada linhagem, ou por teste de titulação usando placa de ágar nutriente. Nesse caso, as placas são incubadas com o restante do teste (37 ± 1°C por 48 a 72 h).

Método de incorporação em placas

Este é o procedimento clássico proposto por Ames (Maron e Ames, 1983; Mortelmans e Zeiger, 2000):

- Acomodar os tubos de ensaio, previamente identificados, no banho-seco dentro da cabine de segurança biológica.
- Distribuir 2 mL de top ágar (45 ± 3°C) em cada tubo. Atenção, esta etapa requer precisão, devido à quantidade de histidina presente no top ágar.
- Adicionar a cada tubo, 100 µL de amostra nas doses correspondentes, bem como 100 µL de solvente (controle negativo) e 10 µL (podem ser usados outros volumes) dos controles positivos nos respectivos tubos.
- Adicionar a cada tubo, 100 µL da cultura bacteriana correspondente.
- Adicionar 500 µL de tampão fosfato 0,2 M nos tubos de teste sem S9.
- Adicionar 500 µL de mistura S9 nos tubos do teste com S9.
- Homogeneizar o conteúdo de cada tubo e verter na placa correspondente. Fazer movimentos cuidadosos com a placa, de modo a distribuir o top ágar por toda a superfície do ágar mínimo. Repetir para o tubo seguinte, e assim sucessivamente.
- Aguardar a solidificação completa do meio. Inverter as placas e incubar a 37 ± 1°C por 48 a 72 h.

Método de pré-incubação

Nesta variação do método de incorporação em placas, desenvolvida por Yahagi (Yahagi *et al.*, 1975), incuba-se a bactéria com a amostra e o S9 (ou tampão) por 20 a 30 minutos em agitação antes de adicionar o top ágar. Este método pode ter maior sensibilidade para uma série de compostos, como compostos cujos metabólitos não são muito estáveis e compostos voláteis, já que o crescimento da bactéria é iniciado durante a pré-incubação em meio a uma alta concentração de amostra (Hamel *et al.*, 2016). No entanto, pode-se verificar maior toxicidade.

- Adicionar a cada tubo previamente identificado, 100 µL de amostra nas doses correspondentes, bem como 100 µL de solvente (controle negativo) e 10 µL (podem ser usados outros volumes) dos controles positivos nos respectivos tubos.
- Adicionar a cada tubo, 100 µL da cultura bacteriana correspondente.
- Adicionar 500 µL de tampão fosfato 0,2 M nos tubos de teste sem S9.
- Adicionar 500 µL de mistura S9 nos tubos do teste com S9.
- Incubar os tubos a 37 ± 1°C por 20 a 30 minutos.
- Adicionar 2 mL de top ágar em cada tubo.
- Homogeneizar o conteúdo de cada tubo e verter na placa correspondente. Fazer movimentos cuidadosos com a placa, de forma a distribuir o top ágar por toda a superfície do ágar mínimo. Repetir para o tubo seguinte e assim sucessivamente.
- Aguardar a solidificação completa do meio. Inverter as placas e incubar a 37 ± 1°C por 48 a 72 h.

Método em microssuspensão (conhecido como teste de Kado)

Nesta variação do teste original, proposta por Kado (Kado *et al.*, 1983), as linhagens são concentradas para obter maior densidade celular e todas as diluições da amostra devem estar em 2 a 5 µL. A concentração adequada de tampão fosfato foi proposta por DeMarini *et al.*, 1989. A exposição de um maior número de bactérias aumenta a detecção de compostos mutagênicos em misturas complexas (Kado *et al.*, 1983; Mortelmans e Zeiger, 2000) e é uma boa estratégia quando a quantidade de amostra é limitada:

- Centrifugar 20 mL das culturas bacterianas, por tubo, a 10.000g por 10 minutos a 4°C.
- Descartar com cuidado o sobrenadante e suspender em 4 mL de tampão fosfato 0,015 M. Manter as culturas concentradas sob refrigeração ou banho de gelo durante o período em que não estiverem sendo utilizadas.
- Adicionar, a cada tubo previamente identificado, 5 µL de amostra nas doses correspondentes, bem como 5 µL de solvente (controle negativo) e 5 µL dos controles positivos nos respectivos tubos.
- Adicionar a cada tubo, 50 µL da cultura bacteriana concentrada correspondente.
- Adicionar 50 µL de tampão fosfato 0,015 M nos tubos de teste sem S9.
- Adicionar 50 µL de mistura S9 nos tubos do teste com S9.
- Incubar os tubos a 37±1°C por 90 minutos.
- Adicionar 2 mL de top ágar em cada tubo.
- Homogeneizar o conteúdo de cada tubo e verter na placa correspondente. Fazer movimentos cuidadosos com a placa, de forma a distribuir o top ágar por toda a superfície do ágar mínimo. Repetir para o tubo seguinte e assim sucessivamente.
- Aguardar a solidificação completa do meio. Inverter as placas e incubar a 37 ± 1°C por 48 a 72 h.

Leitura dos resultados

A contagem do número de colônias revertentes nas placas, depois do período de incubação, pode ser realizada manualmente ou com auxílio de contador automático. Juntamente com a contagem, a camada de fundo (*background*) das placas deve ser observada e, se necessário, comparada com as placas do controle negativo, a fim de avaliar a citotoxicidade da amostra em estudo.

A presença de traços de histidina no top ágar permite que a cultura vertida na placa passe por um pequeno número de divisões celulares antes que a histidina se esgote, formando a camada de fundo que pode ser observada ao colocar a placa contra a luz ou com o auxílio de um microscópio estereoscópio. Esse crescimento inicial é essencial para que a mutagênese ocorra (Mortelmans e Zeiger, 2000). As bactérias revertentes espontâneas e induzidas continuarão a crescer depois do esgotamento da histidina e darão origem a colônias visíveis.

A citotoxicidade pode ser evidenciada quando a camada de fundo das placas teste é inexistente ou apresenta falhas, quando comparadas às placas do controle negativo (Mortelmans e Zeiger, 2000), ou quando há redução no número de colônias revertentes em placas de determinada concentração, quando comparadas às placas com concentrações menores (Levy *et al.*, 2019a). Neste último caso, falhas na camada de fundo podem ou não ser observadas. Quando a toxicidade é moderada, nem todas as bactérias morrem ou têm seu crescimento inibido, consequentemente, formam microcolônias espaçadas não visíveis a olho nu, mas que dão o aspecto de falhas na camada de fundo. Já sob elevada toxicidade, pequenas colônias pontuais podem ser visualizadas, juntamente com a ausência da camada de fundo. Tais colônias não devem ser contabilizadas como revertentes, pois resultam da divisão celular de bactérias sobreviventes à toxicidade que se aproveitaram da histidina presente no top ágar (Hakura, 2014).

A etapa de distribuição do top ágar nas placas é fundamental para a posterior leitura dos resultados. Se o top ágar começar a endurecer no meio da operação, a superfície ficará com aspecto rugoso, o que dificultará a avaliação da camada de fundo e a contagem.

Todos os resultados, incluindo observações sobre concentrações citotóxicas, devem ser registrados.

Métodos em miniatura

A miniaturização do teste de Ames tem por objetivo diminuir ainda mais a quantidade de amostra requerida. Tal procedimento é particularmente importante para as indústrias farmacêuticas no desenvolvimento inicial de novos fármacos, onde se tem geralmente uma quantidade pequena do produto, e para fins regulatórios. Em meados dos anos 1990 surgiram os artigos científicos com testes de Ames em miniatura, denominados *Miniscreen*, usando placas especiais de 25 poços (Brooks, 1995; Burke *et al.*, 1996). Em 2000, Diehl *et al.* modificaram esses testes para permitir o uso de placas de cultura de 6 poços. O teste é realizado de maneira similar ao teste clássico, exceto que os volumes são reduzidos proporcionalmente. Chamado de *Miniscreen*-Ames, o teste utiliza apenas 20% de amostra, comparado ao teste original. Todos os volumes são reduzidos em 80% (Diehl *et al.*, 2000; Nicolette *et al.*, 2018). Há também versões do teste em placas de 24 e 96 poços, chamados Micro-Ames; alguns autores consideram que estes apresentam certa desvantagem, pois os resultados apresentam muitos zeros, isto é, poços sem nenhum revertente, sendo necessárias mais réplicas para contornar o problema (Escobar *et al.*, 2013; Pant *et al.*, 2016; Proudlock e Evans, 2016). Seguindo a mesma concepção de ensaio, Zward *et al.* (2018) propuseram uma versão de miniaturização do teste de Ames em microssuspensão.

Outras estratégias de modificação do teste de Ames original envolvem a miniaturização dos testes de flutuação, que são por sua vez, modificações do teste original realizadas em meio líquido. Dentre eles estão o Ames II™ e o MPF (*microplate fluctuation protocol*), entre outros.

Os testes em miniatura não são reconhecidos, até o presente, para fins regulatórios e não há um único protocolo estabelecido. Vale, no entanto, verificar sempre os *guidelines* da OECD.

AS AMOSTRAS

É possível testar produtos químicos puros ou misturas, sintéticos ou naturais, ou amostras ambientais. É importante destacar que, na análise de produtos puros, o resultado do teste demonstra a atividade mutagênica, se houver. No entanto, na avaliação de amostras ambientais ou produtos químicos em mistura, o resultado do teste indica se há ou não um ou mais compostos mutagênicos nessas misturas complexas. São duas abordagens diferentes, utilizando-se o mesmo ensaio biológico. Também deve-se ressaltar que o teste de Ames detecta apenas compostos capazes de induzir mutações de ponto. A indução de alterações cromossômicas não é avaliada.

Preparo de amostras

Misturas e amostras puras

Entre as diversas amostras que podem ser testadas, podem ser citadas: extratos de plantas, produtos naturais marinhos, óleo fixo, óleo essencial, alimentos industrializados, aditivos alimentares, fármacos, nanomateriais, nutracêuticos, cosméticos, substâncias isoladas e fluidos biológicos (p. ex., urina e plasma).

As substâncias químicas puras, extratos de plantas, ou outros podem ser testados diretamente (se a amostra for líquida) ou dissolvidos em solventes compatíveis com o ensaio, como água destilada estéril, DMSO ou solução salina 0,9% tamponada com fosfato (PBS). Alguns extratos, frações ou material purificado seco de origem vegetal podem apresentar insolubilidade em água destilada ou DMSO. Para melhorar a dissolução, sugere-se de 2 a 3 ciclos de banho ultrassonicador, de 10 minutos cada, seguidos de homogeneização em vórtex. Pode ser ainda necessário fazer um banho-maria em água morna (cerca de 37 a 40°C).

Em amostras fotossensíveis deve-se ter o cuidado de manter a amostra em frasco âmbar ou coberta com papel-alumínio durante todo o processo de solubilização. Após total diluição (sem precipitados observados a olho nu), as amostras devem ser esterilizadas em membrana filtrante (0,22 µm). É importante considerar uma possível perda nesse processo. Caso a substância tenha sido preparada e pesada em condições estéreis, não é necessário usar a membrana filtrante. Neste caso, recomenda-se, previamente ao ensaio, fazer um teste de esterilidade, aplicando-se uma alíquota da amostra (10 a 20 µL) em uma placa de ágar nutriente que deve ser incubada a 37°C por 24 h. Não se deve observar nenhum crescimento bacteriano na placa.

Caso a amostra seja insolúvel em água destilada e DMSO, outros solventes são recomendados como acetona, álcool etílico (95%), tetra-hidrofurano, dimetilformamida e metil etil-cetona (Mortelmans e Zeiger, 2000; Maron e Ames, 1983). Tais solventes, em alta concentração, podem ser tóxicos para a bactéria e, por isso, recomenda-se um ensaio preliminar de toxicidade para determinar a máxima concentração que pode ser usada, sem interferência no crescimento ou sobrevivência da linhagem (ver item *Seleção de dose e solubilidade da amostra*). Alguns solventes podem ainda interferir com o S9, e então, a sua concentração deve ser ajustada (Mortelmans e Zeiger, 2000).

Em amostras de urina recomenda-se, previamente ao ensaio, a realização de extração orgânica com resina XAD (Maron e Ames, 1983; Kado *et al.*, 1983).

Amostras ambientais

Na avaliação da qualidade ambiental, raramente um efeito observado é devido à ação de um único composto. No ambiente, são encontradas misturas complexas compostas de inúmeras substâncias que interagem ou não entre si, podendo modificar as respostas esperadas para cada uma das substâncias isoladamente. Assim, ao se testar a genotoxicidade presente em amostras ambientais, observa-se o efeito da mistura como um todo.

Para preparar uma amostra ambiental para avaliação da mutagenicidade, é necessário realizar procedimentos químicos prévios de extração orgânica, ou seja, extrair da amostra os compostos orgânicos que podem causar mutações. Os compostos inorgânicos, geralmente elementos metálicos, são mais facilmente analisados e determinados quimicamente por técnicas cromatográficas ou espectrofotométricas. Tampouco é fácil avaliar a mutagenicidade de elementos metálicos pelo teste de Ames. Segundo Codina *et al.* (1995), há interferência dos componentes do meio das bactérias.

Dependendo do tipo de amostra e de quais compostos se deseja extrair, há diferentes metodologias para a extração orgânica das amostras. A seguir, serão destacadas algumas possibilidades.

Amostras líquidas
Águas

Neste capítulo, foram utilizados os termos "água bruta" para águas superficiais de rios e reservatórios que não tenham passado por nenhum tipo de tratamento e "água tratada" para águas de abastecimento tratadas, águas de consumo humano (CGCRE, 2013).

Existem diferentes maneiras de preparar uma amostra de água para ser adequadamente testada quanto à mutagenicidade. A abordagem mais simples é testar a água após a filtração, apenas para fins de esterilização, já que a amostra deve estar livre de microrganismos. Nesse caso, o método de ensaio é a variação do teste de Ames denominada Método Direto, não abordado aqui, pois é pouco utilizado, mas pode ser visto em Vargas *et al.*, 1995. No entanto, apenas a filtração não permite a concentração de contaminantes, que geralmente estão presentes na água em concentrações relativamente baixas. Além disso, esse procedimento remove o material particulado ao qual os compostos mutagênicos podem estar adsorvidos.

Os métodos de preparo de amostras de água mais usuais são a extração orgânica realizada por extração líquido-líquido (Dutka *et al.*,1981), fase sólida (SPE) (Umbuzeiro *et al.*, 2004; Kolkman *et al.*, 2013; Roubicek *et al.*, 2020) ou amostrador passivo, por exemplo, o *blue rayon* (Kummrov *et al.*, 2003; Muz *et al.*, 2017).

Não há um procedimento único que possa ser aplicado para o preparo de amostras de águas para testes de mutagenicidade porque a escolha depende dos objetivos do estudo e das fontes de poluição que se suspeita impactar aquele corpo d'água específico (*American Public Health Association* – APHA, 2018). Se não houver informações prévias sobre as fontes de poluição, um protocolo geral pode ser usado com o objetivo de capturar o máximo de tipos de contaminantes presentes na amostra. A modificação do pH durante a extração também é útil; por exemplo, os pHs neutro e ácido podem ser usados em extrações em série para capturar menos ou mais compostos polares (Umbuzeiro *et al.*, 2004).

A extração mais comum é em fase sólida, com resina XAD ou com cartuchos. O princípio é que os compostos orgânicos presentes na amostra se adsorvam à resina ou ao cartucho e depois sejam eluídos com solventes apropriados. Os solventes usados para a extração são tóxicos, portanto, é necessária a troca desses solventes por um que seja compatível com o bioensaio, geralmente DMSO. Mais importante que a escolha da fase sólida é a escolha dos solventes para eluição. Exemplos de extração de água bruta em resina XAD4 e por sistema automatizado de extração encontram-se em Umbuzeiro *et al.*, 2001 e Roubicek *et al.*, 2020, respectivamente. Os extratos devem ser secos em nitrogênio gasoso e ressuspendidos em DMSO ou outro solvente apropriado no momento do ensaio biológico.

A quantidade de água a ser coletada varia de 2 a 100 litros de água, dependendo do método usado para concentração e extração das amostras. As amostras têm validade de 14 dias, da data de coleta até a extração, se mantidas sob refrigeração e protegidas da luz (APHA, 2018). Os extratos podem ser testados em até 40 dias, se mantidos sob refrigeração ($\leq 6°C$) e ao abrigo da luz (Federal Register, 2012).

Efluentes líquidos industriais

Os efluentes líquidos industriais podem ser testados diretamente após filtração (ISO 16240, 2005); por extração líquido-líquido ou são extraídos em fase sólida. Da mesma forma que para as águas, não há um protocolo único e a escolha depende dos contaminantes presentes na amostra. A eluição da fase sólida pode ser feita com metanol.

A quantidade de amostra a ser coletada varia de 1 a 2 litros. Se a amostra for testada diretamente, a validade é de 48 horas, mantida entre 0 e 5°C, ou dois meses, mantida no *freezer* (≤ -18°C). Já para a extração, as validades são as mesmas estipuladas para a extração de águas.

Amostras sólidas

Solos e sedimentos

Não há protocolo padrão para extração orgânica de sedimentos e solos. As amostras são coletadas em frascos atóxicos, geralmente cerca de 0,5 kg. Os procedimentos mais usuais utilizam banhos de ultrassom, Soxhlet ou equipamentos do tipo ASE (*accelerated solvent extraction*). As amostras são secas a 45°C antes da extração, já que os compostos orgânicos mutagênicos costumam estar adsorvidos ao material particulado dessas matrizes (pode-se testar a água intersticial de sedimentos, dependendo do objetivo do estudo). É importante calcular a quantidade de material orgânico extraído (MOE). O MOE é calculado pesando-se inicialmente uma alíquota do extrato orgânico e pesando-se novamente após completa secagem. Dessa forma, pode-se determinar a quantidade de material orgânico presente em determinado volume de extrato.

A ultrassonicação é um processo em que ondas ultrassônicas agitam as partículas em solução e, dessa forma, os compostos adsorvidos ao particulado são transferidos para o solvente, por exemplo, uma combinação de diclorometano e metanol (2,5:1) (Roubicek, 2003). A amostra e os solventes são colocados em um *erlenmeyer* e este, por sua vez, colocado dentro do banho de ultrassom. Na extração por Soxhlet, a amostra é acomodada em um dedal de extração dentro do equipamento, os vapores de solvente condensam sobre ela e dissolvem os compostos da parte solúvel da amostra (USEPA, 1996). Os equipamentos tipo ASE usam alta temperatura (50 a 200°C) e alta pressão (500 a 3.000 psi) para forçar o solvente por cartucho contendo a amostra e solventes, permitindo alta penetração no particulado (Richter *et al.*, 1996). Os solventes podem ser os mesmos que os usados na extração por Soxhlet. Os extratos podem passar por etapas de *clean-up* ou fracionamento, de acordo com o estudo. Ao final, os solventes da extração são evaporados em atmosfera de nitrogênio gasoso e o extrato é ressuspendido em DMSO ou outro solvente apropriado.

Material particulado de ar

O nível de poluição atmosférica é estimado pela quantificação das substâncias poluentes presentes no ar. Entre os principais poluentes considerados indicadores da qualidade do ar, destacam-se as partículas inaláveis finas (MP2,5), as partículas inaláveis (MP10) e as partículas totais em suspensão (PTS). São partículas de material sólido ou líquido suspensas no ar, na forma de poeira, neblina, aerossol, fuligem, e outros. Diferenciam-se pelas suas faixas de diâmetro aerodinâmico: $\leq 2,5$ micra (MP2,5), ≤ 10 micra (MP10) e ≤ 50 micra (PTS) (CETESB, 2020).

As amostras de MP respirável de ar normalmente são coletadas a partir de amostradores de grande, médio ou pequeno volume, usando comumente filtro de fibra de vidro ou quartzo (outros menos usuais incluem celulose e membrana), com diferentes tempos de coleta, de acordo com a metodologia adotada pelo grupo de pesquisa. Os filtros devem ser pesados antes e depois da amostragem, com a finalidade de calcular o total de partículas em suspensão de ar amostrado (expresso em $\mu g/m^3$, de acordo com a vazão do amostrador), e secos em dessecador a temperatura de 15 a 30°C por 48 h e com umidade relativa controlada. Os filtros devem ser estocados a temperatura ambiente e protegidos da luz antes das análises.

A extração orgânica do material particulado de ar pode ser realizada com os mesmos métodos usados para amostras sólidas. Um branco de filtro deve ser incluído, isto é, filtros limpos (brancos) devem ser extraídos seguindo a mesma metodologia que a amostra para a análise de mutagenicidade. O cálculo do MOE é recomendável. A escolha dos solventes depende dos compostos que se deseja extrair. Exemplos da avaliação da mutagenicidade de amostras de ar utilizando diferentes métodos e solventes podem ser vistos em Vargas *et al.*, 1998; Palacio *et al.*, 2016, Maselli *et al.*, 2019, Trusz *et al.*, 2020 e de Oliveira Galvão *et al.*, 2018.

Seleção de dose e solubilidade da amostra

É recomendado que seja realizado um ensaio preliminar com diferentes doses da amostra a ser testada a fim de estabelecer limites de doses não tóxicas no ensaio de *Salmonella*/microssoma. Esse ensaio pode ser realizado somente com a cepa TA100 com e sem ativação metabólica ou com a cepa que será utilizada no ensaio definitivo. A definição do número apropriado de doses e o espaçamento entre elas dependerão de um número de fatores específicos ao experimento, como a variabilidade entre as contagens das placas, a reprodutibilidade das contagens em cada concentração entre experimentos repetidos, o modo de manifestação da toxicidade (redução na contagem de revertentes e/ou falhas na camada de fundo das placas) e a inclinação da resposta tóxica (Levy *et al.*, 2019b).

Misturas e amostras puras

As amostras devem ser testadas em ampla faixa de concentração (8 concentrações), em intervalos logarítmicos (p. ex., log10). A concentração máxima de detecção recomendada no teste para substâncias solúveis não tóxicas é de 5 mg/placa ou 5 µL/placa ou ainda 5 mmol/L. Testes acima dessas concentrações podem ser considerados ao avaliar substâncias contendo quantidades substanciais de impurezas potencialmente mutagênicas (OECD, 2020) ou quando se observa aumento no número de revertentes apenas na concentração máxima testada. Nesse último caso, o ensaio preliminar deve conter concentrações menos espaçadas, assim como, concentrações maiores do que as previamente testadas, a fim de avaliar se há ou não aumento dependente da concentração (Levy *et al.*, 2019b). A citotoxicidade pode ser detectada por uma redução no número de colônias revertentes com ou sem a presença de microcolônias no fundo da placa (*background*) ou diminuição da curva de sobrevivência das culturas testadas. As substâncias em teste que apresentarem citotoxicidade abaixo desses limites devem ter como maior concentração a primeira concentração citotóxica.

Outro critério a ser levado em consideração na determinação da maior concentração testada da amostra é a solubilidade na mistura final de tratamento. Uma vez que o precipitado não deve interferir na análise, a máxima concentração testada deve ser a do limite de solubilidade, para as substâncias insolúveis (OECD, 2020).

Amostras ambientais

O DMSO é o solvente mais utilizado nos ensaios, pois dissolve ampla gama de compostos, é relativamente não tóxico para as bactérias e para as enzimas microssomais do S9 e é completamente miscível ao top ágar (Maron *et al.*, 1981). Sugere-se um teste preliminar para avaliar a concentração máxima que pode ser utilizada sem interferir no crescimento e sobrevivência da bactéria. Alguns solventes também podem interferir com o sistema de ativação metabólica e, nesse caso, a concentração da fração S9 deve ser ajustada (Mortelmans e Zeiger, 2000). A concentração final de solvente ao misturar com o top ágar não deve exceder 5%, exceto quando o solvente for água (APHA, 2018).

O material deve ser diluído na concentração mais alta a ser testada e, a partir daí, diluições apropriadas são preparadas. Com amostras ambientais, é mais conveniente especificar níveis de dose em termos de volume equivalente de amostra por placa. Os valores sugeridos a seguir estão de acordo com Umbuzeiro *et al.* (2018):

- *Amostras líquidas*: a dose máxima recomendada para água bruta é 200 mL equivalentes de água testada pelo método de incorporação em placa ou com pré-incubação e 50 mL equivalentes de água testada pelo método de microssuspensão. Já para água tratada, as doses máximas são 2.000 mL e 400 mL equivalentes de água para os métodos de incorporação em placas (ou pré-incubação) e microssuspensão, respectivamente. Para efluentes industriais líquidos, recomenda-se 2 mL de amostra por placa quando testada sem concentração. Para extratos orgânicos dessas amostras, as doses máximas a serem testadas são 20 mL equivalentes de efluente para teste de incorporação em placas ou pré-incubação e 4 mL para teste em microssuspensão.
- *Amostras sólidas (solos e sedimentos)*: a dose máxima sugerida é de 500 mg equivalentes de amostra *in natura* (base seca) por placa ou 5 mg de MOE.
- *Amostras sólidas (material particulado de ar)*: a dose máxima varia em função da quantidade de material disponível e do objetivo da investigação. Por essa mesma razão, pode-se optar pelo teste de Ames em microssuspensão.

AVALIAÇÃO E APRESENTAÇÃO DOS RESULTADOS

Interpretação dos resultados

A razão entre o número de colônias revertentes induzidas e espontâneas é conhecida como razão de mutagenicidade (RM), ou índice de mutagenicidade (IM) ou ainda fator/razão de indução (do inglês, *induction fold/factor*, IF). Desse modo, é possível comparar resultados de diferentes linhagens e ainda inferir se o aumento da concentração de amostra-teste é acompanhado do aumento do número de revertentes, implicando em aumento dos valores de RM.

Em termos práticos, a maioria dos mutágenos conhecidos tem comportamento dose-dependente. No entanto, a maioria dos mutágenos é tóxica para bactérias em concentrações elevadas, sendo assim, é comum observar que, após uma curva dose-dependente ascendente, com grande número de colônias em doses menores, haja uma diminuição no número de colônias nas doses mais altas, evidência de citotoxicidade.

A escolha do método estatístico pode depender da distribuição dos dados. De modo geral, utiliza-se a análise de variância (ANOVA) para evidenciar homogeneidade dos dados obtidos por dose e por repetição. A análise deve ser seguida de um teste *post-hoc* (pós-teste) de múltiplas comparações sucessivas, como o de Dunnett, que compara o controle com as demais médias ou ainda os pós-testes de Tukey e Bonferroni, que realizam múltiplas comparações pareadas dois a dois, para dados balanceados ou não balanceados, gerando intervalos de confiança menores ou maiores, respectivamente. A homogeneidade dos dados obtidos e o perfil de comparação (todos *versus* controle ou pareamento dois a dois) devem ser levados em conta para cada análise realizada. Recomenda-se também uma análise de regressão linear. O coeficiente angular (α ou inclinação da reta) determina a potência mutagênica de uma amostra. Os resultados de potência mutagênica são expressos em revertentes por unidade de concentração da amostra (μg, mg, μM, μL, mL, L, m^3).

Os resultados são interpretados como positivos, negativos ou inconclusivos. Para tanto, analisa-se uma combinação de vários aspectos, como a razão de mutagenicidade, a análise estatística, a experiência do técnico, o conhecimento prévio da amostra ou do local amostrado e a comparação com o histórico do laboratório, quando apropriado.

Um resultado é considerado claramente positivo quando todos os critérios a seguir são observados, com ou sem ativação metabólica, em qualquer uma das linhagens empregadas. Nesse caso, não há necessidade de experimentos adicionais da amostra.

- Há um aumento significativo estatisticamente no número de revertentes dependente do aumento das concentrações da amostra, nas quais a evidência de toxicidade do material testado é nula ou mínima em relação às linhagens.

- Há um aumento no número de revertentes em pelo menos uma concentração da amostra comparada ao controle negativo (p. ex., RM $\geq$ 2 para TA100 e TA98 e RM $\geq$ 3 para TA1535 e TA1537).

Um resultado é considerado claramente negativo quando todos os critérios a seguir são observados, com e sem ativação metabólica, em todas as linhagens empregadas.

- O teste é realizado com pelo menos cinco doses não tóxicas adequadamente espaçadas, além de uma dose claramente tóxica.
- Não há aumento no número de revertentes dependente do aumento da concentração da amostra.

Quando o laboratório possui longo histórico de dados, pode incluir na análise de positividade a comparação com a carta-controle negativa. Nesse caso, considera-se um aspecto de positividade, a observação de pelo menos uma dose com aumento no número de revertentes fora da distribuição observada no histórico do laboratório, assim como indício de que o resultado é negativo, quando em nenhuma dose registrou-se o aumento no número de revertentes comparado à distribuição histórica do controle negativo (Levy *et al.*, 2019b).

A maior dificuldade na interpretação dos resultados surge quando ligeiros aumentos no número de revertentes são observados, à medida que as concentrações aumentam, mas a positividade não é claramente apontada pelos critérios utilizados para sua avaliação. Nesses casos, recomenda-se a repetição do ensaio apenas com a linhagem e a condição (com ou sem metabolização) específicas em que a resposta mutagênica fraca foi observada. A repetição deve garantir a reprodutibilidade do resultado inicialmente observado, mas pode incluir modificações, como o aumento no número de doses, o método de ensaio e a condição de metabolização e o tipo de solvente, caso esses dois últimos sejam motivos do resultado inconclusivo.

Se a comparação entre o resultado do primeiro ensaio e a repetição demonstrar que o aumento relacionado com a concentração é reprodutível, nas mesmas condições de ensaio ou similares, mesmo que o aumento não atenda aos critérios de positividade, a amostra pode ser considerada mutagênica. Cada um dos critérios de positividade é um ponto arbitrário em uma escala contínua, dessa forma, não há diferença biológica entre um RM de 1,9 e 2,1 ou um valor ligeiramente acima ou abaixo de um limite de confiança de 99 ou 95%, por exemplo (Levy *et al.*, 2019b). É nesse momento que a experiência do técnico torna-se fundamental, pois além de considerar a dose-resposta e a reprodutibilidade, sua experiência contempla a biologia do sistema, como o conhecimento da sensibilidade das linhagens e as características da amostra.

Os resultados não replicados em uma repetição, utilizando as mesmas condições ou similares, podem ser considerados negativos. Quando a repetição do ensaio não for suficiente para determinar a positividade ou negatividade da amostra, o resultado pode ser considerado inconclusivo.

É importante salientar que uma resposta negativa para o teste de Ames não significa necessariamente que a amostra não tenha atividade mutagênica, pode ser que o seu mecanismo de ação não envolva mutações de ponto, o que é efetivamente detectado por esse ensaio.

Relatórios de ensaio

Os relatórios ou boletins de ensaio trazem o relato do trajeto feito pela amostra desde o seu recebimento no laboratório até a liberação do resultado. Eles devem incluir informações completas sobre a amostra, como identificação, número CAS, natureza física e pureza e solvente utilizado, se aplicável, no caso de compostos químicos. Para amostras ambientais, devem conter local, método e condições de coleta, data e hora da amostragem, estocagem e preparo detalhado da amostra (extração orgânica, por exemplo), além das condições de recebimento da amostra e as propriedades físico-químicas relevantes ao estudo.

Deve-se relatar o tipo de teste de Ames (incorporação em placas, pré-incubação, microssuspensão, miniatura) e as linhagens utilizadas, assim como as concentrações máximas da amostra-teste por placa, com justificativa da seleção de doses menores que as recomendadas, se for o caso.

Reportam-se também sinais de toxicidade; sinais de precipitação, se houver; média do número de revertentes/placa e o desvio padrão, incluindo-se os controles negativos e positivos; relação dose-resposta, quando possível; análise estatística utilizada e, preferencialmente, dados históricos referentes aos controles negativo e positivo (variação, médias e desvios padrão).

A conclusão deve ser clara. Um resultado positivo no teste de Ames indica que a amostra ou seu extrato orgânico, nas condições do ensaio, apresentou atividade mutagênica. Já o resultado negativo indica que, nas condições do ensaio, a amostra ou o extrato orgânico não apresentou atividade mutagênica em relação às linhagens e condições testadas.

SUPRIMENTOS E EQUIPAMENTOS NECESSÁRIOS

Os suprimentos utilizados no preparo dos meios e soluções devem, quando aplicável, ser estéreis. As placas de Petri e outros itens de plástico descartáveis não podem ser esterilizados com óxido de etileno, pois é um potente mutágeno para algumas linhagens (Maron e Ames, 1983). A presença de resíduos nas placas pode aumentar o número de colônias revertentes, interferindo na interpretação dos resultados (Tabela 5.3).

Tabela 5.3 Relação de suprimentos e equipamentos necessários para a realização do teste de Ames

Suprimentos	Equipamentos
Alça de Drigalski	Agitador do tipo vórtex
Alças de inoculação	Agitador magnético com aquecimento
Tubos criogênicos (capacidade para 2 mL)	Autoclave
Balões volumétricos	Balanças de topo e analítica
Barra magnética	Banho seco para tubos de ensaio
Béqueres	Banho-maria
Bico de Bunsen ou similar	Cabine de segurança biológica classe II
Erlenmeyeres	Capela de exaustão química
Espátulas	Centrífuga refrigerada
Estante para tubos	Chapa aquecedora
Fita de autoclave	*Contador automático de colônias ou contador manual
Frasco estéril com tampa de rosca	Destilador, deionizador ou deionizador com sistema de
Frascos de vidro com tampa rosqueável (tipo Schott) de 100 e 250 mL	osmose reversa
Membrana filtrante 0,22 µm	*Dispensador de líquidos para volumes variáveis
Papel-alumínio	*Dosador automático de placas
Papel-filtro	*Espectrofotômetro
Papel *kraft*	*Freezer* −80°C ou *container* de nitrogênio líquido
ParafilmM®	*Freezer* −25±5°C
Pinça metálica	Incubadora com agitação (*shaker*)
Provetas	Incubadora microbiológica
Pipetas descartáveis de 10, 5 e 2 mL	Medidor de pH
Placas de Petri descartáveis (100 × 15 mm)	Micro-ondas ou chapa aquecedora
Ponteiras de polipropileno compatíveis com os micropipetadores	Micropipetadores com capacidade de 2 a 1.000 µL
Swab bacteriológico	Microscópio estereoscópio
Tubos de ensaio com tampa de rosca	Pipetador automático ou peras de sucção
Tubos de ensaio com tampa	Refrigerador 2 a 8°C
Tubos de polipropileno com capacidade para 0,5 mL	

*Equipamentos não essenciais para a realização do ensaio, mas que agilizam a rotina do laboratório.

MEIOS DE CULTURA E SOLUÇÕES

Todos os meios e soluções a serem armazenados devem ser acondicionados em frascos apropriados com tampa e identificados com nome, lote e data de fabricação e/ou validade quando aplicável.

Todos os preparos descritos a seguir utilizam água ultrapura, entretanto, pode-se usar água destilada ou deionizada. Onde se lê q.s.p. significa "quantidade suficiente para". Recomenda-se o uso de reagentes de boa qualidade. O caldo nutriente deve ser OXOID Nº 2, de acordo com Maron e Ames, 1983. Recomenda-se o uso de bácto ágar BD/DIFCO, que garante a reprodutibilidade das taxas de reversão espontâneas das linhagens (K. Mortelmans, comunicação pessoal). Antes de iniciar o preparo, verificar as condições dos equipamentos a serem utilizados, aferindo-os ou calibrando-os, se necessário.

Sais de Vogel Bonner 50X	Para o preparo de ágar mínimo
Componentes	**para 1 L**
Sulfato de magnésio hepta-hidratado ($MgSO_4 \cdot 7H_2O$)	10 g
Ácido cítrico monoidratado ($C_6H_8O_7 \cdot H_2O$)	100 g
Fosfato de potássio dibásico anidro (K_2HPO_4)	500 g
Fosfato de sódio e amônio tetra-hidratado ($NaNH_4HPO_4 \cdot 4H_2O$)	175 g
Água ultrapura	q.s.p.
Preparo	Pesar separadamente os componentes. Adicionar aproximadamente 400 mL de água ultrapura em béquer com capacidade para 2 L, sobre agitador magnético aquecido. Tomar cuidado para que não seja atingida a temperatura de ebulição. Adicionar sob agitação cada um dos sais, na ordem, garantindo que cada um esteja completamente dissolvido antes de adicionar o próximo. Este procedimento requer cerca de 1 h para dissolver todos os componentes. Caso os sais apresentem dificuldade de dissolução, aumentar gradativamente a temperatura e o volume de água. Deixar em repouso até esfriar. Transferir o meio para um balão volumétrico de 1.000 mL e ajustar o volume para 1 L. Homogeneizar bem e distribuir 120 mL em frascos com tampa. Autoclavar a 121°C por 20 minutos. Acondicionar em frasco de vidro âmbar ou envolto em papel-alumínio, com tampa de rosca.
Estoque e validade	Armazenar em refrigerador (2 a 8°C). Validade: 1 ano

Solução de Glicose 10%	Para o preparo de ágar mínimo
Componentes	**para 1 L de ágar mínimo**
Dextrose anidra	20 g
Água ultrapura	q.s.p. 200 mL
Preparo	Pesar a dextrose e colocar em balão ou Erlenmeyer seco. Acrescentar 150-180 mL de água ultrapura e agitar até a completa dissolução. Transferir a solução para uma proveta e completar o volume de água até o volume final desejado. Retornar a solução para o frasco original. Esterilizar em autoclave a 121°C por 20 minutos.
Estoque e validade	Esta solução deve ser preparada no mesmo dia que se prepara ágar mínimo. Não deve ser estocada.

Solução de Ágar	Para o preparo de ágar mínimo
Componentes	**para 1 L de ágar mínimo**
Bacto ágar (BD/DIFCO)	15 g
Água ultrapura	780 mL
Preparo	Pesar o ágar e colocar em balão ou Erlenmeyer seco. Acrescentar a água ultrapura e esterilizar em autoclave a 121°C por 20 minutos.
Estoque e validade	Esta solução deve ser preparada no mesmo dia que se prepara ágar mínimo. Não deve ser estocada.

Associação Brasileira de Mutagênese e Genômica Ambiental | 103

Ágar mínimo	Meio de cultura para teste de Ames — todas as linhagens exceto TA97a
Componentes	para 1 L
Sais de Vogel Bonner 50x	20 mL
Solução de glicose 10%	200 mL
Solução de ágar	780 mL
Preparo	Colocar as soluções de Vogel Bonner, glicose e ágar em banho-maria a 50-60°C para estabilizar a temperatura. Em um balão estéril, trabalhando com assepsia (bico de Bunsen) e sobre agitador magnético aquecido (50-60°C), adicionar a solução de ágar e de Vogel Bonner. Homogeneizar bem. Um precipitado pode se formar quando se adiciona o Vogel Bonner, mas a agitação elimina o problema. Adicionar a solução de glicose e homogeneizar. Distribuir em placas de Petri descartáveis e estéreis aproximadamente 20 mL de meio por placa, com o auxílio de um dispensador de líquidos previamente esterilizado ou no dosador automático de placas.
Estoque e validade	Após a solidificação do meio, armazenar as placas, de tampa para baixo, em caixas ventiladas e tampadas, em temperatura ambiente ou sob refrigeração, por um período máximo de 14 dias.

Ágar mínimo para TA97a	Meio de cultura para teste de Ames com TA97a
Componentes	para 1 L
Meio de Vogel Bonner 50x	20 mL
Solução de glicose 2%	200 mL
Solução de ágar	780 mL
Preparo	Preparo, armazenamento e validade idênticos ao ágar mínimo
Estoque e validade	

Solução de Glicose 2%	Para o preparo de ágar mínimo da TA97a
Componentes	para 1 L de ágar mínimo
Dextrose anidra	4 g
Água ultrapura	q.s.p. 200 mL
Preparo	Preparo idêntico à solução de glicose 10%
Estoque e validade	Não pode ser estocada. Preparo no mesmo dia que o ágar mínimo

Solução de Biotina+Histidina 0,5 mM	Para top ágar
Componentes	para 1 L
L –Histidina HCl H_2O (MM = 209,6)	0,105 g
D –Biotina (MM = 244,3)	0,122 g
Água ultrapura	q.s.p.
Preparo	Pesar as quantidades acima em balança analítica. Adicionar 1.000 mL de água ultrapura em béquer com capacidade para 2 L, sobre agitador magnético aquecido. Tomar cuidado para que não seja atingida a temperatura de ebulição. Adicionar sob agitação cada um dos componentes, na ordem, garantindo que cada um esteja completamente dissolvido antes de adicionar o próximo. A histidina se dissolve instantaneamente, porém a biotina pode demorar. Deixar em repouso até esfriar. Transferir a solução para um balão volumétrico de 1.000 mL e, se necessário, ajustar o volume para 1 L. Homogeneizar bem. Esterilizar por filtração em membrana de 0,22 µm ou autoclave a 121°C por 20 minutos e distribuir volumes de 100 mL em frascos de vidro âmbar ou envolto em papel-alumínio, previamente esterilizados, com tampa de rosca.
Estoque e validade	Armazenar em refrigerador (2-8°C). Validade: 60 dias.

Top Ágar	Para uso nos testes – todos os métodos
Componentes	para 1 L
Bacto ágar (BD/DIFCO)	6 g
Cloreto de sódio (NaCl)	6 g
Solução de biotina+histidina 0,5 mM	100 mL
Água ultrapura	900 mL
Preparo	Em Erlenmeyer ou balão seco, com capacidade para 2 L, adicionar o ágar e o cloreto de sódio a 900 mL de água ultrapura. Deixar em repouso por 15 minutos. Aquecer em chama ou chapa aquecedora, agitando até a completa dissolução do meio, tomando cuidado para que não seja atingida a temperatura de ebulição. Adicionar a solução de biotina+histidina e homogeneizar muito bem. Distribuir volumes de aproximadamente 160 mL em frascos de 250 mL com tampa. Esterilizar em autoclave a 121°C por 20 minutos.
Estoque e validade	Armazenar em refrigerador (2-8°C). Validade: 30 dias.

Caldo nutriente	Para crescimento das linhagens
Componentes	para 1 L
Caldo nutriente n. 2 (OXOID)	25 g
Água ultrapura	1.000 mL
Preparo	Pesar o caldo nutriente em Erlenmeyer seco, com capacidade para 2 L e acrescentar 1.000 mL de água ultrapura. Agitar até a completa dissolução. Distribuir aproximadamente 24 mL em frascos de 100 mL com tampa (a capacidade do frasco deve ser de 3 a 5 vezes maior do que o volume de caldo nutriente, para garantir a aeração adequada das culturas no *shaker*). Esterilizar em autoclave a 121°C por 20 minutos.
Estoque e validade	Armazenar em refrigerador (2-8°C). O meio pode ser utilizado enquanto não apresentar contaminação visual.

Tampão Fosfato 0,015 M	Para uso nos tubos do teste sem ativação metabólica (Método em Microssuspensão)
Componentes	para 65 mL
Tampão fosfato 0,2 M	5 mL
Água ultrapura	60 mL
Preparo	Em um frasco estéril de 100 mL, transferir, com o auxílio de uma pipeta descartável estéril, a água e o tampão, homogeneizar a solução e tampar o frasco.
Estoque e validade	Armazenar em temperatura ambiente. A solução pode ser utilizada enquanto não apresentar contaminação visual.

O sistema de ativação metabólica contém a fração S9 que pode ser obtida com o representante comercial da Moltox (Molecular Toxicology Inc., EUA) ou Xenometrix (Xenometrix Inc., Suíça). A fração S9 adquirida liofilizada deve ser mantida a −25±5°C, sendo reconstituída e acrescida de cofatores no dia do ensaio biológico. Ao conjunto dá-se o nome de Mistura S9 ou S9 mix. A mistura S9 deve ser preparada no dia de sua utilização e o volume a ser preparado depende da quantidade de placas do ensaio a ser realizado. Os cofatores podem ser preparados e estocados, conforme os procedimentos descritos a seguir. Pode-se usar o S9 a 4% ou 10% (v/v). A Mistura S9 deve ser preparada adicionando-se os cofatores na seguinte ordem:

Mistura S9		
Componentes em ordem de preparo	para 1 mL – S9 4% (v/v)	Para 1 mL – S9 10% (v/v)
Água ultrapura estéril	395 μL	335 μL
Tampão fosfato 0,2 M pH 7,4	500 μL	500 μL
NADP 0,1M	40 μL	40 μL
Glicose-6-fosfato 1,0 M	5 μL	5 μL
Solução de sais	20 μL	20 μL
S9	40 μL	100 μL
Estoque e validade	Após o preparo, a mistura S9 deve ser mantida em gelo ou em refrigerador (2-8°C). Deve ser usada no dia do preparo. O volume não utilizado deve ser descartado.	

Tampão Fosfato 0,2 M pH 7,4	Para o preparo da Mistura S9
Componentes	para 100 mL
Solução A	
Fosfato de sódio dibásico anidro –Na_2HPO_4	2,84 g
Água ultrapura	100 mL
Solução B	
Fosfato de sódio monobásico anidro – NaH_2PO_4.	2,40 mL
Água ultrapura	100 mL
Preparo	Preparar as soluções A e B individualmente. Misturar 81 mL solução A + 19 mL solução B Ajustar o pH para 7,4, se necessário, utilizando as próprias soluções (Solução A para subir o pH e solução B para baixar). Esterilizar em membrana filtrante 0,22 μm ou em autoclave a 121°C por 20 minutos. Distribuir aproximadamente 50 mL em frascos de 100 mL com tampa de rosca.
Estoque e validade	A solução deve ser estocada em temperatura ambiente. Validade: 1 ano

Teste de Ames

NADP 0,1 M	Para o preparo da Mistura S9
Componentes	
NADP-β-nicotinamida adenina dinucleotídeo fosfato (MM 783,39)	1 g
Água ultrapura estéril	12,76 mL
Preparo	Abrir o frasco de 1 g de NADP dentro da cabine de segurança biológica e adicionar a água ultrapura estéril. Homogeneizar delicadamente. Transferir para um tubo estéril, envolto em papel-alumínio, com tampa de rosca.
Estoque e validade	Estocar em *freezer* (−25±5°C). A solução de NADP congelada se mantém estável por 6 meses.

Solução de Glicose-6-fosfato 1,0M	Para o preparo da Mistura S9
Componentes	**para 10 mL**
Glicose-6-fosfato (MM 304,1)	3,041 g
Água ultrapura	10 mL
Preparo	Verificar sempre a massa molecular da glicose-6-fosfato, adequando os cálculos, se necessário. Após a dissolução, esterilizar em membrana filtrante 0,22 μm. Acondicionar em tubo com tampa de rosca estéril.
Estoque e validade	Estocar em *freezer* (−25±5°C). Validade: 1 ano

Solução de Sais (KMg)	Para o preparo da Mistura S9
Componentes	**para 100 mL**
Cloreto de magnésio hexa-hidratado − $MgCl_2 \cdot 6H_2O$ (MM 203,3)	8,13 g
Cloreto de potássio − KCl (MM 74,55)	12,3 g
Água ultrapura	q.s.p.
Preparo	Dissolver os sais em aproximadamente 80 mL e, após dissolução completa, completar com água. Distribuir aproximadamente 50 mL em frascos de 100 mL com tampa de rosca. Esterilizar em autoclave a 121°C por 20 minutos.
Estoque e validade	Estocar em refrigerador (2-8°C). Validade: 1 ano

A seguir, encontram-se as soluções necessárias para verificação das características genéticas das linhagens.

Ágar Nutriente	Para uso na verificação das características genéticas das cepas e viabilidade por titulação
Componentes	**para 1 L**
Caldo nutriente n. 2 (OXOID)	25 g
Bacto ágar (BD/DIFCO)	15 g
Água ultrapura	1.000 mL
Preparo	Pesar os componentes em Erlenmeyer seco, com capacidade para 2 L e acrescentar 1.000 mL de água ultrapura. Esterilizar em autoclave a 121°C por 20 minutos. Estabilizar o meio em banho-maria a 50-60°C. Em cabine de segurança biológica, distribuir volumes de aproximadamente 30 mL em placas de Petri esterilizadas. Embrulhar pilhas de placas (~10) em papel *kraft* e anotar o nome do meio, lote e data de preparo na parte de fora.
Estoque e validade	Armazenar em refrigerador (2-8°C). O meio pode ser utilizado em até 6 meses, enquanto não apresentar contaminação visual ou não estiver ressecado.

Solução de Ampicilina 8 mg/mL	Para verificar características genéticas e preparo da placa máster
Componentes	para 10 mL
Ampicilina	0,08 g
Solução de hidróxido de sódio (NaOH) 0,02 N	10 mL
Preparo	Pesar a ampicilina em balança analítica e dissolver em 10 mL de solução de hidróxido de sódio 0,02 N. Esterilizar por membrana filtrante 0,22 μm. Acondicionar em frasco de vidro âmbar ou envolto em papel-alumínio, previamente esterilizado, com tampa de rosca.
Estoque e validade	Armazenar em refrigerador (2 a 8°C). Validade: 1 ano.

Solução de Hidróxido de Sódio 0,02 N	Para o preparo da solução de ampicilina 8 mg/mL
Componentes	para 100 mL
Hidróxido de sódio (NaOH)	0,08 g
Água ultrapura	100 mL
Preparo	Pesar o hidróxido de sódio em balança analítica e dissolver em 100 mL de água ultrapura. Acondicionar em frasco de plástico com tampa de rosca.
Estoque e validade	Armazenar em temperatura ambiente. Validade: 1 ano.

Solução de Tetraciclina 8 mg/mL	Para verificar características genéticas e preparo da placa máster
Componentes	para 10 mL
Tetraciclina cloridrato	0,08 g
Solução de Ácido clorídrico (HCl) 0,02 N	10 mL
Preparo	Pesar a tetraciclina em balança analítica e dissolver em 10 mL de solução de ácido clorídrico 0,02 N. Esterilizar por membrana filtrante 0,22 μm. Acondicionar em frasco de vidro âmbar ou envolto em papel-alumínio, previamente esterilizado, com tampa de rosca.
Estoque e validade	Armazenar em refrigerador (2-8°C). Validade: 1 ano.

Solução de Ácido Clorídrico 0,02 N	Para o preparo da solução de tetraciclina 8 mg/mL
Componentes	para 100 mL
Ácido clorídrico (HCl) 37% (fumegante)	0,166 mL
Água ultrapura	100 mL
Preparo	Na capela de exaustão química, adicionar o ácido clorídrico concentrado em 100 mL de água ultrapura. Acondicionar em frasco de vidro com tampa de rosca.
Estoque e validade	Armazenar em temperatura ambiente. Validade: 1 ano.

Teste de Ames

Solução de Cristal Violeta 1 mg/mL	Para verificar características genéticas
Componentes	para 100 mL
Cristal violeta	0,1 g
Água ultrapura	100 mL
Preparo	Pesar o cristal violeta em balança analítica e dissolver em 100 mL de água ultrapura. Acondicionar em frasco de vidro âmbar ou envolto em papel-alumínio, previamente esterilizado, com tampa de rosca.
Estoque e validade	Armazenar em temperatura ambiente. A solução pode ser utilizada enquanto não apresentar contaminação visual. Manter em uma placa de Petri, discos recortados de papel-filtro (~5 mm diâmetro), previamente preparados com 10 µL da solução de cristal violeta 1 mg/mL. A placa pode ser armazenada em temperatura ambiente, ao abrigo da luz. Os discos mantêm a atividade por 1 ano após o preparo.

Solução de Biotina 0,5 mM	Para verificar características genéticas e preparo de placas máster
Componentes	para 100 mL
D-biotina (MM 244,3)	0,012 g
Água ultrapura	100 mL
Preparo	Verificar sempre a massa molecular da biotina, adequando os cálculos, se necessário. Pesar a biotina em balança analítica e dissolver em 100 mL de água ultrapura quente. Esterilizar em membrana filtrante 0,22 µm ou em autoclave a 121°C por 20 minutos. Distribuir volumes de 50 mL em frascos de vidro âmbar ou envoltos em papel-alumínio, previamente esterilizados, com tampa de rosca.
Estoque e validade	Armazenar em refrigerador (2-8°C). Validade: 45 dias.

Solução de Histidina 0,5%	Para verificar características genéticas e preparo da placa máster
Componentes	para 100 mL
L–histidina HCl monoidratada	0,5 g
Água ultrapura	100 mL
Preparo	Pesar a histidina em balança analítica e dissolver em 100 mL de água ultrapura quente. Esterilizar em membrana filtrante 0,22 µm ou em autoclave a 121°C por 20 minutos. Distribuir volumes de 50 mL em frascos de vidro âmbar ou envoltos em papel-alumínio, previamente esterilizados, com tampa de rosca.
Estoque e validade	Armazenar em refrigerador (2-8°C). Validade: 45 dias.

Associação Brasileira de Mutagênese e Genômica Ambiental

O preparo das placas de ágar mínimo enriquecidas com biotina e histidina é realizado a partir do preparo de 1 litro de ágar mínimo.

Placas de ágar mínimo enriquecidas	Para verificar características genéticas e preparo da placa máster
Preparo	Retirar as soluções de biotina, histidina e dos antibióticos do refrigerador com 2 h de antecedência, para estabilização da temperatura. Preparar, em frasco de vidro estéril, 1 L de ágar mínimo e manter sobre o agitador magnético (50-60°C), dentro da cabine de segurança biológica.
AM+BIO (concentração final de biotina no meio de cultura: 0,78 µg/mL)	Acrescentar ao ágar mínimo, 6,5 mL da solução de biotina 0,5 mM e homogeneizar cerca de 10 vezes. • Separar 200 mL, com proveta estéril, e distribuir, aproximadamente, 30 mL em placas de Petri estéreis. Identificar o fundo das placas com a marcação AM+BIO. • Embrulhar a pilha de placas em papel *kraft* e anotar o nome do meio, lote e data de preparo na parte de fora.
Com o volume restante de ágar mínimo, prepara-se a solução de AM+BIO+HIS. A partir daí, pode-se utilizar todo o volume para o preparo das placas, utilizando-se parte delas para o teste das características genéticas (his-) e parte como placa máster (TA1535 e TA1537) ou pode-se separar parte do volume para o enriquecimento com antibióticos e uso como placa máster das linhagens que possuem plasmídeo.	
AM+BIO+HIS (concentração final de histidina no meio de cultura: 40 µg/mL)	Acrescentar ao volume restante, 6,5 mL da solução de histidina 0,5% e homogeneizar cerca de 10 vezes. • Para verificar características genéticas e usar para placa máster (TA1535 e TA1537): utilizar todo o volume, distribuindo com proveta estéril, 30 mL, aproximadamente, em placas de Petri estéreis. Identificar o fundo das placas com a marcação AM+BIO+HIS e embrulhar em papel *kraft*, anotando o nome do meio, lote e data de preparo na parte de fora. • Para verificar características genéticas: separar 200 mL, com proveta estéril, e distribuir, aproximadamente, 30 mL em placas de Petri estéreis. Identificar o fundo das placas com a marcação AM+BIO+HIS e embrulhar em papel *kraft*, anotando o nome do meio, lote e data de preparo na parte de fora.
A partir do volume restante de AM+BIO+HIS, pode-se preparar as placas máster com ampicilina <u>ou</u> com ampicilina e tetraciclina.	
AM+BIO+HIS+AMP (concentração final de ampicilina no meio de cultura: 24 µg/mL)	Acrescentar ao volume de AM+BIO+HIS restante, 1,8 mL da solução de ampicilina 8 mg/mL e homogeneizar cerca de 10 vezes. • Distribuir, aproximadamente, 30 mL em placas de Petri estéreis. Identificar o fundo das placas com a marcação AM+BIO+HIS+AMP. • Embrulhar pilhas de placas (~10) em papel *kraft* e anotar o nome do meio, lote e data de preparo na parte de fora.
AM+BIO+HIS+AMP+TETRA (concentração final de ampicilina e tetraciclina no meio de cultura: 24 µg/mL e 2 µg/mL, respectivamente)	Acrescentar ao volume de AM+BIO+HIS restante, 1,8 mL da solução de ampicilina 8 mg/mL e 0,15 mL da solução de tetraciclina 8 mg/mL e homogeneizar cerca de 10 vezes. • Distribuir, aproximadamente, 30 mL em placas de Petri estéreis. Identificar o fundo das placas com a marcação AM+BIO+HIS+AMP+TETRA. • Embrulhar pilhas de placas (~10) em papel *kraft* e anotar o nome do meio, lote e data de preparo na parte de fora.
Estoque e validade	Armazenar em refrigerador (2-8°C). Validade: 14 dias, embrulhadas em papel *kraft* e 60 dias, envoltas em ParafilmM®.

GESTÃO DE QUALIDADE

O termo "gestão de qualidade" refere-se a todas as ações do laboratório relacionadas com a segurança dos dados analíticos, com a rastreabilidade dos resultados e todas as garantias de qualidade do laboratório. É mais abrangente que qualidade analítica.

Um laboratório não precisa aderir necessariamente às Normas de Qualidade, como Boas Práticas de Laboratório (BPL) ou estar acreditado na Norma NBR ABNT ISO/IEC 17025 (Requisitos gerais para a competência de laboratórios de ensaio e calibração) para ter um sistema de gestão de qualidade implantado. Porém, se o laboratório presta serviços, por questões mercadológicas ou regulamentação, a implementação de alguma das Normas de Qualidade pode ser requerida (veja mais no site do Inmetro – <www.inmetro.org.br>).

Gestão de qualidade em laboratório de mutagênese

Não se pretende incluir aqui todas as ações necessárias de uma gestão de qualidade, mas algumas informações e recomendações importantes para que o trabalho seja realizado de maneira apropriada, confiável e consistente.

Documentos, registros e formulários

Todos os procedimentos do laboratório devem estar documentados. Geralmente, esses documentos são chamados de Procedimentos Operacionais Padronizados (POPs) que são conjuntos de instruções escritas que documentam uma rotina ou atividade repetitiva dentro do laboratório. Esses registros devem conter ações programáticas e técnicas como processos de análise, manutenção, calibração e utilização de equipamentos, procedimentos relativos à gestão de qualidade, etapas de realização dos testes e preparo de meios e soluções. Podem conter fluxogramas, fotos ou imagens ilustrativas. Os procedimentos desenvolvidos e validados por integrantes do laboratório devem também ter uma versão final documentada na forma de POP, que fica no laboratório, permitindo, assim, que qualquer pessoa do laboratório possa repetir o procedimento, garantindo a reprodutibilidade de um ensaio.

Os POPs são específicos para cada laboratório ou área da qual descrevem as atividades e devem ser revistos periodicamente e aprovados pela Coordenação do laboratório. O laboratório deve manter uma lista com todos os POPs, indicando data, autor, título, *status*, departamento e outras informações julgadas relevantes, e eleger um responsável pela organização desses documentos, de maneira que seja fácil encontrar cada um deles. Se for utilizar o meio digital, o usuário deve ter acesso somente à versão "somente leitura", a fim de proteger o documento contra mudanças não autorizadas. Estes procedimentos se aplicam também para todos os formulários criados para registrar resultados, que devem ser padronizados e indexados.

Meios de cultura e soluções

Ao preparar um novo meio ou solução, seguindo o POP correspondente, é importante registrar a data do preparo, o responsável e a validade. Se tudo o que for preparado no laboratório for registrado em um caderno, cada item pode receber um número, que corresponde ao número de lote. Assim, nos registros do teste, é possível registrar os lotes de tudo o que foi usado, assegurando a rastreabilidade. Além de permitir a reprodução exata de um teste, esses registros garantem a rastreabilidade, isto é, pode-se identificar tudo o que foi utilizado em um ensaio; se houver algum problema, torna-se muito mais fácil procurar e encontrar algum erro.

Equipamentos

Todos os equipamentos precisam de manutenção preventiva e corretiva adequadas, de calibração, se aplicável, e de limpeza apropriada. A calibração é o conjunto de operações que, sob condições técnicas, especificam a relação entre os valores indicados por padrões. A manutenção

Associação Brasileira de Mutagênese e Genômica Ambiental

envolve verificações funcionais buscando reparo ou substituição de dispositivos nos equipamentos para garantir a qualidade dos ensaios. É importante registrar tudo o que acontece com os equipamentos.

O laboratório deve ter procedimentos para identificar e saber o que fazer quando o equipamento estiver fora dos critérios por ele estabelecidos. A Tabela 5.4 relaciona os serviços que devem ser realizados nos equipamentos para assegurar seu bom funcionamento. A periodicidade de realização dos serviços pode ser ampliada, ou reduzida, caso medidas de checagens intermediárias do desempenho dos equipamentos sejam estabelecidas.

Tabela 5.4. Relação de serviços de manutenção preventiva e calibração dos equipamentos do laboratório

Equipamento	O que fazer?	Quando?	Quem faz?
Autoclave	Teste com ampola contendo uma suspensão de esporos de *Geobacillus stearothermophilus*	Uma vez por mês	O próprio laboratório
	Ensaio de homogeneidade isotérmica e calibração	Uma vez ao ano	Empresa da RBC[2]
	Teste dos vasos de pressão	A cada cinco anos	Empresa especializada
Balança	Calibração	Uma vez ao ano	Empresa da RBC[2]
	Checagem com pesos-padrão[1]	No momento do uso	O próprio laboratório
Cabine de segurança biológica	Manutenção preventiva	Uma vez ao ano	Verificar com o fabricante
Câmaras térmicas (refrigerador, *freezer* −25±5°C, incubadora, *shaker*)	Acoplar um termômetro calibrado (não confiar no *display* do equipamento)	Uma vez ao dia	O próprio laboratório
Centrífuga	Calibração	Uma vez ao ano	Empresa da RBC[2]
Estufa para esterilização de vidraria	Teste de esterilidade de materiais	Após cada ciclo	O próprio laboratório
Freezer −80°C	Manutenção preventiva	Uma vez ao ano	Verificar com o fabricante
Medidor de pH	Calibração	Uma vez ao ano	Empresa da RBC[2]
	Checagem ou calibração com soluções-padrão[1]	No momento do uso	O próprio laboratório
Micropipetador	Calibração	Uma vez ao ano	Empresa da RBC[2]
Termômetro	Calibração	Uma vez ao ano	Empresa da RBC[2]

[1]Padrões: possuem rastreabilidade ao Sistema Internacional de Unidades.
[2]RBC: Rede Brasileira de Calibração. Deve-se observar se a empresa possui acreditação para realizar o serviço nas faixas de trabalho estabelecidas pelo laboratório, quando aplicável, e nas condições requeridas pelo equipamento. O site do INMETRO (<www.inmetro.org.br>) traz a relação de prestadores acreditados para cada serviço.

Garantia da validade dos resultados

A validade dos resultados pode ser assegurada por meio dos seguintes itens:
- Avaliação das características genéticas da linhagem em cada renovação de lote.
- Monitoramento da viabilidade das culturas em cada ensaio.

- Monitoramento da sensibilidade das linhagens na detecção de mutágenos por meio das respostas aos controles positivos.
- Manutenção preventiva e corretiva de equipamentos (Tabela 5.4).
- Comparações intralaboratoriais.
- Monitoramento de seu desempenho por meio de comparação com resultados de outros laboratórios.

As comparações intralaboratoriais podem ser feitas por meio da avaliação da repetibilidade, ou seja, medições repetidas no mesmo objeto durante um curto período de tempo, e da reprodutibilidade, quando medições são repetidas no mesmo objeto (VIM, 2012). Assim, um exemplo de repetibilidade e de reprodutibilidade, respectivamente, é a comparação das leituras do mesmo conjunto de placas por todos os técnicos do laboratório e a comparação dos resultados de ensaios feitos por todos os técnicos do mesmo material, nas mesmas concentrações.

O monitoramento do desempenho do laboratório por meio de comparação com resultados de outros laboratórios (comparações interlaboratoriais) pode ser feito pela participação em ensaios de proficiência ou, quando não disponíveis, outras comparações interlaboratoriais. Elas permitem que o laboratório avalie sua competência técnica, identifique problemas na sistemática de seus ensaios e adote ações corretivas e/ou preventivas, aumentando a credibilidade dos resultados de suas medições. A Associação Brasileira de Mutagênese e Genômica Ambiental (MutaGen-Brasil) promove periodicamente estudos interlaboratoriais específicos para teste de Ames. Todos os laboratórios que trabalham com teste de Ames, acreditados pela CGCRE, devem obrigatoriamente participar desses estudos, já que não há provedores acreditados para este ensaio. No entanto, independentemente da obrigatoriedade, é fundamental que TODOS os laboratórios participem, para que seja possível manter uma rede de informação e garantir que todos estejam trabalhando de forma correta e eficiente.

Referências bibliográficas

American Public Health Association (APHA). Mutagenesis (8030) Salmonella microsomal mutagenicity test. In: Standard Methods for the examination of water and wastewater. 23. ed. American Public Health Association, American Water Works Association, Water Environment Federation publication, Washington, 2018.

Ames BN, Lee FD, Durston WE. An improved bacterial test system for the detection and classification of mutagens and carcinogens. Proc Natl Acad Sci USA. 1973; 70:782-6. https://doi.org/10.1073/pnas.70.3.782.

Ames BN, McCann J, Yamasaki E. Methods for detecting carcinogens and mutagens with Salmonela/mammalian-microsome mutagenicity test. Mutat Res. 1975; 31:347-64. https://doi.org/10.1016/0165-1161(75)90046-1.

Ames BN. The detection of chemical mutagens with enteric bacteria. In: Chemical Mutagens (Hollaender A Ed.), Springer, Boston,1971, pp. 267-82.

Associação Brasileira de Normas Técnicas (ABNT). NBR ISO/IEC 17025 – Requisitos gerais para a competência de laboratórios de ensaio e calibração. Rio de Janeiro: ABNT, 2017.

Ayrton AD, Neville S, Ioannides C. Cytosolic activation of 2-aminoanthracene: implications in its use as diagnostic mutagen in the Ames test. Mutat Res. 1992; 265:1-8. https://doi.org/10.1016/0027-5107(92)90034-y.

Brooks TM. The use of a streamlined bacterial mutagenicity assay, the Miniscreen. Mutagenesis. 1995; 10:447-8. https://doi.org/10.1093/mutage/10.5.447.

Burke DA, Wedd DJ, Burlinson B. Use of the Miniscreen assay to screen novel compounds for bacterial mutagenicity in the pharmaceutical industry. Mutagenesis. 1996; 11:201-5. https://doi.org/10.1093/mutage/11.2.201.

Codina JC, Pérez-Torrente C, Pérez-García A, Cazorla FM, de Vicente A. Comparison of microbial tests for the detection of heavy metal genotoxicity. Arch Environ Contam Toxicol. 1995; 29:260-5. https://doi.org/10.1007/BF00212978.

Companhia Ambiental do Estado de São Paulo (CETESB). Qualidade do ar no estado de São Paulo 2019. CETESB, São Paulo, 2020.

Coordenação Geral de Acreditação (CGCRE). DOQ 049. Orientação para a elaboração dos escopos de acreditação voltados aos laboratórios de ensaios que atuam nas áreas de atividade: alimentos e bebidas e meio ambiente, focando ensaios biológicos. http://www.inmetro.gov.br/credenciamento/organismos/doc_organismos.asp?tOrganismo=CalibEnsaios. 2013. Acesso em: 10 de julho de 2020.

de Oliveira Galvão MF, de Oliveira Alves N, Ferreira PA, Caumo S, de Castro Vasconcellos P, Artaxo P *et al*. Biomass burning particles in the Brazilian Amazon region: Mutagenic effects of nitro and oxy--PAHs and assessment of health risks. Environ Pollut. 2018; 233:960-70. https://doi.org/10.1016/j.envpol.2017.09.068.

DeMarini DM, Dallas MM, Lewtas J. Cytotoxicity and effect on mutagenicity of buffers in a microsuspension assay. Teratog Carcinog Mutagen. 1989; 9:287-95. https://doi.org/10.1002/tcm.1770090504.

Diehl MS, Willaby SL, Snyder RD. Comparison of the results of a modified miniscreen and the standard bacterial reverse mutation assays. Environ Mol Mutagen. 2000; 36:72-7. https://doi.org/10.1002/1098-2280(2000)36:1<72::aid-em10>3.0.co;2-y.

Dutka BJ, Jova A, Brechin J. Evaluation of four concentration/extraction procedures on waters and effluents collected for use with the Salmonella typhimurium screening procedure for mutagens. Bull Environ Contam Toxicol. 1981; 27:758-64. https://doi.org/10.1007/BF01611092.

Escobar PA, Kemper RA, Tarca J, Nicolette J, Kenyon M, Glowienke S *et al*. Bacterial mutagenicity screening in the pharmaceutical industry. Mutat Res. 2013; 752:99-118. https://doi.org/10.1016/j.mrrev.2012.12.002.

FDA U.S. Food and Drug Administration, Office of Food Additive Safety. Redbook 2000: Toxicological Principles for the Safety Assessment of Food Ingredients. IV.C.1.a. Bacterial Reverse Mutation Test. https://www.fda.gov/regulatory-information/search-fda-guidance-documents/redbook-2000--ivc1a-bacterial-reverse-mutation-test. Acesso em: 6 de junho de 2020).

Federal Register. Environmental Protection Agency. Guidelines establishing test procedures for the analysis of pollutants under the Clean Water Act; analysis and sampling procedures (40 CFR Parts: 136, 260, 423, 430 and 435). 2012; 77:29758-846.

Fernandes AS, Mazzei JL, Oliveira CG, Evangelista H, Marques MRC, Ferraz ERA *et al*. Protection against UV-induced toxicity and lack of mutagenicity of Antarctic Sanionia uncinata. Toxicology. 2017; 376:126-36. htpps://doi.org/10.1016/j.tox.2016.05.021.

Gatehouse D. Bacterial mutagenicity assays: test methods. In: Genetic Toxicology. Methods in Molecular Biology (Methods and Protocols) (Parry J, Parry E Eds.), Springer, New York, 2012; 21-34.

Hakura A. Improved AMES test for genotoxicity assessment of drugs: preincubation assay using a low concentration of dimethyl sulfoxide. In: Caldwell G, Yan Z (eds.). Optimization in drug discovery. Methods in Pharmacology and Toxicology. Humana Press, Totowa, 2014; 545-59.

Hamel A, Roy M, Proudlock R. The Bacterial Reverse Mutation Test. In: Proudlock R (ed.). Genetic toxicology testing. A Laboratory Manual (Academic Press – Elsevier Inc.) Cambridge, 2016; 79-138.

International Conference on Harmonisation (ICH) of Technical Requirements for Registration of Pharmaceuticals for Human Use. Harmonised Tripartite Guideline S2 (R1). Guidance on genotoxicity testing and data interpretation for pharmaceuticals intended for human use. 2012. https://www.ema.europa.eu/en/ich-s2-r1-genotoxicity-testing-data-interpretation-pharmaceuticals-intended--human-use. Acesso em: 4 de junho de 2020.

International Organization for Standardization (ISO). ISO 11350 - Water quality – Determination of the genotoxicity of water and wastewater - Salmonella/microsome fluctuation test (Ames fluctuation test). Genebra, 2012.

International Organization for Standardization (ISO). ISO 16240 - Water quality – Determination of the genotoxicity of water and wastewater - Salmonella/microsome test (Ames test). Genebra, 2005.

Kado NY, Langley D, Eisenstadt E. A simple modification of the Salmonella liquid-incubation assay. Increased sensitivity for detecting mutagens in human urine. Mutat Res. 1983; 121:25-32. https://doi.org/10.1016/0165-7992(83)90082-9.

Kolkman A, Schriks M, Brand W, Bäuerlein PS, Van der Kooi MME, Van Doorn RH *et al.* Sample preparation for combined chemical analysis and in vitro bioassay application in water quality assessment. Environ Toxicol Pharmacol. 2013; 36:1291-303. https://doi.org/10.1016/j.etap.2013.10.009.

Kummrow F, Rech CM, Coimbrão CA, Roubicek DA, Umbuzeiro GA. Comparison of the mutagenic activity of XAD4 and blue rayon extracts of surface water and related drinking water samples. Mutat Res. 2003; 541:103-13. https://doi.org/10.1016/j.mrgentox.2003.07.011.

Levin DE, Hollstein M, Christman MF, Schwiers EA, Ames BN. A new Salmonella tester strain (TA102) with A-T base pairs at the site of mutation detects oxidative mutagens. Proc Natl Acad Sci USA. 1982; 79: 7445-9. https://doi.org/10.1073/pnas.79.23.7445.

Levy DD, Hakura A, Elespuru RK, Escobar PA, Kato M, Lott J *et al.* Demonstrating laboratory proficiency in bacterial mutagenicity assays for regulatory submission. Mutat Res. 2019a; 848: 403075. https://doi.org/10.1016/j.mrgentox.2019.07.005.

Levy DD, Zeiger E, Escobar PA, Hakura A, Van der Leede BM, Kato M *et al.* Recommended criteria for the evaluation of bacterial mutagenicity data (Ames test). Mutat Res. 2019b; 848:403074. https://doi.org/10.1016/j.mrgentox.2019.07.004.

Malling HV. Dimethylnitrosamine: formation of mutagenic compounds by interaction with mouse liver microsomes. Mutat Res. 1971; 13:425-9. https://doi.org/10.1016/0027-5107(71)90054-6.

Maron D, Katzenellenbogen J, Ames BN. Compatibility of organic solvents with the Salmonella/microsome test. Mutat Res. 1981; 88:343-50. https://doi.org/10.1016/0165-1218(81)90025-2.

Maron DM, Ames BN. Revised methods for the Salmonella mutagenicity test. Mutat Res. 1983; 113:173-215. https://doi.org/10.1016/0165-1161(83)90010-9.

Maselli BS, Giron MCG, Lim H, Bergvall C, Westerholm R, Dreij K *et al.* Comparative mutagenic activity of atmospheric particulate matter from Limeira, Stockholm, and Kyoto. Environ Mol Mutagen. 2019; 60:607-16. https://doi.org/10.1002/em.22293.

McCann, J, Ames, BN. Detection of carcinogens as mutagens in the Salmonella/microsome test, assay of 300 chemicals: Discussion. Proc. Natl. Acad. Sci. USA. 1976; 73:950-4. https://doi.org/10.1073/pnas.73.3.950

McCann J, Spingarn NE, Kobori J, Ames BN. Detection of carcinogens as mutagens: bacterial tester strains with R factor plasmids. Proc Natl Acad Sci USA. 1975; 72:979-83. https://doi.org/10.1073/pnas.72.3.979.

Mortelmans K, Zeiger E. The Ames Salmonella/microsome mutagenicity assay. Mutat Res. 2000; 455:29-60. https://doi.org/10.1016/s0027-5107(00)00064-6.

Muz M, Dann JP, Jäger F, Brack W, Krauss M. Identification of mutagenic aromatic amines in river samples with industrial wastewater impact. Environ Sci Technol. 2017; 51:4681-8. https://doi.org/10.1021/acs.est.7b00426.

Nicolette J, Dakoulas E, Pant K, Crosby M, Kondratiuk A, Murray J *et al.* A comparison of 24 chemicals in the six-well bacterial reverse mutation assay to the standard 100-mm Petri plate bacterial reverse mutation assay in two laboratories. Regul Toxicol Pharmacol. 2018; 100:134-60. https://doi.org/10.1016/j.yrtph.2018.10.005.

Organisation for Economic Cooperation and Development (OECD). Test n. 471: bacterial reverse mutation test. OECD Guidelines for the Testing of Chemicals. OECD Publishing, Paris, 2020.

Pagano DA, Zeiger E. The stability of mutagenic chemicals stored in solution. Environ Mutagen. 1985; 7:293-302. https://doi.org/10.1002/em.2860070306.

Palacio IC, Barros SB, Roubicek DA. Water-soluble and organic extracts of airborne particulate matter induce micronuclei in human lung epithelial A549 cells. Mutat Res. 2016; 812:1-11. https://doi.org/10.1016/j.mrgentox.2016.11.003.

Pant K, Bruce S, Sly J, Laforce MK, Springer S, Cecil M *et al*. Bacterial mutagenicity assays: vehicle and positive control results from the standard Ames assay, the 6- and 24-well miniaturized plate incorporation assays and the Ames II™ assay. Environ Mol Mutagen. 2016; 57:483-96. https://doi.org/10.1002/em.22014.

Proudlock R, Evans K. The micro-Ames test: a direct comparison of the performance and sensitivities of the standard and 24-well plate versions of the bacterial mutation test. Environ Mol Mutagen. 2016; 57:687-705. https://doi.org/10.1002/em.22065.

Rainho CR, Corrêa SM, Mazzei JL, Aiub CAF, Felzenszwalb I. Comparison of the sensitivity of strains of Salmonella enterica serovar Typhimurium in the detection of mutagenicity induced by nitroarenes. Genet. Mol. Res. 2014; 13:3667-72. https://doi.org/10.4238/2014.May.9.9.

Rainho CR, Corrêa SM, Mazzei JL, Aiub CAF, Felzenszwalb I. Genotoxicity of polycyclic aromatic hydrocarbons and nitro-derived in respirable airborne particulate matter collected from urban areas of Rio de Janeiro (Brazil). Biomed Res Int. 2013; 765352. https://doi.org/10.1155/2013/765352.

Richter BE, Jones BA, Ezzell JL, Porter NL, Avdalovic N, Pohl C. Accelerated solvent extraction: a technique for sample preparation. Anal Chem. 1996; 68:1033-9. https://doi.org/10.1021/ac9508199.

Roubicek DA, Rech CM, Umbuzeiro GA. Mutagenicity as a parameter in surface water monitoring programs - opportunity for water quality improvement. Environ Mol Mutagen. 2020; 61:200-11. https://doi.org/10.1002/em.22316.

Roubicek DA. Estratégias para avaliação da genotoxicidade de sedimentos. Tese de Doutorado. Faculdade de Ciências Farmacêuticas, USP, São Paulo, 2003, 109p.

Simmon VF. In vitro mutagenicity assays of chemical carcinogens and related compounds with Salmonella typhimurium. J Natl Cancer Inst. 1979; 62:893-9. https://doi.org/10.1093/jnci/62.4.893.

Sugimura T, Sato S, Nagao M, Yahagi T, Matsushima T, Seino Y *et al*. Overlaping of carcinogens and mutagens. In: Magee PN, Takayama S, Sugimura T, Matsushima T (eds.). Fundamentals in Cancer Prevention. University Park Press, Baltimore, 1976, pp. 191-215.

Tindall BJ, Grimont PAD, Garrity GM, Euzéby JP. Nomenclature and taxonomy of the genus Salmonella. Int J Syst Evol Microbiol. 2005; 55:521-4. https://doi.org/10.1099/ijs.0.63580-0.

Trusz A, Ghazal H, Piekarska K. Seasonal variability of chemical composition and mutagenic effect of organic PM2.5 pollutants collected in the urban area of Wrocław (Poland). Sci Total Environ. 2020; 733:138911. https://doi.org/10.1016/j.scitotenv.2020.138911.

Umbuzeiro GA, Roubicek DA, Sanchez PS, Sato MI. The Salmonella mutagenicity assay in a surface water quality monitoring program based on a 20-year survey. Mutat Res. 2001; 491:119-26. https://doi.org/10.1016/s1383-5718(01)00139-5.

Umbuzeiro GA, Roubicek DA, Rech CM, Sato MI, Claxton LD. Investigating the sources of the mutagenic activity found in a river using the Salmonella assay and different water extraction procedures. Chemosphere. 2004; 54:1589-97. https://doi.org/10.1016/j.chemosphere.2003.09.009.

Umbuzeiro GA, Vargas VMF, Felzenszwalb I, Henriques JAP, Varanda E. Teste de mutação reversa com Salmonella typhimurium – Série documentos – n. 1. 2018. https://mutagen-brasil.org.br/_downloads.

United States Environmental Protection Agency (USEPA). SW-846 Test Method 3540C: Soxhlet extraction. https://www.epa.gov/hw-sw846/sw-846-test-method-3540c-soxhlet-extraction. Acesso em: 6 de julho de 2020.

United States Environmental Protection Agency (USEPA). Health effects test guidelines OPPTS 870.5100 Bacterial reverse mutation test. https://www.epa.gov/test-guidelines-pesticides-and-toxic--substances/series-870-health-effects-test-guidelines. Acesso em: 4 de junho de 2020.

Vargas VM, Motta VE, Henriques JA. Mutagenic activity detected by the Ames test in river water under the influence of petrochemical industries. Mutat Res. 1993; 319:31-45. https://doi.org/10.1016/0165--1218(93)90028-c.

Vargas VM, Guidobono RR, Jordão C, Henriques JA. Use of two short-term tests to evaluate the genotoxicity of river water treated with different concentration/extraction procedures. Mutat Res. 1995; 343:31-52. https://doi.org/10.1016/0165-1218(95)90060-8.

Vargas VMF, Horn RC, Guidobono RR, Mittelstaedt AB, De Azevedo IG. Mutagenic activity of airborne particulate matter from the urban area of Porto Alegre, Brazil. Genet. Mol. Biol. 1998; 21:247-53. https://doi.org/10.1590/S1415-47571998000200013.

Vocabulário Internacional de Metrologia (VIM). Conceitos fundamentais e gerais e termos associados. Duque de Caxias: Inmetro, 2012.

Wilcox P, Naidoo A, Wedd DJ, Gatehouse DG. Comparison of Salmonella typhimurium TA102 with Escherichia coli WP2 tester strains. Mutagenesis. 1990; 5:285-91. https://doi.org/10.1093/mutage/5.3.285.

Yahagi T, Degawa M, Seino Y, Matsushima T, Nagao M, Sugimura T *et al*. Mutagenicity of carcinogenic azo dyes and their derivatives. Cancer Lett. 1975; 1:91-6. https://doi.org/10.1016/s0304-3835(75)95563-9.

Zeiger E, Pagano DA, Robertson IG. A rapid and simple scheme for confirmation of Salmonella tester strain phenotype. Environ Mutagen. 1981; 3:205-9. https://doi.org/10.1002/em.2860030303.

Zwarg JRRM, Morales DA, Maselli BS, Brack W, Umbuzeiro GA. Miniaturization of the microsuspension Salmonella/microsome assay in agar microplates. Environ Mol Mutagen. 2018; 59:488-501. https://doi.org/10.1002/.

6

Ensaio Cometa

Raquel Alves dos Santos • Mirian Oliveira Goulart
Loren Monielly Pires • Vanessa Moraes de Andrade

Resumo

O Ensaio Cometa (EC) é um método versátil e sensível para análise de danos no DNA, podendo ser realizado em células individualizadas em qualquer fase do ciclo celular permitindo a detecção de baixos níveis de danos resultantes de quebras de fita simples e dupla de DNA, *crosslinks* DNA-DNA, DNA-proteína, sítios álcali-lábeis e danos oxidativos, quando aplicadas algumas modificações importantes no protocolo. Esse bioensaio é validado no meio acadêmico, na indústria e pelas agências regulatórias. Seu sucesso é destacado pela sua adoção como um teste de genotoxicidade *in vivo* em órgãos de animais pela OECD (*Organization for Economic Co-operation and Development*).

INTRODUÇÃO

O Ensaio Cometa, também conhecido como *Single Cell Gel Electrophoresis* (SCGE), é um método de análise de danos no DNA conhecido por seu baixo custo, sua versatilidade e confiabilidade na geração de dados. Historicamente, em 2018 completaram-se 30 anos desde que Singh *et al.* (1988) descreveram um método simples para a quantificação de baixos níveis de danos no DNA em células individualizadas expostas a radiografia e peróxido de hidrogênio (Møller, 2018). Singh (2016) apresentou em detalhes como foi sua experiência durante o desenvolvimento da metodologia, relatando que a ideia de introduzir a eletroforese em microgéis deu-se depois da sua experiência com o método de estimativa de danos no DNA de Rydberg e Johanson (1978), que se baseava na quantificação da razão de fluorescência verde e vermelha emitida por núcleos aderidos à matriz de agarose e corados com laranja de acridina.

Curiosamente, as reflexões de Singh sobre como aprimorar o método, incluindo a etapa eletroforética, vieram em um momento em que ele estava desempregado. Mas, tão logo conseguiu uma posição no *National Institute on Aging* vinculado ao NIH (*National Institutes of Health*), iniciou uma série de ensaios e testes até que, sob condições alcalinas de eletroforese e, usando a coloração por brometo de etídio, o método tornou-se mais estável e sensível (Singh *et al.*, 2016). A versão alcalina do

EC permite então a detecção tanto de quebras de fita simples quanto quebras de fita dupla de DNA, sítios álcali-lábeis, ligações cruzadas DNA-DNA e proteína-DNA, e ainda quebras de fita simples associadas a sítios de reparo por excisão incompletos (Glei *et al.*, 2016). Em adição, tanto a sensibilidade quanto a especificidade desse ensaio foram aumentadas pela inclusão de enzimas lesão-específicas capazes de converter bases danificadas em quebras duplas no DNA (Muruzabal *et al.*, 2020).

O princípio básico do EC fundamenta-se na teoria de que, no núcleo, as alças de DNA estão presas em uma matriz nuclear e enroladas em torno de núcleos proteicos como os nucleossomos; quando essas proteínas são removidas por lise, o DNA permanece em um estado superenrolado compacto – a menos que haja uma quebra, caso em que o superenrolamento dessa alça é relaxado. Na eletroforese, as alças relaxadas – ainda presas à matriz – são atraídas em direção ao ânodo, formando a característica ‹cauda do cometa›, vista por microscopia de fluorescência. A porcentagem do DNA total na cauda reflete a frequência das quebras. Assim, o nome "Ensaio Cometa" foi introduzido em 1990 (Olive *et al.*, 1990) e foi adotado como um título de Assunto Médico (*Medical Subject Heading*) no PubMed em 2000.

A realização do EC exige uma série de passos (Figura 6.1), entre os quais está uma etapa de lise em uma solução hipertônica contendo um detergente não iônico; essa etapa remove a membrana celular, o citoplasma e o nucleoplasma, incluindo os nucleossomos (Gunasekarana *et al.*, 2015).

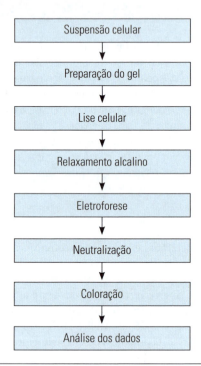

Figura 6.1. Principais passos para a realização da versão alcalina do EC.
Fonte: adaptada de Glei *et al.*, 2016.

A partir de então, o espaço que era ocupado por uma célula inteira na matriz de agarose passa a ser ocupado por uma estrutura denominada nucleoide. A formação dos *cometas* ocorre no estágio em que o DNA é tratado na solução alcalina e, posteriormente, submetido à eletroforese na mesma solução. Depois da eletroforese, ocorre a neutralização (*i.e.*, a remoção da solução alcalina dos géis) e a lavagem das lâminas. O estágio final no EC é a coloração do DNA, visualização dos cometas e quantificação (Tice *et al.*, 2000) (Figura 6.2).

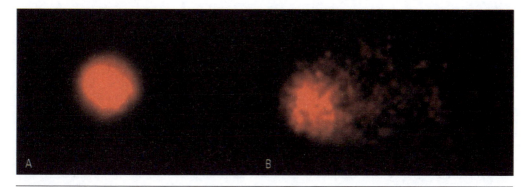

Figura 6.2. A. Nucleoide sem danos. **B.** Nucleoide com danos no DNA em forma de cometa. Fonte: aumento 400×. Fonte: os autores.

Em comparação com outros testes de genotoxicidade, as vantagens para a realização do EC são: sensibilidade para a detecção de baixos níveis de danos no DNA; número relativamente pequeno de células para a realização do ensaio; flexibilidade; baixo custo; simplicidade na aplicação e um curto período de tempo para que um experimento completo seja finalizado (Glei *et al.*, 2016). A versatilidade e o baixo custo do EC fizeram então com que essa metodologia de análise de danos no DNA rapidamente se disseminasse como uma ferramenta muito útil dentro da genética toxicológica. Diferentemente de alguns outros métodos, o EC permite a análise de danos no DNA em células em qualquer fase do ciclo celular. Consequentemente, permite a realização do EC em cultivos celulares não sincronizados ou ainda em células primárias cujo estágio do ciclo celular não é controlável (Kelvey-Martin *et al.*, 1993).

Apesar de todas essas vantagens, a robustez e a confiabilidade do EC pode ser afetada por diferentes fatores, como a concentração do gel de agarose e o tempo de incubação em solução alcalina (Azqueta e Collins, 2013). Além disso, as variáveis que mais afetam o tamanho e a porcentagem de DNA na cauda são o gradiente de voltagem, a duração e a temperatura da eletroforese, uma vez que tanto a intensidade quanto o tamanho da cauda aumentam de modo proporcional à voltagem e ao tempo de duração dessa etapa (Azqueta e Collins, 2013).

APLICAÇÕES DO ENSAIO COMETA

Considerando o rápido reconhecimento do seu valor como método de análise genotóxica capaz de detectar baixos níveis de danos no DNA, o EC passou a ser usado em diferentes abordagens, sendo aplicado como ferramenta para avaliação de potencial genotóxico de químicos/carcinógenos e, quando associado ao teste de Micronúcleos *in vivo*, é recomendado pela OECD como um teste genotoxicológico capaz de diferenciar agentes químicos genotóxicos ou não (Kang *et al.*, 2013; OECD, 2016).

Outra importante aplicação para o EC são os estudos de biomonitorização humana e ocupacional, quando é possível detectar o efeito de diferentes tipos de exposição em nível genômico, por exemplo, em profissionais médicos expostos às radiações ionizantes (Marko *et al.*, 2018). Assim também, o EC mostra-se sensível tanto para a análise direta de danos no DNA ou ainda da cinética de reparo do DNA em doenças crônicas e degenerativas como diabetes melito e Alzheimer (Leandro *et al.*, 2013; Xavier *et al.*, 2015).

Um importante aspecto relacionado também com a versatilidade do EC é a possibilidade do uso dessa metodologia para estudos de biomonitorização ambiental usando células vegetais (Lanier *et al.*, 2015), bem como diferentes organismos vertebrados e invertebrados (Gajski *et al.*, 2019a; Gajski *et al.*, 2019b), consolidando assim seu imenso valor como mais uma ferramenta de análise de danos no DNA em estudos ecotoxicológicos.

VARIAÇÕES DO ENSAIO COMETA

Tão logo o EC recebeu sua versão de eletroforese em condições alcalinas e foi difundido por todas as partes do mundo como uma importante ferramenta de análise de danos no DNA, uma série de modificações para detecção de tipos específicos de lesões começaram a ser introduzidas, aumentando ainda mais as possibilidades de uso do EC.

As espécies reativas de oxigênio, assim como muitos outros agentes, causam quebras no DNA. O indicador mais específico do ataque oxidativo é a presença de purinas ou pirimidinas oxidadas (Collins, 2014). Assim então, a versão alcalina do EC foi modificada de modo a detectar esse tipo de lesão por meio da incubação dos nucleoides, imediatamente após a lise, com enzimas com a habilidade de converter as lesões em quebras. As enzimas combinam uma atividade glicosilase específica, removendo a base danificada e criando um sítio apurínico ou apirimidínico (AP), e uma AP liase que converte um sítio AP em uma quebra (Collins, 2014). A enzima de reparo bacteriana Endonuclease III (EndoIII ou nth), que reconhece pirimidinas oxidadas, foi a primeira a ser aplicada (Collins *et al.*, 1993), seguida pela formamidopirimidina DNA glicosilase (FPG) bacteriana que é específica para purinas oxidadas, e pela 8-oxoguanina DNA glicosilase (hOGG1) para purinas oxidadas (Dusinska e Collins, 1996). Para revisão, veja Muruzabal *et al.*, 2020. Um aumento na porcentagem de DNA na cauda após a incubação com a enzima, comparado com a incubação apenas com o tampão de incubação, indica a presença de bases oxidadas (Figura 6.3).

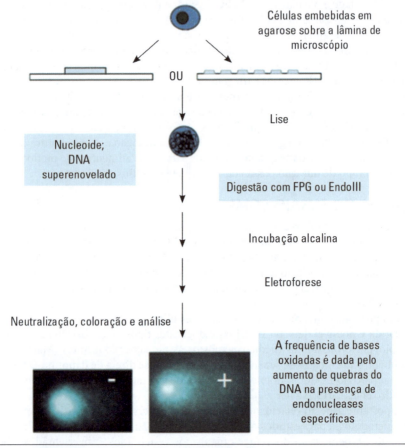

Figura 6.3. Representação esquemática do EC com modificação enzimática.
Fonte: adaptada de Collins 2014.

Outra importante adaptação adicionada ao EC é a sua realização em larga escala. Alguns avanços no procedimento do ensaio levaram a versões de alto rendimento, nas quais 12 minigéis de agarose, em vez de 2 géis, são executados em uma lâmina de microscópio (Shaposhnikov *et al.*, 2010; Muruzabal *et al.*, 2020), ou 48 ou 96 minigéis são colocados em um filme Gelbond® (Gutzkow *et al.*, 2013), ou um '*microarray*' de células é analisado, seguindo o padrão de placa de 96 poços (CometChip) (Watson *et al.*, 2014).

METODOLOGIA
Equipamentos

São necessários equipamentos e consumíveis comuns para realizar cultura de células ou para coletar amostras de humanos/animais/plantas/leveduras. Além disso, são necessários equipamentos gerais de laboratório e consumíveis: forno de micro-ondas, *freezers*, geladeira, medidor de pH, centrífuga refrigerada, tubos de plástico, vórtex, ponteiras de plástico, pipetadores, micropipetas.

- Lâminas de microscópio padrão com extremidade fosca.
- Lamínulas de 20 × 20 mm ou lamínulas de 22 × 22 mm para moldar géis.
- Lamínulas de 24 × 60 mm.
- Micropipetadores de volume variável.
- Frascos de coloração – para lise celular e lavagem de lâminas.
- Cuba de eletroforese em gel horizontal de leito grande.
- Fonte de eletroforese.
- Banho-maria.
- Agitador magnético.
- Balança de precisão.
- Incubadora (37°C).
- Geladeira.
- *Freezer* –20°C.
- Microscópio de epifluorescência e filtro apropriado.
- *Software* de análise do Cometa (opcional).

> **Obs.:** para a análise dos cometas, a análise de imagem assistida por computador é recomendada usando *software* disponível comercialmente, que fornece os resultados mais reproduzíveis. São exemplos de *software* de análise: *Comet assay IV* (Instem), *Comet Analysis* (Trevigen), *Lucia Comet Assay*™ (Laboratory Imaging), *Metafer* (MetaSystems) e *Comet Score* (Tritek).

Soluções
a) Solução de Lise (Estoque)

2,5 M NaCl	——	146,1 g
100 mM EDTA	——	37,2 g
10 mM Tris	——	1,2 g

Completar para 1.000 mL com água destilada.

Ajustar o pH para 10* utilizando NaOH (dissolver 200 g de NaOH em 0,5 L de água destilada). Estável por pelo menos 6 meses quando armazenado a 4°C.

> ***Observação importante:** o EDTA se dissolverá em solução à medida que o pH for aumentado.

b) Solução de Lise (Uso)

Triton X-100	——	1 mL
DMSO	——	10 mL

Completar para 100 mL com a solução de lise estoque.

> ***Observação importante:** Esta solução deverá ser feita até duas horas antes de ser usada. Deve-se evitar a incidência de luz sobre a solução apagando-se as luzes do laboratório, uma vez que o DMSO é fotossensível.

c) Solução de Eletroforese

Esta solução deverá ser preparada no dia da eletroforese, e deverá ser mantida refrigerada a 4°C até o momento do uso. Para o seu preparo são usadas duas soluções previamente preparadas: solução A (EDTA) e solução B (NaOH).

Solução A	——	5 mL
Solução B	——	30 mL

Completar para 1.000 mL com água destilada. O pH deverá ficar ≥ 13.
Armazenar a 4°C por até uma semana.

- *Solução de EDTA (A)*

EDTA	——	14,89 g

200 mL de água destilada
O pH deve ser acertado para 10 usando-se NaOH. O EDTA se dissolverá à medida que o pH for aumentado. Conservar em temperatura ambiente por aproximadamente duas semanas.

- *Solução de NaOH (B)*

NaOH	——	200 g

500 mL de água destilada
Conservar em temperatura ambiente, abrigado da luz por tempo indeterminado.

> ***Observação importante:** sempre adicionar o NaOH sobre a água vagarosamente. Trata-se de uma reação exotérmica que libera muito calor e a temperatura aumenta rapidamente à medida que o NaOH vai sendo adicionado à água. Depois de finalizada, a solução nunca deve ser armazenada em frascos de vidro. Sugere-se o armazenamento em frascos plásticos do tipo leitoso, coberto com papel-alumínio.

d) Solução Tampão de Neutralização

PBS 1X. Armazenar a 4°C ou de acordo com as instruções do fabricante, ou

Tris (0,4M)	——	48,5 g

Completar para 1.000 mL com água destilada. Ajustar o pH para 7,5 usando HCl. Armazenar em temperatura ambiente por aproximadamente duas semanas.

> ***Observação importante:** para a etapa de neutralização, PBS e Tris-HCl funcionam igualmente bem. Para PBS, usar uma única lavagem por 10 min, enquanto para Tris-HCl, usar três lavagens, 5 min cada (15 min no total).

e) Agarose Ponto de Fusão Normal

Agarose	——	1 g

Diluir em 100 mL de água destilada.

> ***Observação importante:** colocar a agarose sobre a água em um Erlenmeyer de, no mínimo, 250 mL. Levar ao forno de micro-ondas ou estufa aquecendo até a agarose derreter completamente, mas sem levantar fervura. A fervura causa evaporação da água e altera a concentração de agarose. Resfriar a cerca de 50-60°C em banho-maria. Deve ser usada imediatamente após chegar à temperatura de 50-60°C.

Cem mililitros são suficientes para revestir cerca de 75-100 lâminas de microscópio. A agarose de ponto de fusão normal 1% é normalmente preparada fresca, mas pode ser reaquecida 1-2 vezes com uma tampa solta no topo para minimizar a evaporação.

f) Agarose de Baixo Ponto de Fusão (*low melting point agarose* – LMP)

Agarose de baixo ponto de fusão	——	0,5 g

Diluir em 50 mL de tampão salino fosfato (PBS 1X).

> ***Observação importante:** colocar a agarose sobre o PBS em um Erlenmeyer de, no mínimo, 100 mL. Levar ao forno de micro-ondas ou estufa aquecendo até a agarose derreter completamente, mas sem levantar fervura. A fervura causa evaporação da água e altera a concentração de agarose. Podem ser feitas alíquotas de 2-5 mL, as quais podem ser armazenadas em geladeira a 4°C por até 3 meses. No momento do uso, pode ser derretida no micro-ondas ou mergulhar a alíquota em água fervida para derreter a agarose e depois resfriar a 37°C (em banho-maria). Sugere-se descartar as sobras depois do uso de cada alíquota que tenha sido derretida.

g) Tampão de Reação para Enzimas Endonuclease III, FPG e hOGG1

HEPES	——	40 mM
KCl	——	0,1 M
EDTA	——	0,5 mM
BSA	——	0,2 mg/mL

Dissolver 9,53 g de HEPES, 7,45 g de KCl , 0,19 g de EDTA-$Na_2 \cdot 2H_2O$, 0,2 g de BSA em 1 L de água destilada. Ajustar para pH 8,0 com KOH 10 M (dissolver 280,55 g em 0,5 L de água destilada). Recomenda-se preparar 500 mL de estoque concentrado 10X e congelar (–20°C) em tubos de 50 mL (para usar para lavar as lâminas após a lise) e em alíquotas de 1 mL (para usar como tampão de reação de incubação). Estável por pelo menos 6 meses. Diluir para 1X em água destilada no dia do uso. Nota: O tampão diluído pode ser armazenado a 4°C para uso em um segundo ensaio na mesma semana.

h) Diluição das Enzimas
EndoIII

A EndoIII pode ser adquirida comercialmente. Assim que for recebida, é recomendável que sejam realizadas alíquotas de 2 µL, de modo a evitar o descongelamento e recongelamento. As alíquotas podem ser armazenadas em *freezer* –80°C.

Para o uso, sugere-se uma diluição de 1.000×: 2 µL de EndoIII + 98 µL de tampão de reação de enzimas. Fazer alíquotas de 300 µL (suficiente para seis géis) e armazenar a –80°C.

Fpg

A Fpg é menos estável que a EndoIII. A diluição deve ser realizada em duas etapas:
- Etapa 1: 2 µL de Fpg + 198 µL do tampão de reação de enzimas*. Fazer alíquotas de 10 µL e armazenar a –80°C.
- Etapa 2: Diluir a alíquota de 10 µL em 290 µL de tampão de reação de enzima imediatamente antes do uso. Não recongelar as sobras.

i) Solução de Coloração
Para análise em microscópio de fluorescência

Gel Red (Biotium)	——	1 mL
Água destilada	——	99 mL

GelRed® (Biotium cat. No. 41003; Sigma-Aldrich cat. No. SCT123) é um substituto ultras-sensível e ambientalmente seguro para a coloração de gel de DNA/RNA com brometo de etídio. Demonstrou ser não mutagênico e não citotóxico.

Misturar a água com o gel *red* e guardar abrigado da luz por até 30 dias.

Existem diferentes soluções de coloração que podem ser usadas para a análise das lâminas em microscópio de fluorescência. A solução apresentada aqui trata-se de uma sugestão, podendo o pesquisador escolher a melhor forma de coloração de acordo com as condições e suprimentos do seu laboratório. As sugestões seguem listadas abaixo:
- SYBR® Gold (ThermoFisher, cat. No. S11494)! CUIDADO Mutagênico potencial; usar luvas de proteção.
- SYBR® Green (ThermoFisher, cat. No. S7567)! CUIDADO Mutagênico potencial; usar luvas de proteção.
- Brometo de etídio (ThermoFisher, cat. Nº 17898)! CUIDADO Mutagênico; usar luvas de proteção.
- DAPI (ThermoFisher, cat. No. D1306)! CUIDADO Mutagênico; usar luvas de proteção.

Para análise em microscópio óptico de luz

a) *Solução fixadora*

Ácido tricloroacético	——	150 g
Sulfato de zinco hepta-hidratado	——	50 g
Glicerol	——	50 mL

Completar para 1 L com água destilada e armazenar à temperatura ambiente.

---

*Apenas para essa diluição é necessário que o tampão de reação de enzimas contenha 10% de glicerol.

b) *Solução de coloração*

Esta solução deve ser preparada apenas no momento da coloração das lâminas.

Solução A	——	66 mL
Solução B	——	34 mL

Solução A:

Carbonato de cálcio	——	5 g
Água destilada	——	100 mL

Solução B:

Nitrato de amônia	——	0,1 g
Nitrato de prata	——	0,1 g
Ácido tungstossilícico	——	0,25 g
Formaldeído	——	150 µL

Completar para 100 mL de água destilada.

c) *Solução stop de coloração*

Ácido acético	——	1 mL
Água destilada	——	99 mL

Preparo das lâminas – primeira camada de agarose

Para o EC é recomendado o uso de lâminas com extremidade fosca. Também é importante que as lâminas não estejam oxidadas. Essa etapa, apesar de simples, possui inúmeros detalhes importantes para evitar perdas de material ao longo do experimento. A seguir, está descrito o passo a passo para o sucesso desta etapa.

- *Passo 1:* retirar as lâminas da caixa e limpar uma a uma usando um papel bem macio umedecido com álcool 70%.
- *Passo 2:* preparar a solução de agarose de ponto de fusão normal. Transferir a solução de agarose para um béquer de 100 mL. A temperatura desse gel deve ser estabilizada a, no máximo, 60°C. Esse ponto é crítico, pois em temperaturas muito elevadas, a aderência da agarose à lâmina não é satisfatória, e em temperaturas abaixo de 45°C, a agarose começa a se polimerizar.
- *Passo 3:* mergulhar e retirar a lâmina na agarose, segurando-a em posição vertical. Ao mergulhar, certificar-se de que pelo menos metade da extremidade fosca da lâmina foi coberta pela agarose. Observar se houve a formação de filme de agarose sobre a lâmina. É muito importante a formação desse filme para assegurar que a agarose está fixa na lâmina. Limpar a parte de trás da lâmina com um papel macio e deixar as lâminas secarem por, pelo menos, duas horas na posição horizontal sobre uma superfície plana e limpa.
- *Passo 4:* fazer o armazenamento das lâminas em um laminário fechado certificando-se sempre qual o lado da lâmina que contém a camada de agarose. As lâminas podem ser armazenadas em temperatura ambiente ou em geladeira por até 1 ano.

> ***Observação importante:** uma dica preciosa para esta etapa é colocar o béquer que contém a agarose para fazer as lâminas em um banho aquecido a 50-60°C. Se isso não for possível, ficar atento ao estado de polimerização da agarose. Caso ela comece a se solidificar, levá-la ao forno de micro-ondas ou estufa e aquecê-la por uns 10-15 segundos.

Preparo das lâminas – segunda camada de agarose, lise, eletroforese e neutralização

As células para o EC podem ser obtidas de diversas formas. Nessa etapa é muito importante padronizar uma quantidade suficiente de células para não haver sobreposição de nucleoides no momento da análise (excesso de células) ou ainda os nucleoides estarem muito esparsos na lâmina (poucas células); ambas as situações dificultam o processo de análise. Outra dica importante é que a agarose de baixo ponto de fusão, preparada com antecedência, não esteja com temperatura acima de 37°C nessa etapa.

- *Passo 1*: começar mergulhando o número necessário de alíquotas de agarose LMP em água fervida para derreter e depois resfrie a 37°C (em banho-maria). Importante: o banho-maria deve ser ajustado para temperatura fisiológica (37°C) para não induzir dano térmico adicional ao DNA ao misturar células com agarose.

Preparar a solução de lise de uso (são necessários 100 mL por cubeta de 10 lâminas): a 99 mL de solução de lise estoque (4°C) adicionar 1 mL de Triton® X-100, misturar, colocar em uma cubeta de vidro, armazenar a 4°C até o uso.

> ***Observação importante:** ao trabalhar com sangue total, camada leucocitária, tecidos ou amostras semelhantes que ainda podem conter hemoglobina, adicionar 10% de DMSO à solução de lise para evitar danos ao DNA induzidos por radicais associados ao ferro liberado durante a lise dos eritrócitos presentes no sangue. A adição de 1% de N-lauroilsarcosinato é opcional, mas considerada redundante para a maioria dos propósitos.

Rotular o número necessário de lâminas na extremidade fosca usando um lápis, não uma caneta.

As células de sangue (alíquotas de 5 μL) ou obtidas da dissociação de tecidos (10 μL do homogeneizado) devem ser embebidas em agarose de baixo ponto de fusão (0,75%, m/v, 115 μL ou 110 μL, respectivamente) e esta mistura deve ser adicionada a uma lâmina de microscópio pré-coberta com agarose de ponto de fusão normal. Colocam-se 50 μL em cada lâmina (2 lâminas) cobrindo-se posteriormente com lamínula (20 × 20 mm).

O passo 1 pode ser realizado no dia do EC, ou as suspensões de células podem ser congeladas e armazenadas até análise posterior.

Para congelar sangue total ou camada leucocitária sem criopreservativo: (i) prepare pequenas alíquotas (~250 μL) de sangue total ou amostras de leucócitos isolados; (ii) simplesmente colocá-los a −80°C sem a necessidade de adicionar meio de congelamento.

> ***Observação importante:** em todo o manuseio de células: evitar pipetagens rápidas e manter as células refrigeradas depois da coleta. Usar o menor tempo possível desde a coleta das amostras até o tratamento de lise.

- *Passo 2*: levar as lâminas à geladeira (4°C) por 5 minutos. Após esse tempo, retirar a lamínula cuidadosamente, de modo que a mistura suspensão celular + agarose baixo ponto de fusão, permaneçam aderidas à lâmina previamente tratada com agarose de ponto de fusão normal.

Associação Brasileira de Mutagênese e Genômica Ambiental **127**

- *Passo 3*: mergulhar a lâmina em uma cubeta vertical de lâminas contendo a solução de lise de uso previamente preparada. As lâminas podem ser deixadas na solução de lise entre 1 e 48 h. Uma lise mais longa pode ser aplicada, mas é aconselhável não deixá-las mais de uma semana. De qualquer forma, a duração da lise deve ser mantida a mesma para todo um conjunto de experimentos.

> ***Observação importante:** ao trabalhar com sangue total (p. ex., para fins de biomonitorização humana), recomendam-se 24 h para garantir a lise de todos os eritrócitos, resultando em lâminas com géis muito mais limpos do que após apenas 1 hora de lise. Prestar atenção pois algumas amostras requerem lise mais longa. Além disso, para dividir o experimento em dois dias, a maioria das amostras pode permanecer em lise durante a noite.

- *Passo 4*: retirar as lâminas da solução de lise. Nesta etapa, as lâminas podem ser lavadas antes do tratamento alcalino padrão (esta etapa é opcional). É possível remover o excesso de solução de lise colocando suavemente um lado da lâmina no papel macio ou as lâminas podem ser lavadas rapidamente com PBS 1X. A lavagem das lâminas é necessária se houver incubação enzimática.
- *Passo 5*: colocar as lâminas na cuba de eletroforese contendo a solução de eletroforese gelada por 20-40 min (depende do tipo celular) a 4°C no escuro, mantendo a fonte de alimentação desligada. Adicionar solução de eletroforese suficiente para cobrir as lâminas com pelo menos 5 mm de líquido em excesso.

> ***Observação importante:** para manter as condições de 4°C, pode-se colocar a cuba de eletroforese na geladeira, usar um tanque de gelo, trabalhar em câmara fria ou ainda uma cuba com sistema de refrigeração.

- *Passo 6*: correr a eletroforese a ~1 V/cm por aproximadamente 20 min a 4°C. Ligar a fonte de alimentação e medir a tensão sobre a plataforma usando um voltímetro (segurando um eletrodo em cada borda da plataforma). Alternativamente, uma medida aproximada é obtida dividindo a tensão aplicada do eletrodo pela a distância entre os eletrodos. Certificar-se de que a fonte de alimentação é suficiente para fornecer a corrente de saída na tensão constante e com volume suficiente de líquido (uma fonte de alimentação que pode atingir 1-2 amperes deve ser suficiente).

> ***Observação importante:** as condições de eletroforese podem diferir dependendo da amostra usada. No entanto, as mesmas condições de eletroforese devem ser usadas para todos os seus experimentos com o mesmo tipo celular.

- *Passo 7*: retirar as lâminas da cuba de eletroforese e neutralizar os géis lavando as lâminas cuidadosamente na solução neutralizante por 10 min (PBS gelado) ou 2-3 vezes de 5 min (Tris-HCl). Em seguida, lavar as lâminas (opcional) por 10 min em água destilada gelada a 4°C (use a cubeta de vidro ou colocar as lâminas em um prato).
- *Passo 8*: retirar da solução de neutralização, deixar secar à temperatura ambiente por aproximadamente duas horas (ou *overnight*) ou adicione álcool 70% e depois etanol absoluto 96-100% por 5 min e deixar secar à temperatura ambiente. Como alternativa, as lâminas podem ser coradas e visualizadas imediatamente. Em caso de muitas lâminas, elas podem ser armazenadas sem coloração em caixas fechadas úmidas a 4°C até a análise.

> ***Observação importante:** aconselha-se a lavagem das lâminas com água destilada após a neutralização caso os géis sejam armazenados para secagem antes da análise.

Tratamento enzimático

A etapa de tratamento enzimático tem duração de aproximadamente duas horas, deve ser realizada apenas quando for adotada a variação da versão alcalina do EC que permite a detecção de danos oxidativos.

Preparar quatro géis por amostra, controles experimentais ou controles de ensaio (quando aplicável) seguindo as etapas citadas anteriormente até a lise. Em outras palavras, preparar dois conjuntos de lâminas duplicadas: um conjunto (duas lâminas) para incubar com o tampão de reação e um conjunto (duas lâminas) para incubar com a enzima. No caso de serem usadas diferentes enzimas/tampões, lâminas extras devem ser preparadas.

- *Passo 1*: forrar um *container* plástico ou de vidro com papel macio e umedecê-lo pelo menos 45 minutos antes da etapa 2. Levar à estufa a 37°C. Observação: o *container* pode conter *racks* adequados acima do nível da água para garantir a umidade sem que as lâminas se molhem. Descongelar alíquotas de soluções de trabalho de enzimas específicas de interesse no gelo.
- *Passo 2*: retirar as lâminas da solução de lise e lavá-las no tampão de reação de enzimas a 4°C por três vezes, com duração de cinco minutos cada vez. Pode se usar cubetas de vidro para essa etapa.
- *Passo 3*: retirar as lâminas do tampão de reação de enzimas, limpar a parte de trás da lâmina com um papel macio e colocar a lâmina sobre uma superfície limpa na posição horizontal de preferência sobre uma placa de metal no gelo para evitar a atividade de incisão prematura quando a enzima é adicionada.
- *Passo 4*: preparar as soluções enzimáticas, de acordo com os experimentos de titulação, e as soluções controle para a reação de incubação. Para um formato de dois géis/lâmina, é aconselhável preparar pelo menos 250 µL de enzima misturada com tampão de reação de incubação. Se estiver usando Fpg, hOGG1 ou EndoIII misturar uma alíquota de solução de trabalho da enzima com o volume necessário de tampão de reação, para atingir as concentrações finais com base em seus próprios experimentos de titulação. Preparar uma solução de controle composta apenas de tampão.
- *Passo 5*: adicionar 50 µL da enzima ou solução de controle a cada gel (contendo nucleoides de amostras, controles experimentais ou controle). Incubar alíquotas duplicadas de cada amostra (ou seja, dois géis incubados com enzima e dois géis com solução de controle). Cobrir com lamínulas (22 × 22 mm para cada gel ou 24 × 60 mm para cobrir um único gel) cuidadosamente evitando a formação de bolhas.
- *Passo 6*: incubar a 37°C em uma caixa úmida na estufa pelo tempo necessário. O tempo de incubação é geralmente de cerca de 30 minutos, mas precisa ser testado/otimizado.

> ***Observação importante:** é importante manter as lâminas úmidas durante a incubação para evitar que os géis sequem. Alternativamente, as incubações com enzimas podem ser realizadas em um banho, onde as lâminas de microscópio são totalmente imersas em uma solução de enzima e um segundo conjunto na solução controle.

- *Passo 7*: após o tempo de incubação com as enzimas, colocar as lâminas imediatamente no gelo para interromper as reações enzimáticas. Retirar a lamínula em seguida e seguir para a incubação em tampão alcalino.

Coloração e análise

Para análise em microscópio de fluorescência

Corar as lâminas com corantes fluorescentes de DNA. Ao usar corantes que permitem a visualização direta, seguir a opção A. Para corantes que requerem um tempo de incubação mais longo, seguir a opção B.

A) Para coloração para visualização direta:

- *Opção 1*: para coloração com brometo de etídio (10 μg/mL em água), ou DAPI (1 μg/mL em água) - adicionar 20-40 μL de solução de coloração a cada gel e cobrir com uma lamínula.

> ***Observação importante:** é aconselhável incubar os géis por 20 minutos em temperatura ambiente quando DAPI é usado.

> ***Observação importante:** aconselha-se lavar o excesso de brometo de etídio por imersão das lâminas em Tris-HCl antes de visualizar os cometas

- *Opção 2*: diluir a solução estoque de GelRed® (10.000× em água) 1:3333 em água, adicionar 20-40 μL a cada gel e cobrir com uma lamínula.

B) Para corantes que requerem tempos de incubação mais longos:

- Para a coloração com SYBR® Gold ou SYBR® Green, que dão fluorescência intensa, é recomendado imergir as lâminas em um banho com o corante a uma diluição de 1:10.000 em tampão TE por 20 min, seguido por duas lavagens de 10 min com água destilada. Alternativamente, SYBR® Gold também pode ser adicionado como 50 μL da diluição 1:10.000 na parte superior de cada gel e cobrir com uma lamínula.
- Deixar as lâminas secarem e, para visualização, adicionar 20 μL de água destilada a cada gel e cubra com uma lamínula.

> **CUIDADO:** todos os corantes podem ser mutagênicos ou mesmo carcinogênicos, exceto GelRed®.

> ***Observação importante:** as lâminas podem ser coradas e analisadas no dia do experimento (dia 1) ou em um momento posterior. Para certos corantes (p. ex., SYBR® Gold e brometo de etídio) é possível guardar as lâminas, protegidas da luz, e analisar no dia seguinte.

A seguir, visualizar os cometas com um microscópio de fluorescência.

Para análise em microscópio óptico de luz

A coloração feita com prata permite que as lâminas sejam armazenadas para posteriormente serem analisadas. O armazenamento das lâminas após a etapa de coloração pode ser feito em temperatura ambiente. Para a coloração, devem ser seguidos os seguintes passos:

- *Passo 1*: depois de retirar as lâminas da solução de neutralização, lavá-las duas vezes com água destilada. Este procedimento pode ser feito com o uso de uma pisseta.
- *Passo 2*: deixar as lâminas secando *overnight*.
- *Passo 3*: colocar as lâminas por 10 minutos na solução fixadora.
- *Passo 4*: lavar por três vezes com água destilada e deixá-las secar *overnight*.
- *Passo 5*: hidratar as lâminas com água destilada durante cinco minutos.
- *Passo 6*: mergulhar as lâminas na solução de coloração que deve estar pré-aquecida a 37°C e mantê-las nessa solução até que comecem a escurecer.
- *Passo 7*: lavar três vezes em água destilada.

- *Passo 8:* mergulhar as lâminas por cinco minutos na solução *stop* e, em seguida, lavá-las com água destilada.
- *Passo 9:* deixar as lâminas secarem à temperatura ambiente.

Análise das lâminas

A análise das lâminas pode ser realizada visualmente de modo manual, ou ainda por meio de um *software* acoplado a um sistema de imagens. Em ambas as formas de análise é necessário um microscópio de epifluorescência com filtro capaz de captar o comprimento de onda do corante usado para coloração das lâminas. Por exemplo, quando a coloração é feita com gel *red* é possível usar um filtro com excitação de 515-560 nm e barreira de filtro de 590 nm. As análises devem ser realizadas usando objetiva de 40×.

A análise visual é mais barata e simples, mas nem sempre linear quando se considera a frequência de quebras. A análise automatizada, por sua vez, mostra-se mais linear e muito apropriada quando para experimentos com um grande número de amostras. No entanto, o resultado mais importante é sempre aquele que é consistente e seguro (Glei *et al.*, 2016), e isso envolve a necessidade de condições experimentais muito bem controladas.

Analisar pelo menos 50 nucleoides por lâmina, ou seja, 100 nucleoides por amostra ao trabalhar em duplicatas.

> ***Observação importante:** dentro de um estudo ou conjunto de experimentos, todos os cometas devem ser analisados pela mesma pessoa para minimizar a variação entre examinadores na análise visual ou o mesmo utilizando *software.*

Análise visual

A análise visual é realizada por meio do estabelecimento de categorias de danos, em que, cada nucleoide é classificado em uma das cinco categorias de acordo com a intensidade da cabeça e da cauda (Collins *et al.*, 1997) (Figura 6.4). Ao final da análise, é feito o cálculo de um escore por meio da seguinte fórmula: (% de células classe 0 × 0) + (% de células classe 1 × 1) + (% de células classe 2 × 2) + (% de células classe 3 × 3) + (% de células classe 4 × 4), de modo que o escore vai de 0 a 400, isto é, quanto maior o escore, maior a extensão de danos no DNA.

Para a quantificação das quebras no DNA, o escore total para 100 nucleoides analisados pode variar de 0 (nenhuma célula danificada) a 400 (dano máximo = todas as células com dano de classe 4) (Jaloszynski *et al.*, 1999), sendo empregada a fórmula:

$$ID = \frac{N1 + 2N2 + 3N3 + 4N4}{S/100}$$

Na qual se tem:
ID = índice de danos no DNA;
N1 a N4 = nucleoides nas classes 1, 2, 3 e 4;
S = número total de nucleoides analisados, incluindo os da classe 0.

Análise automatizada

Nas análises automatizadas, o *software* interpreta a forma e o tamanho do cometa o que resulta em uma planilha com os valores da análise apresentados em diferentes parâmetros como o momento da cauda, tamanho da cauda ou ainda a intensidade da cauda. De todos os parâmetros oferecidos pelo *software*, o mais linear parece ser a intensidade da cauda, portanto, deve-se usar preferencialmente esse parâmetro (Burlinson *et al.*, 2007).

Associação Brasileira de Mutagênese e Genômica Ambiental

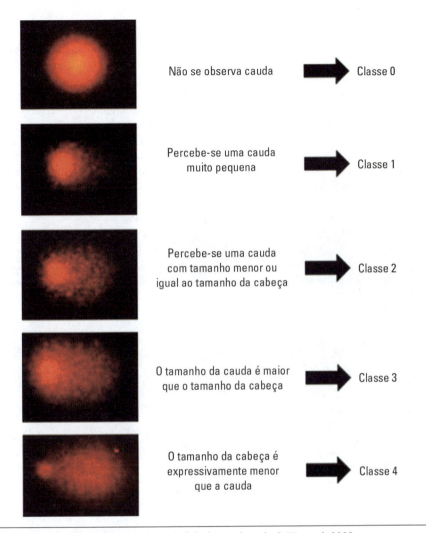

Figura 6.4. Sistema de classificação visual por nível de dano. Adaptada de Wu *et al.*, 2009.

A intensidade da cauda (*tail intensity*) é expressa como % da fluorescência total do DNA na cauda do cometa. O momento da cauda (*tail moment*) é calculado como o produto do comprimento da cauda e a fração do DNA total na cauda do cometa, enquanto a área total representa a área total da superfície do cometa. Apesar do uso crescente do ensaio do cometa, ainda não há consenso sobre qual descritor do cometa mostra a extensão do dano ao DNA de forma mais adequada. Atualmente, % cauda DNA (*tail intensity*) é recomendada como o melhor descritor para frequências de quebra de DNA, uma vez que usa uma medida quantitativa de dano (de 0 a 100%) (Møller *et al.*, 2014).

Análise estatística

Para a análise estatística de dados obtidos por meio do EC não há nada de especial que deva ser destacado, a não ser a recomendação de que o desenho experimental e critério na execução do experimento são fatores extremamente importantes para que o trabalho seja bem-sucedido (Lovell e Omori, 2008).

CONSIDERAÇÕES FINAIS

Desde 1988, quando o EC em sua versão alcalina passou a ser amplamente utilizado como uma importante ferramenta na genética toxicológica, devido à sua grande versatilidade como método para a detecção de baixos níveis de danos no DNA, diversos grupos de pesquisadores trabalharam intensamente para entender as variáveis que podem afetar a sua robustez, para discutir sua aplicação *in vitro* e *in vivo*. A literatura sobre este método é extensa, com excelentes publicações, apresentando as diversas aplicações do EC, incluindo recentemente as recomendações para as mínimas informações que são necessárias ao reportar o EC em uma publicação (Tabela 6.1) (Møller *et al.*, 2020). Pode-se afirmar que em 2018 comemoraram-se não os 30 anos desse teste, mas certamente os primeiros 30 anos dessa metodologia, que é uma ferramenta fundamental para a genética toxicológica.

Tabela 6.1. *Checklist* para publicação usando Ensaio Cometa.

Passo	Parâmetro	Exigência para a publicação	Justificativa
1A	Isolamento das células		
	Preparação de uma suspensão celular (de tecidos ou cultivos celulares)	Desejável	O processo de homogeneização (meio ou tampão) pode afetar os níveis de danos no DNA.
	Tipo de célula	Essencial	Para estudos de biomonitorização humana, deve ser especificado se as amostras são sangue total (com eritrócitos), leucócitos isolados ou células mononucleares de sangue periféricos, ou ainda de qual órgão ou tecido as células são derivadas (mucosa oral, esperma etc.).
	Método de punção venosa e isolamento das células do sangue total (se as células forem isoladas)	Desejável	Apesar de poder ser minimamente importante na maioria dos casos, o calibre da agulha e o anticoagulante pode afetar o nível de dano no DNA durante o procedimento.
	Temperatura e duração do tempo de transferência entre a coleta das células e seu processamento	Essencial	A temperatura e o tempo entre a coleta da amostra e o processamento para o Ensaio Cometa (ou criopreservação) pode afetar o nível de dano no DNA.
	Armazenamento (para amostras criopreservadas)	Essencial	Os procedimentos de congelamento e descongelamento podem aumentar os níveis basais de migração do DNA. Para estudos de intervenção clínica é essencial saber se as amostras coletadas foram analisadas a fresco (em diferentes experimentos) ou no mesmo experimento cometa em caso de amostras criopreservadas.
1B	Substratos celulares (apenas para ensaios de reparo do DNA)		
	Tipo celular para o substrato	Desejável	O conteúdo de DNA e a estrutura cromossômica distinguem-se entre diferentes linhagens celulares imortalizadas e entre células primárias e imortalizadas.
	Densidade celular	Desejável	O ensaio de reparo do DNA *in vitro* mede a taxa de incisões, pois a quantidade de enzima é um fator limitante. Teoricamente, se a migração de DNA de cada cometa depende do número de incisões, se for aumentado a densidade celular diluirá o efeito resultando em menos incisões por cometa.

Continua

Associação Brasileira de Mutagênese e Genômica Ambiental **133**

Tabela 6.1. *Checklist* para publicação usando Ensaio Cometa (*continuação*).

Passo	Parâmetro	Exigência para a publicação	Justificativa
1B	Substratos celulares (apenas para ensaios de reparo do DNA)		
	Tipo de exposição usada	Essencial	Pouquíssimos agentes genotóxicos originam lesões de DNA que são reparadas por uma única via de reparo; a maioria origina um espectro de lesões no DNA. A dose/concentração do agente genotóxico deve ser reportada.
	Níveis de lesões nas células substrato	Desejável	É desejável saber o número total de lesões nas células substrato por causa da atividade da incisão de reparo que deve ser medida sob condições nas quais a concentração do substrato (lesões) não é limitante.
	Armazenamento (para amostras criopreservadas)	Essencial	Ir no item 1A.
1C	Controles do ensaio		
		Essencial	Controles do ensaio devem ser sempre incluídos e reportados em estudos que não possuem um grupo controle positivo.
1D	Controles positivo e negativo		
		Desejável	Grupos controle são desejáveis (ou mesmo essenciais em determinados casos). Para a maioria das propostas, contudo (e especialmente para biomonitorização humana), controles de ensaio devem substituir controles positivo e negativo.
2	Misturando as células com a agarose		
		Essencial	A concentração final, ou seja, a concentração depois da adição da suspensão celular, é muito importante. Como a concentração mudará após o reúso da solução estoque de agarose, deve ser especificado se ela foi usada mais de uma vez. Não é suficiente informar apenas a concentração da solução estoque de agarose.
3	Lise		
	Composição do tampão	Essencial	Para células da mucosa oral é necessário um passo extra lise com proteinase K. Lise com esperma também requer um passo de incubação com ditiotreitol e proteinase K para quebra das pontes dissulfeto no DNA altamente compactado.
	Duração	Desejável	A duração da lise pode variar dependendo do tipo celular. Se for muito longa, isso pode afetar certos tipos de lesões no DNA, por exemplo, a conversão de sítios álcali-lábeis em quebras e, se for muito curta, a lise pode ser incompleta. É importante que em todos os experimentos a lise dure exatamente o mesmo tempo.
	Temperatura	Desejável	Nessa etapa, acredita-se que a temperatura tenha pouco efeito sobre a migração do DNA, exceto em certos casos nos quais as lesões álcali-estáveis podem ser convertidas em quebras.

Continua

Ensaio Cometa

Tabela 6.1. *Checklist* para publicação usando Ensaio Cometa (*continuação*).

Passo	Parâmetro	Exigência para a publicação	Justificativa
4	**Tratamento enzimático**		
	Passo de lavagem entre a lise e o tratamento enzimático	Desejável	As enzimas podem ser inativadas pelos componentes da solução de lise, devido ao alto pH e à presença de detergentes. A composição do tampão de lavagem deve ser especificada.
	Fonte da enzima de reparo	Essencial	Há diferentes fornecedores de enzimas para o Ensaio Cometa, as quais podem ser obtidas de extratos brutos ou ainda na forma purificada. Portanto, a atividade da enzima pode variar dependendo do fornecedor.
	Otimização da concentração de enzima e duração da incubação	Desejável	Os autores podem reportar ou então referenciar os resultados das etapas de padronização que usam as mesmas condições de incubação como em suas amostras teste.
	Duração	Essencial	O número de incisões de reparo é proporcional ao tempo de incubação. Contudo, um tempo prolongado de incubação pode levar a incisões não específicas.
	Temperatura de incubação	Essencial	A taxa de reação enzimática depende da temperatura.
	Concentração da enzima aplicada nos géis	Essencial	A quantidade de enzima no gel afetará as incisões de reparo. É importante reportar os resultados dos experimentos de padronização (quantidade de enzima e duração do período de incubação).
	Tipo da unidade de incubação	Desejável	Incubação em uma incubadora padrão.
	Modo de incubação	Desejável	O tratamento é realizado tanto pingando a enzima sobre o gel e cobrindo com uma lamínula para espalhamento, ou ainda imergindo a lâmina numa solução enzimática. Podem ser observadas diferenças na atividade enzimática, apesar disso não têm sido avaliadas de uma maneira sistemática.
5	**Tratamento alcalino**		
	Composição	Essencial	A composição da solução pode afetar a conversão de sítios álcali-lábeis em quebras de DNA. O valor do pH é tipicamente controlado pela quantidade de NaOH.
	Duração	Essencial	Tratamentos prolongados podem aumentar a conversão de sítios álcali-lábeis em quebras da fita de DNA.
	Temperatura	Essencial	A temperatura afetará a separação das fitas de DNA.
6	**Eletroforese alcalina**		
	Composição	Essencial	A extensão da migração do DNA depende da composição química.
	Voltagem/cm sobre a plataforma de suporte à lâmina	Essencial	A extensão da migração de DNA é diretamente proporcional à força do campo eletroforético.

Continua

Associação Brasileira de Mutagênese e Genômica Ambiental **135**

Tabela 6.1. *Checklist* para publicação usando Ensaio Cometa (*continuação*).

Passo	Parâmetro	Exigência para a publicação	Justificativa
6	**Eletroforese alcalina**		
	Duração	Essencial	A extensão da migração de DNA é diretamente proporcional ao tempo de duração da eletroforese. A duração é restrita de modo a evitar a sobreposição de cometas.
	Temperatura	Essencial	Eletroforese em alta temperatura pode induzir quebras no DNA e aumentar o nível (a extensão) da migração.
7	**Neutralização**		
	Composição	Desejável	Não tem efeito sobre a migração do DNA.
8		**Coloração e visualização**	
	Tipo de corante	Essencial	Os corantes possuem diferentes afinidades pela molécula de DNA e podem, portanto, afetar o cálculo dos descritores primários do Ensaio Cometa no *software* de análise de imagens.
	Concentração do corante	Desejável	De modo geral não afeta a análise das imagens de cometa, mas é uma informação desejável para os pesquisadores que queiram repetir um protocolo específico.
	Tempo de coloração até a análise no microscópio	Desejável	Determinados corantes podem exigir um tempo maior de incubação até atingirem um bom sinal de fluorescência.
	Aumento no microscópio	Desejável	Para análise de imagens realizadas por *softwares*, a migração do DNA difere entre aumentos (magnificação).
	Imagens representativas dos cometas	Desejável	Como o cálculo da porcentagem de DNA da cauda (ou outro descritor) pode ser diferente entre os sistemas de análise de imagens, é desejável incluir imagens de cometas e o nível de migração de DNA (como material suplementar ou citação de um artigo prévio com imagens representativas, ou incluir imagens dentro das figuras).
9A	**Contagem e análise de dados**		
	Tipo do descritor primário do Ensaio Cometa	Essencial	Há diferentes maneiras de medir o nível de migração do DNA (% de DNA na cauda, tamanho da cauda, momento da cauda, contagem visual). Esses descritores primários do Ensaio Cometa possuem diferentes escalas, as quais não podem ser diretamente comparadas.
	Número de cometas contados por gel e número de géis contados	Essencial	Esse é um ponto muito importante por causa da baixa precisão de medida de DNA em géis com poucos cometas.
	Medida do valor central na contagem de cometas (média ou mediana) quando o sistema de análise de imagens for usado para análise da migração de DNA	Essencial	O uso de média *versus* mediana do nível de migração de DNA pode afetar a estimativa de danos no DNA, dependendo da distribuição da contagem dos cometas. É essencial que os autores esclareçam se os valores de média/mediana da distribuição dos cometas vêm de observações independentes (diferentes animais ou humanos, ou experimentos de cultivos celulares conduzidos em dias diferentes).

Continua

Ensaio Cometa

Tabela 6.1. *Checklist* para publicação usando Ensaio Cometa (*continuação*).

Passo	Parâmetro	Exigência para a publicação	Justificativa
9A	**Contagem e análise de dados**		
	Tipo de *software* para análise de imagem	Essencial	Diferentes *softwares* possuem algoritmos diferentes para o cálculo do descritor de análise no Ensaio Cometa.
	Calibração	Desejável	O descritor primário do Ensaio Cometa é um valor relativo (% de DNA na cauda do cometa). Transformações de lesões por nucleotídeos ou par de nucleobases inalteradas é desejável para uma comparação mais fácil entre diferentes estudos, apesar disso não afetar a qualidade da análise do Ensaio Cometa.
9B	**Cálculo dos sítios sensíveis à enzima e atividade de reparo de DNA**		
	Cálculo dos sítios sensíveis a enzimas	Essencial	Os resultados do Ensaio Cometa com modificação enzimática devem ser reportados como aumento total (uma subtração entre os níveis de danos no DNA obtidos pelo tratamento enzimático e sem o tratamento enzimático).
	Cálculo da atividade de reparo do DNA	Essencial	Resultados para a atividade de reparo devem ser reportados como total de incisões (subtração entre o tratamento com extrato de reparo e o nível da migração de DNA de fundo).
9C	**Análise estatística dos resultados**		
		Essencial	A análise estatística deve seguir a prática padrão para testes paramétricos, não paramétricos e regressão logística, dependendo do desenho do estudo.

Fonte: adaptada de Møller *et al.*, 2020.

Referências bibliográficas

Azqueta A, Collins AR. The essential comet assay: a comprehensive guide to measuring DNA damage and repair. Arch Toxicol. 2013; 87:949-68. https://doi.org/10.1007/s00204-013-1070-0.

Burlinson B, Tice RR, Speit G, Agurell E, Brendler-Schwaab SY, Collins AR *et al.* Fourth international workgroup on genotoxicity testing: results of the *in vivo* comet assay workgroup. Mutat Res. 2007; 627:31-5. https://doi.org/10.1016/j.mrgentox.2006.08.011.

Collin, AR, Duthie SJ, Dobson VL. Direct enzymic detection of endogenous oxidative base damage in human lymphocyte DNA. Carcinogenesis. 1993; 14:1733-5. https://doi.org/10.1093/carcin/14.9.1733.

Collins AR. Measuring oxidative damage to DNA and its repair with the comet assay. Biochem Biophys Acta. 2014; 1840:794-800. https://doi.org/10.1016/j.bbagen.2013.04.022.

Dusinska M, Collins A. Detection of oxidized purines and UV-induced photoproducts in DNA of single cells, by inclusion of lesion-specific enzymes in the comet assay. Altern Lab Animals. 1996; 24:405-11. https://doi.org/10.1177/026119299602400315.

Gajski G, Zegura B, Ladeira C, Novak M, Sramkova M, Pourrut B *et al.* The comet assay in animal models: from bugs to whales – (Part 2 Vertebrates). Mutat Res. 2019a; 781:130-64. https://doi.org/10.1016/j.mrrev.2019.04.002.

Gajski G, Zegura B, Ladeira C, Pourrut B, Del Bo C, Novak M *et al.* The comet assay in animal models: from bugs to whales – (Part 1 Invertebrates). Mutat Res. 2019b; 779:82-113. https://doi.org/10.1016/j.mrrev.2019.02.003.

Glei M, Scheider MG, Schlörmann W. Comet assay: an essential tool in toxicological research. Arch Toxicol. 2016; 90:2315-36. https://doi.org/10.1007/s00204-016-1767-y.

Gunasekarana V, Raj GV, Chand P. A comprehensive review on clinical applications of comet assay. J Clin Diag Res. 2015; 9(3):GE01-GE05. https://doi.org/ 10.7860/JCDR/2015/12062.5622.

Gutzkow KB, Langleite TM, Meier S, Graupner A, Collins AR, Brunborg G. High-throughput comet assay using 96 minigels. Mutagenesis. 2013; 28:333-40. https://doi.org/10.1093/mutage/get012.

Kang SH, Kwon JY, Lee JK, Seo YR. Recent advances in in vivo genotoxicity testing: prediction of carcinogenic potential using comet and micronucleus assay in animal models. J Cancer Prev. 2013; 18:277-88. https://doi.org/10.15430/JCP.2013.18.4.277.

Kelvey-Martin VJ, Green MH, Schmezer P, Pool-Zobel BL, De Meo MP, Collins A. The single cell gel electrophoresis assay (comet assay): a European review. Mutat Res. 1993; 288:47-63. https://doi.org/10.1016/0027-5107(93)90207-v.

Leandro GS, Lobo RR, Oliveira DV, Moriguti JC, Sakamoto-Hojo ET. Lymphocytes of patients with Alzheimer's disease display different DNA damage repair kinets and expression. Profiles of DNA repair and stress response genes. Int J Mol Sci. 2013; 14:12380-400. https://doi.org/10.1016/0027--5107(93)90207-V.

Lovell DP, Omori T. Statistical issues in the use of the comet assay. Mutagenesis. 2008; 23:171-82. https://doi.org/ 10.1093/mutage/gen015.

Marko G, Popic J, Gajski G, Garaj-Vrhovac V. Cytogenetic status of interventional radiology unit workers occupationally exposed to low-dose ionizing radiation: a pilot study. Mutat Res. 2019; 843:46-51. https://doi.org/10.1016/j.mrgentox.2018.10.001.

Møller P. The comet assay: ready for 30 more years. Mutagenesis. 2018; 33:1-7. https://doi.org/10.1093/mutage/gex046

Møller P, Azqueta A, Boutet-Robinet E, Koppen G, Bonassi S, Milic M *et al.* Minimum information for reporting on the comet assay (MIRCA): recommendations for describing comet assay procedures and results. Nat Protocol. 2020; 15:3817-26. https://doi.org/10.1038/s41596-020-0398-1.

Møller P, Loft S, Ersson C, Koppen G, Dusinska M, Collins A. On the search for an intelligible comet assay descriptor. Front Genet. 2014; 5:217. https://doi.org/10.3389/fgene.2014.00217.

Muruzabal D, Collins A, Azqueta A. The enzyme-modified comet assay: past, present and future. Food Chem Toxicol. 2020; 147:111865. https://doi.org/10.1016/j.fct.2020.111865.

Olive P, Banáth J, Durand R. Heterogeneity in radiation-induced DNA damage and repair in tumor and normal cells measured using the "comet" assay. Radiat Res. 1990; 122:86-94. https://doi.org/10.2307/3577587.

Shaposhnikov S, Azqueta A, Henriksson S, Meier S, Gaivão I, Huskisson NH *et al.* Twelve-gel slide format optimised for comet assay and fluorescent in situ hybridization. Toxicol Lett. 2010; 195:31-4. https://doi.org/10.1016/j.toxlet.2010.02.017.

Singh NP, McCoy MT, Tice RR, Schneider EL. A simple technique for quantitation of low levels of DNA damage in individual cells. Exp Cell Res. 1988; 175:184-91. https://doi.org/ 10.1016/0014-4827(88)90265-0.

Singh NP. The comet assay: reflections on its development, evolution and application. Mutat Res. 2016; 764:23-30. https://doi.org/10.1016/j.mrrev.2015.05.004.

Tice, RR, Agurell E, Anderson D. Single cell gel/comet assay: guidelines for in vitro and in vivo genotoxicity testing. Environ Mol Mutagen. 2000; 35:206-21.

Watson C, Ge J, Cohen J, Pyrgiotakis G, Engelward BP, Demokritou P. High-throughput screening platform for engineered nanoparticle-mediated genotoxicity using cometchip technology. ACS Nano. 2014; 8:2118-33. https://doi.org/10.1021/nn404871p.

Wu J, Hseu YC, Chen C, Wang S, Chen SC. Comparative investigations of genotoxic activity of five nitriles in the comet assay and the Ames test. J Harzad Mat. 2009; 169:492-7. https://doi.org/10.1016/j.jhazmat.2009.03.121.

Xavier DJ, Takahashi P, Evangelista AF, Foss-Freitas MC, Foss MC, Donadi EA *et al*. Assessment of DNA damage and mRNA/miRNA transcriptional expression profiles in hyperglycemic versus non--hyperglicemic patients with type 2 diabetes mellitus. Mutat Res. 2015; 776:98-110. https://doi.org/10.1016/j.mrfmmm.2015.01.016.

7

Teste de Micronúcleos: *In Vitro* e *In Vivo*

Mário Sérgio Mantovani • Ingrid Felicidade • Luan Vitor Alves de Lima • Ana Leticia Garcia
Cristina Araujo Matzenbacher • Daiana Dalberto • Fernanda Rabaioli da Silva
Jaqueline Nascimento Picada • Melissa Rosa de Souza • Paula Rohr • Juliana da Silva

Resumo

O Teste de Micronúcleos (MN) demonstra ser um biomarcador confiável e adequado para avaliação da saúde humana, para o biomonitoramento ambiental, bem como para a avaliação de produtos naturais e sintéticos, tanto *in vitro* como *in vivo*. Este teste pode ser relacionado com outros biomarcadores, potencializando a confiabilidade da pesquisa. O principal objetivo deste capítulo foi buscar estudos sobre o Teste de MN *in vitro* e *in vivo* em diferentes espécies utilizadas em avaliações diversas, e, sobretudo, descrever os métodos mais utilizados no Brasil: MN *in vitro*, MN em medula óssea de camundongos e MN em mucosa oral humana.

INTRODUÇÃO

Entre as técnicas citogenéticas clássicas usadas em monitoramento, tem destaque o estudo de cromossomos pela observação e contagem de aberrações cromossômicas em células em metáfase. Esta abordagem proporciona uma análise detalhada, mas, a complexidade, o tempo despendido em um árduo trabalho e a presença de artefatos como a perda de cromossomos durante a preparação das lâminas, estimularam o desenvolvimento de metodologia mais simples destinada a medir danos cromossômicos. Os micronúcleos (MN) são expressos em células em divisão que contêm quebras de cromossomos sem centrômeros (fragmentos acêntricos) e/ou cromossomos inteiros que são incapazes de migrar aos polos durante a mitose e ficam para trás na anáfase. O mau funcionamento dos centrômeros ou cinetócoro dos cromossomos ou ainda danos na maquinaria mitótica, que inclui o fuso mitótico, necessário para a segregação dos cromossomos depois da replicação do DNA, podem levar à perda de cromossomos inteiros (aneugênese). Na telófase, um envelope nuclear forma-se em torno dos cromossomos e/ou fragmentos, que depois se desenrolam e gradualmente assumem a morfologia de um núcleo em interfase, com a particularidade de serem menores que o núcleo principal da célula (assim o termo micronúcleo) e fornecer um índice confiável de quebra e perda de cromossomos.

O que conhecemos hoje por teste de MN começou a ser estudado há muitos anos. Um dos pesquisadores, Howell, em 1891, descreveu algumas características nas células sanguíneas, como grânulos esféricos observados em eritrócitos e acreditava ser de origem nuclear associados a danos cromossômicos. Posteriormente, os estudos de Jolly em 1901, e seu refinamento em algumas conclusões de Howell, passaram a descrever que os MN eram restos de núcleos de glóbulos vermelhos que circulam em órgão com características patogênicas (as células cariorréticas), o que justificou a inclusão de seu nome na denominação: corpúsculos de Howell-Jolly.

Em 1907, Morris identificou o que ele chamou de partículas nucleares de Howell, em um paciente com anemia perniciosa por deficiência da vitamina B12 e, a partir daí, passou a observá-las nas demais células vermelhas de outros seres humanos. Os nomes Howell e Jolly começaram a ser associados a fragmentos nucleares no início do século XX.

Uma nova descrição para MN ocorreu em meados do século XX, quando Dawson e Bury (1961) encontraram MN em glóbulos vermelhos da medula óssea em diferentes estágios de patogenias. Por volta de 1970, o pesquisador Schroeder propôs a ocorrência de MN em células de medula óssea de roedores para detectar danos induzidos por agentes químicos. Seguido por diversos estudos, Schmid e Heddle desenvolveram independentemente o teste de MN a partir de eritrócitos da medula óssea. Eles demonstraram que o teste era um método simples para detectar aberrações cromossômicas e, assim, o potencial mutagênico depois da exposição *in vivo*. O teste de MN nos eritrócitos da medula óssea e do sangue periférico tornou-se um dos ensaios citogenéticos *in vivo* mais bem estabelecidos no campo da toxicologia genética, no entanto, não era uma técnica aplicável a outras populações celulares *in vivo* ou *in vitro* e, assim, métodos foram desenvolvidos para quantificar MN em uma variedade de células nucleadas *in vitro*.

A ideia de que aditivos alimentares, drogas e produtos químicos poderiam ser mutagênicos e causar alterações cromossômicas em pessoas expostas já era levantada por Heddle em 1973. Em 1976, Countryman e Heddle desenvolveram o teste de MN em cultura de linfócitos humanos. Countryman e Heddle encontraram aplicações rápidas para o teste *in vitro*, bem como estudos de exposição *in vivo* para humanos expostos a agentes perigosos. A partir desses estudos, o teste passou a ser utilizado em uma variedade de células em cultura, como fibroblastos humanos e células de ovário de hamster chinês. Uma modificação no teste permitiu a análise de MN em células esfoliadas de mucosa oral, proposto por Stich e Rosin, na década de 1980. Essa modificação no teste foi muito importante para os estudos de exposição humana a agentes que podem causar câncer. O teste de mucosa oral tornou-se, então, um biomarcador de confiança e pouco invasivo para melhorar a implementação de biomonitoramento, diagnóstico e tratamento de doenças associadas a danos genéticos. Stich *et al.* (1984) publicaram um dos primeiros estudos utilizando o ensaio de MN em mucosa oral com foco na quimioprevenção.

A versão do teste proposto por Countryman e Heddle para o teste de MN em linfócitos humanos sofreu algumas modificações que foram propostas por Fenech e Morley por volta de 1983, e é o método utilizado até hoje para monitoramento humano (Hayashi, 2016). Ainda naquele período, Hayashi e colaboradores incorporaram o método de coloração por fluorescência. Foi relatado o uso de acridina laranja para identificar MN por fluorescência verde amarelada emitida pelo DNA, e identificar eritrócitos imaturos por fluorescência vermelha emitida pelo RNA. Já MacGregor e colaboradores relataram o uso de Hoechst 33258 e pironina Y. Esses métodos contribuíram para aumentar a precisão de visualização de eritrócitos imaturos micronucleados (Hayashi, 2016).

No estudo de Fenech e Morley (1985), foi apresentada uma comparação entre métodos sobre o teste de MN aplicado a culturas de linfócitos e os autores julgaram que o teste não fazia a discriminação entre células que não se dividem e células que já se dividiram. Como os MN só podem ser expressos após a divisão nuclear, e como a proporção de células em divisão pode variar entre culturas celulares, o teste padrão de MN poderia ser impreciso. Buscando resolver o problema, eles apresentaram quatro novos métodos de teste de MN em linfócitos que se dividiram uma vez. Após testarem os métodos, perceberam que o teste com bloqueio da citocinese celular, com o uso de citocalasina-B, era o mais adequado para ser utilizado. Nesse método, as células em divisão foram inibidas para realizar citocinese e assim, foram facilmente reconhecidas por sua aparência binucleada. O método foi avaliado por eles como simples e preciso, e esse é um dos motivos pelos quais ele é utilizado até hoje, sendo denominado Teste de Micronúcleos com Bloqueio da Citocinese (CBMN – do inglês, *cytokinesis-block micronucleus*) (Fenech e Morley, 1985). O protocolo em detalhes foi publicado em 2007 (Fenech, 2007). Pela importância deste pesquisador na área da genética toxicológica, Fenech foi convidado pelos editores da *Mutation Research* a contar a sua trajetória, incluindo o desenvolvimento do método de MN em células binucleadas (Fenech, 2009).

O dano genético detectado pelo teste de MN pode ser ocasionado por diferentes fatores ambientais, exposição a genotoxinas, procedimentos médicos (radiação e produtos químicos), deficiência de micronutrientes (como folato), fatores de estilo de vida (álcool, tabagismo, medicamentos, estresse) e fatores genéticos (defeitos herdados no metabolismo do DNA e/ou reparação), além de processos naturais, como envelhecimento. Como principal vantagem do teste está a capacidade de diferenciar MN formado como resultado de tratamento clastogênico ou aneugênico. Ao se avaliar danos ao DNA em nível cromossômico, tanto células humanas e eucarióticas em muitas espécies, tanto *in vivo* como *in vitro*, o teste de MN é um biomarcador amplamente reconhecido e indicado. Sabe-se que a instabilidade cromossômica detectada pelo teste de MN está relacionada com uma ampla gama de doenças, sobretudo o câncer (Bonassi *et al.*, 2011a). Os testes de MN são considerados simples, robustos e passíveis de automação. Em toxicologia, sua utilidade tem aceitação internacional como testes de danos ao DNA em células humanas e de roedores causadas por produtos químicos e radiação, e pelo desenvolvimento de diretrizes regulatórias para esses fins (Knasmüller e Fenech, 2019). Para poder verificar as múltiplas aplicações do teste de MN foi publicado pela *Royal Society of Chemistry* um livro que aborda de forma bastante ampla o seu uso em diferentes organismos *in vitro* e *in vivo* (Knasmüller e Fenech, 2019).

STATUS ATUAL DO CONHECIMENTO: AVALIAÇÕES *IN VITRO*

Na base de dados de periódicos da Capes existem em torno de 3.900 artigos publicados nos últimos 5 anos (2015 a 2020) sobre o teste de MN *in vitro*, mostrando a relevância científica e acadêmica. Dados existentes na literatura indicam que ensaios com a técnica de CBMN *in vitro* são adequados para estudos da genotoxicidade, incluindo a exercida por nanomateriais, no entanto, devem ser feitas adaptações no delineamento experimental. É sabido que o uso de citocalasina-B pode inibir a maquinaria de endocitose celular, interferindo, dessa forma, na internalização de nanomateriais pelas células em cultura (Doak *et al.*, 2009). Em casos de cotratamento, incubação simultânea de nanomateriais e citocalasina-B, por exemplo, a inibição da entrada de nanomateriais nas células, induz a uma baixa incidência de dano genotóxico (Doak *et al.*, 2009). Segundo Migliore *et al.* (2014), adaptações para solucionar esses problemas incluem, pós-tratamento com citocalasina-B, quando as células são incubadas primeiro na presença do nanomaterial, que, posteriormente, é removido antes da adição de um novo meio de cultura suplementado com citocalasina-B. Ainda, pode-se realizar um tratamento prolongado com o nanomaterial assegurando que as células teriam tempo suficiente para internalizar o composto teste. Embora promissor e possível de adaptação, o ensaio ainda apresenta limitações para avaliação desses compostos, sobretudo pela falta de uma partícula adequada como controle positivo. Embora os estudos comparem os resultados com controle negativo, geralmente o veículo utilizado, a falta de controle positivo causa viés na otimização no delineamento experimental. Atenção também deve ser dada à escolha das concentrações.

Ensaios experimentais podem ser modificados e aprimorados, de acordo com demandas da sociedade. Desde 2009, o uso de animais para testes de genotoxicidade de compostos de cosméticos foi banido na União Europeia. Essa regulamentação fez com que o uso de ensaios de MN *in vitro* aumentasse, porém o método precisou ser inovado já que a maioria dos ensaios utilizam linhagens celulares de roedores (CHO, V79, CHL/IU e L5178Y) ou de linfócitos humanos (TK6).

Ensaios com estas células apresentam limitações, como: i) baixa especificidade e alta taxa de falso-positivos; ii) não são capazes de representar a complexidade de um tecido da pele *in vivo*, por exemplo, haja vista que são linhagens 2D (Chen *et al.*, 2020). Assim, o ensaio de MN em pele humana reconstruída *in vitro* (RSMN – do inglês, *reconstructed skin micronucleus*), que avalia MN induzidos em queratinócitos, foi possível com o desenvolvimento do modelo 3D de pele humana EpiDerm™ (Mun *et al.*, 2009). Análises de *microarray* demonstraram que a expressão de 139 genes de metabolismo de xenobióticos no modelo EpiDerm™ era muito similar à pele humana biopsiada (revisado de Kirsch-Volders *et al.*, 2011). Em 2016, um novo modelo celular 3D foi desenvolvido: EpiSkin™, trata-se de um modelo de pele reconstruída que consiste em uma epiderme multicamada e bem diferenciada, semelhante à epiderme humana normal (Qiu *et al.*, 2016). Desde então, outros modelos de cultura 3D têm sido desenvolvidos para diferentes linhagens, como células-tronco derivadas de tecido adiposo e HepG2, e padronizados para ensaios de MN a fim de serem obtidos resultados de genotoxicidade mais próximos aos modelos *in vivo*.

Apesar das diversas aplicações e de ser recomendado pela confiabilidade do teste, o ensaio de MN é um método laborioso e de longa operação. Uma das maneiras de acelerar o método seria a aquisição de resultados por meio da automação. A automação de métodos é conhecida por aumentar a confiabilidade dos ensaios e pode ajudar a minimizar vieses associados com reconhecimento de MN devido a diferentes níveis de experiência. Além disso, a automação aumenta o poder estatístico dos resultados, tornando possível a análise de um maior número de células do que aquelas analisadas em um ensaio clássico. Tentativas de automação do ensaio CBMN foram feitas muitas vezes e o uso de sistemas de análises de imagem, como o *Metafer* (https://metasystems-international.com/), tem ganhado atenção. Por exemplo, em um microscópio motorizado, uma câmera e um programa de computador que captura as imagens e busca por células binucleadas com ou sem MN, permite uma contagem de 2.000 células em 30-40 minutos em vez de 1.000 células contadas manualmente (Sommer *et al.*, 2020).

A citometria de fluxo também tem sido utilizada para análise da frequência de MN em linfócitos ou outras células nucleadas (Rodrigues, 2019). Apesar de promissor, o método ainda apresenta dois grandes obstáculos: (i) células devem ser lisadas, já que o MN são reconhecidos a partir do tamanho. Objetos menores que os núcleos das células são capturados, mas não é possível garantir que não sejam *debris*, corpos apoptóticos ou resíduos necróticos; (ii) citocalasina-B não é utilizada nesse tipo de teste, pois células serão lisadas e células binucleadas não podem ser discriminadas. Esse método pode subestimar o número de MN (Sommer *et al.*, 2020).

Novos experimentos utilizando imagens em tempo real de células têm demonstrado que MNs podem ser incorporados por células filhas durante a mitose, permanecendo estáveis no citoplasma, podendo ser reincorporados ao núcleo (Sommer *et al.*, 2020). A área de estudos utilizando o ensaio de MN *in vitro* ainda está em expansão na mutagênese, especialmente com novas aplicabilidades e otimização de delineamentos experimentais que permitem novos resultados a partir do teste já robusto e sensível de genotoxicidade.

STATUS ATUAL DO CONHECIMENTO: AVALIAÇÕES *IN VIVO*

O Brasil foi o país que mais publicou dados utilizando teste de MN, com 24% (dados de 2017), seguido pela Índia (16%) e Estados Unidos (10%) (Benvindo-Souza *et al.*, 2017). Células de mamíferos, peixes, aves, moluscos, insetos, crustáceos e plantas podem ser expostas a agentes mutagênicos ou misturas complexas tanto *in situ* como em condições laboratoriais (Udroiu *et al.*, 2006; Bolognesi e Cirillo, 2014; Mišík *et al.*, 2016; Baesse *et al.*, 2015). A aplicação do teste de MN em espécies sentinelas apresentam potencial para biomonitorar o meio ambiente, identificando novas exposições e apoiando a avaliação de riscos em diferentes níveis tróficos.

Os efeitos nos seres humanos concentram-se principalmente nas exposições ocupacionais, mas incluem também exposições ambientais. O aumento da frequência de MN em humanos,

Associação Brasileira de Mutagênese e Genômica Ambiental 143

também tem sido associado a vários tipos de patogenias, como câncer, doenças neurodegenerativas, doenças cardiovasculares, diabetes e síndrome de Down (Andreassi *et al.*; 2011; Bolognesi *et al.*, 2015; George *et al.*, 2018). Existe a possibilidade de utilizar diferentes tipos de células, sendo mais comum o uso de linfócitos (CBMN) e células da mucosa oral (BMCyt – do inglês, *Buccal Micronucleus Cytome*) (Bolognesi e Fenech, 2019), porém, alguns estudos extrapolaram o método para outros tipos celulares como é o caso da utilização de tecidos da bexiga (Paul *et al.*, 2013), epitélio traqueobrônquico (Lippman *et al.*, 1990) e células nasais (Hopf *et al.*, 2020).

O ambiente aquático tem sido alvo de preocupação dos ecotoxicologistas devido a uma quantidade crescente de contaminantes, como resultado da descarga de resíduos industriais, agrícolas e urbanos, sendo jogados em corpos de águas doce e marinhas. Esses poluentes são responsáveis por múltiplos efeitos nos organismos, afetando a fisiologia, *status* reprodutivo, sobrevivência das espécies, tamanho da população e a biodiversidade (Bickham *et al.*, 2000). Para ensaios com mamíferos deve-se ter em mente que a aplicação do teste de MN em eritrócitos periféricos não é viável em todas as espécies, pois o baço pode remover os MNs (Udroiu, 2006). Uma maneira de saber se o MN está sendo removido é realizar o teste em ambos os eritrócitos. Portanto, se as frequências no sangue periférico forem iguais ou superiores às da medula óssea, elas sugerem que o baço não remove os MNs. Bivalves têm sido considerados os bioindicadores ideais para monitorar contaminantes aquáticos devido à sua ampla distribuição geográfica, estilo de vida séssil, amostragem fácil, tolerância a uma gama considerável de salinidade, alto acúmulo de uma ampla variedade de produtos químicos e resistência ao estresse (Bolognesi e Fenech, 2012). O uso de peixes conjuntamente é relevante como bioindicadores ambientais, devido ao seu papel na cadeia trófica aquática. O teste de MN em peixes pode ser visualizado em diferentes tipos de células: eritrócitos, células branquiais, renais, hepáticas. Eritrócitos periféricos são os mais amplamente utilizados, pois este tipo celular evita a morte dos animais e a metodologia de preparação celular é mais simples.

Por sua vez, os anfíbios, principalmente nos estágios larvais, têm sido amplamente utilizados para testar as propriedades genotóxicas de vários agentes. Eles são mais suscetíveis a contaminantes ambientais em comparação com outros vertebrados, devido à sua pele semipermeável que pode absorver mais facilmente as substâncias dissolvidas na água (Udroiu *et al.*, 2015). Com relação às aves, já foi demonstrado aumento do número de MN em populações de pássaros que viviam em áreas urbanas (Baesse *et al.*, 2015). Durante o voo, os pássaros acumulam grandes volumes de ar e podem absorver gases ou partículas presentes no ar. Além disso, as aves ocupam altos níveis tróficos e podem, portanto, acumular ou biomagnificar contaminantes (Kursa e Bezrukov, 2008).

Bioensaios em plantas são mais sensíveis e simples do que a maioria dos métodos usados para detectar os efeitos genotóxicos dos poluentes ambientais. A cebola comum (*Allium cepa L.*) e a *Tradescantia pallida* são plantas bastante utilizadas para monitoramento ambiental de solos e sedimentos contaminados (Mišík *et al.*, 2016), e do ar (Brito *et al.*, 2013). Em geral, além da visualização de MN, é realizada a avaliação da atividade mitótica pelo Índice Mitótico, por meio do qual se verifica o número de células em divisão por 100 células analisadas.

METODOLOGIAS

Teste de MN *in vitro*

O teste de MN *in vitro* foi proposto como o ensaio regulatório de genotoxicidade, com adoção do método pela Organização para Cooperação e Desenvolvimento Econômico (OECD) com o protocolo 487 (TG487) em 2010, atualizado em 2014 e 2016, e validado em diferentes laboratórios por ser um ensaio *in vitro* capaz de cobrir dois de três *endpoints* para avaliação da genotoxicidade, dos aneugênicos e clastogênicos (OECD, 2016). Dados gerados a partir de ensaios conduzidos sob um sistema de qualidade orientado pelas Boas Práticas de Laboratório (BPL ou

GLP – do inglês, *Good Laboratory Practice*), além de serem aceitos em diferentes países, possuem uma influência regulatória maior do que aqueles que não as seguem (Eskes *et al.*, 2017; Smart *et al.*, 2019). A acreditação dos estudos em BPL no Brasil é realizada pelo Instituto Nacional de Metrologia, Normalização e Qualidade Industrial (Inmetro) e a habilitação é realizada pela Agência Nacional de Vigilância Sanitária (ANVISA).

As células de mamíferos, como de seres humanos e roedores, ou de outros organismos como peixes, que são utilizadas na avaliação de MN, devem ser capazes de crescimento e divisão em cultura. Essas células podem ter crescimento em suspensão celular, como de linfócitos humanos *ex vivo* e as linhagens Jurkat e L5178Y, ou em aderência, como HepG2, V79, CHO, capazes de fixar-se ao frasco de cultura pela produção de uma matriz glicoproteica extracelular. A origem celular pode ser de indivíduos, como é o caso dos linfócitos humanos ou de linhagens celulares de diferentes organismos, como é o caso da CHO (células de ovário de Hamster Chinês); V79 (fibroblastos de pulmão de Hamster Chinês); HepG2 (carcinoma hepatocelular humano); HTC (hepatoma de ratos); e ZFL (hepatócito de peixe-zebra). A escolha do tipo celular deve levar em conta a área de pesquisa e os objetivos da investigação.

No caso do uso de linhagens celulares sugere-se rigoroso controle de infecção por micoplasma por detecção de PCR-RT com *primers* específicos com uso de extração de material genético, *primers* e reações por um *kit* comercial. A despeito do hábito de compartilhar células pelos laboratórios para diferentes colaboradores, a origem celular e a certificação da linhagem faz parte do processo de controle de regularidade no uso de uma linhagem. O BCRJ (Banco de Células do Rio de Janeiro, www.bcrj.org.br) tem garantias de certificação e fornecimento de células livre de micoplasma e pode também atuar na certificação das linhagens, porém laboratórios com estrutura para análises moleculares podem ter o seu próprio processo de certificação. Uma observação importante seria não permitir a manipulação simultânea de diferentes linhagens compartilhando meios, soluções e capela de fluxo laminar evitando assim a indesejada contaminação cruzada. O tempo de uso de uma linhagem em cultura após descongelamento é sugerido ser até a 15ª passagem, com observação morfológica e comportamento de divisão celular regular para o tipo celular usado acompanhado de perto. Esse procedimento evita a fixação de danos genéticos por instabilidade cromossômica em culturas prolongadas, assim, os experimentos devem ocorrer entre a 3ª e 15ª passagem.

Em células de mamíferos, uma série de agentes mitogênicos são capazes de conduzir a célula através do ciclo celular, permitindo que ela entre em mitose, um requisito importante para a identificação do MN. Em cultura de linfócitos é necessária a adição de fitohemaglutinina, um agente mitogênico específico para esse tipo celular. De maneira geral, os meios de cultivo não contêm substâncias mitogênicas, sendo necessária a adição de estimulantes de divisão, tais como fatores de crescimento presentes no soro bovino fetal (SBF). Assim, antes de se iniciar o cultivo celular, deve ser feita a adição do soro numa proporção que varia entre 5% e 20%, dependendo das necessidades de cada tipo celular. Isso pode ter implicação no protocolo experimental, o que pode incluir um período inicial sem adição de substâncias mitogênicas para a estabilização das condições de cultura, seguido de adição desses fatores e contagem do tempo de ciclo celular para obtenção e análise do MN. Na prática, se determinada célula tiver um ciclo de aproximadamente 24 h, após serem semeadas pode-se deixá-las por 24 h para estabilização em meio de cultivo sem SBF, principalmente se forem células de crescimento por aderência. Após esse período, deve-se fazer a adição de SBF para uma adequada fisiologia e ciclo celular, seguindo o protocolo de tratamento estabelecido em cada experimento. Assim, o estudo do MN *in vitro* com citocalasina-B implica no conhecimento do tempo de ciclo celular da célula escolhida para estabelecimento do adequado protocolo experimental.

Os ensaios *in vitro* podem necessitar do sistema de metabolismo de xenobióticos na investigação da ação de um determinado composto, uma vez que o sistema de metabolismo pode tanto ativá-lo como inativá-lo, alterando a resposta celular. Apesar de não substituir a experimentação *in vivo*, o uso de linhagens hepáticas (p. ex., HepG2) pode contribuir para essa avaliação. Outra

Associação Brasileira de Mutagênese e Genômica Ambiental **145**

possibilidade é o uso da fração microssomal de roedores. A fração S9 é a mistura mais comum utilizada em sistemas de cultura celular. Para cultura celular usar 0,5 mL da mistura de S9 (contendo 2% de fração S9) para cada 10 mL de meio de cultura.

Protocolo do MN em células binucleadas

Equipamentos

Os principais equipamentos são: cabine de fluxo laminar, estufa CO_2, microscópio invertido, microscópio binocular, centrífuga, autoclave, banho-maria, geladeira, freezer, balança analítica.

Soluções de uso

- *Tampão fosfato-salino - PBS livre de Ca^{2+} e Mg^{2+}:* adicionar 0,2 g de KCl, 0,2 g de KH$_2$PO$_4$, 8,0 g de NaCl, 1,15 g de Na$_2$HPO$_4$, para 1.000 mL de H_2O ultrapura, pH 7,4.
- *Solução balanceada salina de Hanks sem Ca^{2+} e Mg^{2+}:* adicionar 0,4 g de KCl, 0,06 g de KH$_2$PO$_4$, 8,0 g de NaCl, 0,35 g de NaHCO$_3$, 0,09 g de Na$_2$HPO$_4$.7H$_2$O, 1,0 g de D-glucose anidra C$_6$H$_{12}$O$_6$, 0,01 g de fenol vermelho, em 1.000 mL de H_2O ultrapura, pH 7,4.
- *Tripsina EDTA 0,025% em solução de Hanks:* em 1.000 mL de solução de salina de Hanks, adicionar 0,38 g de EDTA-Titriplex C$_{10}$H$_{14}$N$_2$Na$_2$O$_6$.2H$_2$O, 0,25 g de Tripsina (1:250).
- *Metilmetano sulfonato (MMS):* deve ser preparado em PBS na hora do uso e sugerimos utilizar uma concentração final de 0,4 mM. A solução diluída não deve ser armazenada ou reutilizada.
- *Solução de citocalasina-B:* para uso a citocalasina-B deve estar a 600 µg/mL. A concentração final em cultura deverá ser de 6 µg/mL.
- *Solução hipotônica de citrato de sódio a 1%:* diluir 1 g de Na$_3$C$_6$H$_5$O$_7$.2H$_2$O em 100 mL de H_2O ultrapura e conservar a 4°C.
- *Fixador metanol-ácido acético 3:1:* preparar na hora do uso com 30 mL de metanol adicionado de 10 mL de ácido acético glacial. Caso seja necessário outro volume, a proporção 3:1 deve ser mantida.
- *Tampão Sorensen:* adicionar 5,26 g de KH$_2$PO$_4$, 8,65 g de Na$_2$HPO$_4$, para 1.000 mL de H_2O ultrapura, pH 7,0.
- *Giemsa:* dissolver 3 g de Giemsa em 162 mL de glicerina, em frasco âmbar e deixar em banho-maria 60°C, por 24 horas. Posteriormente, adicionar 252 mL de metanol e homogeneizar. Filtrar e guardar em frasco de vidro âmbar. Para o preparo do Giemsa 10%, misturar 45 mL de tampão Sorensen com 5 mL do Giemsa.
- *Solução sulfocrômica:* acrescentar 50 mL de ácido sulfúrico (H_2SO_4) em uma solução saturada composta de 500 mL de água ultrapura com 50 g de dicromato de potássio ($K_2Cr_2O_7$).
- *Laranja de acridina:* preparar solução com 10 mg de laranja de acridina em 100 mL de tampão fosfato. O tampão fosfato preparado com 0,66% w/v de fosfato de potássio monobásico mais 0,32% w/v de fosfato de sódio dibásico, pH 6,4.
- *Mistura S9:* a mistura de S9 pode ser preparada com 12 mL de tampão fosfato 0,2 M pH 7,4 (60 mL solução A com 3,12 g de NaH$_2$PO$_4$ em 500 mL de água ultrapura + 440 mL de solução B com 14,2 g de Na$_2$HPO$_4$ • 2H$_2$O em 100 mL de água ultrapura), 0,5 mL de solução de cloreto de magnésio (8,14 g de MgCl$_2$ • 6H$_2$O e 12,3 g de KCl em 100 mL de água ultrapura), 9,5 mL de água ultrapura, 79 mg de NADP (nicotinamida adenina dinucleotídeo fosfato), 39 mg de G6P (sal de sódio glicose-6-fosfato) e 5 mL de fração S9 (comercial). Toda a solução deve estar estéril (filtro 0,2 µm) antes da adição da fração S9 à mistura.

Tratamentos

A recomendação para frasco de cultura de 25 cm^2 de área é semear 10^6 células para início do experimento. É importante, no início do experimento, verificar a viabilidade celular com azul de tripan, a qual deve estar acima de 90%. Depois do período de estabilização de um ciclo celular em cultura iniciar o tratamento como se segue:

- Descartar o meio de cultivo dos frascos de tratamento, retirando qualquer excesso.
- Adicionar 5 mL de meio de cultivo novo com SBF.
- Iniciar o tratamento conforme o protocolo escolhido, sendo obrigatório o uso de controles negativo, positivo e veículo, quando for o caso. No caso de teste de novas substâncias é recomendado pelo menos três concentrações.
- Adicionar a citocalasina B.
- Colher as células após um ciclo celular acrescido de 10% de tempo. Para linfócitos a cultura poderá ser tanto de sangue total como de linfócitos isolados do sangue por Ficoll (Figura 7.1). Em ambos os casos, a cultura deve receber fito-hemaglutinina para induzir a divisão celular logo no início e, após 48 h, o tratamento com citocalasina B. Os tratamentos geralmente são feitos após o tempo de 48 h em associação ao tratamento com a citocalasina, mas também podem ocorrer no início do sistema de cultura. A cultura pode ser colhida com 74 a 76 h.

Para que um teste seja considerado válido, os valores obtidos para os controles devem estar dentro de limites aceitáveis levando em consideração o histórico de dados publicados na literatura e de dados do laboratório. Os dados do controle positivo devem demonstrar claramente um aumento estatisticamente e biologicamente significativo quando comparados com o grupo controle e/ou controle de veículos. As preparações dos compostos-teste devem ser realizadas imediatamente antes do tratamento, a menos que existam dados que demonstram estabilidade aceitável para estocagem. O uso de solvente é recomendado para otimizar a solubilidade dos compostos-teste, sem impactar negativamente o ensaio, como a redução do crescimento celular, afetando a integridade do composto-teste, reagindo com o frasco/placa de cultura e/ou inativando o sistema de ativação metabólica. DMSO (dimetilsulfóxido) tem sido o principal solvente utilizado e a recomendação é não exceder a concentração de 1%. Nos casos em que a citocalasina-B e o composto-teste são dissolvidos em DMSO, deve-se usar a quantidade total do solvente orgânico utilizado nos tratamentos. Controles não tratados (controle negativo) podem ser utilizados para garantir que a porcentagem de solvente orgânico não induza efeitos adversos. Sempre que possível, recomenda-se o uso do próprio meio de cultura do ensaio como solventes aquosos.

Obtenção das células binucleadas

Células em suspensão

Após o término da cultura, iniciar a colheita:

- Transferir, após agitação manual, todo o meio de cultura com a suspensão celular para tubo de centrífuga.
- Homogeneizar suavemente e centrifugar (800 rpm por 5 min).
- Desprezar o sobrenadante deixando 1,5 mL de meio de cultura.
- Adicionar gentilmente 1,5 mL de citrato de sódio 1%, à 4°C e 1 gota de formol; em linfócitos do sangue periférico o citrato de sódio pode ser substituído por KCl 0,075M.
- Homogeneizar suavemente e centrifugar (800 rpm por 5 min).
- Desprezar o sobrenadante.
- Suspender o sedimento.

Associação Brasileira de Mutagênese e Genômica Ambiental   147

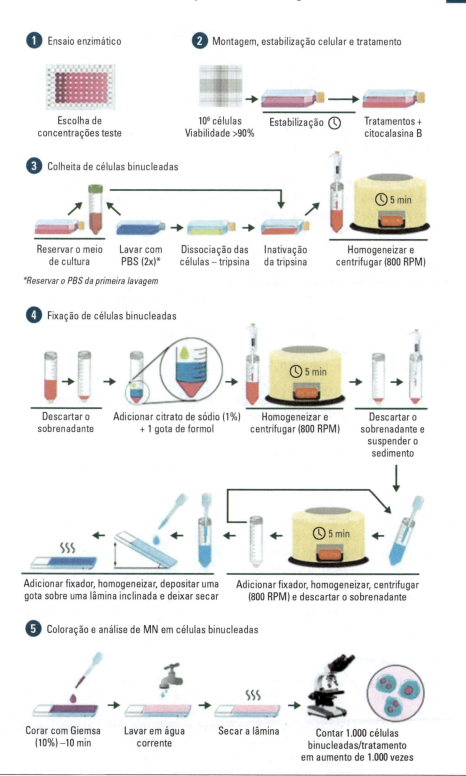

Figura 7.1. Representação esquemática dos procedimentos utilizados para o teste do micronúcleo *in vitro*.

- Adicionar 5 mL de fixador metanol/ácido acético (3:1), homogeneizando rapidamente.
- Centrifugar (800 rpm por 5 min).
- Descartar o sobrenadante e repetir o fixador.
- Centrifugar (800 rpm por 5 min).
- Descartar o sobrenadante e adicionar fixador (iniciar com 500 µL) até obter a diluição celular desejada.
- Depositar uma gota do material celular em suspensão sobre uma lâmina inclinada, limpa e gelada, contendo um filme de água.
- Deixar secar.
- Corar as lâminas com Giemsa 10%, 10 minutos. O restante do material poderá ser acondicionado em microtubo, vedado e estocado a 4°C, para utilizar quando necessário. As lâminas poderão ser guardadas a 4°C.

Células em aderência (frascos de cultura de 25 cm²)

Após o término da cultura, iniciar a colheita:
- Reservar o meio de cultura em tubo de centrífuga.
- Lavar o frasco de cultura 2 vezes com 5 mL de PBS em temperatura ambiente. Os primeiros 5 mL de PBS não devem ser descartados e, adicionado junto ao meio de cultura, transferidos para o tubo de centrífuga no item anterior.
- Remover o excesso de PBS.
- Adicionar 0,5 mL de tripsina 0,025% para colheita e deixar 2 minutos a 37°C para soltar as células.
- Inativar a tripsina com o meio de cultura reservado inicialmente no tubo de centrífuga.
- A partir daqui, seguir protocolo descrito para células em suspensão.

Preparo de lâminas para análise de MN

As lâminas novas devem estar limpas e imersas em água ultrapura a 4°C.

Colorações

Corar as lâminas, cobrindo-as com cerca de 5 mL de Giemsa 10%, durante 10 minutos. Remover o corante em água corrente. Secar a lâmina e levar ao microscópio para análise. O uso de colorações fluorescentes também pode ser uma ferramenta para a coloração de lâminas se permitirem uma análise visual com segurança. A laranja de acridina é a mais utilizada. Técnicas de hibridação *in situ* (FISH) podem ser utilizadas para identificação de processos de não disjunção por má segregação de cromossomos em decorrência da falha de separação cromossômica para as células-filhas, além de identificar MNs originados por agentes aneugênicos por marcações centroméricas presentes nos MNs.

Análise de MN em células binucleadas

Analisar a lâmina ao microscópio óptico de luz (microscópio óptico de luz), aumento de 1.000 vezes (imersão), contar 1.000 células binucleadas por tratamento, contabilizando as células binucleadas portadoras de micronúcleos (frequência de binucleadas com MNs/1.000 células binucleadas). Como as células binucleadas podem apresentar mais de um MN, também podemos fazer a frequência de MN/1.000 células binucleadas. As células analisadas devem conter dois núcleos situados no mesmo limite citoplasmático, com tamanho e coloração aproximados. Os MNs deverão ser menores que 1/3 do tamanho do núcleo original da célula, deverão ter a coloração semelhante à do núcleo (não refringentes), e não deverão apresentar ligação com o núcleo principal (Figura 7.2).

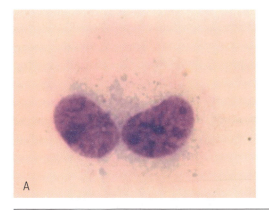 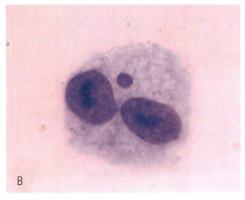

Figura 7.2. Imagem de células V79 binucleadas sem micronúcleo (**A**) e com micronúcleo (**B**). Aumento 1.000×.

Na análise, é possível encontrar células em apoptose em que a condensação da cromatina no interior dos núcleos é uma característica evidente na apoptose inicial e com fragmentação nuclear na apoptose tardia, mas o citoplasma ainda presente. Ainda pode-se analisar as células necróticas, mas estas são mais complexas de identificação e de serem confundidas com artefatos técnicos. A análise de células apoptóticas e necróticas é adequada quando, na preparação das lâminas, se utiliza citocentrífuga sem o uso de KCl ou citrato de sódio.

Na análise da frequência de MN e de células binucleadas não incluir aquelas com um ou mais de dois núcleos. Contudo, podemos separar quantitativamente as células binucleadas com 1, 2, 3 ou mais MNs, qualificando o número total de células encontradas com MNs. Pode-se fazer a análise do Índice de Divisão Nuclear (IDN) por meio da somatória do número de células com 1 (M1), 2 (M2), 3 (M3) e 4 (M4) núcleos, multiplicados por seu fator correspondente (1 × M1 + 2 × M2 + 3 × M3 + 4 × M4, dividido pelo número total de células analisadas (NT) viáveis (sem apoptose e necrose). Também pode-se fazer o cálculo do IDN considerando a citotoxicidade (IDNC) incluindo na fórmula anterior a somatória das células com apoptose e necrose no denominador e no divisor.

Outros marcadores de danos também podem ser considerados, como os brotos nucleares e pontes nucleoplasmáticas. Os brotos nucleares são invaginações que permanecem unidas ao núcleo principal. Já as pontes nucleoplasmáticas aparecem como ligações contínuas entre os núcleos de uma mesma célula e, em geral, são resultantes de rearranjos cromossômicos (Figura 7.3).

Apresentação dos dados

Os resultados do ensaio CBMN geralmente são apresentados em tabelas cujo número total de micronúcleo ou células binucleadas com micronúcleo e, sobretudo, a média encontrada para as três repetições experimentais, demonstram claramente os controles e tratamentos utilizados (Tabela 7.1). Informar o desvio padrão permite ao leitor verificar a homogeneidade dos valores obtidos nas repetições experimentais. Outra forma bem ilustrativa é a apresentação das frequências em gráficos de barras possibilitando a comparação visual dos resultados encontrados e, muitas vezes, é extremamente útil para ressaltar uma determinada informação, por exemplo, de genotoxicidade (Figura 7.4). As tabelas com mais informações do ensaio como número de células analisadas, IDN, número de MN, frequência tanto de células com MN como total de MNs (Tabela 7.2) são desejadas e, atualmente, há uma tendência de associação de resultados de outros ensaios em uma mesma tabela.

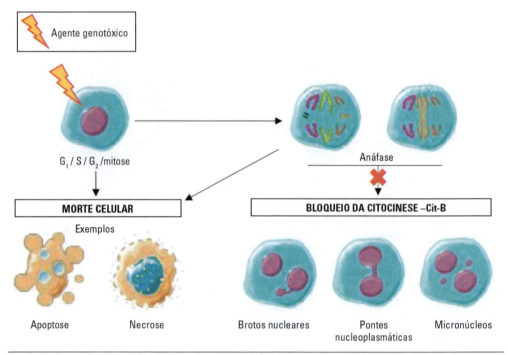

Figura 7.3. Tipos de danos que podem ser avaliados no teste do micronúcleo com bloqueio da citocinese pela citocalasina B.
Fonte: adaptada de Fenech, 2000.

Tabela 7.1. Número total e média de micronúcleos (MN) por tratamento em células V79 no Teste de Micronúcleos com Bloqueio da Citocinese (CBMN)

Tratamentos	MN Total	Média ± DP
Controle	39	13,0 ± 1,0
MMS	103*	34,3 ± 1,5*
[1]	38	12,7 ± 0,6
[2]	38	12,7 ± 1,5
[3]	41	13,7 ± 1,5

*Diferença significativa em relação ao controle ($p < 0,05$). MMS (metil metanossulfonato, $4 \cdot 10^{-4}$M) – controle positivo de indução de micronúcleo; [concentrações testadas].
Fonte: adaptada de Luiz et al. (2003).

Avaliação de resultados

Existem vários critérios para determinar um resultado positivo, como um aumento no número de MN ou um aumento no número de células que contêm MN em uma determinada concentração testada; contudo, a relevância biológica dos resultados deve ser sempre considerada em primeiro lugar na análise. A consideração de que os valores observados estão dentro ou fora de uma faixa histórica de controle pode fornecer orientação ao avaliar a relevância biológica da resposta. Métodos estatísticos apropriados devem ser usados para avaliar os resultados (Garriott

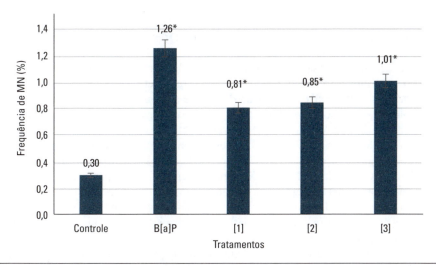

Figura 7.4. Frequência de micronúcleos em células HTC tratadas com 3 concentrações do composto-teste por 24 horas. B[a]P, benzo[a]pireno, 20µg/mL. HTC – células de hepatoma de rato; [concentrações testadas]. *Diferença estatística em relação ao controle (p < 0,05).
Fonte: adaptada de Marcarini et al. (2011).

Tabela 7.2. Média de índice de divisão nuclear, número total e frequência de micronúcleos no teste de micronúcleos com bloqueio da citocinese em 3.000 células por tratamento em HepG2

Tratamentos	IDN	MN Total	MN %
Controle	1,48 ± 0,02	22	0,73
B[a]P	1,50 ± 0,02	75*	2,50
[1]	1,57 ± 0,05	68*	2,26
[2]	1,39 ± 0,08	77*	2,56
[3]	1,48 ± 0,03	78*	2,60

*Diferença significativa em relação ao controle (p < 0,05). B[a]P (benzo[a]pireno; 20 µM) – controle de indução de micronúcleo; [concentrações testadas].
Fonte: adaptada de Maistro et al. (2011).

et al., 2002), mas não devem ser os únicos determinantes de uma resposta positiva. No caso da experimentação *in vitro*, a unidade experimental é a célula e, sendo assim, a reprodutibilidade e a relevância biológica são pontos de vista primordiais na avaliação dos resultados (Kirsch-Volders et al., 2003). Desta forma, o resultado é considerado claramente negativo se não houver aumento estatístico significativo ou relevância biológica no número de micronúcleos em qualquer concentração em comparação com os respectivos controles. Já o resultado é considerado claramente positivo se houver aumento de MN que seja estatisticamente significativo e de relevância biológica e que este valor esteja acima do limite de dados de histórico de controles em laboratórios que usam o ensaio do MN.

A análise estatística dos resultados pode ser realizada em programas estatísticos em *softwares* abertos, como o R. Recomenda-se o uso de, pelo menos, três de dados de cada tratamento; obrigatoriamente, nesse caso, um dado de cada réplica biológica. Nos casos em que réplicas técnicas foram realizadas, pode ser usado tanto o valor da média como de todos os dados obtidos, por exemplo: quando houver três réplicas técnicas para cada repetição biológica, os nove resultados obtidos poderão ser utilizados. Essa forma de análise aumenta o grau de liberdade e o poder estatístico, além de diminuir o erro. O teste estatístico a ser aplicado depende da hipótese da pesquisa, porém, em todos os casos, será necessário avaliar se o conjunto de dados apresenta distribuição normal. Se sim, para hipóteses que desejam avaliar se uma das concentrações testadas foi citotóxica quando comparada ao tratamento veículo, é possível realizar o método de Análise de Variância (ANOVA). Em adição, pode-se realizar um pós-teste para verificar as diferenças entre todos os tratamentos (Tukey), ou se os tratamentos com o composto-teste forem diferentes do tratamento de veículo (Dunnet). Em casos, de mesma hipótese, no qual o conjunto de dados é não paramétrico (sem distribuição normal), a diferença estatística pode ser testada pelo teste Kruskal-Wallis, seguido por Dunn.

Quando, por opção ou necessidade do delineamento experimental, for necessário acrescentar um controle não tratado para verificar a citotoxicidade do tratamento controle de veículo, esses podem ser avaliados pelo teste *t* de *Student* (não pareado), para conjunto de dados paramétricos, ou teste Mann-Whitney, para dados não paramétricos. Não é necessária a apresentação desse dado numa eventual publicação científica, mas pode ser de valia para laboratórios ainda sem parâmetros sobre o teste ou para análises de concentração/tipo de solventes para compostos testes. Para todas as análises estatísticas aplicadas, será considerado estatisticamente significativa a diferença entre os tratamentos quando apresentarem um valor de $p < 0,05$.

Testes de MN *in vivo*

Teste de MN em medula óssea de camundongos

Atualmente, o teste de MN em medula óssea de roedores é um dos testes na área de genética toxicológica que compõe a bateria de testes para avaliar a mutagenicidade de novos produtos químicos e farmacêuticos, além de misturas complexas, como amostras de extratos vegetais. Sendo aceito e frequentemente revisado por agências internacionais e comitês de harmonização, o teste possui um guia de recomendações da OECD sob o número 474, atualizado em 2016. No Brasil, o teste de MN em medula óssea é indicado pela ANVISA, no Guia "Estudos não clínicos necessários ao desenvolvimento de medicamentos fitoterápicos e produtos tradicionais fitoterápicos" (ANVISA, 2019) e "Guia para a condução de estudos não clínicos de toxicologia e segurança farmacológica necessários ao desenvolvimento de medicamentos" (ANVISA, 2013).

Quando um eritroblasto da medula óssea se transforma em eritrócito policromático (EPC; eritrócito imaturo ou reticulócito policromático), o núcleo principal é extrudado, permanecendo ainda por algum tempo o RNA ribossomal no citoplasma, o que permite uma coloração diferenciada dos eritrócitos maduros (ENC; normocromáticos). Acredita-se que a maior parte de qualquer micronúcleo que foi formado pode permanecer no citoplasma (~80%). A visualização ou detecção de micronúcleos é facilitada nessas células porque não possuem um núcleo principal. O aumento na frequência de EPC micronucleados (EPCMN) em animais tratados com a substância teste indica indução de aberrações cromossômicas estruturais ou numéricas que ocorreram nos eritroblastos. Os EPCMN recém-formados são identificados por coloração e quantificados por contagem ao microscópio, ou por análise automatizada. Os micronúcleos formados por perdas de cromossomo inteiro ou fragmentos podem ser detectados pela utilização de sondas específicas para centrômero e telômero; a ausência de centrômero indica que o micronúcleo contém apenas fragmentos de cromossomos (Ribeiro, 2003; OECD, 2016). O uso de EPC da medula óssea para o teste de MN detecta danos genotóxicos recentes, enquanto a medição de MN em ENC avalia os efeitos de exposições crônicas. O experimento deve ser feito por pessoas treinadas para obtenção de resultados confiáveis e precisos. Os critérios de utilização do teste de micronúcleos em medula óssea, bem como o protocolo a ser conduzido são determinados por diretrizes regulatórias internacionais.

Materiais necessários

Equipamentos

Autoclave para esterilização de maravalha; centrífuga para tubos cônicos de 15 mL; refrigerador, *freezer*, microscópio óptico de luz com objetiva de imersão, contador diferencial de células.

Consumíveis e reagentes

Caixas de polipropileno com grade de metal para manter os animais (5 por caixa); bebedouros; maravalha (serragem de pinho branco) esterilizada por autoclavagem, para forrar as caixas dos animais; ácido pícrico para identificação dos animais (cuidado: tóxico por inalação, ingestão e contato com a pele; explosivo) ou caneta marcador permanente; papel-alumínio (em retângulos de 20 × 30 cm), para armazenamento temporário dos fêmures; álcool 70%; pinça e tesoura para dissecção dos animais; papel-toalha absorvente, áspero, para limpar os restos de tecidos dos fêmures; seringa de 1 mL com agulha (seringa de insulina); tubos de centrífuga cônicos; pipetas de Pasteur com pipetador de borracha; estante suporte para tubos de centrífuga; soro fetal bovino (manter congelado); NaCl 0,9% (manter refrigerado); controles positivos: ciclofosfamida (CPA) ou etil-metanossulfonato (EMS) (verificar outras possibilidades em OECD 474); fosfato de sódio dibásico (Na_2HPO_4); fosfato de sódio monobásico ($NaH_2PO_4 \cdot H_2O$); lâminas com borda fosca; suporte para secagem das lâminas; metanol; corante Giemsa; óleo de imersão para análise das lâminas (conservar a 15 a 25°C; nocivo por ingestão); caixas para guardar lâminas, xilol ou com álcool-cetona (7:3) para limpeza da objetiva de imersão, papel macio para limpeza da objetiva de imersão.

Animais

Antes de iniciar o teste de micronúcleos em camundongos, o projeto deve ter sido previamente aprovado por uma Comissão de Ética no Uso de Animais (CEUA). Devem ser empregadas linhagens de camundongos (ou ratos) usadas comumente em laboratório. Tanto machos quanto fêmeas podem ser utilizados, a não ser que exista diferença de toxicidade entre os sexos ou que a substância teste seja específica para uso em apenas um dos sexos.

São utilizados adultos jovens (6 a 10 semanas de idade) saudáveis. Os animais devem ser selecionados ao acaso e pesados antes do início dos experimentos. A variação de peso entre os animais não deve exceder a ±20% do peso médio. Cada animal deve ser identificado individualmente e de forma permanente até a finalização dos experimentos. O ácido pícrico ou caneta permanente podem ser utilizados em diferentes partes do corpo do animal (p. ex., cauda e patas). Os animais devem ser obtidos de biotérios credenciados pelo CONCEA. Ração e água potável devem ser fornecidos à vontade. A temperatura ambiente do biotério deve ser de 22°C ± 3°C. A umidade relativa do ar deve ser de 50% ± 20% e um ciclo de luz 12 h claro/12 h escuro deve ser mantido com luz artificial. Os animais devem ser aclimatados por 5 dias ou mais. Devem ser mantidos em caixas de polipropileno em grupos do mesmo sexo. A eutanásia deve ser realizada por métodos que induzam perda rápida da consciência e morte sem dor ou estresse e devem ser os preconizados pelo CONCEA. A eutanásia deve ser realizada em sala específica, para evitar estresse desnecessário a outros animais. Carcaças e restos de tecidos dos animais, maravalha das caixas, materiais de laboratório contaminados com resíduos tóxicos devem ser descartados de acordo com a política de biossegurança da Instituição. Como regra geral, as carcaças e os restos de tecidos devem ser acondicionados em sacos plásticos e guardados em *freezer* até que sejam encaminhados para incineração.

Tratamento dos animais

Preparo das soluções de tratamento. Substância teste sólida deve ser dissolvida em solvente, para obtenção de solução de preferência aquosa, ou suspensa em veículo apropriado, para obtenção de uma suspensão homogênea, momentos antes do tratamento dos animais. Os solventes/veículos mais apropriados são água, solução fisiológica, carboximetilcelulose, óleo de oliva ou de milho. Quando a substância teste for líquida, pode ser administrada diretamente ou diluída para obtenção de doses adequadas. Substância teste pode ser ainda misturada na dieta ou na água potável para administração nos animais. Para exposições por inalação, a substância teste pode ser administrada como gás, vapor ou aerossol sólido/líquido, dependendo de suas propriedades físico-químicas. O solvente/veículo não deve produzir efeitos tóxicos e não deve ser suspeito de reagir quimicamente com a substância teste.

A seleção das concentrações da substância teste deve ser baseada em dados de toxicidade, quando disponíveis. Pode ser necessário um estudo piloto para identificar a dose máxima tolerada (DMT) definida como a dose mais alta que poderá ser administrada, sem induzir mortalidade, morbidade ou toxicidade excessiva (baseada na presença de sinais clínicos, como diarreia, perda de peso) ou depressão da medula óssea, durante o estudo. Para obter informações dose-resposta, o estudo completo deve incluir um grupo controle negativo, um grupo controle positivo, e no mínimo de três níveis de dose, geralmente separados por um fator de 2, mas não superior a 4. São utilizadas normalmente três doses: a DMT, 50% da DMT e 25% da DMT; porém, a dose maior não deve exceder 2.000 mg/kg. Na ausência de mortalidade ou toxicidade, e se genotoxicidade não é esperada, pode ser testada uma única dose de 2.000 mg/kg, para testes que não excedam 14 dias de tratamento e 1.000 mg/kg para testes com duração maior do que 14 dias.

A substância teste normalmente é administrada pela mesma via a ser utilizada no ser humano ou via de exposição. Por isso, as injeções intraperitoneais não são recomendadas. A via oral (na dieta ou na água de beber) e por gavagem (usando cânula ou agulha especial) são as mais utilizadas. Podem também ser utilizadas outras vias: subcutânea, por inalação, intratecal, entre outras, com a devida justificativa. O volume máximo de líquido administrado depende do peso do animal e não deve exceder 1 mL/100 g de peso corporal (para soluções aquosas pode chegar a 2 mL/100 g de peso corporal).

Esquema de tratamento dos animais (tempo de amostragem). Há três esquemas possíveis de tratamento previstos na OECD 474:

- Os animais são tratados com a substância teste em dose única. As amostras de medula óssea devem ser coletadas em dois tempos: 24 h e até 48 h após a administração.
- Os animais são tratados com a substância teste por dois dias consecutivos (intervalo de 24 h entre as administrações). As amostras de medula óssea são coletadas 18 a 24 h após a última administração.
- Os animais são tratados com a substância teste por três dias consecutivos ou mais (intervalo de 24 h entre as administrações). As amostras de medula óssea são coletadas 24 h após a última administração. Este esquema é apropriado quando se deseja combinar o teste de micronúcleos a teste de toxicidade a doses repetidas, além do ensaio cometa.

O protocolo mais utilizado envolve a administração de três concentrações da substância teste, um controle positivo e um controle negativo a camundongos machos. As amostras de medula óssea são coletadas 24 h após a última administração.

Animais do grupo-controle negativo são tratados com o mesmo solvente/veículo utilizado para dissolver a substância teste e devem ser incluídos para cada tempo de amostragem.

Se controles históricos apropriados justificarem o uso de somente um tempo de amostragem para o controle negativo, deve ser utilizado o primeiro tempo de amostragem. Se for utilizado solvente/veículo que não são os mais conhecidos, a sua inclusão no experimento deve ser suportada com referências, indicando sua compatibilidade. Porém, quando não houver informações sobre efeitos tóxicos e mutagênicos do solvente/veículo utilizado, um grupo controle de animais não tratados deverá ser incluído. O controle positivo deve ser incluído em cada teste. É aceitável que o controle positivo seja administrado em rota diferente daquela usada para a substância teste (e seu controle negativo), com a coleta da medula óssea em um único tempo de amostragem. O aumento de EPCMN deve ser significativo. São exemplos recomendados os seguintes controles positivos: etil-metanossulfonato: (CAS 62-50-0), 200 mg/kg; ciclofosfamida (CAS 50-18-0), 50 mg/kg; mitomicina C (CAS 50-07-7), 1 mg/kg. É recomendável que o laboratório mantenha guarda de registro dos controles negativos e positivos para obtenção de valores históricos cumulativos, que podem fornecer evidências de que o teste está dentro dos limites esperados.

Obtenção do material de medula óssea

O procedimento deve ser realizado sobre uma bancada do laboratório. Após a eutanásia, cada animal é colocado numa prancha de necrópsia coberta com papel absorvente para coleta de amostras de medula óssea, que deve ser realizada o mais rápido possível, nas seguintes etapas:

- Limpar a perna do animal com álcool 70%.
- Cortar a pele que recobre a perna e retirar o fêmur com auxílio de uma tesoura de dissecção; caso seja necessário, utilizar os dois fêmures.
- O excesso de tecido é retirado com o auxílio de tesoura de dissecção e papel absorvente áspero.
- Colocar a carcaça e os restos de tecidos em saco plástico destinado a descarte.
- Cortar as extremidades do fêmur para expor o canal da medula óssea.
- Coletar a medula para um tubo de centrífuga (previamente marcado com o código do animal), utilizando soro fetal bovino que deve ser injetado no canal medular para empurrar a medula (com auxílio de agulha de seringa de 1 mL).
- Limpar a seringa com soro fetal bovino para reutilização nos animais do mesmo grupo.
- Homogeneizar a medula com o soro fetal bovino, com auxílio de uma pipeta de Pasteur (previamente codificada para cada animal).
- Centrifugar a suspensão por 5 min, 1.000 rpm.
- Descartar o sobrenadante com auxílio da pipeta de Pasteur.
- Ressuspender o sedimento em 0,5 mL de soro fetal bovino,
- Preparar os esfregaços com duas gotas da suspensão na extremidade fosca da lâmina (previamente marcada com o código do animal) e com auxílio de uma outra lâmina inclinada a 45°, fazer o esfregaço com compressão média, para obtenção de uma única camada de células. Devem ser preparadas pelo menos duas lâminas por animal.
- Deixar secar as preparações ao ar.
- Realizar a limpeza da bancada.

Coloração das lâminas

As células sobre as lâminas são coradas 24 h após o esfregaço. O método de coloração inclui o uso de corantes convencionais como o Giemsa ou Leishman. Para coloração com Giemsa sugere-se o seguinte:

- Colocar as lâminas em cuba de coloração, adicionar metanol e deixar a temperatura ambiente por 10 min, para fixação da preparação.
- Remover o metanol (pode ser reutilizado por três vezes).
- Deixar as lâminas secarem ao ar por 30 min ou mais em suporte para secagem de lâminas.
- Preparar solução de coloração Giemsa na proporção de 1 parte de Giemsa para 9 partes de tampão fosfato 0,2 M (soluções uso do tampão fosfato: 60 mL de fosfato de sódio monobásico 0,2 M + 440 mL de fosfato de sódio dibásico 0,2 M), pH 5,8.
- Transferir as lâminas para uma cuba de coloração limpa.
- Adicionar a solução de coloração e cronometrar o tempo de 7 a 15 min (observar a qualidade da coloração nestes dois tempos).
- Enxaguar as lâminas com água destilada até remoção do excesso de corante.
- Deixar as lâminas secarem ao ar, em suporte para secagem por 24 h.
- Guardar em caixas de lâminas até a análise.

Forma de análise dos marcadores

As lâminas devem ser codificadas para que os grupos tratados e controles não sejam revelados ao observador (análise cega). A indicação é que a leitura das lâminas seja feita por apenas uma pessoa, contudo, caso haja mais do que um observador, eles devem analisar um número igual de células, em lâminas diferentes, em cada animal.

Primeiro, as lâminas devem ser observadas em aumento médio (200 a 400×), buscando campos com qualidade técnica adequada, onde as células estejam bem espalhadas, sem sobreposição, sem danos, com contornos regulares e com boa coloração para distinguir eritrócitos jovens e maduros. A coloração deve ser intensa, alaranjada nos ENC e azulada nas formas imaturas (EPC) (Figuras 7.5 e 7.6). Localizado o campo, a objetiva deve ser trocada para 1.000× e com o uso do óleo de imersão, as células (EPCs) devem ser analisadas quanto à presença de MN.

Geralmente, 2.000 EPC por animal são analisados para a presença de MNs, em um mínimo de 5 animais de um único sexo, por grupo de tratamento. A proporção de EPC é determinada para cada animal pela contagem de 500 eritrócitos. Os EPC são distinguidos dos eritrócitos maduros ou ENC pela coloração.

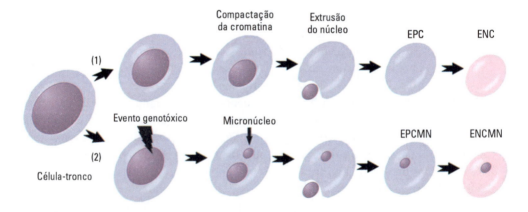

Figura 7.5. Esquema referente à origem do micronúcleo em células de medula óssea. (**1**) Durante a maturação do eritrócito, a cromatina compacta e o núcleo picnótico são perdidos, formando o eritrócito policromático (EPC); (**2**) quando há indução de dano ao DNA o micronúcleo surge do eritrócito nucleado e permanece após a extrusão nuclear formando o EPCMN.

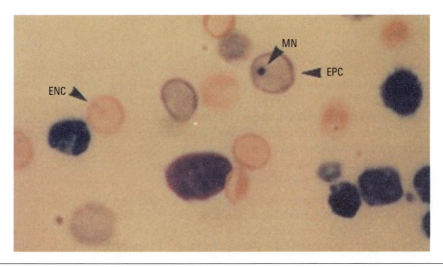

Figura 7.6. Micronúcleos em medula óssea. Observação em esfregaço de medula óssea de camundongo de eritrócito policromático (EPC) com micronúcleo (MN) e eritrócito normocromático (ENC). Coloração com Giemsa. Aumento: 1.000×.

Os eritrócitos micronucleados possuem, portanto, micronúcleos, que comumente têm de 5 a 20% do tamanho dos EPCs e podem ocorrer no EPC ou no ENC. Os MNs típicos, e não artefatos, apresentam coloração azul-escura, um formato arredondado ou oval e bordas nítidas. Geralmente apenas EPC é contado, sendo a frequência de EPCs micronucleados o resultado principal. Contudo, a análise de micronúcleos em ENCs pode ser indicada na avaliação de falso-positivo, quando há a presença de artefatos nas lâminas, que acabam por confundir o observador. Normalmente, a frequência de ENCs micronucleados não aumenta como os EPCMN e, se isso for observado, esse aumento aparente de micronúcleos em ENCs pode ser consequência de artefatos em uma determinada lâmina. Como marcador de toxicidade celular na medula óssea, o número de EPCs são contados examinando-se 500 eritrócitos (EPC + ENC) por animal. A proporção de EPCs para eritrócitos totais é calculada como uma porcentagem, e quando observada redução em relação ao controle negativo, há a indicação de toxicidade. Contudo, a toxicidade na medula óssea, quando o teste é realizado com doses máximas toleradas, ocorre na minoria dos casos, tendo a mesma probabilidade de estar associada a resultados negativos ou positivos de EPCMN.

Métodos estatísticos para análise dos resultados

Na análise dos dados, os critérios estatísticos e biológicos devem ser considerados. A hipótese estatística em questão deve ser predeterminada, por exemplo, o aumento na frequência de EPCMN é estatisticamente significativo em comparação ao grupo controle negativo. A relevância biológica, é claro, deve ser levada em consideração, a saber, a resposta é dependente da dose e reproduzível entre os animais dentro do grupo de tratamento. A hipótese nula pode ser definida como não positiva, ou seja, nenhum aumento significativo em relação ao controle negativo é observado, portanto indica que, nas condições de teste, a substância em estudo não produz um aumento significativo de EPCMN na espécie testada. Se o resultado obtido não for claro, é recomendada a repetição do experimento.

Não há consenso em relação ao teste estatístico utilizado na análise. Muitos trabalhos têm testado a normalidade dos dados para verificar se a distribuição de probabilidade associada ao

158 Teste de Micronúcleos: *In Vitro* e *In Vivo*

conjunto dos dados pode ser aproximada pela distribuição normal. Caso se assuma uma distribuição normal:

- O teste *t* de *student* deve ser usado para comparar o tratamento, ao grupo controle negativo; ou
- A análise de variância (ANOVA) aplicada para determinar se as médias de três ou mais grupos diferem.
  Quando a distribuição normal é violada, é indicado:
- O teste Wilcoxon-Mann-Whitney para comparar o tratamento ao controle negativo; ou
- O teste de Kruskal-Wallis para comparar três ou mais grupos.

Apresentação e interpretação dos dados

Os dados do experimento devem ser organizados em tabela. Alguns exemplos são fornecidos nas Tabelas 7.3 e 7.4. Em geral, os dados de todos os animais dentro do mesmo grupo de tratamento têm sido apresentados quando o número de EPCs analisado é de 2.000/animal, com no mínimo 5 animais por tratamento, ou 1.000 EPCs para 8 a 10 animais. Tais dados são possíveis

Tabela 7.3. Frequências de eritrócitos policromáticos micronucleados (EPCMNs) e a razão de EPC/ENC em células de medula óssea de camundongos machos tratados com três diferentes doses da substância teste, e os respectivos controles

Tratamentos	EPC analisados (n)	EPCMN		EPC/ENC[a]
		Número	Percentagem	
Controle negativo	10.000	3	0,03	1,11 ± 0,06
Controle positivo	10.000	28	0,28*	1,23 ± 0,15
Dose 1 do agente teste	10.000	4	0,04	1,24 ± 0,12
Dose 2 do agente teste	10.000	21	0,21*	1,21 ± 0,12
Dose 3 do agente teste	10.000	25	0,25*	1,31 ± 0,13

*Diferença significativa em relação ao grupo controle negativo (teste *t* de *student*, $p < 0,05$). n: número de células analisadas; EPC: eritrócitos policromáticos; ENC: eritrócitos normocromáticos; [a]Média ± desvio padrão.
Fonte: adaptada de Maistro (2014).

Tabela 7.4. Número de eritrócitos policromáticos micronucleados (EPCMNs) e a razão de EPC/ENC em células de medula óssea de camundongos machos tratados com três diferentes doses da substância teste, e os respectivos controles

Tratamentos	Número de EPCMN por animal						EPCMN[a]	EPC/ENC[a]
	M1	M2	M3	M4	M5	M6		
Controle negativo	7	9	8	6	7	8	7,5 ± 1,04	1,26 ± 0,08
Controle positivo	27	29	26	29	27	16	9,0 ± 2,09	1,20 ± 0,08
Dose 1 do agente teste	9	6	7	10	11	11	17,0 ± 3,03*	1,23 ± 0,13
Dose 2 do agente teste	17	16	19	12	21	17	17,33 ± 1,3*	1,25 ± 0,08
Dose 3 do agente teste	19	17	16	17	16	19	25,66 ± 4,8*	1,20 ± 0,06

*Diferença significativa em relação ao grupo controle negativo (teste *t* de *student*, $p < 0,05$). EPC: eritrócitos policromáticos; ENC: eritrócitos normocromáticos.
[a]Média ± desvio padrão.
Fonte: adaptada de Maistro (2014).

pois a variabilidade animal-animal é menor que a variabilidade da amostra para o número de EPCMN. Quando fêmeas e machos são testados usando o mesmo tratamento, protocolo e doses, os dados de ambos os sexos podem ser combinados para análise estatística, se não houver evidência de diferença na resposta entre machos e fêmeas. Na tabela devem constar o tratamento, o número do EPCs analisado, o número e a percentagem de EPCMN, bem como a relação EPC/ENC. Essas informações devem ser apresentadas por sexo, por tempo de amostragem e por grupo de tratamento.

É preciso enfatizar que o estudo da genotoxicidade utilizando o teste de MN em medula óssea de roedores *in vivo* é uma parte importante da bateria de testes recomendados para a avaliação de novos compostos. O ensaio é amplamente aceito por agências internacionais e instituições governamentais que examinam a genotoxicidade de drogas, produtos químicos e outras misturas complexas como extratos de planta, *in vivo*.

Teste de MN em mucosa oral

Desde a década de 1980, o teste de MN em mucosa oral (BMCyt) é um biomarcador que vem sendo utilizado para mensurar efeitos genéticos devido à exposição ambiental ou ocupacional, impacto do *status* nutricional e fatores relacionados com o estilo de vida, como também a associação de seus diferentes parâmetros com o desenvolvimento de diferentes doenças e fatores genéticos. Dessa forma, o BMCyt demonstra a grande importância da sua aplicação como um biomarcador de efeito (Bolognesi *et al.*, 2015; Bonassi *et al.*, 2011b; Thomas *et al.*, 2011).

A utilização de células bucais esfoliadas no lugar de linfócitos traz como vantagem a facilidade de obtenção das células de mucosa oral, como um método minimamente invasivo para amostragem e biomonitoramento de populações humanas, além de dispensar a realização de cultura celular *in vitro* para a avaliação das amostras. Outra grande vantagem da aplicação do teste BMCyt é a possibilidade de avaliar uma diversidade mais ampla de parâmetros, como dano ao DNA, instabilidade cromossômica, defeitos citocinéticos, morte celular e potencial proliferativo, por meio da classificação das células nos diferentes estágios de diferenciação ou morte celular.

Equipamentos necessários e coleta do material

Para o desenvolvimento desta técnica, o laboratório precisa contar basicamente com os seguintes equipamentos: centrífuga para tubos cônicos que atinja a velocidade de 1.500 rpm, homogenizador, vórtex de bancada, capela de fluxo laminar, microscópio óptico de luz com campo claro e/ou fluorescência com aumento de 1.000× e óleo de imersão. Também são necessários os seguintes itens: escovas cervicais (2 para cada indivíduo a ser coletado), tubos cônicos de 15 mL (2 para cada indivíduo a ser coletado), lâminas de microscopia (2 para cada indivíduo a ser coletado), pipetas de vidro Pasteur (1 para cada indivíduo a ser coletado), cubetas de vidro e papel-filtro.

Soluções e reagentes

Fixador saccomanno, tampão mucosa, fixador Carnoy, soluções de etanol 50% e 20%, solução de ácido clorídrico a 5 M (HCl), que deve ser preparada na capela de exaustão de gases, tanto as soluções de etanol quanto o HCL devem ser preparados no momento de sua utilização, *Fast Green* a 0,2%, reagente de Schiff. O preparo do fixador saccomanno consiste em uma solução com 50% de etanol e 2% de PEG (polietilenoglicol) diluído em água. Esta solução pode ser estocada a 4°C por até 3 meses. Para a preparação de 1 L do tampão mucosa os seguintes reagentes devem ser dissolvidos em 600 mL de água ultrapura: 1,6 g de Tris–HCl, 38 g de EDTA (ácido etilenodiamino tetra-acético, do inglês, *ethylenediamine tetraacetic acid*) e 1,2 g de NaCl (cloreto de sódio). Após a completa dissolução dos sais, o volume deve ser ajustado para 1 L e o pH corrigido para 7,0, em seguida o tampão deve ser autoclavado por 30 min e estocado em geladeira 4°C por até 3 meses. O fixador Carnoy é preparado com a mistura de metanol e ácido acético glacial em proporção de 3:1 devendo ser preparado na capela de fluxo laminar, no momento de sua utilização. Para preparo de 500 mL de *Fast Green* 0,2%, deve-se dissolver completamente 1 g de *Fast Green* em aproximadamente 400 mL de água ultrapura e completar o volume para 500 mL. Em seguida, é necessário filtrar em papel poroso de aproximadamente 11 µm. Este reagente deve ser mantido no escuro em temperatura ambiente, podendo ser reutilizado por 1 ano, mas esta solução poderá cristalizar com o uso, formando grumos, devendo ser filtrado conforme a necessidade para a melhor utilização.

Metodologia

- Para as coletas, são utilizados tubos cônicos de 15 mL previamente identificados (dois tubos para cada indivíduo, um para cada bochecha) com 10 mL de tampão mucosa, no caso de as amostras serem processadas imediatamente, ou de fixador saccomanno, para a fixação das amostras nos casos de o processamento ser realizado posteriormente, sendo as amostras mantidas sob refrigeração até o momento do processamento.
- Antes de iniciar a coleta, o indivíduo deverá fazer bochecho com água para enxaguar a boca e remover possíveis debris que possam dificultar a análise das lâminas.
- Uma escova cervical é utilizada para a coleta de cada uma das bochechas, por meio de movimentos giratórios de aproximadamente 20 vezes em cada bochecha. Neste ponto é importante cuidar da força aplicada na coleta, uma vez que desta forma de coleta é que se consegue atingir as células das camadas mais basais da epiderme. Assim, esta etapa pode alterar a proporção entre células basais e diferenciadas obtidas. A escova deve ser colocada imediatamente no tubo cônico com tampão mucosa ou fixador saccomanno, para o transporte ao laboratório e com a identificação do indivíduo coletado.
- O processamento das amostras frescas ou já fixadas inicia-se pela etapa de lavagem, que consiste na homogeneização das amostras com o auxílio do vórtex durante 30 segundos (para que as células se desprendam das escovas cervicais). As escovas devem ser então descartadas do tubo.
- Os tubos contendo as amostras devem ser centrifugados por 10 min a 1.500 rpm.
- Após a centrifugação, o sobrenadante deve ser removido e o pellet ressuspendido em 5 mL de tampão mucosa com o auxílio de pipetas Pasteur e, em seguida, homogeneizado no vórtex durante 30 segundos. Esta etapa de centrifugação, remoção do sobrenadante, ressuspensão do pellet e homogeneização deve ser realizada por três vezes.
- Após a finalização da etapa anterior, as amostras devem ser novamente centrifugadas, o sobrenadante removido e o pellet ressuspendido em apenas 2 mL, sendo homogeneizadas com vórtex (30 segundos) e com o auxílio de pipetas Pasteur.
- Contar as células em câmara Neubauer e fazer a diluição com o tampão mucosa para se obter 80.000 células/mL. No caso de as células estarem muito agregadas, pode-se adicionar 50 µL de DMSO por mL de solução e ressuspender com a pipeta Pasteur.

Para o preparo das lâminas com a utilização de citocentrífuga, deve ser colocado o volume de 120 µL da suspensão por lâmina, por 5 min na citocentrífuga na velocidade de 600 rpm. As lâminas devem secar à temperatura ambiente por 10 min, então, fixadas em cubetas com o fixador Carnoy. No caso de confecção das lâminas de forma manual, as células devem ser fixadas com 1 mL de fixador Carnoy por pelo menos 10 min (é possível deixar *over night*) e depois, utilizando pipetas à distância, deve-se pingar 150 µL por lâmina, sendo no mínimo duas lâminas por indivíduo, que devem secar em temperatura ambiente por 24 h para a etapa posterior de coloração.

Para a coloração das lâminas com reagente de Schiff e *Fast Green* é necessário realizar tratamento com etanol e com ácido clorídrico:

- Colocar as lâminas em cubeta e imergi-las em solução etanol 50% por 1 min.
- Em seguida, remover a solução etanol 50% e adicionar na cubeta contendo as lâminas a solução etanol 20% por 1 min, e após remover a solução etanol 20%, lavar as lâminas adicionando água destilada nas cubetas e mantendo por 2 min.
- Após a lavagem, as lâminas devem ser tratadas por 30 minutos em imersão em solução de ácido clorídrico a 5 M, que deve ser preparada pouco antes da utilização, seguido por uma etapa de lavagem em água corrente por 3 minutos para a remoção do ácido das lâminas.
- Após escorrer o excesso de água, as lâminas devem ser mergulhadas em reagente de Schiff por no mínimo 1 hora no escuro, devendo-se acompanhar esta etapa no microscópio, retirando-se uma lâmina e lavando-a com água destilada para observá-la no microscópio. Em uma coloração adequada, o núcleo das células deve ser de cor rosa quando visualizado. Caso necessário, deixar corando por mais tempo, realizando o acompanhamento a cada 15 minutos. Quando a coloração estiver adequada, retirar o reagente da cubeta e lavar em água corrente por 3 minutos e então deixar as lâminas submersas em água destilada por 1 minuto.
- Após esta etapa de coloração do núcleo, as lâminas devem ser contracoradas com solução de *Fast Green* 0,2%, a fim de corar o citoplasma das células. As lâminas devem ser mergulhadas rapidamente, por cerca de 4 segundos e, em seguida, devem ser lavadas com H_2O destilada, podendo-se realizar esta etapa com pisseta. Ainda, sugere-se que seja realizada primeiramente a coloração de uma lâmina e que esta seja visualizada no microscópio, para garantir que o tempo de coloração com *Fast Green* esteja adequado e posteriormente corar o restante das lâminas, pois o ideal é que o citoplasma celular atinja uma tonalidade verde-clara. Depois da etapa de coloração, deixar as lâminas secando em temperatura ambiente.

Após as lâminas estarem secas, para uma melhor manutenção das lâminas, elas podem ser montadas, com o uso do óleo de imersão ao microscópio, com a utilização de DePex® ou Entellan®, sendo cobertas com lamínula, e secas por, pelo menos, 30 minutos.

Antes de iniciar a contagem das células, o analisador deverá avaliar a qualidade do material da lâmina com auxílio do aumento de 200 a 400×. Posteriormente, iniciar a análise das lâminas com aumento de 1.000× e óleo de imersão. A análise é realizada em três etapas: na primeira etapa, para cada lâmina preparada, deverá ser analisada, num total de 1.000 células, as frequências das células basais, células diferenciadas, células diferenciadas binucleadas, células diferenciadas com cromatina condensada, células cariorréticas, células picnóticas e células cariolíticas. Na segunda etapa, segue-se a contagem até um total de 2.000 células diferenciadas mononucleadas, para a determinação de MNs, brotos nucleares e *broken eggs*. Na terceira etapa, são totalizadas 100 células binucleadas, identificando a presença de MNs, brotos nucleares e *broken eggs*.

Identificação dos diferentes *endpoints* do método BMCyt

A observação dos diferentes tipos celulares e anormalidades nos núcleos é resultado do processo de diferenciação que ocorre nas células da mucosa oral. Como representado na Figura 7.7, a mucosa oral é um epitélio escamoso estratificado composto por quatro camadas distintas, camada germinativa, camada espinhosa, camada granulosa e camada córnea, da camada mais basal até a mais diferenciada que fica voltada para a cavidade oral. Este processo de diferenciação celular leva de 7 a 21 dias. A mucosa oral é formada por um epitélio escamoso estratificado que possui alta capacidade de vascularização e absorção. As células da mucosa oral estão em constante contato com substâncias tóxicas ingeridas e inaladas, sendo úteis como biomarcador de eventos genotóxicos. O ensaio BMCyt permite a avaliação do potencial proliferativo,

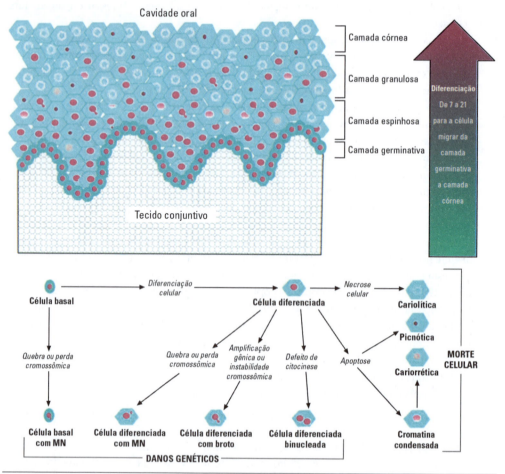

Figura 7.7. Esquema de corte histológico de mucosa oral normal. Demonstração das etapas da diferenciação celular e a disposição desses tipos celulares nas diferentes camadas da mucosa.
Fonte: adaptada de Bolognesi et al. (2013) e Thomas et al. (2009).

defeitos citocinéticos, danos ao DNA e morte celular. O dano ao DNA é avaliado pelas frequências MN e NBUD. A avaliação da morte celular é obtida pela frequência de células de cromatina condensada, cariorrética, picnótica e cariolítica. Os critérios para a identificação dos diferentes *endpoints* avaliados pelo método BMCyt foram propostos por Thomas *et al.* (2009) e Bolognesi *et al.* (2013) (Figura 7.8).

As células basais são as células dispostas na camada germinativa da epiderme. Quando comparadas às células diferenciadas apresentam formato mais arredondado, são menores e, por isso, apresentam maior proporção do tamanho do núcleo em relação ao tamanho do citoplasma. A frequência deste tipo celular representa a atividade proliferativa da mucosa e pode depender do método e intensidade de coleta.

As células diferenciadas normais apresentam-se maiores que as células basais, com menor proporção nuclear em relação ao citoplasma. São células mais angulares e mais planas e têm um núcleo uniformemente corado, geralmente de formato oval ou redondo.

O micronúcleo é caracterizado por ser estruturado com a mesma coloração que o núcleo principal e apresenta, geralmente, formato arredondado ou oval, com diâmetro variando entre

Associação Brasileira de Mutagênese e Genômica Ambiental

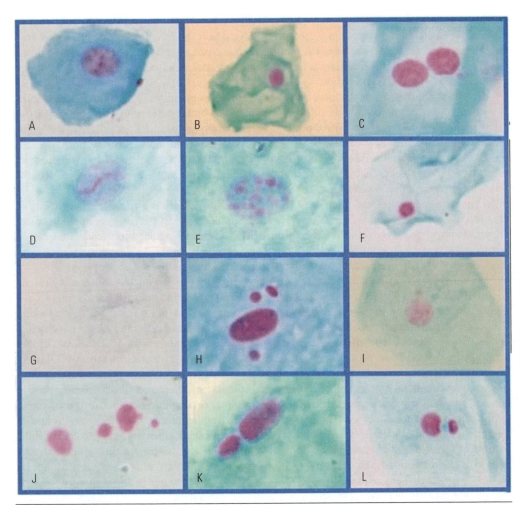

Figura 7.8. Células da mucosa oral visualizadas por microscopia óptica (1.000×). **A.** Célula basal. **B.** Célula diferenciada mononuclear. **C.** Célula diferenciada binucleada. **D.** Célula com cromatina condensada. **E.** Célula cariorrética. **F.** Célula picnótica. **G.** Célula cariolítica. **H-I.** Célula diferenciada mononucleada com micronúcleo. **J.** Célula diferenciada binucleada com micronúcleo e com NBUD. **K-L.** Células diferenciadas mononucleadas com NBUD. Aumento: 1.000×.

1/3 e 1/16 do diâmetro do núcleo principal. As células micronucleadas podem apresentar um ou mais MNs, raramente acima de seis MNs. O MN deve estar localizado dentro do citoplasma das células, podendo ser encontrado em qualquer um dos tipos celulares da mucosa, porém é contado apenas nas células basais e diferenciadas normais, sendo nas diferenciadas mono ou binucleadas. A presença de MN indica a perda de um cromossomo inteiro, devido a evento aneugênico, ou fragmento de um cromossomo, resultado de um evento clastogênico.

As células com broto nuclear (NBUD), apresentam núcleos com uma constrição aparente e nítida em uma extremidade do núcleo, sugestivo de um processo de brotamento, isto é, eliminação de material nuclear por brotamento. O broto nuclear e o núcleo geralmente estão muito próximos e ligados um ao outro, além de apresentarem as mesmas propriedades morfológicas e de coloração, porém o diâmetro dos brotos nucleares pode variar de 1/3 a 1/16 do diâmetro do núcleo principal. O mecanismo que leva à formação de brotos nucleares está relacionado com a eliminação de excesso de material nuclear, como complexos de reparo de DNA não resolvidos ou DNA amplificado após sua segregação na periferia do núcleo. No trabalho de Tolbert *et al.* (1992), que inicialmente descreveu o método BMCyt, descreveu estruturas semelhantes aos brotos celulares, porém muito maiores, até maiores do que o núcleo celular, como *Broken egg* ou células "quebradas". Embora semelhantes e atualmente contados juntamente com NBUD, as *Broken egg* não têm a origem compreendida.

As células binucleadas são células que apresentam duas estruturas nucleares similares entre si no tamanho e na intensidade de coloração. Nas células binucleadas, normalmente os núcleos estão muito próximos um do outro, podendo até estarem se tocando. Os núcleos das células binucleadas têm a mesma morfologia dos núcleos das células normais. A formação das células binucleadas deve-se à falha da citocinese, seja por defeitos na formação do anel do microfilamento ou na interrupção do ciclo celular devido à desregulação dos cromossomos ou à disfunção dos telômeros. Foi observado que as células epiteliais humanas que apresentam disfunção dos telômeros têm maior probabilidade de se tornarem células tetraploides após falha na citocinese. Os indivíduos caracterizados com cariótipos aneuploides, como os pacientes com síndrome de Down, demonstraram ter uma frequência duas vezes maior de células binucleadas nas células bucais em comparação com os controles normais. Assim, a proporção de células binucleadas: mononucleadas é um biomarcador de falha na citocinese, que pode levar à aneuploidia.

As células com cromatina condensada são caracterizadas por um núcleo com um padrão estriado devido a áreas paralelas onde há a condensação da cromatina que, por isso, ficam intensamente coradas, contrapondo-se às regiões menos coradas pela menor quantidade de cromatina. Estas células apresentam tamanho característico do citoplasma semelhantes às células diferenciadas. A estrutura da cromatina condensada tem pouca ou nenhuma atividade transcricional, sendo assim associada ao processo inicial de apoptose. Células cariorréticas são as células que também apresentam tamanho característico do citoplasma, semelhantes às células diferenciadas, porém apresentam agregação mais extensa de cromatina em relação às células com cromatina condensada. Assim, o núcleo das células cariorréticas apresentam padrão manchado com aparente dissolução de material nuclear, o que é indicativo de fragmentação e desintegração do núcleo. Esta fragmentação e desintegração nuclear são típicas dos estágios finais da apoptose. As células picnóticas são células diferenciadas que possuem um pequeno núcleo encolhido e intensamente corado. Devido à condensação irreversível da cromatina, o diâmetro nuclear fica reduzido a 1/3 ou 2/3 de um núcleo em células diferenciadas normais. A picnose representa a apoptose, e acredita-se que precede as células cariorréticas. As células carioliticas são células diferenciadas que parecem não ter um núcleo, ou apenas um núcleo fantasma, muito pouco corado. Tal ocorrência existe porque seus núcleos foram completamente esgotados de DNA. Assim, as células carioliticas representam células necróticas nas quais há a desintegração do núcleo.

Métodos estatísticos para análise dos resultados

É recomendado avaliar criticamente os resultados por meio de uma análise estatística de acordo com os testes disponíveis e apropriados conforme o estudo realizado. Para estudo das diferenças entre populações, as comparações devem ser feitas entre o grupo controle e o grupo objeto do estudo, e para isso aplicam-se testes de análise de duas amostras independentes, teste *t* (paramétrico), no caso de dados com distribuição normal, ou Teste U – Mann-Whitney (não paramétrico), no caso de dados sem distribuição normal. Os cálculos podem ser feitos com auxílio de um pacote estatístico, como GraphPad Prisma ou SPSS, comercialmente disponível. A resposta é considerada negativa quando não houver uma diferença estatística entre os parâmetros analisados, portanto o teste estatístico não será considerado significativo. Um resultado positivo significa que o agente ou agentes em que os indivíduos estão expostos são capazes de produzir um aumento significativo para o parâmetro avaliado. Outras relações podem ser feitas, como os efeitos do dano ao DNA encontrados em BMCyt relacionados com outros parâmetros individuais, podendo ser utilizados testes estatísticos de correlações entre dois ou mais parâmetros (Teste de Spearman ou Pearson). Alguns critérios para a seleção das células devem ser considerados. Para incluir uma célula na classificação e na contagem durante a leitura da lâmina, esta deve representar claramente as características demonstradas na Figura 7.8, com núcleo e membrana celular intactos e não sobrepostos às demais células, com risco de incluí-la em uma classificação equivocada.

Os dados das análises de BMCyt podem ser apresentados tanto na forma de tabelas (Tabela 7.5) como em gráficos. Para cada parâmetro avaliado, deve-se realizar a análise estatística referente à proposta do estudo. Na Tabela 7.5, os autores avaliaram as células da mucosa oral de agricultores utilizando as diferentes classificações de alterações celulares. Nesse artigo, ao avaliar os danos ao DNA foram observados uma frequência de MN, brotos nucleares e células binucleadas no grupo exposto quando comparado ao grupo não exposto. Nos parâmetros de morte celular, foi possível observar no grupo exposto um aumento significativo de células com cromatina condensada e cariorrética em relação ao não exposto.

Tabela 7.5. Teste do micronúcleo (BMCyt) em células coletadas da mucosa oral de grupos não expostos e expostos a agente mutagênico. Dados apresentados como média ± desvio padrão

Parâmetros	Grupo não exposto	Grupo exposto
Dano ao DNA		
MN	0,9 ± 1,0	3,3 ± 2,1**
Brotos nucleares	2,6 ± 1,8	6,7 ± 3,1**
Células binucleadas	8,2 ± 3,5	9,5 ± 4,0*
Morte celular		
Cromatina condensada	28,6 ± 10,0	54,6 ± 13,9**
Células cariorréticas	52,4 ± 16,6	91,0 ± 35,5**
Células picnóticas	4,4 ± 2,2	5,2 ± 36,6
Células cariolíticas	48,8 ± 26,5	58,4 ± 36,6

*Significativo em $p < 0,05$; **Significativo em $p < 0,001$ em relação ao grupo não exposto (Teste de Mann-Whitney).
Fonte: adaptada de Oliveira *et al.* (2019).

Referências bibliográficas

Agência Nacional de Vigilância Sanitária (ANVISA). Estudos não clínicos necessários ao desenvolvimento de medicamentos fitoterápicos e produtos tradicionais fitoterápicos. http://portal.anvisa. gov.br/documents/10181/2977552/Guia+22+.pdf/8bec9e94-a3e2-4bb9-9e50-0f79cc876a8c, 2019. Acesso em: 13 julho 2020.

Agência Nacional de Vigilância Sanitária (ANVISA). Guia para a condução de estudos não clínicos de toxicologia e segurança farmacológica necessários ao desenvolvimento de medicamentos. http:// portal.anvisa.gov.br/documents/33836/2492465/Guia+para+a+Condu%C3%A7%C3%A3o+de+ Estudos+N%C3%A3o+Cl%C3%ADnicos+de+Toxicologia+e+Seguran%C3%A7a+Farmacol%C3 %B3gica+Necess%C3%A1rios+ao+Desenvolvimento+de+Medicamentos+-+Vers%C3%A3o+2/ a8cad67c-14c8-4722-bf0f-058a3a284f75, 2013. Acesso em: 13 julho 2020.

Andreassi MG, Barale R, Iozzo P, Picano E. The association of micronucleus frequency with obesity, diabetes and cardiovascular disease. Mutagenesis. 2011; 26:77-83. https://doi: 10.1093/mutage/ geq077.

Baesse CQ, Tolentino VC de M, Silva AM da, Silva AA, Ferreira GA, Paniago LPM *et al*. Micronucleus as biomaker of genotoxicity in birds from Brazilian Cerrado. Ecotoxicol Environ Saf. 2015; 115:223-8. https://doi.org/10.1016/j.ecoenv.2015.02.024

Benvindo-Souza M, Assis RA, Oliveira EAS, Borges RE, Santos LRS. The micronucleus test for the oral mucosa: global trends and new questions. Environ Sci Pollut Res. 2017; 24:27724-30. https://doi.org/10.10.1007/s11356-0170227-2

Bickham JW, Sandhu S, Hebert PDN, Chikhi L, Athwal R. Effects of chemical contaminants on genetic diversity in natural populations: implications for biomonitoring and ecotoxicology. Mutat Res. 2000; 463:33-51. https://doi.org/10.1016/S1383-5742(00)00004-1

Bolognesi C, Fenech M. Mussel micronucleus cytome assay. Nat Protoc. 2012; 7:1125-37. https://doi.org/10.1038/nprot.2012.043

Bolognesi, C, Knasmueller, S, Nersesyan, A, Thomas P, Fenech M. The HUMNxl scoring criteria for different cell types and nuclear anomalies in the buccal micronucleus cytome assay - an update and expanded photogallery. Mutat Res. 2013; 753:100-13. http://dx.doi.org/10.1016/j.mrrev.2013.07.002

Bolognesi C, Cirillo S. Genotoxicity biomarkers in aquatic bioindicators. Current Zoology. 2014; 60:(2)273-84, https://doi.org/10.1093/czoolo/60.2.273

Bolognesi C, Bonassi S, Knasmueller S, Fenech M, Bruzzone M, Lando C *et al*. Clinical application of micronucleus test in exfoliated buccal cells: a systematic review and metanalysis. Mutat Res. 2015; 766:20-31. http://dx.doi.org/10.1016/j.mrrev.2015.07.002

Bolognesi C, Fenech M. Micronucleus cytome assays in human lymphocytes and buccal cells. In: Dhawan A, Bajpayee M (eds.). Genotoxicity assessment. Methods in Molecular Biology. Springer, New York, 2019, pp. 147-63. https://doi.org/10.1007/978-1-4939-9646-9_8

Bonassi S, Coskun E, Ceppi M, Lando C, Bolognesi C, Burgaz S *et al*. The HUman MicroNucleus project on eXfoLiated buccal cells (HUMN(XL)): the role of life-style, host factors, occupational exposures, health status, and assay protocol. Mutat Res. 2011a; 728:88-97. https://doi.org/10.1016/j.mrrev.2011.06.005

Bonassi S, El-Zein R, Bolognesi C, Fenech M. Micronuclei frequency in peripheral blood lymphocytes and câncer risk: evidence from human studies. Mutagenesis. 2011b; 26:93-100. https://doi.org/10.1093/mutage/geq075

Brito KCT de, Lemos CT de, Rocha JAV, Mielli A, Matzenbacher C, Vargas V. Comparative genotoxicity of airborne particulate matter (PM2.5) using Salmonella, plants and mammalian cells. Ecotoxicol Environ Saf. 2013; 94:14-20. https://doi.org/10.1016/j.ecoenv.2013.04.014

Chen L, Li N, Liu Y, Faquet B, Alépée N, Ding C *et al*. A new 3D model for genotoxicity assessment: EpiSkin™ Micronucleus Assay. Mutagenesis. 2020; 3:1–11. https://doi.org/10.1093/mutage/geaa003

Conselho Nacional de Controle de Experimentação Animal. Ministério da Ciência, Tecnologia e Inovação (CONCEA). Diretrizes da Prática de Eutanásia do CONCEA, Brasília/DF. http://www.mctic.gov.br/mctic/opencms/institucional/concea/paginas/legislacao.html, 2013. Acesso em: 13 julho 2013.

Doak SH, Griffiths SM, Manshian B, Singh N, Williams PM, Brown AP *et al*. Confounding experimental considerations in nanogenotoxicology. Mutagenesis. 2009; 24:285-93. https://doi.org/10.1093/mutage/gep010

Eskes G, Bostrom A-C, Bowe G, Coecks S, Hartung T, Hendricks G *et al*. Good cell culture pratices & in vitro toxicology. Toxicol in Vitro. 2017; 45:272-7. http://dx.doi.org/10.1016/j.tiv.2017.04.022

Fenech M, Morley A. Solutions to the kinetic problem in the micronucleus assay. Cytobios. 1985; 43:233-46.

Fenech M. The in vitro micronucleus technique. Mutat Res. 2000; 455:81-95. https://doi.org/10.1016/S0027-5107(00)00065-8

Fenech M. Cytokinesis-block micronucleus cytome assay. Nat Protoc. 2007; 2:1084-104. https://doi.org/10.1038/nprot.2007.77

Fenech M. A lifetime passion for micronucleus cytome assay-reflections from down under. Mutat Res. 2009; 681:111-7. https://doi.org/10.1016/j.mrrev.2008.11.003

Garriott ML, Phelps JB, Hoffman WP. A protocol for the in vitro micronucleus test I. Contributions to the development of a protocol suitable for regulatory submissions from an examination of 16 chemicals with different mechanisms of action and different levels of activity. Mutat Res. 2002; 517:123-34. https://doi.org/10.1016/s1383-5718(02)00059-1

George A, Venkatesan S, Ashok N, Saraswathy R, Hande MP. Assessment of genomic instability and proliferation index in cultured lymphocytes of patients with Down syndrome, congenital anomalies and aplastic anaemia. Mutat Res. 2018; 836:98-103. https://doi.org/10.1016/j.mrgentox.2018.06.015

Hayashi M. The micronucleus test – most widely used in vivo genotoxicity test. Genes Environ. 2016; 38:18. https://doi.org/10.1186/s41021-016-0044-x

Hopf NB, Danuser B, Bolognesi C, Wild P. Age related micronuclei frequency ranges in buccal and nasal cells in a healthy population. Environ Res. 2020; 180:108824. https://doi.org/10.1016/j.envres.2019.108824

Kirsch-Volders M, Decordier I, Elhajouji A, Plas G, Aardema MJ, Fenech M. In vitro genotoxicity testing using the micronucleus assays in cell lines, human lymphocytes and 3D human skin models. Mutagenesis. 2011; 26:177-84. https://doi.org/10.1093/mutage.geq068

Kirsch-Volders M, Sofuni T, Aardema M, Albertini S, Eastmond D, Fenech M et al. Report of the in vitro micronucleus assay working group. Mutat Res. 2003; 540:153-63. https://doi.org/10.1016/j.mrgentox.2003.07.005

Knasmüller S, Fenech M. The micronucleus assay in toxicology, Royal Society of Chemistry, Cambridge, 2019.

Kursa M, Bezrukov V. Health status in an antarctic top predator: micronuclei frequency and white Blood cell differentials in the south polar skua (Catharacta maccormicki). Polarforschung. 2008; 77:1-5. https://doi.org/10.2312/polarforschung.77.1.1

Lippman SM, Peters EJ, Wargovich MJ, Stadnyk AN, Dixon DO, Dekmezian RH et al. Bronchial micronuclei as a marker of an early stage of carcinogenesis in the human tracheobronchial epithelium. Int J Cancer. 1990; 45:811-5. https://doi.org/10.1002/ijc.2910450503

Luiz RC, Jordão BQ, Eira AF, Ribeiro LR, Mantovani MS. Non-mutagenic or Genotoxic Effects of Medicinal Aqueous Extracts from the Agaricus blazei Mushroom in V79 Cells. Cytologia. 2003; 68:1-6. https://doi.org/10.1508/cytologia.68.1

Marcarini JC, Tsuboy MSF, Luiz RC, Ribeiro LR, Hoffmann-Campo CB, Mantovani MS. Investigation of cytotoxic, apoptosis-inducing, genotoxic and protective effects of the flavonoid rutin in HTC hepatic cells. Exp Toxicol Pathol. 2011; 63:459-65. https://doi.org/10.1016/j.etp.2010.03.005

Maistro EL. The in vivo rodent micronucleus test. In: Sierra LM, Gaivão I (eds.). Genotoxicity and DNA repair. New York: Humana Press, 2014; 103-13.

Maistro EL, Angeli JPF, Andrade SF, Mantovani MS. In vitro genotoxicity assessment of caffeic, cinnamic and ferulic acids. Gen Mol Res. 2011; 10:1130-40. https://doi.org/10.4238/vol10-2gmr1278

Migliore L, di Bucchianico S, Uboldi C. The in vitro micronucleus assay and FISH analysis. In: Sierra LM, Gaivão I (eds.). Genotoxicity and DNA repair: a practical approach, methods in pharmacology and toxicology. New York: Springer Science + Business Media, 2014; 73-102.

Mišík M, Krupitza G, Mišíková K, Mičieta K, Nersesyan A, Kundi M et al. The Tradescantia micronucleus assay is a highly sensitive tool for the detection of low levels of radioactivity in environmental samples. Environ Pollut. 2016; 219:1044-8. https://doi.org/10.1016/j.envpol.2016.09.004

Mun GC, Aardema MJ, Hu T, Barnett B, Kaluzhny Y, Klausner M et al. Further development of the EpiDerm 3D reconstructed human skin micronucleus (RSMN) assay. Mutat Res. 2009; 673:92-9. https://doi.org/10.1016/j.mrgentox.2008.12.004

OECD. 2016. Test N. 474: Mammalian Erythrocyte Micronucleus Test, OECD Guidelines for the Testing of Chemicals, Section 4, OECD Publishing, Paris, https://doi.org/10.1787/9789264264762-en (accessed 13 July 2020).

Oliveira AFB, Souza MR, Benedetti D, Scotti AS, Piazza LS, Garcia ALH *et al*. Investigation of pesticide exposure by genotoxicological, biochemical, genetic polymorphic and in silico analysis. Ecotox Environ Safe. 2019; 179:135-42. https://doi.org/10.1016/j.ecoenv.2019.04.023

Qiu J, Zhong L, Zhou M, Chen D, Huang X, Chen J *et al*. Establishment and characterization of a reconstructed Chinese human epidermis model. Int J Cosmet. Sci. 2016; 38:60-7. https://doi.org/10.1111/ics.12249

Rodrigues MA. An automated method to perform the in vitro micronucleus assay using multispectral imaging flow cytometry. J Vis Exp. 2019; 147:e59324. https://doi.org/10.3791/59324

Smart DJ, Helbling FR, Verardo M, McHugh D, Vanscheeuwijck P. Mode-of-action analysis of the effects induced by nicotine in the in vitro micronucleus assay. Environ Mol Mutagen. 2019; 60:778-91. https://doi.org/10.1002/em.22314

Sommer S, Buraczewska I, KruszewskiInt M. Micronucleus assay: the state of art, and future directions. J Mol Sci. 2020; 21:1534. https://doi:10.3390/ijms21041534

Stich HF, Stich W, Rosin MP, Vallejera MO. Use of the micronucleus test to monitor the effect of vitamin A, beta-carotene and canthaxanthin on the buccal mucosa of betel nut/tobacco chewers. Int J Cancer. 1984; 34:745-50. https://doi.org/10.1002/ijc.2910340602

Thomas P, Holland N, Bolognesi C, Kirsch-Volders M, Bonassi S, Zeiger E *et al*. Buccal micronucleus cytome assay. Nat Protoc. 2009; 4:825-37. https://doi.org/10.1038/nprot.2009.53

Thomas P, Fenech M. Buccal micronucleus cytome assay. In: Didenko V (ed.). DNA damage detection in situ, ex vivo, and in vivo. Springer, Switzerland. 2011; 235-48. https://doi.org/10.1007/978-1-60327-409-8

Udroiu I. Feasibility of conducting the micronucleus test in circulating erythrocytes from different mammalian species: An anatomical perspective. Environ Mol Mutagen. 2006; 47:643-6. https://doi.org/10.1002/em.2025

Udroiu I, Sgura A, Vignoli L, Bologna MA, D'Amen M, Salvi D *et al*. Micronucleus test on Triturus carnifex as a tool for environmental biomonitoring. Environ Mol Mutagen. 2015; 56:412-7. https://doi.org/10.1002/em.21914

8

Testes de Reparo do DNA

Ana Rafaela de Souza Timoteo • Laysa Ohana Alves de Oliveira
Thais Teixeira Oliveira • Julliane Tamara Araújo de Melo Campos
Lucymara Fassarella Agnez Lima

Resumo

O DNA está frequentemente exposto a agentes endógenos ou exógenos que geram alterações em sua estrutura química, denominadas lesões de DNA, as quais podem resultar em mutações quando não reparadas. As vias de reparo de DNA são essenciais à vida, uma vez que são responsáveis pela remoção das lesões de DNA, contribuindo, assim, para manutenção da integridade genômica. Diferentes metodologias têm sido propostas para se investigar a ação das enzimas envolvidas em mecanismos de reparo de DNA. Neste capítulo, são apresentadas algumas das metodologias mais utilizadas e acessíveis a laboratórios de porte médio.

INTRODUÇÃO

A estrutura química do DNA está frequentemente sujeita a alterações devido à exposição a agentes químicos ou físicos capazes de reagir com seus componentes. Quando isso ocorre, as alterações causadas na estrutura do DNA são chamadas de lesões que, por sua vez, são capazes de induzir mutações quando não reparadas. Os agentes potencialmente mutagênicos podem ser de origem endógena, ou seja, produzidos pela própria célula, ou de origem exógena. As lesões de DNA endógenas são causadas principalmente pela ação das espécies reativas de oxigênio, formadas, majoritariamente, como subprodutos da fosforilação oxidativa. Lesões de DNA de natureza exógena são causadas por muitos agentes físicos ou químicos aos quais os organismos estão expostos, como radiação solar e contaminantes ambientais como os hidrocarbonetos policíclicos aromáticos.

Os organismos possuem várias vias de reparo de DNA com atividades muitas vezes sobrepostas ou redundantes. Juntas, as vias de reparo de DNA são responsáveis pela manutenção da integridade genômica. Como exemplos, bases oxidadas são removidas pelo reparo de excisão de base (*base excision repair – BER*), enquanto lesões que causam distorção na fita de DNA, adutos de bases, são substratos da via de reparo por excisão de nucleotídeos (do inglês, *nucleotide excision repair – NER*), que inclui as subvias de reparo do genoma global (GG-NER) e de reparo acoplado à transcrição (TC-NER).

O reparo de bases mal emparelhadas (*mismatch repair – MMR*) reconhece e repara nucleotídeos com emparelhamento errôneo introduzidos durante a replicação do DNA bem como em segmentos de DNA heterodúplex gerados durante recombinação homóloga. Já as quebras de fita dupla são preferencialmente reparadas pelo reparo por recombinação homóloga (*homologous recombination – HR*) ou não homóloga (*non-homologous end joining – NHEJ*), dependendo da espécie e do tipo celular. Neste capítulo são descritas algumas metodologias que permitem avaliar a atividade de diferentes vias de reparo de DNA.

TESTE PARA AVALIAÇÃO DE REPARO DE DNA PELA VIA NER

Como descrito anteriormente, o sistema de reparo do DNA consiste em diversas vias, dentre elas, a via de reparo por excisão de nucleotídeos (NER) que atua na remoção de um amplo espectro de lesões no DNA, como as lesões induzidas por luz ultravioleta (UV): dímeros de pirimidina (CPDs) e 6-4 fotoprodutos (6-4PPs). A via NER também atua no reparo das lesões que causam distorção da fita, as quais podem ser causadas, por exemplo, por cisplatina e agentes alquilantes (Andersson *et al.*, 1996; Reed, 1998; Citterio *et al.*, 2000). De forma geral, a via NER é iniciada com o reconhecimento da lesão, seguida de incisão feita por endonucleases ao redor da região que contém a lesão e posterior ação de helicases, promovendo a remoção do oligonucleotídeo contendo a lesão (27 a 29 nucleotídeos). Os passos seguintes consistem na síntese de um novo fragmento por meio da ação de uma DNA polimerase, tendo a outra fita do DNA como molde, e ligação do novo fragmento à fita feita pela ligase (Grossman e Thiagalingam, 1993).

O ensaio da síntese de DNA não programada (*unscheduled DNA synthesis – UDS*) foi descrito pela 1ª vez por Rassmussen e Painter e é usado para avaliar a via NER devido à capacidade de quantificar a formação e o reparo de 6-4PPs. Esta técnica baseia-se na quantificação de timidina radioativa incorporada no momento da síntese de um novo fragmento de DNA após exposição à luz ultravioleta (UV) (Rasmussen e Painter, 1964; Kelly e Latimer, 2005) (Figura 8.1). A autorradiografia e a

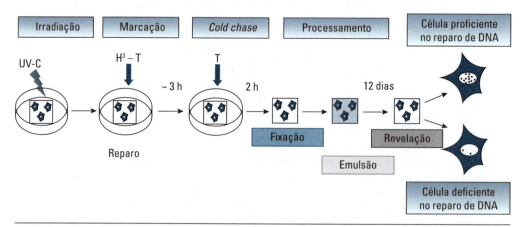

Figura 8.1. Representação esquemática do processo experimental da síntese de DNA não programada (UDS). Após a irradiação UV, a capacidade de reparo da via NER de linhagens celulares proficientes e deficientes nessa via pode ser avaliada pela incorporação de [3H] timidina radioativa (H^3-T) no DNA. O meio *cold chase* corresponde ao meio sem a timidina radioativa (T).
Fonte: adaptada de Fréchet *et al.*, 2006.

contagem de cintilação são os métodos utilizados para quantificar os dados do ensaio UDS, sendo o primeiro o método preferível, pois a cintilação não apresenta acurácia suficiente, podendo gerar um resultado incorreto (Latimer e Kelly, 2014).

Apesar de a técnica de UDS ser o padrão-ouro para esse propósito, outras técnicas mais rápidas e ausentes de radiação também podem ser utilizadas como a substituição da timidina radioativa pelo 5-etinil-2'-desoxiuridina (EdU). A incorporação de EdU pode ser usada para medir a *UDS* por meio da sua conjugação a derivados de azida fluorescente, sendo compatível com técnicas de coloração imunofluorescente, por exemplo (Limsirichaikul *et al.*, 2009).

Várias outras técnicas, como ensaios com anticorpos, cromatografia e PCR, também são aplicadas para avaliar NER; porém, os primeiros se sobressaem devido às seguintes vantagens: baixo custo, rapidez, localização da lesão na amostra, boa sensibilidade usando baixas doses de irradiação UV e versatilidade, uma vez que podem ser realizados em células humanas, leveduras e outros organismos. Além disso, o DNA a ser analisado não precisa estar intacto e são ensaios mais específicos. Cada tipo de lesão pode ser medida de forma individual por meio de um anticorpo primário específico (Henderson, 2006; McCready, 2006). Uma técnica imunológica relevante é o ensaio de *slot-blot*, o qual é usado na avaliação do reparo das lesões CPDs e 6-4PP no DNA genômico total. Nessa técnica, o DNA irradiado é aplicado em membranas de nitrocelulose e a quantificação da lesão é realizada com o uso de um anticorpo secundário conjugado a uma enzima quimioluminescente, cuja atividade é medida por meio de uma reação de cor (McCready, 2006; Park e Kang, 2015) (Figura 8.2).

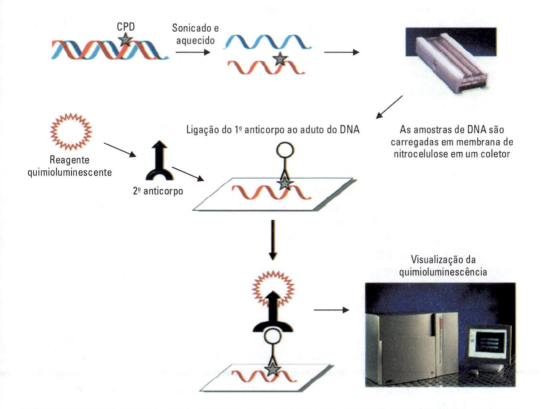

Figura 8.2. Representação esquemática do ensaio de imuno-*slot blot* na detecção de CPDs no DNA.
Fonte: adaptada de Karbaschi *et al.*, 2012.

172 Testes de Reparo do DNA

A seguir, encontram-se os protocolos de ambas as técnicas mencionadas nesta seção.

Ensaio da síntese de DNA não programada (UDS)

Materiais

- Equipamentos:
  - Cabine de fluxo laminar (Classe IIA/B3).
  - Incubadora com CO_2 5%.
  - Vórtex.
  - Dispositivo emissor de luz UV.
  - Medidor de UV de ondas curtas.
  - Banho-maria.
  - Refrigerador.
  - Microscópio vertical com objetiva de 100×.

Reagentes e soluções

- Etapa de irradiação, marcação e fixação celular:
  - Amostras viáveis.
  - Controle positivo (e negativo, se for apropriado).
  - Lâminas de duas câmaras.
  - Placas de Petri de 10 cm^2 (uma para cada lâmina).
  - Papel-filtro Whatman® cortado em tiras de 2,5 × 5 cm, embrulhadas em papel-alumínio e autoclavadas.
  - Meio de cultura celular apropriado para cada tipo de célula.
  - Soro fetal bovino (SFB).
  - 80 Ci/mmol de [3H]-timidina (descongelar e atingir temperatura ambiente antes de usar).
  - Meio de cultura com timidina radiomarcada: 10 µCi de ³H-timidina (80 Ci/mmol) por mL do meio apropriado suplementado com soro e penicilina-estreptomicina 1× (10.000 U/mL de penicilina G sódica, 100.000 µg/mL de sulfato de estreptomicina em 85% de solução salina). Adicionar ³H-timidina ao meio imediatamente antes do uso.
  - Meio *cold chase* (com timidina não radioativa): meio de escolha suplementado com 10^{-3} M de nucleosídeo de timidina. Adicionar 10% de soro antes do uso e filtrar utilizando um filtro de 0,45 µm.
  - Citrato de sódio 1×.
  - 100 mL de etanol 70% (feito na hora para evitar evaporação).
  - Ácido acético 33% em etanol, 100 mL no total.
  - Bisturi.
  - Pinças hemostáticas.
  - Frascos de lâminas verticais (cada recipiente comporta 5 lâminas).
  - Ácido perclórico 4% (diluído do ácido perclórico 60% estoque). Aproximadamente 60 mL por frasco de lâminas serão necessários. Armazenar na capela, pode ser explosivo.
- Etapa de processamento I – mergulhando na emulsão:
  - Frascos de lâminas retangulares com suporte para as lâminas (cada recipiente suporta 10 lâminas).
  - Água destilada.
  - Papel toalha.

Associação Brasileira de Mutagênese e Genômica Ambiental

- Sala escura fechada.
- Emulsão de autorradiografia 118 mL/frasco (armazenado a 4°C).
- Fita adesiva de laboratório.
- Funil pequeno de 3 a 4 cm de diâmetro.
- Béqueres de 50, 400, 1.000 mL.
- Câmara de imersão.
- Caixa de secagem de câmara escura.
- Caixas de lâminas à prova de luz contendo dessecante em uma extremidade atrás de uma lâmina de vidro.
- Papel-alumínio comum e resistente.
- Etapa de processamento II – emulsão de revelação:
  - Quatro placas de lâminas retangulares.
  - Três cronômetros de laboratório.
  - Água da torneira e gelo.
  - Bandeja reveladora de plástico de tamanho médio.
  - Termômetro.
  - Revelador Kodak D-19 (armazenado a 4°C).
  - Duas placas de coloração de vidro para lâminas.
  - 0,5 g de pó de Giemsa.
  - Glicerol.
  - Banho-maria a 60°C.
  - Metanol.
  - Agitador magnético.
  - Parafilme.
  - Papel-filtro Whatman (3 mm CHR) e funil.
  - Garrafa de vidro marrom de 100 mL.
  - Solução estoque de Giemsa.
  - Ácido cítrico a 0,1 M.
  - Na_2HPO_4 a 0,2 M.
  - Solução de coloração: Giemsa 0,015% (p/v), metanol a 0,6 M, ácido cítrico a 7 mM, Na_2HPO_4 a 0,018 M (pH 5,75). Para alcançar esse pH, misture tampão de fosfato de sódio dibásico com tampão de fosfato de sódio monobásico, ambos a 0,2 M. Utilizar essa solução no corante e no tampão de enxágue.
  - Para 100 mL da solução: 2 mL de solução estoque de Giemsa; 2,4 mL de metanol; 6,8 mL de ácido cítrico a 0,1 M; 9,2 mL de Na_2HPO_4 a 0,2 M e 80 mL de água destilada.
  - Solução final do tampão de enxágue: ácido cítrico a 7 mM, Na_2HPO_4 a 0,018 M.
  - Para 100 mL da solução: 6,8 mL de ácido cítrico a 0,1 M; 9,2 mL de Na_2HPO_4 a 0,2 M; completar os 100 mL com água destilada.
  - Óleo de imersão.
- Contagem de grãos e normalização:
  - Criar uma planilha de contagem padronizada, com colunas para grãos sobre núcleos e ruído (*background*). É recomendado que seja registrado o número de células no campo do microscópio, células na fase S, e morfologia das células;
  - Usar programas estatísticos, como o SAS e o pacote do Excel, para processar a contagem dos grãos.

Metodologia

- Irradiação, marcação e fixação celular:
  - Cultivar as células por, no mínimo, 2 dias antes do ensaio UDS.

> **Importante:** as lâminas devem estar com o nível de confluência menor que 70-80% no dia do ensaio; para tanto, cultivar números apropriados de cada população de células experimentais e controle em ambas as câmaras de quatro lâminas, totalizando 8 câmaras (volume total de 1 mL, livre de DMSO, tripsina etc.).

  - Posicionar cada lâmina em uma placa de Petri de 10 cm^2 com um pedaço de papel-filtro esterilizado umedecido para fornecer uma camada extra de proteção contra contaminantes e uma câmara de umidade adicional para as células.
  - Incubar a 37°C em incubadora com 5% CO_2 por 2 dias.
  - Ligar as lâmpadas do emissor de luz UV 1 hora antes do uso; testar a dose de administração sob condições experimentais com medidor de UV de onda curta (254 nm), ajustar se necessário.
  - Descongelar o marcador radioativo e esperar atingir a temperatura ambiente.
  - Substituir o meio de cultura das células por um meio novo 1 hora antes da exposição à UV.
  - Agitar o marcador ^{3}H-timidina vigorosamente.
  - Para 20 lâminas, adicionar 200 μL do marcador a 20 mL de meio com soro (para um meio de incubação com timidina marcada com concentração final de 10 μCi/mL). Agitar até aparecer espuma.
  - Remover os meios de todas as lâminas. Dividir as lâminas experimentais e controles em grupos de quatro (com cada grupo contendo um controle positivo e, se necessário, um controle negativo).
  - Irradiar as células de acordo com o desenho experimental a ser seguido.
  - Ao irradiar, deixar a câmara mais próxima do vidro fosco da lâmina fechada, enquanto a segunda câmara fica aberta.
  - Após a irradiação, adicionar imediatamente 0,5 mL do meio de incubação com timidina marcada para cada câmara da lâmina.

> **Importante:** para evitar o ressecamento das células, trabalhar com 10 a 12 lâminas por vez, no máximo 40 lâminas por experimento.

  - Incubar as lâminas por 2 horas em uma incubadora de cultura para quantificar reparo de 6-4PPs e 8 horas para reparo de CPDs.
  - Adicionar SFB ao meio *cold chase*.
  - Na capela radioativa, remover o meio de incubação com timidina marcada de todas as câmaras das lâminas utilizando uma pipeta e adicionar 0,5 mL do meio *cold chase*.
  - Incubar as lâminas por mais 2 h.
  - Preparar etanol a 70% e solução fixadora (ácido acético a 33% em etanol a 100%).
  - Na capela radioativa, remover o meio *cold chase* por aspiração e lavar gentilmente cada lado das câmaras das lâminas com 1 mL de citrato de sódio salino (SSC) 1×.
  - Remover o SSC 1×, imediatamente, por aspiração e adicionar 0,5 mL de solução fixadora em cada câmara.
  - Manter em temperatura ambiente por 15 min.

Associação Brasileira de Mutagênese e Genômica Ambiental **175**

- Remover a solução fixadora por aspiração e deixar as lâminas secarem parcialmente por 5 min. Adicionar 0,5 mL de etanol a 70% em cada câmara e manter em temperatura ambiente por 15 minutos.
- Remover o etanol por aspiração. Remover as câmaras e juntas de borracha das lâminas utilizando um bisturi afiado para folgar um canto da junta de borracha. Assim que o canto estiver livre, usar um par de pinças hemostáticas para puxar a junta restante da lâmina. Não deve permanecer rastro algum da junta na lâmina, caso contrário, a emulsão se tornará muito espessa nas pontas das lâminas.
- Posicionar as lâminas em frascos para lâminas (específicos para material radioativo) com ácido perclórico a 4%. Manter os frascos no refrigerador durante toda a noite.
- Preparação das lâminas – parte I – mergulhando na emulsão:

> **Importante:** todos os passos do processo devem ser realizados no escuro até que as lâminas estejam secas, empacotadas e embrulhadas em papel-alumínio.

- Remover as lâminas dos frascos e lavá-las, deixando-as de molho em água destilada por 3 a 4 minutos. Deixar as lâminas secando na capela por 24 horas em porta-lâminas de vidro sobre toalhas de papel.
- Derreter a emulsão de autorradiografia e aquecer a 48°C em banho-maria em sala escura. Colocar a emulsão em um béquer de 1.000 mL com 400 mL de água e, em seguida, manter o béquer no banho-maria por 1,5 hora.
- Mexer a emulsão a cada 30 minutos para ocorrer o completo derretimento.
- Preparar uma "caixa de secagem" para pendurar e secar as lâminas.

> **Importante:** antes de levar as lâminas para a sala escura, colocar um pedaço triangular de fita no canto direito superior de cada lâmina no vidro fosco (este passo auxilia o manuseio das lâminas no escuro).

- Selecionar uma lâmina de cada tipo de controle para usar como lâminas teste. Guardar as lâminas em uma caixa de secagem separada e as revele primeiro para determinar quando as lâminas do experimento foram reveladas o suficiente para a pontuação.
- Colocar uma cuba para coloração de lâminas em um béquer meio cheio de água a 48°C. Na sala escura, despejar cuidadosamente a emulsão na cuba de imersão com o auxílio de um funil pequeno. Checar se a emulsão encheu o recipiente usando o dedo mindinho sem luva (a emulsão não é tóxica).
- Mergulhar cada lâmina (orientando-as pelo pedaço de fita mencionado no quarto tópico desta seção) no recipiente de imersão. Checar se a lâmina está dentro do recipiente tocando levemente os lados do recipiente com a lâmina.
- Em seguida, posicionar as lâminas na caixa de secagem utilizando os clipes de buldogue com o vidro fosco no topo.
- As lâminas testes devem ser penduradas, exclusivamente, na primeira linha, e distribuir todas as outras lâminas nas linhas restantes. Reabastecer a emulsão a cada 15 a 25 lâminas.
- Deixar as lâminas secarem na caixa no escuro por 1 hora.
- Preparar caixas de plásticos para as lâminas: colocar uma lâmina de vidro limpa em uma das extremidades da caixa. No espaço atrás da lâmina, adicionar dessecante. Para

localizar a frente da caixa no escuro, colocar um pedaço de fita na tampa da caixa de lâmina. Para cada caixa, tenha três camadas de papel-alumínio prontas para embrulhar as caixas no escuro após as lâminas serem colocadas nelas.

- Colocar as lâminas testes na primeira caixa de lâmina, fechar, embrulhar em papel--alumínio e identificar (colocar a data, também).
- Remover as outras lâminas da caixa de secagem e colocá-las em outras caixas de lâmina, embrulhando-as em papel-alumínio, identificando-as e colocando a data.
- Colocar a emulsão de volta na sua caixa original e embrulhar em papel-alumínio. A emulsão é sensível à luminosidade, portanto deve ser armazenada de forma adequada.
- Colocar as caixas de lâmina no refrigerador até revelar.

- Preparação das lâminas – parte II – emulsão de revelação:
  - Revelar as lâminas 12 dias após a imersão (sendo, o dia 1, o dia após a imersão).
  - Manter as caixas de lâminas fora do refrigerador por no mínimo 5 horas para atingirem temperatura ambiente.
  - Na sala escura, usar água e gelo em uma bandeja (tamanho médio) para criar um banho-maria alcançando 15°C.
  - Colocar quatro recipientes de lâminas no banho-maria a 15°C. Adicionar o revelador D-19 (diluição de 1:1 com dH_2O) no primeiro recipiente, o fixador não diluído no terceiro, e apenas água nos recipientes dois e quatro. A luz vermelha pode estar ligada até que as soluções cheguem na temperatura desejada.
  - Antes de entrar na sala escura, ajustar um cronômetro para 4 minutos e, outros dois para 5 minutos.
  - No escuro, posicionar as lâminas teste em um berço para coloração de lâminas com alça. Abaixar o suporte de lâminas na primeira placa (reveladora) e iniciar o cronômetro para 4 minutos.
  - Mover as lâminas para a segunda placa (água) por 10 segundos, em seguida colocá-las na terceira placa (fixadora) e iniciar o cronômetro para 5 minutos.
  - Mover as lâminas na quarta placa (água) e iniciar o cronômetro para 5 minutos. As luzes podem ser acesas se todas as caixas de lâminas estiverem fechadas, sem lâminas expostas.
  - Secar as lâminas testes por 1 hora (no mínimo).
  - Corar as lâminas com Giemsa em frascos por 7 minutos (quantas vezes forem necessárias para a visualização do núcleo).
  - Lavar as lâminas no tampão de enxágue por 3 minutos e deixa secar no ar por 2 a 3 horas.
  - Observar as lâminas testes no microscópio com a objetiva de 1.000× e conte 25 núcleos nos lados irradiado e não irradiado de cada lâmina. Se as lâminas testes apresentarem grãos (aproximadamente uma média de 50 grãos por núcleo) no lado irradiado, as lâminas experimentais estão prontas para serem reveladas (de acordo com os primeiros nove tópicos desta seção). Caso nenhum grão seja observado, o experimento não é utilizável.
  - Deixar as lâminas experimentais secarem de um dia para o outro em um ambiente livre de poeira; corar as lâminas no dia seguinte. As lâminas que não forem reveladas o suficiente podem retornar ao refrigerador até que seja estabelecida uma nova data de revelação.

- Contagem dos grãos e normalização:
  - Para cada tipo de célula, usar duas lâminas. As lâminas controles e experimentais devem seguir os seguintes critérios:
    - Presença de um número razoável de grãos por núcleo (25 a 50 para as câmaras irradiadas e 1 a 5 para as não irradiadas).
    - Quantidade de células suficientes em pelo menos duas lâminas (menos de 25 é insuficiente).

- Posicionar a lâmina no microscópio de maneira que o vidro fosco fique à esquerda (o lado irradiado ficará à direita).
- Checar se há 20 células, no mínimo, em cada lado da lâmina com uma objetiva de baixa potência. Se houver menos de 20 células e não for possível agrupar múltiplas lâminas de mesmo tempo, o reparo não poderá ser avaliado. Células apresentando núcleos pretos com grãos estão na fase S e devem ser marcadas em uma coluna separada da planilha de contagem.
- Visualizar as lâminas viáveis sob imersão em óleo com aumento de 1.000×.

> **Importante:** dos três tons de roxo apresentados pelo corante Giemsa, o núcleo é representado pelo segundo mais escuro e é onde a maioria dos grãos de prata devem ser encontrados. O número de grãos sobre os núcleos está correlacionado com a quantidade de reparo. O número médio de grãos por núcleo deve ser de aproximadamente 50 no lado irradiado da lâmina; núcleos com mais de 100 grãos devem ser considerados na fase S.

- A contagem de grãos encontrados fora do núcleo (ruído ou *background*) deve apresentar 5 grãos ou menos. A contagem deve ser feita da seguinte forma: defina uma área sem células que seja aproximadamente do mesmo tamanho que os núcleos nesse campo e conte o número de grãos.
- O coeficiente de variação de lâminas de um mesmo tipo celular, analisadas no mesmo experimento e reveladas no mesmo dia, deve ser de 10 a 15%, o mesmo vale para contadores da mesma lâmina. Para cada experimento, conte duas lâminas para cada tipo de célula; esse processo deve ser feito por duas pessoas diferentes.
- Após a contagem, realizar a análise estatística da seguinte maneira:
  - Valor corrigido para os núcleos individuais: subtrair o *background* das contagens por núcleos de ambas as contagens irradiadas e não irradiadas.
  - Número médio de grãos por núcleo para cada lâmina: (grãos irradiados corrigidos por núcleo/contagem do total de núcleos – grãos não irradiados corrigidos por núcleo/contagem do total de núcleos) = número médio de grãos por núcleo.
- Comparar as lâminas experimentais com o controle: média de grãos por núcleo da lâmina experimental/média de grãos por núcleo do controle × 100 = % do reparo em relação ao controle.
- Comparar as lâminas experimentais com uma população de controles: % do reparo em relação ao controle × média de grãos por núcleo do controle/média de grãos por núcleo da média da população controle × 100 = % do reparo comparado à média da população controle.

Ensaio de *slot-blot*

Materiais

- Reagentes:
  - AllPrep DNA/RNA/Protein Mini *Kit* (QIAGEN).
  - Papel-filtro absorvente para *blotting* (GB003 – Sigma-Aldrich).
  - Membrana de nitrocelulose (0,1 µM).
  - Substrato Pierce™ ECL Plus Western Blotting (Life Technologies).
  - SYBR Gold Nucleic Acid Gel Stain (GE Healthcare).
  - Etanol.

- Solução tampão fosfato-salino (PBS).
- Azida sódica.
- Hidróxido de sódio (NaOH).
- EDTA.
- Acetato de amônio ($C_2H_7NO_2$).
- Ácido acético (CH_3COOH).
- NaCl.
- Citrato de sódio.
- HCl.
- Tris base.
- Tween-20.
- Leite em pó desnatado a 5% p/v.
- SSC.
- Tampão TE.
- PBS-T.
- Solução de bloqueio.
- Tampão para diluição de anticorpo primário.
- Tampão para diluição de anticorpo secundário.
- Anticorpos primários: anticorpo monoclonal de camundongo para 6-4PPs (COSMO BIO); anticorpo monoclonal de camundongo para CPD (Kamiya).
- Anticorpo secundário: imunoglobulina de cabra anticamundongo conjugada com peroxidase de raiz forte (*Horseradish peroxidase* – HRP) (Jackson Laboratories). Usar como recebido (1 g/L) e armazenado a 4°C.
- Equipamentos:
  - Irradiador ultravioleta.
  - Sensor UV-C.
  - Aparelho Microfiltração Bio-Dot SF (formato de *slot*) (Bio-Rad Laboratories).
  - Hiperfilme ECL (Amersham).
  - Bomba de pressão a vácuo.
  - Secador a vácuo.
  - Agitador orbital.
  - Espectrofotômetro.
  - Banho térmico, tipo bloco seco (*heat block*).
  - Sistema automatizado de documentação e geração de imagens em gel (Gel doc – p. ex., Bio-Rad Laboratories).
  - Centrífuga.
  - Tubo Eppendorf.
  - Pipeta multicanal.
  - Pinça.
- Preparação dos tampões e reagentes:
  - Tampão NaOH 0,4 M + EDTA 10 mM (500 mL): dissolver 8 g de NaOH em 10 mL de EDTA 0,5 M. Completar o volume com dH_2O.
  - Acetato de amônio 2 M (pH 7,0) (500 mL): dissolver 77,08 g de acetato de amônio em ~ 400 mL de dH_2O. Ajustar o pH para 7 com ácido acético, e volume para 500 mL. Armazenar a 4°C.

- 20× SSC (pH 7): dilua 175,3 g de NaCl e 88,2 g de citrato de sódio em ~ 700 mL de dH_2O. Ajustar o pH para 7 com HCl, depois ajustar o volume para 1 L:
  - 2× SSC (1 L): Misturar 100 mL de 20x SSC com 900 mL de dH_2O.
  - 6× SSC (1 L): Misturar 300 mL de 20x SSC com 700 mL de dH_2O.
- Tampão TE: 1 L de Tris-HCl 1 M (pH 7,5) + 121,1 g de Tris com 800 mL de dH_2O. Ajustar o pH para 7,5 com HCl e adicionar dH_2O até 1 L:
  - 10× TE: 100 mL de Tris-HCl 1 M + 20 mL de EDTA 0,5 M + 880 mL de dH_2O.
  - 1× TE: 100 mL de 10× TE + 900 mL de dH_2O.
- PBS-T: PBS com Tween-20 a 0,1%.
- Solução de bloqueio (50 mL): Misturar 2,5 g de leite em pó desnatado com 50 mL de 1× PBS-T.
- Tampão para diluição do anticorpo primário: anticorpo primário diluído 1:2000 em PBS-T com azida sódica a 0,02%.
- Tampão para diluição do anticorpo secundário: anticorpo secundário diluído 1:2500 em solução de bloqueio.

Metodologia

- Cultura de células e irradiação UV:
  - Cultivar as células em placas até as mesmas atingirem 90 a 100% de confluência.
  - Remover o meio e lavar com 1× PBS morno, uma vez.
  - Submeter as células a irradiação UV. Obs.: remover a tampa da placa antes da irradiação.
  - Incubar as células em meio de cultura para reparo pelos tempos indicados.

> **Importante:** o tempo de reparo varia de acordo com a capacidade de reparo de cada tipo celular, então recomenda-se usar diferentes tempos para estabelecer o mais apropriado para a linhagem a ser trabalhada. A seguir estão os tempos de reparo mais utilizados:

  - CPD: sem UV, 0, 6, 12, 24, 48 horas.
  - 6-4PPs: sem UV, 0, 1, 2, 4, 8 horas.
  - Tripsinizar e coletar cada amostra em um tubo Eppendorf de 1,5 mL e centrifugar a 2.000 × g por 30 segundos. Obs.: o *pellet* pode ser armazenado no *freezer* até 1 mês para posterior preparação do DNA.
- Preparação do DNA:
  - Usar o AllPrep DNA/RNA/Protein Mini *Kit* (QIAGEN). Seguir as instruções do manual do fabricante.
- Preparação das amostras para *slot blot*:
  - Para lesões CPD: diluir 50 ou 100 ng de DNA em 150 μL de NaOH a 0,4 M + EDTA a 10 mM.
  - Para lesões 6-4PPs: diluir 500 ng ou 1 μg em 150 μL de água destilada (dH_2O). Obs.: Não incluir o tampão NaOH.

> **Importante:** para CPD, a quantidade de DNA foi diluída em 300 μL de volume total para NaOH a 0,4 M em EDTA 10 mM. Para 6-4PPs, o tratamento alcalino não é feito, água é usada. O tratamento alcalino destrói lesões 6-4PPs, e por esse motivo não deve ser usado na detecção dessa lesão.

Testes de Reparo do DNA

- ▪ Ferver por 10 minutos a 100°C para desnaturar o DNA.
- ▪ Transferir as amostras para o gelo imediatamente.
- ▪ Adicionar 150 μL de acetato de amônio 2 M gelado (pH 7,0) nas amostras CPD para neutralizar o DNA (procedimento feito ainda no gelo).
- ▪ *Slot blotting*: para a montagem do aparelho Bio-Dot SF (Bio-Rad), seguir as instruções de acordo com o manual do fabricante:
  - ▪ Após a montagem, inserir cuidadosamente as amostras de DNA nos poços com o vácuo desligado e válvula de fluxo aberta.
  - ▪ Aspirar gentilmente para o DNA se fixar à membrana.
  - ▪ Desmontar o sistema (*manifold*) de *blot* e remover a membrana de nitrocelulose e colocar a membrana entre papéis-filtro.
  - ▪ Secar a membrana a vácuo a 80°C por 2 horas.
- ▪ *Imuno-blotting*:
  - ▪ Molhar a membrana em 50 mL de PBS-T por 10 minutos na caixa de plástico.
  - ▪ Transferir a membrana para 30 mL da solução de bloqueio e agitar por 30 minutos em temperatura ambiente.
  - ▪ Lavar a membrana 3 vezes (5 minutos cada) com PBS-T.
  - ▪ Aplicar os anticorpos primários (CPD ou 6-4PPs) diluídos 1:2.000 em PBS-T com azida sódica a 0,02%.
  - ▪ Incubar o *blot* em uma sala fria com agitação durante a noite (12 a 14 horas).
  - ▪ Lavar a membrana com PBS-T 4 vezes (15 minutos cada).
  - ▪ Incubar com o anticorpo secundário diluído 1:2.500 em solução de bloqueio por 1 hora em temperatura ambiente em um agitador orbital.
  - ▪ Lavar a membrana com PBS-T 4 vezes (15 minutos cada).
  - ▪ Aplicar o substrato ECL e expor ao hiperfilme.
- ▪ Coloração de DNA:
  - ▪ Enxaguar a membrana com PBS-T.
  - ▪ Incubar a membrana com 10 mL de PBS-T com o SYBR-gold diluído 1:10000 em PBS-T por 20 minutos em temperatura ambiente em um agitador orbital.
  - ▪ Lavar a membrana com PBS-T 2 vezes por 5 minutos cada.
  - ▪ Tirar uma foto do *blot* sob o transiluminador UV. Obs.: o DNA ligado à membrana foi detectado com o SYBR-gold e usado como controle.

TÉCNICAS UTILIZADAS PARA ESTUDAR A VIA BER

A via de reparo por excisão de bases (BER) é considerada a principal via responsável por reparar danos de DNA endógenos, tais como desaminações, depurinações, alquilações e inúmeras lesões oxidadas no DNA, incluindo a lesão 8-oxodeoxiguanosina (8-oxodG). Embora essa via tenha começado a ser descrita desde os anos 1970, estudos mais recentes têm relatado que a via BER é bastante complexa, sendo de extrema importância para o desenvolvimento normal dos mamíferos (revisado em Agnez-Lima *et al.*, 2012; Wiederhold *et al.*, 2004; Kim e Wilson III, 2011).

O primeiro passo da via BER é o reconhecimento e a remoção da base modificada pela ação de uma DNA glicosilase específica, a qual hidrolisa a ligação N-glicosídica entre o açúcar e a base modificada. Se a DNA glicosilase for monofuncional, um sítio apurínico/apirimidínico (sítio AP) será gerado no DNA após a remoção da base modificada, o qual será removido pela ação de uma AP endonuclease, conhecida como APE1 em mamíferos. Essa enzima é responsável pela remoção do sítio AP por meio da incisão do DNA na ligação fosfodiéster na extremidade 5′ ao sítio AP, resultando em uma quebra de fita com uma extremidade 3'OH (3' hidroxila) e uma extremidade 5'dRP (5' desoxirribose fosfato) não convencional (Doetsch e Cunningham, 1990; Wilson e Barsky, 2001; Demple e Sung, 2005).

Por outro lado, as DNA glicosilases específicas para danos oxidados no DNA, além de removerem a base danificada, também apresentam uma atividade de AP liase intrínseca (ou β-liase) e clivam os sítios AP na extremidade 3', como é o caso da enzima 8-oxodG DNA glicosilase (OGG1), a qual remove a base oxidada 8-oxodG. Por possuírem uma atividade de AP liase intrínseca, essas enzimas são conhecidas como DNA glicosilases bifuncionais (revisado em Zharkov, 2008; Wallace *et al.*, 2012) e, diferentemente de APE1, a qual remove o sítio AP a partir da extremidade 5', a atividade de AP liase pode gerar dois tipos de extremidades: uma extremidade 3' contendo aldeídos fosfoinsaturados (3'PUA), ou uma extremidade 3' contendo um grupo fosfato (3'P), as quais não são substratos para a DNA polimerase (revisado em Hegde *et al.*, 2008). Para que a DNA polimerase insira um novo nucleotídeo no DNA após a remoção da base modificada, é necessária uma quebra de fita simples contendo uma extremidade 3'OH e 5'P (5' fosfato). Dessa forma, para que a via BER continue, é de extrema importância que ocorra a limpeza das extremidades ao redor da quebra de fita (Wilson, 2007; Kim e Wilson III, 2011).

Se ocorrem desaminações, depurinações ou alquilações no DNA, a via BER inicia-se com a ação de DNA glicosilase monofuncional e a extremidade 5'dRP produzida pela ação subsequente de APE1 é removida pela DNA polimerase β, a qual possui atividade de 5'dRP liase. Por sua vez, a remoção de lesões oxidadas no DNA é realizada pela ação das DNA glicosilases bifuncionais, gerando extremidades contendo 3'PUA ou 3'P. A extremidade 3'PUA gerada após ação de uma DNA glicosilase bifuncional com atividade de β-eliminação (OGG1) é removida pela atividade de 3'fosfodiesterase de APE1, gerando uma extremidade 3'OH (Hegde *et al.*, 2008). Por sua vez, a extremidade 3'P gerada pela ação de uma DNA glicosilase bifuncional com atividade de βδ-eliminação (NEIL1) é removida pela proteína PNK (polinucleotídio quinase) em vez de APE1, gerando uma extremidade 3'OH (Wiederhold *et al.*, 2004; Hegde *et al.*, 2008; Kim e Wilson III, 2011).

A seguir são apresentados dois protocolos que podem ser utilizados para avaliação da atividade da via BER. O primeiro protocolo foi adaptado a partir da metodologia de Vidal *et al.*, 2001 (Vidal *et al.*, 2001) e permite avaliar a atividade enzimática *in vitro* de APE1 e OGG1 presentes em extrato proteico da linhagem celular de interesse, utilizando-se sondas duplex contendo lesões que são alvo para estas enzimas. O segundo protocolo é referente à técnica de PCR de longa extensão quantitativa (LX-PCR), a qual se baseia no princípio de que as lesões no DNA são capazes de bloquear a progressão da DNA polimerase. Sendo assim, são utilizados grandes fragmentos de DNA (entre 10 e 15 kb) para amplificação e identificação do atraso na progressão da DNA polimerase causado pelos danos presentes nesse fragmento. Para que a quantificação seja possível, as amostras tratadas devem ser comparadas com um controle não tratado e todas as amostras submetidas a PCR devem conter quantidades iguais de DNA (Meyer, 2010). Uma das vantagens da técnica é que ela também pode ser utilizada para quantificação de danos no DNA mitocondrial (DNAmt) e, como é uma técnica com base em iniciadores, não há necessidade de separação do DNAmt e DNA nuclear (DNAn). Além disso, a utilização de baixas quantidades de DNA é outra vantagem dessa técnica. A LX-PCR também permite a identificação de danos em regiões específicas do genoma permitindo a identificação de regiões mais sensíveis ao dano ou regiões diferencialmente reparadas (Hunter *et al.*, 2010).

O teste possui uma boa sensibilidade, com um limite de detecção de aproximadamente 1 lesão por 10^5 bases. Porém, outros testes, como o ensaio cometa, são ainda mais sensíveis. Em alguns casos, a incapacidade de diferenciar lesões pode ser uma desvantagem já que as lesões identificadas nesse ensaio podem ser de diferentes tipos (quebras de fita, adutos, *crosslinks*, dímeros, entre outros), ou seja, qualquer lesão que cause bloqueio na progressão da DNA polimerase (Hunter *et al.*, 2010; Meyer, 2010). Além disso, o grau de inibição que cada uma das lesões citadas exerce sobre a progressão da DNA polimerase comercial ainda não está completamente caracterizado. Porém, o ensaio já foi utilizado para a detecção de vários tipos de lesões, como, adutos de DNA, lesões causadas por agentes alquilantes, danos oxidados e quebras de fitas (Ayala-Torres *et al.*, 2000).

182 Testes de Reparo do DNA

Apesar da detecção de vários tipos de lesões, a LX-PCR é frequentemente usada para identificação de lesões no DNA mitocondrial, o qual está mais exposto a agentes endógenos capazes de causar danos oxidados. Além disso, nem todas as vias de reparo de DNA já caracterizadas no núcleo das células estão presentes nas mitocôndrias, sendo a via BER a principal via de reparo para o genoma mitocondrial em muitas espécies (Meyer, 2010). Este protocolo será discutido nesta seção.

Ensaios para análise da atividade enzimática de APE1 e OGG1 utilizando extratos celulares

Materiais

- Equipamentos:
  - Banho-maria.
  - Cuba para eletroforese de géis de acrilamida.
  - Fotodocumentador com captura de fluorescência.
- Reagentes e soluções:
  - Sondas duplex (Tabela 8.1):
    - **Para atividade de APE1, duplex THF:C:**oligonucleotídeo de 34-mer contendo um resíduo de tetra-hidrofuranil (THF) na posição 16 e etiquetado na extremidade 5′ com a sonda fluorescente indodicarbocianina 5 (Cy5) hibridado com seu oligonucleotídeo complementar contendo citosina em oposição à lesão.
    - **Para atividade de OGG1, duplex 8-oxodG:C:**oligonucleotídeo de 34-mer contendo uma 8-oxodG na posição 16 e etiquetado na extremidade 5′ com a sonda fluorescente indodicarbocianina 5 (Cy5) hibridado com seu oligonucleotídeo complementar contendo uma citosina em oposição à lesão.
  - Tampão de incisão: Tris-HCl a 25 mM pH 7,5; MgCl2 a 1 mM, NaCl a 150 mM, BSA a 1 mg/mL e glicerol 3%.
  - NaOH 1 M.
  - Corante formamida: 10 mM de EDTA, 0,5% de azul de bromofenol e 80% de formamida.
  - Géis desnaturantes de poliacrilamida a 20%.

Tabela 8.1. Descrição das sondas utilizadas nos ensaios para a atividade enzimática de APE1 e OGG1

Sonda	Sequência do oligonucleotídeo		Referência
8-oxodG	5′ GGCTTCATCGTTGTC**(8oxodG)**CAGACCTGGTGGATACCG 3′ 3′ CCGAAGTAGCAACAG**(C)**GTCTGGACCACCTATGGC 5′	34 mer	Van der Kemp et al., 2004
THF	5′ GGCTTCATCGTTGTC**(THF)**CAGACCTGGTGGATACCG 3′ 3′ CCGAAGTAGCAACAG**(C)**GTCTGGACCACCTATGGC 5′	34 mer	Van der Kemp et al., 2004

THF: Tetra-hidrofuranil, análogo ao sítio AP.

- Metodologia:
  - Preparar os extratos proteicos celulares, previamente, utilizando protocolo de preferência.
  - Preparar uma reação padrão com 4 μL de extrato proteico.
  - Para a análise de atividade de APE1, adicionar o extrato proteico a 10 μL da mistura da reação contendo 150 fmoles do duplex THF:C em tampão de incisão.
  - Incubar a reação a 37°C, durante 30 minutos.
  - Parar a reação com a adição de 4 μL de corante formamida, a 95°C, durante 5 minutos.

Associação Brasileira de Mutagênese e Genômica Ambiental **183**

- Para a análise de atividade de OGG1, adicionar o extrato proteico a 10 µL da mistura de reação contendo 150 fmoles do duplex 8-oxodG:C em tampão de incisão.
- Incubar a mistura de reação a 37°C, durante 1 hora.
- Em seguida, adicionar NaOH 1 M (concentração final de 0,1 N) durante 15 minutos, a 37°C.
- Parar a reação com a adição de 4 µL de corante formamida, a 95°C, durante 5 minutos.
- Submeter os produtos das reações a eletroforese em géis desnaturantes de poliacrilamida a uma concentração de 20% (19:1 acrilamida:bis-acrilamida).
- Capturar as imagens dos géis em fotodocumentador com filtro para fluorescência.

Apresentação e interpretação dos resultados

A apresentação dos resultados poderá ser realizada tanto de maneira qualitativa, por meio da figura obtida a partir da captura da imagem do gel, quanto pode ser feita uma representação quantitativa. Nesta última, deve-se quantificar a fluorescência capturada em cada gel, utilizando-se o programa ImageLab (Bio-Rad) ou outro equivalente. Para a análise estatística entre diferentes extratos proteicos, deve-se aplicar o teste estatístico ANOVA *two-way*, considerando-se valores de $P < 0,05$ como estatísticos.

Análise de dano e reparo do DNA nuclear e mitocondrial em células animais usando PCR de longa extensão quantitativa

Materiais

- Equipamentos:
  - Fluxo para PCR ou estação de trabalho dedicada para extração de DNA e PCR.
  - Termociclador.
  - Espectrofotômetro para quantificação do DNA.
  - Centrífuga para tubos de 2 mL.
  - Vórtex.
- Reagentes e soluções:
  - Precipitado de 1×10^6 células ou amostra de tecido.
  - 200 µM de cada desoxinucleotídeo.
  - Iniciadores específicos.
  - *Kit* de PCR.
  - BSA.
  - dNTPs.
  - Mg^{2+}.
  - Tubos de PCR 0,2 mL.
  - Agarose.
  - Brometo de etídio.
  - TE 0,1× (1 mM de Tris + 0,1 mM de EDTA).
  - H_2O livre de nucleases.

Metodologia

- Extração e quantificação do DNA:
  - O método de extração de DNA será escolhido de acordo com a preferência, levando em consideração que a integridade do DNA é essencial para a obtenção de amplicons longos por PCR. E, sempre que possível, evitar procedimentos que envolvam a utilização de fenol, devido à possibilidade de indução de oxidação no DNA.
  - Quantificar o DNA pelo método preferível e utilizar 15 ng de DNA para cada reação.

184 Testes de Reparo do DNA

- Desenho de iniciadores:
  - Para o desenho de iniciadores, seguir as instruções a seguir:
    - Pesquisar no GenBank pela sequência da região a ser amplificada.
    - Copiar a sequência e colar em um *software* para desenho de iniciadores (p. ex., primer BLAST).
    - Escolher as seguintes especificações:
      - Tamanho do iniciador: 20 a 25 nt.
      - Tamanho do produto desejado: 10 a 15 kb para produto longo e ~200 para produtos curtos.
      - Temperatura de Melting (Tm): 68 a 70°C para produtos longos e 63 a 65°C para produtos curtos.
      - Conteúdo GC 40 a 60%.
      - Escolher pelo menos três pares de iniciadores e solicitar síntese com dessalinização padrão.
      - Armazenar a –20°C até o uso.
- Seleção de iniciadores ótimos:
  - Centrifugar, rapidamente, os iniciadores liofilizados para que todo o conteúdo esteja no fundo do tubo.
  - Ressuspender os iniciadores em TE 0,1× ou H_2O livre de nucleases para uma concentração de 100 μM.
  - Agitar brevemente e armazenar a solução a –20°C até o uso.
  - Para o uso, diluir uma alíquota a uma concentração de 10 μM com TE 0,1× ou H_2O.
  - Executar a PCR com cada combinação de *primer* a 63 e 68°C para iniciadores curtos e longos, respectivamente.
  - Submeter os produtos de PCR a eletroforese em gel de agarose (1% para os produtos longos e 2% para produtos curtos).
  - Escolher a combinação de iniciadores que resulta em uma única banda, brilhante e de tamanho esperado.
- Otimização das condições do *primer*:
  - Repetir a PCR em uma faixa de temperaturas de anelamento (4 a 6°C em torno da temperatura deste passo) e concentrações de magnésio de 1 a 1,4 mM (concentração final). Um termociclador com capacidade de gradiente pode acelerar o processo.
  - Submeter os produtos de PCR a eletroforese em gel de agarose e, novamente, selecionar as condições que resultem em uma banda brilhante de tamanho esperado sem produtos secundários.
- Reação de PCR usando o *kit* de LX-PCR:
  - Adicionar 15 ng de DNA em um tubo de PCR de 0,2 mL.
  - Nos tubos controles, em vez de DNA, utilizar TE 1× em um tubo (controle sem DNA), e usar 50% da quantidade de DNA em outro tubo (diluição de DNA de 1:1).
  - Preparar um master mix para cada conjunto de *primer*, enquanto algumas amostras estiverem correndo, seguindo as instruções abaixo (obedecer a ordem).
    - Água esterilizada (9,6 μL de água por reação quando o volume de DNA for de ~ 5 μL e 8,6 μL de água por reação quando o volume de DNA for de ~ 6 μL).
    - Tampão 1× (15 μL de tampão 3,3× por reação).
    - BSA a concentração final de 100 ng/μL (5 μL de solução estoque de BSA a 1 mg/mL em H_2O ultrapura por reação).

- dNTPs a concentração final de 200 µM (4 µL de 2,5 mM/cada solução estoque nt por reação).
- Mg^{2+} a concentração final de 1,2 mM (2,4 µL de MgO (Ac)$_2$ a 25 mM por reação). A concentração ideal deve ser determinada para cada conjunto de iniciadores e fita modelo.
- 0,4 µM de cada dos dois iniciadores (2 µL de solução de iniciador a 10 µM por reação).
- Configurar as condições para a reação de PCR no termociclador.
- Iniciar a reação pelo passo *hot start*. Manter a reação a 75°C antes da adição da enzima (1 unidade por reação, diluir 0,5 µL da polimerase em 4,5 µL de água esterilizada para cada reação) e subsequente ciclagem.
- Após a adição da enzima, fechar os tubos e pressionar "continuar" para correr o restante da PCR.
- Número de ciclos e otimização:
  - Realizar testes de ciclo para determinar condições quantitativas para o gene de interesse usando uma amostra sem danos (15 ng) e um controle de 50% com metade da quantidade da amostra sem danos (7,5 ng). Utilizar também um controle sem DNA.
  - A configuração experimental é a apropriada caso o controle de 50% resulte em uma redução de 50% do sinal de amplificação ao quantificar os produtos da PCR.
- Quantificação dos produtos de PCR:
  - Seguir as instruções do protocolo do método de quantificação escolhido.
  - Cálculo da frequência de lesão:
    - Este ensaio é baseado na perda ou ganho da quantificação dos produtos de PCR das amostras tratadas em relação aos controles. O dano ao DNA é quantificado comparando a amplificação relativa dos fragmentos longos (10 kb) das amostras tratadas e controles e normalizando os dados para a amplificação de fragmentos menores (200 bp).
    - Para calcular a frequência relativa de lesão por 10 kb, os dados resultantes da quantificação devem ser aplicados na fórmula da distribuição de Poisson: – lesões/amplicon = –ln (At/Ao), em que At representa a amplificação de amostras tratadas e Ao é a amplificação de controles não tratados (Hunter *et al.*, 2010).
- Normalização do número de cópia de DNAmt:
  - Abrir o Microsoft Excel e adicionar os valores de fluorescência corrigida para amplicon mitocondrial pequeno em uma coluna após a coluna para os valores corrigidos do amplicon mitocondrial grande.
  - Calcular a média de todos os valores de fluorescência corrigida mitocondrial pequeno.
  - Dividir os valores de fluorescência corrigida do amplicon mitocondrial pequeno de cada amostra pela média de todas as amostras para obter uma proporção.
  - Dividir o valor de fluorescência corrigida mitocondrial grande por sua proporção de fluorescência corrigida do branco mitocondrial pequeno correspondente para obter um valor de fluorescência corrigida mitocondrial grande "normalizado".
  - Calcular a média dos valores de fluorescência mitocondrial grande "normalizados" das amostras não tratadas.
  - Dividir os valores de fluorescência mitocondrial grande "normalizados" de cada amostra pelo valor médio da fluorescência corrigida das amostras não tratadas para obter uma proporção.

- Obter o log natural negativo (–ln) da razão para determinar a frequência de lesão por fragmento. As frequências das lesões para dano ao DNAmt são normalizadas para número de cópia de DNAmt.
- Controle de qualidade
  - Após certificar que os controles de 50% são adequados, comparar os valores de fluorescência corrigida para reações de PCR em duplicata por análise de correlação. Uma terceira PCR pode ser realizada se a correlação for fraca, promovendo a remoção de *outliers*.
- Compilação dos dados e avaliação
  - Combinar os valores das lesões para replicatas de PCR (no mínimo duas corridas separadas). Duas ou mais replicatas combinadas minimizam o ruído técnico entre as corridas.
  - Testar a normalidade dos dados com o teste de normalidade de Kolmogorov-Smirnov, por exemplo.
  - Valores de erro são gerados para amostras controles comparando cada controle individual com a média de todos os controles.
  - Se a comparação for de apenas duas amostras, a significância pode ser calculada pelo teste t ou por ANOVA de um fator. Para a comparação de mais de duas amostras, utilizar ANOVA.
  - Se houver mais de uma variável, utilizar a ANOVA multifatorial global.
- Apresentação e interpretação dos dados:
  - Apresentar os dados, graficamente, como média ± erro padrão. Se o objetivo for o entendimento da distribuição da população dos níveis de dano ao DNA, o desvio padrão é mais indicado.
  - Para estudos de reparo, é mais apropriado apresentar os dados usando um formato de remoção percentual.

ENSAIO PARA AVALIAÇÃO DE MMR *IN VITRO*

O mecanismo de reparo de emparelhamento errôneo de bases, *Mismatch repair* (MMR), é uma via altamente conservada que desempenha papéis importantes durante a replicação, reparo e recombinação do DNA, bem como papéis adicionais durante a meiose em eucariotos e na maturação/diversificação das imunoglobulinas em mamíferos. Mais importante ainda, MMR promove a estabilidade genômica em todos os organismos corrigindo incompatibilidades de bases de DNA e inserção/deleção que surgem durante a replicação, reparo e recombinação do DNA. Portanto, a deficiência nesta via de reparo está relacionada com a instabilidade genômica e, em humanos, pode causar certos tipos de câncer como o câncer colorretal hereditário não poliposo (*hereditary non polyposis colorectal câncer* – HNPCC) (Liu *et al.*, 2017). Inicialmente, o MMR foi identificado em *Escherichia coli* e é composto por diversas proteínas, como MutS, MutL, MutH, DNA helicase II (MutU/UvrD), entre outras, assim como *E. coli*, o sistema humano requer componentes homólogos para seu funcionamento. Em humanos, esse sistema tem início com o reconhecimento de emparelhamento errôneo feito pelas proteínas MSH2 e MSH6 que formam um heterodímero. Após o reconhecimento, o complexo formado pela proteína de reparo MLH1 e pela endonuclease PMS2 é recrutado e se liga a outras proteínas. A endonuclease PMS2 realiza um corte na fita filha e a exonuclease ExoI degrada a sequência com o erro, possibilitando uma nova síntese dessa região removida (González-Acosta *et al.*, 2020).

A identificação e a caracterização de muitos componentes do reparo por emparelhamento errôneo de bases foram realizadas utilizando-se um experimento desenvolvido há quase quatro décadas (Lu *et al.*, 1983). Em um protocolo modificado publicado em 2012 por Gu *et al.*, são utilizados os fagos M13mp18-UKY1 e M13mp18-UKY2 para a preparação de heteroduplexes contendo bases mal pareadas e extrato nuclear de HeLa-S3 (Gu *et al.*, 2012). Entretanto, nos anos seguintes, diversos grupos de estudo adaptaram esse protocolo para detecção de atividade do reparo de emparelhamento errôneo, inclusive para caracterização funcional de variantes em genes dessa via (González-Acosta *et al.*, 2020), utilizando outros substratos e extratos de diferentes linhagens celulares. Segundo Peña-Diaz e Rasmussen (2016), a avaliação da atividade desse tipo de reparo é realizada mais comumente por meio de ensaios *in vitro* com extratos de proteína ou proteínas humanas purificadas junto de extratos nucleares e substrato para o reparo. Assim, nesta seção serão abordadas as etapas de preparo do extrato nuclear e realização da avaliação da atividade do reparo, assim como apresentação e análise dos resultados obtidos (Figura 8.3).

Materiais

- Equipamentos:
  - Incubadora de células.
  - Banho-maria.
  - Centrífuga de tubos e microtubos.
  - Microscópio óptico de luz.
  - Agitador magnético.
  - Cuba para eletroforese.
  - Fotodocumentador.
- Substratos e linhagens celulares:
  - Fagos, plasmídeos ou oligonucleotídeos pré-construídos, contendo emparelhamento errôneo. Para a construção do plasmídeo pUC19CPDCBbv, contendo emparelhamento G-T, ver o protocolo detalhado em González-Acosta *et al.*, 2020.
  - Escolher a linhagem celular de interesse e realizar o cultivo utilizando meio de cultura, antibióticos e demais suplementos específicos para a linhagem escolhida.

Reagentes e soluções

- Preparação de extrato nuclear de linhagem celular:
  - Tampão de lavagem*: 20 mM de Hepes-KOH pH 7,5, 5 mM de KCl, 0,5 mM de $MgCl^2$ e 0,2 M de sacarose. Autoclavar e armazenar a 4°C.
  - Tampão hipotônico*: 20 mM de Hepes-KOH pH 7,5, 5 mM de KCl, e 0,5 mM de $MgCl^2$. Autoclavar e armazenar a 4°C.
  - Tampão de extração*: 50 mM de Hepes-KOH pH 7,5 e 10% de sacarose. Autoclavar e armazenar a 4°C.

> **Importante:** adicionar 1/10 de volume de coquetel de inibidor de protease 10× e 1/100 do volume de 100 mM DTT no tampão antes do uso.

  - Tampão de diálise: 25 mM de Hepes-KOH, pH 7,5, 0,1 mM EDTA, pH 8,0 e KCl 50 mM. Autoclavar e armazenar a 4°C.

> **Importante:** adicionar 0,3 g/L de DTT e 1/10 do volume de coquetel inibidor de protease 10× no tampão de diálise antes de usá-lo.

  - Coquetel inibidor de protease 10×.
  - 100 mM Ditiotreitol (DTT): pesar 15,4 g de DTT e dissolver em H_2O ultrapura. Ajustar o volume para 100 mL. Armazenar como alíquotas de 1 mL a –20°C;
  - Azul de Trypan.

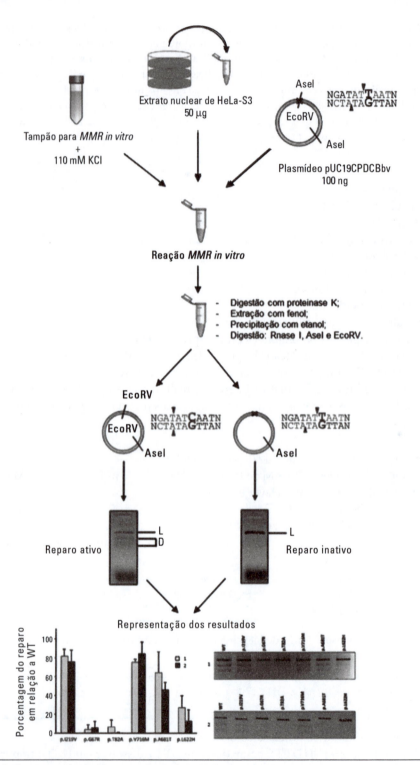

Figura 8.3. Fluxograma do ensaio para avaliação de MMR *in vitro*.
Fonte: modificada de Gonzáles-Acosta *et al.*, 2020.

- Ensaio de avaliação de MMR *in vitro*:
  - Tampão10× para MMR: 200 mM Tris-HCl, pH 7,6, 500 μg/mL de albumina de soro bovino (BSA), 1 mM de cada um dos quatro dNTPs (dATP, dCTP, dGTP e dTTP), glutationa 10 mM (forma reduzida), $MgCl_2$ 50 mM, ATP 15 mM, pH 7,0.

> **Importante:** para cada 1 mL de tampão10× para MMR, misturar todos os componentes, exceto $MgCl_2$ e adicionar H_2O ultrapura a um volume final de 950 μL. Fazer alíquotas de 19 μL e armazenar a –20°C. Antes de usar, adicionar 1 μL de $MgCl_2$ 1 M a cada tubo e misturar bem.

  - Solução estoque de proteinase K (3 mg/mL): ajustar para a concentração de estoque e armazenar a –20°C.
  - Tampão de digestão de proteinase K: 67 μL de SDS 10%, 50 μL de 0,5 M EDTA pH 8,0 e 30 μL de 3 mg/mL de solução estoque de proteinase K, ajustar com H_2O ultrapura a um volume de 1 mL. Deve ser preparada no momento do uso.
  - Tampão de amostra 6× (para eletroforese): 40% de sacarose, 0,25% de azul de bromofenol, e 0,25% de xileno cianol. Autoclavar e armazenar a 4°C.
  - Tampão Tris-Acetato-EDTA (TAE) solução estoque 50×: 242 g de tris-base, 57,1 mL de ácido acético glacial e 100 mL de EDTA a 0,5 M, pH 8,0 e ajustar para um volume final de 1 L. O pH não é ajustado e deve ser aproximadamente 8,5. Diluir para 1× antes de usar.
  - Tampão TE: Tris-HCl 10 mM, pH 8,0 e EDTA 1 mM, pH 8.0. Autoclavar.
  - Brometo de etídio (EtBr) 10 mg/mL em água ou Sybrgreen para visualização do DNA em gel de agarose.
  - Agarose.
  - Etanol 70%.

Enzimas

- Ensaio de avaliação de MMR *in vitro*:
  - Enzimas de restrição e seus respectivos tampões 10×.

> **Importante:** escolher as enzimas de acordo com os sítios de restrição presentes nos oligonucleotídeos escolhidos como substratos para o reparo.

  - RNase I.
  - Para o plasmídeo pUC19CPDCBbv, utilizar as enzimas EcoRV e AseI e seus respectivos tampões.

Metodologia

- Preparação do extrato nuclear da linhagem celular:
  - Exemplo de cultivo com cultura de HeLa-S3 em suspensão: cultivar células HeLa-S3 em suspensão com RPMI 1640 contendo 5% de FBS e antibióticos (penicilina, 100 U/mL e estreptomicina, 100 U/mL). Reservar 6 L de cultura quando a densidade celular atingir 1×10^6/mL (10 a 12 g de células).

> **Importante:** a partir deste ponto, o protocolo pode ser utilizado para qualquer linhagem celular de mamífero. Todas as etapas devem ser realizadas a 4°C ou no gelo.

190 Testes de Reparo do DNA

- Resfriar as células em gelo por 30 minutos e centrifugar a 2.600 × g por 8 minutos. Ressuspender o precipitado celular em 120 mL de tampão de lavagem (20 mL de tampão/L de meio).
- Verificar a viabilidade celular, utilizando a metodologia de preferência, prosseguir se a viabilidade estiver acima de 90%. Centrifugar as células a 2.000 × g por 5 minutos. Retirar completamente o líquido e pesar o conteúdo celular.
- Preparação dos núcleos e extração de proteínas nucleares:
  - Ressuspender as células em tampão hipotônico (2,78 mL/g de células) e incubar no gelo por 10 minutos.
  - Lisar as células, agitando-as no gelo. Agitar 10 vezes e verificar a conclusão da lise, utilizando o corante azul de trypan.
  - Centrifugar a 2.000 × g por 5 min, retirar o líquido e ressuspender o precipitado em tampão de extração, previamente resfriado, (1,5 mL/g de precipitado celular).
  - Verificar o volume e adicionar 0,031 vol. da solução de NaCl a 5 M. Manter sob agitação leve por 60 minutos.
  - Centrifugar a 14.600 × g por 20 minutos e coletar o sobrenadante.
  - Verificar o volume e adicionar, lentamente, 0,42 g de sulfato de amônio para cada 1 mL de sobrenadante. Manter sob agitação no gelo por 10 a 15 minutos até o sal dissolver-se completamente.
  - Precipitar a proteína nuclear, centrifugando a 14.600 × g por 20 minutos. Remover o máximo de líquido possível.
  - Ressuspender em tampão de diálise, usando ~ 50 µL/g de precipitado celular original e transformar o precipitado em uma pasta pipetável.
  - Transferir para uma bolsa de diálise, remover alíquotas de 10 µL da bolsa de diálise e diluir em 4 mL com H_2O ultrapura a cada 30 minutos. Parar a diálise quando a condutividade da alíquota diluída for ~ 50 µS/cm. A concentração do sal no extrato nuclear deverá ser aproximadamente 100 mM.
- Alíquota e extrato nuclear de armazenamento:
  - Centrifugar o extrato nuclear a 11.200 × g por 15 minutos.
  - Transferir o sobrenadante para um novo tubo e misturar bem. Aliquotar 20 a 30 µl/tubo e armazenar a –80°C.
  - Verificar a concentração de proteína.
- Ensaio da avaliação de MMR *in vitro*:
  - Montagem das reações:
    - Montar as reações usando 100 ng do plasmídeo, 2 µL de tampão de coquetel 10× e 50 µg de extrato nuclear da linhagem celular.
    - Ajustar a concentração de sal para 110 mM com KCl a 0,5 M e completar para 20 µL com H_2O ultrapura.
    - Misturar bem e incubar a 37°C por 15 a 20 minutos.
- Digestão com proteinase K:
  - Finalizar as reações adicionando 30 µL de tampão de digestão de proteinase K e incubar a 37°C por 20 minutos.
- Extração com fenol:
  - Adicionar 50 µL de fenol tamponado com TE a cada reação, agitar e centrifugar por 2 minutos em temperatura ambiente.
  - Transferir a fase aquosa para um novo tubo e, em seguida, extrair o fenol com 70 µL de TE.

- Centrifugar por 2 minutos e misturar as fases aquosas.
- Adicionar 100 µL de fenol tamponado com TE ao tubo, agitar e, em seguida, centrifugar por 5 minutos.
- Transferir a fase aquosa (~100 µL) para um novo tubo.
- Precipitação com etanol:
  - Adicionar 11 µL de NaOAc 3 M e 270 µL de etanol 100% gelado em cada tubo, misturar bem e armazenar a −80°C por 15 minutos.
  - Centrifugar a 11.000 rpm por 15 minutos a 4°C e remover o líquido.
  - Lavar, cuidadosamente, o precipitado com 500 µL de etanol 70% gelado. Secar o DNA em centrifuga a vácuo.
  - Dissolver o DNA em 11,75 µL de H_2O ultrapura.
- Digestão com as enzimas de restrição:
  - Adicionar 1,5 µL de tampão 10×, 1 µL da RNase I (1 mg/mL), 0,15 de BSA (10 µg/µl), 0,3 µg de AseI e 0,3 µg de EcoRV. Para um volume final de 15 µL.
  - Agitar rapidamente, centrifugar para baixar as gotículas e incubar por 1 h a 37°C.
  - Submeter as amostras à eletroforese em gel de agarose a 2%.

Apresentação e análise dos resultados

Os resultados devem ser visualizados no gel de agarose realizado na última etapa do processo e serão apresentados como figura obtida a partir da captura da imagem do gel em um fotodocumentador. Os extratos celulares com atividade de reparo promoverão a clivagem do sítio de restrição na presença da enzima específica, uma vez que substituirá a base errada pela correta no sítio de restrição. Então, em vez de uma banda única presente no controle, as amostras que apresentarem atividade do reparo de mau emparelhamento apresentarão mais de uma banda, menores do que o oligonucleotídeo original, como visto na Figura 8.3. Para uma representação quantitativa do resultado, as bandas obtidas podem ser quantificadas por densitometria, utilizando o programa ImageLab (Bio-Rad). A densitometria relativa das bandas referentes à atividade de reparo em uma determinada amostra pode ser calculada com a equação:

$$dr = (dAR/dT)*100$$

Em que:
dr: densitometria relativa;
dAR: soma das densitometrias das bandas referentes à atividade de reparo;
dT: soma das densitometrias de todas as bandas.

Deve ser aplicado o teste estatístico mais adequado para cada experimento. Para comparação entre duas amostras, a significância pode ser calculada pelo teste t ou por ANOVA de um fator. Para a comparação de mais de duas amostras, como no exemplo da Figura 8.3, foi utilizado ANOVA *two-way*. Para todos os casos, são considerados significantes valores de P menores que 0,05.

ENSAIOS PARA AVALIAÇÃO DE RECOMBINAÇÃO HOMÓLOGA

As quebras de fita dupla no DNA são lesões bastante citotóxicas que exigem uma resposta imediata da célula devido ao risco de causar fragmentação, perda ou rearranjos cromossômicos. Existem duas vias principais responsáveis pelo reparo das quebras de fita dupla, a via de reparo por recombinação homóloga (*homologous recombination – HR*) e a via de reparo por junção de extremidades não homólogas (*non-homologous end joining – NHEJ*) (Scully *et al.*, 2019). A via NHEJ realiza a junção de duas extremidades do DNA com a mínima referência de uma fita molde. Esta via é iniciada pela ligação das proteínas Ku70-Ku80 às extremidades quebradas do DNA, seguido do recrutamento da quinase DNA-PKcs, que por sua vez se liga e ativa a Artemis. A Artemis é responsável pelo processamento das pontas do DNA, preparando-as para a ligação realizada pela LIG4, XRCC4 e XLF (Scully *et al.*, 2019).

Diferente da NHEJ, a recombinação homóloga é frequentemente considerada uma via livre de erro devido à possibilidade de uso das cromátides irmãs para recombinação. A identidade das sequências, o alinhamento espacial e a coesão entre as cromátides favorecem a recombinação entre elas (Scully *et al.*, 2019). Por isso, essa via está restrita à fase S e G2 do ciclo celular quando há uma cromátide irmã que pode agir como molde para restaurar a fita danificada (Ceccaldi *et al.*, 2016). Para iniciar a HR, é necessária a formação de um intermediário de DNA fita simples (*single-stranded DNA* – ssDNA) na extremidade da quebra. O intermediário de DNA é gerado pela degradação nucleolítica da extremidade 5' em direção à 3'. A degradação é catalisada por várias DNA helicases e nucleases, sendo iniciada pelo complexo MRN (MRE11/RAD50/NBS1). A fita simples resultante é protegida e estabilizada pelo complexo RPA. Em seguida, várias proteínas mediadoras como BRCA2, RAD52 e PALB2 facilitam a remoção de RPA, a ligação de RAD51 e a formação do filamento de nucleoproteína RAD51-ssDNA. O filamento RAD51-ssDNA promove a busca por homologia e a invasão dos duplex de DNA, o DNA fita simples invasor permite o início da síntese de DNA que é ligada a outra extremidade quebrada formando um intermediário de recombinação homóloga que possui duas ramificações, chamadas de junções *Holliday*. A resolução das junções *Holliday* podem ou não resultar em *crossing-over* (Aparicio *et al.*, 2014; Gelot *et al.*, 2016; Scully *et al.*, 2019).

Nesta seção, são apresentados dois protocolos utilizados para avaliar o reparo por HR. O primeiro protocolo apresentado neste tópico é utilizado para quantificar a frequência relativa do reparo por recombinação homóloga. O ensaio, com base na endonuclease I-SceI, foi primeiramente desenvolvido no laboratório da Dr. Maria Jasin, em células de mamíferos, e atualmente existe uma variedade de ensaios baseados no mesmo princípio (Weinstock *et al.*, 2006). Neste tópico, o protocolo descrito baseia-se na transfecção de um plasmídeo contendo um gene repórter (atualmente o repórter *GFP* é preferível) com expressão inativada pela presença de uma sequência de 18 nts, alvo da I-SceI (Figura 8.4). Quando presente na célula, a I-SceI cliva a sequência alvo, gerando uma quebra de fita que é reparada utilizando a sequência funcional do GFP que se encontra *downstream* no plasmídeo transfectado. O reparo por recombinação homóloga torna o gene *GFP* funcional e sua expressão pode ser quantificada por citometria de fluxo.

Analisar o reparo por NHEJ por métodos semelhantes torna-se mais difícil, isso porque o produto gerado após o reparo é frequentemente a restauração do sítio da I-SceI, o que torna os eventos indistinguíveis. Alguns métodos, no entanto, já foram desenvolvidos para aumentar a eficiência desse teste (Iliakis *et al.*, 2006; Bindra *et al.*, 2013).

O segundo método descrito nesta seção é o ensaio de troca de cromátides irmãs que é o mais utilizado para detecção de defeitos ou desregulação na recombinação homóloga. O método é utilizado desde 1970 para determinar o potencial mutagênico de um composto químico. Uma vez que o reparo por recombinação homóloga é requerido para gerar os resultados observados. O teste também pode ser usado para analisar a atividade da via HR.

Figura 8.4. Representação da localização do gene repórter no plasmídeo. De 5' para 3' a figura representa o gene *GFP* com a inserção da sequência de clivagem da enzima I-SceI. Em seguida, uma outra cópia truncada do *GFP* que servirá como molde para a recombinação.

O protocolo descrito é baseado na incorporação de 5-bromo-desoxyuridina (BrdU) e coloração com fluorescência mais Giemsa (FPG) de acordo com o protocolo descrito por Stults *et al.* (Stults *et al.*, 2020). O BrdU é um nucleosídeo sintético análogo à timidina que é incorporado ao DNA durante a replicação. Quando o análogo é adicionado ao meio de cultivo, após o primeiro ciclo celular a molécula de DNA resultante possuirá uma das fitas contendo BrdU, devido à característica semiconservativa da replicação do DNA. Após o segundo ciclo, uma cromátide terá a dupla fita inteiramente contendo BrdU enquanto a outra ainda possuirá uma fita de DNA sem BrdU. Após os ciclos, as células são coradas com Hoechst 33258 seguidas por exposição à luz UV que vai causar um clareamento na coloração de acordo com a quantidade de BrdU incorporada (Figura 8.5).

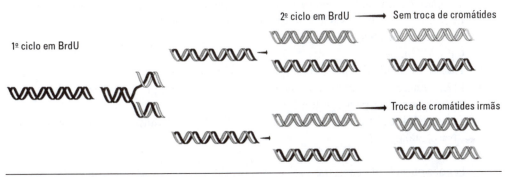

Figura 8.5. Representação da coloração das fitas de DNA replicadas em BrdU. Durante o primeiro ciclo celular em BrdU, as fitas novas sintetizadas possuirão BrdU em sua constituição. Após o segundo ciclo, uma das cromátides possuirá ambas as fitas com BrdU enquanto outra ainda possuirá uma das fitas sem BrdU; essa última possui uma coloração mais escura que pode ser notada ao fim do experimento. A troca entre essas duas cromátides resultará em pontos claros no meio da cromátide mais escura ou o inverso.

A vantagem desse teste é que ele tem sido realizado em uma variedade de linhagens celulares imortalizadas, porém não pode ser aplicado em células que não estejam se dividindo ativamente.

Ensaio baseado na endonuclease I-SceI para detecção de recombinação homóloga

Materiais
- Equipamentos:
    - Incubadora com CO_2.
    - Citômetro de fluxo.
- Vetores de expressão:
    - I-SceI (pCAGGS-I-SceI).
    - pDRGFP (3).
    - Vetor vazio pCAGGS-BSKX.

> **Importante:** cada vetor possui um gene de resistência a ampicilina e pode ser amplificado em *E. coli* usando meio Circlegrow com ampicilina, purificado e dissolvido em tampão TE estéril (10 mM Tris pH 8,0, 1 mM EDTA pH 8,0).

- Cultura celular:
    - Linhagem celular HEK293 com o gene repórter DR-GFP integrado, como descrito previamente por Bennardo e colaboradores (Bennardo *et al.*, 2008).

- Linhagem celular U2OS com o gene repórter DR-GFP integrado, como descrito previamente por Bennardo e colaboradores (Bennardo *et al.*, 2008).
- Meios de cultura e transfecção:
  - DMEM *high glucose* com L-glutamina.
  - Soro fetal bovino (SFB).
  - Solução penicilina/estreptomicina (10.000 U/mL de penicilina, 10.000 mg/mL de estreptomicina).
  - 1× Tripsina-EDTA.
  - Solução de polilisina 0,01%.
  - Tampão fosfato-salino (*phosphate buffered saline* – PBS): 200 mg/L de KCl, 200 mg/L de KH_2PO_4, 8 g/L de NaCl, 2,16 g/L de Na_2HPO_4 – $7H_2O$.
  - Lipofectamine 2000.
  - Opti-MEM.
  - 10% de formaldeído (p/v em tampão de fosfato aquoso).
  - Placas estéreis para cultura de células: placa de 10 cm, poço de 2 cm^2 (placa de 24 poços), poço 4 cm^2 (placa de 12 poços).
  - Tampão de lise (20 mM de Tris pH 8.0, 85 mM de NaCl, 15 mM de EDTA e 0,5% de SDS).
  - RNase, 500 µg/mL.
  - Proteinase K.
  - Fenol saturado pH 6,6 ± 0,2.
  - Clorofórmio.
  - Etanol 70%.
  - Isopropanol.
  - TE 0,1× (1 mM de Tris pH 8 e 0,1 mM de EDTA pH 8).

Metodologia

- Cultura de células e transfecção:
  - Células U2OS com o gene repórter DR-GFP integrado como descrito previamente por Bennardo e colaboradores (Bennardo *et al.*, 2008), podem ser cultivadas diretamente em garrafas para cultura celular, usando meio DMEM suplementado com 10% de soro fetal bovino e 1% de antibióticos (penicilina/estreptomicina) a 37°C e 5% de CO_2.
  - As células HEK293 aderem mais facilmente se as placas forem revestidas com polilisina.
  - Para o uso de siRNA nas células, realizar o tratamento 48 horas antes da transfecção com I-SceI.
- Transfecção com I-SceI:
  - Para a transfecção, plaquear 1×10^5 células em poços de aproximadamente 4 cm^2, com 2 mL de meio de cultura. Ressuspender bem as células antes de colocá-las no poço, em seguida, espalhar as células agitando a placa gentilmente.
  - Após 24 horas, aspirar o meio e lavar os poços com 1 mL de PBS.
  - Remover o PBS e adicionar meio novo sem antibiótico.
  - Incubar por 2 horas antes da transfecção.
  - Preparação dos complexos de transfecção.
    - Em um tubo, diluir o ácido nucleico em 100 µL de optimem. A diluição sugerida é de 0,8 µg do vetor de expressão pCAGGS-I-SceI com 10 pmoL de siRNA.
    - Em outro tubo, diluir 3,6 µL de lipofectamina 2000 em 100 µL de optimem e ressuspender por pipetagem.

> **Importante:** não vortexar nenhuma das soluções acima.

- – Incubar a lipofectamina diluída em temperatura ambiente por 5 minutos.
- – Em seguida, adicionar a lipofectamina 2000 diluída ao ácido nucleico, ressuspender por pipetagem e incubar por 25 minutos em temperatura ambiente.
- Adicionar 200 µL dos complexos de transfecção, preparados no item anterior, aos poços das células sem mudar o meio.
- Agitar a placa, gentilmente, e incubar a 37°C por 3 horas.
- Remover os complexos de transfecção e adicionar 1 mL de meio de cultura sem antibiótico para lavar os resíduos de reagentes de transfecção.
- Agitar a placa para lavar as células e remover o meio de cultura.
- Adicionar 4 mL de meio de cultura novo (suplementado com antibiótico) e cultivar as células por 72 h antes da análise.

> **Importante:** para observar os efeitos de um inibidor químico, adicionar o inibidor logo após a retirada dos complexos de transfecção. Posteriormente, manter as células em cultura por três dias até a preparação da citometria de fluxo. A remoção dos reagentes de transfecção antes de realizar o tratamento com o inibidor é importante para evitar a transfecção do composto.

- Separação de células ativadas por fluorescência:
  - Aspirar o meio de cada poço de células transfectadas, tripsinizar as células e ressuspender em meio de cultura.
  - Imediatamente após a ressuspensão, adicionar formaldeído 10%, na proporção de 2:1 (p. ex.: para 400 µL de amostra, adicionar 200 µL de formaldeído).
  - Agitar a uma velocidade média por 2 a 3 segundos.
  - As amostras podem, então, ser analisadas por citometria de fluxo e são estáveis em temperatura ambiente, ou no gelo por 4 horas.

Apresentação e interpretação dos dados

- Para analisar o resultado, usar um gráfico de dispersão direta *versus* dispersão lateral.
- Analisar as células em um gráfico de fluorescência verde no eixo y e fluorescência vermelha ou laranja no eixo x. Este gráfico permite a distinção entre a autofluorescência das células e a fluorescência verde proveniente do GFP.

Ensaio de troca de cromátides irmãs

Materiais

- Equipamentos:
  - Incubadora para cultura de células.
  - Capela de fluxo laminar para cultura de células.
  - Microscópio óptico de luz invertido com contraste de fase.
  - Centrífuga.
  - Aquecedor de lâminas com ajuste de temperatura.
  - Fonte de luz UV de onda longa (400 a 320 nm).
  - Agitador ou forno de hibridação que possa ser mantido a 50°C.

- Cultura de células:
  - Placas para cultura celular 10 cm.
  - Linhagem de células, bem caracterizadas, aderentes ou em suspensão.
  - Meio de cultura.
  - Etanol 70% e 95%.
  - Soro fetal bovino (SFB).
  - Penicilina/estreptomicina.
  - Plasmocina 25 mg/mL.
  - Tripsina.
- Incorporação de BrdU:
  - Alíquotas de BrdU 10 mM (dissolver o pó de BrdU em água, fazer alíquotas de 200 μL e armazenar a –20°C, protegidas da luz).
  - Água destilada.
  - Papel-alumínio.
- Coleta das células para análise na metáfase:
  - Colcemida: solução de demecolcina 10 μg/mL em HBSS (*Hank's Balanced Salt Solution*).
  - Tampão fosfato-salino (*phosphate buffered saline* – PBS): 200 mg/L de KCl, 200 mg/L de KH_2PO_4, 8 g/L de NaCl, 2,16 g/L de Na_2HPO_4 – $7H_2O$.
  - Cloreto de potássio.
  - Citrato de sódio.
  - Metanol.
  - Ácido acético glacial.
  - Solução hipotônica: 46,5 mM de KCl, 8,5 mM de Na·citrato.
  - Solução fixadora: 3:1 metanol-ácido acético (preparar apenas no momento do uso).
- Preparação e armazenamento de lâminas para análise:
  - Lâminas para microscopia.
  - *Racks* para lâminas e recipientes para coloração.
  - Pipetas Pasteur.
  - Hoechst 33258 98%.
  - Na_2HPO_4.
  - KH_2PO_4.
  - NaCl.
  - Solução corante Giemsa concentrada (50% de Giemsa em metanol e glicerina).
  - 1 mg/mL de Hoechst 33258 diluído em H_2O (armazenamento a 4°C, protegido da luz).
  - Tampão de fosfato Sorensen 0,1M pH 6,8 (Na_2HPO_4 a 0,1 M e KH_2PO_4 a 0,1 M na proporção de 1:1).
  - Tampão citrato de sódio-salino (SSC) 20× (3 M de NaCl e 300 mM de citrato de sódio diluídos em água).
  - Meio de montagem de baixa viscosidade Cytoseal-60.
  - Lamínulas ($24 \times 50 \times 1$ mm).

Metodologia

- Estabelecendo o tempo de duplicação do número de células: a maioria das linhagens celulares imortalizadas leva em torno de 24 horas para duplicar-se numericamente. Porém, algumas podem proliferar mais rapidamente ou mais devagar. Para saber o tempo de tratamento com BrdU, é necessário conhecer a linhagem celular com a qual se está trabalhando e o quão rápido ela está se dividindo em cultura nas condições específicas do laboratório.

- Para analisar o tempo de duplicação das células, descongelar e cultivar as células normalmente até atingir um número suficiente de células.
- Remover o meio de cultura e adicionar tripsina à garrafa de cultura para remover as células aderidas.
- Incubar as células por 3 a 5 minutos.
- Adicionar 5 mL de meio de cultura para parar a reação da tripsina. Usando uma pipeta, remover as células e adicionar a tubos cônicos de centrífuga, centrifugar por 5 minutos a 200 × g para formar um precipitado de células.
- Preparar 5 placas de cultura de 10 cm de diâmetro com 7 mL de meio de cultura suplementado com 5% SFB e 1% de antibiótico.
- Após a centrifugação, remover o meio de cultura antigo e ressuspender as células em 1 mL de meio novo.
- Contar as células vivas na cultura e distribuir entre as placas de modo que cada placa possua a mesma quantidade de células.
- Após 24 horas, coletar as células de uma das placas, contar as células e registrar o valor como a densidade celular no tempo 0 (T_0).

> **Importante:** não utilizar o número de células plaqueadas como T_0, visto que demora algum tempo para as células estabelecerem-se no plaqueamento e nem todas se mantêm viáveis.

- As placas restantes devem ser coletadas e contadas em intervalos menores que 24 horas, por exemplo, +18, +36, +48 e +60 horas. Os resultados devem ser plotados em uma curva de semilog (*log* do número total de células *versus* tempo linear decorrido).
- Calcular o tempo necessário para que as células cheguem ao dobro da densidade observada em T_0.

> **Importante:** o processo para analisar o tempo de duplicação das células é inexato e apenas fornece uma ideia geral do quão rapidamente a linhagem celular está se dividindo.

- Incorporação de BrdU:
  - Após conhecer o tempo de duplicação da linhagem celular, refazer os procedimentos de cultura até que as células estejam prontas para serem plaqueadas novamente.
  - De maneira semelhante ao item anterior, preparar cinco placas e dividir as células de maneira semelhante entre elas. Incubar as placas *overnight* na incubadora de cultura celular a 37°C e 5% de CO_2.
  - No dia seguinte, descongelar uma alíquota de BrdU 10 mM e adicionar a cada uma das placas para uma concentração final de 20 µM.
  - Agitar as placas, gentilmente, cobrir com papel-alumínio para bloquear a luz ambiente e devolver para a incubadora.

> **Importante:** o tubo de BrdU deve ser protegido da luz durante todo o experimento e durante o tratamento. Desligar as luzes da cabine de fluxo laminar.

Testes de Reparo do DNA

- Promovendo a parada do ciclo na metáfase:
  - As células devem ser deixadas por dois ciclos em BrdU (geralmente, corresponde a 48 horas), 4 horas antes da finalização do segundo ciclo adicionar colcemida para uma concentração final de 0,02 µg/mL e agitar gentilmente para distribuir o reagente. A colcemida atuará inibindo a formação do fuso mitótico e impedindo a separação dos cromossomos;
  - O procedimento de adição da colcemida deve ser realizado na cabine de fluxo laminar com as luzes apagadas e o papel-alumínio deve ser substituído antes das células voltarem para a incubadora.
- Coletando as células para análise:
  - Remover as células das placas de cultura e adicionar em um tubo cônico para centrifugação. Centrifugar as células a 200 × g por 5 minutos para recuperar o precipitado de células.
  - Aspirar o meio e agitar, suavemente, as laterais do tubo com o dedo para soltar mecanicamente o precipitado de células. Em seguida, adicionar 1 mL de solução hipotônica.
  - Ressuspender o precipitado de células até homogeneizar completamente as células na solução hipotônica.
  - Adicionar mais 7 mL de solução hipotônica e homogeneizar por inversão. Retornar as células para a incubadora por 12 minutos. A água da solução hipotônica irá se difundir para dentro das células por osmose fazendo com que elas inchem.

> **Importante:** o tempo que as células devem ficar em solução hipotônica deve ser obedecido. Manter as células nesta solução por mais tempo fará com que as células delicadas sejam lisadas.

- Adicionar 12 mL da solução de fixação 3:1 metanol-ácido acético. Homogeneizar por inversão para ressuspender as células.

> **Importante:** se as células foram lisadas devido à exposição prolongada à solução hipotônica, o DNA liberado formará um precipitado pegajoso que não pode ser ressuspendido e será aparente nesta fase.

- Centrifugar por 5 minutos a 200 × g para sedimentar as células parcialmente fixadas.
- Remover a solução hipotônica e fixadora por aspiração, tomando cuidado para não aspirar o precipitado de células.
- Adicionar mais 5 mL de solução fixadora e inverter o tubo apenas uma vez, suavemente, para ressuspensão. Nesta etapa, o protocolo pode ser interrompido e as células armazenadas a 4°C indefinidamente.
- Preparação e armazenamento das lâminas: desengordurar a lâmina pode ajudar na aderência das células mais facilmente. Esse passo deve ser realizado um dia antes do uso das lâminas, para isso, seguir os passos a seguir:
  - Adicionar lâminas novas e secas em um *rack* para lâminas.
  - Mergulhar as lâminas em uma solução de HCl a 0,1 N em etanol 95% por 20 minutos à temperatura ambiente.
  - Remover o *rack* e mergulhar em outro recipiente contendo etanol 95%.
  - Descartar o etanol, substituir por um novo e mergulhar novamente as lâminas, repetindo este passo três vezes.
  - Em seguida, realizar três lavagens em água destilada.

- Armazenar as lâminas em um recipiente com água destilada a 4°C, até o dia seguinte.
- Centrifugar as células fixadas a 200 × g por 5 minutos, aspirar a solução fixadora e substituir por uma nova solução (a solução fixadora deve ser preparada no dia do uso).
- Repetir a lavagem com solução fixadora por três vezes.
- Por fim, ressuspender as células em uma quantidade mínima de solução fixadora que faça a suspensão adquirir uma aparência leitosa.
- Remover uma lâmina do recipiente com água gelada e apoiar em uma pipeta sorológica de modo que ela se incline levemente na bancada.
- Com uma pipeta Pasteur de 1 mL retirar um pouco da suspensão de células e posicionar a pipeta em torno de 10 cm acima da lâmina, distribuir rapidamente 7 a 10 gotas na superfície da lâmina ainda úmida.
- Permitir que a maior parte do líquido se acumule na parte inferior da lâmina e distribuir na lâmina 7 ou 8 gotas de solução fixadora.
- Deixar que a solução também se acumule na borda da lâmina e secar o excesso de líquido na borda com um papel toalha.
- Segurar a lâmina a cerca de um centímetro de sua boca aberta e exalar suavemente uma única respiração (não assoprar. O objetivo é aumentar temporariamente a umidade e a temperatura local).
- Em seguida, agitar a lâmina para a frente e para trás no ar e apoiar verticalmente na bancada.
- Quando a solução fixadora começar a evaporar das bordas da lâmina, colocar no aquecedor de lâminas a 42°C para permitir a secagem completa.

> **Importante:** se as lâminas estiverem muito secas, os cromossomos ficarão muito próximos uns dos outros para permitir a coloração e pontuação adequadas. Se as lâminas estiverem muito úmidas, os cromossomos flutuarão e não formarão estruturas óbvias que podem ser visualizadas em um único campo de microscópio.

- Uma vez que a lâminas estiverem secas, os cromossomos em metáfase podem ser localizados usando a objetiva de 25× no microscópio invertido, com oculares de 10×.
- A maioria das células na lâmina não estarão em metáfase, mas, ocasionalmente, será possível identificar os cromossomos em forma de X na lâmina.
- Antes de prosseguir para a coloração, analisar se há pelo menos 20 a 30 metáfases em cada lâmina.
- Coloração diferencial com Giemsa:
  - Mergulhar as lâminas com metáfases em corante Hoechst 33258 10 µg/mL por 20 minutos.
  - Lavar as lâminas por imersão em tampão Sorensen.
  - Remover cada lâmina do *rack* de coloração e imediatamente adicionar algumas gotas de tampão Sorensen ao longo da lâmina para evitar que ela seque. Em seguida, adicionar a lamínula.
  - Colocar as lâminas com a lamínula para cima no aquecedor de lâminas a 55°C e expô-las à luz UV de, aproximadamente, 365 nm por 20 a 30 minutos. A exposição à UV degradará mais facilmente o DNA incorporado com BrdU evitando que este seja corado com Giemsa.

- Remover e descartar a lamínula com cuidado e adicionar as lâminas de volta em um *rack* vazio. Mergulhar o rack em tampão SSC 1× e incubar por 1 hora a 50°C.
- Remover as lâminas do SSC e mergulhar em Giemsa 10% diluído em tampão Sorensen por 30 minutos em temperatura ambiente.
- Após remover do corante, lavar as lâminas, mergulhando-as em água destilada para remover gotas de corante concentradas na lâmina que podem impedir a visualização.
- Deixar as lâminas secarem na bancada com a face para cima sem lamínula durante a noite.
- No dia seguinte, adicionar uma ou duas gotas de meio de montagem de baixa viscosidade Cytoseal-60 na lâmina e adicionar a lamínula, aguardar o meio secar.
- Visualizando e capturando imagens dos cromossomos:
  - Observar as trocas de cromátides usando microscopia de campo claro com as objetivas de 100× ou 63× com óleo de imersão.

> **Importante:** o uso de microscópio óptico de luz e equipamento de captura de imagem de boa qualidade são essenciais para a visualização das cromátides.

- Usar a câmera do microscópio para capturar imagens em escala de cinza em formato TIFF ou JPEG de alta qualidade.
- Após capturar as imagens, editar em um *software* de processamento de imagens, para ajustar os níveis de ampliação, o contraste e a escala de cinza, para melhorar a visualização da coloração diferencial das cromátides.
- Contabilizando as trocas de cromátides irmãs e analisando os dados:
  - Para facilitar, imprimir as imagens em alta resolução em uma folha de papel, contar o número de trocas ocorridas e plotar os dados em uma planilha:
    – Um par de cromátides sem nenhuma troca terá uma cromátide corada em preto e outra corada em um cinza-claro.
    – Uma troca existe quando as colorações claras e escuras trocam de lugar.
    – Contar o número total de trocas observadas e o número total de cromossomos analisados.
    – Não levar em consideração trocas no centrômero, pois podem indicar apenas uma torção no cromossomo.
    – Se não puder determinar com certeza, pela imagem, que houve troca, exclua o cromossomo da contagem.
  - Para cada lâmina, dividir o número de trocas observada pelo número total de cromossomos contados, resultando em média número de trocas por cromossomo.
  - Para obter resultados mais robustos e detectar pequenas mudanças na frequência de trocas, pode ser requerida a contagem de mais de 100 metáfases para obter poder estatístico adequado.

CONSIDERAÇÕES FINAIS

Os ensaios apresentados neste capítulo permitem avaliar a atividade das vias de reparo de DNA em diferentes contextos celulares, como proficiência ou deficiência em enzimas de reparo, permitindo um melhor entendimento quanto às respostas celulares mediante as substâncias mutagênicas. Algumas técnicas apresentadas, como UDS, *dot-blot* e LX-PCR, possuem vantagens e desvantagens que devem ser levadas em consideração na escolha da metodologia mais adequada para alcance dos objetivos do projeto de pesquisa.

Referências bibliográficas

Agnez-Lima LF, Melo JT, Silva AE, Oliveira AH, Timoteo AR, Lima-Bessa KM *et al.* DNA damage by singlet oxygen and cellular protective mechanisms. Mutat Res. 2012; 751:15-28. https://doi.org/10.1016/j.mrrev.2011.12.005

Andersson BS, Sadeghi T, Siciliano MJ, Legerski R, Murray D. Nucleotide excision repair genes as determinants of cellular sensitivity to cyclophosphamide analogs. Cancer Chemother Pharmacol. 1996; 38:406-16. https://doi.org/10.1007/s002800050504

Aparicio T, Baer R, Gautier J. DNA double-strand break repair pathway choice and cancer. DNA Repair. 2014; 19:169-75. doi: 10.1016/j.dnarep.2014.03.014.

Ayala-Torres S, Chen Y, Svoboda T, Rosenblatt J, Van Houten B. Analysis of gene-specific DNA damage and repair using quantitative polymerase chain reaction. Methods. 2000; 22:135-47. doi: 10.1006/meth.2000.1054.

Bennardo N, Cheng A, Huang N, Stark JM. Alternative-NHEJ is a mechanistically distinct pathway of mammalian chromosome break repair. PLoS Genetics. 2008; 4:e1000110. doi: 10.1371/journal.pgen.1000110.

Bindra RS, Goglia AG, Jasin M, Powell SN. Development of an assay to measure mutagenic non--homologous end-joining repair activity in mammalian cells. Nucleic Acids Res. 2013; 41:e115. doi: 10.1093/nar/gkt255.

Ceccaldi R, Rondinelli B, D'Andrea AD. Repair Pathway choices and consequences at the double--strand break. Trends Cell Biol. 2016; 26:52-64. doi: 10.1016/j.tcb.2015.07.009.

Citterio E, Van Den Boom V, Schnitzler G, Kanaar R, Bonte E, Kingston RE *et al.* ATP-Dependent chromatin remodeling by the cockayne syndrome B DNA repair-transcription-coupling factor. Mol Cell Biol. 2000; 20:7643-53. https://doi.org/10.1128/MCB.20.20.7643-7653.2000.

Demple B, Sung JS. Molecular and biological roles of Ape1 protein in mammalian base excision repair. DNA Repair. 2005; 4:1442-9. doi: 10.1016/j.dnarep.2005.09.004.

Doetsch PW, Cunningham RP. The enzymology of apurinic/apyrimidinic endonucleases. Mutation Research-DNA Repair. 1990; 236:173-201. doi: 10.1016/0921-8777(90)90004-O.

Fréchet M, Bergoglio V, Chevallier-Lagente O, Sarasin A, Magnaldo T. Complementation assays adapted for DNA repair-deficient keratinocytes. Methods in molecular biology (Clifton, N.J.) 2006; 314:9-23 doi: 10.1385/1-59259-973-7:009.

Gelot C, Le-Guen T, Ragu S, Lopez BS. Double-Strand break repair: homologous recombination in mammalian cells. In: Kovalchuk I, Kovalchuk O (eds.). Genome stability: from virus to human application. Elsevier Inc. 2016; 337-51. doi: 10.1016/B978-0-12-803309-8.00020-3.

González-Acosta M, Hinrichsen I, Fernández A, Lázaro C, Pineda M, Plotz G *et al.* Validation of an in vitro mismatch repair assay used in the functional characterization of mismatch repair variants. J Mol Diagn. 2020; 22:376-85. https://doi.org/10.1016/j.jmoldx.2019.12.001.

Grossman L, Thiagalingam S. Nucleotide excision repair, a tracking mechanism in search of damage. J Biol Chem. 1993; 268:16871-4 doi: 10.1016/s0021-9258(19)85273-0.

Gu L, Ensor CM, Li GM. In vitro DNA mismatch repair in human cells. In: Bjergbæk L (ed.). DNA repair protocols. Totowa, NJ: Humana Press, 2012; 135-47. https://doi.org/10.1007/978-1-61779-998-3_10

Hegde ML, Hazra TK, Mitra S. Early steps in the DNA base excision/single-strand interruption repair pathway in mammalian cells. Cell Research. 2008; 18:27-47. https://doi.org/10.1038/cr.2008.8

Henderson DS. DNA repair protocols. Mammalian systems. 2. ed. Humana Press. 2005.

Hunter SE, Jung D, Di Giulio RT, Meyer JN. The QPCR assay for analysis of mitochondrial DNA damage, repair, and relative copy number. Methods. 2010; 51:444-51. https://doi.org/10.1016/j.ymeth.2010.01.033

Iliakis G, Rosidi B, Wang M, Wang H. Plasmid-based assays for DNA end-joining in vitro. Methods in molecular biology (Clifton, N.J.). 2006; 314:123-31 doi: 10.1385/1-59259-973-7:123.

Karbaschi M, Brady NJ, Evans MD, Cooke MS. Immuno-slot blot assay for detection of UVR-mediated DNA damage. In: Bjergbæk L (ed.). DNA repair protocols. Humana Press, Totowa, NJ, 2012; 417-32. https://doi.org/10.1007/978-1-61779-998-3_12.

Kelly CM, Latimer JJ. Unscheduled DNA synthesis: a functional assay for global genomic nucleotide excision repair. In: Keohavong P, Grant SG (eds.). Molecular toxicology protocols. Methods in molecular biology. Humana Press, 2005; 303-20. https://doi.org/10.1385/1-59259-840-4:303.

Kim YJ, Wilson DM 3rd. Overview of base excision repair biochemistry. Curr Mol Pharmacol. 2011; 5:3-13. https://doi.org/10.2174/1874467211205010003.

Latimer JJ, Kelly CM. Unscheduled DNA synthesis: the clinical and functional assay for global genomic DNA nucleotide excision repair. In: Keohavong P, Grant S (eds.). Molecular toxicology protocols. Methods in molecular biology. Humana Press, Totowa, NJ, 2014; 511-32. https://doi.org/10.1007/978-1-62703-739-6_36.

Limsirichaikul S, Niimi A, Fawcett H, Lehmann A, Yamashita S, Ogi T. A rapid non-radioactive technique for measurement of repair synthesis in primary human fibroblasts by incorporation of ethynyl deoxyuridine (EdU). Nucleic Acids Res. 2009; 37:e31. doi: 10.1093/nar/gkp023.

Liu D, Keijzers G, Rasmussen LJ. DNA mismatch repair and its many roles in eukaryotic cells. Mutat Res. 2017; 773:174-87. https://doi.org/10.1016/j.mrrev.2017.07.001.

Lu AL, Clark S, Modrich P. Methyl-directed repair of DNA base-pair mismatches in vitro. PNAS. 1983; 80:4639-43. https://doi.org/10.1073/pnas.80.15.4639.

McCready S. 2006. A dot-blot immunoassay for measuring repair of ultraviolet photoproducts. In: Henderson DS (ed.). DNA repair protocols. Methods in molecular biology. Humana Press, 2006; 229-38. https://doi.org/10.1385/1-59259-973-7:229.

Meyer JN. QPCR: A tool for analysis of mitochondrial and nuclear DNA damage in ecotoxicology. Ecotoxicology. 2010; 19:804-11. https://doi.org/10.1007/s10646-009-0457-4.

Park JM, Kang TH. DNA Slot Blot Repair Assay. BIO-PROTOCOL. 2015; 5:e1453 doi: 10.21769/bioprotoc.1453.

Peña-Diaz J, Rasmussen LJ. Approaches to diagnose DNA mismatch repair gene defects in cancer. DNA Repair. 2016; 38:147-54 doi: 10.1016/j.dnarep.2015.11.022.

Rasmussen RE, Painter RB. Evidence for repair of ultra-violet damaged deoxyribonucleic acid in cultured mammalian cells. Nature. 1964; 203:1360-2. https://doi.org/10.1038/2031360a0.

Reed E. Platinum-DNA adduct, nucleotide excision repair and platinum based anti-cancer chemotherapy. Cancer Treat Rev. 1998; 24:331-44. https://doi.org/10.1016/s0305-7372(98)90056-1.

Scully R, Panday A, Elango R, Willis NA. DNA double-strand break repair-pathway choice in somatic mammalian cells. Nat Rev Mol Cell Biol. 2019; 20:698-714. https://doi.org/10.1038/s41580-019-0152-0.

Stults DM, Killen MW, Marco-Casanova P, Pierce AJ. The sister chromatid exchange (SCE) assay. In: Keohavong P, Singh KP, Gao W (eds.). Molecular toxicology protocols. Humana, New York, NY, 2020; 439-55. https://doi.org/10.1007/978-1-0716-0223-2_25.

van der Kemp PA, Charbonnier JB, Audebert M, Boiteux S. Catalytic and DNA-binding properties of the human Ogg1 DNA N-glycosylase/AP lyase: biochemical exploration of H270, Q315 and F319, three amino acids of the 8-oxoguanine-binding pocket. Nucleic Acids Res. 2004; 32:570-8. https://doi.org/10.1093/nar/gkh224.

Vidal AE, Hickson ID, Boiteux S, Radicella JP. Mechanism of stimulation of the DNA glycosylase activity of hOGG1 by the major human AP endonuclease: Bypass of the AP lyase activity step. Nucleic Acids Res. 2001; 29:1285-92. https://doi.org/10.1093/nar/29.6.1285.

Wallace SS, Murphy DL, Sweasy JB. Base excision repair and cancer. Cancer Lett. 2012; 327:73-89. https://dx.doi.org/10.1016%2Fj.canlet.2011.12.038.

Weinstock DM, Nakanishi K, Helgadottir HR, Jasin M. Assaying Double-strand break repair pathway choice in mammalian cells using a targeted endonuclease or the RAG recombinase. Methods Enzymol. 2006; 409:524-40. https://doi.org/10.1016/s0076-6879(05)09031-2.

Wiederhold L, Leppard JB, Kedar P, Karimi-Busheri F, Rasouli-Nia A, Weinfeld M *et al.* AP endonuclease-independent DNA base excision repair in human cells. Mol Cell. 2004; 15:209-20. https://doi.org/10.1016/j.molcel.2004.06.003.

Wilson DM 3rd. Processing of nonconventional DNA strand break ends. Environ Mol Mutagen. 2007; 48:772-82. https://doi.org/10.1002/em.20346.

Wilson DM 3rd, Barsky D. The major human abasic endonuclease: formation, consequences and repair of abasic lesions in DNA. Mutat Res. 2001; 485:283-307. http://doi.org/10.1016/s0921-8777(01)00063-5.

Zharkov DO. Base excision DNA repair. Cell Mol Life Sci. 2008; 65:1544-65. https://doi.org/10.1007/s00018-008-7543-2.

9

Formação e Quantificação de Espécies Reativas de Oxigênio e Lesões em DNA Mitocondrial

Rebeca R. Alencar • Rebeca B. Alves • Caio M. F. Batalha
Gabriela A. S. Claudio • Thiago S. Freire • Felippe T. Machado
José Nivaldo F. A. Miranda • Laís Y. M. Muta • Nadja C. de Souza-Pinto

Resumo

A mitocôndria produz ATP (adenosina trifosfato) por meio da fosforilação oxidativa, constituída por cinco complexos proteicos. O DNA mitocondrial (mtDNA) codifica proteínas de quatro desses complexos e sua integridade é necessária para a função mitocondrial. Devido à sua localização, o mtDNA é alvo preferencial para a formação de lesões. As metodologias descritas neste capítulo permitem estudar a relação entre a formação mitocondrial de oxidantes e a integridade do mtDNA. Os ensaios quantificam a formação de oxidantes e lesões em mtDNA e as atividades de reparo de DNA. Em conjunto, os métodos permitem uma análise global dos mecanismos envolvidos na manutenção da integridade do mtDNA.

INTRODUÇÃO

O oxigênio molecular (O_2) é essencial para todos os organismos aeróbicos. A principal função biológica do O_2 é servir como aceptor final de elétrons na cadeia transportadora de elétrons na mitocôndria, etapa essencial para produção de ATP via fosforilação oxidativa. Contudo, o uso de O_2 pelas células produz, tanto na própria cadeia respiratória quanto a partir de outros processos bioquímicos, espécies reativas de oxigênio (EROs). As espécies reativas de oxigênio mais comumente formadas em sistemas biológicos são o radical ânion superóxido ($^{\bullet}O_2^{-}$), radical hidroxila ($^{\bullet}OH$), peróxido de hidrogênio (H_2O_2), oxigênio singlete ($^1O_2$), peróxido lipídico (LOOH), radical peroxil lipídico ($LOO^{\bullet}$) e radical alcoxil lipídico ($LO^{\bullet}$). Espécies reativas de nitrogênio também são relevantes em sistemas biológicos, dentre as quais as mais comuns são óxido nítrico ($NO^{\bullet}$) e ânion peroxinitrito ($ONOO^{\bullet}$) (revisado em Figueira *et al.*, 2013).

Em sistemas biológicos as EROs desempenham funções celulares variadas e importantes, incluindo sinalização e defesa celular. A função de sinalização redox depende da ação dessas espécies na modulação da atividade de enzimas e/ou fatores de transcrição pela oxidação de resíduos específicos de cisteína presentes em seus alvos moleculares (Flohé, 2016). Dentre os fatores de transcrição que são modulados por EROs em células de mamíferos estão: AP-1, NRF2, CREB, HSF1, HIF-1, TP53, NF-κB, NOTCH, SP1 e SCREB-1, que controlam importantes vias celulares como as de respostas a danos no DNA, estresse oxidativo, proteostase, metabolismo celular, supressão de tumor e inflamação (Marinho *et al.*, 2014). Por outro lado, algumas dessas espécies são altamente reativas com lipídios, proteínas e ácidos nucleicos. A reatividade faz com que o excesso de EROs cause danos a biomoléculas com consequências deletérias ao funcionamento das células e tecidos. Em condições fisiológicas normais, a produção de EROs é restrita a compartimentos celulares específicos e regulada por vários mecanismos de controle negativo (Gupta *et al.*, 2014). Descontroles no tempo, local e quantidade de EROs produzidas resulta em alterações nas atividades celulares que contribuem para o desenvolvimento de condições patológicas como arterosclerose, falência cardíaca, hipertensão, câncer, neurodegeneração e a maioria das doenças associadas à idade (Di Meo *et al.*, 2016).

As EROs podem ser geradas nos sistemas biológicos a partir de fontes endógenas ou exógenas. Fontes endógenas incluem a cadeia transportadora de elétrons na mitocôndria e as reações de oxidação catalisadas por várias enzimas como as isoformas de citocromo P_{450}, NADPH oxidase e outras. Apesar do grande número de sistemas enzimáticos capazes de produzir EROs em células de mamíferos, quatro parecem ser quantitativamente mais relevantes: NADPH oxidase (Nox), xantina oxidase (XO), óxido nítrico sintase (NOS) e a cadeia transportadora de elétrons da mitocôndria (CTE) (Kowaltowski *et al.*, 2009). Por outro lado, fontes exógenas incluem radiação ultravioleta, ozônio, produtos da queima de combustíveis fósseis, fármacos, pesticidas, metais de transição, fumaça de cigarro, entre outros (Klaunig *et al.*, 2011).

As NADPH oxidases (Nox) constituem uma família de complexos enzimáticos cuja função primária é catalisar a transferência de elétrons do NADPH para o O_2 gerando $^{.}O_2^{-}$, que pode ser posteriormente convertido a H_2O_2 pela ação da superóxido dismutase (SOD). As enzimas da família Nox participam de numerosos processos biológicos e patológicos tais como equilíbrio e audição (Nox3), regulação da pressão arterial, inflamação, crescimento celular (Nox1/Nox2), e diferenciação celular (Nox4) (Bedard *et al.*, 2007). A xantina oxidase é uma enzima que participa do catabolismo de purinas, catalizando a oxidação de hipoxantina a xantina e de xantina a ácido úrico, gerando nesse processo $^{.}O_2^{-}$ e H_2O_2. As EROs produzidas pela xantina oxidase já foram implicadas em doenças cardiovasculares. Os membros da família óxido nítrico sintase (NOS) catalisam a síntese de óxido nítrico (NO) a partir da conversão redutiva de L-arginina em L-citrulina. A espécie radicalar NO$^{.}$ é um importante sinalizador no sistema vascular e apresenta diversas funções fisiológicas, tais como relaxamentos dos vasos sanguíneos, prevenção da agregação e adesão plaquetária, diminuição da oxidação de colesterol LDL (lipoproteína de baixa densidade), inibição da proliferação de células musculares lisas vasculares e diminuição da expressão de genes pró-inflamatórios que promovem aterogênese. Por outro lado, o estresse oxidativo persistente, mediado principalmente por peroxinitrito (ONOO^{-}), é capaz de desacoplar a NOS, que deixa de sintetizar NO$^{.}$ e passa a gerar $^{.}O_2^{-}$, contribuindo para a disfunção endotelial e promoção da aterogênese (Förstermann, 2010).

Na mitocôndria os elétrons provenientes do NADH e $FADH_2$, reduzidos durante o metabolismo degradativo de substratos, fluem ordenadamente pelos complexos da cadeia transportadora de elétrons até chegar ao aceptor final, O_2, que é reduzido a H_2O no sítio ativo da citocromo c oxidase, ou complexo IV da cadeia respiratória. Contudo, elétrons podem reagir com O_2 em outros sítios da CTE formando $^{.}O_2^{-}$. Em condições fisiológicas, os principais sítios de formação de EROs mitocondriais são os complexos I, II e III, nos quais $^{.}O_2^{-}$ é formado principalmente na matriz mitocondrial, onde é rapidamente dismutado a H_2O_2 pelo superóxido dismutase mitocondrial (SOD2) (Kowaltowski *et al.*, 2009).

É importante ressaltar que as EROs produzidas por quaisquer um desses sistemas podem regular a produção dessas espécies nos demais. Dados na literatura sugerem que a ativação de NADPH oxidases pode induzir aumento de produção de EROs na mitocôndria, e que as EROs mitocondriais podem ativar NADPH oxidases, sugerindo a existência de uma alça de retroalimentação positiva (Dikalov *et al.*, 2011). Dado o grande número de sistemas enzimáticos capazes de produzir EROs e sua importante participação nas vias de sinalização redox, funções fisiológicas essenciais e condições patológicas é possível inferir que a comunicação entre os diferentes sistemas geradores de EROs deve ser muito ampla e interconectada. De fato, o melhor entendimento das intrincadas relações entre diferentes espécies reativas, seus sistemas geradores e suas consequências biológicas levou à proposição de que as EROs constituem um sistema de sinalização redox altamente regulado, tanto pelos tipos de espécies geradas quanto pelo balanço entre os mecanismos de produção/degradação destas.

Na maioria dos tipos celulares e em condições fisiológicas, a CTE da mitocôndria é quantitativamente o sítio mais relevante de produção de EROs. Assim, a própria mitocôndria se torna um alvo biológico importante dos possíveis efeitos deletérios dessas espécies. Dentre as biomoléculas suscetíveis à oxidação por EROs, o DNA mitocondrial (mtDNA) tem grande relevância funcional e patológica (Muftuoglu *et al.*, 2014). O mtDNA é um genoma circular pequeno (16.569 pares de base em humanos), que codifica 37 genes incluindo 13 proteínas, 22 RNAs transportadores e dois RNAs ribossomais. Mitocôndrias possuem uma organização única e dinâmica de seu genoma, pois podem conter múltiplas cópias do mtDNA dentro de uma mesma organela, que pode ser compartilhada em eventos de fusão/fissão mitocondrial (Chan, 2020). O mtDNA está fortemente associado à membrana mitocondrial interna (onde são geradas as EROs derivadas da CTE) e compactado em estruturas nucleoproteicas denominadas nucleoides (Nissanka & Moraes, 2018).

Em função de sua localização, o mtDNA está particularmente vulnerável aos danos oxidativos por EROs, resultando em uma gama de modificações que incluem pequenas modificações em bases, como a formação de 8-oxo-2′-desoxiguanosina (8-oxo-dG), e a formação de sítios abásicos e quebras de fita simples. Quebras de fita dupla de DNA também podem ser formadas nessa organela por EROs ou ainda por agentes exógenos como radiações ionizantes e determinados quimioterápicos. Para uma revisão completa dos mecanismos de formação dessas modificações, referimos o leitor a Muftuoglu *et al.*, 2014.

Além de oxidações, vale ressaltar que o mtDNA também é sujeito a outros tipos de modificações espontâneas ou induzidas, como adutos de DNA, gerados pela ligação do mtDNA com metabólitos ativados de poluentes orgânicos ou micotoxinas, por exemplo, que são altamente lipofílicos e tendem a se acumular na mitocôndria (Roubicek & Souza-Pinto, 2017). O acúmulo de lesões e modificações no mtDNA pode causar mutações e disfunção mitocondrial (Cline, 2012) e, de fato, instabilidade genômica do mtDNA é associada com muitas doenças humanas, tanto síndromes hereditárias raras quanto com doenças de grande importância em saúde pública, como câncer, diabetes e doenças metabólicas e neurodegenerações associadas à idade. Para uma revisão completa das patogenias associadas a alterações em mtDNA, referimos o leitor a Wallace, 2018.

A mitocôndria conta com um sistema de reparo de DNA em grande parte similar ao do núcleo, que inclui uma eficiente via de reparo por excisão de bases (BER), responsável pela remoção de pequenos danos, dentre eles, sítios abásicos e bases modificadas. Além dessa, evidências genéticas e bioquímicas apoiam a existência de vias de reparo de pareamentos errôneos (MMR), recombinação homóloga (HR) e ainda junção de extremidades não homólogas (NHEJ) (Alencar *et al.*, 2019). No entanto, a via de reparo por excisão de nucleotídeos (NER) está notavelmente ausente na mitocôndria, apesar de algumas proteínas canônicas da via NER já terem sido localizadas na organela (Mori e Souza-Pinto, 2018).

Nesse contexto, é fundamental conhecer os mecanismos pelos quais o mtDNA acumula lesões e como elas são processadas. Neste capítulo, descrevemos métodos quantitativos para a detecção de EROs em células e mitocôndrias, e para a quantificação de lesões e atividades de reparo de DNA em mitocôndrias. As metodologias descritas foram otimizadas para células e tecidos de mamíferos, mas podem ser facilmente adaptadas para outros modelos experimentais, variando concentrações proteicas e iniciadores de PCR.

MÉTODOS PARA DETECÇÃO DE EROS EM CÉLULAS DE MAMÍFEROS E MITOCÔNDRIAS

Detecção de H$_2$O$_2$ pela oxidação de Amplex® Red

Princípio da técnica

O ensaio Amplex® Red, é baseado na oxidação da 10-acetil-3,7-di-hidroxipenoxazina em um produto fluorescente, denominado resofurina (Debski *et al.*, 2016). A reação é catalisada pela enzima *horseradish peroxidase* (HRP) em presença de H$_2$O$_2$ e possui estequiometria de 1:1. Quando produzida, resofurina emite um sinal fluorescente vermelho que pode ser detectado tanto espectrofotométrica quanto espectrofluorimetricamente. Porém, a detecção via fluorescência é mais sensível, sendo o método preferível.

A reação é iniciada com a oxidação de HRP por H$_2$O$_2$, gerando duas moléculas de água. A HRP oxidado é então reduzida por uma molécula de Amplex® Red (AR), produzindo um radical Amplex® Red (AR*) e um radical HRP. Esse radical reage com outra molécula de Amplex® Red produzindo outra molécula de AR* e voltando ao estado fundamental. As duas moléculas de Amplex® Red oxidadas reagem formando uma molécula de resofurina e uma molécula de Amplex˙ Red (Figura 9.1). Portanto, para cada peróxido de hidrogênio consumido, será formada uma molécula de resofurina.

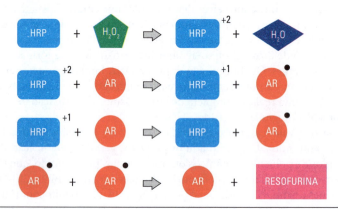

Figura 9.1. Esquema das reações ocorridas durante o ensaio de Amplex® Red. *Horseradish* peroxidase (HRP); peróxido de hidrogênio (H$_2$O$_2$); água (H$_2$O); *Horseradish* peroxidase oxidado (HRP^{+2}); radical *horseradish* peroxidase (HRP^{+1}); radical Amplex® Red (AR°).

Para detecção de H$_2$O$_2$, ensaios com pH entre 6 e 7,5 funcionam melhor. O HRP tem pH ótimo por volta de 6, possuindo tempo de incubação curto (entre 6 e 15 minutos). Ensaios em pH superior a 8 podem reduzir a sensibilidade do experimento.

Tampão PBS/Hank's

- Na$_2$HPO$_4$ 10 mM.
- KH$_2$PO$_4$ 1,8 mM, pH 7,2.
- NaCl 137 mM.
- KCl 2,7 mM.
- CaCl$_2$ 1,3 mM.
- MgSO$_4$ 1 mM.
- NaHCO$_3$ 4,3 mM.
- D-glicose 1 g/L.

Solução estoque de Amplex® Red

Deve ser preparada na concentração de 10 mM, adicionando 340 μL de DMSO fresco em um *vial* do reagente Amplex® Red. A solução deve ser protegida da luz para evitar degradação e utilizada no mesmo dia do preparo.

Solução estoque de HRP

A solução estoque deve estar na concentração de 10 U/mL; as alíquotas não utilizadas no dia do experimento podem ser estocadas em *freezer* −20°C.

Solução estoque de H_2O_2

Preparar uma solução 20 mM, em H_2O ultrapura. É recomendado que seja preparado no momento do experimento, para evitar degradação do reagente.

Curva padrão da concentração de H_2O_2

Para determinar a concentração de H_2O_2 nas amostras, utiliza-se uma curva padrão estabelecida no dia do ensaio. Recomenda-se a escolha de pontos entre 0 e 10 μM (para amostras biológicas), em triplicata. Em caso de não utilização de curva padrão, deve-se preparar um controle positivo e um negativo. Para controle positivo pode-se utilizar H_2O_2 10 μM, no tampão de reação. Para controle negativo pode-se usar o próprio tampão PBS/Hank's, sem adição.

Protocolo para uso com células intactas

- Preparar a solução de trabalho Amplex® Red/HRP (suficiente para realização de 100 reações) adicionando 50 μL da solução estoque de Amplex Red 10 mM, 100 μL de solução estoque de HRP 10 U/mL e 4,85 mL do tampão PBS/Hank's.
- Adicionar as células aos poços de uma placa de 96 poços em um volume de 50 μL tampão PBS/Hank's. A quantidade de células utilizadas variará de acordo com o desenho experimental e o tipo celular; nos protocolos do nosso laboratório costuma-se utilizar entre 5 × 10^4 e 1 × 10^5/poço.
- Adicionar também 50 μL das amostras da curva padrão e controles em seus respectivos poços de uma microplaca.
- Adicionar 50 μL da solução Amplex/HRP em cada poço contendo os padrões, controles e amostras experimentais para iniciar a reação.
- Proceder a leitura em um leitor de microplaca, ajustando os comprimentos de onda para excitação em 530 nm e emissão em 590 nm. Os tempos de leitura variarão de acordo com o desenho experimental.
- As variações de fluorescência por unidade de tempo serão calculadas por meio de regressão linear, e a concentração de H_2O_2 obtida da curva padrão.

Protocolo para uso com mitocôndrias isoladas

O uso do protocolo de Amplex® Red para detecção de H_2O_2 em mitocôndrias isoladas segue o mesmo princípio do protocolo para células intactas, porém deve-se tomar algumas precauções. Na matriz mitocondrial, ocorre geração de ·O_2^-, que é rapidamente convertido a H_2O_2 pelo superóxido dismutase 2 (SOD2) e difundido para o meio. A produção de ·O_2^- acaba diminuindo a seletividade do ensaio pois ele pode reagir com a HRP tanto no seu estado basal quanto nos estados intermediários da reação com Amplex® Red, modificando a estequiometria da reação. Assim, nessa condição, é necessária a adição de Cu,Zn-SOD na reação, de forma a minimizar a interferência do ·O_2^-. O protocolo detalhado de isolamento de mitocôndrias pode ser encontrado em Souza-Pinto *et al.*, 1999.

- Preparar o tampão KHEB (120 mM KCl, 5 mM HEPES, 1 mM EDTA, 1 µg/mL oligomicina, 0,3% BSA, pH ajustado para 7,4 em 37°C usando KOH).
- Preparar uma solução contendo HRP (20 U/mL), SOD (100 U/mL), Amplex® UltraRed (100 µM).
- Adicionar em uma microplaca os pontos da curva padrão, inibidores e compostos teste, em 50 µL de tampão KHEB.
- Adicionar 50 µL da solução HRP/SOD/Amplex Red
- A placa então será incubada por 10 minutos a 37°C.
- Suspender as mitocôndrias isoladas em meio KHEB, previamente aquecido a 37°C, em uma concentração final de 0,4 mg de proteína/mL.
- Adicionar 100 µL da suspenção mitocondrial em cada poço, resultando em concentração final de 0,2 mg de proteína/mL.
- A produção de H_2O_2 será então medida em equipamento de fluorescência com comprimento de onda de 540 nm (excitação)/590 nm (emissão).
- As variações de fluorescência por unidade de tempo serão calculadas por meio de regressão linear, e a concentração de H_2O_2 obtida da curva padrão.

Detecção de radical ânion superóxido por MitoSox

Princípio da técnica

MitoSOX^{TM} Red é um indicador fluorescente usado para detecção de radical ânion superóxido mitocondrial em células vivas intactas. É uma molécula derivada da hidroetidina (HE), com a adição do grupo catiônico trifenilfosfonio, denominado então Mito-HE ou MitoSOX^{TM} Red. Devido à sua carga positiva, o MitoSOX^{TM} Red consegue se acumular em mitocôndrias energizadas. Uma vez dentro da mitocôndria, é oxidado por $\cdot O_2^-$ gerando fluorescência vermelha, que pode ser detectada por microscopia de fluorescência ou citometria de fluxo (Kauffman *et al.*, 2016).

Protocolo

- Preparar a solução estoque de 5 mM de MitoSOX^{TM}, dissolvendo 50 µg em 13 µL DMSO.
- Preparar a solução de trabalho diluindo a solução estoque para uma concentração final de 5 µM em meio de cultura (adequado ao modo celular sendo utilizado) sem soro fetal. Não é recomendado o uso de concentrações acima de 5 µM, pois podem ter efeitos citotóxicos e alterar morfologia mitocondrial.
- Adicionar o meio de cultura + MitoSOX^{TM} Red 5 µM nas células aderidas, o suficiente para que fiquem totalmente cobertas no reagente.
- Incubar as culturas a 37°C por 30 minutos, seguido de três lavagens em tampão fosfato-salina (PBS) pré-aquecido também a 37°C.
- Suspender as células com adição de tripsina e analisar por citometria de fluxo.

Medida de proteínas oxidadas como indicador da formação de EROs (Ensaio Oxyblot)

Princípio da técnica

EROs reagem rapidamente com biomoléculas, como proteínas, lipídeos e ácidos nucleicos. Assim, a detecção de produtos de reações específicas entre EROs e biomoléculas é um indicador confiável da formação biológica dessas espécies. A oxidação de cadeias laterais de aminoácidos (sobretudo prolina, lisina, arginina e treonina) resulta na formação de grupos carbonila (C=O, tanto cetónicos como aldeídicos), que são amplamente considerados biomarcadores de estresse redox (Dalle-Donne *et al.*, 2003). A detecção desses grupos carbonila pode ser realizada por alguns métodos, incluindo métodos analíticos ou indiretos. O ensaio Oxyblot é um imunoensaio que quantifica grupos carbonila com anticorpos específicos que reconhecem o produto da derivação desses grupos com DNPH (2,4 dinitrofenil-hidrazina), que é convertido a DNP (2,4 dinitrofenil-hidrazona) e forma um complexo proteína carbonilada – DNP, reconhecido pelos anticorpos.

As amostras são separadas por eletroforese em gel de poliacrilamida e, em seguida, transferidas para uma membrana de nitrocelulose, que é incubada com os anticorpos primários específicos para a porção DNP (anti-DNP) dos grupos carbonilados. Essa etapa é seguida pela incubação com anticorpo secundário conjugado com peroxidase e detecção via quimioluminescência. Assim, o ensaio divide-se em 3 etapas:

- Derivatização, na qual o complexo carbonila-DNP é formado.
- Separação eletroforética das proteínas componentes da amostra.
- Detecção imunológica dos complexos carbonila-DNP.

Protocolo

Antes de iniciar o procedimento, certificar-se de que todos os equipamentos e reagentes estão disponíveis e prontos. Alguns reagentes são fotossensíveis e devem ser armazenados devidamente protegidos da luz e preparados no dia do experimento ou, no máximo, no dia anterior.

Soluções

- A1: DNPH:
  - 15,8 mg DNPH (2,4 dinitrofenil-hidrazina).
  - 400 µL TFH (ácido trifluoroacético).
  - 600 µL H_2O ultrapura (MiliQ ou equivalente).
- A2: Solução de neutralização:
  - 2,420 g Tris base.
  - 3 mL Glicerol.
  - 1,9 mL β-mercapto-etanol.
  - 5,1 mL H_2O ultrapura (MiliQ ou equivalente).
- A3: Tampão de corrida 1X – 1L:
  - 14,4 g Glicina.
  - 3,05 g Tris Base.
  - 1 g SDS.
  - Ajustar o volume para 1 L com H_2O ultrapura (MiliQ ou equivalente).
- A4: Tampão de transferência:
  - Tris-HCl 25 mM (pH 7,6).
  - Glicina 192 mM.
  - Metanol 20%.
  - SDS 0,03%.
- A5: TBS 10X (500 mL):
  - 12,114g Tris base.
  - 43,83g NaCl.
  - Ajustar o volume para 500 mL com H_2O ultrapura (MiliQ ou equivalente).
  - A6: TBS-T 1X (1 L):
  - 100 mL TBS 10X.
  - 0,5 mL Tween 20.
  - Ajustar o volume para 1 L com H_2O ultrapura (MiliQ ou equivalente).

- A7: Solução de Bloqueio (50 mL):
  - 1,5 g BSA.
  - Ajustar o volume para 50 ml com TBS-T.

Preparo das amostras*

- As amostras devem ser coletadas e solubilizadas em volume apropriado de tampão RIPA (50 mM Tris-HCl pH 7,4, 150 mM NaCl, 1 mM EDTA, 1% NP-40, 0,25% Deoxicolato-Na), seguido de três ciclos de sonicação (3 × 10s, 30 segundos intervalo).
- Centrifugar os homogenatos a 16.000 g, 10 minutos, 4°C, e recolher o sobrenadante.
- Quantificar a concentração de proteínas nos extratos usando o método preferido (no nosso laboratório usamos o método de Bradford, com BSA como padrão).
- Preparar 7,5 µL de amostra (diluída em H_2O MilliQ) contendo entre 20 e 40 ug de proteínas totais (adequar as concentrações de proteínas para cada experimento).

Preparação dos géis**

- Gel de separação 12%:
  - 3,4 mL de H_2O.
  - 2,5 mL de Tris-HCl 1,5 M – pH 8,8.
  - 50 µL SDS (20%).
  - 4 mL de Acrilamida-bis acrilamida (37,5:1) (30%).
  - 100 µL de APS (Persulfato de Amônio).
  - 10 µL de TEMED***.
- Gel de empilhamento 6%:
  - 2,7 mL de H_2O.
  - 0,5 mL Tris-HCl 1 M – pH 6,8.
  - 20 µl de SDS (20%).
  - 0,8 mL de acrilamida-bis acrilamida (37,5:1) (30%).
  - 40 µL de APS (persulfato de amônio).
  - 4 µL de TEMED.

Preparação das amostras

- Derivatização: em um microtubo escuro adicionar 7,5 µL da amostra diluída, 1 µL de SDS 20% e 25 µL de DNPH e incubar por 30 minutos no escuro em temperatura ambiente.
- Neutralização: após esse tempo, adicionar 20 µL de tampão de Neutralização.
- Desnaturação: aquecer as amostras a 90°C por 5 minutos e, em seguida, colocar no gelo.

Separação eletroforética e transferência

- Montar o aparato de eletroforese e lavar bem os poços com tampão de corrida.
- Carregar 10 µL/poço das amostras (anotando a sequência de carregamento) e um marcador de peso molecular adequado para suas amostras.
- Proceder a separação eletroforética a 100 V, com potência máxima, até que as amostras tenham percorrido todo o gel de empilhamento.

---

*As amostras devem ser mantidas em gelo durante todo o período de manipulação.

**Os volumes são relativos aos géis do sistema MiniProtean (BioRad). Ajustar os volumes para as características do seu sistema.

***Adicionar o TEMED sempre por último.

- Aumentar a voltagem para 150 V e corra até que a frente de migração tenha atingido o quarto inferior do gel.
- Remover o gel e enxaguar duas vezes em H_2O. Transfirir para um recipiente contendo tampão de transferência.
- Montar o aparato de transferência para a membrana (nitrocelulose ou PVDF) de acordo com as especificações do fabricante. Recomendamos que a transferência seja realizada a 20 V *overnight*, em câmara fria ou recipiente com gelo.
- Após a transferência, retirar a membrana do suporte e corar com Reagente de Ponceou por 2 minutos, seguido de 2 lavagens em TBS-T. Fotografar a membrana para controle de carregamento.

Deteção imunológica de carbonila-DNP

- Proceder o bloqueio de ligações inespecíficas incubando a membrana em 5 mL de BSA 3% em TBS-T por 1 hora, em leve agitação em temperatura ambiente.
- Descartar a solução de bloqueio e lavar três vezes a membrana com 5 mL de TBS-T por 5 minutos cada vez.
- Preparar uma solução com 5 mL de BSA 3% + 5 µL de Anti-DNP-Rabbit (diluição1:1.000) e incubar a membrana *overnight* (a solução de anticorpo pode ser recuperada e reutilizada uma vez).
- Lavar a membrana três vezes com 5 mL de TBS-T por 3 minutos cada lavagem.
- Preparar uma solução com 5 mL de BSA 3% + 2,5 µL de HRP-anti-Rabbit-IgG (diluição 1: 2.000) e incubar por 2 horas em temperatura ambiente, com leve agitação.
- Lavar a membrana três vezes com 5 mLde TBS-T por 3 minutos.
- Proceder a detecção por quimioluminescência conforme as recomendações do fabricante da solução de revelação empregada.

Análise dos resultados

As proteínas contendo grupos carbonila, resultantes da oxidação por EROs, serão visíveis como bandas escuras depois da revelação. Como esse ensaio não é quantitativo, e oferece um limite baixo de separação por massa molar, recomendamos que controles positivos e negativos sejam incluídos para efeito de comparação com as amostras experimentais. A intensidade de marcação de cada linha amostral pode ser normalizada pela quantidade de proteínas na amostra, determinada pela quantificação, via ImageJ (https://imagej.nih.gov/ij/download.html) da imagem obtida após a coloração com reagente de Ponceau.

MÉTODO PARA MEDIR A FORMAÇÃO DE LESÕES EM DNA MITOCONDRIAL – PCR DE LONGA EXTENSÃO (XL-PCR)

Princípio da técnica

O método consiste na amplificação de um fragmento longo de DNA mitocondrial (mtDNA), que irá abranger quase integralmente o mtDNA de mamíferos. A técnica baseia-se no fato de que diversos tipos de lesões causam o bloqueio de DNA polimerases durante a replicação do DNA (Ponti *et al.*, 1991) diminuindo, consequentemente, a eficiência da amplificação. Dessa forma, quanto maior o número de lesões bloqueadoras no DNA molde, menor será a eficiência da amplificação.

As principais vantagens da técnica são a alta sensibilidade (reconhecimento de 1 lesão em 10^5 bases) (Furda *et al.*, 2012) e a necessidade de pequenas quantidades de amostra (DNA genômico, cerca de 2 a 10 ng) (Kovalenko & Santos, 2009). Outros métodos utilizados para avaliar a integridade do DNA, como Southern Blot e HPLC, requerem quantidades de DNA consideravelmente maiores (ao menos 10 a 50 ug por amostra). A técnica de XL-PCR é especialmente vantajosa no estudo do mtDNA pois a utilização do DNA genômico destitui da necessidade do isolamento de mitocôndrias, um processo trabalhoso, de baixo rendimento e que poderia acrescentar artefatos e variáveis às amostras (Furda *et al.*, 2012), uma vez que o mtDNA é facilmente oxidado durante o processo de isolamento mitocondrial (Richter *et al.*, 1988). Ademais, permite a quantificação e comparação de lesões nucleares e mitocondriais de uma única amostra de DNA genômico.

Por outro lado, esta técnica é incapaz de detectar lesões que não bloqueiam DNA polimerase e não informa com precisão a região específica da lesão (Furda *et al.*, 2012). O método sozinho não é capaz de identificar a lesão, portanto, para estudos de tipos específicos de lesão é necessária a escolha cautelosa de controles. Tratamentos utilizando indutores de lesão específicos e a introdução de modificações, como o tratamento prévio das amostras com enzimas que convertem bases oxidadas em quebras de fita simples por exemplo, ou seja, bloqueadoras da DNA polimerase, contribuem para um direcionamento da técnica em termos de especificidade do tipo de lesão. A quantificação de lesões em determinada região do genoma é possível com escolha de iniciadores específicos.

Modelos e abordagens

A técnica de XL-PCR foi descrita na década de 1990, para análise de dano e reparo do DNA nuclear e mitocondrial em culturas de células de tecidos de mamíferos (Kalinowski *et al.*, 1992). Este ensaio não é capaz de cobrir por inteiro o mtDNA de plantas e fungos devido ao maior tamanho do genoma mitocondrial desses organismos (200 a 2.000 kb) (Morley & Nielsen, 2017); porém, nas últimas décadas a técnica foi adaptada para organismos como *Caenorhabditis elegans, Drosophila melanogaster, Danio rerio, Trypanossoma cruzi, Ortygia latipes, Fundurus heteroclitus* e *Gambusia holbrooki* (Furda *et al.*, 2012). A adaptação a organismos de genoma e fisiologia amplamente conhecidos e com ciclos de vida curtos permitiu a utilização desta técnica em estudos ecológicos, evolutivos e de biologia do desenvolvimento, para além dos estudos mecanísticos e bioquímicos de dano e cinética de reparo do DNA. Destaca-se a recorrência da técnica para estudos de mutagênese e toxicidade, tanto para DNA nuclear quanto mitocondrial. Diversos estudos indicam que o mtDNA é mais suscetível a lesões que o DNA nuclear quando exposto a agentes genotóxicos e espécies reativas de oxigênio (Yakes & Van Houten, 1997), sendo assim proposta a análise de danos no DNA mitocondrial como indicador biológico de contaminantes ambientais (Blajszczak & Bonini, 2017; Roubicek & Souza-Pinto, 2017).

Metodologia

Tipos de ensaios

O uso de amostras tratadas com agentes genotóxicos de interesse (p. ex., H2O2, UV, metilmetanossulfonato) permite a análise da cinética de reparo quando é realizada a extração do DNA em diversos intervalos subsequentes ao tratamento.

- *Ensaio para quantificação de lesões e integridade do mtDNA:* as células ou tecido são tratados sob parâmetros previamente estabelecidos e imediatamente após o tratamento, é feita lavagem e centrifugação das células para extração do DNA.
- *Ensaio de cinética de reparo do mtDNA:* imediatamente após o tratamento, as células ou tecidos são lavados retirando assim o agente de tratamento e as condições controle são restabelecidas. Durante o processo, as amostras são retiradas imediatamente após o trata-

mento ("tempo 0") e deixadas para a recuperação das lesões até a remoção após determinado tempo (p. ex., 30 min, 1 h, 6 h e 24 h). Espera-se verificar o aumento da integridade do DNA como resultado dos mecanismos de reparo.

Extração de DNA

A extração do DNA é um passo comum, independentemente do ensaio realizado. É necessário realizar adaptações de acordo com o organismo modelo, ou caso os reagentes utilizados no tratamento alterem os processos de extração do DNA. O protocolo apresentado se aplica a células e tecidos de mamíferos e é amplamente utilizado pelos autores. A integridade do DNA é essencial para a amplificação de longas sequências de DNA, uma vez que o processo de extração pode resultar na formação de lesões como quebras de fita simples. Sendo assim, a escolha do método de extração é de extrema importância para garantir a integridade do DNA e evitar interferências nos resultados (Cheng *et al.*, 1995). Recomenda-se a utilização do kit de extração comercial apresentado no próximo item, porém, caso sua utilização não seja possível, pode-se utilizar o método de extração manual descrito na sequência, desde que seja garantida a integridade do DNA antes de prosseguir para o XL-PCR.

Método tradicional

- Coletar entre 6×10^5 e $1,2 \times 10^6$ células, por centrifugação a 1.200 rpm por 12 minutos a 20°C.
- Suspender o precipitado em 600 µL do tampão de lise celular (Tris-HCl 10 mM, pH 8; 1 mM EDTA, pH 8 e 0,1% SDS) dentro de um microtubo de 2 mL e inverter o tubo cerca de 50 vezes até que a amostra se torne homogênea.
- Adicionar 6 µL de proteinase K (10 mg/mL) e 5 µL de RNAse (20 mg/mL) e incubar a amostra por 1 hora a 37°C.
- Após a incubação, deixar a amostra à temperatura ambiente e adicionar 200 µL de solução gelada (4°C) de acetato de amônio 3 M (60% v/v acetato de amônio 5M; 28,5% v/v dH20 e 11,5% v/v ácido acético). Agitar a solução (em vórtex) por 20 segundos e incubar no gelo por 5 minutos.
- Centrifugar a solução a 14.000 rpm por 5 minutos a 4°C. Descartar o precipitado com resíduos celulares e transfirir o sobrenadante (cerca de 800 µL) dividindo (400 µL) para dois microtubos de 1,5 mL.
- Adicionar 600 µL de isopropanol em cada tubo, seguido de nova centrifugação a 14.000 rpm por 5 minutos a 4°C. Descartar o sobrenadante e lavar o precipitado com 600 µL de etanol 70%.
- Após nova centrifugação a 14.000 rpm por 5 minutos a 4°C, secar os precipitados por 8 horas, com os tubos invertidos, a temperatura ambiente.
- Suspender os precipitados em 50 a 100 uL (cada tubo) de tampão de eluição (10 mM Tris-HCl, 1mM EDTA, pH 8).

Extração com *kit* comercial

Em nosso laboratório, se utiliza o *kit* DNeasy (Qiagen), que contém colunas de afinidade para separação rápida do DNA genômico, de acordo com o protocolo sugerido pelo fabricante. Há *kits* específicos para cultura celular e tecidos de mamíferos (versão *Blood & Tissue* # 69504), e *kits* para extração de DNA de plantas ou fungos (versão *Plant mini kit* # 69104). *Kits* similares de outros fabricantes também podem ser utilizados.

Autenticação da pureza do DNA

Após a extração do DNA, é fundamental atestar a sua pureza, uma vez que a presença de proteínas e outros contaminantes podem interferir nas reações. Esse processo pode ser feito por espectrofotometria, analisando a razão entre as absorbâncias nos comprimentos de onda 260 e 280 nm (A260/280) – o DNA absorve a luz em 260 nm enquanto contaminantes como proteínas, especialmente resíduos de aminoácidos que possuem anéis aromáticos, absorvem em 280 nm. Para o uso no ensaio XL-PCR, a amostra de DNA deve possuir razão 260/280 entre 1,8 e 2. Além disso, a razão 260/230, que indica a presença de contaminantes orgânicos (como fenol, glicogênio e guanidina), deve estar entre 2 e 2,2. Quando possível, recomendamos o uso de microespectro-fotômetros (com pequeno volume de amostra) para minimizar a perda de amostra nesta etapa.

Reação de PCR

A técnica baseia-se na análise da eficiência da amplificação de um fragmento longo de DNA (aproximadamente 10 a 16 kb), normalizada pela amplificação de um fragmento curto (cerca de 100 pb) como normalizador da quantidade de DNA na amostra, preferencialmente do mesmo gene escolhido para a amplificação do fragmento longo.

Escolha dos iniciadores

A escolha dos iniciadores é um passo essencial no método. Em geral, são utilizadas sequências com 20 a 24 pares de base, com conteúdo G+C de aproximadamente 50% para obter uma temperatura de *melting* por volta de 60°C. Uma vez escolhidas as sequências dos iniciadores, recomenda-se checar a possibilidade de formação de estruturas secundárias, evitando a formação de artefatos que comprometem a reação (Ayala-Torres *et al.*, 2000; Santos *et al.*, 2006). A Tabela 9.1 apresenta sugestões de iniciadores para as reações de XL-PCR para os genomas nucleares e mitocondriais de humanos e camundongos. Incluímos também iniciadores para um gene nuclear, como um possível controle em relação ao mtDNA no experimento.

Tabela 9.1. Iniciadores para reações de XL-PCR

Homo sapiens		
Fragmento longo nuclear (Gene HPRT) *9713 pb*	Senso	5'TGG GAT TAC ACG TGT GAA CCA ACC3'
	Antissenso	5'GCT CTA CCC TCT CCT CTA CCG TCC3'
Fragmento curto nuclear (Gene HPRT) *177 pb*	Senso	5'TGACATGTGCCGCCTGCGAG3'
	Antissenso	5'GTGGTCGCTTTCCGTGCCGA3'
Fragmento longo mitocondrial *16450 pb*	Senso	5'TGA GGC CAA ATA TCA TTC TGA GGG GC3'
	Antissenso	5'TTT CAT CAT GCG GAG ATG TTG GAT GG3'
Fragmento curto mitocondrial (Gene ND1) *140 pb*	Senso	5'ACC CTA TTA ACC ACT CAC GGG A3'
	Antissenso	5'GCG ACA TAG GGT GCT CCG GC3'
Mus musculus		
Fragmento longo nuclear (Gene B globina) *8700 pb*	Senso	5'TTG AGA CTG TGA TTG GCA ATG CCT3'
	Antissenso	5'GCC TGG ACT TTG CCC CTA AT3'
Fragmento curto nuclear (gene HPRT) *134 pb*	Senso	5'GCC TGG ACT TTG CCC CTA AT3'
	Antissenso	5'CGC CTT TCC ACT CTT CAG GT3'
Fragmento longo mitocondrial *10000 pb*	Senso	5'GCC AGC CTG ACC CAT AGC CAT ATT AT3'
	Antissenso	5'GAG AGA TTT TAT GGG TGT ATT GCG G3'
Fragmento curto mitocondrial (Gene RNR1) *128 pb*	Senso	5'AAC CTC CAT AGA CCG GTG TAA AA3'
	Antissenso	5'TTT ATC ACT GCT GAG TCC CGT3'

Etapas de padronização

Uma vez selecionados os iniciadores, o próximo passo é a otimização da reação. Nesta etapa é determinada a quantidade ótima de amostra de DNA os parâmetros da PCR, como o número de ciclos e as temperaturas utilizadas em cada passo da reação. Esses parâmetros variam de acordo com a amostra e as sequências dos iniciadores, e devem ser determinados para cada desenho experimental. Sugerimos que o número de ciclos se encontre na faixa linear de amplificação (em relação à quantidade inicial de DNA molde), e que a reação não exceda 30–33 ciclos, para evitar amplificação de alvos inespecíficos. As temperaturas das etapas de anelamento variam de acordo com os iniciadores escolhidos; sugerimos utilizar as combinações mais estringentes possíveis, novamente para diminuir amplificação inespecífica.

Para ser uma reação quantitativa, ou seja, para que a amplificação seja diretamente proporcional à quantidade inicial de DNA utilizado, a reação necessita estar em sua fase linear (Kalinowski *et al.*, 1992). Para determinar a quantidade de DNA, é necessário realizar uma curva de concentração de DNA para identificar a quantidade ideal de amostra, onde a reação ainda estará em sua fase linear (p. ex., dobrando a concentração de DNA dobra-se a amplificação). É aconselhado não ultrapassar de 60 ng de DNA por reação.

Montagem da reação

Tendo determinado a quantidade ótima de DNA e os parâmetros da reação baseado no conjunto de iniciadores, pode-se dar início à reação propriamente dita. É recomendado armazenar alíquotas tanto de amostras de DNA e de iniciadores já diluídos, bem como de outros reagentes necessários, para evitar o congelamento e o descongelamento sucessivo, que podem danificar os reagentes. As amostras podem ser mantidas a –20°C.

Fragmentos longos

Para amplificação do fragmento longo utiliza-se o *kit* Accuprime™ Taq DNA Polymerase, High Fidelity, *Invitrogen*™ (#12346086). A concentração recomendada de cada reagente para uma reação que utiliza 30 ng de DNA de uma amostra com concentração 6 ng/µL, encontra-se a seguir:

10x *AccuPrime* PCR Buffer II	5 µL
Primer forward (10 µM)	1 µL
Primer reverse (10 µM)	1 µL
DNA total (6 ng/µL)	5 µL*
Taq DNA Polymerase	0,2 µL
H₂O (livre de DNAse e RNAse) para um volume final de 50 uL**	37,8 µL

*O volume de DNA indicado é apenas a título de exemplo, a quantidade ótima de DNA será determinada com a curva de concentração mencionada anteriormente no tópico 3.3.
**Quando houver a utilização de várias amostras e de um *mix* de reação, o volume final da reação pode ser reduzido pela metade (25 µL) mantendo as proporções, caso atinja um volume mínimo necessário para a manipulação dos reagentes.

O programa a ser definido no termociclador dependerá dos parâmetros definidos para cada desenho experimental, como discutido anteriormente. Com base nos iniciadores descritos na Tabela 9.1, os parâmetros sugeridos para a reação se encontram na Tabela 9.2.

Tabela 9.2. Parâmetros sugeridos para amplificação dos fragmentos longos

Humano					
Mitocôndria			Núcleo		
94°C	30 s	1×	94°C	1 s	1×
94°C	30 s		94°C	30 s	
60°C	30 s	32×	62°C	30 s	33×
68°C	18 min		68°C	15 min	
4°C	∞		4°C	∞	
Camundongo					
Mitocôndria			Núcleo		
94°C	30 s	1×	94°C	1 min	1×
94°C	30 s		94°C	30 s	
55°C	30 s	26×	62°C	30 s	33×
68°C	18 min		68°C	15 min	
4°C	∞		4°C	∞	

Recomenda-se fazer as reações em duplicata. Após o término da reação, os produtos podem ser armazenados a 4°C para uso a curto prazo ou –20°C para uso a longo prazo.

A próxima etapa consiste no fracionamento dos produtos da amplificação dos fragmentos longos em um gel de agarose.

- Gel de agarose 1% em TAE 1X (40 mM Tris, 20 mM ácido acético, 1 mM EDTA).
- Preparo da amostra: 20 µL do produto da reação + 4 uL DNA Gel Loading Dye (6X) (sugestão *Thermo Scientific*™ #R0611) (as proporções podem ser reduzidas pela metade para utilização de menos amostra).
- Marcador de tamanho molecular λ DNA/HindIII (4 µL + 1 µL Loading Dye).
- Sugestão de corrida: aproximadamente 2h30min a 80/100 V em TAE 1X.

Fragmentos curtos

Para amplificação dos fragmentos curtos utilizamos o *kit* Taq DNA Polymerase *Invitrogen*™ (# 10342020) em conjunto com o dNTP Set *Invitrogen*™ (#10297018), a concentração recomendada de cada reagente para uma reação que utiliza 30 ng de DNA de uma amostra de concentração 6 ng/µL, como exemplo, encontra-se a seguir:

10X PCR buffer	5 µl
dNTP (10 mM – 2,5 mM cada)	1 µl
$MgCl_2$ (50 mM)	1,5µl
Primer forward (10 µM)	2,5 µl
Primer reverse (10 µM)	2,5 µl
DNA total (6 ng/µl)	5 µl*
Taq DNA Polymerase	0,2 µl
H_2O (livre de DNAse e RNAse) para um volume final de 50 uL**	32,3µl

*Novamente, quando houver a utilização de várias amostras e for feito um *mix* de reação, o volume final da reação pode ser de 25 µl mantendo as proporções caso atinja um volume mínimo necessário para a manipulação dos reagentes.
**Quando houver a utilização de várias amostras e de um *mix* de reação, o volume final da reação pode ser reduzido pela metade (25 µl) mantendo as proporções, caso atinja um volume mínimo necessário para a manipulação dos reagentes.

Como dito anteriormente, os parâmetros para a reação podem variar. O programa utilizado no termociclador, sugerido para os iniciadores dos fragmentos curtos, mencionados anteriormente, encontra-se na Tabela 9.3.

Tabela 9.3. Parâmetros sugeridos para amplificação dos fragmentos curtos

Humano					
Mitocôndria			Núcleo		
94°C	30 min	1 ×	94°C	3 min	1 ×
94°C	45 s		94°C	45 s	
56°C	30 s	22 ×	56°C	30 s	30 ×
72°C	1 min		72°C	1 min	
4°C	∞		4°C	∞	
Camundongo					
Mitocôndria			Núcleo		
94°C	3 min	1 ×	94°C	1 min	1 ×
94°C	45 s		94°C	45 s	
56°C	30 s	22 ×	60°C	30 s	30 ×
72°C	1 min		72°C	1 min	
4°C	∞		4°C	∞	

Recomenda-se fazer as reações em duplicata e após o término da reação os produtos podem ser armazenados a 4°C para uso a curto prazo e –20°C para uso a longo prazo.

A próxima etapa consiste no fracionamento dos produtos da amplificação dos fragmentos curtos em um gel de poliacrilamida não desnaturante:

- Gel de poliacrilamida 10%, 1,5 mm diâmetro:

Acrilamida/Bis-acrilamida 19:1 40%	2,5 mL
TBE 10X (1 M Tris,1 M ácido bórico, 20 mM EDTA)	1 mL
Persulfato de amônia 10%	35 µL
Tetrametiletilenodiamina (TEMED)	7 µL
H_2O ultrapura	6,43 mL

- Preparo da amostra: 20 µL do produto da reação + 4 µL DNA Gel Loading Dye (6X) (sugestão *Thermo Scientific*™ #R0611) (as proporções podem ser reduzidas pela metade para utilização de menos amostra).
- Sugestão de marcador de tamanho molecular: GeneRuler Ultra Low Range DNA Ladder (*Thermo Scientific*™ #SM1213)
- Sugestão de corrida: aproximadamente 2h min a 80V em TBE 1X.

Aquisição dos resultados

Para visualização dos resultados, ambos os géis podem ser incubados em solução de brometo de etídeo 4 µg/mL por cerca de 30 minutos seguido de incubação em água por 5 minutos. Em seguida, fotografar os géis sob luz UV utilizando um fotodocumentador, como *ImageQuant*™.

Quantificação, cálculo e análise de dados

A quantificação das bandas é realizada por meio do programa *ImageJ*. A área das bandas (comum a todas as amostras) é selecionada manualmente e quantifica-se o número de *pixels* presente em cada banda. Os valores resultantes da quantificação são expressos em uma tabela e é retirada a média de cada duplicata e o seu desvio padrão, tanto para os valores da quantificação da PCR do fragmento longo mitocondrial quanto para os da quantificação da PCR do fragmento curto mitocondrial.

Para a normalização da quantidade de fragmentos longos amplificados pela quantidade de cópias de DNA mitocondrial, divide-se a média de amplificação do fragmento longo pela média de amplificação do fragmento curto. Em seguida, verifica-se a quantificação de cada tratamento em relação ao controle não tratado, o que denominamos amplificação relativa. Em outras palavras, dividem-se os valores da média de cada tratamento pela média do controle. Supondo que as lesões ocorram aleatoriamente e homogeneamente nos fragmentos de DNA, assume-se uma distribuição de Poisson (classe zero) em que a taxa de lesões em um fragmento de DNA submetido a determinado tratamento é dada por "$-\ln(At/Ac)$" em que At é a amplificação relativa da amostra tratada e Ac é a amplificação relativa do controle, (Ayala-torres *et al.*, 2000; Santos *et al.*, 2006). Os resultados podem ser representados na forma de lesões por 10 kb.

Os resultados são analisados por meio de *Two way Anova* seguido pelo teste de Bonferroni, utilizando os *softwares* Excel ou Prism (GraphPad). São consideradas diferenças significantes quando $p \leq 0,05$. Recomenda-se a apresentação desses resultados por meio de gráficos de barra ou colunas, no caso de ensaios de verificação de dano e de cinética de reparo (Furda *et al.*, 2012). Em ensaios de reparo podemos interpretar a redução na quantidade de lesões como resultado da atividade de reparo no decorrer do tempo. Nesse ensaio pode-se observar um aumento intermediário de lesões (minutos ou horas após o tratamento) que pode ser decorrente do processamento do DNA nas primeiras etapas dos mecanismos de reparo do DNA.

ENSAIOS DE INCISÃO *IN VITRO* PARA MEDIR ATIVIDADES DE REPARO DE mtDNA

A via de reparo por excisão de bases (BER) mitocondrial é, de forma geral, similar à versão nuclear, diferindo em alguns pontos. Uma revisão completa dessas diferenças, assim como uma descrição detalhada de cada etapa da via de BER, pode ser encontrada em Alencar *et al.*, 2019. A via de BER repara alterações que afetam um único nucleotídeo. Ela tem início com a detecção da base alterada por uma das 11 DNA glicosilases presentes na versão nuclear, ou uma das sete presentes na versão mitocondrial da via. Cada uma dessas enzimas é especializada no reconhecimento de um tipo de alteração no DNA, embora elas tenham alguma capacidade de reconhecer outros tipos de lesão com menor eficiência. Após a detecção, a base alterada é removida, deixando um sítio abásico. É nesse ponto que se inicia o processo de incisão, que é realizado por APE1, ou pela própria DNA-glicosilase utilizada na primeira etapa, caso ela tenha atividade AP-liase. Neste capítulo, estão descritos ensaios para a medição das atividades de UDG e de APE1.

Uracil DNA glicosilase (UDG) é uma DNA glicosilase monofuncional que remove desoxi--uracila do DNA. UDG está presente tanto no núcleo quanto na mitocôndria, e o produto de sua atividade enzimática é um sítio abásico, que serve de substrato para APE1. AP endonuclease 1 (APE1) é uma enzima responsável por hidrolizar sítios AP (apurínicos/apirimidínicos – abásicos), gerando quebras de fita simples que servirão de substrato para etapas de processamento subsequentes na via de BER. Ela é a principal responsável por esse tipo de atividade, podendo ser substituída em alguns casos, quando a glicosilase utilizada na primeira etapa for bifuncional (apresentando atividade AP-liase).

Princípio da técnica

O ensaio de incisão mede a atividade enzimática da enzima de interesse pela taxa de conversão do substrato durante o tempo de reação. Para ambos ensaios, UDG e APE1, o substrato é um oligonucleotídeo que apresenta um único sítio que é reconhecido pela enzima de interesse. No caso de UDG, é utilizado um oligonucleotídeo contendo uma desoxiuracila; para APE1, é utilizado um oligonucleotídeo contendo um sítio estruturalmente análogo ao sítio abásico. Nessa descrição, utilizamos tetra-hidrofurano como o análogo ao sítio abásico, mas existem outras possibilidades (Wilson, DM 3rd et al., 1995).

O princípio do ensaio de incisão é que quanto maior for a atividade da enzima de interesse, mais produto clivado será detectado. Dessa forma, após a reação, amostras com maior atividade da enzima de interesse apresentarão uma proporção maior de oligonucleotídeos clivados em relação aos não clivados. A conversão do substrato em produto é observada por meio da diferença de migração em um gel de poliacrilamida. Os substratos clivados migrarão com maior velocidade nos poros do gel em relação aos não clivados, criando duas bandas bem definidas. A atividade de APE1 é detectada diretamente, uma vez que o produto da reação é uma quebra de fita simples. No caso de UDG, o produto da reação enzimática é um sítio abásico, que pode ser convertido em quebra de fita simples pelas AP-endonucleases do extrato ou em condições alcalinas. A Figura 9.2 esquematiza as etapas desse processo.

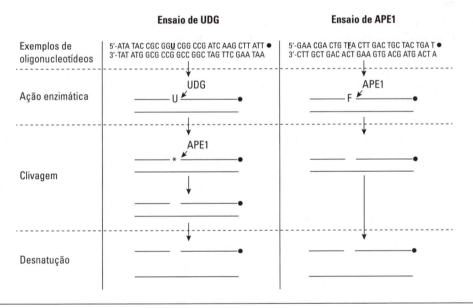

Figura 9.2. Representação esquemática dos ensaios de incisão de UDG e APE1. U: uracila; F: tetra-hidrofurano; *: sítio abásico; e •: marcação fluorimétrica.

Metodologia

Preparação dos oligonucleotídeos marcados

Para permitir a visualização e quantificação dos produtos no gel de poliacrilamida ao final do ensaio de incisão, os oligonucleotídeos utilizados como substratos devem ser marcados fluorimetricamente. A escolha da marcação fluorescente depende do equipamento e dos respectivos filtros disponíveis para a leitura dos géis. Os oligonucleotídeos são, então, sintetizados com os substratos específicos (desoxiuracila ou tetra-hidrofurano) e o fluorófuro de interesse, geralmente

Formação e Quantificação de Espécies Reativas de Oxigênio e Lesões em DNA Mitocondrial

adicionado na extremidade 5'. Alternativamente, a marcação de oligonucleotídeos não marcados pode ser obtida utilizando Desoxitidil-terminal transferase (TdT, NEB cat # M0315S) e dNTP marcado fluorimetricamente (p. ex., fluorescein dCTP, Perkin Elmer, cat # NEL424001EA), de acordo com as recomendações dos fabricantes. Antes do uso, os oligonucleotídeos devem ser purificados por meio de uma eletroforese em gel desnaturante (ver Tabela 9.4).

Tabela 9.4. Condições de corrida para separação dos oligonucleotídeos marcados

Gel	20% acrilamida-bis-acrilamida (19:1)/7 M ureia
Tampão	TBE
Potência	15 W
Tempo de corrida	3 h

A região do gel contendo os oligonucleotídeos marcados é identificada utilizando-se luz UV indireta, cortada do gel, macerada e incubada com tampão de extração de oligonucleotídeos (0,1% de SDS, 0,5 M acetato de amônio e 10 mM acetato de magnésio) a 37°C por 12 horas. Em seguida, a suspensão deve ser submetida às seguintes etapas para sua purificação:

- Centrifugar 3 vezes a 20.000 g, por 15 minutos, a 25°C, com recuperação do sobrenadante.
- Adicionar 500 µL de etanol 70% gelado aos sobrenadantes.
- Armazenar os sobrenadantes em –20°C por 12 horas.
- Centrifugar a 20.000 g, por 30 minutos a 4°C.
- Suspender o precipitado resultante em 500 µL etanol 70% gelado.
- Centrifugar a 20.000 g, por 15 minutos a 4°C.
- Suspender em água ultrapura e checar se foi obtida uma banda única em eletroforese em gel desnaturante.

A eletroforese permitirá a quantificação da concentração dos oligonucleotídeos marcados, utilizando como padrão uma solução de oligonucleotídeos controle que não passou pelo processo de purificação. Depois da purificação, os substratos devem ser incubados com uma fita de DNA complementar (sem modificações ou marcações fluorimétricas), em 100 mM KCl, por 5 minutos, a 95°C, seguido de esfriamento gradual. Os substratos anelados com as marcações desejadas devem ser armazenadas em –20°C e protegidas da luz.

Ensaio de incisão

As reações são preparadas como descrito na Tabela 9.5, em gelo, em volume final de 20 µL.

Tabela 9.5. Componentes das reações enzimáticas

UDG	APE1
• 70 mM Hepes-KOH (pH 7,4)	• 25 mM Hepes-KOH (pH 7,4)
• 75 mM KCl	• 25 mM KCl
• 5 mM EDTA	• 0,1 mg/mL BSA
• 5 mM DTT	• 5 mM $MgCl_2$
• 10% glicerol	• 10% glicerol
• Extrato proteico	• 0,05% Triton X-100
	• Extrato proteico

Associação Brasileira de Mutagênese e Genômica Ambiental **223**

A massa do extrato proteico deve ser determinada para cada desenho experimental por meio da criação de uma curva padrão (escolher uma concentração na faixa linear da curva), dado que a quantidade ideal variará de acordo com a natureza da amostra de interesse. Em extratos proteicos obtidos de células de mamíferos, em geral, a faixa de concentração de trabalho é na ordem de nanogramas proteína/ensaio.

Após montadas as reações conforme as especificações indicadas, elas são iniciadas pela adição de substrato (o oligonucleotídeo com base alterada, e marcado fluorimetricamente), ainda no gelo, e no escuro, para evitar a degradação da marcação fluorimétrica. A quantidade de substrato depende da marcação utilizada e do equipamento utilizado para a revelação do resultado, mas estará na ordem de fentomoles/reação, provavelmente entre 50 e 100 fmoles.

As reações então devem ser incubadas imediatamente após a adição dos substratos e protegidas da luz. Após o tempo de incubação, as reações são terminadas, como descrito a seguir. As condições de incubação e finalização de cada reação são mostradas na Tabela 9.6.

Tabela 9.6. Parâmetros de incubação e finalização das reações enzimáticas

UDG	APE1
Incubação	Incubação
• 37°C por 60 min*	• 37°C por 15 min
Finalização	Finalização
• 75°C por 15 min, depois da adição de 50 mM de NaOH**	• 90°C por 10 min

*O tempo de incubação pode também variar de acordo com a amostra biológica e deve ser otimizado.
**No caso de UDG, a incubação com NaOH garante que os sítios abásicos não hidrolisados pelas AP-endonucleases presentes no extrato sejam convertidos em quebras de fita. Alternativamente ao método de finalização de UDG apresentado acima, a reação pode também ser finalizada pela adição de 0,5% de SDS e 0,25 mg/mL de proteinase K e incubação a 55°C por 30 minutos.

- Ao término da reação, adicionar 2 M acetato de amônio e etanol 70% e incubar os tubos por 12 horas a 4°C.
- Centrifugar as amostras a 10.000 g por 10 minutos, remover o sobrenadante e deixar os precipitados secarem ao ar.
- Suspender os precipitados em 20 μL de tampão de amostra (95% formamida Hi-Di, 5 mM EDTA – v/v) e proceder a desnaturação dos oligonucleotídeos por 5 minutos a 80°C.
- Para acompanhar a migração, carregar uma linha do gel com tampão de amostra contendo 0,001% azul de bromofenol + 0,001% xileno cianol.
- Proceder a separação eletroforética, em condições desnaturantes, de acordo com as especificações na Tabela 9.7.

Tabela 9.7. Condições de corrida para a separação dos oligonucleotídeos clivados

Gel	20% acrilamida-bis acrilamida (19:1)/7 M ureia
Tampão	TBE
Potência	15 W
Tempo de corrida	2 h

Os géis devem então ser revelados em equipamento apropriado para detectar a emissão da marcação fluorimétrica dos oligonucleotídeos. O resultado apresentará duas bandas por amostra, conforme a Figura 9.3, que devem ser quantificadas para a determinação da atividade enzimática.

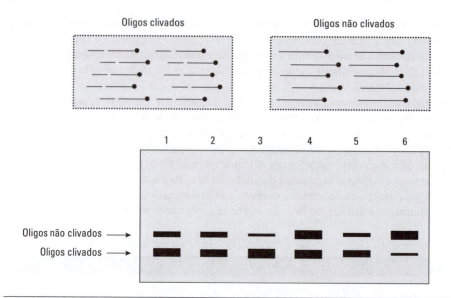

Figura 9.3. Representação da revelação do gel com os resultados finais. Os oligonucleotídeos clivados durante a etapa de incubação migram mais rápido que os oligonucleotídeos não clivados. Como resultado, eles aparecem como uma banda distinta no gel, abaixo da banda referente aos nucleotídeos não clivados.

A atividade enzimática é calculada como a quantidade de substrato convertido em produto, normalizado pela quantidade de proteína e por unidade de tempo.

Referências bibliográficas

Alencar RR, Batalha CMPF, Freire TS, de Souza-Pinto, NC. Chapter eight - enzymology of mitochondrial DNA repair. In: The enzymes. Academic Press. 2019; 45:257-87. doi: 10.1016/bs.enz.2019.06.002

Ayala-Torres S, Chen Y, Svoboda T, Rosenblatt J, Van Houten B. 2000. Analysis of gene-specific DNA damage and repair using quantitative polymerase chain reaction. Methods. 2000; 22(2):135-47. doi: 10.1006/meth.2000.1054.

Bedard K, Krause KH. The NOX family of ROS-generating NADPH oxidases: physiology and pathophysiology. Physiol. Rev. 2007; 87:245-313. doi: 10.1152/physrev.00044.2005.

Blajszczak C; Bonini MG. Mitochondria targeting by environmental stressors: implications for redox cellular signaling. Toxicology. 2017; doi: 10.1016/j.tox.2017.07.013.

Chan DC. Mitochondrial dynamics and its involvement in disease. Annu Rev Pathol. 2020; 5:235-59. doi: 10.1146/annurev-pathmechdis-012419-032711.

Cheng S, Chen Y, Monforte JA, Higuchi R, Van Houten B. Template integrity is essential for PCR amplification of 20- to 30-kb sequences from genomic DNA. PCR Methods and Applications. 1995. doi: 10.1101/gr.4.5.294.

Cline SD. Mitochondrial DNA damage and its consequences for mitochondrial gene expression. Biochim Biophys Acta. 2012; 1819(9-10): 979-91. doi: 10.1016/j.bbagrm.2012.06.002.

Dalle-Donne I, Rossi R, Giustarini D, Milzani A, Colombo R. Protein carbonyl groups as biomarkers of oxidative stress. Clinica Chimica Acta. 2003; 329(1–2):23-38. doi: 10.1016/s0009-8981(03)00003-2.

Dębski D, Smulik R, Zielonka J et al. Mechanism of oxidative conversion of Amplex® Red to resorufin: pulse radiolysis and enzymatic studies. Free Rad. Biol. Med. 2016; 95:323-32. doi:10.1016/j.freeradbiomed.

Di Meo S *et al*. Role of ROS and RNS sources in physiological and pathological conditions. Oxid. Med. Cell. Longev. 2016; 1245049. doi: 10.1155/2016/1245049.

Dikalov S. Cross talk between mitochondria and NADPH oxidases. Free Radic. Biol. Med. 2011; 51: 1289-301. doi: 10.1016/j.freeradbiomed.2011.06.033.

Figueira TR, Barros MH, Camargo AA, Castilho RF, Ferreira JC, Kowaltowski AJ *et al*. Mitochondria as a source of reactive oxygen and nitrogen species: from molecular mechanisms to human health. Antioxid Redox Signal. 2013; 18(16):2029-74. doi: 10.1089/ars.2012.4729.

Flohé, L. The impact of thiol peroxidases on redox regulation. Free Radic. Res. 2016; 50:126-42. doi: 10.3109/10715762.2015.1046858

Förstermann U. Nitric oxide and oxidative stress in vascular disease. Pflugers Arch. Eur. J. Physiol. 2010; 459:923-39. doi: 10.1007/s00424-010-0808-2

Furda AM, Bess AS, Meyer JN, Van Houten B. Analysis of DNA damage and repair in nuclear and mitochondrial DNA of animal cells using quantitative PCR. 2012. doi: 10.1007/978-1-61779-998-3_9.

Gupta RK *et al*. Oxidative stress and antioxidants in disease and cancer: a review. Asian Pacific J. Cancer Prev. 2014; 15:4405-9. doi: 10.7314/apjcp.2014.15.11.4405.

Kalinowski DP, Illenye S, Van Houten B. 1992. Analysis of DNA damage and repair in murine leukemia L1210 cells using a quantitative polymerase chain reaction assay. Nucleic Acids Res. 1992; 20(13):3485-94. doi: 10.1093/nar/20.13.3485.

Kauffman ME, Kauffman MK, Traore K, Zhu H, Trush MA, Jia Z *et al*. MitoSOX-based flow cytometry for detecting mitochondrial ROS. React Oxy Species (Apex). 2016; 2(5):361-70. doi: 10.20455/ros.2016.865.

Klaunig JE, Wang Z, Pu X, Zhou S. Oxidative stress and oxidative damage in chemical carcinogenesis. Toxicol Appl Pharmacol. 2011; 254(2):86-99. doi: 10.1016/j.taap.2009.11.028.

Kovalenko OA; Santos JH. Analysis of oxidative damage by gene-specific quantitative PCR. Current Protocols in Human Genetics. 2009; 62:1-13. doi: 10.1002/0471142905.hg1901s62.

Kowaltowski AJ, de Souza-Pinto NC, Castilho RF, Vercesi AE. Mitochondria and reactive oxygen species. Free Radic Biol Med. 2009; 47(4):333-43. doi: 10.1016/j.freeradbiomed. 2009.05.004.

Marinho HS *et al*. 2014. Hydrogen peroxide sensing, signaling and regulation of transcription factors. Redox Biol. 2014; 2:535-62. doi: 10.1016/j.redox.2014.02.006

Mori MP, Souza-Pinto NC. Role of mitochondrial dysfunction in the pathophysiology of DNA repair disorders. Cell Biol Int. 2018; 42(6):643-50. doi: 10.1002/cbin.10917.

Morley SA, Nielsen, BL. Plant mitochondrial DNA. Frontiers in Bioscience - Landmark. 2017. doi: 10.2741/4531.

Muftuoglu M, Mori MP, Souza-Pinto NC. Formation and repair of oxidative damage in the mitochondrial DNA. Mitochondrion. 2014. doi: 10.1016/j.mito.2014.03.007.

Nissanka N, Moraes CT. Mitochondrial DNA damage and reactive oxygen species in neurodegenerative disease. FEBS Letters. 2018; 592(5):728-42. doi: 10.1002/1873-3468.12956.

Ponti M, Forrow SM, Souhami RL, D'lncalci M, Hartley JA. Measurement of the sequence specificity of covalent DNA modification by antineoplastic agents using Taq DNA polymerase. Nucleic Acids Research. 1991. doi: 10.1093/nar/19.11.2929.

Richter C, Park JW, Ames BN. Normal oxidative damage to mitochondrial and nuclear DNA is extensive. Proc. Natl. Acad. Sci. USA. 1988. doi: 10.1073/pnas.85.17.6465.

Roubicek DA, Souza-Pinto NC. Mitochondria and mitochondrial DNA as relevant targets for environmental contaminants. Toxicology. 2017; 391:100-8. doi: 10.1016/j.tox.2017.06.012.

Santos JH; Meyer JN; Mandavilli BS; Van Houten B. Quantitative PCR-based measurement of nuclear and mitochondrial DNA damage and repair in mammalian cells. Methods Mol Biol. 2006; 314(1):183-99. doi: 10.1385/1-59259-973-7:183.

Souza-Pinto NC, Croteau DL, Hudson EK, Hansford RG, Bohr VA. Age-associated increase in 8-oxo-deoxyguanosine glycosylase/AP lyase activity in rat mitochondria. Nucleic Acids Res. 1999; 27(8):1935-42. doi: 10.1093/nar/27.8.1935.

Wallace DC. Mitochondrial genetic medicine. Nat Genet. 2018; 50(12):1642-9. doi: 10.1038/s41588-018-0264-z.

Wilson DM 3rd, Takeshita M, Grollman AP, Demple B. Incision activity of human apurinic endonuclease (Ape) at abasic site analogs in DNA. J Biol Chem. 1995; 270(27):16002-7. doi:10.1074/jbc.270.27.16002.

Yakes FM; Van Houten B. Mitochondrial DNA damage is more extensive and persists longer than nuclear DNA damage in human cells following oxidative stress. Proc Natl Acad Sci. USA. 1997; 94(2):514–9. doi: 10.1073/pnas.94.2.514.

10

Toxicogenômica: Uso da Genômica em Estudos de Mutagênese e Carcinogênese

Tiago Antonio de Souza • Natália Cestari Moreno
Nathalia Quintero-Ruiz • Camila Corradi • Carlos Frederico Martins Menck

Resumo

Os tumores humanos são causados por instabilidade genômica, incluindo mutações pontuais. Apesar de estudos iniciais na identificação de mutações terem sido realizados por meio de sequenciamento de genes únicos, o desenvolvimento da tecnologia de sequenciamento de nova geração permitiu que esses estudos fossem ampliados em alta escala para exomas e genomas. A tecnologia de sequenciamento permitiu grandes avanços incluindo a identificação do contexto de sequência onde ocorrem as mutações, e a geração de assinaturas mutacionais de mutágenos ambientais. O conhecimento das assinaturas mutacionais em diferentes tumores humanos tem revelado o potencial da identificação de causas, como também abre perspectivas para melhoras terapêuticas.

INTRODUÇÃO

A integridade da molécula de DNA está sob constante ameaça devido à ação de agentes endógenos e exógenos às células, por exemplo, a luz ultravioleta (UV) emitida pelo sol, poluição atmosférica e espécies reativas de oxigênio decorrente do metabolismo normal das células. As alterações que esses agentes podem causar na estrutura do DNA geram sérias consequências biológicas podendo interferir em processos como o da replicação e da transcrição do RNA. Embora as células disponham de vários mecanismos de reparo para lidar com os diversos tipos de lesões no DNA, tais vias raramente operam com completa eficiência e fidelidade. Sendo assim, lesões não reparadas podem ocasionar morte celular ou acúmulo de mutações que, em organismos multicelulares, refletem-se em processos deletérios como envelhecimento e câncer.

A compreensão de como lesões no DNA podem resultar em mutações no genoma dos seres vivos depende da identificação das mutações, por meio de sequenciamento da molécula de DNA. Genes únicos têm sido amplamente utilizados para se estudar quais os tipos de mutações e espectros de mutações são causados por agentes mutagênicos específicos. Entre esses genes, estão o *HPRT* (do inglês, *Hypoxanthine Phosphoribosyltransferase*) e *TP53* (proteína p53) com trabalhos em células em cultura (Herman *et al.*, 2014; Hölzl-Armstrong *et al.*, 2018; Nagashima *et al.*, 2018). Em modelos animais, uma das principais estratégias foi o desenvolvimento de camundongos carregando um gene repórter, como o caso do Mutamouse, que contém em seu genoma o gene bacteriano *LacZ*, utilizado como alvo para estudos de mutagênese (Beal *et al.*, 2020). Embora o sequenciamento desses genes únicos tenha ajudado a elucidar a ação de vários mutágenos, há uma série de limitações que esse tipo de abordagem implica. A principal limitação é o pequeno número de dados que pode ser obtido, e em locais definidos do genoma (ou mesmo em plasmídeos extra cromossômicos). Também se deve levar em consideração que as mutações podem estar sob seleção e são induzidas de forma aleatória, portanto, mais genes precisam ser considerados na análise para se ter um padrão mutagênico mais confiável. Além disso, muitas mutações ocorrem em íntrons, afetando eventos de *splicing* alternativos ou gerando rearranjos, os quais raramente são contemplados no sequenciamento de genes únicos (Hainaut e Pfeifer, 2016).

Sequenciamento de nova geração gerando dados em mutagênese

O sequenciamento de nova geração (do inglês, *Next Generation Sequencing* – NGS) abre perspectivas para ampliarmos nossa capacidade de estudo sobre mutagênese. Em particular, o sequenciamento do exoma completo (do inglês, *Whole Exome Sequencing* – WES) ou do genoma completo (do inglês, *Whole Genome Sequencing* – WGS) tornaram-se as abordagens mais informativas e confiáveis para se estimar a relação do agente genotóxico com a mutagênese induzida por ele, uma vez que abordam grande parte do material genético do modelo de estudo mesmo que, no caso do exoma, sejam sequenciados apenas éxons e sequências de íntrons próximos das bordas dos éxons. A fim de elucidar as vantagens do WES e do WGS com relação ao sequenciamento de genes únicos, vale a exemplificação do gene *TP53*. O gene *TP53* compreende 14 éxons e ocupa cerca de 19,14 kpb do DNA genômico. Alguns estudos indicaram que mutações somáticas em células tumorais estavam agrupadas entre os éxons 5-8 desse gene, de modo que muitos estudos subsequentes sequenciaram apenas esta região. Essas limitações resultaram em uma sub-representação de mutações somáticas que ocorrem fora destes éxons que foram encontradas por avaliações com NGS (Hainaut e Pfeifer, 2016).

O *Whole Genomes Resource* do banco de dados do COSMIC (*Catalogue of Somatic Mutations in Cancer*) (Tate *et al.*, 2019; COSMIC, 2020) mantido pelo Instituto Sanger, no Reino Unido, apresenta um total de 5.000 mutações no gene *TP53* detectadas por WES ou WGS, das quais 1.206 provêm de eventos diferentes de mutações comparado a 866 mutações encontradas antes do uso dessas metodologias. Com relação aos éxons 5-8 que foram frequentemente sequenciados, WES e WGS mostraram que 22,5% do total de mutações estava fora deles, enquanto o sequenciamento Sanger apresentava apenas cerca de 10 a 15% em outras regiões. Nesse contexto, os dados de WES e WGS parecem ser menos tendenciosos para selecionar áreas de *hotspot* (Hainaut e Pfeifer, 2016).

É importante destacar que certamente o acesso às tecnologias de sequenciamento NGS propiciaram o enorme avanço científico na área de mutagênese em geral. A Figura 10.1 apresenta a evolução do sequenciamento de DNA ao longo do tempo, relacionando o que era possível sequenciar em cada metodologia (segmentos de genes ou genoma completo) com o aumento de publicações ao longo dos anos de acordo com dados extraídos do Pubmed. Estudos com NGS (WES e WGS) têm sido usados para a detecção de mutações germinativas facilitando o diagnóstico de pacientes com doenças mendelianas e de mutações somáticas, permitindo a análise de assinaturas mutacionais de tumores (Bamshad *et al.*, 2011; Alexandrov *et al.*, 2013a).

Os padrões de mutagênese e as assinaturas mutacionais

Assinaturas mutacionais são padrões específicos de mutações provocadas em determinados tumores, ou induzidos por determinados agentes mutagênicos. O sequenciamento dos genes

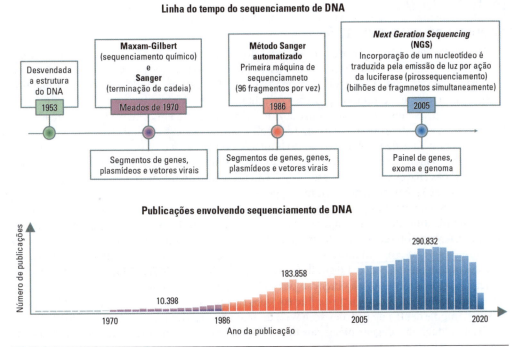

Figura 10.1. Linha do tempo do sequenciamento de DNA e crescimento de publicações envolvendo sequenciamento de DNA. Desde que a estrutura do DNA foi desvendada em 1953, técnicas de sequenciamento de DNA foram se aprimorando ao longo do tempo para permitir que a sequência correta de nucleotídeos da molécula de DNA pudesse ser analisada com maior confiabilidade e de maneira massiva com custo acessível. Nesse sentido, técnicas como a de Maxam-Gilbert e Sanger, que analisam segmentos de genes, foram perdendo espaço para o Sequenciamento de Nova Geração, onde é possível analisar painel de genes, exoma ou genoma completo. Essa modernização do sequenciamento de DNA em larga escala e redução de custo por amostra resultou em um expressivo aumento de publicações de acordo com dados obtidos do Pubmed.

HPRT, TP53 e de vetores virais foram também muito úteis para descrever assinatura mutacional da luz UV solar. Esses trabalhos identificaram que as lesões induzidas por UV do tipo dímero de pirimidina ciclobutano (CPD) e pirimidina 6-4 pirimidona (6-4 PP), especificamente por UVC (200-280 nm) e UVB (280-315 nm), induzem um padrão de mutagênese representado principalmente pela transição C:G>T:A, ou de forma simplificada envolvendo troca de uma citosina por uma timina (C>T). Mutações duplas em citosinas também são encontradas após luz UV, gerando uma assinatura CC>TT, que é específica para lesões tipo dímeros de pirimidina (D'Errico et al., 2000; Kannouche e Stary, 2003; Kappes et al., 2006).

Obviamente, a avaliação de mutações diretas por NGS geram muito mais dados que permitem a determinação do contexto da sequência onde a mutação é encontrada. Nesse sentido, a avaliação dos nucleotídeos vizinhos à mutação, determinando, portanto, o trinucleotídeo contendo a mutação, pode ser identificado de forma a gerar assinaturas mutacionais precisas de mutágenos ambientais, por exemplo, que podem ser correlacionados com as assinaturas mutacionais encontradas em tumores. Com isso, fecha-se o ciclo de evidências que demonstram a origem mutacional dos tumores, permitindo mesmo que se possa inferir as causas dos tumores. Além disso, as assinaturas mutacionais podem resultar em várias outras contribuições que podem auxiliar a identificar processos terapêuticos mais precisos para o paciente afetado.

METODOLOGIAS

Sequenciamento por NGS

O advento das tecnologias de sequenciamento de nova geração (do inglês, *next generation sequencing* – NGS) permitiu a redução de custos e de tempo necessários para que as variações a nível genômico pudessem ser exploradas em larga escala e de forma individualizada. A identificação de mutações e o estudo do processo de mutagênese eram restritos no passado ao sequenciamento de pequenos fragmentos introduzidos artificialmente em células vivas, originados de vetores ponte é mais apropriado e usado (do inglês, *shuttle vectors*) ou ainda somente a pequenos genes ou fragmentos de DNA, acarretando limitações óbvias para o estudo de processos mutagênicos, como a carcinogênese, o que inclui tanto a varredura no genoma para identificar e caracterizar mutações chaves em oncogenes, como o entendimento do impacto de agentes mutagênicos endógenos e exógenos no genoma humano, por exemplo.

Mutações somáticas originadas por agentes mutagênicos ou mesmo mutações germinativas podem ser identificadas pela comparação com uma sequência de nucleotídeos, que pode ser um genoma referência ou sequências de uma amostra controle – como um tecido normal em relação a um tumor, por exemplo. Embora a maneira de identificar as mutações seja diferente, o processo de sequenciamento NGS em si é similar. Grande parte das tecnologias NGS é baseada em dois princípios básicos e comuns: a obtenção de bibliotecas de DNA e a utilização de sequenciadores capazes de identificar a sequência de nucleotídeos de milhões de fragmentos dessa biblioteca ao mesmo tempo e dentro de padrões aceitáveis de acurácia, rapidez e custo (Mardis, 2017).

Existem duas abordagens principais de NGS para sequenciar o DNA genômico humano visando a detecção de mutações, somáticas ou germinativas: o sequenciamento de genoma completo (ou WGS) ou o sequenciamento de regiões específicas (do inglês, *targeted-sequencing*), cujo exemplo mais comum é o sequenciamento de exoma completo (ou WES).

Sequenciamento de genoma completo

O DNA genômico total é extraído de células, tecidos ou tumores e fragmentado por processos físico-químicos ou enzimáticos, purificado e ligado a oligonucleotídeos específicos, constituindo uma biblioteca de fragmentos de DNA. O tamanho desses fragmentos pode variar, bem como algumas modificações especiais no preparo para possibilitar a incorporação de informações posicionais relevantes para a detecção de variantes estruturais, como em bibliotecas *mate-pair*. O sequenciamento dos fragmentos é preferencialmente feito no modo pareado (do inglês, *paired--end*) visando a obtenção de um par de leituras para cada fragmento (Figura 10.2) (Mardis, 2017).

Abordagens WGS em células humanas exigem um maior volume de leituras e, por isso, implicam um custo relativo superior. O genoma humano haploide possui cerca de 3 gigabases e são necessários no mínimo cerca de 90 gigabases de leituras para uma cobertura equivalente a 30 vezes o tamanho do genoma humano, ou seja, isso restringe naturalmente o WGS para plataformas de sequenciamento de alto rendimento. Mesmo assim, o WGS é considerado uma das abordagens mais completas para o estudo de mutações somáticas e germinativas por permitir a ampla detecção de trocas de bases simples, pequenas deleções e inserções e variantes estruturais complexas, em todo o genoma, incluindo regiões não exônicas como íntrons, regiões regulatórias e intergênicas (Koboldt *et al.*, 2013).

Sequenciamento de regiões específicas e sequenciamento de exomas

Quando há um interesse específico em regiões determinadas do genoma que não justifique uma abordagem do tipo WGS, é utilizado um preparo especial das bibliotecas de DNA genômico visando o enriquecimento de fragmentos correspondentes a essas regiões (éxons, por exemplo). Sondas específicas são construídas artificialmente com base nas sequências das regiões-alvo e por meio de processos de hibridação ou amplificação por PCR (do inglês, *polymerase chain reaction*) os fragmentos de DNA genômico correspondentes são enriquecidos, resultando em uma biblioteca composta majoritariamente por fragmentos de DNA oriundos das regiões-alvo (Figura 10.2) (Koboldt *et al.*, 2013). Tais regiões podem ser um conjunto de oncogenes e supressores de tumor cujas mutações são importantes para o diagnóstico de um tipo de câncer específico ou todo o conjunto das regiões codificantes exônicas, chamado de exoma.

O sequenciamento do exoma completo (WES) tem uma grande abrangência, basicamente todos genes codificadores de proteínas, mas diminui consideravelmente o custo, por reduzir o tamanho-alvo para cerca de 50-60 milhões de pares de bases (cerca de 2% do tamanho total do genoma humano), permitindo, com as mesmas capacidade e cobertura, um número maior de amostras em relação ao WGS. Por outro lado, a detecção de variantes restringe-se apenas a SNVs e pequenas inserções e deleções e, majoritariamente, a variantes localizadas nas regiões exônicas e nos sítios de *splicing* (Griffith *et al.*, 2015).

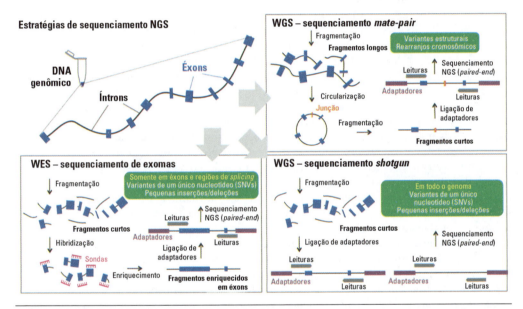

Figura 10.2. Estratégias de sequenciamento de nova geração. Existem várias abordagens para a detecção de mutações utilizando o sequenciamento NGS e a maioria das diferenças entre elas está no preparo das bibliotecas. O DNA genômico extraído pode ser submetido a um preparo de bibliotecas *mate-pair*, onde é fragmentado aleatoriamente em fragmentos longos de 2 a 20 kpb e circularizados. Os fragmentos circularizados são fragmentados novamente em partes menores, de 200 a 600 pb, e adaptadores são ligados às extremidades para possibilitar o sequenciamento NGS. Esse tipo de abordagem é ideal para a detecção de variantes estruturais e rearranjos cromossômicos. Caso o objetivo seja somente a busca por SNVs ou pequenos INDELs em todo o genoma a melhor abordagem é o preparo de uma biblioteca simples, com a fragmentação em porções curtas de todo o DNA genômico e a ligação com adaptadores para o sequenciamento NGS de forma aleatória, ou "shotgun". Finalmente, se o objetivo for a detecção de SNVs ou pequenos INDELs em éxons, é necessária uma etapa adicional onde sondas específicas são utilizadas para o enriquecimento de fragmentos com éxons. As bibliotecas enriquecidas com regiões exônicas são sequenciadas, possibilitando a detecção de variantes nessas regiões.

ANÁLISES DE DADOS
Identificação de variantes

Por meio da abordagem WGS, a análise das variantes em íntrons torna-se possível, assim como a busca por variantes estruturais complexas, capazes de produzir novos sítios de *splicing* em uma região intrônica, por exemplo (Pagani e Baralle, 2004). O sequenciamento do exoma normalmente apresenta melhor cobertura de leitura, o que permite identificar mutações germinativas raras e analisar de maneira mais aprofundada variantes normalmente associadas a doenças, identificar problemas em genes específicos, problemas hereditários, além de aprimorar as técnicas de diagnóstico. Dessa forma, o NGS acelera a identificação e diagnóstico de causas genéticas para doenças raras e complexas (Pabinger *et al.*, 2014).

Em geral, as variantes são detectadas em comparação a genomas referências de banco de dados, sempre que uma alteração na sequência for detectada. Em média, o WGS de cada indivíduo é capaz de identificar aproximadamente 5 milhões de variantes em relação a um genoma referência, incluindo cerca de 144.000 variantes novas (Bentley *et al.*, 2008), enquanto o sequenciamento do exoma é capaz de identificar 12.000 variantes em regiões codificantes (Ng *et al.*, 2008), das quais a maior parte é encontrada em bancos de dados públicos (Robinson *et al.*, 2011). A detecção de variantes genômicas numéricas (do inglês, *copy number variation* – CNV) e variantes estruturais ou rearranjos cromossômicos, como translocações, inserções, deleções, inversões e duplicações de ao menos 50 pb (Kosugi *et al.*, 2019) também é possível apenas utilizando a abordagem WGS (Sezerman *et al.*, 2019). CNVs são cópias de grandes regiões do genoma, clinicamente relevantes, sobretudo na oncogênese, enquanto rearranjos cromossômicos são variações na estrutura do cromossomo que podem produzir diversidade genética e suscetibilidade a doenças (Sezerman *et al.*, 2019).

As abordagens WGS e WES possibilitam a busca e análise de uma enorme gama de variantes de um único nucleotídeo (SNVs), incluindo polimorfismos de nucleotídeos únicos (SNPs) e pequenas inserções e deleções (INDELs). SNVs são variantes que ocorrem pontualmente, sem incidência de frequência, enquanto SNPs são as variantes mais comumente encontradas em, ao menos, 1% da população, e ambas podem ser inócuas ou não. INDELs produzem variações genômicas que podem causar problemas na tradução da proteína dependendo do local em que ocorrem e, caso afetem mais de um nucleotídeo não múltiplo de três, causam deslocamento no quadro de leitura durante a síntese proteica.

Existem inúmeras abordagens disponíveis para fazer a chamada de variantes, identificando diferenças entre as leituras obtidas por WGS/WES e o genoma de referência que utilizam, desde métodos probabilísticos, como o GATK (Van der Auwera *et al.*, 2013), até modelos de aprendizagem profunda, uma técnica de aprendizado de máquina, como o DeepVariant (Poplin *et al.*, 2018). Além das citadas, diversas ferramentas já foram desenvolvidas e se encontram em constante aperfeiçoamento, algumas mais sensíveis para encontrar variantes germinativas e outras capazes de identificar mutações somáticas a partir do sequenciamento de amostra de tumor e tecido normal, além daquelas desenvolvidas especialmente para encontrar CNVs e rearranjos cromossômicos (Kosugi *et al.*, 2019; Sezerman *et al.*, 2019). Na Tabela 10.1, estão exemplificadas algumas das ferramentas desenvolvidas para a chamada de diversos tipos de variantes.

Analisando os tipos de mutações e as suas consequências

Os padrões gerais de alterações de nucleotídeos envolvem os seis possíveis tipos de substituições de bases C:G>A:T, C:G>G:C, C:G>T:A, T:A>A:T, T:A>C:G e T:A>G:C, além do contexto em que elas acontecem e suas consequências genômicas. Por convenção, geralmente é usada a base pirimidínica (C ou T) do par de bases canônico Watson e Crick para se referir à mutação, sendo assim as seis possíveis substituições são C>T, C>G, C>T, T>A, T>C e T>G.

A primeira distinção de tipos de mutação consiste em transição *versus* transversão. As transições acontecem quando uma base é trocada por outra da mesma natureza, ou seja, uma purina por outra purina, ou uma pirimidina por outra pirimidina (C>T, T>C, G>A ou A>G); no caso das transversões uma base purínica é trocada por uma pirimidínica e vice-versa (C>A, C>G, G>T, G>C, A>T, A>C, T>A ou T>G) (Figura 10.3). Embora exista o dobro de possibilidades para acontecer uma transversão, quando são analisadas as mutações causadas de forma espontânea, a frequência de transições encontradas é normalmente maior, devido aos mecanismos moleculares envolvidos na geração das mesmas (Friedberg *et al.*, 2006).

Tabela 10.1. Lista com exemplos de algumas ferramentas utilizadas para chamada de variantes germinativas e somáticas, assim como algumas capazes de encontrar variações cromossômicas de número e estruturais

Nome	Identifica	Fonte
GATK – HaplotypeCaller	SNPs, INDELs	https://gatk.broadinstitute.org/
GATK – Mutect2	SNVs, INDELs	https://gatk.broadinstitute.org/
SAMtools	SNPs, INDELs	http://www.htslib.org/
VarScan	SNPs, INDELs	http://varscan.sourceforge.net/
SNVer	SNPs, INDELs	http://snver.sourceforge.net/
DeepVariant	SNPs, INDELs	https://github.com/google/deepvariant/releases
CNVnator	CNVs	https://github.com/abyzovlab/CNVnator
RDXplorer	CNVs	http://rdxplorer.sourceforge.net/
RSICNV	CNVs	https://github.com/yhwu/rsicnv
BreakDancer	Variantes estruturais	https://github.com/genome/breakdancer
Pindel	Variantes estruturais	https://github.com/genome/pindel
SVDetect	Variantes estruturais	http://svdetect.sourceforge.net/
GASVPro	Variantes estruturais	http://compbio.cs.brown.edu/projects/gasv/

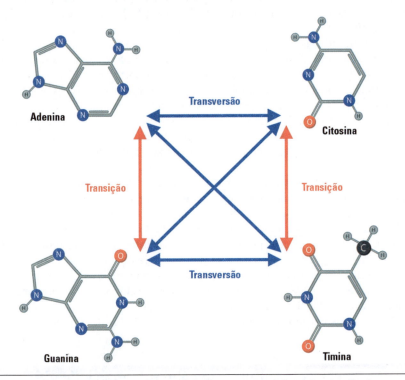

Figura 10.3. As substituições de base podem ser definidas como Transição ou Transversão. Enquanto transições indicam trocas do mesmo tipo molecular (pirimidinas por pirimidinas, de um anel ou purinas por purinas), as transversões implicam mudanças mais complexas (purinas, dois anéis, por pirimidinas, um anel ou o inverso). Bases purínicas: adenina (A) e guanina (G), bases pirimidínicas: timina (T) e citocina (C).

Em sequências que codificam proteínas, as consequências biológicas das mutações pontuais podem ser de natureza diferente, como consequência direta de duas características do código genético: a sua natureza degenerada na decodificação e a existência de códons de terminação da tradução. Assim, a mutação pontual pode ser uma mutação silenciosa, de sentido trocado (do inglês, *missense*) ou sem sentido (do inglês, *nonsense*). Uma mutação é considerada silenciosa quando a substituição de um par de bases altera um códon (de um aminoácido) por outro códon que continua a codificar o mesmo aminoácido, sem modificar a sequência da proteína (também conhecida como mutação sinônima), o que não resultará em efeitos no fenótipo da célula ou do indivíduo. De forma contrária, quando o códon é alterado por outro que codifica um aminoácido diferente, a substituição de bases é considerada *missense* (também conhecida como mutação não sinônima). Por fim, quando a mutação pontual gera um códon de parada ela é considerada uma mutação sem sentido. Assim, as mutações *missense* e sem sentido podem, ou não, ter efeitos detectáveis no fenótipo do indivíduo e a gravidade do efeito na estrutura e função da proteína afetada dependerá de como a mutação ocorreu especificamente (Friedberg *et al.*, 2006).

Todos os organismos sofrem um certo número de mutações espontâneas, cuja frequência de ocorrência é característica para cada um em particular. No entanto, a exposição a agentes mutagênicos de natureza física ou química pode aumentar significativamente a frequência de mutação nesses organismos. Esses tipos de mutações são chamados de mutações induzidas (Friedberg *et al.*, 2006). Alguns agentes mutagênicos podem gerar uma mutação característica dominante, exemplos clássicos são a transição C>T para luz UV, a transversão G>T para a aflatoxina B1 (AFB1), Benzo[a]pireno (BaP) e a oxidação de guaninas gerada por estresse oxidativo, a transversão A>T para o ácido aristolóquico (AA), e assim por diante (Epe, 1991; Olivier *et al.*, 2010).

Diferentes agentes mutagênicos podem gerar o mesmo tipo de troca, por isso, estudar o contexto em que as mutações acontecem pode ser útil para conectar mutações moleculares específicas com o agente mutagênico que a gera. Para alguns mutágenos, observa-se que existem sequências específicas ou motivos (do inglês, *motifs*) pelos quais as mutações ocorrem com preferência, seja pelo tipo de dano que geram no DNA ou pela via de reparo usada para tentar fazer frente aos mesmos. Continuando com o exemplo da luz UV, a troca C>T é tipicamente encontrada em locais de possível formação de dímeros de pirimidina, por isso o motivo YY (Y=C ou T) é utilizado para detectar qualquer combinação de bases adjacentes de pirimidina nas quais pode ter ocorrido a mutação.

Também tem sido relatado que a frequência de formação de dímeros de pirimidina aumenta em regiões com citosina metilada (5mC) após exposição à radiação solar e radiação UVB, com subsequente geração de mutações C>T, sobretudo nas regiões CpGs metiladas, surgindo o motivo YCG (Douki e Cadet, 1994; Tommasi *et al.*, 1997; Pfeifer *et al.*, 2005; Pleasance *et al.*, 2010). No caso das mutações G>T, geradas por produtos de oxidação da guanina, o motivo RGR (R=A ou G) foi proposto, uma vez que a proteína MutM de *E. coli* remove essa lesão com mais eficiência em um contexto rico em pirimidinas (e então mutações seriam mais comuns em G com purinas adjacentes, pouco reparadas), e se espera que isso também se cumpra para a proteína eucariótica OGG1 (Hatahet *et al.*, 1998; Sassa *et al.*, 2012). Porém, alguns estudos recentes indicam que talvez RGR não seja o melhor motivo para explorar mutações induzidas por guanina oxidada em eucariotos.

Avaliando mutações em culturas de células humanas *in vitro*

Em trabalhos recentes, realizamos estudos com NGS (sequenciando exomas – WES) em células de pacientes com a síndrome rara xeroderma *pigmentosum* (XP) após irradiação com luz UVA (315 a 400 nm). As células desses pacientes possuem defeitos em processos de reparo de

DNA, o que resulta em uma elevada frequência de tumores de pele nas regiões expostas à luz solar. No caso, empregamos células provenientes de pacientes XP-V, deficientes na DNA polimerase eta, envolvida na síntese translesão (do inglês, *translesion synthesis* – TLS), ou de pacientes XP-C, deficientes na proteína XPC, envolvida no reparo por excisão de nucleotídeos (do inglês, *nucleotide excision repair* – NER). A ideia de uso dessas células deficientes em processamento de lesões no genoma amplifica os efeitos mutagênicos, o que pode facilitar a compreensão dos efeitos biológicos (no caso mutagênese) da pouco conhecida luz UVA (Schuch *et al.*, 2017). Nos dois casos foi possível verificar que essa mesma troca C>T responde pela maior parte das mutações induzidas por luz UVA, e que essas mutações estão, na sua grande maioria, localizadas em potenciais dímeros de pirimidina, confirmando o papel dessas lesões na origem das mutações. O estudo em alta escala pelo NGS, no entanto, revelou ainda o contexto da sequência mutada, permitindo identificar uma assinatura mutacional nas células desses pacientes que é, curiosamente, muito similar ao padrão encontrado em tumores de pele da população geral (Moreno e Souza *et al.*, 2020; Quintero-Ruiz *et al.*, em preparação).

No entanto, por meio do WES verificou-se também a indução de transversões da guanina pela timina (G>T ou C>A) pela exposição à luz UVA. Esse tipo de troca é normalmente associada a lesões como 8-oxo-guanina, além de provavelmente outras lesões de base induzidas por estresse oxidativo. Também foram identificadas outras particularidades como frequência de outras possíveis trocas, análise de sequência contexto e de assinatura mutacional (Moreno e Souza *et al.*, 2020; Quintero-Ruiz *et al.*, em preparação), as quais não seriam possíveis pelo sequenciamento de genes únicos. Os dados de indução de mutações em células XP-V induzidos por luz UVA estão ilustrados na Figura 10.4, onde pode se ver também uma alta frequência das mutações C>T em motivos YY.

É importante destacar que o estudo de mutagênese induzida em células em cultura não é trivial. Um dos desafios é a heterogeneidade de mutações obtidas em uma população celular, o que geraria um enorme número de mutações pontuais em frequências muito baixas, como se fosse um pequeno aumento no "ruído de fundo" das mutações. Portanto, a estratégia não seria informativa. Uma das alternativas para resolver esse desafio foi realizar um processo de clonagem celular após o tratamento com o agente mutagênico (ilustrado na Figura 10.5). As lesões não removidas, induzidas no DNA por qualquer agente genotóxico, podem tornar-se mutações após o primeiro ciclo de replicação. Sendo assim, para que as mutações possam ser detectadas é importante realizar o tratamento de células individualizadas para amplificação do sinal da mutação pela clonagem celular. Esse tipo de procedimento consiste na seleção de células individuais e a sua posterior expansão clonal, gerando uma população mais homogênea em termos genéticos, cuja proporção alélica das mutações, induzidas no primeiro ciclo, será próxima de 50% (Moreno e Souza *et al.*, 2020).

O processo de clonagem pode ser aprimorado se for realizado também antes do tratamento com o agente mutagênico, diminuindo a heterogeneidade genética persistente em algumas linhagens celulares (Quintero-Ruiz *et al.*, em preparação). Essa abordagem também pode ser utilizada para isolar e identificar populações de células em tecidos tumorais, naturalmente uma população heterogênea, mas não substitui a necessidade da utilização de tecidos normais como controle, uma vez que a ploidia dessas células é desconhecida e o processo de carcinogênese implica severas aberrações cromossômicas que podem dificultar o processo de identificação de mutações somáticas.

Identificando a sequência contexto da mutação

Outro enfoque para explorar o contexto em que as mutações acontecem é a representação gráfica – logotipo ou logo – do padrão das sequências contexto em que ocorre a mutação. O logotipo consiste basicamente em uma pilha de letras para cada posição na sequência e é gerado pelo

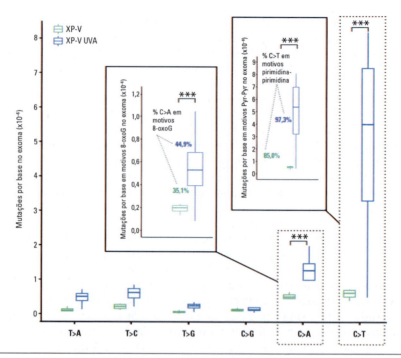

Figura 10.4. Tipos de mutações induzidas por UVA em células XP-V. Cálculo do número de mutações por base no exoma de cada um dos seis tipos de trocas únicas possíveis, considerando as bases pirimídicas (T ou C) como referência. Após o tratamento com luz UVA há um aumento de trocas C>A e C>T, e aproximadamente 45% das trocas C>A após a irradiação estão em motivos associados com lesões do tipo 8-oxoG (RGR) e cerca de 97% das trocas C>T estão em motivos pirimidina-pirimidina associados a lesões causadas por luz UV. Esse tipo de análise permite investigar os tipos de mutações induzidas pelo agente mutagênico, inferir os tipos de lesões causadas pelo agente mutagênico e seu impacto em todos os éxons do genoma. Adaptada de Moreno e Souza *et al.*, 2020.

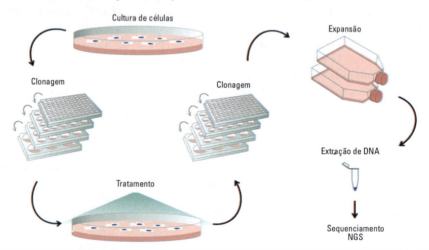

Figura 10.5. Esquema ilustrativo do processo de clonagem celular para detecção de mutações induzidas pelo tratamento com agentes mutagênicos. Uma das estratégias utilizadas para diminuir a heterogeneidade das mutações em uma população celular é realizar preferencialmente etapas de clonagem antes e depois do tratamento com o agente mutagênico. Depois do tratamento, as células individuais são selecionadas e expandidas (expansão clonal) para os procedimentos de extração de DNA genômico, preparo de bibliotecas e sequenciamento NGS. Adaptada de Moreno e Souza *et al.*, 2020.

alinhamento de múltiplas sequências contendo a mutação na mesma posição. Existem duas abordagens principais para determinar o tamanho dos nucleotídeos dentro do logo: na primeira, o tamanho é dimensionado pela frequência relativa em que o nucleotídeo está na amostra em cada posição específica, como no caso do *WebLogo* (Crooks *et al.*, 2004). Na segunda, a altura de cada nucleotídeo dimensiona-se proporcionalmente à sua significância estatística dentro da amostra e em relação ao *background* (exoma ou genoma), como é feito pelo gerador *pLogo* (O'Shea *et al.*, 2013). Esse tipo de análise revela se existe um viés de enriquecimento para alguma base em uma posição específica e resume graficamente todos os dados do experimento, podendo ser útil para definir novos motivos relacionados a determinado agente carcinogênico (Figura 10.6). O logo gerado com dados de exoma de células deficientes em reparo ou síntese de translesão irradiadas com luz UVA evidenciou um viés de enriquecimento para uma sequência contexto rica em pirimidinas, além da preferência para a ocorrência da mutação no motivo YY (Moreno e Souza *et al.*, 2020; Quintero-Ruiz *et al.*, em preparação).

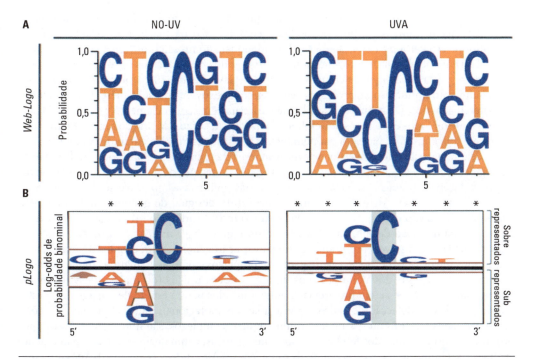

Figura 10.6. LOGO – representação gráfica da sequência contexto em que ocorre a mutação usando o mesmo conjunto de dados e dos programas que usam diferentes abordagens. Os dados de mutações em C (para T) correspondem aos obtidos por sequenciamento WES em células de pacientes deficientes na polimerase de sínteses translesão, pol eta, as quais foram irradiadas, ou não, com 120 kJ/m^2 de UVA. (**A**) Logo gerado com o *WebLogo* que dimensiona o tamanho dos nucleotídeos pela frequência relativa em que o nucleotídeo está na amostra em cada posição específica. (**B**) Logo gerado com o *software* de logotipo de probabilidade *pLogo*, que escala as alturas dos resíduos nucleotídicos proporcionalmente à sua significância estatística, e não à sua frequência. Nucleotídeos super- e sub-representados são desenhados acima e abaixo do eixo *x*, respectivamente. A barra horizontal vermelha indica o limiar dos valores de significância estatística corrigidos por Bonferroni ($p = 0,05$), os nucleotídeos destacados (*) no topo do logotipo indicam um enriquecimento significativo nessa posição específica. A barra vertical cinza destaca a posição "fixa" que permite o uso de probabilidades condicionais. Adaptada de Moreno e Souza *et al.*, 2020.

Limitações no sequenciamento de nova geração nas detecções de mutações

Os estudos de mutagênese utilizando WES ou WGS promoveram um grande incremento nas análises de mutagênese, no entanto essas metodologias possuem algumas limitações experimentais relacionadas com a detecção e a identificação das mutações. Um dos principais desafios é atenuar o efeito da distribuição de diferentes mutações em uma população de células ou tecidos depois do tratamento com um determinado agente mutagênico (Koh *et al.*, 2020). Assumindo que células humanas normais são diploides, é muito pouco provável que um agente mutagênico provoque duas mutações iguais nos dois alelos de um gene em uma célula. E menos provável ainda que essa mesma mutação seja induzida na mesma posição e no mesmo alelo em uma outra célula. Sendo assim, ocorre uma diluição natural das mutações dentro da expansão da população de células tratadas e isso é refletido diretamente na diminuição da proporção das leituras com alterações no processo de sequenciamento, diminuindo ou até impedindo a identificação das mutações.

Nesse contexto, sequenciamento de células individuais (do inglês, *single-cell sequencing*) é uma abordagem promissora, pois possibilita a compreensão da mutagênese relativa à célula, permitindo verificar a participação de células individuais no mosaicismo genético, na fisiologia normal ou em doenças, na heterogeneidade de tumores dos mais variados tipos de cânceres, bem como na resposta a tratamentos como mencionado (Gawad *et al.*, 2016), além de proporcionar o entendimento minucioso de processos celulares complexos. A limitação inerente na obtenção de material genético, DNA ou RNA, suficiente para o uso em sequenciamento é contornado pela utilização de métodos específicos de amplificação por PCR, como o MDA (do inglês, *multiple displacement amplification*), baseado em polimerases replicativas Phi. No entanto, a amplificação a partir de um material inicial restrito, o próprio genoma de uma única célula, pode implicar vieses em regiões ricas em GC, amplificação não homogênea de regiões do genoma e acúmulo de erros por introdução de mutagênese pela ação das próprias polimerases no processo de amplificação *in vitro* (Navin, 2014). Além disso, a própria cobertura desigual do genoma implica também abandono alélico (do inglês, *allelic dropbout* – ADO) introduzido pelo MDA, que acarreta erros frequentes na detecção de substituições únicas (do inglês, *single nucleotide variations* – SNVs) (Navin, 2014), responsáveis por grande parte da variação genômica em estudos de mutagênese e utilizados inclusive para a detecção de padrões complexos, como as assinaturas mutacionais.

Finalmente, apesar dos polimorfismos de nucleotídeos únicos (do inglês, *single nucleotide polymorphisms* – SNPs) serem preferencialmente utilizados para o estudo de mutagênese e estarem implicados na detecção de padrões por assinaturas mutacionais, outros tipos de mutações, como pequenos INDELs ou rearranjos cromossômicos complexos, são importantes. Esses tipos de mutações estão associados também a lesões mutagênicas, como quebras duplas e pareamento errôneo, e são importantes para o estudo da mutagênese (Alexandrov *et al.*, 2020). Apesar da melhora da acurácia de detecção pela evolução dos algoritmos, esses eventos estão sujeitos a um elevado número de falso-positivos, em parte pela utilização limitadora de leituras curtas (Cameron *et al.*, 2019). Por esse motivo, têm se optado pela utilização apenas de SNVs para a caracterização de padrões mutacionais. Com o avanço cada vez mais rápido das tecnologias de sequenciamento de leituras longas, é esperado que as limitações sejam eventualmente superadas e a caracterização das variantes possa ser mais acurada e confiável.

RELAÇÃO DE MUTAÇÕES E CARCINOGÊNESE

Como tem sido amplamente discutido, o NGS possibilitou a detecção de mutações somáticas em diversos tipos de tumores. No entanto, nem todas as mutações detectadas são determinantes no processo de carcinogênese. Apenas uma pequena fração delas confere à célula tumoral uma vantagem de crescimento sobre as células circundantes, pelo que são denominadas mutações condutoras (do inglês, *driver mutations*). Por outro lado, a grande maioria das mutações somáticas encontradas não conferem vantagem de crescimento e são consideradas mutações passageiras (do inglês, *passengers mutations*) (Vogelstein e Kinzler, 2015).

As mutações condutoras acontecem geralmente no que se considera genes condutores (do inglês, *driver genes*), os conhecidos oncogenes e genes supressores de tumor. Nos oncogenes as mutações condutoras normalmente ativam os genes ou resultam em ganhos de funções, enquanto mutações condutoras nos genes supressores de tumor resultam em sua inativação. Atualmente, existe o consenso de que a carcinogênese é um processo com múltiplas fases: (1) fase de avanço, (2) fase de expansão e (3) fase de invasão, as quais são resultados do acúmulo de eventos genéticos e epigenético em uma célula. Assim, as mutações condutoras permitem que as células tumorais passem de uma fase à seguinte, sendo estimado que unicamente são necessárias entre 5 e 8 mutações condutoras para o desenvolvimento de um câncer. Porém, a quantidade de mutações encontradas nos tumores supera significativamente este número, o que demonstra processos de instabilidade gênica e seleção durante a evolução das células tumorais (Pon e Marra, 2015; Vogelstein e Kinzler, 2015).

Para determinar quais mutações são candidatas a serem condutoras, são usados modelos matemáticos com base na frequência ou na previsão do impacto funcional da mutação. Os enfoques baseados em frequência consideram que um gene pode ser condutor quando tem mutações em uma proporção maior de amostras de câncer do que seria esperado a partir da taxa de mutação de fundo (do inglês, *background*), enquanto os enfoques com base na previsão do impacto funcional da mutação consideram que as mutações condutoras terão um impacto maior na função da proteína do que as mutações passageiras e esse impacto pode ser avaliado levando em consideração características evolutivas, estruturais ou bioquímicas da proteína. Recentemente, foram utilizados modelos que combinam ambas abordagens. No entanto, independentemente do enfoque usado, é preciso realizar a validação fenotípica das mutações candidatas a serem condutoras e, como comentado no início, a mutação, para ser considerada condutora, precisa proporcionar uma vantagem seletiva às células, vantagem que pode estar direta ou indiretamente relacionada com a sobrevivência e a proliferação celular. Por fim, vale ressaltar que para o desenvolvimento de terapias direcionadas e a aplicação de medicina de precisão é fundamental entender a biologia do tumor e identificar quais mutações são as que estão contribuindo para o desenvolvimento do câncer (Pon e Marra, 2015).

ASSINATURAS MUTACIONAIS EM TUMORES

Vários estudos tentaram conectar agentes mutagênicos com mutações específicas que ocorrem durante o processo carcinogênico. Os primeiros trabalhos foram realizados analisando mutações somáticas em oncogenes únicos ou em genes supressores de tumores e revelaram que um processo mutacional gerado por um agente específico leva a impressões digitais moleculares (Vogelstein e Kinzler, 1992). No entanto, embora essa estratégia tenha revelado informações valiosas que permitiram esclarecer algumas questões relacionadas com a mutagênese, não foi suficiente para entender a complexidade do catálogo final de mutações observadas nos tumores, pois vários processos mutacionais podem estar envolvidos durante seu desenvolvimento (Petljak e Alexandrov, 2016).

O desenvolvimento e amplo uso da tecnologia NGS tornou possível a análise do exoma ou genoma inteiro de tumores, abrindo espaço para produção de uma grande quantidade de dados genômicos de câncer que foi gerada na última década, dando acesso ao registro mutacional de diversos tipos de câncer. No entanto, além do acesso e da capacidade de ler o registro mutacional, é necessário poder organizar e entender esses dados, o que foi possibilitado pelo desenvolvimento de modelos matemáticos avançados e de ferramentas computacionais que são constantemente aprimoradas (Petljak e Alexandrov, 2016).

O conceito assinatura mutacional surgiu em 2012 e se refere a combinações únicas de padrões de mutações somáticas que podem ser associadas a determinado tipo de processo mutagênico. Elas são extraídas por meio da análise de todo o espectro de mutação somática, que é composto pelas mutações derivadas de lesões originadas por agentes mutagênicos endógenos e exógenos. Assim, a diversidade de mutações somáticas encontrada em um tumor pode ser explicada por uma ou mais assinaturas, dependendo da quantidade de processos mutacionais envolvidos e da força e duração de cada um deles (Nik-Zainal *et al.*, 2012). A forma mais difundida de extração desses padrões é baseada em um algoritmo de fatoração matricial que leva em consideração os seis possíveis tipos de substituições de base única em um contexto trinucleotídico (Alexandrov *et al.*, 2013a). Ou seja, utiliza as substituições simples de base com ambos os nucleotídeos vizinhos à mutação, gerando 96 tipos possíveis de trinucleotídeos (como ilustrado na Figura 10.7). Com a identificação das assinaturas e de um consequente padrão de tipos de mutação, é possível descrever a assinatura e inferir possíveis relações etiológicas de causa e efeito, ou seja, associar que determinada assinatura é o efeito de um determinado agente mutagênico ao longo do tempo.

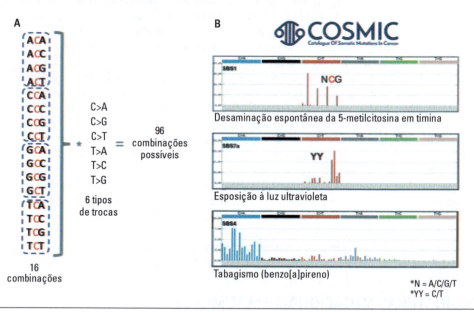

Figura 10.7. Assinaturas mutacionais. (**A**) Representação gráfica do método utilizado para estabelecer as assinaturas mutacionais. (**B**) Exemplos de assinaturas mutacionais e etiologia. Dados obtidos do banco de dados COSMIC.

Com o crescimento do volume de dados genéticos gerados pelos projetos de sequenciamento, sobretudo em tumores humanos, o número de assinaturas mutacionais descritas vêm crescendo, assim como esforços no sentido de centralizá-las e padronizá-las. O catálogo de mutações somáticas do câncer, COSMIC, centraliza em seu projeto vários tipos de assinaturas mutacionais e etiologias ligadas a cada uma delas, principalmente as associadas ao processo de carcinogênese, além de incluir informações da prevalência de cada assinatura nos diferentes tipos de câncer. Além das assinaturas mutacionais de substituições de uma única base (SBS), outros grupos de assinaturas têm sido estudados, como as assinaturas de substituições duplas de bases (DBS) e de pequenas deleções e inserções (ID) (Alexandrov *et al.*, 2020). Porém, de maneira geral, as assinaturas SBS têm se mostrado mais consistentes e são amplamente utilizadas para inferir os processos mutagênicos relacionados principalmente à carcinogênese.

São consideradas aqui somente as assinaturas do banco de dados do COSMIC, mas a detecção e a caracterização de assinaturas está presente em diversos estudos independentes. A extração de assinaturas mutacionais presentes no COSMIC é realizada utilizando abordagens de larga-escala, por meio de sequenciamentos de milhares de tumores preferencialmente de genoma completo, mas também de exomas (Alexandrov *et al.*, 2020). A seleção dos estudos e das estratégias de chamadas de variantes foram unificadas de forma a reduzir vieses relacionados com as diversas abordagens experimentais de diferentes laboratórios. Ainda assim, cerca de 20 assinaturas extraídas das centenas de tumores apresentaram características de artefatos de sequenciamento. Algumas assinaturas só foram encontradas em amostras cujo exoma foi sequenciado (SBS27 e SBS46) enquanto outras são provavelmente originadas de mutações introduzidas por lesões oxidativas 8-oxo-guanina no processo de sequenciamento (SBS45), além de possíveis contaminações com variantes germinativas (SBS54).

No entanto, há um conjunto de dezenas de assinaturas que não estão associadas primariamente com artefatos de sequenciamento e podem estar ligadas diretamente a processos mutagênicos definidos e que podem participar diretamente em processos carcinogênicos específicos. Várias assinaturas foram associadas a agentes mutagênicos exógenos e processos mutagênicos endógenos, relacionados principalmente com as vias de reparo de DNA (Tabela 10.2). O hábito de fumar ou mascar tabaco associa-se a assinaturas específicas (SBS4, SBS5 e SBS29) com prevalência de trocas C>A, associadas a danos de espécies reativas de oxigênio relativas a lesões do tipo 8-oxoguanina, também encontradas na assinatura SBS18 e possivelmente associadas a carcinógenos presentes no tabaco como o Bezo[a]pireno (BaP). A exposição à aflatoxina B1 (AFB1) associa-se à assinatura SBS24, caracterizada também por prevalência de trocas C>A e encontrada em hepatocarcinomas. Já a assinatura SBS22, caracterizada por prevalência de trocas T>A com forte viés transcricional de fita consistente com o dano em adenina, foi associada à exposição ao potente carcinógeno ácido aristolóquico (AA).

Tabela 10.2. Tabela de consulta do COSMIC

Agentes mutagênicos	Assinatura
Desaminação	SBS1
AID/APOBEC	SBS2, 84/85(AID) e 13 (APOBEC)
Quebras duplas fitas	SBS3
Bases oxidadas	SBS4 (tabaco), 18 e 29 (tabaco)
TCR	SBS5 (tabaco), SBS8, 12, 16, 23
Reparo de *Mismatch*	SBS6, 14, 15, 20, 26, 44
Luz UV	SBS7 e 38
POLH	SBS9
POLD	SBS10
BER	SBS30 e 36
Agentes alquilantes	SBS11
Azitioprina	SBS32
Haloalcanos	SBS42
Aflatoxina	SBS24
Quimioterapia	SBS25
Ácido aristóloquico	SBS22
Drogas de platina	SBS35 e 31

O grupo de assinaturas SBS7a-d foi encontrado em tumores de pele em áreas expostas ao sol e são caracterizadas pela prevalência de trocas C>T, com mais bases mutadas principalmente em C, e não em G, na fita não transcrita de genes, indicando dano em citosinas e atividade do reparo acoplado à transcrição (do inglês, *transcription-coupled repair* – TCR). Por esse motivo, essas assinaturas foram associadas à exposição à luz UV e, consequentemente, a danos oriundos de dímeros de pirimidina CPD ou 6-4 PP. De fato, as assinaturas SBS7 foram encontradas em células humanas com deficiência em TLS e NER após um único evento de exposição à luz UVA (Moreno e Souza et al., 2020; Quintero-Ruiz et al., em preparação). A assinatura SBS37, caracterizada pela prevalência de trocas C>A e encontrada somente em melanomas, foi associada ao dano indireto por luz UV. Curiosamente, o aumento de trocas C>A também foi observado em células humanas deficientes em TLS, irradiadas *in vitro* com luz UVA, o que corrobora a hipótese do envolvimento de danos relacionados com a oxidação de bases no processo de carcinogênese em melanomas (Moreno e Souza et al., 2020). Na Figura 10.8, resumimos os dados obtidos pelas mutações induzidas em células XP-V irradiadas com luz UVA, publicados naquele trabalho.

Outras assinaturas também foram associadas a conhecidos agentes mutagênicos exógenos como haloalcanos (SBS42), aflatoxinas (SBS24), e quimioterápicos como a azatioprina (SBS32), derivados de platina (SBS35 e SBS 31), temozolamida (SBS11) e outros agentes alquilantes (SBS11). Assinaturas relacionadas com processos mutagênicos endógenos também foram caracterizadas, como a desaminação de 5-metilcitosina (SBS1), TCR (SBS5, SBS8, SBS12, SBS16 e SBS23), quebras duplas (SBS3), reparo de pareamento errôneo (SBS6, 14, 15, 20, 26 e 44), reparo de excisão de bases (SBS30 e SBS36), atividade de citidina deaminases da família AID/APOBEC (SBS2, 84/85 e 13) e polimerases como POLH (SBS10) e POLD (SBS10). Essas associações foram feitas por meio de evidências anteriores, relacionadas com os potenciais mutágenos. Recentemente, porém, foi realizado um trabalho no qual 79 mutágenos foram testados em células-tronco pluripotentes induzidas (iPSC- do inglês *induced pluripotent stem cells*), que foram tratadas e depois submetidas a um protocolo de expansão por clonagem celular, antes do sequenciamento por WGS. Os dados geraram um compêndio das assinaturas mutacionais induzidas experimentalmente em células humanas e podem ajudar a relacionar os papéis de agentes mutagênicos ambientais e a etiologia de tumores (Kucab et al., 2019).

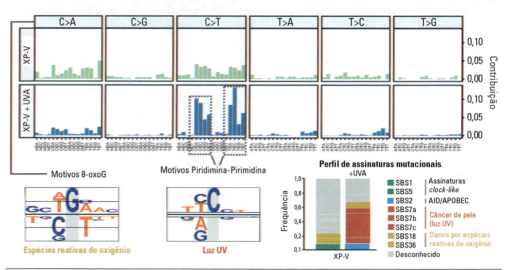

Figura 10.8. Panorama dos tipos de mutações induzidas em células XPV, pela luz UVA. A distribuição das contribuições das mutações relativas a cada tipo de trinucleotídeo e os seis tipos possíveis de trocas de nucleotídeos são chamados de espectro somático. O espectro somático é um painel geral das distribuições dos tipos de mutações e trinucleotídeos associados, permitindo uma visão geral de possíveis padrões de mutação. Células XP-V não irradiadas possuem uma distribuição típica de mutações espontâneas (*background*), sem nenhum tipo de padrão claro, com exceção de um aumento de mutações C>A situadas em prováveis motivos RGR (R=A ou G). Depois do tratamento com luz UVA, o espectro somático das células XP-V é alterado, com o aumento considerável de trocas C>T situados em motivos pirimidina-pirimidina, que está associado diretamente à formação de lesões provocadas por luz UV. De fato, há uma contribuição da assinatura SBS7 do banco COSMIC nas células irradiadas e também da assinatura SBS18, associadas a câncer de pele e danos por espécies reativas de oxigênio, respectivamente. Adaptada de Moreno e Souza et al., 2020.

CONCLUSÕES E PERSPECTIVAS

Não há nenhuma dúvida de que a redução de custos e aumento de informação proporcionada pelas tecnologias de NGS revolucionaram o estudo do processo de mutagênese e carcinogênese (Stratton *et al.*, 2009). O aumento significativo na identificação de mutações condutoras (*drivers*) em diversos tipos de tumores revolucionou o diagnóstico, o tratamento, a busca por novas drogas e o próprio entendimento do processo de tumorigênese (Stratton *et al.*, 2009). Porém, percebeu-se também que grande parte das mutações somáticas não eram condutoras, e não se correlacionavam diretamente com o desenvolvimento do câncer. As mutações passageiras provavelmente surgem antes e durante o processo de tumorigênese, induzidas por lesões provocadas por agentes endógenos e exógenos (Alexandrov *et al.*, 2013a). Além disso, há correlações entre os seis tipos de trocas únicas de nucleotídeos e alguns mutágenos exógenos, como a luz UV e o tabaco (Pfeifer *et al.*, 2002). No entanto, tal tipo de análise apresenta limitações na compreensão dos processos mutagênicos escondidos temporalmente nas milhares de mutações identificadas com as estratégias de NGS.

A verdadeira revolução começou a se concretizar em 2012-2013 com a utilização de ferramentas matemáticas, como a NMF (do inglês, *Non-negative Matrix Factorization*), aplicadas às combinações dos seis tipos de trocas únicas com o seu contexto genômico, formando 96 combinações únicas de trinucleotídeos. A aplicação desse recurso em sequenciamentos de WGS e WES de tumores de milhares de pacientes culminou na extração de vários padrões distintos, chamados de assinaturas mutacionais, sugerindo que cada um deles poderia refletir processos mutacionais que moldaram o genoma das células cancerosas (Alexandrov *et al.*, 2013b, Alexandrov *et al.*, 2020). Por exemplo, células defeituosas em reparo por recombinação homóloga (do inglês, *Homologous Recombination Repair* – HR) acabam utilizando alternativas para lidar com quebras no DNA e esses processos alternativos, que não são livres de erros, deixam um padrão mutacional que é refletido em assinaturas mutacionais específicas, como em tipos específicos de câncer de mama deficientes em BRCA1 e BRCA2 (Davies *et al.*, 2017).

As assinaturas revelam ou dão pistas muito fortes em relação à etiologia, ou ao tipo de processo endógeno ou exógeno que origina o próprio padrão de mutação detectado, levando as assinaturas ao patamar de biomarcadores para diagnóstico e preditores de resposta a tratamentos (Alexandrov *et al.*, 2020). Há pelo menos quatro potenciais aplicações mais claras (Van Hoeck *et al.*, 2019) do uso das assinaturas mutacionais em medicina de precisão:

- **Identificação de origem do tumor:** nem todos os tipos de câncer são diagnosticados quanto ao tecido de origem e são conhecidos como CUP (do inglês, *cancer of unknown primary*). Essa incerteza gera óbvias complicações no tratamento, pois a maioria das drogas são do tipo específicas. Algumas assinaturas estão associadas a tecidos específicos, como o fígado (Letouzé *et al.*, 2017), por exemplo, e o uso de dados de sequenciamento WGS de milhares de tumores para a extração e identificação de assinaturas em CUPs ajudou a criar classificadores com bons níveis de precisão e que podem auxiliar o diagnóstico histopatológico de tumores (Jiao *et al.*, 2020).
- **Indicação de predisposição ao câncer:** o câncer está ligado de alguma forma a uma base genética, mas apenas uma pequena parte é atribuída a variantes herdadas (Stratton *et al.*, 2009). A aplicação de análises de assinaturas mutacionais pode indicar a predisposição a subtipos de câncer, como tumores colorretais hereditários cujas células possuem defeitos em polimerase (Alexandrov *et al.*, 2013b) e auxiliar a segregação de tipos de tumores de mama deficientes em BRCA1 e BRCA2 (Davies *et al.*, 2017). No entanto, ainda são necessários mais estudos para estabelecer vias de diagnóstico acuradas para que no futuro a dinâmica das assinaturas possa ser usada como sentinelas para medidas preventivas e aconselhamento genético.
- **Estratificação de pacientes:** o uso de assinaturas mutacionais pode ajudar na divisão de subclasses de tumores ainda não identificadas e possibilitar o desenvolvimento de

tratamentos mais específicos e efetivos. Além da deficiência de HR identificada por assinaturas em alguns tumores de mama sensíveis a inibidores de PARP (Davies *et al.*, 2017), as assinaturas mutacionais estão sendo utilizadas para identificar pacientes mais responsivos a certas terapias, incluindo adenocarcinomas pancreático (Connor *et al.*, 2017) e de esôfago (Secrier *et al.*, 2016), câncer gástrico (Li *et al.*, 2016), entre outros.

- **Assinaturas mutacionais diagnósticas e tratamento:** extrair e identificar assinaturas significa iluminar padrões mutacionais e revelar a etiologia dos processos mutagênicos. A identificação de deficiência em HR em certos tumores de mama pela análise de assinaturas aumentou o número de pacientes que poderiam se beneficiar de tratamentos com inibidores de PARP e drogas baseadas em platina (Davies *et al.*, 2017). Como a deficiência em HR é comum em dezenas de outros tipos de câncer, a análise de assinaturas também poderia ser aplicada nesses casos. Assinaturas referentes a outros processos como deficiências a MMR e erros introduzidos por polimerases (Alexandrov *et al.*, 2013b) também poderiam ser utilizados para guiar o tratamento por imunoterapia para bloqueio de PD-1, estimulando o sistema imunológico do paciente (Le *et al.*, 2017). Interessante, esse tipo de terapia tumoral parece funcionar com alta eficácia em tumores com altos níveis de carga mutacional (do inglês, *mutation burden*) (Sholl *et al.*, 2020). Falhas em BER e NER também possuem assinaturas associadas que possibilitariam a utilização de tratamentos baseados em cisplatina, por exemplo (Alexandrov *et al.*, 2013b). Além disso, assinaturas geradas por outros processos como a ativação de APOBEC, também podem guiar terapias mais eficientes (Nik-Zainal *et al.*, 2014), visto que a superatividade de APOBEC promove resistência ao tamoxifeno. A própria exposição a quimioterápicos em tumores metastáticos avançados deixa assinaturas mutacionais características de inibidores de síntese de DNA e terapias baseadas em platina, que podem indicar caminhos contra a resistência de alguns tipos de tumores avançados (Pleasance *et al.*, 2020).

Apesar de os estudos de exploração das assinaturas mutacionais terem aumentado significativamente após 2013, o seu emprego na prática clínica ainda não está totalmente estabelecido (Van Hoeck *et al.*, 2019). Apenas algumas dezenas de assinaturas foram identificadas e centralizadas no banco de dados do COSMIC e um grupo menor ainda tem uma etiologia, ou uma relação de causal clara (Alexandrov *et al.*, 2020), apesar de grupos de pesquisa independentes estarem identificando diversas assinaturas. Portanto, um dos próximos passos certamente é a construção de inventários curados para aumentar a capacidade e a acurácia das assinaturas em desvendar processos biológicos.

Artefatos gerados pela própria heterogeneidade e a mistura de diferentes abordagens de sequenciamento de tumores também têm gerado discrepâncias técnicas. Sequenciamentos do tipo WGS são muito mais efetivos por possibilitarem uma detecção ampla de mutações passageiras (Alexandrov *et al.*, 2013a), embora o mais comum na prática clínica seja o uso de exomas. Há também certas discrepâncias nas abordagens matemáticas e computacionais para a descoberta de novas assinaturas – diferentes métodos geram assinaturas ligeiramente diferentes (Huang *et al.*, 2018). O refinamento e a integração desses métodos alternativos à estratégia padronizada de NMF, como tratamentos bayesianos (Rosales *et al.*, 2016), pode ajudar a estabelecer concordâncias entre as assinaturas em bancos curados. A tendência final é que haja uma diminuição dos custos associada ao sequenciamento WGS, possibilitando dados de boa qualidade e cobertura adequada e que isso contribua com a qualidade tanto das assinaturas utilizando SNVs quanto das variantes mais complexas como pequenas deleções e inserções e variantes estruturais (Van Hoeck *et al.*, 2019). Na Figura 10.9, apresentamos exemplos de como o desenvolvimento de tumores pode evoluir em termos de assinaturas mutacionais, seja por predisposição herdada (mutação germinativa, no caso do gene *APO3A*), seja por agente exógeno (no caso de luz solar).

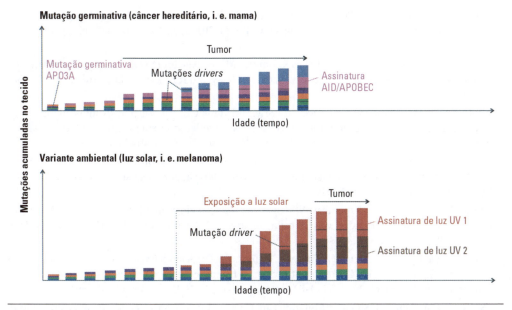

Figura 10.9. Modelo esquemático do acúmulo de mutações em um tecido ao longo do tempo e padrões de assinaturas mutacionais. Mutações germinativas em alguns genes como o *APO3A*, que codifica uma proteína da família das citidinas deaminases APOBEC, pode aumentar o número de mutações em um determinado tecido, aumentando a probabilidade de mutações *drivers* e o surgimento de um tumor. Devido ao padrão específico de assinaturas mutacionais associado a proteínas AID/APOBEC é possível detectar a via defeituosa, possibilitando a escolha de tratamentos mais efetivos. Agentes mutagênicos, como a luz solar, também aumentam a taxa de mutação em tecidos expostos e podem ocasionar o surgimento de mutações *drivers* e o surgimento de um tumor. A exposição à luz solar também deixa um padrão específico – composto essencialmente por trocas C>T em motivos pirimidina-pirimidina, que pode ser detectado por tipos específicos de assinaturas mutacionais associadas à luz UV. Essas assinaturas também se acumulam ao longo do tempo e podem ser utilizadas como biomarcadores diagnósticos para prevenção do câncer de pele, por exemplo.

O entendimento dos processos mutagênicos que levam a determinados padrões, revelado pelas assinaturas mutacionais, está revolucionando o estudo da carcinogênese, promovendo melhores respostas a diferentes tipos de tratamentos e aumentando as oportunidades de prevenção, monitoramento, identificação e detecção precoce em diferentes tipos de câncer e, certamente, as assinaturas mutacionais terão papel relevante na medicina de precisão nos próximos anos.

Agradecimentos

Os autores agradecem o suporte à pesquisa deste grupo pelas agências FAPESP (Fundação de Amparo à Pesquisa do Estado de São Paulo, São Paulo, SP), CNPq (Conselho Nacional de Desenvolvimento Científico e Tecnológico, Brasília, DF), CAPES (Coordenação de Aperfeiçoamento de Pessoal de Nível Superior, Brasília, DF) e COLCIENCIAS (Departamento de Administração de Ciência e Tecnologia, Bogotá, Colômbia).

Referências bibliográficas

Alexandrov LB, Kim J, Haradhvala NJ, Huang MN, Ng AWT, Wu Y *et al.* The repertoire of mutational signatures in human cancer. Nat. 2020; 578:94-101. https://doi.org/10.1038/s41586-020-1943-3

Alexandrov LB, Nik-Zainal S, Wedge DC, Aparicio SAJR, Behjati S, Biankin AV *et al.* Signatures of mutational processes in human cancer. Nat. 2013b; 500:415-21. https://doi.org/10.1038/nature12477

Alexandrov LB, Nik-Zainal S, Wedge DC, Campbell PJ, Stratton MR. Deciphering signatures of mutational processes operative in human cancer. Cell Rep. 2013a; 3:246-59. https://doi.org/10.1016/j.celrep.2012.12.008

Bamshad MJ, Ng SB, Bigham AW, Tabor HK, Emond MJ, Nickerson D *et al*. Exome sequencing as a tool for Mendelian disease gene discovery. Nat. Rev. Genet. 2011; 12:745-55. https://doi.org/10.1038/nrg3031

Beal MA, Meier MJ, LeBlanc DP, Maurice C, O'Brien JM, Yauk CL *et al*. Chemically induced mutations in a MutaMouse reporter gene inform mechanisms underlying human cancer mutational signatures. Commun Biol. 2020; 3:438. https://doi.org/10.1038/s42003-020-01174-y

Bentley DR, Balasubramanian S, Swerdlow HP, Smith GP, Milton J, Brown CG *et al*. 2008. Accurate whole human genome sequencing using reversible terminator chemistry. Nat. 2008; 456:53-9. https://doi.org/10.1038/nature07517

Cameron DL, Di Stefano L, Papenfuss AT. Comprehensive evaluation and characterization of short read general-purpose structural variant calling software. Nat Commun. 2019; 10:3240. https://doi.org/10.1038/s41467-019-11146-4

Connor AA, Denroche RE, Jang GH, Timms L, Kalimuthu SN, Selander I *et al*. Association of Distinct Mutational Signatures with Correlates of Increased Immune Activity in Pancreatic Ductal Adenocarcinoma. JAMA Oncol. 2017; 3:774-83. https://doi.org/10.1001/jamaoncol.2016.3916

COSMIC – Catalogue of Somatic Mutations in Cancer. https://cancer.sanger.ac.uk/cosmic/about. Acesso em: 24 de Julho de 2020.

Crooks GE, Hon G, Chandonia JM, Brenner SE. WebLogo: a sequence logo generator. Genome Res. 2004; 14:1188-90. https://doi.org/10.1101/gr.849004

D'Errico M, Calcagnile A, Canzona F, Didona B, Posteraro P, Cavalieri R *et al*. UV mutation signature in tumor suppressor genes involved in skin carcinogenesis in xeroderma pigmentosum patients. Oncog. 2000; 19:463-7. https://doi.org/10.1038/sj.onc.1203313

Davies H, Glodzik D, Morganella S, Yates LR, Staaf J, Zou X *et al*. HRDetect is a predictor of BRCA1 and BRCA2 deficiency based on mutational signatures. Nat Med. 2017; 23:517-25. https://doi.org/10.1038/nm.4292

Douki T, Cadet J. Formation of cyclobutane dimers and (6-4) photoproducts upon far-UV photolysis of 5-methylcytosine-containing dinucleotide monophosphates. Biochem. 1994; 33:11942-50. https://doi.org/10.1021/bi00205a033

Epe B. Genotoxicity of singlet oxygen. Chemico-Biological Interac. 1991; 80:239-60. https://doi.org/10.1016/0009-2797(91)90086-M

Friedberg EC, Walker GC, Siede W, Wood RD, Schultz RA, Ellenberger T. Introduction to Mutagenesis. In: DNA Repair and Mutagenesis, Second Edition, ASM Press., Washington. 2006; 71-106.

Gawad C, Koh W, Quake SR. Single-cell genome sequencing: current state of the Science. Nat Rev Genet. 2016; 17:175-88. https://doi.org/10.1038/nrg.2015.16

Griffith M, Miller CA, Griffith OL, Krysiak K, Skidmore ZL, Ramu A *et al*. Optimizing cancer genome sequencing and analysis. Cell Syst. 2015; 1:210-23. https://doi.org/10.1016/j.cels.2015.08.015

Hainaut P, Pfeifer GP. Somatic TP53 mutations in the era of genome sequencing. Cold Spring Harb Perspect Med. 2016; 6:a026179. https://doi.org/10.1101/cshperspect.a026179

Hatahet Z, Zhou M, Reha-Krantz LJ, Morrical SW, Wallace SS. In search of a mutational hotspot. PNAS. 1998; 95:8556-61. https://doi.org/10.1073/pnas.95.15.8556

Herman KN, Toffton S, McCulloch SD. Detrimental effects of UV-B radiation in a xeroderma pigmentosum-variant cell line. Environ Mol Mutagen. 2014; 55:375-84. https://doi.org/10.1002/em.21857

Hölzl-Armstrong L, Kucab JE, Korenjak M, Luijten M, Phillips DH, Zavadil J *et al*. Characterising Mutational Spectra of Carcinogens in the Tumour Suppressor Gene TP53 Using Human TP53

Knock-in (Hupki) Mouse Embryo Fibroblasts. Methods Protoc. 2018; 2:85. https://doi.org/10.3390/mps2040085

Huang X, Wojtowicz D, Przytycka TM. Detecting presence of mutational signatures in cancer with confidence. Bioinform. 2018; 34:330-7. https://doi.org/10.1093/bioinformatics/btx604

Jiao W, Atwal G, Polak P, Karlic R, Cuppen E. PCAWG tumor subtypes and clinical translation working group. A deep learning system accurately classifies primary and metastatic cancers using passenger mutation patterns. Nat Commun. 2020; 11:728. https://doi.org/10.1038/s41467-019-13825-8

Kannouche P, Stary A. Xeroderma pigmentosum variant and error-prone DNA polymerases. Biochimie. 2003; 85:1123-32. https://doi.org/10.1016/j.biochi.2003.10.009

Kappes UP, Luo D, Potter M, Schulmeister K, Runger TM. Short-and long-wave UV light (UVB and UVA) induce similar mutations in human skin cells. J. Invest. Dermatol. 2006; 126:667-75. https://doi.org/10.1038/sj.jid.5700093

Koboldt D, Steinberg KM, Larson DE, Wilson RK, Mardis ER. The next-generation sequencing revolution and its impact on genomics. cell. 2013; 155:27-8. https://doi.org/10.1016/j.cell.2013.09.006

Koh G, Zou X, Nik-Zainal S. Mutational signatures: experimental design and analytical framework. Genome Biol. 2020; 21:37. https://doi.org/10.1186/s13059-020-1951-5

Kosugi S, Momozawa Y, Liu X, Terao C, Kubo M, Kamatani Y. Comprehensive evaluation of structural variation detection algorithms for whole genome sequencing. Genome Biol. 2019; 20:117. https://doi.org/10.1186/s13059-019-1720-5

Kucab JE, Zou X, Morganella S, Joel M, Nanda AS, Nagy E *et al*. 2019. A compendium of mutational signatures of environmental agents. cell. 2019; 177:821-36.e16. https://doi.org/10.1016/j.cell.2019.03.001

Le DT, Durham JN, Smith KN, Wang H, Bartlett BR, Aulakh LK *et al*. Mismatch repair deficiency predicts response of solid tumors to PD-1 blockade. Sci. 2017; 357:409-13. https://doi.org/10.1126/science.aan6733

Letouzé E, Shinde J, Renault V, Couchy G, Blanc JF, Tubacher E *et al*. Mutational signatures reveal the dynamic interplay of risk factors and cellular processes during liver tumorigenesis. Nat Commun. 2017; 8:1315. https://doi.org/10.1038/s41467-017-01358-x

Li X, Wu WKK, Xing R, Wong SH, Liu Y, Fang X *et al*. Distinct subtypes of gastric cancer defined by molecular characterization include novel mutational signatures with prognostic capability. Cancer Res. 2016; 76:1724-32. https://doi.org/10.1158/0008-5472.can-15-2443

Mardis ER. DNA sequencing technologies: 2006-2016. Nat. Protocols. 2017; 12:213-8. https://doi.org/10.1038/nprot.2016.182

Moreno NC, Souza TA, Garcia CCM, Ruiz NQ, Corradi C, Castro LP *et al*. Whole-exome sequencing reveals the impact of UVA light mutagenesis in xeroderma pigmentosum variant human cells. Nucleic Acids Res. 2020; 48:1941-53. https://doi.org/10.1093/nar/gkz1182

Nagashima H, Shiraishi K, Ohkawa S, Sakamoto Y, Komatsu K, Matsuura S *et al*. Induction of somatic mutations by low-dose X-rays: the challenge in recognizing radiation-induced events. J Radiat Res. 2018; 59:ii11-ii17. https://doi.org/10.1093/jrr/rrx053

Navin NE. Cancer genomics: one cell at a time. Genome Biol. 2014; 15:452. https://doi.org/10.1186/s13059-014-0452-9

Ng PC, Levy S, Huang J, Stockwell TB, Walenz BP, Li K *et al*. Genetic variation in an individual human exome. PLoS Genet. 2008; 4:e1000160. https://doi.org/10.1371/journal.pgen.1000160

Nik-Zainal S, Alexandrov LB, Wedge DC, Van Loo P, Greenman CD, Raine K *et al*. Mutational processes molding the genomes of 21 breast cancers. Cell. 2012; 149:979-93. https://doi.org/10.1016/j.cell.2012.04.024

Nik-Zainal S, Wedge DC, Alexandrov LB, Petljak M, Butler AP, Bolli N, Davies HR, Knappskog S, Martin S, Papaemmanuil E *et al*. Association of a germline copy number polymorphism of APOBE-C3A and APOBEC3B with burden of putative APOBEC-dependent mutations in breast cancer. Nat Genet. 2014; 46:487-91. https://doi.org/10.1038/ng.2955

O'Shea JP, Chou MF, Quader SA, Ryan JK, Church GM, Schwartz D. pLogo: a probabilistic approach to visualizing sequence motifs. Nat Methods. 213; 10:1211-2. https://doi.org/10.1038/nmeth.2646

Olivier M, Hollstein M, Hainaut P. TP53 mutations in human cancers: origins, consequences, and clinical use. Cold Spring Harb Perspect Biol. 2010; 2:a001008. https://doi.org/10.1101/cshperspect.a001008

Pabinger S, Dander A, Fischer M, Snajder R, Sperk M, Efremova M *et al*. A survey of tools for variant analysis of next-generation genome sequencing data. Brief Bioinform. 2014; 15:256-78. https://doi.org/10.1093/bib/bbs086

Pagani F, Baralle FE. Genomic variants in éxons and íntrons: identifying the splicing spoilers. Nat Rev Genet. 2004; 5:389-96. https://doi.org/10.1038/nrg1327

Petljak M, Alexandrov LB. Understanding mutagenesis through delineation of mutational signatures in human cancer. Carcinogenesis. 2016; 37:531-40. https://doi.org/10.1093/carcin/bgw055

Pfeifer GP, Denissenko MF, Olivier M, Tretyakova N, Hecht SS, Hainaut P. Tobacco smoke carcinogens, DNA damage and p53 mutations in smoking-associated cancers. Oncog. 2002; 21:7435-51. https://doi.org/10.1038/sj.onc.1205803

Pfeifer GP, You YH, Besaratinia A. Mutations induced by ultraviolet light. Mutat Res. 2005; 571:19-31. https://doi.org/10.1016/j.mrfmmm.2004.06.057

Pleasance E, Titmuss E, Williamson L, Kwan H, Culibrk L, Zhao EY *et al*. Pan-cancer analysis of advanced patient tumors reveals interactions between therapy and genomic landscapes. Nat Cancer. 2020; 1:452-68. https://doi.org/10.1038/s43018-020-0050-6

Pleasance ED, Cheetham RK, Stephens PJ, McBride DJ, Humphray SJ, Greenman CD *et al*. A comprehensive catalogue of somatic mutations from a human cancer genome. Nat. 2010; 463:191-6. https://doi.org/10.1038/nature08658

Pon JR, Marra MA. Driver and passenger mutations in cancer. Annu. Rev. Pathol. Mech. Dis. 2015; 10:25-30. https://doi.org/10.1146/annurev-pathol-012414-040312

Poplin R, Chang P, Alexander D, Schwartz S, Colthurst T, Ku A *et al*. A universal SNP and small-indel variant caller using deep neural networks. Nat Biotechnol. 2018; 36:983-7. https://doi.org/10.1038/nbt.4235

Quintero-Ruiz N, Corradi C, Moreno NC, de Souza TA, Menck CFM. UVA light induced mutagenesis in the exome of human nucleotide excision repair deficient cells. Em preparação.

Robinson PN, Krawitz P, Mundlos S. Strategies for exome and genome sequence data analysis in disease-gene discovery projects. Clin Genet. 2011; 80:127-32. https://doi.org/10.1111/j.1399-0004.2011.01713.x

Rosales RA, Drummond RD, Valieris R, Dias-Neto E, da Silva IT. SigneR: an empirical Bayesian approach to mutational signature discovery. Bioinform. 2016; 33:8-16. https://doi.org/10.1093/bioinformatics/btw572

Sassa A, Beard WA, Prasad R, Wilson SH. DNA sequence context effects on the glycosylase activity of human 8-oxoguanine DNA glycosylase. J Biol Chem. 2012; 287:36702-10. https://doi.org/10.1074/jbc.M112.397786

Schuch AP, Moreno NC, Schuch NJ, Menck CFM, Garcia CCM. Sunlight damage to cellular DNA: Focus on oxidatively generated lesions. Free Radic Biol Med. 2017; 107:110-24. https://doi.org/10.1016/j.freeradbiomed.2017.01.029

Secrier M, Li X, de Silva N, Eldridge MD, Contino G, Bornschein J *et al*. 2016. Mutational signatures in esophageal adenocarcinoma define etiologically distinct subgroups with therapeutic relevance. Nat Genet. 2016; 48:1131-41. https://doi.org/10.1038/ng.3659

Sezerman OU, Ulgen E, Seymen N, Durasi IM. Bioinformatics Workflows for Genomic Variant Discovery, Interpretation and Prioritization. In: Bioinformatics Tools for Detection and Clinical Interpretation of Genomic Variations. (Samadikuchaksaraei A, Seifi M Eds.), IntechOpen, London. 2019; 15-34. https://doi.org/10.5772/intechopen.85524

Sholl LM, Hirsch FR, Hwang D, Botling J, Lopez-Rios F, Bubendorf L *et al.* The promises and challenges of tumor mutation burden as an immunotherapy biomarker: a perspective from the international association for the study of lung cancer pathology committee. J Thorac Oncol. 2020; 15:1409-24. https://doi.org/10.1016/j.jtho.2020.05.019

Stratton MR, Campbell PJ, Futreal PA. The cancer genome. Nat. 2009; 458:719-24. https://doi.org/10.1038/nature07943

Tate JG, Bamford S, Jubb HC, Sondka Z, Beare DM, Bindal N *et al.* COSMIC: the catalogue of somatic mutations in cancer. Nucleic Acids Res. 2019; 47:D941-D947. https://doi.org/10.1093/nar/gky1015

Tommasi S, Denissenko MF, Pfeifer GP. Sunlight induces pyrimidine dimers preferentially at 5-methylcytosine bases. Cancer Res. 1997; 57:4727-30. https://pubmed.ncbi.nlm.nih.gov/9354431/

Van der Auwera GA, Carneiro MO, Hartl C, Poplin R, Del Angel G, Levy-Moonshine A *et al.* From FastQ data to high confidence variant calls: the Genome Analysis Toolkit best practices pipeline. Curr Protoc Bioinform. 2013; 43:11-33. https://doi.org/10.1002/0471250953.bi1110s43

Van Hoeck A, Tjoonk NH, van Boxtel R, Cuppen E. Portrait of a cancer: mutational signature analyses for cancer diagnostics. BMC Cancer. 2019; 19:457. https://doi.org/10.1186/s12885-019-5677-2

Vogelstein B, Kinzler KW. Carcinogens leave fingerprints. Nat. 1992; 355:209-10. https://doi.org/10.1038/355209a0

Vogelstein B, Kinzler KW. The path to cancer – three strikes and you're out. The New Engl J of Med. 2015; 373:1895-8. https://doi.org/10.1056/NEJMp1508811.

11

Citometria de Fluxo – Fundamentos, Aplicações e Análise do Ciclo Celular e Apoptose

Natalia C. S. Moreira • Jessica E. B. F. Lima • Elza T. Sakamoto-Hojo

Resumo

Neste capítulo, são abordados os fundamentos e as aplicações da citometria de fluxo em análises de ciclo celular e morte celular, bem como protocolos experimentais para a realização de ensaios com o uso dos fluorocromos iodeto de propídio (para análise do conteúdo de DNA) e Anexina-V-PE e 7-AAD (para análise de morte celular) em cultura de células. Tais métodos são versáteis e adequados para estudar a cinética do ciclo celular e a indução de apoptose, sendo capazes de fornecer informações relevantes e acuradas sobre respostas celulares a agentes genotóxicos e potenciais mutagênicos.

INTRODUÇÃO: CICLO CELULAR, RESPOSTAS A LESÕES NO DNA E ANÁLISE POR CITOMETRIA

Ciclo celular

A célula constitui a unidade básica da vida e a regulação da proliferação celular é crucial para os organismos multicelulares. Estes desenvolveram mecanismos complexos de duplicação e segregação de seu material genético, compreendendo eventos sucessivos, os quais compõem fases específicas de um ciclo temporal conhecido como ciclo celular (Ford *et al.*, 2004).

As células eucarióticas em proliferação sofrem sequencialmente uma progressão nas fases denominadas G1, S, G2 (que fazem parte da interfase) e M (mitose); a fase G1 (*Gap* 1) é um estágio de preparação para a síntese do DNA, na qual ocorre a síntese de macromoléculas celulares, incluindo proteínas, RNA e membranas, entre outros elementos; a fase S (síntese) é a fase de síntese na qual ocorre a duplicação do DNA; em G2 (*Gap* 2), fase que precede a mitose, os cromossomos sofrem condensação e os centrossomos duplicados separam-se e há organização do fuso mitótico; na fase M (mitose) ocorre a divisão celular propriamente dita, gerando duas células filhas com material genético idêntico ao da célula mãe (Figura 11.1).

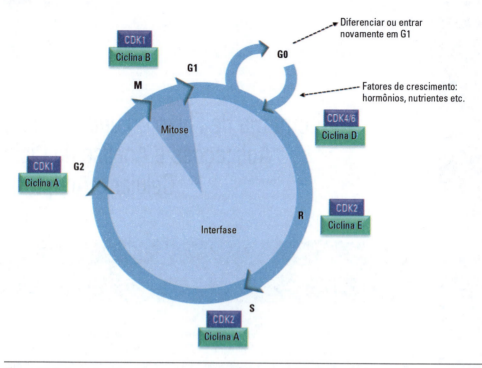

Figura 11.1. Fases do ciclo celular em eucariotos. A interfase é subdividida em três fases: G1, S e G2; a fase M, que sucede a interfase, consiste em mitose (divisão nuclear) e citocinese (divisão celular). Na fase G0, as células podem se diferenciar ou entrar novamente em G1 e reiniciar o ciclo de divisão em resposta a estímulos. R indica o ponto de restrição (corresponde ao ponto *Start* em eucariotos inferiores). Os complexos ciclina-CDK atuam em diferentes períodos (ou transições de uma fase para outra) do ciclo celular, sendo responsáveis pela regulação positiva do ciclo. Fonte: com base em Ford *et al.*, 2004 e Poon, 2016.

Por outro lado, a quiescência é um estágio (G0) em que as células não estão se dividindo, podendo se diferenciar ou receber estímulos e entrar em nova divisão, sendo esta condição importante para a homeostase (Ford *et al.*, 2004; Poon, 2016).

A duração das fases do ciclo celular varia consideravelmente nos diferentes tipos de células. Enquanto as células embrionárias apresentam ciclo muito curto, a célula humana somática em condições normais, como os linfócitos do sangue periférico, possuem um tempo de ciclo total de aproximadamente 24 horas; a fase G1 pode durar cerca de 11 horas, a fase S cerca de 8 horas, enquanto G2 e M duram, respectivamente, em torno de 3 a 4 horas e 1 hora, (Ferrell, 2018; Henderson *et al.*, 1997). No entanto, outros tipos de células de mamíferos podem se dividir mais rapidamente em cultivo como as células de ovário de hamster chinês (CHO), que possuem um tempo de ciclo total de aproximadamente 14 a 18 horas (Cooper, 2000).

No desenvolvimento animal, a proliferação e a diferenciação celular estão estritamente ligadas e coordenadas por meio de sinalização complexa envolvendo múltiplas proteínas regulatórias, como as proteínas ciclinas e as quinases dependentes de ciclina (CDKs) (Coffman, 2004; Wenzel e Singh, 2018). Estas formam os complexos ciclina-CDKs que promovem o controle positivo do ciclo em direção à mitose (Figura 11.1). Por outro lado, o controle negativo do ciclo é promovido por proteínas inibidoras de CDKs (tais como p16 e p21), além dos complexos de ubiquitina e fosfatases que, respectivamente, degradam e desfosforilam as ciclinas e CDKs. Mutações em genes associados a esses mecanismos podem levar à instabilidade genômica e resultar em morte celular, descontrole na proliferação e, em consequência, transformação celular e câncer (Ford *et al.*, 2004).

A proteína retinoblastoma, pRb, que é a componente chave da regulação da entrada no ciclo celular nas células de mamíferos, sofre fosforilação por CDKs em resposta à sinalização mediada por fatores de crescimento, aliviando a restrição de pRb na progressão do ciclo celular. A pRb controla a progressão das células de G1 a S, por meio de sua associação com a família E2F de fatores de transcrição; E2F é um fator de transcrição que desempenha um papel crítico na transição G1/S, bem como na progressão das fases S e M, regulando a transcrição de uma série de genes associados ao ciclo celular. A hiperfosforilação de pRb libera o fator E2F que, adicionalmente a outros eventos regulatórios, ativam o ciclo em direção à fase S (Ford *et al.*, 2004).

A progressão das células no ciclo (G0 para G1) é estimulada por fatores de crescimento, hormônios e nutrientes, entre outros, até que as células atinjam determinado tamanho crítico, denominado ponto R – ponto de restrição (em eucariotos) ou "START" (em fungos). No ponto R, as células estão capacitadas para iniciar a fase S e não mais necessitam de estímulos para continuar a progressão no ciclo. O controle por Rb e E2F associado à ação da ciclina E contribui de forma crucial para os eventos bioquímicos no ponto R (Ford *et al.*, 2004).

Respostas a lesões no DNA e ativação de *checkpoints* (pontos de checagem) do ciclo celular

Em células de mamíferos, ATM (*ataxia telangiectasia mutated*) e ATR (*ataxia telangiectasia--related*) desempenham papéis críticos no reconhecimento precoce das lesões no DNA, além de atuar em todos os três pontos de checagem (denominados *checkpoints*) do ciclo celular: G1/S, intra-S e G2/M. Em geral, a atividade da proteína quinase ATM é estimulada *in vivo* por agentes que induzem quebras duplas no DNA (DSBs, do inglês *double-strand breaks*), enquanto ATR é ativada por luz ultravioleta e por compostos que bloqueiam a duplicação do DNA (Sancar *et al.*, 2004; Yang *et al.*, 2003). Os *checkpoints* compreendem mecanismos de controle que asseguram a ordem dos eventos do ciclo celular, e o bloqueio transitório do ciclo celular, após danos induzidos no DNA, promove a sobrevivência, proporcionando tempo para que as células reparem as lesões no DNA. Em consequência dessas lesões, uma cascata de transdução de sinais é ativada, envolvendo vários processos coordenados por vias interconectadas e a participação de proteínas de várias classes (sensores de danos, transdutores e efetores). Tais proteínas atuam em uma sequência de eventos, incluindo a percepção de danos (ATM, ATR), seguidos do processamento de sinais direcionados a proteínas efetoras que sinalizam para a parada do ciclo celular, reparo de DNA e/ou apoptose. Entre as várias proteínas dessa cascata, a p53 tem papel importante no bloqueio do ciclo, sendo ativada por ATM e ativando a p21, o que resulta em inibição das CDKs nas transições G1/S ou também em G2/M, em resposta a danos no DNA (Barnum e O'Connell, 2014; Ford *et al.*, 2004; Iliakis *et al.*, 2003; Li e Zou, 2005; Sakamoto-Hojo *et al.*, 2007). Por outro lado, a perda de funções de genes críticos como *ATM, Chk1/2, TP53, P16 (CDKN2A), P21 (RAC1), PRb (RB1)*, entre outros, resulta em alterações nas vias de sinalização e interrupção dos processos de respostas a danos no DNA, levando à instabilidade genômica e ao desenvolvimento de doenças (Clarke e Allan, 2009; Kastan e Bartek, 2004; Li e Zou, 2005). Tais processos coordenados de respostas a lesões no material genético garantem a sobrevivência dos seres multicelulares. Porém, se os danos forem muito graves, as células são sinalizadas para apoptose, havendo uma cascata de genes pró e antiapoptóticos, que também atuam de forma coordenada (Engeland, 2018; Ford *et al.*, 2004).

O bloqueio no ciclo celular (ativação de *checkpoints*) pode ocorrer em resposta a uma variedade de agentes mutagênicos. Diferentes tipos de estresse genotóxico podem ativar diferencialmente os pontos de checagem do ciclo celular. Segundo Pyo *et al.* (2013), o estresse oxidativo induzido por peróxido de hidrogênio induz a parada do ciclo celular na fase G2; as radiações acionam os pontos de checagem (G1/S, intra-S e G2/M) horas após a exposição (Han *et al.*, 1995; Kastan e Bartek, 2004; Kuerbitz *et al.*, 1992), enquanto a droga antitumoral temozolomida causa

Citometria de Fluxo – Fundamentos, Aplicações e Análise do Ciclo Celular e Apoptose

parada em G2/M (Hirose *et al.*, 2001). Vários outros compostos antitumorais utilizados em quimioterapia também são altamente citotóxicos e causam alterações na cinética do ciclo celular, entre outros efeitos (Montaldi *et al.*, 2015; Sakamoto-Hojo *et al.*, 2007).

Em geral, os agentes genotóxicos e potencialmente mutagênicos devem ser avaliados quanto à sua ação na progressão do ciclo celular, adicionalmente a outros ensaios de avaliação de genotoxicidade e mutagenicidade.

FUNDAMENTOS DO MÉTODO DE CITOMETRIA DE FLUXO

Em 1965, o engenheiro elétrico Mack Fulwyler contestou a ideia de que existiam duas populações de glóbulos vermelhos. Ele desafiou o patologista Clarence Lushbaugh com o argumento de que os métodos convencionais para identificação de uma população de glóbulos vermelhos eram tecnicamente incorretos (Robinson e Roederer, 2015). Assim, surgiu o primeiro equipamento classificador de células (do inglês, *cell sorter*) empregando o princípio de detecção de células individuais com base na análise populacional (Galbraith, 2012). Quase imediatamente, surgiram métodos baseados em absorção de energia por citometria de fluxo. Em 1969, Van Dilla *et al.* desenvolveram o método de coloração do DNA pela reação de *Feulgen*, o qual é capaz de analisar a distribuição das células nas fases do ciclo celular utilizando um sistema de fluxo de alta velocidade (Kim e Sederstrom, 2015; Van Dilla *et al.*, 1969). Esta foi uma das primeiras aplicações da citometria de fluxo utilizando um corante de ligação ao DNA, visando caracterizar a cinética do ciclo celular (Nikolova *et al.*, 2013).

Ainda em 1969, o método sofreu grande avanço quando Milstein e Georges Köhler desenvolveram a tecnologia de anticorpos monoclonais, sendo os autores laureados com o Prêmio Nobel em 1989 (Robinson e Roederer, 2015). Assim, a classificação de células tornou-se possível com base na emissão de fluorescência, e o método rapidamente ganhou importância com a observação de que anticorpos marcados com fluorocromos poderiam ser empregados para identificar tipos específicos de células. Desde então, a citometria de fluxo despertou interesse de pesquisadores de diferentes áreas, sendo desenvolvidas variações, as quais têm sido amplamente empregadas na área da saúde e medicina (aplicações em clínica e no diagnóstico), bem como em pesquisa biológica e biomédica (Galbraith, 2012).

O termo "citômetro", cunhado por volta de 1880, descrevia um dispositivo no qual as células colocadas dentro de um volume definido de amostra podiam ser contadas. No entanto, o nome "Citometria de Fluxo" só veio a ser utilizado na década de 1970 (Shapiro *et al.*, 2017) e, ao longo dos anos, o método de citometria de fluxo baseada em fluorescência expandiu suas aplicações em diferentes áreas. A década de 1980, por exemplo, proporcionou grande avanço na citogenética, dando origem à citogenética molecular, a qual emergiu com a separação dos cromossomos no citômetro de fluxo (*flow-sorting*), possibilitando a caracterização e a distinção dos cromossomos humanos, que então passaram a ser utilizados como sondas cromossômicas quando combinadas a fluorocromos (marcação fluorescente), método denominado hibridação *in situ* fluorescente (do inglês, *fluorescent in situ hybridization* – FISH) para análise dos cromossomos (Gray *et al.*, 1991a; Gray *et al.*, 1991b). Inicialmente, este foi amplamente aplicado em citogenética humana visando a detecção precisa de alterações cromossômicas, utilizando-se as sondas cromossômicas específicas e, a seguir, sondas para regiões cromossômicas ou para sequências específicas de DNA. Em paralelo, surgiram as aplicações de FISH no campo da mutagênese, visando o estudo de alterações cromossômicas induzidas por agentes químicos e radiações (Gray *et al.*, 1991b; Natarajan *et al.*, 1993, 1998; Sakamoto-Hojo *et al.*, 1999), bem como em oncologia no estudo de alterações cromossômicas estruturais e numéricas (Grimwade *et al.*, 2017; Rymkiewicz *et al.*, 2018; Takeuchi *et al.*, 2020). Desta forma, a citometria de fluxo exerceu, também, grande impacto nas áreas de mutagênese e oncologia genética.

Uma notável aplicação da citometria de fluxo na área de oncologia emergiu com sucesso no diagnóstico e monitoramento de neoplasias hematológicas, como leucemias e linfomas. Por meio da citometria é possível utilizar anticorpos conjugados a fluorocromos que detectam marcadores específicos (antígenos) na superfície celular para caracterizar as diferentes populações de células (imunofenotipagem) (Serra *et al.*, 2019). Com o passar dos anos, a metodologia ganhou avanços, tornando-se extremamente versátil, sobretudo devido à capacidade de avaliação de diversos marcadores simultaneamente, facilitando a identificação de populações anormais de células (Cherian *et al.*, 2019; McKinnon, 2018). O padrão de expressão de marcadores (imunofenótipos) possibilita também distinguir os diferentes tipos de neoplasias (Serra *et al.*, 2019), identificar marcadores de prognóstico da doença, bem como possíveis alvos para terapia (Craig e Dorfman, 2017); ainda, é possível avaliar as respostas dos pacientes aos tratamentos (Gaipa *et al.*, 2018), além de fornecer dados relevantes para o monitoramento dos pacientes após a quimioterapia, por meio da detecção de doença residual mínima (Fuda e Chen, 2018).

A citometria tem sido também amplamente utilizada em subáreas da genética (Kanegane *et al.*, 2018); em estudo evolutivo (Stanyon e Stone, 2008); imunologia (Craig e Dorfman, 2017); e microbiologia (Robinson, 2018), principalmente quando os objetivos da pesquisa abrangem análises do conteúdo de DNA e RNA associado ao ciclo de divisão e morte celular programada (apoptose) (Robinson e Roederer, 2015).

Tecnicamente, a citometria de fluxo é um método que analisa rapidamente células ou partículas únicas à medida que passam, uma a uma, por um sistema de fluxo de alta velocidade enquanto suspensas em uma solução salina tamponada (Figura 11.2) (McKinnon, 2018). O citômetro de fluxo é o equipamento que permite esse tipo de análise, por meio de um ou mais *lasers* que possibilitam que cada partícula seja analisada quanto à dispersão da luz e um ou vários parâmetros de fluorescência (McKinnon, 2018).

Os fluorocromos são moléculas que podem absorver energia da luz, em comprimentos de onda específicos e, em seguida, reemitir essa energia como luz em comprimentos de onda mais elevados (Maciorowski *et al.*, 2017). Uma variedade de fluorocromos pode ser usada em citometria de fluxo (Tabela 11.1) (Darzynkiewicz *et al.*, 1999) para marcar proteínas, ácidos nucleicos

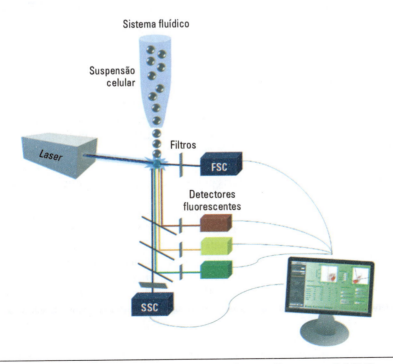

Figura 11.2. Componentes de um citômetro de fluxo. Fonte: com base em Chantzoura e Kaji 2017.

e outros tipos de moléculas (Adan *et al.*, 2017). Os fluorocromos mais amplamente utilizados para marcação de anticorpos incluem isotiocianato de fluoresceína (FITC) e ficoeritrina (PE), e a seleção do mais adequado é importante e depende do *laser* a ser usado (Adan *et al.*, 2017). O fluorocromo FITC, por exemplo, tem um elétron no estado fundamental de energia que absorve a energia do *laser* azul (488 nm). O elétron salta para um nível de energia mais alto, mas instável e, em nanossegundos (o tempo de vida da fluorescência), perde parte da energia liberada como calor e emite a energia remanescente como luz fluorescente de maior comprimento de onda e de menor energia, conforme retorna ao estado fundamental (Maciorowski *et al.*, 2017). O fluorocromo DAPI (4',6'-diamino-2-fenil-indol) e o IP (iodeto de propídio) são utilizados para a marcação de DNA. O uso do iodeto de propídio requer a incubação prévia com RNAse A, a fim de degradar o RNA e garantir que apenas o conteúdo de DNA seja analisado com fonte de excitação UV em 488 nm. Quanto ao DAPI, este não requer etapa prévia, porém requer citômetro de fluxo equipado com uma fonte de excitação UV em 340 nm (Darzynkiewicz *et al.*, 1999).

Tabela 11.1. Fluorocromos comumente utilizados em citometria de fluxo

Fluorocromos	Pico de excitação (nm)	Pico de emissão (nm)	Cor
Iadeto de propídio	488	617	Vermelho
DAPI	340	488	Azul
7-AAD	488	655	Vermelho
Brometo de etídio	535	602	Vermelho
Hoechst 33342	350	461	Azul
Alexa fluor 488	488	420	Verde
FITC	488	520	Verde
Alexa fluor 532	532	550	Verde
PE	488	576	Verde

Análise do ciclo celular por citometria de fluxo

Em estudos que requerem a análise da cinética do ciclo celular, a abordagem mais comum tem como base a medição do conteúdo de DNA celular (Darzynkiewicz *et al.*, 1999), o qual pode ser quantificado por coloração com corante fluorescente seguido da análise em citômetro de fluxo (Rosebrock, 2017). Essa avaliação é capaz de quantificar a distribuição das células nas diferentes fases do ciclo celular, bem como estimar a frequência de morte celular por fragmentação do DNA, além de separar o conteúdo de células poliploides da população celular diploide (Darzynkiewicz e Huang, 2004).

O fluorocromo mais comumente utilizado para analisar o ciclo celular é a molécula fluorescente iodeto de propídio que se intercala ao DNA. O nível de fluorescência do IP em uma célula é, portanto, diretamente proporcional ao conteúdo de DNA (Crowley *et al.*, 2016). A coloração do DNA com IP é considerada um dos métodos mais simples e universalmente aplicado (Darzynkiewicz e Huang, 2004), capaz de fornecer medida quantitativa da posição das células em relação às fases do ciclo celular (Rosebrock, 2017). As células em diferentes estágios do ciclo têm diferentes conteúdos de DNA, o que possibilita a análise da distribuição dessas nas diferentes fases (Crowley *et al.*, 2016; Darzynkiewicz e Huang, 2004). A análise divide o ciclo celular em 3 grupos distintos: G0/G1 (2n), S (2n ~ 4n) e G2/M (4n) (Kim e Sederstrom, 2015). Além disso, pode ser também determinada a frequência de células apoptóticas com conteúdo fracionário de DNA avaliado como fração Sub-G1 (Darzynkiewicz e Huang, 2004).

Conforme exposto, as análises das diferentes fases do ciclo celular por citometria de fluxo fornecem informações sobre diferentes respostas celulares induzidas por determinados agentes genotóxicos e são, portanto, uma importante ferramenta de estudo.

Análise de apoptose por citometria de fluxo

A citometria de fluxo também se tornou o método mais utilizado para análise de morte celular, permitindo quantificar rapidamente célula a célula e, ainda, detectar diversas características em um único ensaio (Telford, 2018). O termo apoptose foi utilizado inicialmente por Kerr *et al.* em 1972, como um tipo de morte celular característica de um fenômeno complexo programado (Kerr *et al.*, 1972), correspondendo à autodestruição de uma célula, capaz de preservar a integridade de um organismo multicelular em resposta a eventuais agressões de agentes potencialmente tóxicos (D'Arcy, 2019), como também durante o desenvolvimento normal do organismo (Ellis e Horvitz, 1986; Nikoletopoulou *et al.*, 2013). A apoptose é caracterizada principalmente por uma sequência de sinais moleculares que provoca uma série de alterações como: enrugamento celular, externalização da fosfatidilserina para a superfície celular, clivagem e degradação de proteínas, compactação e condensação da cromatina, fragmentação nuclear e, nos últimos estágios, perda da integridade da membrana e formação de corpúsculos apoptóticos, culminando em fagocitose das células pelos macrófagos ou células vizinhas (Singh *et al.*, 2019).

As características morfológicas das células apoptóticas podem ser observadas por métodos de microscopia eletrônica, de fluorescência, de contraste de fase e por microscopia de força atômica. A fragmentação do DNA em células apoptóticas pode ser também visualizada por eletroforese em gel. Além disso, o DNA fragmentado de células apoptóticas e o conteúdo de DNA nuclear podem ser quantificados por citometria de fluxo, por meio da detecção da fração sub-G1 ou corantes fluorescentes de ligação ao DNA (Majtnerová e Roušar, 2018).

O processo apoptótico pode ser desencadeado por diversos estímulos e fatores, havendo duas vias de sinalização: extrínseca e intrínseca. A via extrínseca é ativada por meio de receptores de morte, como TNFα (fator α de necrose tumoral), TRAIL (ligante indutor de apoptose relacionado com TNF) e FAS (CD95/APO1). A ligação dos receptores de morte à superfície celular resulta no recrutamento da pró-caspase monomérica-8 e formação de um complexo de sinal indutor de morte (DISC), que inclui outras proteínas associadas, como FADD (domínio de morte associado a FAS) e TNFR (receptor de TNF), que culminam na formação da caspase-8, seguida pela ativação de outras caspases efetoras que induzirão o processo apoptótico (D'Arcy, 2019). A via intrínseca, por outro lado, é desencadeada por estímulos intracelulares que levam à sinalização da via mitocondrial (Nikoletopoulou *et al.*, 2013). A mitocôndria tem papel central nessa via por meio da liberação do citocromo c, regulado pela família de proteínas Bcl-2, que atua como cofator para a ativação de diversas caspases e formação do apoptossomo (Martin e Henry, 2013). O apoptossomo, por sua vez, é capaz de ativar a caspase iniciadora 9 que leva à ativação das caspases efetoras 3 e 7, que preparam a célula para fagocitose (D'Arcy, 2019; Singh *et al.*, 2019).

A detecção de morte celular é complexa e pode requerer diferentes ensaios celulares e moleculares a fim de identificar o tipo de morte (Crowley *et al.*, 2016), dependendo, principalmente, dos objetivos do estudo. Por exemplo, em determinadas situações, é interessante diferenciar células apoptóticas de células necróticas, ou mesmo detectar morte celular por autofagia. Nesta última, componentes celulares e proteínas são degradados por lisossomos, podendo estes ser reciclados, gerando novas estruturas celulares ou ser utilizados como fonte de energia (D'Arcy, 2019). Nesse caso, a autofagia pode ser detectada por outros ensaios, como: microscopia eletrônica de transmissão e de fluorescência; detecção de Atg8/LC3 (proteínas específicas desse processo) por *western blot*; determinação do fluxo autofágico por citometria de fluxo; monitoramento da maturação do autofagossomo, entre outros (Barth *et al.*, 2010; Klionsky *et al.*, 2016). Quanto à necrose, esta pode ser detectada conjuntamente com a apoptose, utilizando-se a citometria de fluxo com corantes fluorescentes. A morte celular por necrose ocorre em resposta a danos, injúrias ou traumatismo, os quais levam ao inchaço da célula, perda repentina da integridade e ruptura da membrana, culminando em liberação do conteúdo da célula para o meio extracelular. O processo de necrose envolve uma série de citocinas pró-inflamatórias e ativação do sistema imune e, diferentemente da apoptose, a necrose é acompanhada de resposta inflamatória e dano tecidual (D'Arcy, 2019; Martin e Henry, 2013).

Há evidências de que falhas na regulação do processo de apoptose podem ser observadas em diversas doenças (Singh *et al.*, 2019). Na doença de Alzheimer (DA), por exemplo, o acúmulo da proteína beta-amiloide (Aβ) e dos emaranhados neurofibrilares, principais características histopatológicas da doença, tem sido associado à disfunção e morte neuronal. Além disso, em modelo animal da DA foi observada a ativação de caspase-3 associada à disfunção cognitiva (D'Amelio *et al.*, 2011). Em doenças autoimunes e metabólicas, bem como em infecções bacterianas, também têm sido relatadas taxas aumentadas de apoptose.

Ainda, a avaliação de apoptose pode contribuir com informações relevantes no campo do desenvolvimento de estratégias terapêuticas mais eficientes no tratamento do câncer; por exemplo, pode ser aplicada para investigar respostas celulares a combinações de compostos antitumorais com inibidores enzimáticos ou pela inibição de genes alvos, como genes de reparo do DNA. Em um estudo realizado por Montaldi *et al.* (2015), os autores observaram que o tratamento com temozolomida (TMZ) associado ao silenciamento do gene *APE-1* (gene com papel no reparo por excisão de bases – BER) promoveu maiores taxas de morte celular por apoptose em linhagens celulares de glioblastoma humano, comparado ao tratamento somente com a TMZ. Resultados semelhantes foram observados quando o tratamento com a TMZ foi associada à inibição da enzima poli-ADP-ribose polimerase, causando um incremento drástico nas taxas de morte celular, inclusive por apoptose (Montaldi *et al.*, 2020). Outro exemplo da importância da avaliação das taxas de apoptose é em terapia fotodinâmica (PDT), modalidade de tratamento contra o câncer. Franchi *et al.* (2020) observaram que a PDT associada a compostos que inibem a via de reparo BER induz níveis aumentados de morte celular em linhagem celular HeLa, indicando maior eficácia da droga.

A avaliação de morte celular pode ser realizada com sucesso por meio de ensaios que utilizam a Anexina-V e detecção por citometria de fluxo, sendo esse método amplamente utilizado. A Anexina-V é uma proteína com alta especificidade de ligação ao fosfolipídio de membrana fosfatidilserina (PS) na presença de íons de cálcio (Telford, 2018). Em condições normais, a PS se localiza na membrana interna das células viáveis. Durante as fases iniciais da apoptose, a membrana celular sofre uma série de alterações, como a externalização da PS para a superfície celular, que atua como um sinal para que os macrófagos fagocitem essas células. Assim, a ligação da Anexina-V ao fosfolipídio externalizado atua como um marcador de apoptose inicial (Majtnerová e Roušar, 2018).

O uso da Anexina-V também possibilita diferenciar células em apoptose tardia das células em necrose, usando simultaneamente um fluoróforo com ligação ao DNA, como o IP, e a 7-aminoactinomicina D (7-AAD); ambos são compostos intercalantes no DNA, incapazes de penetrar através da membrana celular enquanto esta se mantiver íntegra (Khanal *et al.*, 2015). À medida que ocorre o processo de morte, a membrana celular gradualmente perde a integridade e se torna permeável, tornando o material nuclear acessível à marcação pelos corantes intercalantes (Zimmermann e Meyer, 2011) (Figura 11.3). As células necróticas, devido à perda da integridade da membrana, apresentam apenas a marcação com IP ou 7-AAD (Crowley *et al.*, 2016). É importante notar que a avaliação de morte celular por esse método não especifica o mecanismo pelo qual ocorreu a apoptose, em termos da via intrínseca ou extrínseca. O uso de inibidores de caspases ou a avaliação direta da atividade de caspases, ou de expressão proteica, constituem alternativas viáveis para discriminar essas vias (Muppidi *et al.*, 2004; Zimmermann e Meyer, 2011).

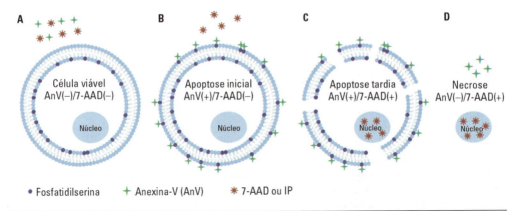

Figura 11.3. Análise de morte celular por meio de ensaio utilizando a ligação de Anexina-V e absorção de iodeto de propídio (IP) ou 7-aminoactinomicina (7-AAD). (**A**) Em células viáveis com membrana celular íntegra, o fosfolipídio de membrana fosfatidilserina (PS) está restrito à membrana interna da célula; portanto, estas não são marcadas com a Anexina-V e são impermeáveis ao IP ou 7-AAD. (**B**) Durante a apoptose inicial, ocorre a externalização da PS e ligação da Anexina-V ao fosfolipídio. No entanto, a membrana íntegra impede a entrada de IP ou 7-AAD. (**C**) Em fases tardias da apoptose, a perda da integridade da membrana torna a célula permeável ao IP ou 7-AAD e a Anexina-V é capaz de se ligar a PS. (**D**) Em células necróticas ocorre apenas a marcação com o IP ou 7-AAD, uma vez que há perda da membrana celular. Fonte: com base em Crowley *et al.* 2016.

Conforme exposto anteriormente, são inúmeras as aplicações do método de citometria de fluxo, havendo diversas variações do método, de acordo com a finalidade de tais aplicações nas diferentes áreas de pesquisa e em diagnóstico. Ao longo dos anos, ocorreram avanços metodológicos que tornaram o método cada vez mais prático e acurado, permitindo análises rápidas, quantitativas e reprodutíveis, com a possibilidade de ser adaptado para diferentes tipos de células e variados tipos de amostras. A seguir, serão abordados protocolos experimentais destinados à análise da cinética do ciclo celular e apoptose por citometria de fluxo, utilizando modelos celulares *in vitro*.

METODOLOGIA
Protocolo de análise do ciclo celular

O protocolo aqui apresentado é descrito para cultura de células aderentes (linhagens celulares de diferentes tipos) e utiliza o corante IP para análise do ciclo celular em citometria de fluxo. O protocolo baseia-se na metodologia descrita por Darzynkiewic e Huang (2004) e Crowley *et al.* (2016), com algumas modificações.

Materiais necessários

- **Reagentes:**
    - Linhagem celular ou tipo celular de interesse.
    - Meio de cultura adequado para o tipo celular de interesse.
    - Solução salina tamponada com fosfato (PBS).
    - Tripsina-EDTA (0,05%) (Gibco™ cat. 15400054).
    - Etanol 70%.
    - Iodeto de propídio (IP) (Sigma-Aldrich cat. 25535-16-4).
    - RNAse A (Sigma-Aldrich cat. 9001-99-4).
    - Triton X-100 (Sigma-Aldrich cat. 9002-93-1).

Equipamentos:
- Centrífuga.
- Tubos de microcentrífuga.
- Citômetro de fluxo com *laser* de íon argônio (488 nm).
- *Software* usado para analisar dados coletados pelo citômetro de fluxo.
- *Vortex*.

Preparo de soluções
- Inicialmente, deve-se preparar uma solução corante contendo 5 μg/mL de IP, 50 μg/mL de RNAse A e, por fim, adicionar Triton X-100 a uma concentração final de 0,2%, em PBS.

> **Nota:** o corante IP é um reagente que interage tanto com o DNA como com o RNA. Portanto, é importante que a solução contenha RNase ativa e que todo o RNA seja degradado para garantir que apenas o conteúdo de DNA seja medido.

Coleta das células para análise
- Após a realização do protocolo experimental, remover o meio de cultura e guardá-lo em um tubo de microcentrífuga separado, pois nele está presente a fração SubG1.
- Desprender as células aderidas ao frasco de cultivo com solução de tripsina-EDTA (0,05%), mantendo esta em contato com as células por, no máximo, 5 minutos.
- Coletar as células e adicioná-las ao meio previamente removido no passo anterior (esse meio contendo soro inativará a solução de tripsina).
- Centrifugar o meio a 200 *g*, por 5 minutos.
- Descartar o sobrenadante e lavar o sedimento de células em 1 mL de PBS.
- Centrifugar novamente a 200 *g* por 5 minutos.
- Remover o sobrenadante e suspender o sedimento em 1 mL de etanol 70% previamente estocado a –20°C.
- Guardar o material a –20°C por, no mínimo, 12 horas e, no máximo, 30 dias.

> **Nota:** o etanol deve ser gotejado lentamente sobre o sedimento de células em movimento (por *vortex*), visando evitar a formação de agregados celulares. Deve-se obter uma suspensão de células dispersas, evitando que sejam fixadas em agregados, pois uma vez fixadas, são impossíveis de dispersar.

Coloração das células
- Centrifugar as células a 300 *g* por 5 minutos.
- Remover o sobrenadante e suspender o sedimento em 1 mL de PBS.
- Centrifugar o meio a 200 *g* por 5 minutos.
- Suspender o sedimento em 200 μL de solução de coloração previamente preparada.
- Cobrir com papel-alumínio para proteger da luz e incubar por 15 minutos a 37°C, ou, 30 minutos, em temperatura ambiente.

Forma de análise da fluorescência celular
Recomenda-se discutir parâmetros e condições experimentais para cada modelo de citômetro de fluxo com especialistas no momento da instalação do equipamento.
- Ligar apropriadamente o citômetro de fluxo e ajustá-lo para excitação com luz azul (*i.e.*, *laser* de íon argônio de 488 nm) e detecção de emissão de iodeto de propídio (IP) em comprimentos de onda vermelho.

> **Nota:** embora o comprimento de onda de excitação máxima do IP seja de 535 nm, o IP também é excitado por 488 nm, disponível na maioria dos citômetros de fluxo. A escolha do *laser* pode ser discutida com a equipe de instalação.

- Primeiramente, configurar um gráfico de pontos para detectar o tamanho FSC (*forward scatter*) e a granulosidade SSC (*side scatter*) no *software* usando escala linear de forma a ser realizada a identificação da população de células a ser trabalhada.

> **Nota:** a dispersão da luz visível é independente da fluorescência e pode ser medida de duas formas diferentes: por meio da direção frontal (do inglês, *forward scatter*, FSC), que indica o tamanho relativo da célula, e a direção a 90° (do inglês, *side scatter*, SSC), que indica a complexidade ou granulosidade interna da célula (McKinnon, 2018).

- Configurar um gráfico de histograma para detectar IP usando escala linear.
- Analisar uma amostra sem tratamento (controle negativo), definir a tensão (voltagem) para posicionar as células no quadrante visível e o ganho para FSC e SSC, que permita aumentar ou reduzir o sinal de forma que as células fiquem visíveis e possam ser detectadas.

> **Nota:** definir as regiões de interesse (*gates*) contendo as populações de células do FSC e SSC para incluir células vivas e mortas (fração SubG1). A definição é importante porque muitas aplicações de citometria de fluxo apenas permitem a fenotipagem de células vivas.

- Analisar uma amostra experimental (submetida a tratamento) e ajustar a tensão e o ganho do FSC e SSC para garantir que todas as células (vivas e mortas) possam ser detectadas com base no FSC e SSC.
- Definir regiões de interesse (*gates*) de exclusão baseadas no FSC e SSC para excluir detritos celulares (Figura 11.4A e B).

> **Nota:** os pontos que aparecem no canto inferior esquerdo da plotagem FSC *versus* SSC provavelmente não são células devido ao seu pequeno tamanho e devem, portanto, ser eliminados. No entanto, é essencial observar essa população porque algumas células fragmentam-se em corpos apoptóticos que aparecerão como pontos nessa região. Embora os corpos apoptóticos não devam ser contados como células, a observação dessa população pode fornecer informações essenciais sobre a taxa de morte celular na cultura.

- Analisar uma amostra não tratada (controle) e ajustar a tensão e o ganho do detector IP no histograma, para que todas as células possam ser detectadas (Figura 11.5A e B).

> **Nota:** no gráfico de histograma em escala linear o ganho deve ser definido de modo que o pico de G2/M seja detectado com o dobro da intensidade média de fluorescência (IMF) detectada para G0/G1, visto que em G2/M as células possuem o dobro da quantidade de DNA que as células em G0/G1. As células apoptóticas serão então detectadas abaixo do pico do IMF de G0/G1 e as células poliploides (com várias cópias de DNA) serão detectadas acima do IMF de G2/M. A fase S é detectada entre G0/G1 e G2/M. A porcentagem de células em cada pico pode ser medida usando uma barra de alcance, representada graficamente.

- Analisar cada amostra e adquirir dados para, pelo menos, 10.000 eventos.

> **Nota:** é recomendada a análise de 10.000 células, visto que a coleta desse número de eventos garantirá picos suaves ao apresentar os dados visualmente e também fornecerá maior poder estatístico ao calcular a porcentagem de células em cada fase do ciclo celular.

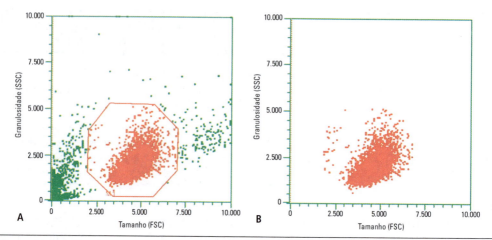

Figura 11.4. Gráfico de pontos para detectar o tamanho FSC (*Forward scatter*) e a granulosidade SSC (*Side scatter*) das células usando escala linear. (**A**) Definição das regiões de *gates* do FSC e SSC. (**B**) Regiões (*gates*) de exclusão baseadas no FSC e SSC, excluindo os detritos celulares e células aberrantes. Dados analisados em citômetro de fluxo Guava EasyCyte Mini System (Merck Millipore) e pelo Software Guava CytoSoft 4.2.1 (Guava Technologies).

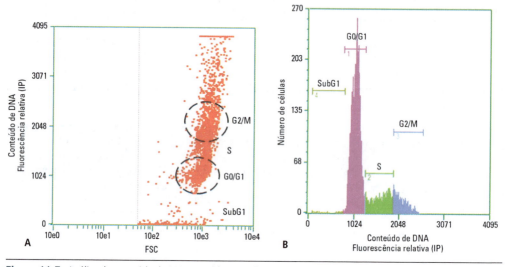

Figura 11.5. Análise do conteúdo de DNA nas diferentes fases do ciclo celular. (**A**) Gráfico de pontos para detectar o tamanho FSC (*Forward scatter*) em relação ao conteúdo de DNA. (**B**) Histograma em escala linear mostrando as fases do ciclo celular apresentadas em picos de conteúdo de DNA pela fluorescência relativa de iodeto de propídio (IP) em relação ao número de células. Dados analisados em citômetro de fluxo Guava EasyCyte Mini System (Merck Millipore) e pelo Software Guava CytoSoft 4.2.1 (Guava Technologies).

Protocolo de análise de morte celular

Assim como para as análises de determinação do ciclo celular, o protocolo apresentado é descrito para cultura de células aderentes (linhagens celulares de diferentes tipos). Este protocolo segue a metodologia descrita por Crowley *et al.* Crowley *et al.* (2016), com modificações, e utiliza a Anexina-V-PE para detectar a PS externalizada na membrana de células em apoptose, sendo usado o corante impermeável à membrana, 7-AAD, para identificar células em apoptose tardia ou necróticas, após análise em citômetro de fluxo.

Materiais necessários

- **Reagentes:**
  - Linhagem celular ou tipo celular de interesse.
  - Meio de cultura adequado para o tipo celular de interesse.
  - Solução salina tamponada com fosfato (PBS).
  - Tripsina-EDTA (0,05%, Gibco™ cat. 15400054).
  - 10X *Binding buffer* (Invitrogen™ cat. 00-0055): 30 mL.
  - Anexina-V-PE (Invitrogen™ cat. 12-8102): 5 μL/teste.
  - 7-AAD (Invitrogen™ cat. 00-6993): 5 μL/teste.
- **Equipamentos:**
  - Centrífuga.
  - Tubos de microcentrífuga.
  - Citômetro de fluxo com *laser* de íon argônio (488 nm).
  - *Software* usado para analisar dados coletados pelo citômetro de fluxo.
  - *Vortex*.

Preparo de solução 1X *Binding Buffer*

- Inicialmente, deve-se preparar uma solução de 1X *Binding Buffer* a partir da proporção de 1/9 de 10X *Binding Buffer* e água destilada.

Coleta das células para análise

- Após a realização do protocolo experimental e condições de tratamentos adequados, incluindo controle positivo e negativo, remover o meio de cultura e guardá-lo em um tubo de microcentrífuga separado.

> **Nota:** é essencial guardar o meio de cultura removido antes de despregar as células aderidas ao frasco, porque este pode conter células apoptóticas não aderentes.

- Desprender as células aderidas ao frasco de cultivo com solução de tripsina-EDTA (0,05%), mantendo-a em contato com as células por, no máximo, 5 minutos.
- Coletar as células e adicioná-las ao meio previamente removido no passo anterior (esse meio contendo soro inativará a solução de tripsina).
- Centrifugar o meio a 200 *g* por 5 minutos.
- Descartar o sobrenadante e lavar o sedimento de células em 1 mL de PBS.

Coloração das células

- Centrifugar as células a 200 *g* por 5 minutos.
- Descartar novamente o sobrenadante e lavar o sedimento de células em 1 mL de 1X *Binding Buffer*.
- Centrifugar a 200 *g* por 5 minutos.
- Descartar o sobrenadante e suspender o sedimento em 1X *Binding Buffer* a $1\text{-}5 \times 10^6$ células/mL.

> **Nota:** as células devem ser coradas e testadas como viáveis, visto que a fixação tornará todas as células permeáveis ao 7-AAD.

- Adicionar 5 μL de Anexina V-PE a 100 μL da suspensão de células.
- Incubar 10 a 15 minutos em temperatura ambiente.

- Lavar as células em 1 mL de 1X *Binding Buffer*.
- Centrifugar a 200 *g* por 5 minutos.
- Descartar o sobrenadante e ressuspender o sedimento em 200 µL de 1X *Binding Buffer*.
- Adicionar 5 µL de solução de coloração de 7-AAD.
- Incubar 5 a 15 minutos em gelo ou temperatura ambiente.
- Analisar por citometria de fluxo em até 4 horas, armazenando a 2 a 8°C protegido da luz.

> **Nota:** a Anexina-V, conjugada ao fluoróforo, deve ser utilizada na concentração recomendada pelo fabricante. Se necessário, podem ser realizadas diluições para obter concentrações ótimas de Anexina-V para linhagens celulares individuais. O 7-AAD e a Anexina-V com marcação fluorescente são sensíveis à luz e as amostras devem ser protegidas em todas as etapas.

> **Nota:** não lavar as células após a adição de 7-AAD.

Forma de análise da fluorescência celular

Assim como no protocolo de ciclo celular, recomenda-se discutir parâmetros e condições experimentais para cada modelo de citômetro de fluxo com especialistas em sua instalação.
- Ligar apropriadamente o citômetro de fluxo e ajustá-lo para excitação com luz azul (*laser* de íon argônio de 488 nm) e detecção de emissão de 7-AAD e Anexina-V-PE em comprimentos de onda nas faixas de vermelho e verde, respectivamente.

> **Nota:** a Anexina-V-PE e o 7-AAD têm amplos espectros de excitação e, portanto, podem ser medidos por uma ampla variedade de detectores e conjuntos de filtros. No entanto, recomenda-se escolher conjuntos cujos comprimentos de onda estejam distantes.

- Primeiramente, configurar um gráfico de pontos para detectar o tamanho FSC (*Forward scatter*) e a granulosidade SSC (*Side scatter*) no *software*, usando escala linear de forma a ser realizada a identificação da população de células em análise.
- Analisar uma amostra sem tratamento (controle negativo), definir a tensão e o ganho para FSC e SSC para garantir que as células vivas possam ser detectadas.

> **Nota:** é essencial definir *gates* grandes para abranger populações de células vivas e mortas, pois isso contrasta com muitas aplicações citométricas que apenas bloqueiam a fenotipagem de células vivas.

- Analisar uma amostra experimental (submetida a tratamento) e ajustar a tensão e o ganho do FSC e SSC para garantir que todas as células (vivas e mortas) possam ser detectadas com base no FSC e SSC.
- Definir os *gates* de exclusão com base no FSC e SSC para excluir detritos celulares.
- Analisar uma amostra sem tratamento (controle negativo) e ajustar a tensão e o ganho dos detectores Anexina-V-PE e 7-AAD para que todas as células possam ser detectadas no quadrante inferior esquerdo.
- Analisar uma amostra experimental (submetida a tratamento) corada apenas com a Anexina-V-PE e ajustar a tensão e o ganho do detector para que as células em apoptose inicial localizem-se no quadrante inferior direito.
- Analisar uma amostra experimental (submetida a tratamento) corada apenas com o 7-AAD, ajustar a tensão e o ganho do detector para que as células necróticas localizem-se no quadrante superior esquerdo.

- Analisar uma amostra experimental (submetida a tratamento) corada com a Anexina-V-PE e 7-AAD. Ajustar a compensação para que as células vivas localizem-se no canto inferior esquerdo, as células em apoptose inicial no canto inferior direito, as células necróticas no quadrante superior esquerdo e, finalmente, as células em apoptose tardia no quadrante superior direito (Figura 11.6A e B).

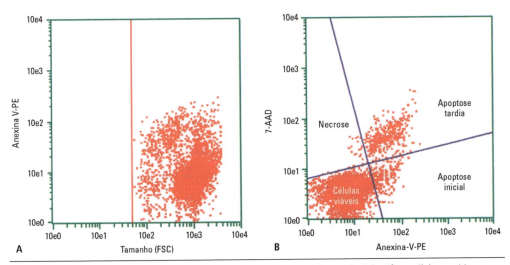

Figura 11.6. Gráfico de pontos para detectar o tamanho FSC (*Forward scatter*) e identificar células positivas e negativas para Anexina-V-PE usando escala linear. (**A**) Definição das regiões de *gates* a partir do FSC e marcação com Anexina-V-PE em células. (**B**) gráfico de pontos mostrando a definição de quadrantes que quantificará o número de células de acordo com a marcação Anexina-V-PE e 7-AAD. Dados analisados em citômetro de fluxo *Guava EasyCyte Mini System* (*Merck Millipore*) e pelo *Software Guava CytoSoft* 4.2.1 (*Guava Technologies*).

> **Nota:** as populações individuais podem ser definidas usando um gráfico de pontos em quadrante, que quantifica, automaticamente, o número de células em cada quadrante. Dessa forma, será possível identificar 4 tipos de populações de células: quadrante 1 – células viáveis [Anexina-V (–) e 7-AAD (–)]; quadrante 2 – células em apoptose inicial [Anexina-V (+) e 7-AAD (–)]; quadrante 3 - apoptose tardia [Anexina-V (+) e 7-AAD (+)]; quadrante 4 – necrose e *debris* celulares [Anexina-V (–) e 7-AAD (+)]. O número total de células mortas pode ser determinado adicionando as porcentagens de células em cada um dos quadrantes Q2, Q3 e Q4.

- Analisar cada amostra e adquirir dados para, pelo menos, 10.000 eventos.

> **Nota:** recomenda-se a análise de 10.000 células; a coleta desse número de eventos fornecerá maior poder estatístico ao calcular a porcentagem de células em cada quadrante.

MÉTODOS ESTATÍSTICOS PARA ANÁLISE DOS RESULTADOS

Para a elaboração do delineamento experimental deve-se atentar para os tempos necessários para a realização das análises celulares. A duração das fases do ciclo celular varia consideravelmente para diferentes tipos celulares (Cooper, 2000). Em geral, para análises de culturas celulares recomenda-se a realização de pelo menos três experimentos independentes. As análises devem ser realizadas a fim de averiguar alterações na porcentagem de células em cada fase do ciclo celular (G0/G1, S, G2/M), bem como a fração SubG1. Com relação à apoptose, as análises têm como objetivo verificar se determinada condição de tratamento é capaz de induzir esse tipo de morte celular.

Os dados obtidos de cada amostra experimental são comumente apresentados como média ± desvio padrão e podem ser apresentados como um gráfico de histograma gerado pelo citômetro de fluxo ou graficamente como a porcentagem de células em cada parâmetro analisado. Para análises do ciclo celular, os dados devem ser apresentados para cada fase do ciclo celular; para análises de morte celular, os dados podem ser apresentados para cada estágio (células viáveis, apoptose inicial, apoptose tardia e necrose) ou como a porcentagem de células apoptóticas, somando-se a porcentagem de células em apoptose inicial e tardia.

Após a obtenção dos resultados referentes a três experimentos independentes, deve-se realizar a média dos resultados de cada experimento, que, então, serão comparados entre si por método estatístico. De modo geral, as análises estatísticas devem ser realizadas entre o grupo controle e as amostras testadas nos grupos experimentais. Com relação ao ciclo celular, deve-se comparar, separadamente, cada fase do ciclo a fim de se averiguar as diferenças significativas para cada grupo em cada fase do ciclo. Com relação à morte celular, podem ser comparadas as porcentagens de células apoptóticas para cada condição experimental testada, ou comparar as porcentagens em todos os parâmetros para cada condição testada.

O método estatístico mais adequado deve ser aplicado de acordo com a distribuição dos dados, sendo eles paramétricos ou não paramétricos. Comumente, para comparação de dois grupos experimentais, utiliza-se o teste-t de Student. Para comparações entre três ou mais grupos experimentais, utiliza-se a análise de variância (ANOVA). Resultados com valor de $p < 0,05$ são considerados estatisticamente significativos e indicam que as condições testadas alteraram a progressão normal do ciclo celular e levaram ao bloqueio do ciclo em alguma fase; para a análise de morte celular, também indicam que as condições induziram apoptose. Resultados com ausência de significância mostram que as condições testadas não foram capazes de alterar a progressão normal do ciclo celular na população de células avaliadas ou em relação à análise de morte celular, ou seja, as condições testadas não induziram alterações nesse sentido.

APRESENTAÇÃO E INTERPRETAÇÃO DOS DADOS

A seguir, são abordados exemplos de análises por citometria de fluxo para avaliação de alterações na cinética do ciclo celular e taxa de morte celular por apoptose. No caso, as células foram tratadas com o antitumoral etoposídeo (Sigma, Cat. nº 33419-42-0), composto comumente utilizado como controle positivo em vários tipos de ensaios. O etoposídeo é um agente quimioterápico intercalante de DNA, que atua inibindo a enzima topoisomerase II, alterando sua interface de ligação com o DNA, induzindo quebras de fita dupla do DNA (Bang *et al.*, 2019; Hematulin *et al.*, 2018). Consequentemente, o ciclo celular é bloqueado na fase G2 (Bang *et al.*, 2019). Em um exemplo experimental, células de glioblastoma humano (linhagem LN18) foram cultivadas e tratadas com 10 µM de etoposídeo por 24 horas. Em seguida, foram realizados os protocolos experimentais para análises do ciclo celular e morte por apoptose. Como apresentado na Figura 11.7, é possível observar pelo histograma gerado pelo citômetro de fluxo, bem como pelas porcentagens de células analisadas, as proporções normais de células presentes em cada fase do ciclo das células sem tratamento, sendo elas G0/G1 (61,2%), S (14,1%), G2/M (23,7%) e SubG1 (1,1%) (Figura 11.7A). Quando submetidas ao tratamento com a droga, são observadas alterações nas porcentagens das células em casa fase do ciclo, sendo G0/G1 (5,1%), S (14,2%), G2/M (73,0%) e SubG1 (7,9%) (Figura 11.7B). Ainda, os dados obtidos podem ser apresentados em um gráfico mostrando todas as fases do ciclo como em um gráfico de barras empilhadas (Figura 11.7C) ou em um histograma (Figura 11.7D). Comparando ambas as análises, é possível observar um grande aumento da porcentagem de células em G2/M, evidenciando um bloqueio característico nessa fase, induzido pelo tratamento com o etoposídeo. Nessa etapa, as células bloqueadas em G2 apresentam grande chance de terem sofrido morte celular programada, tornando interessante a realização do ensaio para análise de morte celular por apoptose, o que fornecerá dados consistentes para avaliação e interpretação.

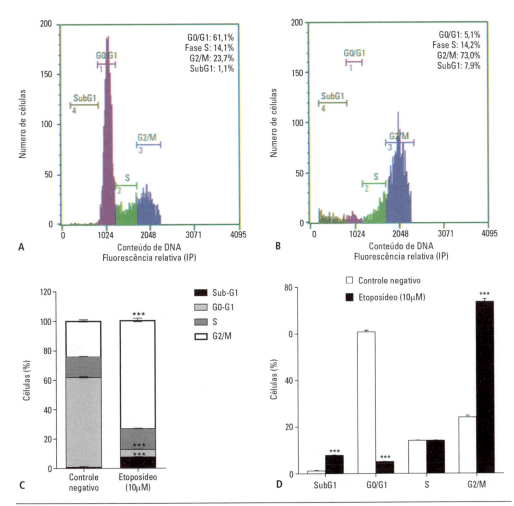

Figura 11.7. Resultados da análise do ciclo de células de glioblastoma humano (LN18) obtidos por citometria de fluxo. (**A**) Histograma em escala linear mostrando as porcentagens de células nas fases do ciclo em amostras sem tratamento experimental (controle negativo). (**B**) Histograma em escala linear indicando as porcentagens de células nas respectivas fases do ciclo (células tratadas por 24 horas com 10 µM de etoposídeo). (**C**) Gráfico de barras empilhadas apresentando a porcentagem de células em cada fase do ciclo totalizando 100%. (**D**) Histograma apresentando a porcentagem de células em casa fase do ciclo, individualmente. Dados apresentados como média ± DP dos resultados de três experimentos independentes. Significância estatística obtida por meio de teste-t de Student para amostras independentes. Dados analisados e obtidos por citômetro de fluxo *Guava EasyCyte Mini System* (*Merck Millipore*) e pelo *Software Guava CytoSoft* 4.2.1 (*Guava Technologies*).

Utilizando a mesma linhagem LN18, as amostras sem tratamento (controle negativo) e as amostras submetidas a tratamento por 24 horas com 10 µM de etoposídeo foram analisadas para a determinação das taxas de morte celular, usando o método de Anexina-V-PE/7-AAD. Na Figura 11.8A observa-se que no gráfico de pontos, gerado pelo citômetro de fluxo, as células sem tratamento (controle negativo) apresentaram 86,2% de viabilidade, 4,5% de células em apoptose inicial, 8,8% de apoptose tardia e 0,5% de necrose. Após adição do etoposídeo os dados mostram redução de células viáveis para 46%, 25,9% de células em apoptose inicial, 27,2% de apoptose tardia e 0,9% de necrose (Figura 11.8B). Além disso, os dados podem ser apresentados na forma de histograma contendo a porcentagem de células apoptóticas (Figura 11.8C), ou a porcentagem de todos os parâmetros analisados (células viáveis, apoptose inicial, apoptose tardia e necrose, Figura 11.8D). Nesse tipo de gráfico, relativo à comparação dos resultados antes e depois do tratamento com o etoposídeo, são mostrados dados de, pelo menos, três experimentos independentes. Nota-se que o etoposídeo foi capaz de induzir apoptose com aumento estatisticamente significativo ($p < 0,05$), reduzindo a quantidade de células viáveis na cultura.

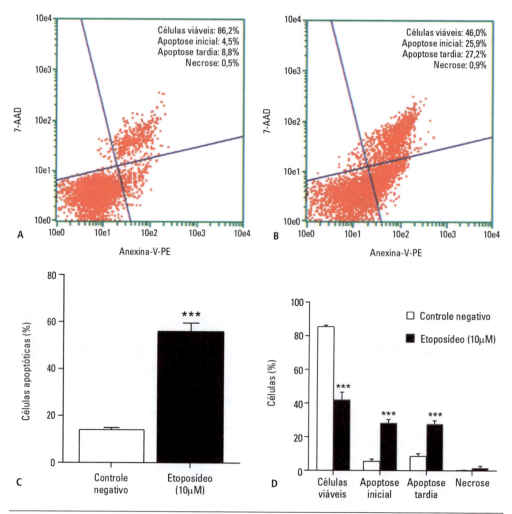

Figura 11.8. Resultados da análise de apoptose em células da linhagem de glioblastoma humano (LN18) antes e depois de tratamento com etoposídeo (10 μM), utilizando ensaio com Anexina-V-PE/7-AAD em citômetro de fluxo. **(A)** Gráfico de pontos mostrando dados obtidos a partir da divisão em quadrantes, de acordo com o tipo de fluorescência emitido pela linhagem celular LN18 sem tratamento (controle negativo). **(B)** Gráfico de pontos mostrando dados obtidos a partir da divisão em quadrantes, de acordo com o tipo de fluorescência emitido por linhagem celular LN18 tratada por 24 horas com o etoposídeo. **(C)** histograma apresentando a porcentagem de células apoptóticas. Dados apresentados como média ± DP dos resultados de três experimentos independentes. Significância estatística obtida por meio de teste-t de Student para amostras independentes. **(D)** Histograma apresentando a porcentagem de células em cada estágio. Dados apresentados como média ± DP de três experimentos independentes. Significância estatística obtida por meio de *Two-Way ANOVA*. Dados analisados e obtidos por citômetro de fluxo *Guava EasyCyte Mini System* (*Merck Millipore*) e pelo *Software Guava CytoSoft* 4.2.1 (*Guava Technologies*).

CONSIDERAÇÕES FINAIS

A citometria de fluxo é um método versátil, que permite a análise de células e suas funções e pode ser aplicada em diversas áreas de estudo, incluindo análises clinicas e diagnóstico, pesquisas biológicas e biomédicas, em diferentes tipos de células e variados tipos de amostras. Os estudos conjuntos de cinética do ciclo celular e de taxas de morte celular são capazes de fornecer informações importantes sobre as respostas celulares a determinados agentes genotóxicos e potenciais mutagênicos. Esses ensaios possibilitam a investigação dos efeitos de diversos tipos de compostos. Assim, os protocolos descritos neste capítulo oferecem abordagens experimentais flexíveis e acuradas, podendo ser aplicados a uma ampla variedade de problemas a serem investigados com relação à cinética do ciclo e morte celular, processos que são interconectados sob o ponto de vista molecular.

Referências bibliográficas

Adan A, Alizada G, Kiraz Y, Baran Y, Nalbant A. Flow cytometry: basic principles and applications. Crit. Rev. Biotechnol. 2017; 37:163-76. https://doi.org/10.3109/07388551.2015.1128876.

Bang M, Kim DG, Gonzales EL, Kwon KJ, Shin CY. Etoposide induces mitochondrial dysfunction and cellular senescence in primary cultured rat astrocytes. Biomol. Ther. 2019; 27:530-9. https://doi.org/10.4062/biomolther.2019.151.

Barnum KJ, O'Connell MJ. Cell cycle regulation by checkpoints. Methods Mol. Biol. 2014; 1170:29-40. https://doi.org/10.1007/978-1-4939-0888-2_2.

Barth S, Glick D, Macleod KF. Autophagy: assays and artifacts. J. Pathol. 2010; 221:117-24. https://doi.org/10.1002/path.2694.

Chantzoura E, Kaji K. Flow Cytometry, Basic Sci. Methods Clin. Res. 2017; 173–189. https://doi.org/10.1016/B978-0-12-803077-6.00010-2.

Cherian S, Hedley BD, Keeney M. Common flow cytometry pitfalls in diagnostic hematopathology. Cytom. Part B Clin. Cytom. 2019; 96:449-63. https://doi.org/10.1002/cyto.b.21854.

Clarke PR, Allan LA. Cell-cycle control in the face of damage - a matter of life or death. Trends Cell Biol. 2009; 19:89-98. https://doi.org/10.1016/j.tcb.2008.12.003.

Coffman JA. Cell cycle development. Dev Cell. 2004; 6:321-7. https://doi.org/10.1016/S1534-5807(04)00067-X.

Cooper GM. The eukaryotic cell cycle. In: The cell: a molecular approach. Sinauer Associates, Sunderland (MA); 2000.

Craig JW, Dorfman DM. Flow cytometry of T cells and T-cell neoplasms. Clin. Lab. Med. 2017; 37:725-51. https://doi.org/10.1016/j.cll.2017.07.002.

Crowley LC, Chojnowski G, Waterhouse NJ. Measuring the DNA content of cells in apoptosis and at different cell-cycle stages by propidium iodide staining and flow cytometry. Cold Spring Harb. Protoc. 2016a; 905-10. https://doi.org/10.1101/pdb.prot087247.

Crowley LC, Marfell BJ, Scott AP, Waterhouse NJ. Quantitation of apoptosis and necrosis by annexin V binding, propidium iodide uptake, and flow cytometry. Cold Spring Harb. Protoc. 2016b; 953-57. https://doi.org/10.1101/pdb.prot087288.

D'Amelio M, Cavallucci V, Middei S, Marchetti C, Pacioni S, Ferri A et al. Caspase-3 triggers early synaptic dysfunction in a mouse model of Alzheimer's disease. Nat. Neurosci. 2011; 14:69-79. https://doi.org/10.1038/nn.2709.

D'Arcy MS. Cell death: a review of the major forms of apoptosis, necrosis and autophagy. Cell Biol. Int. 2019; 43:582-92. https://doi.org/10.1002/cbin.11137

Darzynkiewicz Z, Huang X. Analysis of cellular DNA content by flow cytometry. Curr. Protoc. Immunol. 2004; 60:5-18. https://doi.org/10.1002/0471142735.im0507s60.

Darzynkiewicz Z, Juan G, Bedner E. Determining cell cycle stages by flow cytometry. Curr. Protoc. Cell Biol. 1999; 1:8.4.1-8.4.18. https://doi.org/10.1002/0471143030.cb0804s01.

Ellis HM, Horvitz HR. Genetic control of programmed cell death in the nematode C. elegans. Cell. 1986; 44:817-29. https://doi.org/10.1016/0092-8674(86)90004-8.

Engeland K. Cell cycle arrest through indirect transcriptional repression by p53: I have a DREAM. Cell Death Differ. 2018; 25:114-32. https://doi.org/10.1038/cdd.2017.172.

Ferrell JEJ. Cell cycle. Access Sci. 2018. https://doi.org/10.1036/1097-8542.116150.

Ford HL, Sclafani RA, Degregori J. Cell cycle regulatory cascades, cell cycle and growth control. 2004. https://doi.org/10.1002/0471656437.ch3.

Franchi LP, Lima JEBF, Piva HL, Tedesco AC. The redox function of apurinic/apyrimidinic endonuclease 1 as key modulator in photodynamic therapy. J. Photochem. Photobiol. B Biol. 2020; 211:111992. https://doi.org/10.1016/j.jphotobiol.2020.111992.

Fuda F, Chen W. Minimal/measurable residual disease detection in acute leukemias by multiparameter flow cytometry. Curr. Hematol. Malig. Rep. 2018. https://doi.org/10.1007/s11899-018-0479-1.

Gaipa G, Buracchi C, Biondi A. Flow cytometry for minimal residual disease testing in acute leukemia: opportunities and challenges. Expert Rev. Mol. Diagn. 2018; 18:775-87. https://doi.org/10.1080/14 737159.2018.1504680.

Galbraith D. Flow cytometry and cell sorting: The next generation. Methods. 2012; 57:249-50. https://doi.org/10.1016/j.ymeth.2012.08.010.

Gray JW, Kuo WL, Pinkel D. Molecular cytometry applied to detection and characterization of disease-linked chromosome aberrations. Baillieres. Clin. Haematol. 1991a; 4:683-93. https://doi.org/10.1016/S0950-3536(09)90007-5.

Gray JW, Lucas J, Kallioniemi O, Kallioniemi A, Kuo WL, Straume T et al. Applications of fluorescence in situ hybridization in biological dosimetry and detection of disease-specific chromosome aberrations. Prog. Clin. Biol. Res. 1991b; 372:399-411.

Grimwade LF, Fuller KA, Erber WN. Applications of imaging flow cytometry in the diagnostic assessment of acute leukaemia. Methods. 2017; 112:39-45. https://doi.org/10.1016/j.ymeth.2016.06.023.

Han Z, Chatterjee D, He DM, Early J, Pantazis P, Wyche JH et al. Evidence for a G2 checkpoint in p53--independent apoptosis induction by X-irradiation. Mol. Cell. Biol. 1995; 15:5849-57. https://doi.org/10.1128/mcb.15.11.5849.

Hematulin A, Meethang S, Utapom K, Wongkham S, Sagan D. Etoposide radiosensitizes p53-defective cholangiocarcinoma cell lines independent of their G2 checkpoint efficacies. Oncol. Lett. 2018; 15:3895-903. https://doi.org/10.3892/ol.2018.7754.

Henderson L, Jones E, Brooks T, Chételat A, Ciliutti P, Freemantle M et al. 1997. Industrial Genotoxicology Group collaborative trial to investigate cell cycle parameters in human lymphocyte cytogenetics studies. Mutagenesis. 1997; 12:163-7. https://doi.org/10.1093/mutage/12.3.163.

Hirose Y, Berger MS, Pieper RO. p53 effects both the duration of G2/M arrest and the fate of temozolomide-treated human glioblastoma cells. Cancer Res. 2001; 61:1957-63.

Iliakis G, Wang Y, Guan J, Wang H. DNA damage checkpoint control in cells exposed to ionizing radiation. Oncogene. 2003; 22:5834-47. https://doi.org/10.1038/sj.onc.1206682.

Kanegane H, Hoshino A, Okano T, Yasumi T, Wada T, Takada H et al. Flow cytometry-based diagnosis of primary immunodeficiency diseases. Allergol. Int. 2018; 67:43-54. https://doi.org/10.1016/j.alit.2017.06.003.

Kastan MB, Bartek J. Cell-cycle checkpoints and cancer. Nature. 2004; 432:316-23. https://doi.org/10.1038/nature03097.

Kerr JFR, Wyllie AH, Currie AR. Apoptosis: a basic biological phenomenon with wide-ranging implications in tissue kinetics. Br. J. Cancer. 1972; 26:239-57. https://doi.org/10.1038/bjc.1972.33.

Khanal G, Somaweera H, Dong M, Germain T, Ansari M, Pappas D. Detection of apoptosis using fluorescent probes. Methods Mol. Biol. 2015; 1292:151-60. https://doi.org/10.1007/978-1-4939-2522-3_11.

Kim KH, Sederstrom JM. Assaying cell cycle status using flow cytometry. Curr. Protoc. Mol. Biol. 2015; 2015:28.6.1-28.6.11. https://doi.org/10.1002/0471142727.mb2806s111.

Klionsky DJ, Abdelmohsen K, Abe A, Abedin MJ, Abeliovich H, Arozena AA *et al.* 2016. Guidelines for the use and interpretation of assays for monitoring autophagy (3rd edition). Autophagy. 2016; 12:1-222. https://doi.org/10.1080/15548627.2015.1100356.

Kuerbitz SJ, Plunkett BS, Walsh WV, Kastan MB. Wild-type p53 is a cell cycle checkpoint determinant following irradiation. Proc. Natl. Acad. Sci. U.S.A. 1992; 89:7491-5. https://doi.org/10.1073/pnas.89.16.7491.

Li L, Zou L. Sensing, signaling, and responding to DNA damage: Organization of the checkpoint pathways in mammalian cells. J. Cell. Biochem. 2005; 94:298-306. https://doi.org/10.1002/jcb.20355.

Maciorowski Z, Chattopadhyay PK, Jain P. Basic multicolor flow cytometry. Curr. Protoc. Immunol. 2017; 117:5.4.1-5.4.38. https://doi.org/10.1002/cpim.26.

Majtnerová P, Roušar T. An overview of apoptosis assays detecting DNA fragmentation. Mol. Biol. Rep. 2018; 45:1469-78. https://doi.org/10.1007/s11033-018-4258-9.

Martin SJ, Henry CM. Distinguishing between apoptosis, necrosis, necroptosis and other cell death modalities. Methods. 2013; 61:87-9. https://doi.org/10.1016/j.ymeth.2013.06.001.

McKinnon KM. Flow cytometry: an overview. Curr. Protoc. Immunol. 2018; 5.1.1-5.1.11. https://doi.org/10.1002/cpim.40.

Montaldi AP, Godoy PRDV, Sakamoto-Hojo ET. APE1/REF-1 down-regulation enhances the cytotoxic effects of temozolomide in a resistant glioblastoma cell line. Mutat. Res. Toxicol. Environ. Mutagen. 2015; 793:19-29. https://doi.org/10.1016/j.mrgentox.2015.06.001.

Montaldi AP, Lima SCG, Godoy PRDV, Xavier DJ, Sakamoto-Hojo ET. PARP-1 inhibition sensitizes temozolomide-treated glioblastoma cell lines and decreases drug resistance independent of MGMT activity and PTEN proficiency. Oncol Rep. 2020; 44(5):2275-87. https://doi.org/10.3892/or.2020.7756.

Muppidi J, Porter M, Siegel RM. Measurement of apoptosis and other forms of cell death. Curr. Protoc. Immunol. Chapter 3. 2004. https://doi.org/10.1002/0471142735.im0317s59.

Natarajan AT, Darroudi F, Jha AN, Meijers M, Zdzienicka MZ. Ionizing radiation induced DNA lesions which lead to chromosomal aberrations. Mutat. Res. Toxicol. 1993; 299:297-303. https://doi.org/10.1016/0165-1218(93)90106-N.

Natarajan AT, Santos SJ, Darroudi F, Hadjidikova V, Vermeulen S, Chatterjee S *et al.* 137 Cesium-induced chromosome aberrations analyzed by fluorescence in situ hybridization: eight years follow up of the Goiânia radiation accident victims. Mutat. Res. 1998; 400:299-312.

Nikoletopoulou V, Markaki M, Palikaras K, Tavernarakis N. Crosstalk between apoptosis, necrosis and autophagy. Biochim. Biophys. Acta - Mol. Cell Res. 2013; 1833:3448-59. https://doi.org/10.1016/j.bbamcr.2013.06.001.

Nikolova K, Kaloyanova S, Mihaylova N, Stoitsova S, Chausheva S, Vasilev A *et al.* New fluorogenic dyes for analysis of cellular processes by flow cytometry and confocal microscopy. J. Photochem. Photobiol. B Biol. 2013; 129:125-34. https://doi.org/10.1016/j.jphotobiol.2013.10.010.

Poon RYC. Cell cycle control: a system of interlinking oscillators. Methods Mol. Biol. 2016; 1342:3-19. https://doi.org/10.1007/978-1-4939-2957-3_1.

Pyo CW, Choi JH, Oh SM, Choi SY. Oxidative stress-induced cyclin D1 depletion and its role in cell cycle processing. Biochim. Biophys. Acta - Gen. Subj. 2013; 1830:5316-25. https://doi.org/10.1016/j.bbagen.2013.07.030.

Robinson JP, Roederer M. Flow cytometry strikes gold. Science. 2015; 350:739-40. https://doi.org/10.1126/science.aad6770.

Robinson JP. Overview of flow cytometry and microbiology. Curr. Protoc. Cytom. 2018; 84: e37. https://doi.org/10.1002/cpcy.37.

Rosebrock AP. Analysis of the budding yeast cell cycle by flow cytometry. Cold Spring Harb. Protoc. 2017; 63-8. https://doi.org/10.1101/pdb.prot088740.

Rymkiewicz G, Grygalewicz B, Chechlinska M, Blachnio K, Bystydzienski Z, Romejko-Jarosinska J et al. A comprehensive flow-cytometry-based immunophenotypic characterization of Burkitt-like lymphoma with 11q aberration. Mod. Pathol. 2018; 31:732-43. https://doi.org/10.1038/modpathol.2017.186.

Sakamoto-Hojo ET, Mello SS, Bassi CL, Merchi IM, Carminati PO, Fachin AL et al. Genomic instability: signaling pathways orchestrating the responses to ionizing radiation and cisplatin. Genome Dyn. Stab. 2007; 1:423-52. https://doi.org/10.1007/7050_010.

Sakamoto-Hojo ET, Natarajan AT, Curado MP. Chromosome translocations in lymphocytes from individuals exposed to 137Cs 7.5 years after the accident in Goiania (Brazil). Radiat. Prot. Dosimetry. 1999; 86:25-32. https://doi.org/10.1093/oxfordjournals.rpd.a032920.

Sancar A, Lindsey-Boltz LA, Ünsal-Kaçmaz K, Linn S. Molecular mechanisms of mammalian DNA repair and the DNA damage checkpoints. Annu. Rev. Biochem. 2004; 73:39-85. https://doi.org/10.1146/annurev.biochem.73.011303.073723.

Serra LM, Duncan WD, Diehl AD. An ontology for representing hematologic malignancies: the cancer cell ontology. BMC Bioinformatics. 2019. https://doi.org/10.1186/s12859-019-2722-8.

Shapiro SA, Kazmerchak SE, Heckman MG, Zubair AC, O'Connor MI. A prospective, single-blind, placebo-controlled trial of bone marrow aspirate concentrate for knee osteoarthritis. Am. J. Sports Med. 2017; 45:82-90. https://doi.org/10.1177/0363546516662455.

Singh R, Letai A, Sarosiek K. Regulation of apoptosis in health and disease: the balancing act of BCL-2 family proteins. Nat. Rev. Mol. Cell Biol. 2019; 20:175-93. https://doi.org/10.1038/s41580-018-0089-8.

Stanyon R, Stone G. Phylogenomic analysis by chromosome sorting and painting. Methods Mol. Biol. 2008; 422:13-29. https://doi.org/10.1007/978-1-59745-581-7_2.

Takeuchi A, Imataki O, Kubo H, Kondo A, Seo K, Uemura M et al. Diagnostic value of flow cytometry standardized using the european leukemianet for myelodysplastic syndrome. Acta Haematol. 2020; 143:140-5. https://doi.org/10.1159/000501147.

Telford WG. Multiparametric analysis of apoptosis by flow cytometry. Methods Mol Biol. 2018; 1678:167-202. https://doi.org/10.1007/978-1-4939-7346-0_10.

Van Dilla MA, Trujillo TT, Mullaney PF, Coulter JR. Cell microfluorometry: a method for rapid fluorescence measurement. Science. 1969; 163:1213-4. https://doi.org/10.1126/science.163.3872.1213.

Wenzel ES, Singh ATK. Cell-cycle checkpoints and aneuploidy on the path to cancer. In Vivo (Brooklyn). 2018; 32:1-5. https://doi.org/10.21873/invivo.11197.

Yang J, Yu Y, Hamrick HE, Duerksen-Hughes PJ. ATM, ATR and DNA-PK: initiators of the cellular genotoxic stress responses. Carcinogenesis. 2003; 24:1571-80. https://doi.org/10.1093/carcin/bgg137.

Zimmermann M, Meyer N. Annexin V/7-AAD staining in keratinocytes. Methods Mol. Biol. 2011; 740:57-63. https://doi.org/10.1007/978-1-61779-108-6_8.

12

Teste para Detecção de Mutação e Recombinação Somática (*Somatic Mutation and Recombination Test* – SMART) em Células de Asas de *Drosophila melanogaster*

Mário Antônio Spanó

Resumo

O teste para detecção de mutação e recombinação somática (*Somatic Mutation and Recombination Test* – SMART) em células de asas de *Drosophila melanogaster*, também conhecido como teste da mancha da asa (*wing spot test*), é um ensaio *in vivo* de curta duração, baixo custo, simples, versátil, de altas sensibilidade e reprodutibilidade, o qual permite avaliar e quantificar a indução de dano genético (mutação e recombinação) em células somáticas de moscas adultas após exposição larval. Ele tem sido empregado com sucesso na avaliação da atividade mutagênica de diferentes agentes, extratos e misturas complexas, assim como em estudos de antimutagenicidade.

INTRODUÇÃO

A *Drosophila melanogaster* é um organismo modelo eucarioto ideal para a pesquisa básica e estudos genéticos contemporâneos por ser um animal pequeno, com baixo número de cromossomos, fácil manutenção, ciclo de vida curto, grande progênie, genoma bem caracterizado, e por possuir um sistema enzimático semelhante ao dos mamíferos, que permite a metabolização de agentes xenobióticos. Muitas propriedades biológicas, fisiológicas e neurológicas básicas são conservadas entre os mamíferos e a *Drosophila*. Acredita-se que, aproximadamente, 75% dos genes que causam doenças humanas tenham um homólogo funcional nessas moscas (Contestabile *et al.*, 2020; Pandey e Nichols, 2011; Younes *et al.*, 2020). Além disso, a recombinação somática é um evento-chave no desenvolvimento do câncer e, atualmente, não existem ensaios para detectar e quantificar os processos de recombinação somática, além dos testes pontuais realizados em *Drosophila* (Marcos e Carmona, 2019).

O teste para detecção de mutação e recombinação somática (*Somatic Mutation and Recombination Test* – SMART) em células de asas de *D. melanogaster* foi desenvolvido inicialmente por Graf *et al.* (1984) e baseia-se na obtenção de descendentes trans-heterozigotos para dois marcadores recessivos de células das asas: *mwh (multiple wing hairs)* e *flr (flare)*. O gene *mwh*, em homozigose recessiva, determina que as células das asas apresentem três ou mais pelos em vez de um. O gene flr^3, em hemizigose, afeta o aspecto fenotípico dos pelos das células da asa, variando de pelos com base alargada, semelhantes a uma "chama de vela", a extrusões amorfas. As moscas adultas, trans-heterozigotas para esses dois genes recessivos, apresentam fenótipo normal (um pelo normal, ou tricoma, em cada célula das asas). Se durante o desenvolvimento embrionário ocorrer eventos genotóxicos nas células em proliferação mitótica nos discos imaginais de asas, haverá perda de heterozigose e, consequentemente, após a metamorfose, há alteração do fenótipo, o qual se manifesta como uma mancha mutante (clone de células mutantes) nas asas da mosca adulta, facilmente detectável em um contexto fenotípico normal.

O número total de manchas mutantes observado nos indivíduos tratados, comparado ao número de manchas observado nos indivíduos do controle negativo, fornece dados quantitativos sobre a atividade genotóxica do agente químico em análise. Por outro lado, o tipo de mancha observada pode fornecer informações sobre o tipo de lesão (mutação, aberração cromossômica, recombinação e não disjunção) responsável pela origem do clone mutante.

A utilização de diferentes linhagens mutantes permite diferenciar os agentes mutagênicos de ação direta dos agentes de ação indireta (pró-mutágenos). Os agentes mutagênicos de ação direta são detectados por meio do cruzamento padrão (*standard cross* – ST), que utiliza linhagens mutantes com níveis basais de enzimas do citocromo P450 (CYP6A2) (Graf *et al.*, 1984; 1989), enquanto pró-mutágenos são detectados por meio do cruzamento de alta bioativação metabólica (*high bioactivation cross* – HB), que utiliza linhagens mutantes com elevada atividade de CYP6A2 (Graf e van Schaik, 1992).

MATERIAL
Equipamentos básicos e reagentes

Para a realização do SMART de asas, são necessários equipamentos básicos de laboratório e reagentes, tais como:

- Ágar-ágar (bacteriológico), CAS: 9002-18-0.
- Autoclave para esterilização do material.
- Banho-maria laboratorial.
- Celulose microgranular, CAS: 9004-34-6.
- Cubos de metal (50 e 150 g).
- *Drosophila "anti-mite vial plugs"* (Item # 173091 – *Carolina Biological Supply*, Burlington, NC, USA), ou rolhas de esponja ou gaze recheada com algodão.
- *Drosophila "Culture Vials"* (Item # 173120 – *Carolina Biological Supply*, Burlington, NC, USA), ou tubos de ensaio com fundo plano, sem orla, diâmetro 25 × 85 mm, capacidade para 27 mL em vidro neutro (Laborglas – modelo 9119718), ou similar.
- Etanol (álcool etílico) 70%.
- Éter etílico P.A.
- Frascos de 250 mL (boca larga) com os respectivos tampões, para o meio de cultura à base de banana.
- Incubadora com controle de temperatura, umidade e luz (ciclos de claro e escuro), tipo B.O.D. (demanda biológica de oxigênio), ou similar.
- Lâminas para microscopia, com uma extremidade fosca, para identificação.
- Lamínulas de 24 × 32 mm.
- Meio instantâneo para *Drosophila* (Fórmula 4-24® *Instant Drosophila Medium*, *Carolina Biological Supply*, Burlington, NC, USA), ou purê de batata instantâneo (Yoki*, ou similar).
- Microscópio estereoscópico.

Associação Brasileira de Mutagênese e Genômica Ambiental **275**

- Microscópio óptico de luz.
- Nipagin P.A. (metilparabeno) em pó, CAS: 99-76-3.
- Penicilina/estreptomicina.
- Peneira de malha fina (tipo granulométrica) em aço inoxidável.
- Pinças de ponta fina, reta, inox, n. 5 (Dumont, Suíça), ou similar.
- Solução de Faure (30 mg de goma arábica, 20 mL de glicerol, 50 mg de hidrato de cloral, 50 mL de água).
- Tubos de plexiglas, com as extremidades inferiores cobertas com gaze de náilon fina.

Meios de cultura e soluções

Meio de cultura para *Drosophila* (suficiente para 16 frascos)

Ingredientes	Quantidade
Água	1.230 mL
Ágar-ágar (bacteriológico)	16,5 g
Banana-nanica madura	234 g
Fermento biológico fresco (*Saccharomyces cerevisiae*)	37,5 g
Nipagim (metilparabeno) em pó	1,5 g
Penicilina/estreptomicina	4 mL

Modo de preparo

Dissolver o ágar-ágar em aproximadamente metade do volume de água necessária para a preparação do meio de cultura. Colocar a banana (sem casca) no restante da água e bater no liquidificador. Colocar a água com ágar-ágar para cozinhar até a fervura, mexendo sempre para não empelotar. Adicionar o restante da água com a banana e fermento até ferver novamente. Desligar o fogo. Quando o meio estiver à temperatura aproximada de 40°C, acrescentar o nipagim e a penicilina/estreptomicina. Distribuir o meio em frascos de ¼ de litro, de boca larga, esterilizados. Quando o meio estiver firme e sólido, colocar um pouco de fermento biológico fresco por cima e transferir as moscas para o novo meio.

Meio de cultura para postura de ovos (suficiente para 8 frascos)

Ingredientes	Quantidade
Água	250 mL
Ágar-ágar (bacteriológico)	5 g
Fermento biológico fresco (*Saccharomyces cerevisiae*)	250 g
Sacarose (açúcar de cozinha)	15 a 20 g

O meio de cultura para postura de ovos consiste em uma base sólida de ágar-ágar, sobre a qual adiciona-se fermento biológico fresco suplementado com sacarose.

Modo de preparo

Dissolver o ágar-ágar em 250 mL de água e aquecer até a fervura, misturando para não empelotar. Distribuir esse volume em 8 frascos de ¼ de litro, de boca larga, esterilizados. Quando a base de ágar-ágar estiver fria e sólida, adicionar 1 colher (de sopa) de fermento biológico fresco (levedura), suplementado com sacarose, derretido. Para tanto, colocar aproximadamente 200 g de fermento biológico fresco em um copo Becker. Aquecer em banho-maria a 40°C, por aproximadamente 40 minutos. Em seguida, adicionar sacarose (açúcar de cozinha), aos poucos, mexendo até o fermento derreter e ficar pastoso (observação: para esse procedimento, nunca adicionar água). Transferir 1 colher (sopa) do fermento derretido para os frascos com a base de ágar-ágar sólida e deixar ventilando até secar.

A levedura, usada como agente de fermentação, converte o açúcar em dióxido de carbono gasoso e etanol. O dióxido de carbono cria bolsas de ar na massa, enquanto o etanol evapora com o aquecimento. As bolsas de ar endurecem, dando ao produto uma textura macia e esponjosa, ideal para a postura de ovos, além de ser facilmente desintegrada, quando em contato com a água, para a coleta das larvas (Figura 12.1).

Figura 12.1. Frasco de ¼ de litro contendo meio de ovoposição, vedado com tampão de gaze recheada com algodão. Fonte: elaborada pelo autor.

METODOLOGIA

Linhagens e estoque

Para a realização do SMART de asas, são utilizadas três linhagens mutantes de *D. melanogaster*:
1. Linhagem *multiple wing hairs* (*mwh/mwh*), que possui um gene mutante marcador (*mwh*) no cromossomo nº 3, perto da extremidade do braço esquerdo, na posição 0,3 do mapa cromossômico (*mwh*, 3-0,3) (Lindsley e Zimm, 1992). Observação: o cromossomo 3 é um cromossomo metacêntrico com o centrômero residindo no centro dos dois braços, denominados esquerdo e direito, de tamanhos aproximadamente iguais.
2. Linhagem *flare-3* (*flr³/In(3LR)* TM3, *ri p^p sep l (3)89Aa bx34^e and Bd^S*), que possui um gene mutante marcador recessivo em hemizigose (*flr³*), aproximadamente no meio do braço esquerdo do cromossomo nº 3 (*flr³, 3-38,8*) (Lindsley e Zimm, 1992).
3. Linhagem ORR; flare-3 (*ORR/ORR; flr³/In(3LR)* TM3, *ri p^p sep l (3)89Aa bx34^e and Bd^S*), que possui um gene marcador recessivo em hemizigose (*flr³*) no cromossomo nº 3 (3-38,8) (seção

69), que além de afetar os pelos das células da asa, como na linhagem "flare-3", possui um cromossomo nº 2, transferido de uma linhagem selvagem Oregon R (ORR), resistente ao DDT, que é caracterizada por um aumento na atividade de enzimas do citocromo P-450 (CYP6A2).

A ativação de pró-mutágenos e de pró-carcinógenos é realizada pelas enzimas do citocromo P-450, que consistem em várias formas de isoenzimas que têm a capacidade de metabolizar uma grande variedade de substratos. O gene flr^3 das linhagens "flare-3" e "ORR; flare-3" é letal em homozigose. Assim sendo, ambas as linhagens possuem o gene flr^3 em hemizigose, e o cromossomo homólogo, balanceador (TM3, Bd^S) apresenta inversões múltiplas. No entanto, indivíduos heterozigotos podem apresentar clones com até 25 células homozigotas para o gene flr^3 e serem viáveis.

Essas linhagens são mantidas em frascos de vidro de boca larga, com capacidade para 250 a 300 mL, com aproximadamente 80 mL de meio de cultura para *Drosophila*, sob ciclos de claro/escuro (12h: 12h), a 25 ± 1°C e aproximadamente 60% de umidade, em câmara incubadora – tipo B.O.D. (demanda biológica de oxigênio), vedados com rolhas de esponja ou gaze recheada com algodão.

Cruzamentos e tratamentos

Dois cruzamentos são realizados para produzir a progênie larval experimental:
1. **Cruzamento padrão (*standard cross* – ST):** machos *mwh/mwh* cruzados com fêmeas virgens $flr^3/In(3LR)$TM3, ri p^p sep l(3)89Aa bx34^e and Bd^S (Graf et al., 1984; 1989).
2. **Cruzamento de alta bioativação metabólica (*high bioactivation cross* – HB):** machos *mwh/mwh* cruzados com fêmeas virgens ORR/ORR; $flr^3/In(3LR)$TM3, ri p^p sep l(3)89Aa bx34^e and Bd^S (Graf e van Schaik, 1992).

Esses cruzamentos produzem dois tipos de descendentes:
1. **Trans-heterozigotos marcados (MH)** (*mwh +/+ flr^3*), que desenvolverão asas fenotipicamente selvagens, com borda arredondada.
2. **Heterozigotos balanceados (BH)** (*mwh +/+ TM3, Bd^S*), que desenvolverão asas fenotipicamente serrilhadas (*serrate*). Estes descendentes são fenotipicamente distintos devido ao marcador TM3, Bd^S (Figura 12.2).

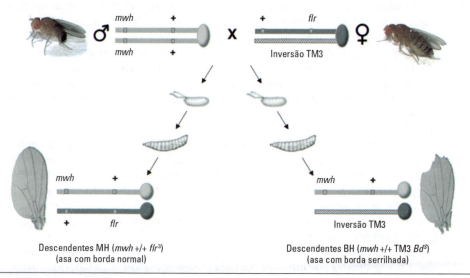

Figura 12.2. Esquema do cruzamento entre machos *mwh/mwh* com fêmeas virgens flr^3/TM3, Bd^S (cruzamento ST); ou machos *mwh/mwh* com fêmeas virgens ORR/ORR; flr^3/TM3, Bd^S (cruzamento HB), para produzir progênie MH (*mwh +/+ flr^3*) e BH (*mwh +/+ TM3, Bd^S*). Nesse esquema, está representado apenas o braço esquerdo do cromossomo número 3. Fonte: elaborada pelo autor.

As larvas de ambos os genótipos (MH e BH) são tratadas (alimentação em meio de cultura contendo a substância teste) com diferentes concentrações do agente a ser testado, de acordo com diferentes protocolos de tratamento (Figura 12.3). A exposição aguda de 2 a 6 horas pode ser realizada com larvas de 24, 48 ou 72 horas de idade. A exposição crônica pode ser realizada com larvas de 24, 48 ou 72 horas, coincidindo, aproximadamente, com o início de cada um dos três estágios (ou ínstares) larvares (I, II ou III). Nesses casos, podemos dizer que o período de tratamento é de aproximadamente 96, 72 e 48 horas, respectivamente, uma vez que produtos químicos repelentes, ou efeitos tóxicos que levam ao desenvolvimento retardado ou pupação precoce, podem ser responsáveis por variações no tempo de tratamento (Graf et al., 1984).

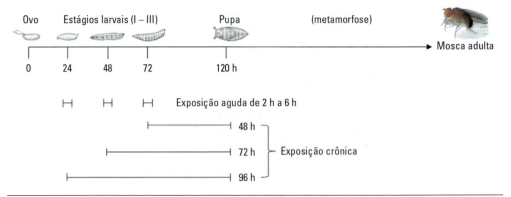

Figura 12.3. Possíveis esquemas de exposição de larvas MH (mwh +/+ flr³) e BH (mwh +/+ TM3, Bd⁵) a agentes mutagênicos. Fonte: adaptada de Graf et al. (1984).

Larvas de aproximadamente 120 horas de vida deixam de se alimentar com o meio de cultura contendo a substância teste e sobem nas paredes do frasco de tratamento, onde ocorre o encapsulamento. O estágio pupal inicia e dura cerca de 4 dias. Muitas estruturas larvais são lisadas e novas estruturas são formadas a partir dos discos imaginais, que darão origem à cabeça, pernas, asas, tórax e aparelhos reprodutivos dos adultos.

Nos adultos emergentes MH, cada célula das asas deverá possuir um único pelo (ou tricoma). No entanto, de acordo com Graf et al. (1984), eventos genotóxicos, tais como aberração cromossômica (deleção), mutação de ponto, recombinação mitótica e/ou não disjunção cromossômica, ocorridos nas células em proliferação mitótica nos discos imaginais de asas, durante o desenvolvimento embrionário, levam à perda de heterozigose e, consequentemente, após a metamorfose, à alteração do fenótipo, que se manifesta como uma mancha mutante (clone de células mutantes) nas asas da mosca adulta. As manchas mutantes aparecem como manchas simples, apresentando o fenótipo "mwh" ou "flare", devido à ocorrência de mutação de ponto, deleção, recombinação homóloga ou não disjunção, enquanto manchas gêmeas (formadas por células com pelos múltiplos e flare, adjacentes) são originadas exclusivamente por recombinação mitótica. A Figura 12.4 apresenta alguns esquemas de eventos genéticos que levam à formação de células normais e manchas mutantes, detectadas pelo SMART de asas. Nesse esquema, está representado apenas o braço esquerdo do cromossomo número 3.

Considerando que cada asa possui, em média, 24.400 células, um total de aproximadamente 48.800 células são analisadas por mosca. Para cada tratamento, são analisadas, geralmente, asas de 60 moscas.

O tamanho da mancha mutante reflete, teoricamente, o número de divisões mitóticas que a originou. Desde que todas as células em um clone se dividam na mesma taxa, o tamanho da mancha deve refletir diretamente o número de divisões (n), com o tamanho variando de 2^0 a 2^n

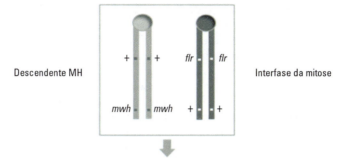

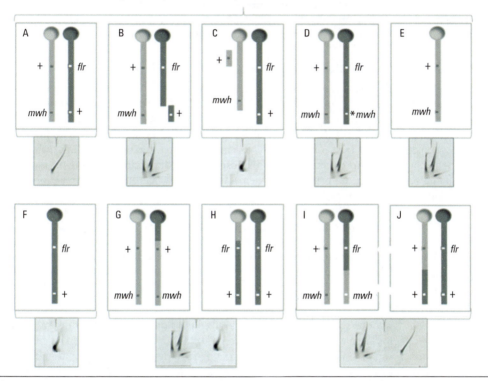

Figura 12.4. Esquema de eventos genéticos responsáveis pela formação de células normais (**A**) e de manchas mutantes (**B–J**) em descendentes trans-heterozigotos marcados (MH) de *D. melanogaster*, detectadas pelo teste de mutação e recombinação somática, com os marcadores celulares de asas multiple wing hairs (*mwh*) e flare (*flr*). **A.** Divisão mitótica normal, levando à formação de células com pelos normais. **B.** Deleção terminal, levando à formação de mancha simples mwh. **C.** Deleção intersticial, levando à formação de mancha simples flr. **D.** Mutação de ponto (*), levando à formação de mancha simples mwh. **E.** Não disjunção cromossômica, levando à formação de mancha simples mwh. **F.** Não disjunção cromossômica, levando à formação de mancha simples flr. **G–H.** Recombinação entre o centrômero e o *locus flr*, levando à formação de mancha gêmea (mwh e flr adjacentes). **I–J.** Recombinação entre o *locus flr* e o *locus mwh*, levando à formação de mancha simples mwh. Fonte: elaborada pelo autor.

células. Manchas pequenas são formadas durante o último ou penúltimo ciclo mitótico, enquanto manchas grandes são formadas mais precocemente. Assim sendo, as manchas são classificadas de acordo com o seguinte tamanho de classes: 1, 2, 3-4, 5-8, 9-16, 17-32, 33-64, 65-128 etc. Dessa forma, pequenas alterações na contagem no número de células mutantes de um determinado clone não afetam a classe em que a mancha é classificada.

Para aprimorar o poder da análise estatística, as manchas são classificadas em três categorias diferentes: (1) manchas simples pequenas (tamanho de 1-2 células); (2) manchas simples grandes (mais de duas células), ambas podendo expressar o fenótipo de pelos múltiplos (mwh) ou flare (flr^3); e (3) manchas gêmeas, consistindo nos subclones mwh e flr^3.

Nos adultos emergentes BH, as manchas mutantes aparecem apenas como manchas simples do tipo "mwh" devido à presença do cromossomo balanceador, que apresenta inversões múltiplas, o que faz com que todos os eventos recombinacionais sejam eliminados. Consequentemente, a frequência de manchas é consideravelmente reduzida. Assim sendo, nos descendentes BH, as manchas mutantes podem ser induzidas apenas por aberração cromossômica (deleção), mutação de ponto e não disjunção.

Por esse motivo, a análise dos descendentes dos cruzamentos ST e HB é realizada sempre, inicialmente, pelos descendentes MH. Durante a análise, é registrado o número de manchas, assim como o tipo e o número de pelos mutantes existentes em cada mancha. A análise dos descendentes BH só se justifica caso a frequência de manchas mutantes observadas nos descendentes MH seja estatisticamente significativa quando comparada com o controle negativo.

PROCEDIMENTO EXPERIMENTAL

Para realização dos cruzamentos ST e HB, é necessário que sejam coletadas fêmeas virgens das linhagens *flare*-3 e ORR; *flare*-3, respectivamente. As fêmeas permanecem virgens por até 6 horas após a eclosão. Assim sendo, deve-se retirar todas as moscas nascidas dos frascos de culturas das linhagens *flare*-3 e ORR; *flare*-3 e coletar as fêmeas que nascerem dentro do prazo de 6 horas. Essa coleta deve ser feita com auxílio de um microscópio estereoscópico (lupa), observando que os machos são menores, têm abdome mais escuro e arredondado e possuem tufos de pelos pretos (pente sexual tarsal) no primeiro par de patas. As fêmeas são maiores, têm abdome mais claro e afilado na porção posterior.

Para cada novo frasco com meio de cultura, cruzar aproximadamente 100 fêmeas virgens da linhagem *flare*-3 ou ORR; *flare*-3 com 50 machos da linhagem mwh. Fazer 5 a 6 frascos para cada cruzamento (ST e HB). Após dois dias, transferir as moscas parentais para frascos de vidro de boca larga contendo meio de cultura para postura de ovos. Após 8 horas, retirar os adultos dos frascos onde foi realizada a ovoposição.

Tratamento agudo

Os tratamentos agudos são realizados por períodos curtos que podem variar de 2 a 6 horas, com larvas de estágios larvais I, II ou III. Para tanto, as larvas são retiradas do meio de cultura de postura de ovos, com auxílio de água corrente e uma peneira de malha fina (granulométrica), e transferidas para tubos de plexiglas, com as extremidades inferiores cobertas com gaze de náilon fina. Esses tubos são colocados dentro de um copo Becker contendo 0,3 g de celulose microgranular e 2 mL de água destilada ou do agente mutagênico. As larvas são alimentadas por meio da gaze em solução de água-celulose ou em solução mutágeno-celulose por 2 a 6 horas. Após decorrido o tempo de tratamento, as larvas que foram submetidas à alimentação aguda são lavadas e transferidas para frascos de vidro (± 2,5 cm de diâmetro e 8,0 cm de altura) contendo 1,5 g de meio instantâneo para *Drosophila* reidratado com 5 mL de água ou do agente mutagênico/antimutagênico e deixadas para alimentar até a pupação (± 48 horas). De acordo com Spanó *et al.* (2001), o meio instantâneo para *Drosophila* pode ser substituído por um meio alternativo, preparado com purê de batata instantâneo, que pode ser facilmente adquirido em supermercado.

Tratamento crônico

Os tratamentos crônicos são geralmente realizados com larvas de estágio larval III, por serem maiores e mais fáceis de serem coletadas. Assim, quando as larvas estiverem com 72 ± 4 horas, elas são retiradas do meio de cultura de postura, com auxílio de água corrente, coletadas com uma peneira de malha fina (granulométrica) e transferidas (aproximadamente 100 larvas) para frascos de vidro (± 2,5 cm de diâmetro e 8,0 cm de altura) contendo 1,5 g de meio instantâneo para *Drosophila* (ou purê de batata instantâneo) reidratado com 5 mL do agente a ser testado (água, solvente ou agente mutagênico) e deixadas a alimentar até a pupação (± 48 horas).

Cálculo das concentrações

As concentrações do agente teste são previamente calculadas de acordo com as taxas de sobrevivência após exposição. Para tanto, são contadas 100 larvas antes da distribuição nos tubos de tratamento. Após a metamorfose, as moscas adultas emergentes são coletadas, contadas e armazenadas em etanol 70%. O número de moscas sobreviventes por frasco dá uma indicação da toxicidade do agente teste. Os experimentos são realizados com concentrações inferiores à dose letal mediana (DL_{50} – dose letal mediana é a dose necessária de uma dada substância ou tipo de radiação para matar 50% de uma população em teste). O teste do qui-quadrado é realizado para comparações estatísticas das taxas de sobrevivência para amostras independentes.

Os tratamentos são realizados em dois experimentos independentes (réplica), com diferentes concentrações do agente a ser testado, isoladamente ou em associação com um mutágeno de referência (nos casos de estudos de antimutagenicidade). São incluídos: (1) controle negativo (água ultrapura e/ou solvente utilizado na preparação das soluções); e (2) controle positivo (mutágeno de referência). Como mutágenos de referência, têm sido mais comumente utilizados o etil carbamato 10 mM (CAS 51-79-6); a doxorrubicina 0,4 mM (CAS 23214-92-8); e a mitomicina-C 0,05 mM (CAS 50-07-7) (Naves *et al.*, 2019; Oliveira *et al.*, 2020; Vasconcelos *et al.*, 2020; Véras *et al.*, 2020). Moscas adultas emergentes dos diferentes tratamentos são coletadas e fixadas em etanol 70%.

Montagem de lâminas

Para a montagem de lâminas, as moscas devem ser retiradas do etanol 70% e transferidas para água destilada. As asas são removidas das moscas com auxílio de uma pinça de ponta fina, sob microscópio estereoscópico. As asas são embebidas em solução de Faure e alinhadas de forma distendida em uma lâmina de vidro. Normalmente, montam-se lâminas com 5 pares de asas de fêmeas na parte superior da lâmina e 5 pares de asas de machos na parte inferior. As lâminas são secas em uma placa aquecedora (40°C) ou mesmo em temperatura ambiente, por 24 horas, e cobertas com uma placa de Petri para evitar acúmulo de poeira. Em seguida, realiza-se a montagem com lamínula, com auxílio de uma gota de solução de Faure. Durante o processo de secagem das lâminas e lamínulas (2–3 dias), coloca-se um peso de metal pequeno, de ±50 g, e outro maior de ± 150 g sobre as lamínulas, para que as asas fiquem bem planas, objetivando facilitar a análise microscópica.

Análise das lâminas

Ambas as superfícies das asas (dorsal e ventral) são analisadas simultaneamente, em microscópio óptico de luz (aumento 400×), registrando-se o número e os tipos de manchas, bem como seu tamanho e posição, de acordo com o setor (A, B, C, C', D, D' e E) em que se encontra na asa. Somente o compartimento distal da asa é analisado para observação de clones mutantes (Figura 12.5A). Como critério, a análise inicia-se na base do setor A, indo em direção ao ápice, até que todo o setor A seja analisado. Em seguida, a análise inicia-se a partir do ápice do setor B, em direção à base do setor B. Usar o mesmo procedimento a partir da base do setor C', em direção ao ápice do setor C, e assim por diante, até finalizar toda a análise no ápice do setor E (Figura 12.5B).

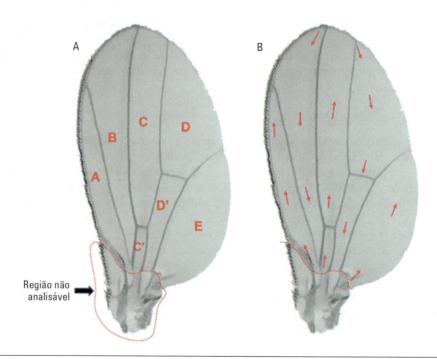

Figura 12.5. Asas de *D. melanogaster* mostrando em **A.** Setores A-E, onde são realizadas as análises de manchas mutantes; **B.** Sentido de análise, de cada região, ao microscópio óptico de luz. Fonte: elaborada pelo autor.

A análise das asas dos descendentes MH deve ser feita de acordo com alguns critérios:
- De cada célula normal, surge apenas um pelo, ou tricoma, como indicado pela seta na Figura 12.6A.
- Células com pelos duplos (normais), como mostrado circundado na Figura 12.6A, não são consideradas como células com pelos múltiplos (mutação).
- Células com pelos duplos (Figura 12.6B, seta menor) só serão consideradas como células com pelos múltiplos se estiverem acompanhadas de, pelo menos, uma célula com três ou mais pelos (Figura 12.6B, seta maior).
- O aparecimento de três pelos longos, de tamanhos aproximados (Figura 12.6C), é interpretado como resultado de convergência de três células normais. Portanto, não são considerados como pelos múltiplos.
- Clones de células mutantes aparecem como manchas contíguas, não interrompidas. No entanto, às vezes, as manchas são divididas em dois ou mais grupos de células de tamanhos diferentes, separados por uma ou duas linhas de células com pelos normais. Para a uniformidade de registro de clones divididos e clones individuais vizinhos, contam-se como duas manchas aquelas manchas separadas por três ou mais pelos normais (Figura 12.6D).

A Figura 12.7 apresenta exemplos de manchas simples *multiple wing hairs* (mwh) e *flare* (flr). O fenótipo flr exibe uma expressão bastante variável, desde pelos ou tricomas pontudos, encurtados e espessados, a extrusões amorfas, às vezes semelhantes a balões de material quitinoso melanótico. A Figura 12.8 mostra algumas manchas gêmeas, onde é possível observar diferentes manifestações de pelos flr.

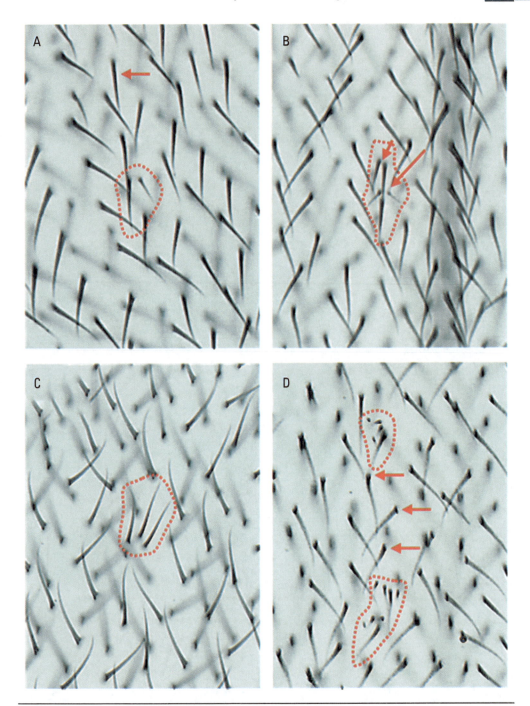

Figura 12.6. Pelos, ou tricomas, nas superfícies ventral e dorsal de asas de descendentes MH de *D. melanogaster*. **A.** Pelo normal (seta) e pelos duplos normais (circundados). **B.** Mancha pequena simples mwh (2 células) mostrando uma célula com pelos duplos (*seta menor*) acompanhada de uma célula com pelos múltiplos (seta maior). **C.** Convergência de três células com pelos normais. **D.** Duas manchas pequenas simples mwh (uma mancha com uma célula com pelos múltiplos, circundada na parte superior; e uma mancha com duas células com pelos múltiplos, circundada na parte inferior) separadas por três pelos normais (setas). Fonte: elaborada pelo autor.

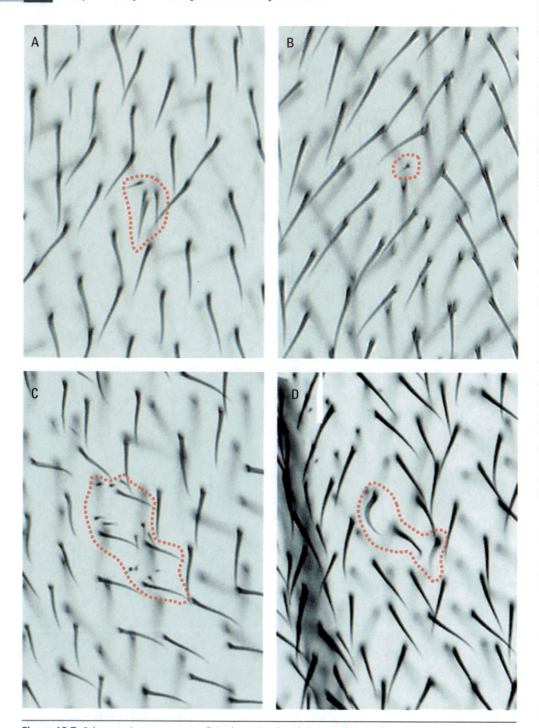

Figura 12.7. Pelos, ou tricomas, nas superfícies (ventral e dorsal) de asas de indivíduos MH de *D. melanogaster*. **A.** Mancha simples pequena mwh (1 célula); **B.** Mancha simples pequena flr (1 célula); **C.** Mancha simples grande mwh (4 células); **D.** Mancha simples grande flr (3 células). Fonte: elaborada pelo autor.

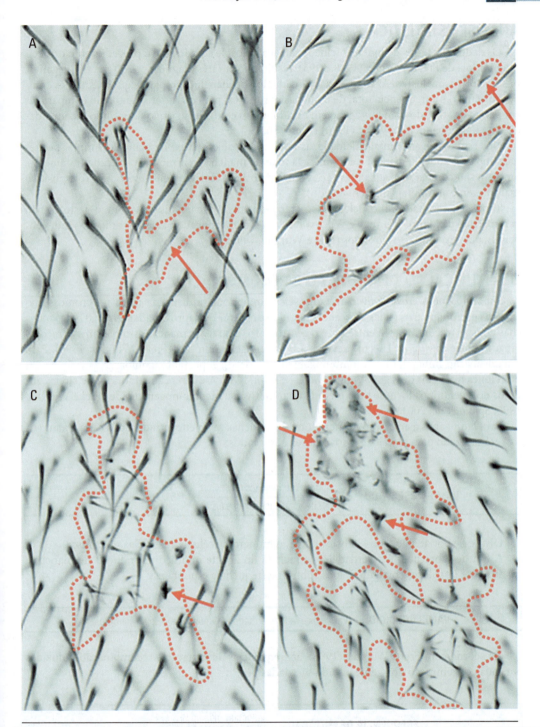

Figura 12.8. Pelos, ou tricomas, nas superfícies (ventral e dorsal) de asas de indivíduos MH de *D. melanogaster* mostrando manchas gêmeas (áreas circundadas), com diferentes manifestações fenotípicas de flr (setas). Fonte: elaborada pelo autor.

ANÁLISE ESTATÍSTICA

Os dados dos testes de mutagenicidade são avaliados de acordo com o procedimento de decisão múltipla de Frei e Würgler (1988, 1995), resultando em três diagnósticos diferentes: negativo, positivo ou inconclusivo. As frequências de cada tipo de mancha (simples pequena, simples grande, ou gêmea) e a frequência total de manchas por mosca, para cada tratamento, são comparadas em pares (*i.e.*, tratado com mutágeno em estudo *versus* controle negativo), seguindo recomendações de Kastenbaum e Bowman (1970) com $p = 0,05$.

Nos estudos de antimutagenicidade, as frequências de cada tipo de mancha (simples pequena, simples grande ou gêmea) e a frequência total de manchas por mosca, para cada tratamento, também são comparadas aos pares (*i.e.*, controle positivo isoladamente *versus* controle positivo mais o agente antimutagênico em estudo).

Todos os resultados inconclusivos e fraco positivos são analisados com o teste-U não paramétrico de Mann, Whitney e Wilcoxon ($a = b = 0,05$) aplicado para duas amostras independentes, para excluir falso-positivos (Frei e Würgler, 1995).

QUANTIFICAÇÃO DE MUTAÇÃO E RECOMBINAÇÃO

Supondo que o *crossing-over* mitótico seja proporcional à distância física no cromossomo entre o centrômero e os genes marcadores, pode-se esperar que aproximadamente 50% das manchas gêmeas (recombinação entre flr^3 e o centrômero) e 50% das manchas simples mwh (recombinação entre mwh e flr^3) sejam devidas à recombinação mitótica (Frei e Würgler, 1996). Para uma avaliação imparcial da recombinogenicidade, deve-se, portanto, comparar as frequências dos clones mwh nos dois genótipos mwh/flr^3 e mwh/TM3. A diferença na indução de clones entre os dois genótipos fornece uma medida quantitativa da recombinogenicidade (Frei e Würgler, 1996; Spanó *et al.*, 2001).

Para tanto, após a análise, o número total de manchas mwh encontrado, após cada tratamento, será utilizado para os cálculos dos valores observados:

$$\text{VALOR OBSERVADO} = \frac{\text{Total de marchas mwh}}{\text{N}^{\underline{o}} \text{ de indivíduos analisados}} / 48.800$$

Divide-se por 48.800, que é, teoricamente, o número de células analisadas por mosca.

A fim de saber qual é a verdadeira influência do agente químico na indução de manchas, calculam-se os valores corrigidos, após subtrair a frequência espontânea:

$$\text{VALOR CORRIGIDO} = (\text{Valor observado no tratado}) - (\text{Valor observado no controle})$$

De acordo com Frei e Würgler (1996), as frequências de mutação e recombinação induzidas em cada concentração do agente testado são dadas por:

$$\text{FREQUÊNCIA DE MUTAÇÃO} = \frac{\text{Valor corrigido no BH}}{\text{Valor corrigido no MH}}$$

$$\text{FREQUÊNCIA DE RECOMBINAÇÃO} = 1 - \text{Frequência de mutação}$$

CÁLCULO DA INIBIÇÃO

De acordo com Abraham (1994), nos testes de antimutagenicidade, a porcentagem de inibição de um determinado agente antimutagênico, com base nas frequências de manchas corrigidas pelo controle por 10^5 células, é calculada como:

$$\% \text{ INIBIÇÃO} = \text{Mutágeno isoladamente} - \frac{\text{Mutágeno} + \text{agente antimutagênico}}{\text{Mutágeno isoladamente}} \times 100$$

APLICAÇÕES DO SMART DE ASAS

O SMART de asas tem sido empregado com sucesso na avaliação da atividade genotóxica de diferentes agentes (físicos, químicos), extratos e misturas complexas, assim como em estudos de antigenotoxicidade, imprescindíveis como medida preventiva contra genotóxicos ambientais.

A título de exemplificação, as Tabelas 12.1 e 12.2 apresentam, respectivamente, um resumo de alguns estudos publicados sobre a avaliação genotóxica e antigenotóxica de diferentes agentes químicos, misturas complexas, nanopartículas, nanocristais, extratos e substâncias isoladas de plantas, por meio do SMART de asas de *D. melanogaster*.

Tabela 12.1. Estudos publicados sobre avaliação genotóxica de diferentes agentes (químicos/físicos) por meio do teste para detecção de mutação e recombinação somática (SMART) em células de asas de *D. melanogaster*

Substância teste	Resultado	Referência
Ácido betulínico	–	Oliveira *et al.* (2020)
Ácidos: cafeico; *p*-cumárico; di-hidro-*p*-cumárico; acetil isocupréssico (isolados de própolis marrom)	–	Fernandes *et al.* (2019)
Água de esgoto: doméstico; industrial	+	Morais *et al.* (2018)
Alquilantes: cisplatina; carboplatina; oxaliplatina	+	Allgayer *et al.* (2019)
Antidepressivos: cloridrato de bupropiona (BHc); cloridrato de trazodona (THc)	+	Naves *et al.* (2019)
Antidiabético: metformina	–	Oliveira *et al.* (2017)
Anti-hipertensivo: losartan	–	Silva-Oliveira *et al.* (2016)
Antilipêmico: sinvastatina	–	Orsolin *et al.* (2016)
Antilipêmicos: atorvastatina, rosuvastatina	–	Orsolin *et al.* (2015)
Aromadendrina (isolado de própolis marrom)	+	Fernandes *et al.* (2019)
Artepillin C (isolado de própolis verde)	–	Rodrigues *et al.* (2017)
Chalcona: (*E*)-1-(2-hydroxyphenyl)-3-(4-methylphenyl)-prop-2-en-1-one (2HMC)	–	Véras *et al.* (2020)
Cumarina-chalcona: [*7-methoxy-3-(E)-3-(3,4,5-trimethoxyphenyl) acryloyl-2H-cromen-2-one*] (4-MET)	–	Véras *et al.* (2020)
Extrato etanólico de açafrão (*Crocus sativus* L.)	–	Oz e Arica (2019)
Extratos e metabólitos secundários de *Lotus aegaeus*	–	Baran *et al.* (2020)
Extratos liofilizados de diferentes variedades de berinjela	–	Sukprasansap *et al.* (2019)
Herbicidas: clomazone; linuron; simazin	+	Castañeda-Sortibrán *et al.* (2019)
Inseticida: spinosad	–	Mendonça *et al.* (2019)

(Continua)

288 Teste para Detecção de Mutação e Recombinação Somática

Tabela 12.1. Estudos publicados sobre avaliação genotóxica de diferentes agentes (químicos/físicos) por meio do teste para detecção de mutação e recombinação somática (SMART) em células de asas de *D. melanogaster* (*continuação*)

Substância teste	Resultado	Referência
Inseticida: tiametoxam	+	Morais *et al.* (2017)
Mirricitrina (3-O-α-L-ramnopiranósido da miricetina)	–	Perdomo *et al.* (2020)
Myracrodruon urundeuva Alemão (Anacardiaceae)	+	Amorim *et al.* (2020)
Nanocristais de dióxido de titânio	+	Naves *et al.* (2018)
Nanocristais de molibdato de cálcio	–	Nobre *et al.* (2020)
Nanopartículas de ouro	–	Ávalos *et al.* (2018)
Nanopartículas de óxido de zinco	+	Cardozo *et al.* (2019)
Nanopartículas de prata	–	Ávalos *et al.* 2015)
Porfirinas: clorofilina; protoporfirina; amifostina	–	Jiménez *et al.* (2020)
Radioprotetor: amifostina	–	Jiménez *et al.* (2020)
Raios gama	+	Jiménez *et al.* (2019)
Tomate e licopeno	–	Fernández-Bedmar *et al.* (2018)
Tripanocida derivado de quinazolina: N6-[*4-(trifluoromethoxy) benzyl*] *quinazoline-2,4,6-triamine* (GHPMF)	–	Santos-Cruz *et al.* (2019)
Tripanocidas derivado de quinazolina: 2,4-diacetamino-6-amino 1,3 diazonaftaleno (D-1); 2,4-diamino-6 nitro-1,3 diazonaftaleno (S-1QN2-1); *N6-(4,methoxybenzyl)quinazoline-2,4,6-triamine* (GHPM)	+	Santos-Cruz *et al.* (2019)
Vitamina D3	–	Vasconcelos *et al.* (2020)

Fonte: elaborada pelo autor.

Tabela 12.2. Estudos publicados sobre avaliação antigenotóxica de diferentes agentes por meio do teste para detecção de mutação e recombinação somática (SMART) em células de asas de *D. melanogaster*

Substância teste	Agente genotóxico	Resultado	Referência
Ácido betulínico	Uretano	+	Oliveira *et al.* (2020)
Anti-hipertensivo: losartan	Doxorrubicina	+	Silva-Oliveira *et al.* (2016)
Antilipêmico: sinvastatina	Doxorrubicina	+	Orsolin *et al.* (2016)
Antilipêmicos: atorvastatina; rosuvastatina	Doxorrubicina	+	Orsolin *et al.* (2015)
Artepilim C isolado de própolis verde	Mitomicina C	+	Rodrigues *et al.* (2017)
Artepilim C isolado de própolis verde	Etil metanossulfonato	–	Rodrigues *et al.* (2017)
Chalcona (E)-1-(2-hydroxyphenyl)-3-(4--methylphenyl)-prop-2-en-1-one (2HMC)	Mitomicina C	+	Véras *et al.* (2020)
Cumarina-chalcona [*7-methoxy-3-(E)-3-(3,4,5-trimethoxyphenyl)acryloyl-2H-cromen-2-one*] (4-MET)	Mitomicina C	+	Véras *et al.* (2020)
Extrato etanólico de açafrão (*Crocus sativus* L.)	Doxorrubicina	+	Oz e Arica (2019)
Extratos liofilizados de diferentes variedades de berinjela	Uretano	+	Sukprasansap *et al.* (2019)

(Continua)

Tabela 12.2. Estudos publicados sobre avaliação antigenotóxica de diferentes agentes por meio do teste para detecção de mutação e recombinação somática (SMART) em células de asas de *D. melanogaster* (continuação)

Substância teste	Agente genotóxico	Resultado	Referência
Melatonina	Cloreto de cobalto (II) e nanopartículas de cobalto (CoNPs)	+	Ertuğrul *et al.* (2020)
Metformina	Doxorrubicina	+	Oliveira *et al.* (2017)
Mirricitrina (3-O-α-L-ramnopiranósido da miricetina)	Doxorrubicina	+	Perdomo *et al.* (2020)
Nanopartículas de óxido de cobre e sulfato de cobre	Dicromato de potássio	+	Alaraby *et al.* (2017)
Porfirinas: clorofilina; protoporfirina; amifostina	Raios gama	+	Jiménez *et al.* (2020)
Radioprotetor: amifostina	Raios gama	+	Jiménez *et al.* (2020)
Tomate e licopeno	Peróxido de hidrogênio	+	Fernández-Bedmar *et al.* (2018)
Vitamina D3	Doxorrubicina	+	Vasconcelos *et al.* (2020)

Fonte: elaborada pelo autor.

CONSIDERAÇÕES FINAIS

Dentre os ensaios de genotoxicidade eucariótica *in vivo*, o teste para detecção de mutação e recombinação somática em células de asas de *D. melanogaster* é um procedimento eficiente e rápido para determinação quantitativa do potencial mutagênico e recombinogênico de agentes xenobióticos. A *Drosophila* tem provado ser um organismo modelo ideal, que oferece possibilidades valiosas pois, além de possuir uma capacidade metabólica versátil, é um sistema modelo alternativo ao uso de vertebrados.

Referências bibliográficas

Abraham SK. 1994. Antigenotoxicity of coffee in the *Drosophila* assay for somatic mutation and recombination. Mutagenesis. 1994; 9:383-6.

Alaraby M, Hernández A, Marcos R. Copper oxide nanoparticles and copper sulphate act as antigenotoxic agents in *Drosophila melanogaster*. Environ Mol Mutagen. 2017; 58:46-55.

Allgayer N, Campos RA, Gonzalez LPF, Flores MA, Dihl RR, Lehmann M. Evaluation of mutagenic activity of platinum complexes in somatic cells of *Drosophila melanogaster*. Food Chen Toxicol. 2019; 133:110782.

Amorim EM, Santana SL, da Silva AS, de Aquino NC, Silveira, ER, Ximenes RM *et al.* Genotoxic assessment of the dry decoction of *Myracrodruon urundeuva* Allemão (Anacardiaceae) leaves in somatic cells of *Drosophila melanogaster* by the Comet and SMART assays. Environ Mol Mutagen. 2020; 61:329-37.

Ávalos A, Haza AI, Drosopoulou E, Mavragani-Tsipidou P, Morales P. *In vivo* genotoxicity assesment of silver nanoparticles of different sizes by the Somatic Mutation and Recombination Test (SMART) on *Drosophila*. Food Chem Toxicol. 2015; 85:114-9.

Ávalos A, Haza AI, Mateo D, Morales P. *In vitro* and *in vivo* genotoxicity assessment of gold nanoparticles of diferente sizes by comet and SMART assays. Food Chem Toxicol. 2018; 120:81-8.

Baran MY, Emecen G, Simon A, Tóth G, Kuruuzum-Uz A. Assessment of the antioxidant activity and genotoxicity of the extracts and isolated glycosides with a new flavonoid from *Lotus aegaeus* (Gris.) Boiss. Ind Crop Prod. 2020; 153:112590.

Cardozo TR, de Carli RF, Allan Seeber A, Flores WF, da Rosa JAN, Kotzal QSG *et al.* Genotoxicity of zinc oxide nanoparticles: an *in vivo* and *in silico* study. Toxicol Res. 2019; 8:277-86.

Castañeda-Sortibrán AN, Flores-Loyola C, Martínez-Martínez V, Ramírez-Corchado MF, Rodríguez--Arnaiz, R. Herbicide genotoxicity revealed with the somatic wing spot assay of *Drosophila melanogaster*. Rev Int Contam Ambie. 2019; 35:295-305.

Contestabile R, di Salvo ML, Bunik V, Tramonti A, Vernì F. The multifaceted role of vitamin B6 in cancer: *Drosophila* as a model system to investigate DNA damage. Open Biol. 2020; 10:200034.

Ertuğrul H, Yalçın B, Güneş M, Kaya B. Ameliorative effects of melatonin against nano and ionic cobalt induced genotoxicity in two *in vivo Drosophila* assays. Drug Chem Toxicol. 2020; 43:279-86.

Fernandes FH, Guterres ZR, Corsino J, Garcez WS, Garcez FR. Assessment of the mutagenicity of propolis compounds from the brazilian cerrado biome in somatic cells of *Drosophila melanogaster*. Orbital. 2019; 11.

Fernández-Bedmar Z, Anter J, Moraga AA. Anti/genotoxic, longevity inductive, cytotoxic, and clastogenic-related bioactivities of tomato and lycopene. Environ Mol Mutagen. 2018; 59:427-37.

Frei H, Würgler FE. Statistical methods to decide whether mutagenicity test data from *Drosophila* assay indicate a positive, negative, or inconclusive result. Mutat Res. 1988; 203:297-308.

Frei H, Würgler FE. Induction of somatic mutation and recombination by four inhibitors of eukaryotic topoisomerases assayed in the wing spot test of *Drosophila melanogaster*. Mutagenesis. 1996; 11:315-25.

Frei H, Würgler, FE. Optimal experimental design and sample size for the statistical evaluation of data from somatic mutation and recombination test (SMART) in *Drosophila*. Mutat Res. 1995; 334:247-58.

Graf U, Frei H, Kägi A, Katz AJ, Würgler FE. Thirty compounds tested in the *Drosophila* wing spot test. Mutat Res. 1989; 222:359-73.

Graf U, van Schaik N. Improved high bioactivation cross for the wing somatic mutation and recombination test in *Drosophila melanogaster*. Mutat Res. 1992; 271:59-67.

Graf U, Würgler FE, Katz AJ, Frei H, Juon H, Hall CB *et al.* Somatic mutation and recombination test in *Drosophila melanogaster*. Environ Mutagen. 1984; 6:153-88.

Jiménez E, Pimentel E, Cruces MP, Amaya-Chavez A. Relationship between viability and genotoxic effect of gamma rays delivered at different dose rates in somatic cells of *Drosophila melanogaster*. J Toxicol Env Heal A. 2019; 82:741-51.

Jiménez E, Pimentel E, Cruces MP, Amaya-Chávez A. Radioprotective effect of chloropyllin, protoporphyrin-XI and bilirubin compared with amifostine® in *Drosophila melanogaster*. Environ Toxicol Pharmacol. 2020; 80:103464.

Kastenbaum MA, Bowman KO. Tables for determining the statistical significance of mutation frequencies. Mutat Res. 1970; 9:527-49.

Lindsley DL, Zimm GG. Genes. In: Lindsley DL, Zimm GG. (Eds.). The genome of *Drosophila melanogaster*. Academic Press, San Diego, CA, 1992. pp. 1-803.

Marcos R, Carmona E. The wing-spot and the comet tests as useful assays for detecting genotoxicity in *Drosophila*. In: Dhawan A, Bajpayee M (Eds.). Genotoxicity assessment. Methods and Protocols. Humana, New York, NY, 2019, pp. 337-48.

Mendonça TP, Aquino JD, Silva WJ, Mendes DR, Campos CF, Vieira JS *et al.* Genotoxic and mutagenic assessment of spinosad using bioassays with *Tradescantia pallida* and *Drosophila melanogaster*. Chemosphere. 2019; 222:503-10.

Morais CR, Bonetti AM, Mota AA, Campos CF, Souto HN, Naves MPC *et al.* Evaluation of toxicity, mutagenicity and carcinogenicity of samples from domestic and industrial sewage. Chemosphere. 2018; 201:342-50.

Morais CR, Carvalho SM, Naves MPC, Araujo G, Rezende AAA, Bonetti AM *et al.* Mutagenic, recombinogenic and carcinogenic potential of thiamethoxan insecticide and formulated product in somatic cells of *Drosophila melanogaster*. Chemosphere. 2017; 187:163-72.

Naves MPC, Morais CR, Silva ACA, Dantas NO, Spanó MA, de Rezende AAA. Assessment of mutagenic, recombinogenic and carcinogenic potential of titanium dioxide nanocristals in somatic cells of *Drosophila melanogaster*. Food Chem Toxicol. 2018; 112:273-81.

Naves MPC, Morais CR, Spanó MA, de Rezende AAA. Mutagenicity and recombinogenicity evaluation of bupropion hydrochloride and trazodone hydrochloride in somatic cells of *Drosophila melanogaster*. Food Chem Toxicol. 2019; 131:110557.

Nobre FX, Muniz R, Martins F, Silva BO, de Matos JME, da Silva ER *et al.* Calcium molybdate: toxicity and genotoxicity assay in *Drosophila melanogaster* by SMART test. J Mol Struct. 2020; 1200:127096.

Oliveira VC, Constante SAR, Orsolin PC, Nepomuceno JC, de Rezende AAA, Spanó MA. Modulatory effects of metformin on mutagenicity and epitelial tumor incidence in doxorubicin-treated *Drosophila melanogaster*. Food Chem Toxicol. 2017; 106:283-91.

Oliveira VC, Naves MPC, Morais CR, Constante SAR, Orsolin PC, Alves BS *et al.* Betulinic acid modulates urethane-induced genotoxicity and mutagenicity in mice and *Drosophila melanogaster*. Food Chem Toxicol. 2020; 138:111228.

Orsolin PC, Silva-Oliveira RG, Nepomuceno JC. Modulating effect of synthetic statins against damage induced by doxorubicin in somatic cells of *Drosophila melanogaster*. Food Chem Toxicol. 2015; 81:111-9.

Orsolin PC, Silva-Oliveira RG, Nepomuceno JC. Modulating effect of simvastatin on the DNA damage induced by doxorubicin in somatic cells of *Drosophila melanogaster*. Food Chem Toxicol. 2016; 90:10-7.

Oz S, Arica SC. The genoprotective effect of *Crocus sativus* L. (saffron) extract on doxorubicin-induced genotoxicity in *Drosophila melanogaster*. Fresen Environ Bull. 2019; 28:2545-52.

Pandey UB, Nichols CD. Human disease models in *Drosophila melanogaster* and the role of the fly in therapeutic drug discovery. Pharmacol Rev. 2011; 63:411-36.

Perdomo RT, Defende CP, Mirowski PS, Freire TV, Weber SS, Garcez WS *et al.* Myricitrin from *Combretum lanceolatum* exhibits inhibitory effect on DNA-topoisomerase type $II\alpha$ and protective effect against *in vivo* doxorubicin-induced mutagenicity. J Med Food. 2020. DOI: org/10.1089/jmf.2020.0033.

Rodrigues CRF, Plentz LC, Flores MA, Dihl RR, Lehmann M. Assessment of genotoxic and antigenotoxic activities of artepillin C in somatic cells of *Drosophila melanogaster*. Food Chem Toxicol. 2017; 101:48-54.

Santos-Cruz FL, Ramírez-Cruz BG, García-Salomé M, Olvera-Romero ZY, Hernández-Luis F, Hernández-Portilla LB *et al.* Genotoxicity assessment of four novel quinazoline-derived trypanocidal agents in the *Drosophila* wing somatic mutation and recombination test. Mutagenesis. 2019; XX:1-11.

Silva-Oliveira RG, Orsolin PC, Nepomuceno JC. Modulating effect of losartan potassium on the mutagenicity and recombinogenicity of doxorubicin in somatic cells of *Drosophila melanogaster*. Food Chem Toxicol. 2016; 95:211-8.

Spanó MA, Frei H, Würgler FE, Graf U. Recombinagenic activity of four compounds in the standard and high bioactivation crosses of *Drosophila melanogaster* in the wing spot test. Mutagenesis. 2001; 16:385-94.

Sukprasansap M, Sridonpai P, Phiboonchaiyanan PP. Eggplant fruits protect against DNA damage and mutations. Mutat Res. 2019; 813:39-45.

Vasconcelos MA, Orsolin PC, Oliveira VC, Lima PMAP, Naves MPC, Morais CR *et al*. Modulating effect of vitamin D3 on the mutagenicity and carcinogenicity of doxorubicin in *Drosophila melanogaster* and *in silico* studies. Food Chem Toxicol. 2020; 143:111549.

Véras JH, do Vale CR, Lima DCS, dos Anjos MM, Bernardes A, de Moraes Filho AV *et al*. Modulating effect of a hydroxychalcone and a novel coumarin-chalcone hybrid against mitomycin-induced genotoxicity in somatic cells of *Drosophila melanogaster*. Drug Chem Toxicol. 2020. DOI: 10.1080/01480545.2020.1776314.

Würgler F, Vogel EW. *In vivo* mutagenicity testing using somatic cells of *Drosophila melanogaster*. In: de Serres FJ (Ed.). Chemical Mutagens 10. Plenum, New York, 1986, pp. 1-59.

Younes S, Al-Sulaiti A, Nasser EAA, Najjar H, Kamareddine L. *Drosophila* as a model organism in host-pathogen interactions studies. Front Cell Infect Microbiol. 2020; 10:214.

13

A Versatilidade do *Danio Rerio (Zebrafish)* para Estudos de Mutagênese, Genômica, Carcinogênese e Teratogênese

Cesar Koppe Grisolia

Resumo

A versatilidade do *Danio rerio* (*zebrafish*) como um modelo experimental *in vivo* para os mais diferentes estudos em mutagenicidade, genômica ambiental, carcinogênese, embriotoxicidade e teratogênese é o assunto deste capítulo. Apresentamos várias propostas de desenhos experimentais para bioensaios com *zebrafish*. O genoma do *zebrafish* já foi sequenciado e pode ser utilizado em muitos estudos de biologia molecular. A homologia com o genoma humano permite pesquisas no entendimento de muitas doenças crônico-degenerativas humanas. Existem linhagens adequadas para diferentes propostas experimentais como rastreamento de novas moléculas, biossensor de contaminantes aquáticos, estudos para o entendimento do mecanismo de ação de moléculas, bioensaios para a regulamentação de novas moléculas.

INTRODUÇÃO

A água é um bem essencial que sustenta a vida no planeta. Em determinadas condições de uso, pode ser considerada tanto um veículo de saúde como de doenças. O controle adequado da qualidade das águas para o abastecimento das populações é de fundamental importância para a manutenção da saúde. Por outro lado, as atividades humanas, sejam nas cidades, indústrias ou no campo, produzem substâncias de diferentes naturezas químicas que contaminam os recursos hídricos. A literatura científica está repleta de dados sobre a presença de resíduos de agrotóxicos, medicamentos, metais tóxicos, hormônios, resíduos industriais etc. nos recursos hídricos. As tecnologias atuais de potabilização das águas para abastecimento público não removem completamente essas moléculas que, mesmo em baixas concentrações, podem bioacumular e provocar diferentes tipos de distúrbios nos organismos aquáticos, sobretudo nos peixes (Yang *et al.*, 2017). Assim, a detecção desses distúrbios nos peixes é uma indicação de que as populações humanas estariam também em risco ao consumir essas águas. Os peixes são considerados bons bioindicadores de contaminantes químicos nas águas.

O peixe-zebra (*Danio rerio, Cyprinidae – Teleosteo*) é conhecido pela comunidade científica como *zebrafish*, e no Brasil também como paulistinha. É um pequeno peixe de origem asiática, bem caracterizado geneticamente nos dias atuais, e com muitas linhagens mutantes e transgênicas desenvolvidas para investigação de muitas patogenias humanas. Seu genoma já foi sequenciado e pode ser acessado na ZFIN – *Zebrafish Information Network*. O *D. rerio* (*zebrafish*) tem 26.206 genes codificadores de proteínas (www.zfin.org). Atualmente, é considerado um organismo modelo para as mais diferentes pesquisas, desde as áreas da toxicologia, neurologia, desenvolvimento, comportamento, câncer e outras doenças humanas, como também em testes de rastreamento de novos fármacos humanos.

A homologia com o genoma humano é grande, pois em 71,4% dos genes humanos, há um ortólogo no *zebrafish*. E, em 69% dos genes desse peixe há um gene ortólogo no homem. Muitos desses genes ortólogos estão associados a patogenias humanas. Por isso o *zebrafish* tornou-se um modelo de pesquisas *in vivo* bastante requisitado para o entendimento da ontogenia de muitas patogenias humanas. Tais mutações, quando em homozigose, geram fenótipos similares às doenças investigadas no homem (Bradford *et al.*, 2011).

O *zebrafish* tem um ciclo de vida relativamente curto e bem caracterizado, é bastante prolífero e a sua biologia reprodutiva está bem descrita. Devido a tais fatores é o organismo eleito em substituição aos roedores para o rastreamento de novas moléculas com potencial farmacológico (Rennekamp e Peterson, 2015). Os modelos *in vivo* para rastreamento de novas moléculas são os mais eficazes porque muitos fármacos requerem múltiplos alvos de ação, em diferentes órgãos, como no caso de distúrbios complexos poligênicos. Além disso, a molécula deve ter ação farmacológica sobre o órgão alvo e ter baixa toxicidade aos outros órgãos não alvos. E este tipo de resposta obtêm-se somente com testes *in vivo*. As respostas deste modelo experimental mostraram-se bastante proeminentes na carcinogênese, na investigação de mecanismos de indução do câncer, bem como no rastreamento de moléculas anticâncer e identificação de alvos terapêuticos. A Figura 13.1 mostra um casal de *Danio rerio* e os principais estágios do desenvolvimento.

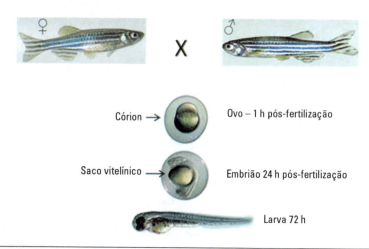

Figura 13.1. Casal de *Danio rerio* adulto, ovo recém-fecundado, embrião com 24 horas de desenvolvimento e larva. Destaque: o córion translúcido. Fonte: adaptada de Ribas e Piferrer, 2014.

BIOTERISMO DE *DANIO RERIO* (*ZEBRAFISH*)

É bastante simples construir um sistema circulante de aquários para a manutenção de *zebrafish* para pesquisa. No mercado existem empresas que fabricam biotérios automatizados especificamente para *zebrafish*. No Laboratório de Genética Toxicológica da Universidade de Brasília, nós mesmos construímos o nosso próprio (Figura 13.2). São 24 aquários de 12 litros com um sistema filtrante circulante e uma lâmpada ultravioleta.

Figura 13.2. Biotério de *zebrafish* com 24 aquários de 12 litros, com fluxo contínuo, com capacidade para 700 peixes. Fonte: Universidade de Brasília, 2014.

A coleta de embriões é simples e fundamental para a manutenção do estoque de peixes do biotério. É importante estabelecer o próprio criatório, uma vez que se tem um controle de origem, o que é muito importante para os mais diferentes estudos toxicológicos que se pode fazer com esse modelo, principalmente os testes de embriotoxicidade de teratogênese (Figura 13.3). De acordo com a legislação brasileira, um médico veterinário deve responder pelo controle e manutenção do biotério (Lei nº 11.794/2008).

Figura 13.3. Aquário montado para coleta de embriões. No fundo, as bolinhas de vidro e as plantas de plástico. Ao centro, uma divisória separando machos e fêmeas. Fonte: foto do autor, Cesar Koppe Grisolia, Laboratório de Genética Toxicológica UnB.

296 A Versatilidade do *Danio Rerio (Zebrafish)*

O aquário exposto é pequeno, de 8 litros, para a coleta de embriões. As bolinhas de vidro no fundo são importantes para proteger os embriões da predação pelos adultos e as plantas de plástico para estimular as desovas. Uma barreira ao meio serve para a separação de machos e fêmeas. Preferencialmente, essa montagem deve ser feita no final da tarde e a lâmina de água deve ser baixa. Na manhã seguinte, logo cedo quando a luz acende, retira-se a barreira e as fêmeas desovam, ocorrendo então a fecundação. É fundamental o controle de fotoperíodo de 12:12 h ou 14:10 h (claro/escuro), pois estimula a liberação de feromônios relacionados com a desova e fecundação. Há farta literatura para auxiliar na montagem e manutenção de um biotério para *zebrafish*.

A partir da década de 1970 os cientistas verificaram a eficiência e a sensibilidade do *zebrafish* para investigar a toxicidade de compostos químicos. Devido a sua característica peculiar de ter o córion translúcido, é bem fácil acompanhar todas as fases da embriogênese em um estereomicroscópio simples. Assim, tornou-se um modelo ideal para avaliação de embriotoxicidade e teratogênese. Em seguida novos avanços metodológicos vieram, como testes de cardiotoxicidade, investigações neurológicas e comportamentais, mutagênese, toxicogenômica e carcinogênese.

O *zebrafish* já é bastante conhecido na aquariofilia. Entretanto, para a sua manutenção em biotério aquático para pesquisa deve-se tomar todas as medidas de controle físico-químico da água, temperatura ambiente e alimentação adequadas. Os peixes podem ser obtidos de criatórios comerciais especializados. Assim que chegam ao laboratório, vão para aquários especiais fora do biotério para um período de quarentena, com a observação do estado sanitário (possíveis doenças), sexagem, certificação de que todos são mesmo *Danio rerio* selvagem e a padronização do cardume de acordo com o tamanho. Para que sejam usados em testes toxicológicos, é importante ter o controle histórico dos peixes e usar os oriundos do seu criatório. Por mais que se faça a reprodução para a manutenção da população do biotério, é aconselhável que periodicamente sejam introduzidos peixes de outros criatórios para evitar excesso de endocruzamento (depressão por endocruzamento).

Existem muitas linhagens de *zebrafish*, com características marcantes para cada vocação de um laboratório de pesquisa. São linhagens mutantes e de construções genéticas transgênicas. Todas essas linhagens têm as características genômicas bem descritas e associadas ao fenótipo mutante ou transgênico, e podem ser acessadas no *ZFIN databank* (www.zfin.org). Todos os bioensaios com embriões, larvas e adultos devem ser previamente aprovados pelo comitê de ética do uso animal, conforme exige a legislação brasileira (Lei nº 11.794/2008). Para o uso dessas linhagens transgênicas o laboratório deve obter a licença da Comissão Técnica Nacional de Biossegurança, de acordo com a lei de biossegurança (Lei nº 11.105).

A UTILIZAÇÃO DO *ZEBRAFISH* COMO MODELO EM ECOTOXICOLOGIA

A utilização do *zebrafish* como bioindicador de contaminação aquática por diferentes tipos de poluentes, coloca o modelo deste peixe em um patamar institucional. Em muitos países, o *zebrafish* é utilizado como organismo sentinela em estações de tratamento de água para abastecimento público nas municipalidades. Além disso, é utilizado também para monitoramento da eficiência das estações de tratamento de esgoto (JRC Science and Policy Reports – European Commission, 2014). Em 2005, o governo da Alemanha tornou obrigatório a execução do teste FET – *Fish Embryotoxicity Test*, protocolo OECD 236, no monitoramento dos efluentes das estações de tratamento de esgoto.

Existem hoje várias linhagens transgênicas com a inserção do gene da proteína fluorescente verde (FGP – *Fluorescent Green Protein*), em diferentes vias metabólicas, que passam a se expressar quando o peixe é submetido a um estresse toxicológico e assim alterando a sua coloração. Esses constructos transgênicos são capazes de alterar a sua coloração original quando expostos a metais tóxicos, hidrocarbonetos policíclicos aromáticos, hormônios, agrotóxicos, fármacos e nanomateriais. Assim os peixes, sob estresse, alteram a coloração tornando-se esverdeados (Alestrom *et al.*, 2006). A inserção de um *"reporter gene"* faz a função de biossensor, e quando o peixe retorna para um aquário com água limpa, retoma a coloração selvagem e não entra em sofrimento (Figura 13.4).

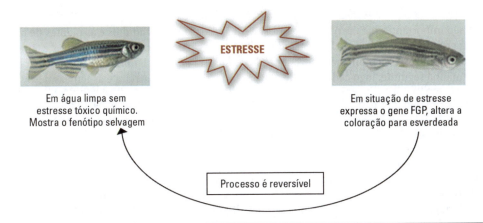

Figura 13.4. *Zebrafish* transgênico com seu fenótipo selvagem normal, e após submetido ao estresse químico expressando a proteína FGP. Fonte: adaptada de Gong *et al.*, 2001.

Uma grande quantidade de poluentes com características de interferentes hormonais é lançada nos recursos hídricos diariamente. São moléculas com atividades semelhantes aos hormônios humanos, chamados também de desreguladores hormonais (*Endocrine Disruptors*). Muitos deles têm atividades que mimetizam principalmente estrógenos e andrógenos, mas também podem interferir nos hormônios tireoidianos, ter efeitos obesogênicos, entre outros. Podem ter atividade agonista, que hiperestimulam os receptores ou antagonista que se ligam e bloqueiam os receptores hormonais. Diferentes classes de poluentes ambientais se enquadram como desreguladores endócrinos, como alguns agrotóxicos, ftalatos derivados de plásticos, bifenilas policloradas, metais como estanho e mercúrio.

A ecotoxicogenômica utiliza as metodologias genômicas de análise de variações da expressão gênica de um organismo dentro de um contexto ecológico de exposição a contaminantes ambientais. São usadas diferentes metodologias, como a análise de um único gene (RT-PCR), até os microarranjos de DNA (*DNA-microarray*). Pode-se associar com a proteômica e metabolômica, para entender como os poluentes ambientais interagem com os genomas dos organismos expostos e as suas manifestações fenotípicas. Em geral, contaminantes emergentes na água, como resíduos de fármacos ocorrem em baixas concentrações e por períodos prolongados, pois são estáveis na água e seu aporte no ambiente aquático é contínuo. Para se entender como essa condição de exposição afeta os organismos, os estudos são feitos com exposições crônicas a baixas concentrações (Piña e Barata, 2011). O protocolo OECD 215 contém todas as diretrizes de como fazer o desenho experimental de um teste crônico com *zebrafish*. A literatura mostra que a exposição crônica de *zebrafish* adultos a resíduos de fármacos psicotrópicos, como fluoxetina e carbamazepina em concentrações muito baixas como 0,06 µg/L de água, causam distúrbios bioquímicos e alterações nos padrões de expressão gênica (Santos *et al.*, 2018; Farias *et al.*, 2019). Os resultados de exposição demonstram a sensibilidade do modelo experimental.

AVALIAÇÃO DE GENOTOXICIDADE EM *ZEBRAFISH* COM OS TESTES DO MICRONÚCLEO E ENSAIO COMETA

O teste do micronúcleo (MN) para a verificação de efeitos clastogênicos ou aneugênicos de substâncias químicas é empregado com sucesso em *zebrafish*. A formação de micronúcleos pode ocorrer por quebras na cromatina ou erros de segregação cromossômica na mitose. É um teste de baixo custo, fácil de executar e validado cientificamente. Existe uma extensa literatura científica com centenas de publicações usando peixes como modelo experimental. O *zebrafish* é muito empregado para testar a genotoxicidade de substâncias químicas em laboratório por meio de bioensaios agudos e crônicos (Chakravarthy *et al.*, 2014).

Os eritrócitos de sangue periférico dos peixes são nucleados e são de fácil visualização ao microscópio óptico de luz com magnificação 1.000×. A preparação das lâminas com o esfregaço de sangue é bastante simples. Faz-se o esfregaço com uma gota de sangue sobre a lâmina, que é mais facilmente coletado por meio de punção cardíaca com uma seringa com anticoagulante. Deixa-se secar ao ar por 24 horas, faz-se a fixação em metanol por 10 minutos e finaliza-se com a coloração. Existem duas possibilidades de coloração: com GIEMSA a 5% e com alaranjado de acridina diluída a 125 µg/mL, ambos com pH 6,8 diluídos em solução tampão fosfato. Recomenda-se analisar, no mínimo, 3.000 eritrócitos por peixes.

A coloração com acridina é mais precisa, pois evita a ocorrência de contagem de MN falso-positivo, pois é um corante bastante específico para DNA, o que não ocorre com o GIEMSA. Outra vantagem do uso da acridina é que se pode diferenciar os eritrócitos jovens (eritroblastos) dos maduros, por meio de um padrão de coloração diferencial do citoplasma (Figura 13.5B). Os eritroblastos ainda contém RNAs no citoplasma, por isso são policromáticos e assim pode-se obter dois tipos de informação analisando a mesma lâmina: frequência de MN e inibição da proliferação celular, ao fazer a relação eritroblastos/eritrócitos.

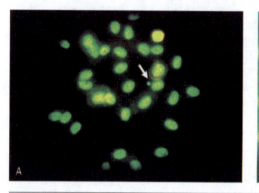 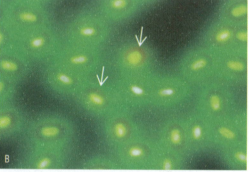

Figura 13.5. *Zebrafish* expostos ao etilnitrosoureia por 72 horas. Coloração com laranja de acridina (magnificação 1.000×). **A.** eritrócito com MN (seta). **B.** Eritroblastos visualizados com o citoplasma mais alaranjado (*setas*). Fonte: Laboratório de Genética Toxicológica da UnB.

O ensaio cometa também está validado e incluído na bateria de testes por diferentes agências regulatórias para avaliação genotóxica (ver Capítulo 6). Pode ser aplicado em diferentes tipos celulares de invertebrados como minhocas e caramujos; em vertebrados como aves, peixes, mamíferos e no homem. No caso da sua aplicação em *zebrafish* adultos, o método mais simples e direto é o realizado em células do sangue periférico, mas pode também ser realizado em embriões e em larvas (Kosmehl *et al.*, 2006). Esse teste se aplica em células isoladas, por isso é ideal para sangue periférico de peixes, aves e anfíbios e hemolinfa em invertebrados. No caso de embriões e larvas de *zebrafish*, usa-se um divulcionador bastante simples de vidro com solução-tampão fosfato, para desagregar as células da matriz tecidual. Há também protocolos para isolar as células de um tecido usando-se a tripsina, mas, antes de correr o teste, é necessário verificar o índice de viabilidade celular acima de 80% (Figura 13.6).

Com base no princípio de redução do uso animal em pesquisa, a International Conference on Hamonization Guidance (2008) recomenda o teste combinado de MN e ensaio cometa. Em *zebrafish* adultos, utilizando uma seringa de 1 mL contendo 400 µL de soro bovino fetal, ou um anticoagulante como heparina, consegue-se coletar 200 µL de sangue periférico, suficiente para

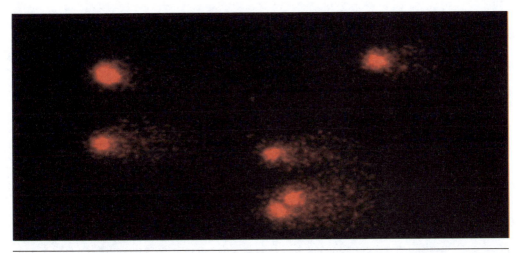

Figura 13.6. Eritrócitos periféricos de *zebrafish* expostos por 72 h ao etilnitrosoureia. Células em estágio 3, quantificação de danos no DNA pelo tamanho da cauda. Foto do Laboratório de Genética Toxicológica da UnB (magnificação de 400×). Fonte: foto do autor, Cesar Koppe Grisolia, Laboratório de Genética Toxicológica UnB.

distribuir em 4 lâminas, duas para esfregaço de MN e duas lâminas cobertas com gel de agarose para o ensaio cometa. Assim, obtêm-se dois resultados de um mesmo peixe: clastogenicidade e índice de danos no DNA (Vasquez, 2010).

A UTILIZAÇÃO DO *ZEBRAFISH* EM PESQUISAS DE TOXICOGENÔMICA

As variações nas expressões gênicas podem ser estudadas com diferentes propostas, como nocaute gênico, usando a metodologia de morfolinos, microRNAi até a transcriptômica global. Pode-se entender a variação da expressão de um único gene com a técnica de RT-PCR, estudar a expressão de um conjunto de genes usando a técnica de *miniarrays* e estudar a variação completa extraindo-se o RNA global, fazendo-se a transcriptômica (*microarrays*). Nesse caso, é interessante associar a transcriptômica com a proteômica, mas levando em consideração que nem todo RNAm transcrito é traduzido em proteína, bem como nem toda variação na quantidade de proteína está diretamente associada à variação correspondente na expressão gênica. Atualmente, existem no mercado *kits* para *miniarrays*, em que se pode desenhar os genes a serem investigados, bem como Zebrafish GeneChip para a transcriptômica (*microarrays*).

Em ecotoxicogenômica é interessante ter uma visão global das variações de expressão gênica após exposição a um agente estressor, pois permite uma análise simultânea de todas as vias metabólicas. Além disso, permite identificar o alvo do agente estressor. Os dados obtidos do transcriptoma global resultam em uma grande matriz, em que se pode identificar genes *up-regulated* e genes *down-regulated*, permitindo fazer estudos de associação entre as variações na expressão gênica com as variações fenotípicas estruturais e fisiológicas.

A epigenética tem atraído o foco nas pesquisas em ecotoxicogenômica. Com isso pode-se estudar efeitos transgeracionais de um toxicante ambiental, uma vez que marcas epigenéticas em alguns genes como metilações no DNA e acetilações das histonas causadas por exposições químicas podem ser identificadas na descendência. O 7,12-dimetil-benzantraceno, um hidrocarboneto policíclico aromático carcinogênico, induz alterações epigenéticas em *zebrafish*. A análise do metiloma após a exposição mostrou que os genes, os que foram diferencialmente metilados, são aqueles envolvidos com os processos de formação de tumor. Observou-se também alterações no padrão de metilação no DNA dos espermatozoides, que então promoverão alterações genéticas na descendência (Vandegehucht e Janssen, 2014).

A toxicogenômica pode ajudar a entender o mecanismo de ação de um toxicante, pois ao se constatar a alteração na expressão gênica e identificar o gene afetado, pode-se associar a variações fenotípicas correspondentes. Em geral, os desreguladores endócrinos não causam danos diretamente na estrutura da molécula do DNA ou da cromatina, como quebras. Entretanto, promovem alterações na expressão gênica e a toxicogenômica é a ferramenta mais adequada para se entender os efeitos dessa classe de contaminantes (Caballero-Gallardo *et al.*, 2016). Os sistemas hormonais em vertebrados são bastante conservados, e o *zebrafish* tem uma correspondência com os mamíferos. Por exemplo, o bisfenol A, um desregulador endócrino e contaminante aquático derivado da degradação de plásticos com efeito estrogênico, promove a alteração na expressão de sete genes envolvidos na via de síntese da vitelogenina (*vtg1-7*), uma importante lipo-fosfo-glicoproteína na formação das proteínas do saco embrionário nos peixes (Reyhanian-Caspillo *et al.*, 2014). Alguns inseticidas organoclorados, como endolsulfan, metoxiclor e heptaclor, têm efeitos estrogênicos e promovem alterações nos padrões de expressão gênica, na cadeia de genes relacionados com o metabolismo dos hormônios sexuais femininos (Caballero-Gallardo *et al.*, 2016).

O glifosato, herbicida mais utilizado no mundo, contaminante comum em águas, altera o perfil de transcrição dos genes gonadais *CYP19a1* e *ESR1* em ovários, e os genes *HSD3b2*, *CAT* e *SOD* nos testículos de *zebrafish*, interferindo nos processos de esteroidogênese e estresse oxidativo (Uren-Webster *et al.*, 2014).

A EPIGENÉTICA AMBIENTAL E AS METILAÇÕES NOS GENOMAS

As mudanças no ambiente induzem alterações epigenéticas que modificam os padrões de transcrição dos genes, sendo fontes das variações fenotípicas. Isso pode levar a mecanismos adaptativos à nova realidade ambiental. As metilações que ocorrem nas citosinas das ilhas CpG (citosina-fosfato-guanina), nas regiões promotoras dos genes, representam um importante mecanismo nesse processo regulatório da expressão gênica. As metilações ocorrem ao longo do genoma, desde a heterocromatina, transposons e DNA repetitivo, enquanto as regiões que flanqueiam os genes são menos metiladas. Os mecanismos que estabelecem esses padrões de metilação ainda não estão totalmente entendidos (Varriale, 2014).

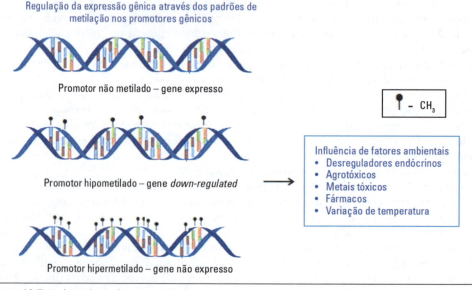

Figura 13.7. Padrões de metilação no DNA de acordo com a quantidade de CH_3 ligados ao carbono 5 da citosina (5mCitosina). Fonte: adaptada de Wang *et al.*, 2018.

Existem vários estudos mostrando os impactos de contaminantes ambientais sobre mecanismos epigenéticos, como o bisfenol A, metais tóxicos e agrotóxicos como mostra a Figura 13.7, modificando os padrões de metilação no DNA (Dupras *et al.*, 2014). Para se estudar efeitos epigenômicos, por meio do metiloma, causados por exposição a fatores ambientais, é mais apropriado fazer exposições crônicas com *zebrafish* adultos. Pode-se usar como guia para o desenho experimental o protocolo OECD 215, com exposição de quatro semanas, no mínimo, que em *zebrafish* já se considera crônica. Além disso, pode-se adotar como critério a exposição de 60 dias em sistema semiestático. É importante determinar previamente a meia-vida aquática da substância-teste, isto é, a curva de decaimento na água, para se estabelecer o tempo de reposição nos aquários dos peixes. Dessa forma, os peixes são expostos às mesmas concentrações do início ao fim do teste.

A FACILIDADE DA UTILIZAÇÃO DA TÉCNICA CRISPR-CAS9 EM *ZEBRAFISH*

CRISPR é (sigla para *Clustered, Regularly Interspaced, Short, Palindromic Repeats*) a tecnologia mais promissora para fazer edição de pequenos trechos de DNA em qualquer célula ou organismo. É um mecanismo de defesa adaptativo, descoberto em bactérias, usado para detectar e inativar ácidos nucleicos invasores (virais, por exemplo). Uma espécie de vacina bacteriana contra ataques por vírus bacteriófagos, pois numa segunda infecção pelo mesmo DNA a resposta é bem mais rápida e efetiva. Consiste em uma pequena sequência repetida palindrômica, flanqueando um RNA guia (gRNA) e acoplada a uma endonuclease, geralmente a cas-9. Essa ferramenta genômica permite fazer a inserção ou deleção de um ou mais nucleotídeos sítio-dirigidos, bem como substituições de bases no DNA alvo do genoma do *zebrafish*. Todos os insumos para construir um gRNA-cas9 para qualquer sequência alvo do *zebrafish* estão disponíveis no mercado, a única variável no sistema é o gRNA que vai reconhecer a sequência específica. Isto é, de acordo com o oligonucleotídeo (gRNA) que se programar, pode-se fazer a alteração no genoma desejado.

A grande vantagem do *zebrafish* na aplicação dessa técnica é a facilidade de coleta de embrião recém-fecundado, no estágio de um blastômero e assim fazer a microinjeção gRNA-cas9, que então também atinge as células germinativas. Dessa maneira, é possível produzir uma nova linhagem ou um novo modelo experimental (Figura 13.8). A transformação é bialélica e está sendo muito utilizada para o silenciamento gênico e na genética reversa, para se entender com detalhes a extensão do funcionamento de um gene. O loco gênico a ser editado pode ser obtido na plataforma genômica ZFIN do *zebrafish*. Há um exemplo na literatura, em que um *zebrafish* com uma mutação albino no loco *alb:slc45a2*, incapaz de produzir melanina, após injeção de gRNA-cas9 selvagem no embrião tornou a produzir melanina, demonstrando o reparo da mutação (Irion *et al.*, 2014).

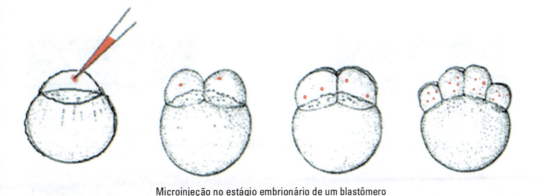

Microinjeção no estágio embrionário de um blastômero

Figura 13.8. Microinjeção no primeiro blastômero: caso ocorra a transformação no genoma, todas as demais células também estariam transformadas. Fonte: adaptada de Kimmel *et al.*, 1995.

A UTILIZAÇÃO DO *ZEBRAFISH* EM ESTUDOS DE CARCINOGÊNESE

Já foram criados muitos modelos em *zebrafish* para o estudo do câncer. Há modelos desenvolvidos para estudar mecanismos de carcinogênese bem como para o rastreamento de moléculas que combatem tumores. Vamos enfocar essas duas possibilidades. De acordo com a plataforma ZFIN, referência do genoma do *zebrafish*, para 82% das doenças associadas a genes descritas no *Online Mendelian Inheritance In Man* (OMIM), encontra-se um gene ortólogo no *zebrafish*.

Pesquisa em carcinogênese

Os xenotransplantes de células cancerosas marcadas com fluocromo FGP (*fluorescent green protein*) e injetadas dentro do embrião de *zebrafish* possibilitam o acompanhamento passo a passo da evolução do tumor. Nessa fase, o embrião é imunodeficiente e há a progressão do tumor. Analisa-se o início e a progressão do tumor, processo de angiogênese e o início das metástases. A linhagem *Casper* é completamente transparente e consegue-se visualizar todos os órgãos e vasos sanguíneos no organismo vivo. É possível rastrear as células cancerosas marcadas em todas as etapas do desenvolvimento do tumor (Figura 13.9). Então, testam-se moléculas inibidoras da massa tumoral, moléculas inibidoras de angiogênese etc.

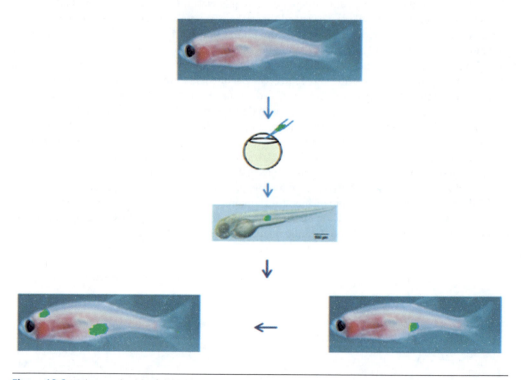

Figura 13.9. Linhagem de *zebrafish Casper* com xenotransplante de células cancerosas marcadas com FGP. Pode-se analisar várias etapas da progressão do tumor. Fonte: adaptada de Stoletov e Klemke, 2008.

Existem muitas linhagens transgênicas, com construções de proto-oncogenes ativados, como: a superexpressão de *c-myc* sobre o promotor dos linfócitos que leva a leucemias linfoblásticas; a ativação da expressão do gene RAS^{G12D} que leva à indução de rabdomiossarcomas; a mutação no gene *BRAF* que leva à formação do melanoma, entre muitos outros exemplos. Há também mutações dirigidas para genes supressores de tumor, como o gene *P53* (-/-). Pode-se também trabalhar com linhagens mutantes, com deleções de pares de bases em outros genes supressores de tumor, duplicação de oncogenes e silenciamento gênico ou *down-regulation* por meio de metilações sitio-dirigidas usando-se a tecnologia CRISPR-*cas9* associada com a DNA metiltransferase. Os tumores originados em *zebrafish* têm uma grande similaridade histopatológica com os tumores humanos (Dang *et al.*, 2016).

Assim, qualquer que seja o tipo de câncer que se pretende estudar, pode-se desenvolver um modelo específico em *zebrafish*, devido à facilidade de se fazer microinjeção de DNA no embrião, construindo uma linhagem transgênica diretamente relacionada com a proposta da pesquisa (exemplos na Tabela 13.1).

Tabela 13.1. Alguns exemplos de modelos transgênicos construídos em *zebrafish* para pesquisas do câncer

Câncer	Oncogene	Célula tumoral	Uso na biologia do câncer
Melanoma	*mitfa*-BRAF	Melanócitos	Rastreamento de modificadores genéticos e químicos
Pancreático	*ptf1a*-KRAS-GFP	Pâncreas exócrino	Indução de carcinoma pancreático induzido por KRAS
Linfomas	*rag2-myc*	Linfócitos	Modelos de indução de câncer
Leucemias	*rag2-myc-bcl2*	Linfócitos	Mecanismos de disseminação de leucemias
Rabdomiossarcoma	*rag2*-KRAS-G12D	Células satélites	Identificação de iniciação celular
Neuroblastoma	*dβh:EGP-MYCN*	Neurônios	Cooperação MYCN e ALK
Lipoma	*kat4-myr* AKT1	Adipócitos	Plataforma de estudo de moléculas terapêuticas
Fígado	*fabp10 : MYC*	Hepatócitos	Tumor induzido por MYC
Neoplasma mieloproliferativo	*sp1*-NUP98-HOXA9	Células mieloides	Hematopoiese e resposta a danos no DNA
Mastocitose sistêmica	*actb2 :* KIT (D816V)	Mastócitos	Expressão do ocongene KIT - mastocitose agressiva
Colangiocarcinoma	TRE - CMV : HCP	Epitélio biliar	Genes HBx e HCP induzindo colangiocarcinoma
Glioma	*krt5 :* smoa1	Neurônios	Sinalização de promotores *hedgehog* na via ótica
Sarcoma de Ewing	*hsp70 :* EWS - FLI1	Osteoblastos	Expressão do oncogene EWS-FLI1 desenvolvimento do tumor
Adenoma de pituitária	*pomc : pttg*	Células Corticotróficas	Expressão do oncogene - hiperplasia e adenoma

Fonte: Dang *et al.*, 2016, Zebrafish and Cancer.

Rastreamento de novas moléculas anticâncer com alvo terapêutico definido

Devido ao pequeno tamanho e facilidade de procriação, pode-se obter milhares de embriões em um único dia. O rastreamento de novas moléculas com propriedades anticâncer é um processo em grande escala, e a prospecção inicia-se com centenas de moléculas candidatas. Dessa forma, são necessários milhares de peixes ou embriões, o que não é bioeticamente viável com mamíferos (roedores). A importância dos testes *in vivo* vem do fato de que o fármaco precisa ser absorvido, atravessar barreiras epiteliais, ser exposto às enzimas metabólicas e atingir o órgão alvo e mostrar a sua efetividade.

A descoberta de um novo fármaco para tratar o melanoma humano foi o maior exemplo de sucesso em *zebrafish*. O melanoma é uma forma bastante invasiva de câncer e bastante refratária à quimioterapia. Para entender o funcionamento dos genes no desenvolvimento do melanoma, construiu-se um *zebrafish* transgênico (Tg) com os genes *BRAF(V600E)* que se expressam sob o controle do promotor gênico melanócito-específico *mitfa* e o gene *P53* supressor de tumor com mutação silenciadora (-/-). A construção genética ficou da seguinte maneira: *Tg(mitfa:BRAF(V600E); P53-/-*. Esses genes são expressos no cromossomo humano 1q21, levando ao melanoma. O gene *BRAF* mutado é o causador do melanoma. Tais genes em *zebrafish* são ortólogos ao homem. O *zebrafish* com essa construção genética invariavelmente desenvolverá melanoma. As listas escuras ao longo do corpo do *zebrafish* são formadas por melanócitos, tendo a mesma via biossintética da melanina humana. Nessa condição, há uma superexpressão do gene *crestin*, no melanoma (Figura 13.10). O gene *CRESTIN* é responsável pela formação da crista neural no embrião, mas está fortemente reexpresso na malignização dos melanócitos (White *et al.*, 2011).

Construção genética para entender como os oncogenes atuam na formação do melanoma, bem como para testar novas quimioterapias

Danio rerio selvagem

Tg(mitfa:BRAF(V600E); P53 –/–

Figura 13.10. *Zebrafish* adulto com melanoma. Neste caso, os genes têm a mesma sequência de DNA dos genes causadores do melanoma no homem. **A.** adulto selvagem. **B.** Adulto com melanoma. Fonte: Foto da revista *Nature*, 471(7339):518-521, 2011.

Um rastreamento com mais de 2.000 moléculas, pesquisando a capacidade de inibir o gene *CRESTIN* foi realizado. Apenas uma, a leflunomida, foi capaz de inibir o alongamento da transcrição do gene *CRESTIN* no embrião selvagem e também a melanogênese no modelo transgênico. Verificou-se que a leflunomida causa a *down-regulation* nos oncogenes associados ao melanoma pelo mesmo mecanismo do início da embriogênese. Em vista desses resultados em *zebrafish*, foram feitos os mesmos estudos com linhagens celulares de melanoma humano *in vitro*, com resultados semelhantes. Com isso, a leflunomida foi aprovada nos Estados Unidos pela Food and Drug Administration (FDA) como o principal e mais efetivo quimioterápico para o melanoma (White *et al.*, 2011). Esse estudo rendeu ao *zebrafish* foto de capa na revista *Nature* em 2011.

No rastreamento de novas moléculas contra o câncer, o sistema-teste deve apresentar o alvo terapêutico a ser investigado. De acordo com o tipo de câncer, pode-se fazer uma construção genética da linhagem oncogênica específica no *zebrafish* pela facilidade de microinjeção de DNA. Ou mesmo obter a linhagem no mercado e licenciar para uso no Brasil de acordo com a Lei de Biossegurança, pois trata-se de um organismo transgênico (CTNBio – ctnbio.mctic.gov.br). Sabe-se da literatura que o desenvolvimento de câncer espontaneamente em *zebrafish* é um evento raro (Yen *et al.*, 2014). Existem equipamentos para coleta de embriões disponíveis no mercado nos quais se pode colocar até 200 adultos (machos e fêmeas) para desova e fecundação e coletar até 8.000 embriões em um único dia. Após a seleção dos embriões viáveis, eles são colocados em placas de 24, 48 ou 96 poços com as diferentes concentrações da molécula-teste diluída em água. Depois do período de exposição, faz-se a investigação da via oncogênica. Como o *zebrafish* tem um ciclo de vida curto, pode-se também acompanhar a evolução do tumor no peixe e a ação da molécula-teste. Investiga-se então a expressão do RNAm oncogênico, a quantificação da proteína oncogênica, ligação da molécula ao alvo terapêutico, inibição do ciclo celular, alterações bioquímicas, alterações fenotípicas e efeitos tóxicos colaterais da molécula-teste.

Exemplos

1. Para o rastreamento de moléculas com ação antiangiogênica, utiliza-se as linhagens Tg (VEGFR2 : GRCFP), Tg (*fli* : EGFP) e Tg (*flk* : EGFP), que têm um marcador fluorescente no sistema vascular, permitindo visualizar moléculas que inibem a angiogênese no tumor, pois a larva de *zebrafish* é translúcida, facilitando o acompanhamento desse processo *in vivo* sob um microscópio de fluorescência (Tran *et al.*, 2007).
2. A linhagem Tg (*lck* : EGFP) marca os linfócitos T e é usada no rastreamento de moléculas antileucêmicas (Ridges *et al.*, 2012).
3. Usando a linhagem Tg(*hsp70 – HRAS*) foi possível identificar duas moléculas com propriedades antitumorais que suprimem a via de sinalização de *RAS*, um oncogêne associado ao rabdomiossarcoma no homem (Le *et al.*, 2013). A utilização da linhagem *Casper* (Figura 13.9), que não tem pigmentação, permite a visualização da vascularização, do coração, do intestino, do hepatopâncreas, das brânquias possibilitando a documentação detalhada de todo o processo tumorigênico.

Esse tipo de teste de rastreamento tem algumas dificuldades, como a manipulação e seleção de 6.000 embriões para o plaqueamento em pouco tempo para não perder a sincronia do desenvolvimento, como mostra a Figura 13.11. Aqui entra o trabalho em equipe. A molécula-teste deve ser solúvel em água e ser absorvida pelo embrião. Vencendo essas dificuldades, esse modelo-teste, mostrou-se mais econômico e rápido do que o de roedores.

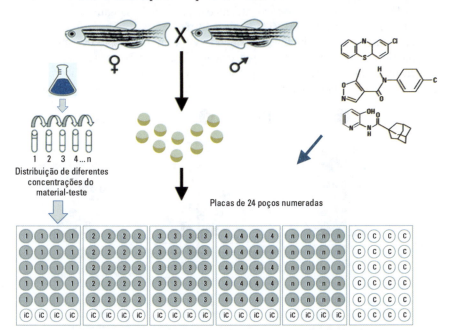

Figura 13.11. Desenho do teste: distribuição de diferentes concentrações das moléculas-teste nas placas de 24 poços. Coloca-se um embrião por poço e 2 mL da solução teste preparada a partir da água de cultivo de *zebrafish*. O experimento pode ser feito em duplicata ou em triplicata. n: representam grupos em diferentes concentrações da molécula-teste; iC: controle interno – uma linha ou coluna da placa é controle (água); C: uma placa controle. Fonte: autoria de Cesar Koppe Grisolia.

Podemos destacar vários exemplos de sucesso na utilização do rastreamento de moléculas anticâncer em *zebrafish*. 1. Elucidação de mecanismos de ação e identificação de estratégia terapêutica (melanoma). 2. Identificação de moléculas envolvidas com o ciclo celular, atuando na inibição da progressão do tumor. 3. Devido à similaridade genética com os oncogenes humanos, as moléculas aprovadas no estudo pré-clínico em *zebrafish* passam para a fase clínica com mais rapidez (exemplo da leflunomida). 4. A manipulação genética permite que o *zebrafish* transgênico receba e expresse o mesmo oncogene humano e desenvolva o mesmo processo carcinogênico do homem. Assim demonstra a segurança no entendimento dos mecanismos de carcinogênese no homem, como também nos testes de efetividade de drogas antitumorais específicas (Dang *et al.*, 2016).

O USO DO *ZEBRAFISH* NA AVALIAÇÃO DE TOXICIDADE EMBRIOLARVAL E DE TERATOGENICIDADE

O teste de embriotoxicidade e teratogênese com *Danio rerio*, protocolo OECD, 236 - FET (*Fish Embryo Toxicity Test*), foi adotado pelo Parlamento Europeu no REACH – *Registration, Evaluation, Authorization and Restriction of Chemicals*, órgão da comunidade europeia que regulamenta o uso de produtos químicos com risco toxicológico em toda a Europa. O FET foi incluído porque é um teste rápido, bastante sensível, de baixo custo e não fere os preceitos da bioética, considerando que até 72 horas o embrião ainda não completou o desenvolvimento do sistema sensorial, assemelhando-se então a um cultivo celular. Algumas características peculiares do *zebrafish* colocam esse protocolo como um dos mais adotados mundialmente, como:
1. O córion é bastante transparente, permitindo visualizar todas as etapas da blastogênese: a epibolia; as formações dos somitos; o tempo de eclosão; a formação do olho, das nadadeiras e da cauda; o início da pigmentação; a visualização de edema cardíaco; o coração com os batimentos cardíacos; a reabsorção do saco vitelínico e a circulação sanguínea.
2. A facilidade em obter grandes quantidades de embriões.
3. O bioensaio pode prosseguir durante o período larval, com a avaliação de outros parâmetros, como equilíbrio, resposta a estímulo (neurotoxicidade); pigmentação; malformações larvais; atraso no desenvolvimento; alterações no comportamento etc. A infraestrutura de laboratório é básica, não requerendo equipamentos sofisticados, a não ser um estereomicroscópio (Figura 13.12).

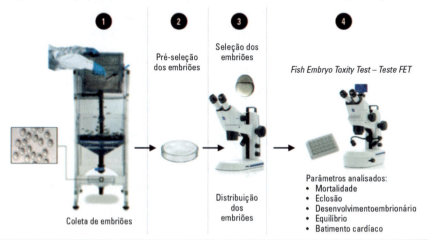

Figura 13.12. Esquema para obtenção de embriões de *zebrafish* para os testes. 1. Os embriões são recolhidos do aquário de reprodução (Ispaw), que pode conter até 200 peixes. 2. Triagem dos ovos fecundados. 3. Seleção ao estereomicroscópio dos embriões viáveis, com desenvolvimento normal e descarte daqueles com irregularidades ou não fertilizados. 4. Os embriões são distribuídos em placas de 24 poços com 2 mL da solução-teste. Fonte: adaptada de Lammer *et al.*, 2009, por Diego Sousa Moura.

Kimmel *et al.*, (1995) fizeram uma descrição bastante pormenorizada de cada estágio do desenvolvimento embriológico do *Danio rerio*, incluindo toda a documentação fotográfica. O desenvolvimento embrionário no *zebrafish* tem grande homologia com os mamíferos. Muitas vias metabólicas envolvidas nos processos em respostas a agentes químicos são também bastante conservadas. A embriogênese, em geral, é o processo mais sensível à ação de agentes externos, por isso é eleita para teste de toxicidade de químicos.

Deve-se levar em consideração que os bioensaios de teratogenicidade são bastante espécie-específicos. Em teratogenicidade há uma dificuldade de preditividade e extrapolação entre os diferentes sistemas-teste, pois mesmo entre os mamíferos, como camundongos, ratos e coelhos, os resultados são espécie-específicos, isto é, muitas vezes os resultados observados em uma espécie não são observados em outras. Por esse motivo a maioria dos protocolos de teratogenicidade recomenda testar em, pelo menos, três espécies diferentes. Mesmo considerando a questão de preditividade, esse modelo de avaliação de teratogenicidade apresenta uma série de vantagens, como: custo-efetividade, rápido desenvolvimento embrionário, grande similaridade com os mamíferos, 87% de concordância com outros modelos *in vivo*, baixa porcentagem de falso-positivo (em torno de 15%), baixa porcentagem de falso-negativo (em torno de 11%) e alta preditividade (Ton *et al.*, 2006). A Figura 13.13 mostra as principais malformações embrionárias, observadas em nosso laboratório na rotina de testes de diferentes substâncias químicas, com fotomicroscópio com magnificação de 50X. É bastante evidente a transparência do córion e a facilidade de visualização de todas as estruturas do embrião em desenvolvimento, bem como as malformações.

A embriogênese no *zebrafish* é bastante semelhante aos mamíferos, em que muitas vias metabólicas são evolutivamente conservadas, constatando-se que 86% dos alvos de compostos químicos no homem possuem alvos ortólogos no *zebrafish*. Brennen *et al.*, (2010) fizeram um estudo para avaliar a capacidade preditiva de malformações embrionárias do *zebrafish* em relação aos modelos em mamíferos. Foram testados 31 compostos químicos previamente testados positivamente em mamíferos. Houve uma concordância de teratogenidade de 89%.

Geralmente a teratogênese está associada a identificação das malformações observadas durante o desenvolvimento. Entretanto, esse conceito é mais amplo, pois inclui também distúrbios fisiológicos, atraso no desenvolvimento e alterações nos padrões comportamentais. Para cada um desses parâmetros, existem no *zebrafish* métodos seguros de avaliação até 5 dias pós-fecundação (dpf). Aalders *et al.* (2016) identificaram nove marcadores fenotípicos de fácil visualização ao microscópio com embriões e larvas de 5 dpf, após a exposição a 60 compostos químicos reconhecidamente teratogênicos: 1. Edema no pericárdio; 2. Saco vitelínico (não reabsorção ou distendido); 3. Melanócitos dispersos (falha na pigmentação); 4. Cauda dobrada; 5. Coluna espinhal torta; 6. Hipoplasia na cartilagem de Meckel; 7. Hipoplasia no arco branquial; 8. Não inflagem da bexiga natatória. Em nosso laboratório consideramos vários outros parâmetros como microftalmia, anoftamia, micrognatismo e atraso na pigmentação. Dependendo da ação da substância-teste pode-se observar mais de uma malformação ocorrendo simultaneamente na mesma larva. Isso ajuda a definir o grau de teratogenicidade da substância. Para análise de distúrbios fisiológicos, fazemos a quantificação enzimática, como dosagens de acetilcolinesterase, superóxido dismutase, catalase, glutationa peroxidase etc. com o uso de um espectrofotômetro. Para isso utilizamos um *pool* de larvas que foram expostas simultaneamente à mesma concentração da substância teste. Os resultados são comparados estatisticamente com os controles.

Os bioensaios de teratogenicidade são montados em placas de 24, 48 ou 96 poços e as leituras e os registros dos parâmetros são feitos a cada 24 horas até ao final do teste que pode ser de 72 ou 96 horas (Figura 13.14). Coloca-se um embrião em cada poço. As placas são acondicionadas em estufa com temperatura constante de 28°C com fotoperíodo de 12:12 horas (claro/escuro). Cada placa deve ter o seu controle interno de acordo com o protocolo FET – OECD 236. O índice de mortalidade ou de malformações nos controles não pode ultrapassar 10%. Além das placas exclusivamente controle com a função de atestar a qualidade sanitária dos embriões submetidos ao teste. Os resultados diários são anotados em uma planilha para posterior análise estatística.

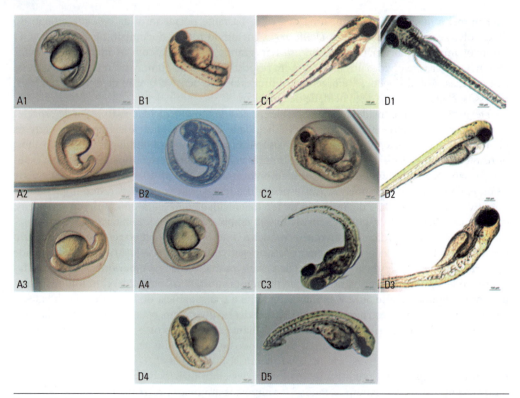

Figura 13.13. Representação de embriões e larvas com desenvolvimento normal (A1, B1, C1 e D1) e com alterações no desenvolvimento (A2-A4, B2, C2-C3 e D2-D5) ao longo de 96 horas de avaliação. Após 24 horas da fertilização: A1 – Embrião controle; A2 – Embrião com atraso de desenvolvimento; A3 – Embrião com edema saco vitelino e malformação da cabeça; A4 – Embrião com atraso de desenvolvimento e extremidade da cauda dobrada; 48 horas após fertilização: B1 – Embrião controle; B2 – Embrião com edema pericárdico e edema de saco vitelino; 72 horas após fertilização: C1 – Larva controle (vista lateral); C2 – Embrião menor com alteração da notocorda; C3 – Larva (vista ventral) menor com arqueamento postural; 96 horas após fertilização: D1 – Larva controle (vista dorsal); D2 – Larva (vista lateral) com edema pericárdico; D3 – Larva (vista lateral) com arqueamento postural e ondulação da notocorda; D4 – Embrião menor, com edema pericárdico e escurecimento do saco vitelino; D5 – Larva menor (vista lateral) com extremidade da cauda dobrada. Fonte: fotos produzidas pela Dra. Maria Luisa Fascineli, Laboratório de Genética Toxicológica da Universidade de Brasília.

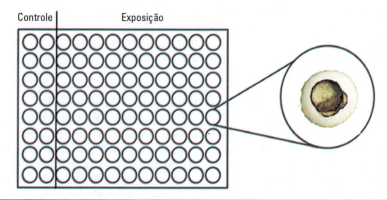

Figura 13.14. Placa de 96 poços, demarcada com uma caneta na tampa para a identificação dos poços controles. Fonte: adaptada de Siebel *et al.*, 2015.

CONSIDERAÇÕES FINAIS

Mostramos as possibilidades do uso do modelo *zebrafish* em pesquisas nas áreas de mutagênese, genômica, carcinogênese, teratogênese e embriotoxicidade. Entretanto, as potencialidades de aplicação desse modelo *in vivo* vão muito mais além. Há muitas outras aplicabilidades, como em neurociências, estudos comportamentais e no entendimento de mecanismos genéticos de desenvolvimento de muitas doenças humanas. Por questões de bioética, muitos laboratórios mantêm um biotério de *zebrafish* apenas para a obtenção de embriões e larvas, pois há muitas possibilidades de bioensaios nesse estágio de desenvolvimento. Podemos fazer testes de genotoxicidade (ensaio cometa e micronúcleos) em larvas, bem como estudos de expressão gênica em embriões e em larvas, e muitas outras investigações de biologia molecular.

A facilidade para se construir um biotério e os baixos custos de manutenção habilitam a escolha desse modelo *in vivo*, pois pode ter seu uso compartilhado com diferentes áreas de pesquisa. Além disso, os embriões podem ser usados em aulas práticas de embriologia nos cursos de graduação. Em todos os tópicos aqui abordados, encontra-se extensa literatura para dar suporte para o desenvolvimento de qualquer tipo de pesquisa com o *zebrafish*. E, finalmente, nunca esquecermos de que estamos usando um organismo vivo e bastante sensível na pesquisa científica, adotando todos os protocolos de tratamento humanitário e as recomendações do Comitê de Ética do Uso Animal (CEUA) da sua instituição.

Referências bibliográficas

Aalders J, Ali S, de Jong TJ, Richardson MK. Assessing teratogenicity from the clustering of abnormal phenotypes in individual zebrafish larvae. Zebrafish. 2016; 6:511-22. https://doi: 10.1089/zeb.2016.1284.

Alestrom P, Holter JL, Nourizadeh-Lillabadi R. Zebrafish in functional genomics and aquatic biomedicine. Trends in Biotechnology. 2006; 24(1):15-21.

Bradford Y, Conlin T, Dunn N, Fashena D, Frazer K, Howe DG *et al.* ZFIN: enhancements and updates to the zebrafish model organism database. Nucleic Acids Research. 2011; 39:822-9. https://doi:10.1093/nar/gkq1077.

Brannen KC, Panzica-Kelly JM, Danberry TL, Augustine-Rauch KA. Development of a zebrafish embryo teratogenicity assay and quantitative prediction model. Birth Defects Research. 2010; 89:66-77.

Chakravarthy S, Sadagopan S, Nair A, Sukumaran SK. Zebrafish as an in vivo high-throughput model for genotoxicity. Zebrafish. 2014; 11(2):154-66.

Caballero-Gallardo K, Olivero-Verbel J, Freeman JL. Toxicogenomics to evaluate endocrine disrupting effects of environmental chemicals using the zebrafish model. Current Genomics. 2016; 17:515-27.

Dang M, Fogley R, Zon LI. Identifying novel cancer therapies using chemical genetics and zebrafish. in: cancer and zebrafish, advances in experimental medicine and biology. 2016. https://doi10.1007/978-3-319-30654-4_5

Dupras C, Ravitsky V, Williams-Jones B. Epigenetics and the environment in bioethics. Bioethics. 2014; 28(7):327-34. https://doi10.1111/j.1467-8519.2012.02007.x

Farias NO, Oliveira O, Sousa-Moura D, Oliveira R, Rodrigues MAC, Andrade TS *et al.* Exposure to low concentration of fluoxetine affects development, behaviour and acetylcholinesterase activity of zebrafish embryos. Comparative Biochemistry and Physiology, Part C. 2019; 215:1-8.

Gong Z Ju B. e Wan H. Green fluorescent protein (GFP) transgenic fish and their applications. Genetica 2001; (111):213–225 (2001). https://doi.org/10.1023/A:1013796810782.

Irion U, Krauss J, Nüsslein-Volhard C. Precise and efficient genome editing in zebrafish using the CRISPR/Cas9 system. Development. 2014; 141:4827-30, https://doi:10.1242/dev.115584

JRC Science and Policy Reports. EURL ECVAM Recommendation of the zebrafish embryo toxicity thest method (ZFET) for acute aquatic toxicity testing. Institute for Health and Consumer Protection. 2014. https://doi:10.2788/87475

Kimmel CB. Ballard WW, Kimmel SR, Ullmann B, Schilling TF. Stages of embryonic development of the zebrafish. developmental dynamics. 1995; 310:203-53.

Kosmehl T, Hallare AV, Reifferscheid, G, Manz W, Braunbeck, T, Hollert H. A novel contact assay for testing genotoxicity of chemicals and whole sediments in zebrafish embryos. Environ Toxicol Chem. 2006; 25:2097-106.

Lammer E, Carr G J, Wendler K, Rawlings JM, Belanger S E, Braunbeck T. Is the fish embryo toxicity test (FET) with the zebrafish (Danio rerio) a potential alternative for the fish acute toxicity test? Comparative Biochemistry and Physiology Part C: Toxicology & Pharmacology. 2009; 149(2):196-209.

Le X, Pugach EK, Hettmer S et al. A novel chemical screening strategy in zebrafish identifies common pathways in embryogenesis and rhabdomyosarcoma development. Development. 2013; 140:2354-64. https://doi:10.1242/dev.088427.

OECD - Guidelines for the testing of chemicals, n. 236. Fish Embryo Acute Toxicity (FET) Test.

Piña B, Barata C. A genomic and ecotoxicological perspective of DNA array studies in aquatic environmental risk assessment. Aquatic Toxicology. 2011; 105S:40-9.

Reyhanian-Caspillo NVK, Hallgren S, Olsson PE, Porsch Hällström I. Short-term treatment of adult male zebrafish (Danio rerio) with 17α-ethinyl estradiol affects the transcription of genes involved in development and male sex differentiation. Comp. Biochem. Physiol. C Toxicol. Pharmacol. 2014; 164:35-42.

Rennekamp AJ, Peterson A. 15 years of zebrafish chemical screening. Current Opinion in Chemical Biology. 2015; 24:58-70.

Ribas L, Piferrer F. The zebrafish (Danio rerio) as model organism, with emphasis on application for finfish aquaculture research. Reviews in Aquaculture. 2014; 6(4):209-240. https://doi.org/10.1111/raq.12041.

Ridges S, Heaton WL, Joshi D et al. Zebrafish screen identifies novel compound with selective toxicity against leukemia. Blood. 2012; 119:5621-31. https://doi:10.1182/blood-2011-12-398818

Santos NS, Oliveira O, Lisboa CA, Pinto JM, Sousa-Moura D, Camargo NS et al. Chronic effects of carbamazepine on zebrafish: behavioral, reproductive and biochemical endpoints. Ecotoxicol Environ Saf. 2018; 164:297-304.

Siebel A M, Bonan CD, Silva RS. Zebrafish como modelo para estudos comportamentais. Em: Biotecnologia aplicada à saúde: fundamentos e aplicações, volume 1 / organizado por Rodrigo Ribeiro Resende e Carlos Ricardo Soccol. São Paulo: Blucher, 2015.

Stoletov K, Klemke R. Catch of the day: zebrafish as a human cancer model. Oncogene. 2008; 27:4509–4520. https://doi.org/10.1038/onc.2008.95.

Tran TC, Sneed B, Haider J et al. Automated quantitative screening assay for antiangiogenic compounds using transgenic zebrafish. Cancer Res. 2007; 67:11386-92. https://doi:10.1158/0008-5472.CAN-07-3126

Ton C, Lin Y, Willett C. Zebrafish as a model for developmental neurotoxicity testing. Birth Defects Research. 2006; 76:553-67.

Uren-Webster TM, Laing LV, Florance H, Santos EM. Effects of glyphosate and its formulation, Roundup, on reproduction in Zebrafish (Danio rerio). Environ Sci Technol. 2014; 48(2):1271-9.www.zfin.org. Acesso em: 18 de março de 2020.

Wang P, Cao Y, Zhan D, Wang D, Wang B, Liu Y, Li G, He W, Wang H, Xu L. Influence of DNA methylation on the expression of OPG/RANKL in primary osteoporosis. Int J Med Sci 2018; 15(13):1480-1485. doi:10.7150/ijms.27333. https://www.medsci.org/v15p1480.htm.

White MW, Cech J, Ratanasirintrawoot S, Li CY, Rhal PB, Burke J et al. DHODH modulates transcriptional elongation in the neural crest and melanoma. Nature. 2011; 471(7339):518-21.

Vandegehuchte MB, Janssen CR. Epigenetics in an ecotoxicological context. Mutation Research. 2014; 764-765:36-45.

Vasquez MZ. Combining the in vivo comet and micronucleus assays: a practical approach to genotoxicity testing and data interpretation. Mutagenesis. 2010; 25(2):187-99.

Varriale A. DNA methylation, epigenetics, and evolution in vertebrates: facts and challenges. International Journal of Evolutionary Biology. 2014. http://dx.doi.org/10.1155/2014/475981.

Yang Y, OK YS, Kim K-H, Kwon EE, Tsang YF. Occurrences and removal of pharmaceuticals and personal care products (PPCPs) in drinking water and water/sewage treatment plants: a review. Science of the Total Environment. 2017; 596-7:303-20.

Yen J, White RM, Stemple DL. Zebrafish models of cancer: progress and future challenges. Current Opinion in Genetics & Development. 2014; 24:38-45. https://doi.org/10.1016/j.gde.2013.11.003.

Mutagênese em Células Germinativas

Daisy Maria Fávero Salvadori • Fábio Henrique Fernandes

Resumo

É crescente o interesse para o entendimento de como agentes xenobióticos podem impactar na fertilidade e na transmissão de doenças através das gerações. A maioria dos testes de mutagenicidade/genotoxicidade em células germinativas foi padronizada para detectar alterações em células masculinas, pois são mais acessíveis e disponíveis, e a espermatogênese de mamíferos é reconhecida pela regularidade. São apresentados testes que podem ser utilizados para a detecção de danos primários no DNA (ensaio cometa), de alterações morfológicas possivelmente resultantes de mutações e com repercussão na fertilidade (morfologia do espermatozoide), e de modificações no padrão de expressão gênica (níveis de microRNAs).

INTRODUÇÃO

É crescente o interesse para o entendimento de como a exposição ambiental a agentes genotóxicos pode impactar na fertilidade e na transmissão de doenças através das gerações. Apesar de décadas de pesquisa, as estratégias para a identificação de agentes com potencial toxicogenético e toxicogenômico em células germinativas, bem como seus respectivos mecanismos de ação, ainda são limitadas. A dificuldade de execução e as poucas metodologias sensíveis foram sempre obstáculos para a identificação dos agentes genotóxicos e de seus mecanismos de indução de mutações herdáveis. Favorecendo a mudança desse cenário, o recente desenvolvimento tecnológico, especialmente para o sequenciamento do DNA e RNA e análises computacionais, impulsionou o campo da toxicogenômica em células germinativas para além de suas limitações tradicionais.

A replicação do genoma geralmente é um processo bastante preciso, embora possam ocorrer erros durante a duplicação do DNA os quais, caso não reparados (mutações), podem ser transmitidos à prole (instabilidade genômica transgeracional) (Rolland *et al.*, 2013). A exposição a agentes mutagênicos ambientais que favorecem a ocorrência de alterações genéticas com repercussões na gametogênese é uma agravante dessa situação (Marchetti *et al.*, 2011; Ritz *et al.*, 2011). Se por um lado não é clara a compreensão de como fatores ambientais podem afetar a integridade genética de células germinativas, por outro, a identificação de agentes mutagênicos pode ser difícil por causa da raridade com que ocorrem mutações *de novo*, em uma taxa média de 1×10^{-8} por nucleotídeo por geração (Campbell e Eichler, 2013).

Dentre os métodos para a identificação de mutações e efeitos genotóxicos/mutagênicos em células germinativas estão os recomendados pela Organização para a Cooperação e Desenvolvimento Econômico (OECD) e preferencialmente empregados no âmbito regulatório: Teste do Dominante Letal (Protocolo 278; OECD, 2016a); Teste de Aberração Cromossômica em Espermatogônias de Mamíferos (Protocolo 283; OECD 2016b); Teste de Translocação Herdável em Camundongo (Protocolo 285; OECD 1986); Teste de Mutação Gênica em Células Somáticas e Germinativas de Roedores Transgênicos (Protocolo 488; OECD, 2020); e Teste do Cometa (versão alcalina) em Células de Mamíferos *in vivo* (Protocolo 489; OECD, 2016c). Além desses, existem outros ensaios (embora ainda não validados) que vêm sendo também utilizados para a identificação de compostos mutagênicos em células germinativas e seus respectivos mecanismos de ação. São eles: Teste do Micronúcleo em Espermátides; Teste da Estrutura da Cromatina do Espermatozoide (SCSA), Marcação por dUTP e deoxinucleotidil terminal transferase (TUNEL) e Ensaio Cometa em Espermatozoides (Tates, 1992; Gorczyca *et al.*, 1993; Schulte *et al.*, 2010; Yauk *et al.*, 2015). As estratégias de quando e quais ensaios devem ser empregados no processo regulatório de avaliação da segurança dos produtos químicos novos ou já existentes estão descritos no Capítulo 2 deste livro.

Os métodos mais tradicionais em roedores, como o dominante letal e os testes *locus* específicos, estimam as taxas de mutação em células germinativas por pontuação de fenótipos mutantes em embriões ou na prole nascida de pais expostos. No entanto, esses ensaios requerem grande número de animais, tempo prolongado e maior soma de recursos para se alcançar resultados estatisticamente significativos. Da mesma forma, outros testes que utilizam roedores transgênicos, embora produzam resultados já validados sobre a ação mutagênica de um composto, são de alto custo pois necessitam de animais especiais e infraestrutura diferenciada de biotério para a manutenção. Assim sendo, essas metodologias são pouco empregadas em pesquisa, fato que estimulou, e continua estimulando a padronização de testes mais simples e de menor custo, que, embora ainda não validados para a regulamentação de novos produtos químicos, podem fornecer informações relevantes sobre o potencial genotóxico e toxicogenômico de agentes físicos, químicos e biológicos, bem como de seus respectivos mecanismos de ação sobre o sistema reprodutivo.

A grande maioria dos testes atualmente disponíveis foi padronizada para detectar alterações em células germinativas masculinas, uma vez que os espermatozoides são mais acessíveis e disponíveis. Assim sendo, e em virtude da dificuldade da realização de testes em células germinativas femininas, neste capítulo serão apresentadas metodologias que utilizam apenas animais machos, que são de simples aplicabilidade e menor custo, mas que possibilitam a obtenção de informações importantes sobre o potencial toxicogenético e toxicogenômico de diferentes agentes xenobióticos na gametogênese.

ESPERMATOGÊNESE EM MAMÍFEROS

A espermatogênese é um processo que ocorre nos túbulos seminíferos dos testículos e no qual a célula-tronco espermatogonial dá origem ao espermatozoide. Esse processo pode ser dividido em três fases: na primeira, as espermatogônias sofrem uma série de divisões mitóticas para manter seu número e simultaneamente dar origem aos espermatócitos primários; a segunda fase envolve os espermatócitos primários e secundários, que passam pelo processo de divisão meiótica levando à formação de células haploides, as espermátides; na terceira fase, espermiogênese, as espermátides passam por complexas transformações citológicas até se tornarem espermatozoides. Embora a primeira e a terceira fases da espermatogênese apresentem características morfológicas espécie-específicas, os espermatócitos ao longo da meiose apresentam características morfológicas semelhantes nas várias espécies de mamíferos (Clermont, 1972; Russel *et al.*, 1990) (Figura 14.1).

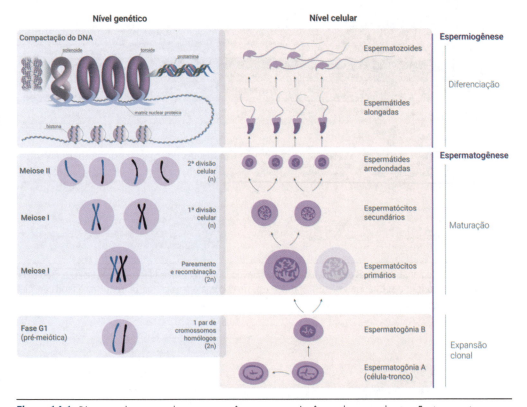

Figura 14.1. Diagrama das etapas da espermatogênese e espermiogênese de camundongos. Fonte: os autores.

PRINCÍPIOS DOS TESTES

A espermatogênese de mamíferos é reconhecida como especialmente adequada para estudos de mutagenicidade, uma vez que a sua regularidade permite testes em vários estágios de desenvolvimento. Dessa forma, é requisito essencial para a aplicação eficaz dos testes em células germinativas o conhecimento da duração de cada estágio (Oakberg, 1957), bem como de suas características em termos de metabolismo, replicação do DNA, condensação cromossômica e presença ou ausência de sistemas de reparo do DNA. É sabido, por exemplo, que os espermatócitos e as células pós-meióticas (espermátides, espermatozoides) são mais sensíveis à indução de mutações do que as células pré-meióticas (células-tronco e espermatogônias diferenciadas), pois estão passando por meiose, bem como por remodelação da cromatina (Meistrich,1993). Na Figura 14.2 é apresentado cronograma detalhado da espermatogênese de camundongos, a qual leva aproximadamente 49 dias para que as células-tronco nos túbulos seminíferos progridam para espermatogônias, espermatócitos, espermátides e, finalmente, para espermatozoides maduros no epidídimo (Yauk et al., 2015).

Outro aspecto importante a ser considerado nos estudos da espermatogênese é a presença da barreira hematotesticular que controla a passagem de moléculas e resulta em exposições diferenciais das várias fases das células germinativas (Figura 14.3). A principal barreira é constituída pelas células de Sertoli e por suas junções oclusivas, que regulam o acesso de moléculas com base em seu peso molecular, carga e solubilidade em lipídeos: as moléculas lipofílicas parecem atravessar mais facilmente as membranas e junções celulares (Setchell, 1980; Yauk et al., 2015).

É fundamental enfatizar que, assim como os resultados de testes realizados em células germinativas de roedores não podem ser extrapolados para o homem, os obtidos em células somáticas não podem ser extrapolados para células germinativas (Witt et al., 2003), pois, considerando

316 Mutagênese em Células Germinativas

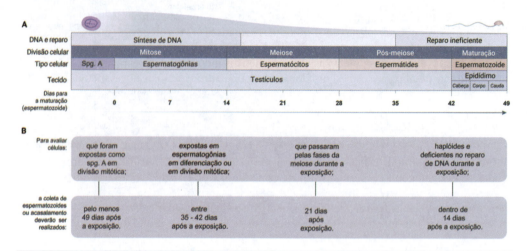

Figura 14.2. Cronogramas das fases da gametogênese de camundongos (**A**); e da evolução das células de acordo como o momento de exposição à substância-teste (**B**). Spg. A – espermatogônia A (célula-tronco). Fonte: modificada de Yauk et al., 2015.

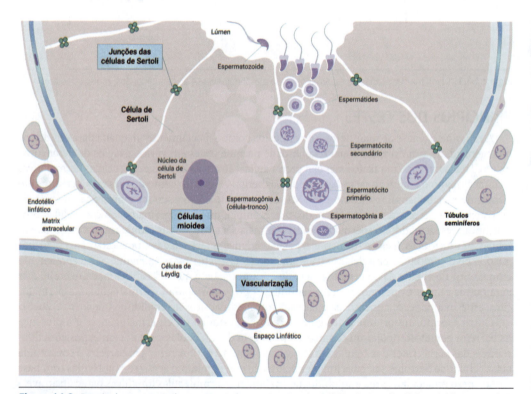

Figura 14.3. Barreira hematotesticular em camundongos. Junções das células de Sertoli, células mioides e vascularização. Fonte: adaptada de Yauk et al., 2015.

os aspectos únicos da espermatogênese e oogênese (estágios prolongados de desenvolvimento e diferenciação, meiose, haploidia etc.), é possível que haja efeitos e mecanismos específicos nas células germinativas que não observados em células somáticas *in vivo* ou *in vitro* (Yauk *et al.*, 2015).

Atualmente, os testes existentes para células germinativas de roedores permitem a identificação de apenas alguns dos potenciais efeitos genéticos induzidos por xenobióticos. Portanto, é um importante desafio para os pesquisadores da área, a padronização de novas metodologias que utilizem as poderosas tecnologias "ômicas" já empregadas na genética clínica humana, a fim de revelar mudanças genômicas críticas que não são identificadas pelos testes hoje existentes.

ETAPAS PARA ESTUDOS EM CÉLULAS GERMINATIVAS

Ao se trabalhar com células germinativas, inicialmente é necessário definir em qual tipo celular (espermatogônia, espermatócito, espermátide ou espermatozoide) serão analisadas as alterações genéticas alvo do estudo. Isto feito, deve-se determinar em qual fase (ou fases) da espermatogênese a célula deverá estar no momento do tratamento com o composto-teste. A Figura 14.2B apresenta o período de tempo necessário da fase em que a célula foi exposta até aquela em que será analisada. Recomenda-se que o tempo (tratamento único ou múltiplo) e a via de exposição ao composto-teste sejam definidos de acordo com o ensaio a ser realizado e de forma a mimetizar as condições em que o homem é exposto.

ALGUNS TESTES PARA A AVALIAÇÃO DE EVENTOS TOXICOGENÉTICOS E TOXICOGENÔMICOS

Existem testes padronizados para a identificação de diferentes tipos de alterações genéticas induzidas por agentes xenobióticos. Para a detecção de danos primários no DNA (evento genotóxico), o ensaio cometa (Capítulo 6) vem sendo o mais utilizado, especialmente em pesquisa. Para a detecção de eventos mutagênicos, o teste do micronúcleo em diferentes tipos celulares é a metodologia mais empregada em estudos *in vivo* e *in vitro* (Capítulo 7), quer em pesquisa, quer em avaliações com objetivos regulatórios (Capítulo 2). Com a introdução das tecnologias "ômicas" (para sequenciamento do DNA, análise de expressão gênica e proteica, dentre outras), tornou-se também possível a avaliação de alterações em nível molecular (toxicogenômica). Especificamente no caso de estudos em células germinativas, além dos testes que objetivam diretamente a análise de parâmetros genéticos, os de toxicologia reprodutiva (p. ex., histopatologia de testículos; análise do número e viabilidade dos espermatozoides) também podem fornecer sinais relevantes quanto à genotoxicidade e outros riscos potenciais de agentes xenobióticos. As informações obtidas sobre os desfechos reprodutivos podem indicar, por exemplo, a distribuição do agente às células germinativas e aos tecidos gonadais, bem como os efeitos citotóxicos decorrentes da exposição ao composto-teste (OECD 2016d; Mitchard *et al.*, 2012; Yauk *et al.*, 2015).

ENSAIO COMETA EM ESPERMATOZOIDES

Características importantes

Embora o ensaio cometa (*single-cell gel electrophoresis*) em espermatozoides siga basicamente as mesmas orientações técnicas apresentadas no Capítulo 6, algumas características celulares indicam a necessidade de pequenas modificações, a fim de se obter melhores resultados. Um dos aspectos a ser considerado nas preparações e análise de eventos genotóxicos nos espermatozoides de mamíferos é o alto grau de compactação da cromatina, aproximadamente seis vezes maior que a dos cromossomos metafásicos (Ward & Coffey, 1991), e o elevado número de sítios álcali-lábeis (Singh *et al.*, 1989; Fernandez *et al.*, 2000). Acredita-se, que esses sítios ocorram como resultado do elevado estresse de torção dos *loops* de DNA para a compactação da cromatina (Muriel *et al.*, 2004). Como consequência

Mutagênese em Células Germinativas

dessas características, os espermatozoides de ratos e camundongos, assim como do homem, apresentam grandes quantidades de quebras de cadeia simples do DNA (SSB – do inglês, *single strand breaks*) quando submetidos à eletroforese na versão alcalina do ensaio cometa. Há muito se sabe, por exemplo, que a quantidade de danos basais detectados pelo ensaio cometa em espermatozoides de camundongo é mais alta do que em células somáticas e isso acontece devido à presença dos sítios álcali-lábeis (Singh *et al.*, 1989). Todavia, a maior extensão de migração do DNA observada após a exposição ao tampão alcalino pode refletir características funcionais e não quebras pré-existentes (Singh *et al.*, 1989). Assim sendo, uma alternativa para a análise de genotoxicidade em espermatozoides é a utilização da versão neutra (pH 8,4) do teste (Haines *et al.*, 1998; Yauk *et al.*, 2015; OECD, 2016c).

Aplicação do teste

Os testes de genotoxicidade em espermatozoides são especialmente relevantes porque podem ser aplicados tanto para o esperma humano como para o de roedores (Yauk *et al.*, 2015). Particularmente o ensaio cometa em espermatozoides de animais de laboratórios pode ser utilizado com os seguintes objetivos:

- Identificar agentes genotóxicos para células germinativas;
- Identificar mecanismos de toxicidade reprodutiva (infertilidade e alterações no desenvolvimento embrionário e fetal).

Delineamento experimental

Para assegurar o poder estatístico da análise, recomenda-se utilizar de 6 a 10 camundongos adultos de 7 a 10 semanas de idade por grupo/tratamento, levando em conta que podem ocorrer óbitos durante o mais longo período experimental para células germinativas. Devem ser constituídos cinco grupos de animais: 1) controle negativo, tratado apenas com um agente reconhecidamente não tóxico para o animal; 2) controle positivo (mínimo de 3 animais), tratado com agente sabidamente genotóxico em espermatozoides (p. ex., etil metanosulfonato; CAS RN 62-50-0); 3, 4 e 5) grupos tratados com doses crescentes da substância-teste. É recomendável utilizar pelo menos três doses, sendo a máxima correspondente à Dose Máxima Tolerada (DMT). No caso de a substância-teste não apresentar sinais de toxicidade, recomenda-se a dose máxima de 1.000 mg/kg de peso corpóreo/dia. A substância-teste deve ser administrada pela via que mais se aproxima daquela em que o homem é exposto. Além desses grupos, pode haver a necessidade de um controle do veículo de diluição da substância-teste, a fim de verificar se este, *per se*, é capaz de induzir danos no DNA do espermatozoide.

Para o tratamento dos animais, recomenda-se períodos de pelo menos 28 dias. Dessa forma, estarão sendo avaliados danos induzidos (e não reparados) em células que foram expostas nos períodos de meiose e pós-meiose (Figura 14.2). É importante destacar que o regime de tratamento recomendado para o ensaio cometa *in vivo* (coleta das células 2 a 6 horas após a exposição à substância teste) não é apropriado para avaliação de espermatozoides maduros, pois essas células apresentam o DNA altamente compactado e, consequentemente, são muito resistentes a alterações na molécula.

Coleta dos espermatozoides

1. Após a eutanásia do animal (de acordo com os princípios éticos na experimentação animal – ver Capítulo 15), coletar imediatamente os epidídimos e, após segmentação, colocar apenas a cauda (localizada entre o canal deferente e o corpo do epidídimo; Figura 14.4) em um poço de uma placa de cultura celular contendo 500 µL do meio de cultura HTF/BSA 1%.

2. Com auxílio de um bisturi (pré-aquecido a 37°C) ou tesoura de ponta fina, fazer incisões para facilitar a liberação dos espermatozoides para o meio aquoso a 37°C por 3 minutos, sob agitação a 70 rpm. Nessa etapa, parte da suspensão celular pode ser utilizada para a contagem (30 µL), para análise da morfologia (90 µL) e para avaliações moleculares (230 µL).

3. Coletar 150 µL da suspensão de células e transferir para um microtubo. Recomenda-se sempre utilizar amostras frescas. No entanto, caso necessário, pode-se utilizar solução de criopreservação (10 mM tampão Tris-HCl, 50 mM NaCl e 50 mM EGTA,* pH 8,2) na proporção de 1:1 (suspensão celular: solução de criopreservação [Kusakabe *et al.*, 2001]).

É imperativo avaliar a viabilidade das células após os tratamentos para excluir possíveis efeitos citotóxicos. Diferentemente do indicado para outros tipos celulares, com viabilidade superior a 75% pelo teste de exclusão do azul de tripano, a viabilidade dos espermatozoides pode ser avaliada pelo ensaio de motilidade (Sariözkan *et al.*, 2012) ou pelo teste de azul de tripano (Anderson *et al.*, 2003), devendo ser > 50%.

Realização do teste (versão neutra)

Considerando o grande número de sítios álcali-lábeis naturalmente presentes no DNA dos espermatozoides, e que esses, especialmente sob condições alcalinas, podem se converter em SSB, aumentando a quantidade de danos detectados pelo ensaio cometa, além do fato da literatura apresentar detalhadamente a versão alcalina do ensaio cometa em espermatozoides (Lewis e Agbaje, 2017), neste capítulo, será dada ênfase à metodologia para a versão neutra do teste.

As soluções, reagentes e equipamentos necessários para a realização do ensaio cometa em espermatozoides de camundongos estão apresentados no final do Capítulo, junto com o respectivo código QR contendo uma *checklist* dos materiais utilizados.

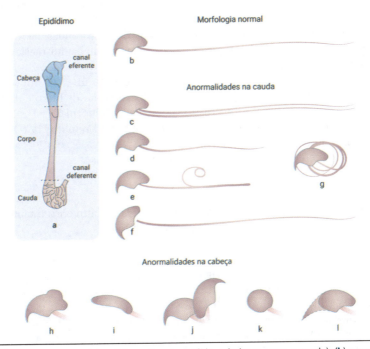

Figura 14.4. O esquema mostra: (**a**) as três regiões do epidídimo (cabeça, corpo e cauda); (**b**) espermatozoide com morfologia normal; (**c, d, e, f** e **g**) alterações na cauda (**h, i, j, k** e **l**) e na cabeça dos espermatozoides. As anormalidades na cauda podem incluir (**c**) duplicação, (**d**) redução ou fragmentação, (**e**) dobramento, (**f**) desprendimento, (**g**) enovelamento. Na cabeça incluem (**h**) deformações no dorso, (**i**) cabeça em formato de banana, (**j**) cabeça dupla (mais comum em camundongos e muito raro em ratos), (**k**) cabeça em formato de alfinete e (**l**) prolongamento (pontilhado) ou redução no ápice. Fonte: os autores.

---

*Etilenoglicol-bis(2-aminoetileter)-N,N,N',N'.

Confecção das lâminas

Antes de iniciar a preparação das lâminas com as amostras de espermatozoides, deve-se: 1) checar se todos os materiais e soluções estão preparados e disponíveis; 2) conferir se as temperaturas da estufa e do banho-maria estão configuradas, respectivamente, para 37°C; 3) colocar a câmara úmida na estufa para climatizar; 4) obter gelo para colocar sob a cuba de eletroforese.

As lâminas de vidro devem ser inicialmente recobertas com uma fina camada de agarose de ponto de fusão normal (1,5 %). Para isso, colocar em um béquer 100 mL de PBS 1X e 1,5 g de agarose e levar ao forno de micro-ondas na potência de 50% até borbulhar. Repetir o procedimento 3 vezes (a primeira vez pode ser mais longa), agitando levemente entre as repetições. Retirar a solução do forno de micro-ondas assim que começar a borbulhar com maior intensidade. Deixar a solução em banho-maria à 65°C (60 a 65°C). Marcar todas as lâminas com lápis 6B, para facilitar a visualização do lado que contém a amostra.

1. As lâminas devem ser preparadas em temperatura ambiente (22 a 25°C).
2. Mergulhar a lâmina na solução de agarose e limpar a parte de trás com papel-toalha. A lâmina deve estar toda coberta; caso sobrem espaços vazios, mergulhar novamente na solução. Para que a agarose se fixe na lâmina, pode haver a necessidade de fazer ranhuras com lápis diamante.
3. Deixar a lâmina secar na posição horizontal, por cerca de 3 horas.

A partir dessa etapa, apagar as luzes do laboratório ou utilizar lâmpadas amarelas. O preparo das lâminas com a segunda camada de agarose (contendo a suspensão de espermatozoides) deve ser feito da seguinte forma: colocar em um béquer 12,5 mL de PBS 1X e 0,125 g de agarose de baixo ponto de fusão (1%) e levar para dissolver no forno de micro-ondas, da mesma forma da agarose de ponto de fusão normal. A solução deverá permanecer em banho-maria a 37°C durante todo o período de confecção das lâminas.

1. A partir da suspensão inicial de espermatozoides, pipetar 30 µL (~10 mil células), homogeneizar vagarosamente com 270 µL de agarose de baixo ponto de fusão e transferir para a lâmina previamente recoberta com agarose de ponto de fusão normal.
2. Cobrir a lâmina com lamínula e colocar em geladeira por 10 minutos (4°C), ou no *freezer* (–20°C) por 1 minuto, para solidificar a agarose.
3. Retirar cuidadosamente a lamínula para proceder a etapa de lise.

Etapas da lise celular

1. Colocar, por gotejamento, cerca de 1,5 mL de solução de *lise 1* até cobrir totalmente a lâmina. As lâminas devem ser sempre mantidas na posição horizontal.
2. Deixar por 1 hora à temperatura ambiente (22 a 24°C).
3. Gotejar água destilada sobre as lâminas e deixar por 5 minutos.
4. Escorrer a água com cuidado e transferir as lâminas para a câmara úmida.
5. Adicionar a solução de *lise 2* (tampão de lise contendo proteinase K 100 µg/mL) até cobrir totalmente o gel e incubar por 3 horas a 37°C.
6. Lavar, cuidadosamente, as lâminas com água destilada gelada (4°C) (lembre-se de que a agarose estará pouco polimerizada, pois seu ponto de fusão é de 37°C), por gotejamento, e repetir o procedimento por 3 vezes (5 minutos/cada).

Eletroforese

1. Colocar a cuba de eletroforese em recipiente com gelo.
2. Transferir as lâminas da câmara úmida para a cuba de eletroforese, acrescentar a solução de eletroforese TBE 1X e deixar por 20 minutos. Obs.: cobrir as lâminas com o tampão (TBE 1X) de forma que fiquem de 2 a 4 mm abaixo da superfície da solução.

Associação Brasileira de Mutagênese e Genômica Ambiental **321**

3. Programar a fonte de eletroforese para: 25 V, 0,01 A, 20 minutos. DICA: para aumentar a voltagem tirar tampão da cuba com o auxílio de uma pipeta; para diminuir a voltagem colocar mais tampão. Importante: no caso de utilizar duas cubas de eletroforese simultaneamente, deve-se fixar a amperagem da fonte em 0,02 A.
4. Após a corrida, retirar as lâminas da cuba, lavar 2 vezes com PBS 1X (5 minutos cada) e uma vez (5 minutos) com água destilada.
5. Fixar o material colocando as lâminas em imersão em etanol absoluto.
6. Colocar as lâminas para secar em temperatura ambiente.

Análise das lâminas

A coloração das lâminas deve ser realizada minutos antes da análise.
1. Colocar 65 µL do corante diluído na região central da lâmina e cobrir com lamínula. Obs.: as lâminas devem ser protegidas da luz.
2. Analisar pelo menos 150 nucleoides/animal em microscópio de fluorescência com filtro para *SybrGold* (400×) (ver Capítulo 6). Quando as análises forem realizadas com o auxílio de *software*, utilizar como parâmetro para a quantidade de danos a % de DNA da cauda (em inglês, *tail intensity*) (OECD, 2016c).
3. Após a análise, retirar a lamínula, fazer leves imersões em etanol absoluto e guardar a lâmina em temperatura ambiente ou geladeira.

Análise estatística

Os dados obtidos da análise das lâminas deverão ser transformados em média e desvio padrão para cada animal. A análise estatística para a comparação dos grupos (expostos e controles) deve incluir, portanto, o número de médias referentes ao número de animais em cada grupo. Recomenda-se que sejam utilizados o teste t de Student ou ANOVA. Os resultados finais devem ser apresentados como média e desvio-padrão do grupo e deve ser considerado para significância estatística $p < 0,05$.

Interpretação dos resultados

Na interpretação dos resultados, além da definição pela atividade genotóxica ou não do agente testado com base na análise estatística, podem ser inferidos possíveis mecanismos de genotoxicidade. A literatura sugere que durante os primeiros estágios da espermatogênese muitos agentes xenobióticos não causam quebras de fita, mas primariamente danificam a estrutura do DNA por provocarem ligações cruzadas (ligações covalentes) entre dois nucleotídeos da molécula (*cross-linking*) ou sítios apurínicos e apirimidínicos que são álcali-lábeis e podem, sob condições alcalinas, transformar-se em SSB (Henderson *et al.*, 1998; Bilbao *et al.*, 2002). Todavia, deve-se ter em consideração que as ligações cruzadas, em contraste com outros danos no DNA, inibem a migração da molécula na eletroforese, podendo reduzir a sensibilidade do teste (Merk e Speit, 1999).

Por outro lado, como os espermatozoides maduros não têm capacidade de reparo de DNA (van Loon *et al.*, 1993), três potenciais mecanismos, independentes ou simultaneamente, podem ser responsáveis por danos basais na molécula (inclusive nos espermatozoides do grupo controle). São eles: (a) a incorreta condensação da cromatina durante a espermiogênese; (b) eventos apoptóticos durante a espermatogênese, maturação epididimal ou no sêmen ejaculado; c) estresse oxidativo causado por espécies reativas de oxigênio (ROS) (Trisini *et al.*, 2004; Baumgartner *et al.*, 2009).

TESTE DA MORFOLOGIA DE ESPERMATOZOIDES

Vários métodos vêm sendo usados para avaliar danos no DNA do espermatozoide. No entanto, os diferentes tipos de alterações e a inconsistência na reprodutibilidade dos resultados indicam a necessidade de se utilizar uma combinação de testes para definir com maior precisão o potencial toxicogenético e tóxico-reprodutivo de xenobióticos. Nesse contexto, embora a avaliação e o significado das alterações na morfologia do espermatozoide sejam aspectos ainda controversos, são importantes fontes de informação para estudos sobre riscos potenciais às células germinativas. De acordo com a Organização Mundial da Saúde (WHO, 2010), a análise da morfologia do espermatozoide é um dos parâmetros recomendados para avaliar a fertilidade masculina e prever danos ao DNA, uma vez que a morfologia do espermatozoide é um indicador da saúde testicular, que reage fortemente a estresses corporais, fisiológicos e ambientais, muito mais do que qualquer outro órgão (Menkveld *et al.*, 2011; Aghazarian *et al.*, 2020).

Características importantes

É na terceira fase da espermatogênese (espermiogênese) que as espermátides haploides se diferenciam para dar origem aos espermatozoides (Figura 14.1). Nessa fase, as espermátides redondas se alongam, condensam a cromatina substituindo inicialmente as histonas por proteínas de transição que, por sua vez, são substituídas por protaminas (Zhao *et al.*, 2004), que desenvolvem o acrossomo e uma cauda que possui em sua área intermediária um conjunto de mitocôndrias, e eliminam o excesso de citoplasma. Esse processo culmina com a liberação dos espermatozoides no lúmen dos túbulos seminíferos e, posteriormente, para o epidídimo e vesículas seminais para armazenamento (Toshimori, 2003). Embora os mecanismos celulares e moleculares que levam a mudanças na morfologia do espermatozoide não estejam elucidados, há evidências de que podem estar relacionados com aneuploidias cromossômicas decorrentes de não disjunções meióticas, ao remodelamento da cromatina e a alterações gênicas associadas ao processo de espermatogênese (Prisant *et al.*, 2007; Yap *et al.*, 2011; Boer *et al.*, 2015). Assim sendo, é plausível inferir que agentes mutagênicos para células germinativas podem levar a alterações na morfologia do espermatozoide. De fato, foi demonstrado que reconhecidos mutágenos são também capazes de induzir alterações na morfologia do espermatozoide (Wyrobek *et al.*, 1983).

Aplicação do teste

Embora o teste da morfologia de espermatozoides não produza resultados que sejam medidas diretas de danos genéticos em camundongos, pode ser utilizado com os seguintes objetivos:

- Identificar se determinado agente tem a capacidade de atingir células germinativas e causar disfunções na espermatogênese.
- Identificar mecanismos de toxicidade reprodutiva (infertilidade e alterações no desenvolvimento embrionário e fetal).

Delineamento experimental

Recomenda-se utilizar de 6 a 10 camundongos adultos de 7 a 10 semanas de idade por grupo/tratamento, levando em conta que podem ocorrer óbitos durante o período experimental. Devem ser constituídos pelo menos cinco grupos de animais: 1) controle negativo, tratado apenas com um agente reconhecidamente não tóxico para o animal; 2) controle positivo (mínimo de três animais), tratado com agente que sabidamente induz alteração na morfologia do espermatozoide (p. ex., etil metanossulfonato; CAS RN 62-50-0); 3, 4 e 5) grupos tratados com doses crescentes da substância-teste, por cinco dias consecutivos. As doses devem ser definidas com base na DL_{50}, ou ser a maior concentração da substância passível de diluição. Os dois níveis mais baixos podem ser definidos dividindo-se a maior dose por fator 2 ou menor. Uma vez que os valores disponíveis para DL_{50} tendem a ser resultados de tratamentos únicos, a dose total para 5 dias deve corresponder a 2 a 4 vezes a DL_{50} de exposição única. Além desses grupos, pode haver a necessidade de um controle do veículo de diluição da substância-teste, a fim de verificar se este, *per se*, é capaz de induzir alterações na morfologia espermatozoide. Recomenda-se que os volumes diários de injeção intraperitoneal sejam limitados a aproximadamente 0,1 mL/10 g peso corpóreo. A eutanásia dos animais para a coleta dos espermatozoides deve ser realizada de acordo com o cronograma apresentado na Figura 14.2. No entanto, para avaliar se a alteração ocorre em decorrência de evento mutagênico, recomenda-se que seja realizada de 35 a 42 dias após o último tratamento com a substância-teste.

Realização do teste

Os métodos de preparação, fixação e coloração têm forte influência nos resultados da avaliação da morfologia dos espermatozoides. Portanto, os procedimentos devem ser realizados cautelosamente e sempre seguindo o mesmo padrão estabelecido no laboratório (Menkveld *et al.*, 2011). As soluções, os reagentes e os equipamentos necessários para a realização do teste estão apresentados no final do capítulo, junto com o respectivo código *QR* contendo uma *checklist* dos materiais utilizados.

Coleta dos espermatozoides

Para a coleta dos espermatozoides, a eutanásia dos animais deve seguir os princípios éticos na experimentação animal (ver Capítulo 15). A pesagem dos epidídimos após a excisão, assim como a análise do número de espermatozoides na amostra, podem também fornecer informações relevantes sobre potenciais efeitos adversos induzidos pelo agente objeto do estudo.

1. Após identificada e seccionada, a cauda do epidídimo deve ser colocada em um poço de uma placa de cultura celular contendo 500 μL de HTF/BSA 1% a 37°C.
2. Com auxílio de um bisturi (pré-aquecido a 37°C) ou tesoura de ponta fina, fazer incisões para facilitar a liberação dos espermatozoides para o meio aquoso a 37°C por 3 minutos, sob agitação a 70 rpm.

Nesta etapa, parte da suspensão celular pode ser utilizada para a contagem (30 μL) e análise da morfologia (90 μL) dos espermatozoides, para o ensaio cometa (150 μL) e para avaliações moleculares (230 μL).

Contagem de espermatozoides

1. Transferir 30 μL da suspensão de espermatozoides para um microtubo e incubar a 34°C por 3 minutos.
2. Realizar a contagem dos espermatozoides em câmara de Makler pré-aquecida a 34°C (também pode ser utilizada câmara de Neubauer ou Computer-Assisted Sperm Analyser).

Câmara de Makler

- Com auxílio da haste que acompanha a câmara de Makler ou de uma micropipeta, adicionar uma gota da suspensão no centro da câmara e cobrir com o disco. (Obs.: se os espermatozoides estiverem com intensa movimentação, eles deverão ser imobilizados por meio da seguinte técnica: imergir o tubo contendo a solução em banho-maria entre 50 e 60°C por 5 minutos.)
- Ajustar, cuidadosamente, a câmara no microscópio de contraste de fase e contar os espermatozoides de 10 campos/quadrantes.
- Repetir a contagem.
- Determinar a média das duas contagens, a qual indicará a concentração de espermatozoides em milhão/mL. Nenhum cálculo adicional é necessário.

Confecção das lâminas (morfologia dos espermatozoides)

1. Transferir 90 μL da suspensão de espermatozoides para um microtubo e adicionar 900 μL de tampão formalina 10% para fixação, agitar cuidadosamente e incubar a 37°C por 15 minutos.

2. Após a incubação, homogeneizar suavemente a suspensão para dissolver eventuais grumos de espermatozoides.
3. Adicionar 10 µL do corante Giemsa ou eosina Y, agitar cuidadosamente e deixar em temperatura ambiente (22 a 24°C), por 45 a 60 minutos.
4. Após esse período, colocar uma ou duas gotas (50 a 100 µL) da suspensão celular na extremidade de uma lâmina e, com o auxílio de outra, realizar o esfregaço.
5. Colocar as lâminas para secar sobre papel absorvente, em ângulo de 30 a 40°, em temperatura ambiente.

Análise das lâminas

Para a avaliação da morfologia dos espermatozoides é fundamental estabelecer critérios uniformes de análise. Recomenda-se fortemente que o analista seja previamente treinado, para que os resultados sejam comparáveis aos obtidos por diferentes observadores. A Figura 14.4 mostra exemplos de anormalidades que podem ser encontradas na análise.

1. Antes de iniciar a análise, realizar varredura na lâmina para assegurar a qualidade da preparação. Em geral, as lâminas são consideradas boas quando há poucas (no máximo 10) cabeças de espermatozoides separadas da cauda (Figura 14.4G) e poucas aglomerações de espermatozoides.
2. Analisar de 300 a 500 espermatozoides por animal, em aumento de 400 a 1.000×, na região central da lâmina. Os parâmetros a serem analisados devem ser predominantemente as anormalidades de cabeça e cauda (Wyrobek e Bruce, 1975) (Figura 14.4). Para maior acurácia, as análises podem ser realizadas por morfometria geométrica (Varea-Sánchez *et al.*, 2013).
3. Ao final da análise, recomenda-se construir dois grupos de dados: com os espermatozoides normais e outro com os anormais (Seed *et al.*, 1996). Embora o pequeno número de espermatozoides em cada categoria de alteração possa não permitir análise com bom poder estatístico, a tabulação ou descrição de anormalidades específicas pode fornecer informações úteis para auxiliar na interpretação dos resultados (Chang e Suarez, 2012; Varea-Sanchez *et al.*, 2016).

Análise estatística

Os métodos estatísticos para análise do número e morfologia dos espermatozoides deverão ser selecionados a partir das características de distribuição dos dados: ANOVA para dados paramétricos e Kruskal-Wallis para os não paramétricos. Considerar para significância $p < 0,05$.

Interpretação dos resultados

Na interpretação dos resultados deve-se levar em consideração que o teste de morfologia do espermatozoide pode não refletir diretamente efeitos mutagênicos mas, sim, danos que afetam a saúde reprodutiva.

ANÁLISE DE microRNAS EM ESPERMATOZOIDES

De modo geral, os testes recomendados atualmente para células germinativas fornecem informações importantes para a identificação de compostos genotóxicos/mutagênicos e para a compreensão de alguns de seus respectivos mecanismos de ação. No entanto, tais testes têm como limitação não investigar efeitos toxicogenômicos, os quais podem ter papel fundamental sobretudo nas etapas de diferenciação dos espermatozoides e, por conseguinte, sobre a fertilidade (Yadav e Kotaja, 2014). Assim, a introdução de estratégias para a detecção de alterações moleculares transcricionais ou pós-transcricionais, possibilita a identificação de maior espectro de agentes deletérios ao organismo e, consequentemente, aumenta o grau de segurança para a saúde animal e do meio ambiente. Nesse contexto, a análise de mRNAs e RNAs não codificantes (ncRNAs), como os microRNAs (miRNAs), pode fornecer informações sobre a capacidade de xenobióticos em interferir na expressão de genes importantes para a progressão normal da espermatogênese.

Características importantes

Os espermatozoides apresentam alto nível de compactação da cromatina, chegando a representar 10% ou menos do volume do núcleo de uma célula somática. Para alcançar tal grau de compactação, durante a diferenciação pós-meiótica, a maioria das histonas que constituem os nucleossomos são substituídas por protaminas (estruturas toroidais; Figura 14.1), que são proteínas menores, altamente alcalinas e ricas em cisteína (Rathke *et al.*, 2014). Esse alto nível de compactação otimiza a morfologia nuclear e permite maior capacidade de flutuação e movimentação através do trato reprodutivo feminino até o oócito. Além disso, a supercompactação do genoma pode conferir proteção adicional contra fatores genotóxicos (Miller *et al.*, 2010). Todavia, como consequência, os espermatozoides apresentam menor atividade transcricional, embora tenham sido detectados vários tipos de RNAs (mRNA, miRNA, iRNA) em seu interior (Hosken e Hodgson, 2014), com maior abundância dos miRNAs (Conine *et al.*, 2018).

A análise da expressão de miRNAs vem recebendo atenção especial pois estes têm importante função na regulação da espermatogênese e na etiologia da infertilidade masculina (Kotaja, 2014; Al-Gazi e Carroll, 2015). Sabe-se que os miRNAs são amplamente expressos durante toda a espermatogênese e são substancialmente modificados durante a maturação do espermatozoide no epidídimo (Nixon *et al.*, 2015). Os miRNAs são importantes reguladores da expressão gênica e atuam principalmente na etapa pós-transcricional para controlar a estabilidade ou tradução de seus mRNA alvo (Ghildiyal e Zamore, 2009). Embora ainda controverso, há indícios de que alguns miRNAs também podem influenciar múltiplas características dos espermatozoides, incluindo número, motilidade e morfologia (Mostafa *et al.*, 2016). Atualmente, é de conhecimento que, além da função de transportar o genoma haploide paterno para o oócito, o espermatozoide, no momento da fertilização, transfere para o oócito uma população complexa de RNAs, incluindo miRNAs, e que estes têm potencial para modular a estabilidade e eficiência translacional de transcritos maternos antes da ativação do genoma do zigoto, sendo, portanto, importantes para o desenvolvimento embrionário, além de poder ter reflexos mais tardios na prole (Dadoune, 2009; Yuan *et al.*, 2016; Dickson *et al.*, 2018; Hua *et al.*, 2019).

Realização do teste

A metodologia para análise de microRNAs apresentada a seguir utiliza a técnica de RT-qPCR (*Reverse Transcription real time Polymerase Chain Reaction*) – transcrição reversa seguida de reação em cadeia da polimerase em tempo real. No entanto, é importante destacar que essa análise também pode ser realizada por meio de técnicas de sequenciamento de RNA. As soluções, reagentes e equipamentos necessários para a realização do teste estão apresentados no final do capítulo, junto com o respectivo código *QR* contendo uma *checklist* dos materiais utilizados.

Coleta dos espermatozoides

Para a coleta dos espermatozoides, a eutanásia dos animais deve seguir os princípios éticos na experimentação animal (ver Capítulo 15).

1. Após identificada e seccionada, a cauda do epidídimo deve ser colocada em um poço de uma placa de cultura celular contendo 500 μL de HTF/BSA 1% a 37°C.
2. Com auxílio de um bisturi (pré-aquecido a 37°C) ou tesoura de ponta fina, fazer incisões para facilitar a liberação dos espermatozoides para o meio aquoso a 37°C por 3 min, sob agitação a 70 rpm.

Nessa etapa, parte da suspensão celular pode ser também utilizada para o ensaio cometa (150 μL) e para a contagem (30 μL) e análise da morfologia (90 μL) dos espermatozoides.

Extração, quantificação e avaliação da pureza dos miRNAs

- Transferir 230 μL da suspensão de espermatozoides para um microtubo, imergir em nitrogênio líquido e, posteriormente, armazenar em *freezer* –80°C até a extração dos ácidos nucleicos.

- Extrair os miRNAs utilizando-se *kit* específico de extração (ver *"Reagentes"*), de acordo com as instruções do fabricante.
- Recomenda-se a realização da etapa de digestão de DNA genômico, adicionando-se DNAse (6 U/µL) e respectivo tampão da enzima à amostra e incubando à temperatura ambiente por cerca de 15 minutos.
- Em espectrofotômetro, verificar a concentração e a pureza dos miRNAs extraídos utilizando-se as razões 280/260 nm e 280/230 nm, as quais são indicativas, respectivamente, de contaminação por proteínas e por compostos fenólicos. Considerar como excelentes, extrações com razões aproximadamente 2 para a razão de 260/280 e entre 1,8–2,2 para 260/230 (Desjardins e Conklin, 2010). A integridade dos miRNAs pode ser avaliada por eletroforese em *microchip*, utilizando-se o *Bioanalyzer Small RNA Analysis kit* (Agilent Technologies) (*RNA integrity Number*; RIN > 5) (Kirchner *et al.*, 2014).
- Após a quantificação e a verificação dos índices de pureza e integridade, caso não seja imediatamente utilizado, o RNA pode ser armazenado a –80°C.
- Transferir a suspensão de miRNAs para novos microtubos e uniformizar a concentração (p. ex., 10 ng) utilizando-se água ultrapura livre de nucleases.

Síntese do cDNA

- A síntese do cDNA é realizada em termociclador utilizando-se *kit* específico (ver *"Reagentes"*) e sonda (*primer* e endógeno) para o microRNA de interesse, de acordo com as instrução do fabricante do *kit*.

Expressão dos miRNAs

- Amplificar a amostra de miRNA por RT-qPCR em termociclador. Para cada reação de RT-qPCR colocar: (i) o cDNA; (ii) os reagentes para a reação da PCR (ver *"Reagentes"*); (iii) o *primer* do microRNA alvo e do endógeno (p. ex., mmu-miR-10a-5p, mmu-miR-195a-5p; Fullston *et al.*, 2016); (iv) e água livre de nucleases. Os ciclos térmicos deverão ser ajustados de acordo com as instruções do fabricante do *kit* da reação de PCR.

Análise estatística

A análise estatística dos dados deve ser feita pelo método do *threshold cycle* (Ct) comparativo ($\Delta\Delta CT$), utilizando-se a fórmula 2 – $\Delta\Delta Ct$, em que: $\Delta\Delta Ct$ = média do ΔCT (microRNA alvo) – média do ΔCt (microRNA referência). Recomenda-se a utilização do teste ANOVA e, posteriormente, o teste de Tukey para avaliar variações entre os grupos/tratamentos. Existem *softwares* para essas análises, inclusive podem selecionar testes estatísticos adequados para cada dado (por exemplo, Thermo Fisher Connect qPCR analysis apps; Thermo Fisher Cloud 2.0 – www.apps. thermofisher.com/apps/dashboard). Genes com valores de *fold change* $\geq$ 2 e com valor de $p < 0,05$ são considerados genes com expressão alterada ou diferencialmente modulados (*up* ou *downregulated*). O uso de valores de *fold change* < 2 podem ser também considerados modulados, desde que devidamente justificado (Applied Biosystems, 2010).

Interpretação dos resultados

A expressão de miRNAs pode ser alterada por agentes xenobióticos genotóxicos e não genotóxicos, por mecanismos transcricionais (mutação no gene e/ou hipermetilação do promotor) e pós-transcricionais (p. ex., mudanças na atividade das principais enzimas da biogênese do miRNA, como Dicer e Drosha, devido a eventos mutacionais ou epigenéticos) (Gulyaeva e Kushlinskiy, 2016). Assim, os resultados da análise dos níveis de miRNAs em espermatozoides podem refletir eventos toxicogenômicos com importante repercussão para a fertilidade e para o desenvolvimento da prole. Dados complementares, como a identificação de alvos diretos dos microRNAs, tanto nos espermatozoides como no zigoto, podem trazer luz sobre os mecanismos moleculares responsáveis pela gênese e desenvolvimento de várias doenças.

MATERIAIS UTILIZADOS NOS TRÊS TESTES

EC = Ensaio Cometa; TME = Teste da Morfologia de Espermatozoides; miRNA = Teste de Expressão de microRNAs.

Equipamentos, vidrarias e consumíveis

Equipamentos

- Agitador magnético (EC; TME).
- Agitador de placas (EC; TME; miRNA).
- Banho-maria (EC).
- Bisturi ou agulha (EC; TME; miRNA).
- Bioanalyzer (Agilent Technologies).
- Câmara de Neubauer ou de Makler (TME).
- Contador de células (TME).
- Cuba e fonte de eletroforese (EC).
- Espectrofotômetro (miRNA).
- Estufa (37°C) (EC; TME; miRNA).
- Freezer (–80°C) (miRNA).
- Microscópio de fluorescência ou óptico de luz/contraste de fase com objetivas 10× a 100× (EC; TME).
- Micropipetas (10 a 1000 µL) (EC; TME, miRNA).
- Termociclador (miRNA).

Vidraria e consumíveis

- Béquer, provetas, balão volumétrico (EC; TME).
- Câmara úmida ou caixa porta lâminas (colocar ~1 cm de água na base, com ou sem papel-toalha, para manter a umidade das lâminas) (EC).
- Gelo (EC).
- Lâminas de vidro convencionais para histologia (EC; TME).
- Lamínulas (24 × 60 mm; 20 × 26 mm) (EC; TME).
- Microtubos (0,2 e 1,5 mL) (EC; TME; miRNA).
- Ponteiras (10 a 1000 µL) (EC; TME).
- Pipeta Pasteur (EC).
- Placa de cultura celular de 24 poços (127,5 × 22,45 mm; diâmetro da cavidade: 15,59 mm).

Reagentes

- Ácido bórico (H_3BO_3) (EC).
- Ácido clorídrico (HCl) (EC).
- Ácido etilenodiamino tetra-acético – EDTA (EC).
- Agarose com ponto de fusão normal (EC).
- Agarose com baixo ponto de fusão (EC).

- Albumina de soro bovino (*Bovine Serum Albumin* – BSA) (EC; TME; miRNA).
- Álcool etílico (EtOH) (EC).
- Água destilada (EC, TME).
- Água ultrapura livre de nucleases (miRNA).
- Azul de tripano (*tripan blue*) – (EC).
- Cloreto de sódio – NaCl (EC).
- Corante Giemsa ou eosina Y (TME).
- Corante *SybrGold*® - Thermo Fisher Scientific (EC).
- Dimetilsulfóxido (DMSO) (EC).
- Ditiotreitol (DTT) (EC).
- Fluido tubário humano (*Human Tubal Fluid* – HTF) modificado com Hepes (EC; TME; miRNA).
- Formaldeído 37% (TME).
- Fosfato de sódio dibásico hepta-hidratado ($Na_2HOP_4 \cdot 7H_2O$) (EC).
- Fosfato de sódio dibásico anidro (Na_2HOP_4) (TME).
- Fosfato de sódio monobásico mono-hidratado ($NaH_2OP_4 \cdot H_2O$) (TME).
- Fosfato monopotássico (KH_2PO_4) (EC).
- Hidróxido de sódio – NaOH (EC).
- Hidroximetil aminometano – Tris (EC).
- Iniciador (*primer*) do microRNA alvo e referência (miRNA).
- Proteinase K (EC).
- Reagentes para extração de microRNA (RNA total incluindo microRNAs). Por exemplo: i) *mirVana*™ *miRNA Isolation Kit*, Life Technologies, Califórnia, USA; ii) *Direct-zol*™ *RNA Miniprep Plus*; Zymo Research, Irvine, USA).* Pode haver necessidade de etanol absoluto padrão molecular (miRNA).
- Reagentes para síntese de cDNA. Por exemplo: *TaqMan*® *MicroRNA reverse transcription kit*; Applied Biosystems, Foster City, USA (miRNA).
- Reagentes para reação em cadeia da polimerase (PCR). Por exemplo: *TaqMan*® *Universal PCR Master Mix II with UNG*) (miRNA).
- Triton X-100 (EC).

Ensaio cometa: utilize o código QR ao lado para o *download* da lista do material necessário.

Teste da morfologia e contagem de espermatozoides: utilize o código QR ao lado para o *download* da lista do material necessário.

Teste de expressão de miRNAs: utilize o código QR ao lado para o *download* da lista do material necessário.

Preparo das soluções

As soluções devem ser preparadas de acordo com o número de lâminas a ser confeccionado. Esse procedimento assegura economia de reagentes, o uso de soluções sempre recém-preparadas e evita resíduos desnecessários no ambiente.

Tampão fosfato (PBS) 10x (EC, TME)

NaCl	8 g
$Na_2HOP_4 \cdot 7H_2O$	21,07 g
KH_2PO_4	6 g

Colocar 750 mL de água destilada em um béquer e adicionar os reagentes aos poucos. Completar para 1.000 mL, autoclavar, fazer alíquotas e congelar (–20°C) por tempo indeterminado.

Tampão fosfato (PBS) 1X (EC)

Acrescentar 900 mL de água destilada em 100 mL de PBS 10X para uma solução 1X.

Solução de lise estoque (EC)

NaCl (2,5 M)	54,44 g
Tris (10 mM)	0,048 g
EDTA (100 mM)	14,88 g

Colocar 250 mL de água destilada em um béquer e adicionar os reagentes aos poucos, na seguinte ordem: NaCl, Tris e EDTA. Preparar essa solução vagarosamente e ajustar o pH para 10 (lentamente) com o auxílio de NaOH. O EDTA começa a se dissolver com pH acima de 8. Após ajustar o pH, complete para 400 mL com água destilada. Armazenar em frasco âmbar e guardar em refrigerador (4°C). Validade de 2 meses.

Solução de *lise 1* (preparar no momento do uso) (EC)

DTT (40 mM)	0,3702 g
Triton X-100 (1%)	600 µL

Completar para 60 mL com a solução lise estoque gelada utilizando agitador magnético. Uso imediato!

Solução de *lise 2* (preparar no momento do uso) (EC)

Proteinase K (100 µg/mL)	0,01 g

Completar para 100 mL com a solução lise estoque gelada, utilizando agitador magnético. Uso imediato.

Solução de eletroforese estoque – TBE 10X (EC)

TRIS	108 g
Ácido bórico	55 g
EDTA	9,3 g

Colocar 750 mL de água destilada em um béquer e adicionar os reagentes aos poucos. Ajustar o pH para 8,4 e completar com água destilada para 1.000 mL. Armazenar em temperatura ambiente (22–24°C).

Solução de eletroforese uso – TBE 1X (EC)

Colocar 900 mL de água destilada gelada (4°C) em 100 mL de TBE 10X, para uma solução 1X.

Solução de coloração (EC)

Corante *SybrGold*®	1 µL

Acrescentar 9,999 µL de água destilada a 1 µL do corante, fazer alíquotas de 1 mL em microtubos devidamente protegidos da luz (papel-alumínio) e congelar (–20°C). Obs.: o corante *SybrGold* é sensível à luz. As alternativas para o *SybrGold* são o brometo de etídio ou a laranja de acridina.

Tampão formalina 10% (TME)

Fosfato de sódio dibásico anidro	13 g
Fosfato de sódio monobásico mono-hidratado	8 g
Formaldeído 37%	200 mL

Colocar 700 mL de água destilada em um béquer sobre agitador magnético e adicionar o fosfato de sódio dibásico anidro aos poucos. Em outro béquer, colocar 700 mL de água destilada e adicionar o fosfato de sódio monobásico mono-hidratado aos poucos, sempre em agitador magnético. Misturar as soluções diluídas e acrescentar o formaldeído 37%. Completar com água destilada para 2.000 mL. Armazenar em temperatura ambiente (22 a 24°C).

Solução de HTF-BSA 1% (TME)

BSA	0,1 g

Para preparar a solução de HTF-BSA 1%, dissolver 0,1 g de BSA em 10 mL de HTF e manter a 37°C até o momento do uso. Esta solução deve ser preparada no dia de sua utilização.

Eosina Y (TME)

Eosina Y	10 g

Em temperatura ambiente (22 a 24°C), dissolver 10 g de eosina Y inicialmente em 200 mL de água destilada e, posteriormente, completar para 1 litro. Agitar a solução até completa solubilização, filtrar em filtro de papel e estocar em temperatura ambiente. A validade da solução é de 6 a 12 meses.

Referências bibliográficas

Aghazarian A, Huf W, Pflüger H, Klatte T. The 1999 and 2010 WHO reference values for human semen analysis to predict sperm DNA damage: a comparative study. Reprod Biol. 1999; 20:379-83. https://doi.org/10.1016/j.repbio.2020.04.008

Al-Gazi MK, Carroll M. Sperm-specific microRNAs - their role and function. J Genet Genomic Sci. 2015; 1:003. https://doi.org/10.24966/GGS-. 2485/100003

Anderson D, Schmid TE, Baumgartner A, Cemeli-Carratala E, Brinkworth MH, Wood JM. Oestrogenic compounds and oxidative stress (in human sperm and lymphocytes in the Comet assay). Mutat. Res. 2003; 544:173-8. https://doi.org/10.1016/j.mrrev.2003.06.016

Applied Biosystems. TaqMan® Gene Expression Master Mix Protocol. Part Number 4371135 Rev. C. http://tools.thermofisher.com/content/sfs/manuals/cms_039284.pdf. Acesso em: 26 de Agosto de 2020.

Baumgartner A, Cemeli E, Anderson D. The comet assay in male reproductive toxicology. Cell Biol Toxicol. 2009; 25:81-98. https://doi.org/10.1007/s10565-007-9041-y.

Bilbao C, Ferreiro JA, Comendador MA, Sierra LM. Influence of mus201 and mus308 mutations of Drosophila melanogaster on the genotoxicity of model chemicals in somatic cells in vivo measured with the comet assay. Mutat Res. 2002; 503:11-9. https://doi.org/10.1016/S0027-5107(02)00070-2

Boer P,Vries M, Ramos L. A mutation study of sperm head shape and motility in the mouse: lessons for the clinic. Andrology. 2015; 3:174-202. https://doi.org/10.1111/andr.300

Campbell CD, Eichler EE. Properties and rates of germline mutations in humans. Trends Genet. 2013; 29:575-84. https://doi.org/10.1016/j.tig.2013.04.005

Chang H, Suarez SS. Unexpected flagellar movement patterns and epithelial binding behavior of mouse sperm in the oviduct. Biol Reprod. 2012; 86:140. https://doi.org/10.1095/biolreprod.111.096578

Clermont Y. Kinetics of spermatogenesis in mammals: seminiferous epithelium cycle and spermatogonial renewal. Physiol Rev. 1972; 52:198-236. https:// doi.org/10.1152/physrev.1972.52.1.198

Conine CC, Sun F, Song L, Rivera-Pérez JA, Rando OJ. Small RNAs gained during epididymal transit of sperm are essential for embryonic development in mice. Dev Cell. 2018; 46:470-80. https://doi.org/10.1016/j.devcel.2018.06.024

Dadoune J-P. Spermatozoal RNAs: what about their functions? Microsc Res Tech. 2009; 72:536-51. https://doi.org/10.1002/jemt.20697

Dickson DA, Paulus JK, Mensah V, Lem J, Saavedra-Rodriguez L, Gentry A et al. Reduced levels of miRNAs 449 and 34 in sperm of mice and men exposed to early life stress. Transl Psychiatry. 2018; 8:101. https://doi.org/10.1038/s41398-018-0146-2

Fernandez JL, Vazquez-Gundin F, Delgado A, Goyanes VJ, Ramiro-Diaz J, de la Torre J et al. DNA breakage detection-FISH (DBD-FISH) in human spermatozoa: technical variants evidence different structural features. Mutat. Res. 2000; 453:77-82. https://doi.org/10.1016/s0027-5107(00)00079-8

Fullston T, Ohlsson-Teague EM, Print CG, Sandeman LY, Lane M. Sperm microRNA content is altered in a mouse model of male obesity, but the same suite of microRNAs are not altered in offspring's sperm. PloS One. 2016; 11:e0166076. https://doi.org/10.1371/journal.pone.0166076

Ghildiyal M, Zamore PD. Small silencing RNAs: an expanding universe. Nat. Rev Genet. 2009; 10: 94-108. https://doi.org/10.1038/nrg2504.

Gorczyca W, Gong J, Darzynkiewicz Z. Detection of DNA strand breaks in individual apoptotic cells by the in situ terminal deoxynucleotidyl transferase and nick translation assays. Cancer Res. 1993; 53:1945-51.

Gulyaeva LF, Kushlinskiy NE. 2016. Regulatory mechanisms of microRNA expression. J Transl Med. 2016; 14:143. https://doi.org/10.1186/s12967-016-0893-x

Haines G, Marples B, Daniel P, Morris I. DNA damage in human and mouse spermatozoa after *in vitro* – irradiation assessed by the comet assay. Adv Exp Med Biol. 1998; 444:79-91. https://doi.org/10.1007/978-1-4899-0089-0_10

Henderson L, Wolfreys A, Fedyk J, Bourner C, Windebank S. The ability of the comet assay to discriminate between genotoxins and cytotoxins. Mutagenesis. 1998; 13:89-94. https://doi.org/10.1093/mutage/13.1.89

Hosken DJ, Hodgson DJ. Why do sperm carry RNA? Relatedness, conflict, and control. Trends Ecol Evol. 2014; 29:451-5. https://doi.org/10.1016/j.tree.2014.05.006

Hua M, Liu W, Chen Y, Zhang F, Xu B, Liu S *et al*. Identification of small non-coding RNAs as sperm quality biomarkers for in vitro fertilization. Cell Discov. 2019; 5:20. https://doi.org/10.1038/s41421-019-0087-9

Kirchner B, Paul V, Riedmaier I, Pfaffl MW. mRNA and microRNA purity and integrity: the key to success in expression profiling. Methods Mol Biol. 2014; 1160:43-53. https://doi.org/10.1007/978-1-4939-0733-5_5

Kotaja N. MicroRNAs and spermatogenesis. Fertil Steril. 2014; 101:1552-62. https://doi.org/10.1016/j.fertnstert.2014.04.025

Kusakabe H, Szczygiel MA, Whittingham DG, Yanagimachi R. Maintenance of genetic integrity in frozen and freeze-dried mouse spermatozoa. Proc Natl Acad Sci. 2001; 98:13501-6. https://doi.org/10.1073/pnas.241517598

Lewis SEM, Agbaje IM. The alkaline comet assay in prognostic tests for male infertility and assisted reproductive technology outcomes. In: Dhawan A, Anderson D (eds.). The comet assay in toxicology. Royal Society of Chemistry, Cambridge. 2017; 369-89. https://doi.org/10.1039/9781782622895-00369

Marchetti F, Rowan-Carroll A, Williams A, Polyzos A, Berndt-Weis ML, Yauk CL. Sidestream tobacco smoke is a male germ cell mutagen. Proc Natl Acad Sci. 2011; 108:12811-4. https://doi.org/10.1073/pnas.1106896108

Meistrich ML. Potential genetic risks of using semen collected during chemotherapy. Hum Reprod. 1993; 8:8-10. https://doi.org/10.1093/oxfordjournals.humrep.a137880

Merk O, Speit G. Detection of crosslinks with the comet assay in relationship to genotoxicity and cytotoxicity. Environ Mol Mutagen. 1999; 33:167-72. https://doi.org/10.1002/(SICI)1098-2280(1999)33:2<167::AID-EM9>3.0.CO;2-D

Menkveld R, Holleboom CAG, Rhemrev JPT. Measurement and significance of sperm morphology. Asian J Androl. 2011; 13:59-68. https://doi.org/10.1038/aja.2010.67

Miller D, Brinkworth M, Iles D. Paternal DNA packaging in spermatozoa: more than the sum of its parts? DNA, histones, protamines and epigenetics. Reproduction. 2010; 139:287-301. https://doi.org/10.1530/REP-09-0281

Mitchard T, Jarvis P, Stewart J. Assessment of male rodent fertility in general toxicology 6-month studies. Birth Defects Res B Dev Reprod Toxicol. 2012; 95:410-20. https:// doi.org/10.1002/bdrb.21030

Mostafa T, Rashed LA, Nabil NI, Osman I, Mostafa R, Farag M. Seminal miRNA relationship with apoptotic markers and oxidative stress in infertile men with varicocele. Biomed Res Int. 2016; 4302754. https://doi.org/10.1155/2016/4302754

Muriel L, Segrelles E, Goyanes V, Gosalvez J, Fernandez JL. Structure of human sperm DNA and background damage, analysed by in situ enzymatic treatment and digital image analysis. Mol Hum Reprod. 2004; 10:203-9. https://doi.org/10.1093/molehr/gah029

Nixon B, Stanger SJ, Mihalas BP, Reilly JN, Anderson AL, Tyagi S *et al*. The microRNA signature of mouse spermatozoa is substantially modified during epididymal maturation. Biol Reprod. 2015; 93:91. https://doi.org/10.1095/biolreprod.115.132209

Oakberg EF. Duration of spermatogenesis in the mouse. Nature. 1957; 180:1137-8. http://dx.doi.org/10.1038/1801137a0

OECD. 1986. OECD Guideline for testing of chemicals, 485 - Genetic Toxicology: Mouse Heritable Translocation Assay. Organization for Economic Cooperation and Development. https://www.oecd-ilibrary.org/docserver/ 9789264071506-en.pdf?expires=1597672264&id=id&accname= guest &checksum=A9D76998CB9E213ACF440AD83912EB60. Acesso em: 17 de agosto de 2020.

OECD. 2016a. OECD Guideline for testing of chemicals, 478 – Rodent dominant lethal test. Organization for Economic Cooperation and Development. https://www.oecd-ilibrary.org/docserver/9789264264823-en.pdf? expires= 1591882813&id=id&accname=guest&checksum=90E12C3148F0354DF01548643457840F. Acesso em: 17 de agosto de 2020.

OECD 2016b. OECD Guideline for testing of chemicals, 483 - Mammalian spermatogonial chromosomal aberration test. Organization for Economic Cooperation and Development. https://www.oecd-ilibrary.org/docserver/ 9789264264847-en.pdf?expires=1591882637&id=id&accname= guest&checksum=BE3D33874E195F614DC73348F1D89013. Acesso em: 17 de agosto de 2020.

OECD 2016c. OECD Guideline for testing of chemicals, 489 -. Organization for Economic Cooperation and Development. *In vivo* mammalian alkaline comet assay. https://www.oecd-ilibrary.org/docserver/9789264264885-en.pdf?expires= 1597686270&id=id&accname=guest&checksum=511F1D56AE6631E3D1E639ACECB73988. Acesso em: 17 de agosto de 2020.

OECD 2016d. OECD Guideline for testing of chemicals, 422 - Combined Repeated Dose Toxicity Study with the Reproduction/Developmental Toxicity Screening Test. https://www.oecd-ilibrary.org/docserver/9789264264403-en.pdf?expires= 1599590227&id=id&accname=guest&checksum=682759D51F885923BB8432DC4B606679. Acesso em: 17 de agosto de 2020.

OECD 2020. OECD Guideline for testing of chemicals, 488 - Transgenic rodent somatic and germ cell gene mutation assays. Organization for Economic Cooperation and Development. https://www.oecd-ilibrary.org/docserver/ 9789264203907-en.pdf?expires=1597671262&id=id&accname= guest&checksum=BEDCFADB0E10E020032DB096964C867F. Acesso em: 17 de agosto de 2020.

Prisant N, Escalier D, Soufir JC, Morillion M, Schoevaert D, Misrahi M, Tachdjian G. Ultrastructural nuclear defects and increased chromosome aueuploidies in spermatozoa with elongated heads. Hum Reprod. 2007; 22:1052-9. https://doi.org/10.1093/humrep/del481

Rathke C, Baarends WM, Awe S, Renkawitz-Pohl R. Chromatin dynamics during spermiogenesis. Biochim Biophys Acta. 2014; 1839:155-68. https://doi.org/10.1016/j.bbagrm.2013.08.004

Ritz C, Ruminski W, Hougaard KS, Wallin H, Vogel U, Yauk CL. Germline mutation rates in mice following in utero exposure to diesel exhaust particles by maternal inhalation. Mutat Res. 2011; 712:55-8. https://doi.org/10.1016/j.mrfmmm.2011.04.007

Rolland M, Le Moal J, Wagner V, Royère D, De Mouzon J. Decline in semen concentration and morphology in a sample of 26,609 men close to general population between 1989 and 2005 in France. Hum Reprod. 2013; 28:462-70. https://doi.org/10.1093/humrep/des415

Russell LD, Ettlin RA, Sinha HAP, Clegg ED. Histological and histopathological evaluation of the testis. Int J Androl. 1990; 16:83. https://doi.org/10.1111/j.1365-2605.1993.tb01156.x

Sarıözkan S, Bucak MN, Canturk F, Özdamar S, Yay A, Tuncer PB *et al.* The effects of different sugars on motility, morphology and DNA damage during the liquid storage of rat epididymal sperm at 4°C. Cryobiology. 2012; 65:93-7. http://dx.doi.org/10.1016/j.cryobiol.2012.05.007

Schulte RT, Ohl DA, Sigman M, Smith GD. Sperm DNA damage in male infertility: etiologies, assays, and outcomes. J. Assisted Reprod Genet. 2010; 27:3-12. https://doi: 10.1007/s10815-009-9359-x

Seed J, Chapin RE, Clegg ED, Dostal LA, Foote RH, Hurtt ME *et al.* Methods for assessing sperm motility, morphology, and counts in the rat, rabbit, and dog: a consensus report. Reprod Toxicol. 1996; 10:237-44. https://doi.org/10.1016/0890-6238(96)00028-7

Setchell BP. The functional significance of the blood-testis barrier. J Androl. 1980; 1:3-10. https://doi.org/10.1002/j.1939-4640.1980.tb00003.x

Singh NP, Danner DB, Tice RR, McCoy MT, Collins GD, Schneider EL. Abundant alkali-sensitive sites in DNA of human and mouse sperm. Exp Cell Res. 1989; 184:461-70. https://doi.org/10.1016/0014-4827(89)90344-3

Tates AD. Validation studies with the micronucleus test for early spermatids of rats. A tool for detecting clastogenicity of chemicals in differentiating spermatogonia and spermatocytes. Mutagenesis. 1992; 7:411-9. https://doi.org/10.1093/mutage/7.6.411

Toshimori K. Biology of spermatozoa maturation: an overview with an introduction to this issue. Microsc Res Tech. 2003; 6:1-6. https://doi.org/10.1002/jemt.10311

Trisini AT, Singh NP, Duty SM, Hauser R. Relationship between human semen parameters and deoxyribonucleic acid damage assessed by the neutral comet assay. Fertil Steril. 2004; 82:1623-32. https://doi.org/10.1016/j.fertnstert. 2004.05.087

Van Loon AA, Sonneveld E, Hoogerbrugge J, van der Schans GP, Grootegoed JA, Lohmanb PHM *et al.* Induction and repair of DNA single-strand breaks and DNA base damage at different cellular stages of spermatogenesis of the hamster upon in vitro exposure to ionizing radiation. Mutat Res. 1993; 294:139-48. https://doi.org/10.1016/0921-8777(93)90022-9

Varea-Sánchez M, Bastir M, Roldan ERS. Geometric morphometrics of rodent sperm head shape. PLoS One. 2013; 8:e80607. https://doi.org/10.1371/journal.pone.0080607

Varea-Sánchez M, Tourmente M, Bastir M, Roldan ERS. Unraveling the sperm bauplan: relationships between sperm head morphology and sperm function in rodents. Biol Reprod. 2016; 95:25-9 https://doi.org/10.1095/biolreprod.115.138008

Ward WS, Coffey DS. DNA packaging and organization in mammalian spermatozoa: comparison with somatic cells. Biol Reprod. 1991; 44:569-74. https://doi.org/10.1095/biolreprod44.4.569.

WHO – World Health Organization. Laboratory manual for the examination and processing of human semen. 5th ed. World Health Organization, Geneva. 2010.

Witt KL, Hughes LA, Burka LT, McFee AF, Mathews JM, Black SL *et al.* Mouse bone marrow micronucleus test results do not predict the germ cell mutagenicity of N-hydroxymethylacrylamide in the mouse dominant lethal assay. Environ Mo. Mutagen. 2003; 41:111-20. https://doi.org/10.1002/em.10139

Wyrobek AJ, Bruce WR. Chemical induction of sperm abnormalities in mice. Proc Natl Acad Sci. 1975; 72:4425-9. https://doi.org/10.1073/pnas.72.11.4425

Wyrobek AJ, Gordon LA, Burkhart JG, Francis MW, Kapp RW, Letz G *et al.* An evaluation of the mouse sperm morphology test and other sperm tests in nonhuman mammals. A report of the U.S. Environmental Protection Agency Gene-Tox Program. Mutat Res. 1983; 115:1-72. https://doi.org/10.1016/0165-1110(83)90014-3

Yap DB, Walker DC, Prentice LM, McKinney S, Turashvili G, Mooslehner-Allen K *et al.* Mll5 is required for normal spermatogenesis. PLoS One. 2011; 6:e27127. https://doi.org/ 10.1371/journal.pone.0027127

Yadav RP, Kotaja N. Small RNAs in spermatogenesis. Mol Cell Endocrinol. 2014; 382:498-508. https://doi.org/10.1016/j.mce.2013.04.015

Yauk CL, Aardema MJ, van Benthem J, Bishop JB, Dearfield KL, DeMarini DM *et al.* Approaches for identifying germ cell mutagens: report of the 2013 IWGT workshop on germ cell assays. Mutat Res. 2015; 783:36-54. http://dx.doi.org/10.1016/j.mrgentox.2015.01.008

Yuan S, Schuster A, Tang C, Yu T, Ortogero N, Bao J *et al.* Sperm-borne miRNAs and endo-siRNAs are important for fertilization and preimplantation embryonic development. Development. 2016; 143:635-47. https://doi.org/10.1242/dev.131755

Zhao M, Shirley CR, Mounsey S, Meistrich ML. Nucleoprotein transitions during spermiogenesis in mice with transition nuclear protein Tnp1 and Tnp2 mutations. Biol Reprod. 2004; 71:1016-25. https://doi.org/10.1095/biolreprod.104.028191

15

Bioética e Biossegurança em Pesquisa

Veronica Elisa Pimenta Vicentini
Igor Vivian de Almeida • Nilza Maria Diniz

Resumo

A boa condução de pesquisas científicas, com seres humanos ou com animais de laboratório, depende de normativas elaboradas a partir de reflexões sobre tal conduta, tendo como base fundamental a Bioética e a legislação vigente. A Biossegurança é um processo contínuo que envolve conscientização, responsabilidade e adoção de novas atitudes e habilidades, visando a qualidade das pesquisas realizadas. Juntas, a Bioética e a Biossegurança têm o objetivo de garantir para os profissionais e para as Instituições, um grau de qualidade e de segurança adequados, com princípios éticos, a fim de preservar a saúde e a qualidade de vida do homem, dos organismos e do meio ambiente. A Bioética e a Biossegurança em pesquisa científica, assunto central deste capítulo, cuidam das boas práticas em pesquisas.

BIOÉTICA EM PESQUISA

Histórico

A pesquisa científica envolve várias questões morais, ou seja, questões que implicam conflito de valores e merecem reflexão acerca das melhores práticas tanto na condução como na aplicação dos resultados.

A disciplina Bioética foi proposta no início da década de 1970, por Van Rensselaer Potter (1911–2001), em virtude dos potenciais impactos trazidos pelos avanços científicos, sobretudo nas áreas da Física e da Genética. Potter propôs o termo "Bioética" ou "A ciência da sobrevivência", baseado na ideia de que "a sobrevivência humana pode depender da ética fundamentada no conhecimento biológico". No início de seu livro, *Bioética, a ponte para o futuro*, Potter apresenta a importância da biologia e sabedoria em ação afirmando que:

> *A humanidade necessita urgentemente de uma nova sabedoria que forneça o conhecimento de como usar o conhecimento para a sobrevivência humana e para melhorar a qualidade de vida... Considero que a ciência da sobrevivência deve ser construída sobre a ciência da biologia e ampliada para limites além dos limites tradicionais, de modo que inclua os*

elementos mais essenciais das ciências sociais e das humanidades (...). A ciência da sobrevivência deve ser mais que ciência apenas; portanto, proponho o termo Bioética para enfatizar os dois ingredientes mais importantes na obtenção da nova sabedoria, conhecimento biológico e valores humanos (Potter, 1971).

Historicamente, os primeiros casos notórios de abusos cometidos contra o ser humano foram os experimentos realizados durante a Segunda Guerra Mundial pelos médicos nazistas, sem nenhum respeito à vida, que resultaram na morte de muitos indivíduos nos campos de concentração, em consequência de tais experimentos. Após a guerra, foi formado o Tribunal Militar Internacional de Nuremberg, que julgou e condenou seus réus por crimes de guerra, e resultou no Código de Nuremberg, em 1947, como a primeira normativa internacional para pesquisas envolvendo seres humanos.

Simultaneamente ao início da Bioética, no início da década de 1970, o protocolo Tuskegee (estudo dos sintomas da sífilis, iniciado na década de 1930, nos Estados Unidos) foi denunciado no jornal e o governo norte-americano nomeou um grupo de trabalho que elaborou o "Belmont Report" (Relatório Belmont: Princípios e Diretrizes para a Proteção de Sujeitos Humanos de Pesquisa, Relatório da Comissão Nacional para a Proteção de Sujeitos Humanos de Pesquisas Biomédicas e Comportamentais Éticas). Tuskegee foi considerado o segundo caso mais emblemático da história de abuso em pesquisa envolvendo seres humanos.

O Relatório Belmont propôs três princípios básicos: o respeito à pessoa, a beneficência (entendida neste documento como não dissociável da não maleficência) e a justiça. Em 1979, a partir do Relatório Belmont, Beauchamp e Childress publicaram o livro *Princípios de Ética Biomédica* (Beauchamp e Childress, 1979), no qual propuseram quatro princípios norteadores: beneficência, não maleficência, autonomia e justiça, fundando o chamado Principialismo ou Bioética Principialista, como a primeira linha de pensamento dentro da disciplina de Bioética. Em breves palavras, pode-se dizer que os princípios da perspectiva Bioética Principialista compreendem: a autonomia, o princípio que se relaciona com a emancipação do sujeito em direção à sua autodeterminação; a beneficência, que apresenta o dever moral dos indivíduos de fazerem o bem, independentemente da sua vontade; a não maleficência, que traz o conceito de não fazer o mal de maneira intencional; e a justiça, ou seja, dividir de igual maneira o bem e o mal.

É importante destacar que há outras propostas de reflexão e ação na Bioética além da Bioética Principialista, algumas baseadas no modelo da virtude, ou modelo casuístico, ou modelo do cuidado, o modelo contratualista e ainda o modelo personalista (Patrão Neves, 1996).

A Bioética Principialista foi a base para a elaboração da Resolução nº 196/1996 do Conselho Nacional de Saúde (CNS), que instituiu no Brasil o sistema CEP/CONEP (Comitês de Ética em Pesquisa Institucionais/Comissão Nacional de Ética em Pesquisa e, mais recentemente, esta Resolução foi revogada pela Resolução CNS nº 466/2012, que incorporou, além da proposta principialista, os princípios de equidade e proteção, dentre outros, e buscou assegurar os direitos e deveres dos participantes da pesquisa, da comunidade científica e do Estado.

Ética em pesquisa

A Ética em Pesquisa é um campo da Bioética que tem como meta garantir que sejam gerados conhecimentos científicos com base em experimentações com padrão de condução aceitáveis do ponto de vista ético, bem como tem o objetivo de assegurar o desenvolvimento de novos conhecimentos para o bem da humanidade e evitar os abusos na experimentação.

Após mais de 70 anos, a partir do Código de Nuremberg, a ética em pesquisa vem se consolidando e amadurecendo ao longo do tempo, acompanhada de maior reflexão sobre as ações humanas e no desenvolvimento da ciência e tecnociência. Nesse processo dinâmico, desde sua origem foi elaborada uma série de diretrizes nacionais e internacionais. Em 1964, a Associação Médica Mundial aprovou a Declaração de Helsinque (a qual é periodicamente revisada), com orientações importantes sobre pesquisas envolvendo seres humanos. Apesar de destinada a médicos e à sua prática na pesquisa, a Declaração de Helsinque é um documento com força moral tal, que foi integralmente adotada por outras categorias profissionais. Contudo, a partir de 2000, o CNS se colocou contrário às alterações para flexibilização desse documento (Resolução CNS nº 301/2000), e a Resolução CNS nº 466/2012 não adotou as versões mais recentes da declaração, a exemplo da versão de Seul, em 2008.

NORMATIVAS PARA A PESQUISA ENVOLVENDO SERES HUMANOS

Há uma série de normativas internacionais relacionadas com a pesquisa envolvendo seres humanos: o Código de Nuremberg (1947), a Declaração Universal dos Direitos Humanos (1948), a Declaração de Helsinque (1964), o Relatório Belmont (1978) e, mais recentemente, as Diretrizes Internacionais para Pesquisas Envolvendo Seres Humanos (1982-1993), e a Declaração Universal sobre Bioética e Direitos Humanos (UNESCO, 2005). A Resolução CNS nº 466, de dezembro de 2012, que revogou a Resolução nº 196/1996, traz as diretrizes internacionais, especialmente aquelas relacionadas com a Genética, como a "Declaração Universal sobre o Genoma Humano", de 1997, e a "Declaração Internacional sobre os Dados Genéticos Humanos", de 2003. Em 2004, após as publicações sobre a sequência do Genoma Humano, a CONEP aprovou a Resolução CNS nº 340, com "Diretrizes para Análise Ética e Tramitação dos Projetos de Pesquisa da Área Temática Especial de Genética Humana", a qual manteve apenas algumas condições específicas para a dupla avaliação dentro do sistema para protocolos de Genética. Cabe a CONEP a aprovação final das pesquisas em Genética Humana que incluam:

- Envio para o exterior de material genético ou qualquer material biológico humano para obtenção de material genético.
- Armazenamento de material biológico ou dados genéticos humanos no exterior e no País, quando de forma conveniada com instituições estrangeiras ou em instituições comerciais.
- Alterações da estrutura genética de células humanas para utilização *in vivo*.
- Pesquisas na área da genética da reprodução humana (reprogenética).
- Pesquisas em genética do comportamento.
- Pesquisas em que esteja prevista a dissociação irreversível dos dados dos sujeitos de pesquisa.

Além disso, quando se tratar de protocolo de pesquisa envolvendo povos indígenas (Resolução CNS nº 304/2000) ou de cooperação estrangeira (Resolução nº 346/2005), há a necessidade de dupla avaliação, bem como, a Resolução CNS nº 580/2018 que determina o envio do protocolo diretamente à CONEP em casos de interesse do próprio Ministério da Saúde e do Sistema Único de Saúde.

Várias outras Resoluções foram propostas pela CONEP e aprovadas pelo Conselho Nacional de Saúde (Tabela 15.1).

Sistema para apreciação de pesquisas envolvendo seres humanos

Segundo a Resolução CNS nº 466/2012, a pesquisa envolvendo seres humanos foi definida como:

> *"II.14 – pesquisa envolvendo seres humanos - pesquisa que, individual ou coletivamente, tenha como participante o ser humano, em sua totalidade ou partes dele, e o envolva de forma direta ou indireta, incluindo o manejo de seus dados, informações ou materiais biológicos;"* (CNS, 2012).

De acordo com essa Resolução, todos os protocolos de pesquisa envolvendo seres humanos deverão ser submetidos à apreciação de um "Comitê de Ética em Pesquisa Institucional (CEP)", acreditado pela CONEP. Essa dinâmica constitui uma rede de proteção ao participante da pesquisa, em atendimento ao controle social definido pela Constituição de 1988. A Figura 15.1 mostra, de maneira geral, a rede de proteção ao participante da pesquisa implementada no Brasil.

Tabela 15.1. Resoluções do Conselho Nacional de Saúde sobre a ética em pesquisa

Resolução nº 240/1997 Definição do termo "usuários" para efeito de participação dos Comitês de Ética em Pesquisa.	**Resolução nº 441/2011** Armazenamento de material biológico humano ou uso de material armazenado em pesquisas anteriores.
Resolução nº 251/1997 Área temática de pesquisa com novos fármacos, medicamentos, vacinas e testes diagnósticos.	**Resolução nº 446/2011** A Comissão Nacional de Ética em Pesquisa.
Resolução nº 292/1997 Pesquisas coordenadas do exterior ou com participação estrangeira e pesquisas que envolvam remessa de material biológico para o exterior.	**Resolução nº 466/2012** Diretrizes e normas regulamentadoras de pesquisas envolvendo seres humanos.
Resolução nº 301/2000 Discussão de propostas de modificação da Declaração de Helsinque.	**Norma Operacional nº 001/2013** Organização e funcionamento do Sistema CEP/Conep e procedimentos para submissão, avaliação e acompanhamento do desenvolvimento da pesquisa envolvendo seres humanos no Brasil.
Resolução nº 304/2000 Normas para pesquisas envolvendo seres humanos área de povos indígenas.	**Resolução nº 506/2016** Acreditação dos Comitês de Ética em Pesquisa.
Resolução nº 340/2004 Análise ética e tramitação de projetos de pesquisa na área temática especial genética humana.	**Resolução nº 510/2016** Normas aplicáveis a pesquisas em Ciências Humanas e Sociais.
Resolução nº 346/2005 Tramitação de projetos de pesquisa multicêntricos.	**Resolução nº 563/2017** Direito do participante de pesquisa com doenças ultrarraras.
Resolução nº 370/2007 Registro, credenciamento e renovação dos CEPs institucionais.	**Resolução nº 580/2018** Pesquisas Estratégicas para SUS.

Fonte: adaptada de CNS (2020a).

Figura 15.1. Rede de proteção ao participante de pesquisa, pesquisadores e instituições implementada pela CONEP.
Fonte: CNS 2020b.

No item VI da Resolução CNS nº 466/2012 estão apresentadas as condições para a apreciação do protocolo de pesquisa:

> "VI – DO PROTOCOLO DE PESQUISA. O protocolo a ser submetido à revisão ética somente será apreciado se for apresentada toda documentação solicitada pelo Sistema CEP/CONEP, considerada a natureza e as especificidades de cada pesquisa. A Plataforma BRASIL é o sistema oficial de lançamento de pesquisas para análise e monitoramento do Sistema CEP/CONEP" (CNS, 2012).

Em 2012, foi lançada a Plataforma BRASIL, em substituição ao SISNEP (Sistema Nacional de Informações sobre Ética em Pesquisa Envolvendo Seres Humanos), com o objetivo de sistematizar o recebimento dos projetos de pesquisa que envolvam seres humanos pelos Comitês de Ética em todo o país. A Plataforma BRASIL apresenta uma série de informações, tutoriais e atendimento *online*, para o cadastro de protocolos de pesquisa que serão submetidos à apreciação dos respectivos Comitês de Ética em Pesquisa (Figura 15.2). Na Figura 15.3, é apresentado fluxograma resumido da tramitação dos protocolos de pesquisas.

Na Plataforma BRASIL, dentre os principais itens a serem preenchidos estão:

- **Cadastro do Pesquisador:** no "Cadastro do Pesquisador", além das informações pessoais, é necessário enviar cópia digitalizada de um documento de identidade e o *curriculum vitae*. Nesse cadastro, o pesquisador fará o registro do protocolo de pesquisa, poderá acompanhar sua tramitação, responder eventuais pendências ou dúvidas e substituir documentos. Há a necessidade de o pesquisador cadastrar corretamente a instituição à qual está vinculado, para evitar que sua documentação seja remetida a um CEP escolhido pela própria CONEP. Na pá-

Figura 15.2. Página inicial da Plataforma BRASIL. Fonte: CNS, 2020c.

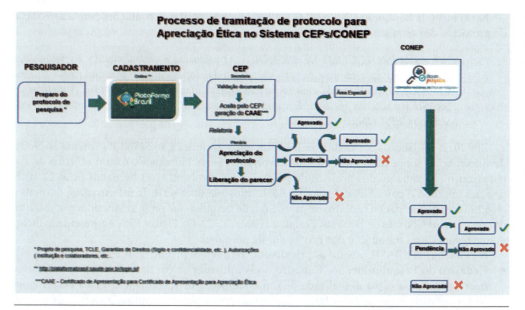

Figura 15.3. Fluxograma resumido do sistema de tramitação de protocolos de pesquisa na Plataforma BRASIL. Fonte: CNS, 2020b.

gina eletrônica do CNS pode ser encontrado o "Manual do Pesquisador", com o detalhamento, passo a passo, de como cadastrar e acompanhar o andamento da apreciação do protocolo de pesquisa (para detalhes, acessar o Manual do Usuário/Pesquisador) (CNS, 2020c).
- Cadastro do Protocolo de Pesquisa: o pesquisador deverá apresentar o protocolo de pesquisa. A Norma Operacional CNS/MS no 001/2013, item 3.1, considera que "protocolo de pesquisa é o conjunto de documentos (que pode ser variável a depender do tema), que apresenta a proposta de pesquisa a ser analisada pelo Sistema CEP-CONEP". Alguns dos documentos solicitados pelo CEP são: a folha de rosto, o TCLE, o projeto de pesquisa propriamente dito, entre outros.

Ao final da submissão do protocolo, será gerada a "Folha de Rosto" que deverá ser assinada pelo pesquisador responsável e pela instituição e anexada ao Sistema. Além do projeto de pesquisa e da Folha de Rosto, será necessário anexar: o "Termo de Consentimento Livre e Esclarecido (TCLE)" que deverá ser assinado pelos sujeitos da pesquisa e pesquisador; as autorizações das respectivas instituições ou órgãos para o acesso a dados e materiais biológicos; o termo de confidencialidade (quem terá acesso ao material) e sigilo (que o pesquisador não irá revelar a identidade dos envolvidos); e outros documentos específicos solicitados pelo CEP, que analisará o protocolo de pesquisa. Após a conferência dos documentos pelo CEP indicado, será gerado o Certificado de Apresentação para Apreciação Ética (CAAE), e o estudo será replicado para todos os centros envolvidos no projeto de pesquisa.

Elaboração do TCLE

O respeito à dignidade humana exige que toda pesquisa se inicie e se desenvolva apenas após o consentimento livre e esclarecido dos participantes, ou de seus representantes legais. O Termo de Consentimento Livre e Esclarecido (Resolução CNS nº 466/2012) deve ser redigido na forma de um convite, em linguagem clara e acessível, e deve conter todas as informações sobre a pesquisa, a saber:
- Justificativa para a realização da pesquisa, os objetivos e os procedimentos que serão utilizados, com o devido detalhamento dos métodos para a coleta do material biológico e/ou de

informações pessoais do sujeito da pesquisa. Quando aplicável, o TCLE deverá explicitar a possibilidade de o participante ser incluído em grupo controle (placebo) ou experimental, explicando claramente o significado dessa casualidade;
- Os possíveis desconfortos e riscos decorrentes da participação na pesquisa, os benefícios esperados da participação e as providências e cautelas para evitar e/ou reduzir os efeitos e condições adversas que possam causar dano, considerando características e contexto do participante da pesquisa;
- A forma de acompanhamento e assistência a que terão direito os participantes, inclusive considerando benefícios e acompanhamentos posteriores ao encerramento e/ou a interrupção da pesquisa;
- A garantia de plena liberdade ao participante de recusar-se a participar, ou retirar seu consentimento em qualquer fase da pesquisa, sem nenhuma penalização;
- A garantia do sigilo e da privacidade dos participantes durante todas as fases da pesquisa;
- A garantia de que o participante da pesquisa receberá uma via do TCLE;
- A garantia do ressarcimento e de como serão cobertas possíveis despesas tidas pelos participantes da pesquisa e dela decorrentes;
- A garantia de indenização diante de eventuais danos decorrentes da pesquisa.

O TCLE deve ser elaborado em duas vias, ter todas as suas páginas rubricadas e ser assinado no final pelo participante da pesquisa, ou por seu representante legal, e pelo pesquisador responsável, ou pessoa(s) por ele delegada(s), devendo todas as assinaturas estar na mesma folha. No TCLE deverá constar o endereço e o contato telefônico dos responsáveis pela pesquisa, do CEP local que apreciou e decidiu pela liberação de sua execução e da CONEP, quando pertinente.

Informação sobre armazenamento de material biológico para uso em futuras pesquisas

No caso de banco de material biológico, seja Biobanco (coleção organizada de material biológico humano e informações associadas, coletado e armazenado para fins de pesquisa) ou Biorrepositório (coleção de material biológico humano, coletado e armazenado ao longo da execução de um projeto de pesquisa específico) (Resolução CNS nº 441/2011), o participante da pesquisa deverá ser informado de que haverá o armazenamento do material coletado e, no caso de desenvolvimento de eventuais novas pesquisas, deverá ser consultado e assinar novo TCLE específico para a nova pesquisa. O participante deverá estar sempre ciente de que tem direito de saber sobre o andamento da pesquisa, bem como ser informado dos resultados finais, se assim o desejar.

ÉTICA EM PESQUISA COM "ANIMAIS NÃO HUMANOS"

Enquanto as práticas científicas envolvendo seres humanos foram sempre pautadas em Diretrizes Internacionais e resoluções normativas, a pesquisa envolvendo Animais Não Humanos (AnH) teve caminhos de controle diferentes, e desde então, são regulamentadas por lei.

Em 2008, foi aprovada no Brasil a Lei nº 11.793, ou Lei Arouca, em homenagem a Sérgio Arouca, responsável pelo primeiro projeto de lei sobre o uso de AnH em pesquisa científica. A Lei Arouca estabeleceu procedimentos para o uso de animais em pesquisas científicas e para o ensino, e são seus principais destaques:
- A criação do Conselho Nacional de Controle de Experimentação Animal (CONCEA) e o estabelecimento da Comissão de Ética no Uso de Animais (CEUA).
- Que a criação e a utilização de animais em atividades de ensino e pesquisa científica em todo o território nacional deve obedecer ao disposto na Lei;
- Que o disposto na Lei se aplica aos animais das espécies classificadas como filo *Chordata*, subfilo *Vertebrata*, observada a legislação ambiental.

342 Bioética e Biossegurança em Pesquisa

O CONCEA, órgão integrante do Ministério da Ciência, Tecnologia e Inovação, é uma instância colegiada multidisciplinar de caráter normativo, consultivo, deliberativo e recursal. Dentre as competências do CONCEA estão a formulação de normas relativas à utilização humanitária de animais, com finalidade de ensino e de pesquisa científica; o estabelecimento de procedimentos para a instalação e funcionamento de centros de criação, biotérios e laboratórios de experimentação animal; e a administração do cadastro de protocolos experimentais ou pedagógicos. O CONCEA foi o órgão responsável pela criação do Cadastro das Instituições de Uso Científico de Animais (CIUCA), banco de dados destinado ao registro:

- Das instituições para criação ou utilização de animais com finalidade de ensino e pesquisa científica, bem como, de suas respectivas CEUAs e biotérios;
- Das solicitações de credenciamento da instituição junto ao CONCEA;
- Dos protocolos experimentais ou pedagógicos, assim como dos pesquisadores, a partir de informações fornecidas pelas CEUAs.

As CEUAs devem ser constituídas por membros designados pelos representantes legais das instituições, os quais devem ser cidadãos brasileiros de reconhecida competência técnica e de notório saber, de nível superior e com destacada atividade profissional em áreas relacionadas com o escopo da Lei nº 11.794/2008 (Art. 43). São competências da CEUA (Art. 44):

- Cumprir e fazer cumprir no âmbito de suas atribuições o disposto na Lei e nas demais normas aplicáveis à utilização de animais para ensino e pesquisa, especialmente nas resoluções do CONCEA;
- Examinar previamente os protocolos experimentais ou pedagógicos aplicáveis aos procedimentos de ensino e projetos de pesquisa científica;
- Manter cadastro atualizado dos protocolos experimentais ou pedagógicos, enviando cópia ao CONCEA;
- Manter cadastro dos pesquisadores e docentes;
- Expedir, no âmbito de suas atribuições, certificados que se fizerem necessários perante órgãos de financiamento de pesquisa, periódicos científicos ou outras entidades;
- Informar ao CONCEA e às autoridades sanitárias a ocorrência de qualquer acidente com os animais;
- Estabelecer programas preventivos e de inspeção para garantir o funcionamento e a adequação das instalações de criação e manutenção dos animais;
- Manter o registro individual e o acompanhamento de cada atividade ou projeto em desenvolvimento.

São responsabilidades das CEUAs:

- Avaliar o aspecto ético dos projetos de ensino e pesquisa;
- Educar, fiscalizar, orientar e punir aqueles que não realizarem suas atividades com base na segurança, moral, ética e respeito com os animais, seguindo os preceitos relativos a cada espécie;
- Conscientizar as pessoas de que o trato com os animais deve ser de forma cuidadosa e responsável, pois eles são seres vulneráveis e passíveis de sofrimento;
- Emitir pareceres para a publicação científica.

Alguns conceitos morais foram considerados para o embasamento da Lei Arouca. Um deles, o dos 3Rs (*replace, reduce, refine*), foi proposto por Russell e Burch, em 1959. Segundo essa linha de pensamento deve-se utilizar um número mínimo de animais (*reduction*); deve haver refinamento (*refinement*) na escolha das técnicas, a fim de se alcançar resultados mais rapidamente; e deve-se buscar a substituição (*replacement*) dos AnH por métodos alternativos razoáveis (tarefa do CONCEA). Em resumo, a elaboração do projeto de pesquisa deve prever o uso de número mínimo de animais para que os resultados satisfaçam critérios estatísticos, reduzam a dor, o sofrimento e a angústia do animal, e a possibilidade do emprego de métodos alternativos.

Além dos conceitos apresentados, o Artigo 14 da Lei Arouca determina que, sempre que possível, as práticas de ensino deverão ser fotografadas, filmadas ou gravadas, de forma a possibilitar sua reprodução para ilustração em práticas futuras, evitando-se, assim, a repetição de procedimentos com animais.

Submissão de projetos para análise da CEUA

Os projetos envolvendo animais de laboratório, animais silvestres ou animais transgênicos somente podem ser executados após a apreciação e aprovação da CEUA à qual foi submetido. Além do projeto de pesquisa, normalmente são solicitadas informações sobre o pesquisador responsável e a equipe executora; a procedência, espécie, raça/linhagem, sexo, idade, peso, condições de alojamento e método de captura dos animais; registro no IBAMA/SISBio, quando aplicável; a invasividade dos procedimentos; as metodologias que serão desenvolvidas; se haverá a indução de estresse ou dor; se serão realizadas cirurgias, inoculações de substâncias/ medicamentos; e a forma de eutanásia e suas justificativas.

Todos os itens solicitados pela CEUA devem ser bem explicados e justificados para que o protocolo de pesquisa seja aprovado com maior rapidez. Normalmente, os problemas relacionados com a desaprovação de um protocolo, ou a necessidade de reformulação, envolvem o número de animais, as condições de analgesia e anestesia e os métodos para a eutanásia.

Número de animais

Umas das preocupações da CEUA durante a análise de um protocolo de pesquisa se concentra no número de animais que será utilizado. Cabe ao pesquisador determinar e justificar o número mínimo necessário para a pesquisa, com base em critérios estatísticos, de reprodutibilidade e de repetitividade do ensaio. O gênero mais adequado dos animais para o protocolo de pesquisa deve ser também cuidadosamente analisado, para que os resultados possam ser validados.

Anestesia e analgesia

A Lei Arouca determina que os animais submetidos a procedimentos potencialmente dolorosos devem receber anestesia e analgesia adequados. A anestesia consiste na administração de um medicamento (anestésico) que visa a suspensão geral ou parcial da sensibilidade e da dor, principalmente durante procedimentos cirúrgicos. Já a analgesia é uma condição em que os estímulos dolorosos são percebidos, mas não são interpretados como dor pelo cérebro, em função da administração de um medicamento (analgésico). Desta forma, antes da execução de qualquer procedimento que possa causar ou induzir dor aos animais, é recomendado consultar um médico veterinário para definir os melhores métodos e doses dos anestésicos e analgésicos (Brasil, 2018a, b).

Alguns dos anestésicos e analgésicos mais utilizados (UNIFESP, 2020):

- **Anestésicos inalatórios (isoflurano):** a administração de anestésicos por meio de máscara, tubo endotraqueal ou por vaporizador de precisão, é recomendada para todas as espécies animais não aquáticos. Ajustar a porcentagem inalada de gás anestésico para aprofundar a anestesia é muito mais seguro do que a repetição da dose de medicamentos injetáveis.
- **Anestésicos injetáveis (combinações de cetamina, dexmedetomidina):** são apropriados para muitos procedimentos. Há, no entanto, uma grande variação na profundidade e duração da anestesia entre linhagens de roedores e animais individuais, principalmente em função do metabolismo específico de cada organismo.
- **Anestésicos locais (lidocaína, bupivicaína):** são considerados adjuvantes aos anestésicos inalatórios ou injetáveis, fornecem cobertura analgésica adicional e ajudam na prevenção do fenômeno *wind up* (condição do sistema nervoso central que resulta em uma percepção crescente de dor para estímulos dolorosos repetitivos) (ACUC, 2016).

- **Opioides (buprenorfina, morfina):** são analgésicos muito eficazes para a dor cirúrgica, mas podem ter efeitos nas funções cardiovascular e respiratória, na motilidade intestinal e podem ser sedativos.
- **Agentes anti-inflamatórios não esteroidais (meloxicam, carprofeno, cetoprofeno):** são analgésicos mais novos e com efeito de longa duração; são frequentemente coadministrados com um opioide para combinar a potência com a duração da ação.

Eutanásia

A seleção do método de eutanásia depende da espécie animal, da idade e peso, dos meios de contenção disponíveis, da habilidade do executor e do número de animais utilizados no estudo. Além disso, deve-se considerar para a definição do método se este pode interferir ou comprometer os resultados do estudo. Por exemplo, o isoflurano pode elevar artificialmente as concentrações de glicose no sangue, a injeção intraperitoneal de barbitúricos pode criar artefatos intestinais, e a inalação de CO_2 pode elevar a concentração sérica de potássio (UNIFESP, 2019).

- **Métodos químicos:** agentes inalatórios ou injetáveis. Em geral, o método mais utilizado para a eutanásia de roedores de laboratório é a administração de barbitúricos, como o pentobarbital e o tiopental, via intraperitoneal (camundongo: 150-270 mg/kg; rato e *hamster*: 120-180 mg/kg), associado a lidocaína (10 mg/mL). A dose usada para eutanásia é normalmente três vezes maior que a dose para anestesia. Eventualmente, métodos alternativos podem ser aprovados pelo Comitê de Ética, desde que devidamente justificados.
    - *Agentes inalatórios*: são aceitos principalmente os anestésicos halogenados, como halotano, isoflurano e sevoflurano, desde que os animais tenham contato apenas com os vapores do anestésico. Em roedores (com exceção de neonatos), o CO_2 é utilizado, desde que em câmaras reguladas por fluxômetro. Para isso, deve-se preencher a câmara com um fluxo de 100% de CO_2, na ordem de 20% do volume da câmara por minuto e manter o fluxo por pelo menos um minuto após a morte clínica.
    - *Agentes injetáveis*: propofol (30 mg/kg) é administrado via intravenosa; outras substâncias, como xilasina, cloreto de potássio e bloqueadores neuromusculares podem ser usados como método complementar.
    - *Agentes inaceitáveis*: éter, nitrogênio e argônio, cloreto de potássio, bloqueadores neuromusculares, barbitúricos e bloqueadores neuromusculares, opioides, uretano, alfacloralose.
- **Métodos físicos:** podem ser utilizados em situações específicas, em que os tecidos animais não podem sofrer influência de compostos químicos específicos. Os métodos físicos de eutanásia de camundongos e ratos incluem o deslocamento cervical (para animais com menos de 150–200 g) e decapitação. Ambos os métodos exigem treinamento para execução e devem ser praticados em animais mortos ou anestesiados. O deslocamento cervical dispensa equipamentos, enquanto a decapitação exige guilhotina para roedores, que deve ser mantida limpa e com lâminas afiadas.

BIOSSEGURANÇA EM LABORATÓRIOS DE PESQUISA

Aspectos gerais

Conceitualmente, a biossegurança é a condição a ser alcançada por um conjunto de ações e medidas que busquem prevenir, controlar, reduzir ou eliminar riscos inerentes a atividades de pesquisa, de produção, de ensino, de desenvolvimento tecnológico e de prestação de serviços, que possam comprometer a saúde e o meio ambiente, ou a qualidade dos trabalhos desenvolvidos. Os procedimentos utilizados rotineiramente em laboratórios ou durante a execução de um experimento devem ser planejados, orientados e desenvolvidos com base em normas de Biossegurança e respeitando os preceitos da Bioética no trato com os indivíduos e do Biodireito dos organismos. Todo pessoal envolvido em atividades de laboratório deve ter conhecimento metodológico e treinamento, a fim de minimizar os riscos inerentes aos procedimentos. Portanto, as diretrizes de biossegurança devem ser aplicadas e as normas e legislações estabelecidas devem ser rigorosamente seguidas.

Os laboratórios devem ser projetados para proteger os usuários dos riscos inerentes às atividades desenvolvidas e evitar a contaminação do meio ambiente. O piso do laboratório deve ser liso, contínuo, fisicamente resistente a produtos químicos, de fácil limpeza e antiderrapante, e deve continuar pelos primeiros centímetros da parede. O revestimento de epóxi sobre uma base de concreto é a melhor opção. Paredes e bancadas devem seguir o mesmo padrão.

Vários procedimentos em laboratório muitas vezes envolvem o uso de substâncias tóxicas ou com toxicidade desconhecida. Assim, é imprescindível a existência de espaços apropriados e adequadamente equipados para o manuseio desse material, levando-se em consideração suas diferentes características físicas. Por exemplo, compostos na forma de pó não devem ser manuseados da mesma maneira que os líquidos voláteis. Além disso, devem estar disponíveis aos usuários do laboratório os Equipamentos de Proteção Individual (EPIs) apropriados (vestimentas, máscaras etc.), bem como serem oferecidos treinamentos para garantir a correta utilização dos equipamentos. É sempre importante ter no laboratório um responsável pela fiscalização das normas de biossegurança.

NÍVEIS DE BIOSSEGURANÇA E CLASSES DE RISCO

Nível de Biossegurança (NB) refere-se ao grau de contenção necessário para permitir o trabalho com sistemas biológicos de forma segura para os seres humanos, os animais e o ambiente. Consiste na combinação de práticas e técnicas de laboratório, equipamentos de segurança e instalações laboratoriais. Existem quatro níveis de biossegurança: NB-1, NB-2, NB-3 e NB-4, crescentes no maior grau de contenção e complexidade do nível de proteção. As Classes de Risco, por sua vez, estão relacionadas com os NBs e com a distribuição dos sistemas e agentes biológicos que afetam o homem, os animais e as plantas, e são assim definidas:

Classe de risco 1 – NB-1 (baixo risco individual e para a coletividade)

Inclui os sistemas biológicos presentes na natureza, conhecidos por não causarem doenças no homem ou em animais (Figura 15.4). Exemplo: *Lactobacillus* sp., *Bacillus subtilis*.

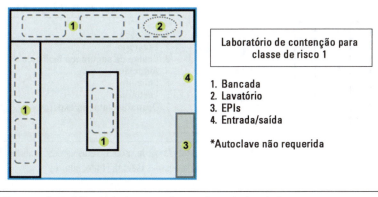

Figura 15.4. Estrutura de um laboratório de contenção paraclasse de risco 1. Fonte: autores.

Classe de risco 2 – NB-2 (moderado risco individual e limitado risco para a comunidade)

Inclui os sistemas biológicos que provocam infecções no homem ou em animais, cujo potencial de propagação na comunidade e de disseminação no meio ambiente é limitado, e para os quais existem medidas terapêuticas e profiláticas eficazes (Figura 15.5). Exemplo: *Schistosoma mansoni* (esquistossomose), *Clostridium tetani* (tétano), *Staphilococcus aureus* (infecção intestinal).

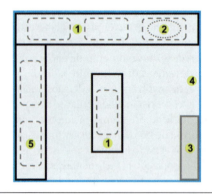

Figura 15.5. Estrutura de um laboratório de contenção para classe de risco 2. Fonte: autores.

Classe de risco 3 – NB-3 (alto risco individual e moderado risco para a comunidade)

Inclui os sistemas biológicos que causam doenças humanas ou em animais, são potencialmente letais, possuem capacidade de transmissão por via respiratória, mas, geralmente, existem medidas de tratamento e/ou de prevenção. Representam risco se disseminados na comunidade e no meio ambiente, podendo se propagar de pessoa a pessoa (Figura 15.6). Exemplo: *Bacillus anthracis* (doença do Antrax), vírus da raiva urbana (gênero *Lyssavirus*, da família Rabhdoviridae), *Brucella abortus* (brucelose).

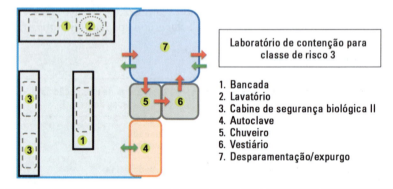

Figura 15.6. Estrutura de um laboratório de contenção para classe de risco 3. Setas verdes: sentido de circulação de pessoas (entrada). Setas vermelhas: sentido de circulação de pessoas (saída). Fonte: autores.

Classe de risco 4 – NB-4 (alto risco individual e para a comunidade)

Inclui os sistemas biológicos com grande poder de transmissibilidade por via respiratória ou de transmissão desconhecida. Normalmente, não há nenhuma medida profilática ou terapêutica eficaz contra infecções ocasionadas por esses sistemas. Causam doenças de alta gravidade para o homem e animais (Figura 15.7). Exemplo: vírus Ebola (doença do Ebola), *Mycoplasma agalactiae* (agalaxia contagiosa).

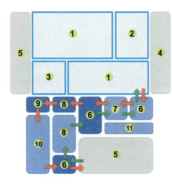

Figura 15.7. Estrutura de um laboratório de contenção para classe de risco 4. Setas verdes: sentido de circulação de pessoas (entrada). Setas vermelhas: sentido de circulação de pessoas (saída). Fonte: autores.

TIPOS DE RISCO

Em estudos experimentais, principalmente quando há manipulação de sistema biológico, é necessário que seja considerado o risco, ou seja, a probabilidade de ocorrência de efeitos adversos à saúde humana, animal e ao meio ambiente. Segundo Portarias do Ministério do Trabalho (nº 3.214, de 08/06/1978 e nº 25, de 29/12/1994), existem cinco tipos de riscos ocupacionais (Figura 15.8):

1. **Riscos Químicos:** substâncias, compostos ou produtos químicos que possam penetrar no organismo por diferentes vias.
2. **Riscos Físicos:** diversas formas de energia a que possam estar expostos os técnicos e/ou pesquisadores.
3. **Riscos Biológicos:** manuseio ou contato com materiais biológicos e/ou animais infectados com agentes biológicos que possuam a capacidade de produzir efeitos nocivos aos organismos.
4. **Riscos Ergonômicos:** qualquer fator que possa interferir nas características psicofisiológicas de técnicos e pesquisadores, causando desconforto ou afetando a saúde.
5. **Riscos de Acidentes:** qualquer fator que coloque técnicos e pesquisadores em situação de perigo ou possa afetar sua integridade e bem-estar físico e moral.

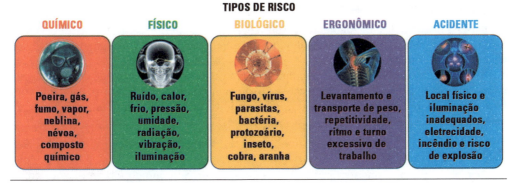

Figura 15.8. Tipos de riscos ocupacionais. Fonte: autores.

EQUIPAMENTOS DE BIOSSEGURANÇA

Os cuidados indispensáveis para a manipulação de aparelhos ou equipamentos baseiam-se no funcionamento, treinamento do operador e infraestrutura do setor. Para a utilização de qualquer equipamento recomenda-se ler previamente o manual de instruções, verificar a adequação da instalação elétrica e/ou hidráulica e utilizar os equipamentos e dispositivos de proteção individual e coletiva recomendados.

Cabines de segurança biológica ou capela de fluxo laminar

Usada na contenção primária durante o manuseio de substâncias, radioisótopos e sistemas de risco biológico. Cria área estéril por meio de fluxo de ar e radiação UV, possibilitando técnicas assépticas. As cabines de segurança biológica constituem o principal meio de contenção dos aerossóis gerados a partir de procedimentos como centrifugação, trituração, homogeneização e agitação vigorosa, durante a manipulação de materiais biológicos. Além dos profissionais, essas cabines protegem o produto que está sendo manipulado, evitando sua contaminação.

Alguns procedimentos devem ser observados para o uso e manutenção das cabines de segurança:

- Estar localizadas longe da passagem de pessoas e de portas, para que não interrompam o fluxo de ar e comprometam a segurança do trabalho.
- Evitar a circulação de ar, mantendo as portas e janelas fechadas.
- Descontaminar o interior da cabine com álcool a 70%.
- Manter o sistema de filtro HEPA (*High Efficiency Particulate Arrestance*, sistema com alta eficiência na separação de partículas) e a luz UV ligados por 15 a 20 minutos antes e depois do uso.
- Não armazenar objetos no seu interior.
- Usar EPIs adequados às atividades.
- Organizar os materiais de modo que os itens limpos e contaminados não se misturem.
- Não colocar caderno, lápis, caneta, borracha ou outro material poluente na cabine.
- As cabines devem ser testadas e certificadas no laboratório, no momento da instalação, sempre que forem removidas ou uma vez por ano.

Os sistemas de filtração das cabines são compatíveis com o tipo de microrganismo ou produto que vai ser manipulado. A escolha de uma cabine depende, em primeiro lugar, do tipo de proteção que se pretende obter: proteção do produto ou ensaio, proteção pessoal contra microrganismos das classes de risco 1 a 4, proteção pessoal contra exposição a radionuclídeos e substâncias tóxicas voláteis, ou uma combinação destes. A comparação entre os diferentes tipos de cabines de segurança biológica está apresentada na Tabela 15.2.

Cabines ou capelas de exaustão

Barreira física usada para manipular as substâncias no seu interior, com a finalidade de eliminar os gases e vapores que são liberados durante a manipulação de compostos químicos, produtos tóxicos e líquidos irritantes.

As substâncias em pó devem ser manipuladas em gabinete de contenção de pó (semelhante a um gabinete de contenção biológico classe 2B, ou em armários de segurança), equipado com filtro HEPA. Os recipientes abertos devem ser mantidos em *racks* para minimizar a chance de derramamento.

Autoclave

Aparelho utilizado para esterilizar materiais por meio do calor úmido sob pressão. A temperatura pode variar conforme os materiais a serem esterilizados, situando-se entre 121° e 134°C, por um período de 20 minutos. A pressão para esterilização varia entre 2 e 3 bar.

Chuveiro e lava olhos de emergência

Equipamento destinado a eliminar ou reduzir os danos causados por acidentes nos olhos, face ou qualquer parte do corpo.

Associação Brasileira de Mutagênese e Genômica Ambiental **349**

Tabela 15.2. Tipos de cabines de segurança biológica

Tipo	Velocidade frontal	Padrão de fluxo do ar	Radionuclídeos/ substâncias	NB	Proteção do produto
Classe I* com frente aberta	0,38 a 0,5 m/s	Frontal; atrás e acima através do filtro HEPA	Não	2, 3	Não
Classe II Tipo A	0,38 m/s	70% de ar recirculado através do HEPA; exaustão através do HEPA	Não	2, 3	Sim
Classe II Tipo B1	0,5 m/s	30% de ar recirculado através do HEPA; exaustão via HEPA e dutos	Sim (baixa atividade/volatilidade	2, 3	Sim
Classe II Tipo B2	0,5 m/s	Nenhuma recirculação do ar; total exaustão via HEPA e dutos	Sim	2, 3	Sim
Classe II Tipo B3	0,5 m/s	Idêntica à cabine IIA, mas com sistema de ventilação plena sob pressão negativa para sala e exaustão através de dutos	Sim	2, 3	Sim
Classe III	–	Entrada e saída do ar através do filtro HEPA 2	Sim	3, 4	Sim

NB: níveis de biossegurança.
*Os compartimentos para as luvas poderão ser acrescentados; as luvas podem ser adicionadas com a liberação da pressão da entrada de ar que permitirá o trabalho com radionuclídeos/químicos. Fonte: Ministério da Saúde, 2005.

Absorventes químicos

São usados para a descontaminação e limpeza de áreas impermeáveis. Alguns tipos de absorventes químicos: Magic Sorb˚, Universal Gel Sorb˚, Solid-A-Sorb˚, Hazorb˚.

Extintores de incêndio

São específicos para os diferentes tipos de material inflamável:

- **Água (H_2O):** é indicado para incêndios da classe A. Seu princípio de extinção é por resfriamento e age em materiais como madeiras, tecidos, papéis, borrachas, plásticos e fibras orgânicas. É proibido o seu uso para incêndios de classes B e C.
- **Gás carbônico (CO_2):** é indicado para incêndios das classes B e C. Seu princípio de extinção ocorre por abafamento e resfriamento e age em materiais combustíveis e líquidos inflamáveis e também contra fogo oriundo de equipamentos elétricos.
- **Pó químico A/B/C:** é indicado para incêndios das classes A, B e C. Seu princípio de extinção é por meio de reações químicas e abafamento (para incêndios da classe A) e pode ser usado para a contenção de fogo de praticamente qualquer natureza.
- **Pó químico B/C:** É indicado para incêndios das classes B e C. Seu princípio de extinção é por meio de reações químicas.
- **Espuma mecânica:** É indicado para incêndios das classes A e B e seu uso é proibido para incêndios de classe C. Seu princípio de extinção é por meio de abafamento e resfriamento.

Equipamentos para armazenamento de produtos químicos

- Armário de armazenamento, com os produtos químicos organizados em ordem alfabética ou lógica apropriada.
- Armário com chave para substâncias de uso controlado.
- Armário exclusivo para solventes.
- Geladeira ajustada em 4°C.
- *Freezer* vertical ajustado em –20°C.

O armazenamento de produtos químicos deve ser feito com bastante critério. Todas as substâncias devem possuir rótulos intactos. Os ácidos e bases devem ser armazenados em frascos hermeticamente fechados, em prateleiras baixas ou em armários de fácil acesso. É aconselhável armazenar os frascos de vidro em bandejas de plástico com laterais altas. O ácido perclórico deve ser armazenado separadamente de outros ácidos, álcoois e produtos químicos orgânicos. Éteres e dioxanos devem ser datados quando abertos e descartados como resíduos após 6 meses, devido ao seu potencial de formar peróxidos explosivos.

Refrigeradores e *freezers* comuns não devem ser usados para armazenar produtos químicos voláteis (inflamáveis). Acetona, éteres, acetonitrila e alguns álcoois, por exemplo, podem gerar vapores inflamáveis em baixas temperaturas. Faísca do interruptor interno ou do controle termostático pode tornar inflamável os vapores de um recipiente vedado incorretamente. Se líquidos inflamáveis precisarem ser mantidos frios, usar um banho de gelo ou um refrigerador à prova de explosão, adequado para laboratório.

Os compostos sabidamente mutagênicos/carcinogênicos (aflatoxinas, nitrosaminas, hidrocarbonetos policíclicos aromáticos ou dimetilsulfato) e outros produtos tóxicos devem ser armazenados em armários exclusivos, com boa ventilação, sem umidade e longe do calor e de agentes oxidantes. As etiquetas devem identificar o conteúdo de forma clara.

EQUIPAMENTOS DE PROTEÇÃO INDIVIDUAL (EPIS)

São equipamentos de proteção utilizados pelo profissional para evitar contaminação e acidentes. Os EPIs devem ser usados somente no interior do laboratório e em corredores de áreas técnicas comuns, devendo ser retirados quando fora do ambiente.

Touca: protege o material manipulado contra a contaminação por cabelo. Deve cobrir totalmente os cabelos e as orelhas. São descartáveis e podem ser de algodão ou plástico/látex.

Óculos de segurança: protegem os olhos e laterais contra riscos como de respingos com partículas infectantes ou substância tóxica. Deve ser de material rígido e pode ser usado em conjunto com a máscara facial. Feitos de vidro ou plástico, com lentes especiais contra impactos.

Protetores respiratórios (máscaras e respiradores): protegem as vias respiratórias e a boca contra a entrada de microrganismos e respingos de substâncias tóxicas. Deve cobrir totalmente a boca e o nariz. Devem ser usados de acordo com o procedimento e o material manipulado.**Luvas:** protegem as mãos contra os riscos e o contato com substâncias tóxicas. Devem ser colocadas sempre com as mãos lavadas e por cima das mangas do avental. Ao manipular várias amostras biológicas, devem ser trocadas ou desinfetadas com álcool a 70%.

Propé: usados em áreas limpas para prevenir a liberação de partículas, protegem contra secreções ou fluidos. Deve cobrir totalmente a superfície do calçado fechado (sapato ou bota de couro) e ser descartado em lixo apropriado ao sair do ambiente (resíduo hospitalar). Podem ser autoclavados.

Avental/jaleco/guarda-pó: protege contra respingos de reagentes, ou de sistemas e materiais que provoquem escoriações ou queimaduras. Deve ser usado de maneira que cubra os braços (com punho), o dorso, as costas e parte das pernas, e deve estar sempre abotoado. Deve ser escolhido (tipo de tecido, cor, modelo etc.) de acordo com o material manipulado. Quando sujo ou contaminado, deve ser substituído e, posteriormente, lavado e/ou desinfetado. Em determinadas situações devem ser usados os descartáveis.

Sistemas de radioproteção: equipamentos plumbíferos (feitos de chumbo) para a manipulação de fontes radioativas: óculos de vidro, protetor de tireoide, capa/avental longo, protetor de gônadas, luvas e dosímetros individuais.

PRECAUÇÕES NO USO DE ALGUNS EQUIPAMENTOS

Serão listados a seguir, alguns dos cuidados e precauções que devem ser tomados ao desenvolver algumas atividades de rotina de laboratório:

- **Agitadores magnéticos:** inicialmente, verificar o volume mínimo para agitação do material a fim de reduzir a formação de aerossóis; realizar a agitação em recipiente de pequeno diâmetro e longo, se possível com lacre impermeável; verificar a adequação do tamanho e forma do magneto na agitação; não respirar sobre o material; deixar repousar por alguns minutos antes de abrir o recipiente; se possível, e quando necessário, colocar o agitador dentro de uma câmara de exaustão ou fluxo laminar; verificar o sistema de resfriamento da amostra; nunca tocar as soluções com as mãos; desinfetar o local ao redor do procedimento com álcool a 70% ou outro desinfetante recomendado; não permitir o derramamento do material; limpar o equipamento e a bancada ao final do procedimento.
- **Agitadores de tubo (tipo vortex):** verificar a velocidade da agitação; fixar os tubos quando necessário; utilizar, de preferência, tubos fechados; antes de abrir o material, deixar repousar para minimizar a formação de aerossóis; não permitir o derramamento do material; em caso de quebra do tubo, proceder de acordo com o risco de contaminação e volatilização do material; limpar o equipamento e a bancada ao final do procedimento.
- **Autoclaves:** verificar o nível de água; verificar o funcionamento do manômetro e da marcação do tempo e pressão utilizados na esterilização; não autoclavar simultaneamente material para descontaminação e material para esterilização; ao desligar o aparelho, deixá-lo esfriar completamente antes de abrir.
- **Bico de Bunsen e aparelhos a gás:** verificar a adequação da instalação de gás; verificar o sistema e conectores de mangueira; verificar vazamento; não permitir a formação de aerossóis; não utilizar próximo a compostos voláteis e explosivos.
- **Capelas de exaustão:** verificar a eficiência da exaustão (pode-se colocar uma folha de papel na posição horizontal abaixo do tubo de fluxo de ar); deixar o material protegido até o final do procedimento; dispensar as amostras em recipiente contendo líquido desinfetante dentro da capela; verificar a limpeza da área interna; verificar a limpeza do rótulo dos recipientes dos compostos químicos.

- **Centrífugas:** colocar os tubos no rotor de forma equilibrada; permanecer próximo durante os primeiros minutos de funcionamento e rotação da centrífuga; não deixar o local onde está acontecendo a centrifugação; dispensar as amostras em recipiente contendo líquido desinfetante; verificar a limpeza das caçapas e rotores; durante a manipulação de produtos químicos e biológicos que apresentam risco, esperar alguns minutos para abrir a tampa; não utilizar tubos de vidro ou plástico que possam quebrar em alta rotação; nunca abrir a porta/tampa enquanto estiver em rotação; em caso de ruptura acidental de um tubo (ruído), deve-se esperar, no mínimo, 30 minutos para abrir a porta/tampa por causa do aerossol; limpar a centrífuga com álcool a 70% (ou desinfetante indicado para casos específicos de agentes mais resistentes).
- **Dispensadores e pipetadores, tituladores volumétricos:** verificar a carga da bateria; não dispensar o volume abruptamente; certificar-se da existência de algodão na parte superior da pipeta; certificar-se de que o líquido não tenha contaminado o equipamento; em caso de contaminação, proceder a limpeza conforme instrução do fabricante; cuidado com as gotas no fim do processo de pipetagem e transferência de volumes; limpar a área de trabalho.
- **Forno micro-ondas:** verificar o sistema de temperatura e intensidade; observar o funcionamento para não haver superaquecimento ou perda do material; nunca utilizar para produtos tóxicos, voláteis e agentes carcinogênicos; nunca colocar recipientes de metal; nunca tocar com a mão desprotegida o material recém-aquecido; verificar a limpeza interna do aparelho; existem aparelhos de micro-ondas com sistema de chaminé que devem ser utilizados dentro de câmara de exaustão.
- **Microscópio de fluorescência:** verificar a adequação da utilização do filtro barreira para a proteção aos olhos; dispensar as amostras analisadas em recipiente contendo líquido desinfetante; utilizar luvas de procedimento e luvas plásticas descartáveis; verificar a limpeza, desinfeção e descontaminação do equipamento e da área ao redor.
- **Sistema de capela ou fluxo laminar:** verificar o sistema de lâmpadas germicidas; verificar a eficiência e duração média da lâmpada UV; verificar a eficiência e duração média do sistema de filtro de ar; realizar a limpeza e descontaminação após o uso. Para descontaminação, é recomendado o uso de paraformaldeído em pó vaporizado (0,3 g/32 cm) por 3 a 4 horas (durante a noite); para a neutralização, pode-se utilizar o bicarbonato de amônio (0,3 g/32 cm). A manutenção do equipamento deve ser realizada por empresa especializada uma vez por ano ou após 1.000 horas de uso do equipamento.
- **Sistema de criopreservação:** em caso de *ultrafreezers* de baixa temperatura, verificar, rotineiramente, o sistema da porta e do gás de resfriamento; em caso de tambores de nitrogênio líquido, deve-se tomar cuidado no transporte; nunca colocar as mãos no nitrogênio líquido (utilizar luvas de proteção térmica); não respirar próximo por tempo prolongado.
- **Sistemas de eletroforeses verticais e horizontais e fontes:** verificar o sistema de amperagem e voltagem; verificar o sistema de polos positivo e negativo e a correta conexão; desligar o aparelho antes de desconectar a fiação dos polos; nunca colocar a mão no tampão; não permitir o superaquecimento do sistema; lembrar que a matriz de processamento da amostra pode fundir com o calor e causar incêndio no local.
- **Sistema transiluminador – visualização de ácidos nucleicos corados:** cuidado no transporte da amostra do gel contendo corante de ácidos nucleicos; forrar com filme de polivinilcarbonato o local de apoio do gel; proteger o sistema com barreira tipo tampa de acrílico ou vidro antes de ligar a luz UV; dispensar as amostras em recipiente contendo líquido desinfetante; utilizar luvas de procedimento e luvas plásticas descartáveis; armazenar o material para descontaminação do corante antes de descartá-lo em lixo.

USO DE REAGENTES

Ao adquirir uma substância ou reagente, é essencial que o máximo possível de informações sobre suas propriedades físico-químicas, efeitos tóxicos e procedimentos em caso de acidentes ou exposição de pessoal sejam obtidas do fornecedor. Deve-se presumir que todos os produtos químicos são potencialmente perigosos, e o laboratório deve estabelecer procedimentos operacionais padrão para o manuseio.

Procedimentos que envolvam o manuseio de produtos químicos, sejam eles pequenas quantidades de substâncias puras ou concentradas, ou grandes quantidades de materiais diluídos, representam risco para a ocorrência de acidentes.

Os solventes orgânicos, aldeídos, álcoois e ácidos então entre os produtos mais frequentemente utilizados em laboratórios e, por serem inflamáveis e tóxicos, devem ser manipulados com cuidado. Dentre os que oferecem maiores riscos, destacam-se:

- **Ácido acético glacial:** solvente utilizado para diversos compostos orgânicos, fósforo e enxofre. Seus vapores são extremamente irritantes aos olhos e sistema respiratório. O contato com a pele pode provocar severas queimaduras. Deve ser manipulado em capela, exigindo o uso de equipamento de proteção. Os frascos de ácido acético devem ser estocados longe de materiais oxidantes e, de preferência, sob temperatura entre 20° e 30°C (quando estocado em temperaturas inferiores pode solidificar, provocando ruptura do frasco).
- **Ácido clorídrico:** possui alta ação corrosiva em pele e mucosas, podendo produzir graves queimaduras. Caso ocorra o contato, deve-se lavar imediatamente com água. O ácido clorídrico não é um produto inflamável, mas, em contato com certos metais, libera hidrogênio, formando uma mistura inflamável.
- **Ácido pícrico:** é altamente explosivo e deve ser manipulado com extrema precaução, pois pode causar explosão com o calor e impacto mecânico.
- **Acrilamida:** amplamente empregada no preparo de géis para eletroforese; é neurotóxica, deve ser manipulada com cuidados especiais, utilizando máscara, proteção ocular e luvas. Ao terminar sua utilização, deve-se aguardar a solidificação completa da solução para descarte. Nunca deve ser desprezada na pia ou lixo de descarte em forma líquida.
- **Benzeno:** composto carcinogênico. Sempre que possível deve ser substituído pelo tolueno, que oferece menor risco. Deve-se evitar o contato com a pele e inalação de seus vapores. Manipular em capela, utilizando luvas, óculos e máscara de proteção.
- **Brometo de etídio:** como outros compostos corantes fluorocrômicos (iodeto de propídio), nunca deve ser aquecido a temperatura superior a 60°C. Ao término de sua utilização, deve-se inativá-lo quimicamente para que perca a sua capacidade de interação com os ácidos nucleicos. Um protocolo simples de inativação foi descrito por Lunn e Sansone (1987), embora outros métodos estejam disponíveis:
  - Adicionar água para reduzir a concentração de brometo a < 0,5 mg/mL.
  - Adicionar 1 volume de $KMnO_4$ 0,5 M, agitar cuidadosamente e incubar a temperatura ambiente por pelos menos 12 horas.
  - Acrescentar à mistura 1 volume de NaOH 2,5 N e agitar cuidadosamente.
  - Este material já pode ser descartado após tais procedimentos.
- **Clorofórmio:** é similar ao tetracloreto de carbono e apresenta os mesmos efeitos adversos. Pode ser substituído, com vantagens para a segurança, pelo diclorometano.
- **Éter etílico:** um solvente extremamente inflamável, comumente utilizado para extrações. Seus vapores são mais pesados do que o ar e podem se propagar e atingir fontes de ignição. O produto anidro tende a formar peróxidos explosivos. Pode afetar o sistema nervoso central, causando inconsciência ou mesmo a morte se a exposição for severa. Sempre manipular em capela.
- **Formaldeído (formalina, formol):** é usado como conservante de tecidos biológicos, na forma de solução aquosa a 37%. A exposição aos seus vapores pode causar sérios problemas no trato respiratório, irritação na pele e nos olhos. Deve ser manipulado em capela, usando os equipamentos de proteção adequados.
- **Líquidos inflamáveis:** devem ser usados e descartados longe de fontes de ignição, como queimadores, placas quentes ou equipamentos elétricos. Quando não estiverem em uso, devem ser armazenados em armários corta-fogo para líquidos inflamáveis.

354 Bioética e Biossegurança em Pesquisa

- **Metanol:** líquido inflamável, que reage explosivamente com brometos, ácido nítrico, cloro-fórmio, hipoclorito de sódio, zinco dietílico, trióxido de fósforo, peróxido de hidrogênio e perclorato de chumbo.
- **Tetracloreto de carbono:** sempre que possível, substituir por diclorometano que oferece menor risco. Reduzir, ao mínimo, a exposição a seus vapores, pois em altas concentrações no ar ele pode levar à morte por falha respiratória. Manipular sempre na capela, usando os equipamentos de proteção adequados.

PROCEDIMENTOS EM CASOS DE ACIDENTES

Em casos de acidente, deve-se manter a calma e:
- Chamar IMEDIATAMENTE o responsável pelo setor;
- Atender o acidentado e imediatamente conter o acidente: interromper vazamentos e disseminação do material e, em caso de incêndio, buscar o extintor de incêndio mais próximo;
- Evitar aglomerações na área;
- Isolar a área e identificar a origem do material contaminado;
- Em caso de emergência, encaminhar o acidentado a um hospital ou pronto-atendimento.
- Registrar o acidente, se possível com testemunhas, e apresentar o fato ao responsável superior do setor.

Derramamento de material biológico no laboratório

- Solicitar a saída de todas as pessoas do local;
- Para a limpeza e descontaminação do local, utilizar luvas, jaleco, proteção para a face e os olhos;
- Cobrir o local do derramamento com material absorvente para minimizar a produção de aerossóis;
- Derramar sobre o material absorvente solução de hipoclorito de sódio a 1 ou 2%, iniciando pelo exterior da área do derrame e avançando para o centro;
- Deixar a solução agir por pelo menos 30 minutos;
- Retirar os materiais envolvidos no acidente, inclusive objetos cortantes, utilizando um apanhador ou um pedaço de cartão rígido e colocá-lo em um recipiente resistente para descarte final;
- Limpar e desinfetar a área com gaze ou algodão embebido em álcool etílico a 70%.

Derramamento de material biológico dentro da cabine de segurança biológica

- Manter a cabine ligada, para conter os aerossóis;
- Iniciar a limpeza imediatamente, utilizando o desinfetante apropriado (álcool etílico a 70% ou hipoclorito a 1 ou 2%);
- Se o derramamento ocorrer em um recipiente, descartá-lo como material contaminado;
- Se o derramamento ocorrer na superfície de trabalho, cobrir o material com papel-toalha embebido com desinfetante apropriado e aguardar no mínimo 20 minutos para removê-lo e descartá-lo como material contaminado;
- Os materiais que estiverem dentro da cabine no momento do derramamento somente devem ser retirados depois de 30 minutos do acidente e após terem sido devidamente descontaminados;
- Após a limpeza, a cabine deve ficar ligada por mais 10 minutos;
- Deixar a lâmpada UV ligada por 15 minutos.

Exposição a material biológico

- Lavar exaustivamente a área exposta com água e sabão/soro fisiológico.
- Encaminhar o acidentado para serviço de saúde especializado em infecções. Como prevenção de risco, os usuários do laboratório devem estar imunizados (todas as vacinas em dia).

Quebra de tubos no interior de estufas bacteriológicas

- Solicitar imediatamente a saída de todos os usuários presentes na sala.
- Comunicar imediatamente ao supervisor do laboratório.
- Fixar na porta do laboratório aviso proibindo a entrada, constando o registro do horário em que ocorreu o incidente.
- Retornar ao local apenas 1 hora depois do ocorrido, utilizando EPIs apropriados (luvas, avental, respirador e sapatos fechados).
- Proceder à descontaminação com desinfetantes adequados, tomando os devidos cuidados com a integridade do equipamento. Poderão ser utilizados álcool etílico a 70%, produtos fenólicos ou hipoclorito de sódio (0,5 a 1%).
- Caso tenha bandejas ou estantes para tubos, estas deverão ser retiradas, descontaminadas e autoclavadas.
- Remover os materiais contidos na estufa bacteriológica, desinfetando com álcool a 70% ou desinfetante adequado.
- Recolher os materiais contaminados, não cortantes, em uma embalagem apropriada para a autoclavagem e, os cortantes, em recipientes apropriados para serem descartados.
- Limpar as superfícies da estufa com detergente neutro, seguido de desinfecção com solução de álcool a 70% ou outro desinfetante recomendado.

Derramamento de produtos químicos

Os materiais utilizados para os casos de derramamento de produtos químicos incluem: absorventes como areia; mantas ou absorventes granulados tipo vermiculita; mantas de polipropileno; solução de bicarbonato de sódio; gluconato de cálcio (para derrames de ácido fluorídrico). Os resíduos absorvidos por materiais granulados devem ser coletados com pá e vassoura e, os absorvidos por mantas, com pinças e recipiente adequado. O material coletado deverá ser encaminhado para o local de depósito de resíduos. A limpeza após derramamento pode ser feita com água e detergente, desde que não existam vapores perigosos no ambiente. Durante a limpeza deve-se utilizar os EPIs adequados (óculos de segurança, respiradores e luvas resistentes).

Em caso de derramamento de produtos tóxicos em quantidades maiores que 100 mL, produtos inflamáveis (mais de 1 litro) ou corrosivos (mais de 1 litro), tomar as seguintes providências:

- Interromper o trabalho.
- Evitar a inalação do vapor do produto derramado, remover fontes de ignição e desligar os equipamentos e o gás.
- Abrir as janelas e ligar o exaustor, desde que não haja perigo com a ignição.
- Evacuar o laboratório, isolar a área e fechar as portas.
- Chamar equipe de segurança e advertir as pessoas próximas sobre o ocorrido.
- Informar à coordenação e/ou gerência do laboratório.

GERENCIAMENTO DE REJEITOS

Os laboratórios de pesquisa devem ter um Plano de Gerenciamento de Resíduos, ou seja, projetos e planos de trabalho, de monitoramento, de gerenciamento e de descarte de rejeitos, líquidos e sólidos (ABNT/NBR 12.235:1992):

356 Bioética e Biossegurança em Pesquisa

- O uso de desinfetantes e antissépticos (hipoclorito de sódio a 0,1%; etanol a 70%) adequados para o tipo de experimentação deve ser priorizado, seguindo um manual de limpeza e desinfecção.
- Todo material biológico, sólido ou líquido, deve ser colocado em um recipiente à prova de vazamento e fechado antes do seu transporte ou armazenagem, e deve ser descontaminado (tratado, autoclavado ou incinerado) antes do descarte.
- Alguns materiais devem ser acondicionados de maneira especial:
  - **Lixo comum** – em saco preto (material de escritório e copa).
  - **Caixas de papelão grosso** (tipo Descarpack) para material perfurocortantes.
  - *Clean box* – ponteiras, microtubos, pipetas descartáveis.
  - **Lixo hospitalar** – em sacos brancos (luvas, gaze, papéis usados na bancada durante a experimentação).
  - **Resíduo tóxico** – em embalagens especiais, corrosivos, alcalinos, ácidos, pilhas.
- Para os **radioisótopos**, além de esperar o tempo de decaimento da radiação para o seu descarte em local apropriado, seguir os procedimentos padronizados pela Norma CNEN-NE-6.05 (Brasil, 1985).

DEVERES DOS USUÁRIOS DO LABORATÓRIO

- Conhecer as regras para o trabalho com agentes tóxicos e patogênicos.
- Conhecer os riscos biológicos, físicos, químicos, ergonômicos e de acidentes.
- Receber treinamento sobre os procedimentos de biossegurança.
- Evitar trabalhar sozinho com material infectante ou perigoso.
- Estar devidamente imunizado contra as principais doenças.
- Manter o laboratório limpo e arrumado, evitando materiais não pertinentes ao laboratório.

CUIDADOS ESPECIAIS

- **Recomendação:** ao usar luvas, não devem ser manuseados: maçanetas, telefones, puxadores de armários, ou outros objetos de uso comum.
- **Alimentos e bebidas:** expressamente proibidos no interior dos laboratórios.
- **Barba e unhas:** devem ser curtas e, as unhas, sem esmalte.
- **Joias e bijuterias:** não devem ser usadas no interior do laboratório.
- **Maquiagem e perfume:** devem ser evitados. Maquiagem é grande fonte de partículas que são liberadas no ambiente.
- **Pertences pessoais:** devem ser mantidos em armários fechados.

CUIDADOS NO MANUSEIO DE ANIMAIS DE LABORATÓRIO

- Seguir as diretrizes e regulamentos sobre cuidados e manutenção dos animais em experimentação, em conformidade com o previsto pela Lei nº 11.794/2008;
- Os procedimentos, os equipamentos de proteção e as instalações deverão estar sempre de acordo com a espécie animal e o tipo de agente patogênico ou composto químico utilizado, e o tipo de ensaio a ser desenvolvido;
- Considerar como potencialmente infectados todos os animais silvestres, vertebrados ou invertebrados;
- Assegurar que todos os profissionais que tenham contato com animais e/ou com os descartes oriundos de atividades a eles relacionados estejam familiarizados com os procedimentos, os cuidados necessários e os riscos envolvidos. Providenciar, quando necessário, imunizações e a avaliação sorológica dos profissionais que manipulam animais;
- Os animais devem ser mantidos em gaiolas que evitem fuga e que possuam fichas de identificação com as seguintes informações: número de animais, linhagem, sexo, idade, data do

início da experimentação, identificação do agente em teste, via e dose de inoculação, nome e telefone do pesquisador responsável;

- Relatar todo e qualquer acidente proveniente do manuseio dos animais ou gaiolas;
- Animais encontrados fora das gaiolas e que não possam ser identificados devem sofrer eutanásia e suas carcaças incineradas. Na eventualidade do animal escapar do laboratório, as autoridades competentes deverão ser prontamente notificadas;
- Após o término do ensaio com os animais, todos os materiais deverão ser adequadamente descontaminados (preferencialmente por autoclavagem).

CULTIVO DE MICRORGANISMOS E LINHAGENS CELULARES

- Usar equipamentos de proteção individual, preferencialmente descartáveis;
- Abrir, cuidadosamente, tubos e frascos evitando agitação;
- Identificar claramente todos os tubos, placas e frascos;
- Nunca usar vidraria trincada ou quebrada;
- Manipular os tubos, frascos, pipetas ou seringas com as extremidades em direção oposta ao operador;
- Desprezar sobrenadantes ou conteúdo de pipetas sobre material absorvente embebido em desinfetante e dentro de frasco de boca larga (tipo béquer);
- Colocar tampão de algodão hidrófobo na extremidade das pipetas que entra em contato com a pera ou o pipetador automático;
- Limpar toda a área com solução desinfetante após o término do trabalho.

DESCONTAMINAÇÃO

- Descontaminar todas as superfícies de trabalho diariamente utilizando álcool a 70%, ou hipoclorito de sódio a 0,1 a 1%;
- Colocar o material potencialmente contaminado por agentes biológicos em recipientes com tampa e à prova de vazamento, antes de removê-los do laboratório para autoclavagem;
- Descontaminar os equipamentos antes de serviços de manutenção.

CONSIDERAÇÕES FINAIS

A aplicação conjunta e de forma racional dos conceitos de Bioética e Biossegurança assegura o bem-estar físico e moral de pesquisadores e participantes da pesquisa, na busca de avanços científicos e tecnológicos que serão revertidos em melhoria na qualidade de vida dos seres humanos e de todos os ecossistemas. Nortear pesquisas, com base em princípios, como: beneficência, prudência, autonomia, justiça e responsabilidade é um compromisso que deve estar explícito desde a formação do pesquisador até a aplicação dos conhecimentos gerados. Dessa forma, ao mesmo tempo em que a sobrevivência e subsistência são alcançadas, a dignidade humana é preservada.

Referências bibliográficas

Animal Care and Use Program (ACUC). Guidelines for anesthesia and analgesia in laboratory animals. University of California. Berkeley, 2016. Disponível em: https://acuc.berkeley.edu/guidelines/anesthesia.pdf. Acesso em: 10 de setembro de 2020.

Beauchamp TL, Childress JF. Principles of biomedical ethics. Oxford University Press, New York, 1979.

Brasil. Ministério da Ciência, Tecnologia e Inovação, Comissão Nacional de Energia Nuclear. Gerência de Rejeitos Radioativos em Instalações Radiativas, CNEN NE 6.05. Brasília, 1985.

Brasil. Ministério da Ciência, Tecnologia e Inovações. Resolução Normativa no 37, de 15 de fevereiro de 2018. Diretriz para Prática de Eutanásia do CONCEA. Brasília, 2018a.

Brasil. Ministério da Ciência, Tecnologia, Inovações e Comunicações. Conselho Nacional de Controle de Experimentação Animal. Resolução Normativa no 39, de 20 de junho de 2018. Brasília, 2018b.

CNS. Conselho Nacional de Saúde. Ministério da Saúde. Resolução no 196, de 10 de outubro de 1996. Brasília, 1996.

CNS. Conselho Nacional de Saúde. Ministério da Saúde. Resolução no 301, de 16 de março de 2000. Brasília, 2000.

CNS. Conselho Nacional de Saúde. Ministério da Saúde. Resolução no 340, de 8 de julho de 2004. Brasília, 2004.

CNS. Conselho Nacional de Saúde. Ministério da Saúde. Resolução no 346, de 13 de janeiro de 2005. Brasília, 2005.

CNS. Conselho Nacional de Saúde. Ministério da Saúde. Resolução no 441, de 12 de maio de 2011. Brasília, 2011.

CNS. Conselho Nacional de Saúde. Ministério da Saúde. Resolução no 466, de 12 de dezembro de 2012. Brasília, 2012.

CNS. Conselho Nacional de Saúde. Ministério da Saúde. Norma Operacional no 001, de 30 de setembro de 2013. Brasília, 2013.

CNS. Conselho Nacional de Saúde. Ministério da Saúde. Resolução no 580, de 22 de março de 2018. Brasília, 2018.

CNS. Conselho Nacional de Saúde. Ministério da Saúde. Lista de resoluções do CNS. Brasília, 2020a. Disponível em: http://conselho.saude.gov.br/o-que-e-rss/92-comissoes/conep/normativas--conep/642-lista-de-resolucoes-conep. Acesso em: 10 de setembro de 2020.

CNS. Conselho Nacional de Saúde. Ministério da Saúde. Comissão Nacional de Ética em Pesquisa. 2020b. Disponível em: http://conselho.saude.gov.br/comissoes-cns/conep. Acesso em: 8 de setembro de 2020.

CNS. Conselho Nacional de Saúde. Ministério da Saúde. Plataforma BRASIL. Manual do Usuário. 2020c. Disponível em: http://plataformabrasil.saude.gov.br/login.jsf. Acesso em: 8 de setembro de 2020.

Lunn G, Sansone EB. Ethidium bromide: destruction and decontamination of solutions. Annal Biochem. 1987: 162:453-8.

Organização das Nações Unidas para a Educação, a Ciência e a Cultura (UNESCO). Declaração Universal sobre Bioética e Direitos Humanos. 2005. Disponível em: https://bvsms.saude.gov.br/bvs/publicacoes/declaracao_univ_bioetica_dir_hum.pdf. Acesso em: 22 de agosto de 2020.

Patrão Neves MCA. A fundamentação antropológica da bioética. Bioética. 1996: 4:7-16.

Potter VR. Bioethics: bridge to the future. Prentice-Hall, New York, 1971.

Russell WMS, Burch RL. The principles of humane experimental technique. Universities Federation for Animal Welfare, Wheathampstead, 1959.

Universidade Federal de São Paulo (Unifesp). Guia de anestesia e analgesia em animais de laboratório. 2020. Disponível em: https://ceua.unifesp.br/images/documentos/CEUA/Guia_Anestesia_Analgesia_CEUA_UNIFESP_14072020_Final.pdf. Acesso em: 11 de setembro de 2020.

Universidade Federal de São Paulo (Unifesp). Guia de eutanásia para animais de ensino e pesquisa. 2019. Disponível em: https://ceua.unifesp.br/images/documentos/CEUA/Guia_Eutanasia_UNIFESP_ versao_final_042019.pdf. Acesso em: 10 de setembro de 2020.

Associação Brasileira de Mutagênese e Genômica Ambiental 359

Leitura recomendada

AVMA Guidelines for the Euthanasia of Animals: 2020 Edition. Disponível em https://www.avma.org/sites/default/files/2020-01/2020_Euthanasia_Final_1-15-20.pdf Acesso em: 10 de setembro de 2020.

Bahia. Secretaria da Saúde, Superintendência de Vigilância e Proteção da Saúde, Diretoria de Vigilância e Controle Sanitário. Brasil. Universidade Federal da Bahia, Instituto de Ciências da Saúde. Manual de Biossegurança. Salvador. 2001. Disponível em: http://www.fiocruz.br/biosseguranca/Bis/manuais/biosseguranca/manual_biosseguranca.pdf. Acesso em: 20 de agosto de 2020.

BMJ. The Nuremberg Code (1947). BMJ. 1996; 313:1448. doi: https://doi.org/10.1136/bmj.313.7070.1448

Brasil. Agência Nacional de Vigilância Sanitária. Microbiologia Clínica para o Controle de Infecção Relacionada à Assistência à Saúde. Módulo 1: Biossegurança e Manutenção de Equipamentos em Laboratório de Microbiologia Clínica. Brasília: Anvisa, 2013. Disponível em: http://www.icb.usp.br/cibio/ARQUIVOS/manuais/manual_biosseguranca_anvisa.pdf Acesso em: 20 de agosto de 2020.

Brasil. Associação Brasileira de Normas Técnicas. Armazenamento de resíduos sólidos perigosos, NBR 12235. Rio de Janeiro, 1992.

Brasil. Ministério da Ciência e Tecnologia. Cadernos de Biossegurança – Legislação. Brasília, 2002. Disponível em: http://www.ifsc.usp.br/cibio/arquivos/caderno-de-biosseguranca.pdf. Acesso em: 20 de agosto de 2020.

Brasil. Ministério da Saúde, Secretaria de Ciência, Tecnologia e Insumos Estratégicos, Departamento do Complexo Industrial e Inovação em Saúde. Classificação de Risco dos Agentes Biológicos (terceira edição). Brasília, 2017.

Brasil. Ministério do Trabalho. Portaria no 3.214, de 8 de junho de 1978. Aprova as Normas Regulamentadoras - NR - do Capítulo V, Título II, da Consolidação das Leis do Trabalho, relativas a Segurança e Medicina do Trabalho. Brasília, 1978.

Brasil. Presidência da República. Lei no 11.794, de 8 de outubro de 2008, estabelece procedimentos para o uso científico de animais. Brasília, 2008.

Brasil. Secretaria de Saúde e Segurança no Trabalho. Portaria no 25, de 29 de dezembro de 1994. Aprova a NR-9 – Programa de Prevenção de Riscos Ambientais. Brasília, 1994.

CTBIO-FIOCRUZ. Comissão Técnica de Biossegurança da FIOCRUZ. Procedimentos para a manipulação de micro-organismos patogênicos e/ou recombinantes na FIOCRUZ. FIOCRUZ, Rio de Janeiro, 2005. Disponível em: http://www.icb.usp.br/cibio/ARQUIVOS/manuais/manual_biosseguranca_fiocruz.pdf. Acesso em: 20 de agosto de 2020.

Hirata MH, Mancini Filho J, Hirata RDC. Manual de biossegurança. 3. ed. Manole, Barueri, 2017.

Molinaro EM, Caputo LFG, Amendoeira MRR. Conceitos e métodos para a formação de profissionais em laboratórios de saúde: volume 1. EPSJV, Rio de Janeiro, 2009.

Santos RV, Ribeiro FKC. Manual de biossegurança. Governo do Estado do Espírito Santo, Secretaria Estadual de Saúde. Laboratório Central de Saúde Pública, Vitória, 2017.

University of British Columbia (UBC). Rat and Mouse Anesthesia and Analgesia. 2016. Disponível em: https://animalcare.ubc.ca/sites/default/files/documents/Guideline%20-%20Rodent%20Anesthesia%20Analgesia%20Formulary%20%282016%29.pdf. Acesso em: 11 de setembro de 2020.

Índice Remissivo

A

Abandono alélico, 238
Abordagem em etapas, 11
Absorventes químicos, 349
Acidente radiológico em Goiânia, 3
Ácido
– acético glacial, 353
– clorídrico, 353
– pícrico, 353
Acrilamida, 353
Agarose
– de baixo ponto de fusão, 123
– ponto de fusão normal, 123
Agentes anti-inflamatórios não
    esteroidais, 344
Agitadores
– de tubo (tipo vortex), 351
– magnéticos, 351
Agrotóxicos, 19
Água, 31, 96, 293, 349
Alimentos, 20
Amostragem, 33, 38, 42
Amostras
– ambientais, 95, 98
– líquidas, 96, 99
– sólidas
– – material particulado de ar, 99
– – solos e sedimentos, 97, 99
Analgesia, 343
Análise
– automatizada, 130
– das lâminas, 130, 281
– de apoptose por citometria de fluxo, 257
– de dados, 231
– de dano e reparo do DNA nuclear e
    mitocondrial em células animais
        usando PCR de longa extensão

quantitativa, 183
– de micronúcleos
– – em células binucleadas, 148
– – preparo de lâminas para, 148
– de microRNAS em espermatozoides, 324
– de variância (ANOVA), 99, 152
– do ciclo celular
– – e apoptose, 251
– – por citometria de fluxo, 256
– dos dados, 45
– estatística, 131, 286
– por citometria, 251
– químicas complementares ao
    diagnóstico, 40
– visual, 130
Anestesia, 343
Anestésicos
– inalatórios, 343
– injetáveis, 343
– locais, 343
Anexina-V, 258
Aparelhos a gás, 351
Apoptose, 251, 257
Apresentação dos dados, 149
Assinaturas mutacionais, 228
– diagnósticas e tratamento, 244
– em tumores, 239
Atividade laboral e o adoecimento, 55
Autenticação da pureza do DNA, 215
Autoclave, 348, 351
Avaliação
– da genotoxicidade
– – aquática, 35
– – em *zebrafish* com os testes do
    micronúcleo e ensaio cometa, 297
– – novas tendências para, 21
– – requisitos internacionais para, 14

362 Índice Remissivo

– de efeito mutagênico, 9
– de morte celular, 258
– de resultados, 150
Avental, 351

B

Benzeno, 353
Bico de Bunsen, 351
Bioética em pesquisa, 335
Biomarcadores, 58
– de efeito, 59
– de efeito, 61
– de exposição, 59
– de genotoxicidade, 45
– de suscetibilidade, 59, 63
– epigenéticos e moleculares, 66
– genotóxicos de exposição, 60
– populacionais humanos, 44
Biomonitoramento
– de recursos hídricos, 36
– genético, 72
– – ambiental, 29
– – ocupacional, 55
Biossegurança
– em laboratórios de pesquisa, 344
– em pesquisa, 335
– equipamentos de, 347
Bioterismo de *Danio rerio* (*zebrafish*), 294
Bloqueio no ciclo celular, 253
Brometo de etídio, 353
Bupivicaína, 343
Buprenorfina, 344

C

Cabine(s)
– de exaustão, 348
– de segurança biológica, 348
Cadastro
– do pesquisador, 339
– do protocolo de pesquisa, 340
Cálculo
– da inibição, 287
– das concentrações, 281
Câmara de Makler, 323
Capelas
– de exaustão, 348, 351
– de fluxo laminar, 348
Carcinogênese, 227, 293
Carprofeno, 344
Células
– binucleadas, 164
– com broto nuclear, 163

– com cromatina condensada, 164
– em aderência, 148
Células-tronco pluripotentes induzidas, 242
Centrífugas, 352
Cetamina, 343
Cetoprofeno, 344
Chuveiro e lava olhos de emergência, 348
Ciclo celular, 251
Citometria de fluxo, 142, 251
Classe de risco, 345
– 1 NB-1 (baixo risco individual e para a
   coletividade), 345
– 2 NB-2 (moderado risco individual e limitado
   risco para a comunidade), 345
– 3 NB-3 (alto risco individual e moderado risco
   para a comunidade), 346
– 4 NB-4 (alto risco individual e para a
   comunidade), 346
Clorofórmio, 353
Coleta das amostras de água superficial, 33
Coloração(ões), 148
– e análise, 128
– para visualização direta, 129
Compartimento
– aquático, 31
– atmosférico, 41
– solo, 36
Contaminantes, 30
– emergentes, 31
– no meio aquático, 31
Corantes que requerem tempos de incubação
   mais longos, 129
Cosméticos, 21
Cuidados no manuseio de animais de laboratório, 356
Cultivo de microrganismos e linhagens celulares, 357
Curva padrão da concentração de H_2O_2, 209

D

Danio Rerio (*Zebrafish*), 293, 294
Definição da população-alvo, 44
Delineamento experimental, 57
Derramamento
– de material biológico
– – dentro da cabine de segurança biológica, 354
– – no laboratório, 354
– de produtos químicos, 355
Descontaminação, 357
Desenvolvimento sustentável, 29
Detecção
– de H_2O_2 pela oxidação de Amplex® Red, 208
– de radical ânion superóxido por MitoSOX™, 210
– de substituições únicas, 238

Índice Remissivo

Deveres dos usuários do laboratório, 356
Dexmedetomidina, 343
Diluição das Enzimas EndoIII, 124
Dispensadores, 352
Documentos, 110
Doença de Alzheimer, 258
Drosophila melanogaster, 273

E

Ecotoxicogenômica, 297
Efluentes líquidos industriais, 97
Elaboração do TCLE, 340
Eletroforese, 320
Embriogênese no *zebrafish*, 307
Ensaio
– baseado na Endonuclease I-Scel para detecção
de recombinação homóloga, 193
– Cometa, 117
– – aplicações do, 119
– – em espermatozoides, 317
– – em linfócitos humanos e células v79, 36
– – equipamentos, 121
– – metodologia, 121
– – variações do, 120
– da síntese de DNA não programada, 170, 172
– de genotoxicidade, 34, 40, 43
– de incisão *in vitro* para medir atividades de
reparo de, 220
– de *Slot-blot*, 177
– de troca de cromátides irmãs, 192, 195
– mutagênico PIG-A, 62
– Oxyblot, 210
– para análise da atividade enzimática de APE1 e
OGG1 utilizando extratos celulares, 182
– para avaliação
– – de MMR *in vitro*, 186
– – de recombinação homóloga, 191
Eosina Y, 330
Epigenética, 68
– ambiental, 300
Equilíbrio do ecossistema, 29
Equipamentos, 110
– de biossegurança, 347
– de proteção individual, 350
– para armazenamento de produtos químicos, 350
– precauções no uso de alguns, 351
Espécies reativas de oxigênio, 120
Espermatogênese em mamíferos, 314, 315
Espuma mecânica, 349
Estabelecimento das vias de efeito adverso, 22
Estratificação de pacientes, 243
Estudo(s)
– de corpos hídricos, 36

– em células germinativas, 317
– em solos, 37
Éter etílico, 353
Ética em pesquisa, 73, 336
– com "animais não humanos", 341
Eutanásia, 344
Exigência legal de testes de genotoxicidade no
Brasil, 18
Experimentação e interpretação dos dados, 72
Exposição
– a material biológico, 355
– aos contaminantes ocupacionais e ambientais, 30
Exposoma, 70
Expressão dos miRNAs, 326
Extintores de incêndio, 349
Extração
– acelerada por solvente, 34
– assistida por micro-ondas, 34
– das amostras, 33
– de DNA, 215
– de fluido supercrítico, 34
– dos compostos, 39, 43
– em banho de ultrassom, 34
– *Soxhlet*, 34
– ultrassônica, 34

F

Fármacos, 18
Fator/razão de indução, 99
Fatores de confusão, 44
Fixador metanol-ácido acético 3:1, 145
Fluorocromos, 255, 256
Formação e quantificação de espécies reativas de
oxigênio e lesões em DNA mitocondrial, 205
Formaldeído, 353
Formalina, 353
Formol, 353
Formulários, 110
Forno micro-ondas, 352
FPG, 124

G

Garantia da validade dos resultados, 111
Gás carbônico, 349
Gene
– *mwh*, 274
– PIG-A (fosfatidilinositol glicano da classe A), 62
Genética toxicológica, 10, 56
Genômica, 227, 293
Genotoxicidade, 9
Gerenciamento de rejeitos, 355
Gestão de qualidade, 110
– em laboratório de mutagênese, 110

Índice Remissivo

Giemsa, 145
Grupo de referência, 45
Guarda-pó, 351

I

Identificação
– de origem do tumor, 243
– de variantes, 231
– dos diferentes *endpoints* do método
  BMCyt, 161
Indicação de predisposição ao câncer, 243
Indicador biológico, 58
Índice de mutagenicidade, 99
Informação sobre armazenamento de material
  biológico para uso em futuras pesquisas, 341
Isoflurano, 343

J

Jaleco, 351

L

Laranja de acridina, 145
Lidocaína, 343
Limites
– de detecção, 33
– de quantificação, 33
Linhagens de *Salmonella typhimurium*, 84
Líquidos inflamáveis, 353
Lise celular, 320
Luvas, 350

M

Marcadores ambientais, 45
Máscaras, 350
Material
– orgânico extraído, 34
– particulado atmosférico, 42, 97
Medida de proteínas oxidadas como indicador
  da formação de EROs, 210
Meio
– ambiente, 30
– de cultura
– – para postura de ovos, 275
– – e soluções, 110
Meloxicam, 344
Metabolômica, 6
Metais pesados, 30
Metanol, 354
Metilação(ões)
– do DNA, 68
– nos genomas, 300
Metilmetano sulfonato, 145

Método
– de citometria de fluxo, 254
– de incorporação em placas, 92
– de pré-incubação, 93
– em microssuspensão, 93
– estatísticos para análise dos resultados, 157,
  164, 265
– para detecção de EROs em células de
  mamíferos e mitocôndrias, 208
– para medir a formação de lesões em DNA
  mitocondrial, 213
Micronúcleos, 139
Micropoluentes, 31
Microscópio
– de fluorescência, 128, 352
– óptico de luz, 124, 129
Mistura(s)
– e amostras puras, 98
– S9, 145
Modificações pós-traducionais das histonas, 68
Montagem de lâminas, 281
Morfina, 344
Morte celular, 257
Mutação(ões), 63
– analisando os tipos e suas consequências, 232
– condutoras, 239
– de fundo, 239
– de sentido trocado, 234
– em culturas de células humanas *in vitro*, 234
– não sinônima, 234
– passageiras, 239
– *rfa*, 85
– sem sentido, 234
– silenciosa, 234
– sinônima, 234
– uvrB, 85
Mutagênese, 3, 227, 293
– em células germinativas, 313
Mutagenicidade, 9

N

NADPH oxidases, 206
Níveis de biossegurança, 345
Normativas para a pesquisa envolvendo seres
  humanos, 337

O

Obtenção
– das células binucleadas células em
  suspensão, 146
– do material de medula óssea, 155
Óculos de segurança, 350

Índice Remissivo

Ômicas, 5
– aplicadas à toxicogenética genômica, 5
Opioides, 344
Oxigênio molecular, 205

P

Padrões de mutagênese, 228
PCR de longa extensão (XL-PCR), 213
Peixe-zebra, 293
Pesquisa em carcinogênese, 302
Pipetadores, 352
Planejamento
– da amostragem, 45
– do estudo, 32
Plasmídeo
– pAQ1, 85
– pKM101, 85
Plataforma BRASIL, 339
Pó químico
– A/B/C, 349
– B/C, 349
Polimorfismo(s), 63
– de nucleotídeos únicos, 238
– e riscos à saúde, 64
Poluentes, 31
Poluição atmosférica, 41
Preparação dos oligonucleotídeos marcados, 221
Preparo das lâminas
– primeira camada de agarose, 125
– segunda camada de agarose, 126
Procedimentos em casos de acidentes, 354
Propé, 351
Proteômica, 6
Protetores respiratórios, 350
Protocolo
– de análise de morte celular, 262
– de análise do ciclo celular, 259
– do micronúcleos em células binucleadas, 145

Q

Quantificação de mutação e recombinação, 286
Quebra de tubos no interior de estufas
   bacteriológicas, 355

R

Rastreamento de novas moléculas anticâncer
   com alvo terapêutico definido, 303
Razão de mutagenicidade, 99
Reação de PCR, 216
Reagentes, 352
Registros, 110
Regulação epigenética, 67

Relação de mutações e carcinogênese, 238
Relatórios de ensaio, 100
Reparo
– acoplado à transcrição, 241
– de bases mal emparelhadas, 170
– de excisão de base, 169
– por excisão de nucleotídeos, 235
– por recombinação homóloga, 170
Respiradores, 350
Respostas a lesões no DNA, 251
– e ativação de *checkpoints* do ciclo celular, 253
Riscos
– biológicos, 347
– de acidentes, 347
– ergonômicos, 347
– físicos, 347
– químicos, 347
RNAs circulares, 69

S

Salmonella enterica, 83
Saneantes, 18
Saúde ocupacional, 56
Seleção de dose e solubilidade da amostra, 98
Sequência(s)
– contexto da mutação, 235
– específicas, 234
Sequenciamento
– de células individuais, 238
– de exomas, 230
– de genoma completo, 230
– de nova geração gerando dados em
   mutagênese, 228
– de nova geração nas detecções de
   mutações, 238
– de regiões específicas, 230
– por NGS, 230
Silicose pulmonar, 69
Single Cell Gel Electrophoresis (SCGE), 117
Síntese
– do cDNA, 326
– translesão, 235
Sistema(s)
– de capela ou fluxo laminar, 352
– de criopreservação, 352
– de eletroforeses verticais e horizontais e
   fontes, 352
– de radioproteção, 351
– para apreciação de pesquisas envolvendo seres
   humanos, 337
– transiluminador, 352
SMART de asas, 287

Índice Remissivo

Solução(ões), 121
– balanceada salina de Hanks, 145
– de citocalasina-B, 145
– de coloração, 330
– – para análise em microscópio de
   fluorescência, 124
– de eletroforese, 122
– – estoque, 329
– – uso, 330
– de HTF-BSA, 330
– de lise, 329
– – estoque, 121, 329
– – uso, 122
– estoque
– – de Amplex® Red, 209
– – de H_2O_2, 209
– – de HRP, 209
– hipotônica de citrato de sódio a 1%, 145
– sulfocrômica, 145
– tampão de neutralização, 122
Submissão de projetos para análise da CEUA, 343
Substância, 9

T

Tampão
– de reação para enzimas Endonuclease III, FPG
   e hOGG1, 123
– formalina, 330
– fosfato, 329
– fosfato-salino, 145
– PBS/Hank's, 208
– Sorensen, 145
Técnica
– CRISPR-CAS9 em *zebrafish*, 301
– utilizadas para estudar a via BER, 180
Tecnologias de sequenciamento de última
   geração, 2
Terapia fotodinâmica, 258
Teratogênese, 293
– no *zebrafish*, 307
Teste(s)
– da morfologia de espermatozoides, 321
– de Ames, 83
– – amostras, 95
– – aquisição de linhagens, 86
– – avaliação e apresentação dos resultados, 99
– – características genéticas das linhagens, 88
– – cultivo inicial das culturas, 87
– – culturas
– – – de uso rotineiro, 88
– – – estoque permanentes, 87
– – dia anterior ao teste, 92

– – dia do teste, 92
– – em *Salmonella typhimurium*, 3
– – histórico, 84
– – interpretação dos resultados, 99
– – isolamento das culturas, 87
– – leitura dos resultados, 94
– – manutenção das linhagens, 86
– – meios de cultura e soluções, 102
– – método(s)
– – – de incorporação em placas, 92
– – – de pré-incubação, 93
– – – em microssuspensão, 93
– – – em miniatura, 94
– – misturas e amostras puras, 95
– – preparo de amostras, 95
– – procedimento do teste, 90
– – suprimentos e equipamentos
   necessários, 101
– de Kado, 93
– de micronúcleos, 4, 139
– – em medula óssea de camundongos, 152
– – em mucosa oral, 159
– – *in vitro*, 141, 143
– – *in vivo*, 142, 152
– de reparo do DNA, 169
– *in vitro*
– – de aberrações cromossômicas, 14
– de mutação gênica, 13
– *in vivo*
– – de aberrações cromossômicas com células
– – – germinativas, 14
– – – somáticas, 14
– – de danos/reparo do DNA com células
   somáticas, 14
– – de mutação gênica/aberrações
   cromossômicas com células
– – – somáticas, 14
– – – germinativas, 14
– padronizados disponíveis para avaliação de
   genotoxicidade, 11
– para avaliação
– – de eventos toxicogenéticos e
   toxicogenômicos, 317
– – de reparo de DNA pela via NER, 170
– para detecção de mutação e recombinação
   somática, 273
– toxicogenéticos, 3
Tetracloreto de carbono, 354
Tituladores volumétricos, 352
Touca, 350
Toxicogenética, 1, 3
Toxicogenômica, 1, 2, 4, 227

Índice Remissivo

Toxicologia
– genética, 10, 56
– médica, 56
Transcriptômica, 5
Tratamento(s), 146
– agudo, 280
– crônico, 280
– dos animais, 154
– enzimático, 128
Tripsina EDTA 0,025% em solução de Hanks, 145
Trocas de cromátides irmãs, 61

U
Uracil DNA glicosilase (UDG), 220
Uso da transcriptômica na área ocupacional, 69

V
Versatilidade do *Danio Rerio* (*Zebrafish*), 293
Via
– de reparo por
– – excisão de bases (BER), 180
– – – mitocondrial, 220
– – junção de extremidades não
  homólogas, 191
– – recombinação homóloga, 191
– NER, 170
Visualização de ácidos nucleicos corados, 352

X
Xenotransplantes de células cancerosas
  marcadas com fluocromo FGP, 302

Z
Zebrafish
– com os testes do micronúcleo e ensaio
  cometa, 297
– como modelo em ecotoxicologia, 296
– em estudos de carcinogênese, 302
– em pesquisas de toxicogenômica, 299
– embriogênese no, 307
– na avaliação de toxicidade embriolarval e de
  teratogenicidade, 306
– técnica CRISPR-CAS9 EM, 301
– teratogênese no, 307

Este livro foi impresso nas oficinas gráficas da Editora Vozes Ltda.,
Rua Frei Luís, 100 – Petrópolis, RJ.